21世纪高等教育给排水科学与工程系列教材

水工程施工

第 2 版

主　编　邵林广　李　明
副主编　朱　雷　李端林　董贤东
参　编　刘　显　陈娟娟　徐　佩
　　　　曹　新　熊　峰　王伟斌

机械工业出版社

本书在第 1 版基础上，依据水工程施工新理论、新技术和新规范，以及我国设计施工总承包（EPC）模式要求和教学变化等更新了相关内容。

全书共 4 篇 18 章，每篇自成体系。第 1 篇给水排水构筑物施工、第 2 篇给水排水管道施工、第 3 篇给水排水设备的制作与安装、第 4 篇水工程施工组织与环境保护。书中内容涵盖给水排水构筑物施工、管道施工、设备、施工组织、施工监理、环境保护、施工安全等水工程施工的全过程。

根据需要，本书增加了排水管网更新改造工程（雨污分流改造）、老旧小区雨污分流改造、湖泊渠道清淤施工、水工程施工环境保护、劳动保护及安全卫生等内容；着重介绍了给水排水构筑物施工、给水排水管道工程施工、给水排水设备的制作与安装、给排水管网修复、水工程施工组织与环境保护、施工安全等内容，总结了国内外成熟且广为应用的施工技术，充分反映了在施工中推广使用的施工新材料、新技术、新工艺。

本书为高等学校给排水科学与工程、环境工程等专业的教材，也可作为建筑水暖、市政工程相关施工技术人员的培训教材，还可供给水排水工程设计、施工、监理、维修等工程技术人员参考。

本书配有 PPT 电子课件，免费提供给选用本书作为教材的授课教师，需要者请登录机械工业出版社教育服务网（www.cmpedu.com），注册后下载。

图书在版编目（CIP）数据

水工程施工 / 邵林广，李明主编 . -- 2 版 . -- 北京：机械工业出版社，2025. 2. --（21 世纪高等教育给排水科学与工程系列教材）. -- ISBN 978-7-111-77299-6

Ⅰ . TU991.05

中国国家版本馆 CIP 数据核字第 2024GA5756 号

机械工业出版社（北京市百万庄大街 22 号　邮政编码 100037）
策划编辑：刘　涛　　　　责任编辑：刘　涛　舒　宜
责任校对：韩佳欣　张　薇　　封面设计：陈　沛
责任印制：邓　博
北京盛通印刷股份有限公司印刷
2025 年 3 月第 2 版第 1 次印刷
184mm×260mm・36.5 印张・908 千字
标准书号：ISBN 978-7-111-77299-6
定价：99.80 元

电话服务　　　　　　　　　　网络服务
客服电话：010-88361066　　　机　工　官　网：www.cmpbook.com
　　　　　010-88379833　　　机　工　官　博：weibo.com/cmp1952
　　　　　010-68326294　　　金　书　网：www.golden-book.com
封底无防伪标均为盗版　　　　机工教育服务网：www.cmpedu.com

前　言

　　根据教育部高等学校给排水科学与工程学科专业指导委员会审定的关于"水工程施工"本科教学的基本要求，本书在2013年《水工程施工》第1版（以下简称"第1版"）的基础上，对部分章节进行了删除、增补及修改。根据近几年水工程施工设计与施工新规范（标准）及新技术对书中相应内容进行了修订。

　　本书较系统地论述了给水排水构筑物、管道工程等施工的理论与方法。在内容编写上，力图反映水工程施工新技术。书中详细阐述了水工程施工的通用技术；介绍了正在推广使用的新技术；对仍在沿用的传统施工技术做了恰如其分的叙述；对专业性很强的施工技术，则一般性地做了介绍。

　　为适应市场经济的发展，针对给水排水既有管道工程的更新改造和对人才的需求，在第1版基础上，增加了室外给排水管网修复工程、湖泊渠道清淤施工等方面的内容。考虑到环境保护、劳动保护及安全卫生对给排水工程施工现场的重要性，本书补充了该方面的内容。

　　水工程施工是一门涉及面广、实践性很强的专业课。本课程在教学方式上，应理论联系实际，结合生产实习或现场教学，引导学生自学，提高学习效果。在教学中，可根据各校专业方向、学生就业渠道，在内容上有所侧重与取舍。

　　本书作者由具有丰富的设计、施工经验的高校教授和施工、设计单位的高级工程师组成。具体编写分工如下：

　　第1、6、7、9章由武汉科技大学邵林广编写，第10、11、17章由湖北省规划设计研究总院有限责任公司李明编写，第4、12章由武汉科技大学朱雷编写，第5、16章由南京市市政设计研究院有限责任公司湖北分公司李端林编写，第14、18章第由湖北省规划设计研究总院有限责任公司董贤东编写，第2章由东华大学曹新编写，第3章由武汉科技大学刘显编写，第13章由武汉珈安消防技术服务有限公司陈娟娟编写，第8章8.1、8.2节由湖北省规划设计研究总院有限责任公司王伟斌编写，第8章8.3、8.4节由中信建筑设计研究总院有限公司熊峰编写，第15章由武汉市政工程设计研究院有限责任公司徐佩编写。本书由邵林广、李明任主编，朱雷、李端林、董贤东任副主编；重庆大学张勤教授主审。

　　武汉市政工程设计研究院有限责任公司高级工程师、董事长汪小南对本书编写大纲提出了建设性意见，并提供了有关编写资料；湖北久星源复合材料有限公司董事长龚朝利、浙江东方豪博管业有限公司曾意等提供了单位产品样本。熊峰、王伟斌参加了对本书定稿部分的校阅与统稿。

　　谨向以上单位和个人表示衷心的感谢。

　　由于编者水平有限，书中或有不妥之处，真诚地欢迎广大读者批评、指正。

编　者

目 录

前言

第1篇 给水排水构筑物施工

第1章 沟槽、基坑施工 ... 2
- 1.1 土的工程性质及分类 ... 3
- 1.2 施工测量与放线 ... 11
- 1.3 沟槽断面与土方量计算 ... 12
- 1.4 沟槽、基坑开挖 ... 14
- 1.5 沟槽、基坑支撑 ... 20
- 1.6 地基处理 ... 24
- 复习思考题 ... 29

第2章 施工排水 ... 31
- 2.1 集水井排水 ... 32
- 2.2 人工降低地下水位 ... 33
- 复习思考题 ... 40

第3章 钢筋混凝土工程 ... 41
- 3.1 钢筋工程 ... 42
- 3.2 模板工程 ... 50
- 3.3 混凝土的制备 ... 56
- 3.4 现浇混凝土工程 ... 68
- 3.5 混凝土的季节性施工 ... 76
- 3.6 水下混凝土灌注施工 ... 82
- 复习思考题 ... 85

第4章 给水排水工程构筑物施工 ... 86
- 4.1 现浇钢筋混凝土水池施工 ... 86
- 4.2 装配式预应力钢筋混凝土水池施工 ... 91
- 4.3 沉井施工 ... 97
- 4.4 管井施工 ... 103
- 4.5 江河水取水构筑物施工 ... 113
- 复习思考题 ... 118

第5章 砌体工程 ... 120
- 5.1 脚手架的搭设 ... 120
- 5.2 砌体材料 ... 125
- 5.3 粘接材料 ... 126
- 5.4 砖砌体施工 ... 128
- 5.5 毛石砌体施工 ... 134
- 5.6 中小型砌块墙施工 ... 136
- 5.7 抹灰工程 ... 137
- 复习思考题 ... 137

第2篇 给水排水管道施工

第6章 管材、附件及常用材料 ... 140
- 6.1 管子及其附件的通用标准 ... 140
- 6.2 管材及其应用 ... 143
- 6.3 管道附件 ... 174
- 6.4 常用辅材 ... 190
- 复习思考题 ... 199

第7章 管道的加工与连接 ... 200
- 7.1 施工准备 ... 200
- 7.2 管道切断 ... 202
- 7.3 弯管的加工 ... 204
- 7.4 三通管及变径管的加工 ... 208
- 7.5 管道连接 ... 209
- 复习思考题 ... 224

第8章 地下给水排水管道开槽施工 ... 225
- 8.1 下管与稳管 ... 225
- 8.2 给水管道施工 ... 227
- 8.3 排水管道施工 ... 233
- 8.4 管道工程质量检查与验收 ... 244
- 复习思考题 ... 251

第9章 地下给水排水管道不开槽

施工 ………………………………… 252
9.1　概述 …………………………………… 252
9.2　掘进顶管 ……………………………… 253
9.3　挤压土顶管 …………………………… 268
9.4　水平定向钻拖拉管 …………………… 271
9.5　盾构施工 ……………………………… 278
　　　复习思考题 ……………………………… 280
第10章　给水排水管网修复工程 ………… 282
10.1　现状给水排水管涵检测与评估 …… 282
10.2　施工导流 …………………………… 297
10.3　现状管线保护及迁改 ……………… 298
10.4　开挖与非开挖修复方式的选择 …… 301
10.5　非开挖修复预处理 ………………… 302
10.6　非开挖修复 ………………………… 305
10.7　雨污混错接点改造 ………………… 324
10.8　排水管道箱涵冲洗与维护 ………… 327
　　　复习思考题 ……………………………… 337
第11章　湖泊渠道清淤施工 ……………… 338
11.1　内源污染控制概述 ………………… 338
11.2　疏浚范围及规模的确定 …………… 344

11.3　清淤疏浚工程施工 ………………… 347
11.4　疏浚淤泥处理 ……………………… 349
11.5　疏浚淤泥处置 ……………………… 355
　　　复习思考题 ……………………………… 357
第12章　建筑给水排水管道及卫生
　　　　　设备施工 ……………………… 358
12.1　施工准备及配合土建施工 ………… 358
12.2　给水系统施工 ……………………… 362
12.3　建筑消防系统施工 ………………… 368
12.4　灭火器设置 ………………………… 378
12.5　消防泵房（消防水池、消防水箱）
　　　施工 …………………………………… 380
12.6　排水系统施工 ……………………… 384
12.7　卫生设备施工 ……………………… 394
12.8　高层建筑给水排水系统施工 ……… 401
12.9　建筑小区给水排水施工 …………… 413
12.10　给水系统试压与排水系统闭水
　　　　试验 ………………………………… 415
12.11　建筑给水排水工程竣工验收 …… 417
　　　复习思考题 ……………………………… 419

第3篇　给水排水设备的制作与安装

第13章　给水排水设备的制作 …………… 422
13.1　概述 …………………………………… 422
13.2　碳素钢管道与设备制作 …………… 422
13.3　塑料给水排水设备制作 …………… 428
13.4　玻璃钢设备制作 …………………… 432
　　　复习思考题 ……………………………… 435
第14章　设备的安装与运行管理 ………… 436
14.1　常用设备的安装 …………………… 436
14.2　专用设备的安装 …………………… 449

14.3　自动控制系统的安装 ……………… 483
14.4　水工程设备的运行管理 …………… 484
　　　复习思考题 ……………………………… 490
第15章　管道及设备的防腐与保温 ……… 491
15.1　管道及设备的表面处理 …………… 491
15.2　管道及设备的防腐 ………………… 493
15.3　管道及设备的保温 ………………… 499
　　　复习思考题 ……………………………… 510

第4篇　水工程施工组织与环境保护

第16章　水工程施工组织 ………………… 512
16.1　概述 …………………………………… 512
16.2　施工原始资料的调查分析 ………… 513
16.3　施工组织设计工作 ………………… 515
16.4　施工现场暂设工程 ………………… 516
16.5　流水作业法 ………………………… 517
16.6　网络计划技术 ……………………… 524

16.7　施工组织设计的编制 ……………… 527
　　　复习思考题 ……………………………… 535
第17章　水工程施工环境保护 …………… 536
17.1　环境影响评价 ……………………… 536
17.2　生态环境 …………………………… 540
17.3　水环境 ……………………………… 542
17.4　空气环境 …………………………… 542

17.5 声环境 …………………………… 544
17.6 固体废物 …………………………… 544
17.7 施工期的环境影响及对策 ………… 546
复习思考题 …………………………… 550
第18章 劳动保护及安全卫生 ………… 551
18.1 施工主要危害因素 ………………… 551
18.2 自然灾害与控制 …………………… 561
18.3 施工现场生产危害与控制 ………… 565
18.4 危大工程项目安全控制 …………… 570
18.5 生产卫生防范措施 ………………… 574
复习思考题 …………………………… 577
参考文献 ………………………………… 578

第 1 篇

给水排水构筑物施工

第 1 章 沟槽、基坑施工

沟槽、基坑施工是给水排水工程施工中的主要项目之一。基坑、管沟土方开挖、回填等工作所需的劳动量和机械动力消耗均很大，往往是影响施工进度、成本及工程质量的重要因素。

沟槽、基坑施工具有以下特点：

（1）影响因素多且施工条件复杂　土壤是天然物质，种类多且成分较为复杂，性质各异又常遭遇地下水的干扰。组织施工直接受到所在地区的地形、地物、水文、地质以及气候诸多条件的影响。因此，施工必须具有针对性。

（2）量大面广且劳动繁重　如给排水管道施工属于线型工程，长度常达数千米，甚至数十千米，而某些大型污水处理工程，在场地平整和大型基坑开挖中，土石方施工工程量可达数十万到百万立方米。对于量大面广的土石方工程，为了减轻劳动强度，提高劳动生产率，加快工程进度，降低工程成本，应尽可能采用机械化施工来完成。

（3）质量要求高，与相关施工过程紧密配合　土石方施工不仅要求标高和断面准确，也要求土体有足够的强度和稳定性。常需与相关的施工排水、沟槽支撑和基坑护壁、坚硬岩土的爆破开挖等施工过程密切配合。

为此，施工前要做好调查研究，收集足够的资料，充分了解施工区域地形地貌、水文地质和气象资料；掌握土壤的种类和工程性质；明确土石方施工质量要求、工程性质、施工工期等施工条件，并据此作为拟定施工方案、计算土石方工程量、选择土壁边坡和支撑、进行排水或降水设计、选择土方机械、运输工具及施工方法等的依据。

此外，在给水排水管道和构筑物工程施工中，常会遇到一些软弱土层，当天然地基的承载力不能满足要求时，就需要针对当地地基条件，采用合理、有效和经济的施工方案，对地基进行加固或处理。当室外给水排水管道和构筑物工程施工告一段落时，应及时进行土方回填。

自来水厂沉淀池、滤池、清水池、二泵房等构筑物，污水处理厂提升泵房、沉砂池、曝气池、二沉池、消毒池等构筑物基坑施工通过测量定线，再根据地质勘探资料确定土方的开挖，基坑排水或降水较深的基坑通常需要支撑。室外给排水管道开槽施工与水厂、污水厂构筑物基坑施工方式基本相同。

构筑物基坑与管道开槽施工包括测量与放线，基坑、沟槽断面开挖，基坑、沟槽支撑，基坑、沟槽地基处理。管道开槽施工除了上述施工工序外，还包括下管、稳管、接口、管道工程质量检查与验收、土方回填等工序。土的性质与分类决定了土的开挖难易程度，为选择经济高效的施工机具提供了参考。测量与放线、沟槽断面开挖、基坑、沟槽支撑、沟槽地基处理是本章的重点。室外管道工程的下管、稳管、接口、管道工程质量检查与验收、土方回填等施工工序将在第 8 章阐述。

1.1 土的工程性质及分类

1.1.1 土的组成

1. 土的三相

土由矿物固体颗粒、水分和空气组成，称为土的三相。其中固相为矿物颗粒及有机质，液相为水，气相为空气。矿物颗粒有大小不等的粒径和形状，从漂石至细微的黏土颗粒。粒径大小称为粒度，相近粒度的颗粒划分为一组。

矿物固体颗粒由各种矿物组成，是土的主要成分，也是决定土性质的主要因素。矿物固体颗粒构成土的骨架，颗粒之间有孔隙，水与空气填充其间。土中的水分为自由水、弱结合水和强结合水。可在土的孔隙间流动的水为自由水，又称为自由地下水，简称地下水。强结合水是紧附在矿物固体颗粒表面的一层水，无出水性，其性质接近于固体，不冻结，土受压时不移动，温度在 105℃ 以上时蒸发。薄膜水在强结合水的外层，离颗粒表面越远，越能从固态转变为自由水。土中的水还以水汽状态存在。由于土的三相是混合分布的，矿物颗粒间又有孔隙，因此，土具有碎散性、压缩性，土颗粒间具有相对移动性和透水性。

2. 土的主要物理性质

（1）土的密度 ρ　自然状态下单位体积土的质量，称为土的密度，即

$$\rho = \frac{m}{V} \tag{1-1}$$

式中　m——自然状态下待测土的质量；
　　　V——自然状态下待测土的体积。

单位体积内干土颗粒质量称为土的干密度 ρ_d，即

$$\rho_d = \frac{m_s}{V} \tag{1-2}$$

式中　m_s——自然状态下体积为 V 的土烘干后土颗粒的质量。

土孔隙充水饱和的单位体积土的质量称为饱和密度，即

$$\rho_s = \frac{m_s + V_s \rho_w}{V} \tag{1-3}$$

式中　V_s——土颗粒的体积；
　　　ρ_w——水的密度一般取为 1000kg/m³。

土的密度与土压密程度有关，土越密实，土的密度越大。

（2）土的天然含水率 ω 和土的饱和度（润湿度）S_r　土的天然含水率又称质量含水率，是一定体积的土内水质量 m_w 与颗粒质量 m_s 之比的百分数，即

$$\omega = \frac{m_w}{m_s} \times 100\% \tag{1-4}$$

土的天然含水量变化范围很大，土的含水量与土颗粒的矿物性质、埋藏条件等因素有关。

土的饱和度 S_r 又称土的相对含水量，表示土的孔隙中有多少部分充满了水，即土内水的体积 V_w 与孔隙体积 V_v 之比

$$S_r = \frac{V_w}{V_v} \times 100\% \tag{1-5}$$

完全干的土，$V_w=0$，则 $S_r=0$；完全饱和的土，$V_w=V_v$，则 $S_r=100\%$。工程上根据饱和度不同，将土分为稍湿土、湿土和饱和土三种。按《地基基础设计标准》（DGJ 08-11—2018）规定，饱和度在 50% 以下的土为稍湿土；饱和度在 50%~80% 为湿土；饱和度在 80%~100% 为饱和土。

（3）土中固体颗粒的相对密度 d_s 土的固体颗粒单位体积的质量与水在 4℃ 时单位体积的质量之比称为土中固体颗粒的相对密度，简称颗粒相对密度，即

$$d_s = \frac{m_s}{V_s \rho_w} \tag{1-6}$$

式中 ρ_w——4℃ 时水的单位体积质量为 1000kg/m³。

土颗粒相对密度取决于土的矿物和有机物组成，黏土颗粒相对密度一般为 2.7~2.75，砂土颗粒相对密度一般为 2.65。

（4）土的孔隙度 n 和孔隙比 e 孔隙度和孔隙比都是表明土的松密程度的指标。孔隙度表示土内孔隙所占的体积，用百分数表示；孔隙比为土内孔隙体积与土粒体积之比值，即

$$n = \frac{V_v}{V} \times 100\% \tag{1-7}$$

$$e = \frac{V_v}{V} \tag{1-8}$$

但是，土样的孔隙度在土样被压缩前后是变化的。孔隙度无法表示压缩量多少，因为土被压缩后，土的总体积改变了，土的孔隙体积也变了。压缩量 Δh 表示为

$$\Delta h = \frac{e_1 - e_2}{1 - e_1} h \tag{1-9}$$

式中 e_1——压缩前土的孔隙比；

e_2——压缩后土的孔隙比；

h——压缩前土层厚度。

孔隙度和孔隙比是根据土的密度、含水量和相对密度试验的结果，经计算求得。

1.1.2 土的状态指标

土的状态指标就是土的密实度和软硬程度的指标。标准贯入试验锤击数是非黏性土（砂、卵石等）的密实度指标。砂土密实度标准见表 1-1。

表 1-1 砂土的密实度标准

密 实 度	松 散	稍 密	中 密	密 实
标准贯入试验锤击数	$N \leq 10$	$10 < N \leq 15$	$15 < N \leq 30$	$N > 30$

这种分类方法简便，但是没有考虑砂土颗粒级配对砂土分类可能产生的影响。密实度反映土的承载能力。用孔隙比 e 来表示砂土的密实程度时，可能会因颗粒形状而导致不能正确

反映。例如，颗粒均匀的密砂，e 较大；而颗粒不均匀的松砂，则 e 较小。因此，应该用相对密度 D_r 表示砂土的密实状态，即

$$D_r = \frac{e_{\max} - e}{e_{\max} - e_{\min}} \tag{1-10}$$

式中　e——砂土的天然孔隙比；

　　　$e_{\max}$——砂土的最大孔隙比；

　　　$e_{\min}$——砂土的最小孔隙比。

砂土密实度与相对密度 D_r 的关系见表1-2。

表1-2　砂土密实度与相对密度 D_r 的关系

砂土密实度	松　散	中　密	密　实
相对密度 D_r	$0 < D_r \leq 0.33$	$0.33 < D_r \leq 0.67$	$0.67 < D_r \leq 1$

根据野外鉴别方式，碎石土的密实度分为密实、中密、稍密3种。

天然状态下黏性土的软硬程度取决于含水量多少：干燥时呈密实固体状态；在一定含水量时具有塑性，呈塑性状态，在外力作用下能沿力的作用方向变形，但不断裂也不改变体积；含水量继续增加，大多数土颗粒被自由水隔开，颗粒间摩擦力减小，土具有流动性，力学强度急剧下降，呈流动状态。按含水量的变化，黏性土可呈4种状态：流态、塑态、半固态、固态。流态、塑态、半固态和固态之间分界的含水量，分别称为流性限界（又称液限）ω_L、塑性限界（又称塑限）ω_P 和收缩限界 ω_S。

土的组成不同，塑限和液限也不同。应用液性指数 I_L 来表示土的软硬程度，即

$$I_L = \frac{\omega - \omega_P}{\omega_L - \omega_P} \tag{1-11}$$

式中　ω——土的天然含水量；

　　　ω_P——土的塑限；

　　　ω_L——土的液限。

当 $I_L \leq 0$ 时，土处于固态或半固态；当 $0 < I_L < 1$ 时，土处于塑态；当 $I_L \geq 1$ 时，土处于流态。如果土中的黏土颗粒较多，则土颗粒的比表面积较大，需有较大的含水量才能使土呈塑态和流态，因而流限和塑限都要高些。

在土的流限和塑限之间，土呈塑态。流限与塑限之差称为塑性指数 I_P，即

$$I_P = \omega_L - \omega_P \tag{1-12}$$

塑性指数是反映土的粒径级配、矿物成分和溶解于水中盐分等土组成情况的一个指标。黏性土可按塑性指数值来分类，见表1-3。

表1-3　黏性土分类

黏性土分类	轻亚黏土	亚黏土	黏土
塑性指数 I_P	$3 < I_P \leq 10$	$10 < I_P \leq 17$	$I_P > 17$

1.1.3　土的压缩性

土颗粒之间有孔隙。土受压力作用后，孔隙体积被压缩，这是土的压缩性。与土中孔隙相比，土中颗粒和水可以认为是不被压缩的。因此，土体压缩可以认为只是土中孔隙被压

缩，孔隙体积 V_v 减少。压力越大，孔隙体积减小越多。被水充盈的土孔隙，只有当水被排走后才会被压缩。土在压力作用下，土内孔隙水排出，孔隙体积减小，土的骨架与孔隙水所受的压力逐渐调整，三者同时进行，是一个排水、体积减小和压力传递的过程。在一定压力作用下，这个过程从起始到终结要经历一定时间。因此，土压缩是一个时间过程。压缩过程时间的长短，随土质、压力和含水量的不同而不同。

1.1.4 土的渗透性

土的渗透性表示土的透水的性质，它定量地表示为单位时间（d）内水在土层中行经的距离（m）。土的渗透性用渗透系数 K 表示。土的渗透系数大小取决于土的种类、土颗粒大小和粒径级配、均匀性和土的密实度等。同一种土的渗透系数是随土的密实度的变化而变化的。

1）砂土的渗透系数 K 与有效粒径的经验公式为

$$K = cd_{10}^2(0.7 + 0.03t) \tag{1-13}$$

式中　K——渗透系数（m/d）；

　　　d_{10}——砂土颗粒的有效粒径（mm）；

　　　t——渗透水的温度（℃）；

　　　c——常数，黏土质砂为 500~700，纯砂为 700~1000。

2）几种土渗透系数的经验值见有关设计手册。但在各种实际计算中，为精确起见，渗透系数一般应实测确定。

1.1.5 土的可松性和压密性

天然原状土经过开挖、运输、堆放而松散使体积增大，称作土的可松性；挖填或取土回填，填压后会压实，使得体积减小称为土的施工压缩。

土经过开挖、运输、堆放而松散，松散土与原土的体积之比用可松性系数 K_1 表示，即

$$K_1 = \frac{V_2}{V_1} \tag{1-14}$$

式中　V_1——开挖前原土的体积；

　　　V_2——开挖后松散土的体积。

土经过开挖、运输、回填、压实后仍较原土体积增大，最后体积与原土体积之比用可松性系数 K_2 表示，即

$$K_2 = \frac{V_3}{V_1} \tag{1-15}$$

式中　V_3——压实后土的体积。

土的可松性系数大小取决于土的种类，见表1-4。

表 1-4　土的可松性系数

土的名称	体积增加百分比（%）		可松性系数	
	最初	最后	K_1	K_2
砂土、轻亚黏土	8~17	1~2.5	1.08~1.17	1.0~1.03
种植土、淤泥、淤泥质土	20~30	3~4	1.2~1.30	1.0~1.04

(续)

土的名称	体积增加百分比（%）		可松性系数	
	最初	最后	K_1	K_2
亚黏土、潮湿黄土、砂土混碎（卵）石、轻亚黏土混碎（卵）石、素填土	14~28	1.5~5	1.14~1.28	1.02~1.05
黏土、重亚黏土、砾石土、干黏土、黄土混碎（卵）石、亚黏土、混碎（卵）石、压实素填土	24~80	4~7	1.24~1.30	1.04~1.07
重黏土、黏土混碎（卵）石、卵石土、密实黄土、砂岩	26~32	6~9	1.26~1.32	1.06~1.09
泥灰岩	33~37	11~15	1.33~1.37	1.11~1.15
软质岩石、次硬质岩石	30~45	10~20	1.30~1.45	1.10~1.20
硬质岩石	45~50	20~30	1.45~1.50	1.20~1.30

注：1. K_1 是用于计算挖方工程量、装运车辆及挖土机械的主要参数。
2. K_2 是计算填方所需挖土工程量的主要参数。
3. 最初体积增加百分比 = $\frac{V_2-V_1}{V_1} \times 100\%$；最后体积增加百分比 = $\frac{V_3-V_1}{V_1} \times 100\%$。

土的压实或夯实程度用压实系数 λ_c 表示，即

$$\lambda_c = \frac{\rho_d}{\rho_{max}} \tag{1-16}$$

式中　ρ_d——土的控制干密度（g/cm³）；
　　　ρ_{max}——土的最大干密度（g/cm³）。

土的密实度和土的含水量有关。土中水没有被排除，空隙比不会减少。但如果没有合适的含水量，颗粒间缺乏必要的润滑，压实时能量消耗大。输入最小能量而导致最大干密度的含水量，称为土的最佳含水量。当土的自然含水量低于最佳含水量2%时，土在回填前要洒水渗浸。若土的自然含水量过高，则应在压实或夯实前晾晒。

1.1.6　土的抗剪强度

土的抗剪强度是土抵抗剪切破坏的性能。

通过直剪仪测定土的抗剪强度。如图1-1所示，土样放在面积为 A 的剪力盒内，并受垂直压力 N 和水平力 T 作用，此时，在土样内产生法向应力 σ，即

$$\sigma = \frac{N}{A} \tag{1-17}$$

而在剪切面上产生剪应力 t，即

$$t = \frac{T}{A} \tag{1-18}$$

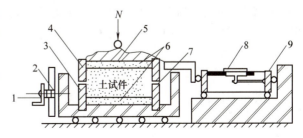

图1-1　土的剪应力试验装置示意
1—手轮　2—螺杆　3—下盒　4—上盒　5—传压板
6—透水石　7—开缝　8—测微计　9—弹性量力环

t 随 T 的增大而增大。但 T 在一定限值内并不会导致土样剪切破坏。这是因为在剪切面上产生的剪应力小于土的抗剪强度时，土样就不会被剪坏。当 T 增加到 T' 时，在剪切面发生土颗粒相互错动，土样破坏。土样开始破坏时，剪切面上的剪应力称土的抗剪强度。

T' 随垂直压力 N 增大而增大。土的抗剪强度由剪切试验求得。

以不同的 N 和 T 进行多次试验（3~5次），在直角坐标纸上绘出法向应力与抗剪强度的 t 的关系曲线，如图1-2所示。由此得到砂土的抗剪强度的计算公式

$$t = \sigma \tan\varphi \tag{1-19}$$

式中 φ——土的内摩擦角。

砂是散粒体，颗粒间没有相互的黏聚作用，砂的抗剪强度来源于颗粒间摩擦力。由于摩擦力来源于土内部，称为内摩擦角。黏性土抗剪强度组分，除了内摩擦力外，还有一部分黏聚力 C，黏性土的抗剪强度曲线如图1-2所示。黏性土的抗剪强度计算公式为

$$t = \sigma \tan\varphi + C \tag{1-20}$$

土的密实度、含水率、抗剪强度试验的仪器装置和操作方法，都影响 φ 和 C 值。工程中需用的砂土 φ 值、黏土 φ 值和 C 值，都应取土样由剪切试验求得。

完全松散的砂土自由地堆放在地面上，砂堆的斜坡与地平面构成的夹角 α，称为自然倾斜角（或安息角）。

为了保持基坑、沟槽土壁的稳定，必须有一定边坡。边坡以 $1:n$ 表示，如图1-3所示，n 为边坡系数，即

图1-2 砂土、黏性土的抗剪强度曲线

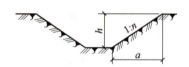

图1-3 挖方边坡

$$n = \frac{a}{h} \tag{1-21}$$

对于砂土，边坡与地平面的夹角接近于土的自然倾斜角。含水量大的土颗粒间产生润滑作用，使土的内摩擦力或黏聚力减弱，因此应留有较缓的边坡。含水量小的砂土颗粒间的内摩擦力减少，也不宜采用陡坡。当沟槽上方荷载较大时，土体会在压力下产生滑移，因此边坡应缓，或采取支撑加固。深沟槽的上层槽应为缓坡。

1.1.7 土压力

各种用途的挡土墙、地下管沟的侧壁、沟槽的支撑、顶管工作坑的后背，以及其他各种挡土结构，都受到土从侧向施加的压力，如图1-4所示。这种土压力称为侧土压力，或称挡土墙压力。

土压力 E 可由下式确定：

$$E = \frac{1}{2}\gamma h^2 K \tag{1-22}$$

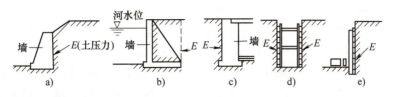

图 1-4 各种挡土结构

a) 挡土墙 b) 河堤 c) 池壁 d) 支撑 e) 顶管工作坑后背

式中 γ——土的密度（g/cm³）；

h——挡土墙高度（cm）；

K——土压力系数。

挡土墙在土压力作用下，会产生位移。位移的性质不同，土压力系数 K 也不同，从而导致不同类型的挡土墙压力的值不同。

如图 1-5a 所示，在土压力作用下，挡土结构可能稍微向前移动，并绕墙角 C 转动。当挡土墙达到某一位移量时，土体 ABC 达到极限平衡状态，并具有沿 BC 潜在滑移面向下滑移趋势，从而在滑移面上产生抗剪强度。抗剪强度有助于减弱土体对挡土结构的推力。在这种情况下，产生的位移称为正位移，产生的极限状态称为主动极限状态，产生的土压力 E_a 称为主动土压力，如重力式挡土墙。

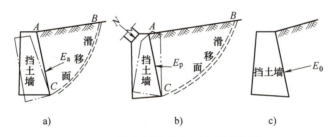

图 1-5 挡土墙位移和侧土压力作用

a) 挡土墙位移导致的主动土压力 b) 挡土墙位移导致的被动土压力
c) 挡土墙没有位移的静止土压力

如果挡土结构在荷载 N 作用下，如图 1-5b 所示，推向土体 ABC，使土体产生负位移。当挡土结构的位移量达到某一位移量时，土体 ABC 达到被动极限平衡状态，并有继续沿 BC 滑移面向上滑移趋势，从而在滑移面上产生抗剪强度。此时，土体对挡土结构的作用方向和 BC 面上剪应力的方向一致，抗剪强度使土体对挡土结构的推力增加。在这种情况下，土压力 E_p 称被动土压力，如顶管工作坑后背。

当墙体稳而重，在土体的侧向压力作用下，没有发生位移，土体处于弹性平衡状态时所产生的侧向压力 E_0 称为静止土压力，如沟槽支撑板。

1.1.8 基坑沟槽土的分类与开挖难易程度

1. 基坑沟槽土的分类

基坑沟槽土的种类很多，其分类的方法也很多。一般按土的组成、生成年代和生成条件对土进行分类。

按《建筑地基基础设计规范》(GB 50007—2011) 将地基土分为岩石、碎石土、砂土、粉土、黏性土、人工填土六类。每类土又分成若干小类。

(1) 岩石 在自然状态下颗粒间连接牢固，呈整体的或具有节理裂隙的岩体。

(2) 碎石土 粒径大于2mm的颗粒质量占土体总质量的50%以上，根据颗粒级配和占土体总质量的百分比不同，分为漂石、块石、卵石、碎石、圆砾和角砾，见表1-5。

表 1-5 碎石土的分类

土的名称	颗粒形状	粒组含量
漂石	圆形及亚圆形为主	粒径大于200mm的颗粒质量超过土体总质量的50%
块石	棱角形为主	
卵石	圆形及亚圆形为主	粒径大于20mm的颗粒质量超过土体总质量的50%
碎石	棱角形为主	
圆砾	圆形及亚圆形为主	粒径大于2mm的颗粒质量超过土体总质量的50%
角砾	棱角形为主	

注：应根据表中粒径分组，由大到小以最先符合者确定碎石土的种类。

(3) 砂土 粒径大于2mm的颗粒质量小于或等于土体总质量的50%的土为砂土。砂土根据粒径和土体总质量的百分比不同，又分为砾砂、粗砂、中砂、细砂、粉砂，见表1-6。

表 1-6 砂土的分类

名称	颗粒级配
砾砂	粒径大于2mm的颗粒质量超过土体总质量的25%~50%
粗砂	粒径大于0.5mm的颗粒质量超过土体总质量的50%
中砂	粒径大于0.25mm的颗粒质量超过土体总质量的50%
细砂	粒径大于0.075mm的颗粒质量超过土体总质量的85%
粉砂	粒径大于0.075mm的颗粒质量超过土体总质量的50%

(4) 粉土 粉土的性质介于砂土与黏性土之间。塑性指数 $I_P \leq 10$。当 I_P 接近3时，其性质与砂土相似；当 I_P 接近10时，其性质与粉质黏土相似。

(5) 黏性土 黏土按其粒径级配、矿物成分和溶解于水中的盐分等组成情况的指标，分为轻亚黏土、亚黏土和黏土。

(6) 人工填土 按其生成分为素填土、杂填土和冲填土三类。

1) 素填土。由碎石土、砂土、黏土组成的填土。经分层压实的统称素填土，又称压实填土。

2) 杂填土。含有建筑垃圾、工业废渣、生活垃圾等杂物的填土称为杂填土。

3) 冲填土。由水力冲填泥砂产生的沉积土称为冲填土。

2. 土的开挖难易程度

沟槽开挖施工中，常按土的坚硬程度、开挖难易，将土石分为8类16级，见表1-7。

表 1-7 土的工程分类

土的分类	土的级别	土的名称	用开挖方法表示土的坚硬程度
一类土（松软土）	I	砂、轻亚黏土、冲积砂土层、种植泥土、泥炭（淤泥）	用锹挖掘
二类土（普通土）	II	亚黏土、潮湿的黄土、夹有碎石卵石的砂、种植土、填筑土及轻亚黏土	用锹挖掘，少许用镐翻松
三类土（坚土）	III	轻及中等密实黏土，重亚黏土，粗砾石，干黄土及含碎石、卵石的黄土，亚黏土，压实填筑土	主要用镐，少许用锹挖掘，部分用撬棍
四类土（砂砾坚土）	IV	重黏土及含碎石、卵石的黏土，密实的黄土，砂土	整个用镐或撬棍，然后用锹挖掘，部分用楔子及大锤
五类土（软石）	V～VI	硬石炭纪黏土、中等密实的灰岩、泥炭岩、白垩土	用镐或撬棍、大锤，部分使用爆破方法
六类土（次岩石）	VII～IX	泥岩、砂岩、砾岩、坚实页岩、泥灰岩、密实的石灰岩、风化花岗岩、片麻岩	用爆破方法开挖，部分用风镐
七类土（坚石）	X～XIII	大理岩，辉绿岩，粗、中粒花岗岩，坚实白云岩，砂岩，砾岩，片麻岩，石灰岩，风化痕迹的安山岩，玄武岩	用爆破方法开挖
八类土（特坚石）	XIV～XVI	安山岩、玄武岩、花岗片麻岩、坚实的细粒花岗岩、闪长岩、石英岩、辉长岩、辉绿岩	用爆破方法开挖

1.2 施工测量与放线

给水排水构筑物、管道工程的施工测量是为了使给水排水构筑物、管道的实际平面位置、标高和形状尺寸等符合设计图样要求。

施工测量后，进行构筑物、管道放线，以确定给水排水构筑物基坑、管道沟槽开挖位置、形状和深度。

1.2.1 施工测量

施工单位在开工前，建设单位应组织设计单位进行现场交桩，具体内容如下：

1）双方交接的主要桩橛应为站场的基线桩及辅助基线桩、水准基点桩，以及构筑物的中心桩及有关控制桩、护桩等，并应说明等级号码、地点及标高等。

2）交接桩时，由设计单位备齐有关图表，包括给水排水工程的基线桩、辅助基线桩、水准基点桩、构筑物中心桩、各桩的控制桩及护桩示意图等，并按上述图表逐个桩橛进行点交。水准点标高应与邻近水准点标高闭合。接桩完毕，应立即组织力量复测。接桩时，应检查各主要桩橛的稳定性，护桩设置的位置、个数、方向是否合乎标准，并应尽快增设护桩。设置护桩时，应考虑下列因素：①不被施工弃土埋没或挖掉；②不被行人、车辆碰移或损坏；③不在地下管线或其他构筑物的位置上；④不因地形变动（如施工的填挖）而影响视线。

3）交接桩完毕后，双方应填写交接记录，说明交接情况、存在问题及解决办法，由双方交接负责人与有关交接人员签章。

施工单位进行施工测量通常分为两个步骤：第一步是进行一次站场的基线桩及辅助基线桩、水准基点桩的测量，复核建设单位提供的桩橛位置及水准基点标高是否正确无误，在复核测量中进行补桩和护桩工作。通过第一步测量可以了解给水排水构筑物、管道工程与其他工程之间的相互关系。第二步按设计图样坐标进行测量，对给水排水构筑物、管道及附属构筑物的中心桩及各部位置进行施工放样，同时做好护桩。

施工测量允许误差应符合表 1-8 的规定。

表 1-8 施工测量允许误差

项　目	允许误差/mm
水准测量高程闭合差	平地 $\pm 20\sqrt{L}$ 山地 $\pm 6\sqrt{L}$
导线测量相对闭合差 导线测量方位角闭合差	$\pm 40\sqrt{N}$
直接丈量测距两次较差	1/3000 1/5000

注：1. L 为水准测量高程闭合路线的长度（mm）。
　　2. N 为水准或导线测量的测站数。

给水排水管线测量工作应有正规的测量记录本，认真详细记录，必要时应附示意图，并应将测量的日期、工作地点、工作内容，以及参加测量人员的姓名记入。测量记录应由专人妥善保管，随时备查，作为工程竣工的原始资料。

1.2.2　基坑、管道放线

给水排水构筑物基坑、管道及其附属构筑物的放线，可采取经纬仪或全站仪定线、直角交汇法或直接丈量法。

给水排水管道放线前，应沿管道走向，每隔 200m 左右用原站场内水准基点设临时水准点一个。临时水准点应与邻近固定水准基点闭合。

给水管道放线，一般每隔 20m 设中心桩；排水管道放线，一般每隔 10m 设中心桩。给水排水管道在阀门井室处、检查井处、变换管径处、管道分枝处均应设中心桩，必要时设置护桩或控制桩。

给水排水管道放线后，应绘制管路纵断面图，按设计埋深、坡度，计算出挖深。

1.3　沟槽断面与土方量计算

1.3.1　沟槽断面及其选择

如图 1-6 所示，沟槽断面可分为直槽、梯形槽（大开槽）和混合槽等，还有适合两条或两条以上管道埋设的联合槽。

确定沟槽断面时,应在保证工程质量和施工安全及施工方便的前提下,尽量减小断面尺寸,以减少土方量,降低工程造价。沟槽底宽和挖深如图1-7所示。

沟槽断面的选择通常应考虑的因素有:土的种类、地下水情况、施工环境、施工方法、管道埋深、管长,以及沟槽支撑条件等。

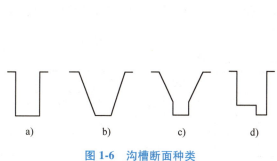

图1-6 沟槽断面种类

a) 直槽 b) 梯形槽 c) 混合槽 d) 联合槽

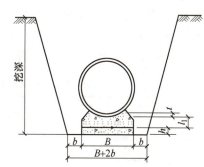

图1-7 沟槽底宽和挖深

B—管基础宽度 b—槽底工作宽度 t—管壁厚度
l_1—管座厚度 h—基础厚度

1. 沟槽底宽

如图1-7所示,沟槽底宽应便于施工操作。一般采取管道结构基础宽度加上两倍的工作宽度,即

$$W = B + 2b \tag{1-23}$$

式中　W——沟槽底宽(m);
　　　B——管道基础宽度(mm);
　　　b——工作宽度(m)。

管道结构两侧的工作宽度可按表1-9的规定取用。

表1-9 管道结构两侧的工作宽度

管道基础宽度 B/mm	每侧工作宽度 b/m	
	金属管道及砖沟	非金属管道
200~500	0.3	0.4
>500~1000	0.4	0.5
>1000~1500	0.6	0.6
>1500~2000	0.8	0.8

如有外防水层的砖沟,每侧工作宽度应取0.8m;如管侧填土采取机械夯实时,每侧工作宽度应能满足机械操作的需要。

沟槽开挖深度由管道设计纵断面图确定。

2. 沟槽边坡

在天然湿度的土壤中开挖沟槽,如果地下水位低于槽底,可以考虑开成直槽,其边坡系数常采取0.05。当槽深 h 不超过下列数值时,可开成直槽并不需要支撑:砂土、砾石,

$h<1.0\mathrm{m}$；亚砂土、亚黏土，$h<1.25\mathrm{m}$；黏土，$h<1.5\mathrm{m}$。

如果槽深较大，最宜分层开挖成混合槽。人工挖槽时，每层深度以不超过2m为宜，机械开挖则按机械性能确定。

地质条件良好，土质均匀，地下水位底于沟槽、基坑底面高程，且挖方深度在5m以内，且边坡不加支撑的边坡应不大于表1-10中对最大边坡的规定。

在管道工程施工中，沟槽开挖所遇到的具体情况相差很大，沟槽边坡的确定，应根据现场土的种类、开挖深度、开挖方法、地下水的情况、边坡留置时间的长短、边坡上荷载及邻近建筑物、公路、铁路等静、动荷载等因素综合考虑。

表1-10 深度在5m以内沟槽、基坑（槽）的最大边坡

土 的 类 别	最大边坡（1∶n）		
	坡顶无荷载	坡顶有静载	坡顶有动载
中密的砂土	1∶1.00	1∶1.25	1∶1.50
中密的碎石类土（充填物为砂土）	1∶0.75	1∶1.00	1∶1.25
硬塑的轻亚黏土	1∶0.67	1∶0.75	1∶1.00
中密的碎石类土（充填物为黏性土）	1∶0.5	1∶0.67	1∶0.75
硬塑的亚黏土、黏土	1∶0.33	1∶0.50	1∶0.67
老黄土	1∶0.10	1∶0.25	1∶0.33
软土（经井点降水后）	1∶1.00	—	—

1.3.2 土方量计算

根据选定的沟槽断面进行土方量计算。沟槽为梯形断面时，则断面面积为

$$F = (W + nh)h \tag{1-24}$$

式中 F——沟槽断面面积（m^2）；
W——沟槽底宽（m）；
n——边坡系数；
h——沟槽深度（m）。

两相邻断面间的土方量计算式为

$$V = \frac{1}{2}(F_1 + F_2)L \tag{1-25}$$

式中 V——两相邻断面间的土方量（m^3）；
F_1、F_2——两相邻横断面面积（m^2）；
L——两断面间距（m），两断面间距一般取10~20m，最大不得超过100m。

埋设排水管道的沟槽通常以两相邻检查井所在处沟槽断面为计算断面。

基坑（槽）土方量按其几何体积计算，每侧工作宽度为1~2m。

1.4 沟槽、基坑开挖

沟槽、基坑土方开挖为加快施工进度，应尽量采用生产效率高的机械来完成，有条件的

可进行综合机械化作业。对于较浅、长度不大的管槽、基坑，也可以人工开挖。

沟槽、基坑土方机械开挖，应依施工具体条件，选择单斗挖土机和多斗挖土机。

1.4.1 单斗挖土机开挖

在给水排水管道工程中，广泛采用单斗挖土机开挖沟槽和基坑。单斗挖土机按其行走装置的不同，分为履带式和轮胎式两类。根据工作的需要，工作装置可更换。单斗挖土机按其工作装置的不同，分为正向铲挖土机、反向铲挖土机、拉铲挖土机和合瓣铲（抓铲）挖土机4种；按其传动方式有机械传动挖土机和液压传动挖土机两种。动力装置一般为内燃机。

（1）正向铲挖土机（图1-8）正向铲挖土机能开挖停机面以上Ⅰ~Ⅳ类土，适用于开挖高度2m以上，底部尺寸较大的沟槽和基坑，但需设置下坡道。常用正向铲斗容量为0.5~1m³。

（2）反向铲挖土机（图1-9）反向铲挖土机的挖土特点是后退向

图1-8 正向铲挖土机

下，强制切土。它的挖掘力不如正向铲挖土机，能开挖停机面以下的Ⅰ~Ⅱ类土，深度在4m左右的管沟或基坑，也可用于地下水位较高的土方开挖。

（3）拉铲挖土机（图1-10）拉铲挖土机的铲斗用钢丝绳悬挂在挖土机长臂上，挖土时土斗在自重作用下落到地面切入土中。它的挖土特点是：后退向下，自重切土。其挖土深度和挖土半径较大，能开挖停机面以下Ⅰ~Ⅱ类土，但不如反向铲动作灵活准确，适于开挖大型基坑、沟渠和水下开挖等。

（4）抓铲挖土机（图1-11）抓铲挖土机是在机臂前端用钢丝绳

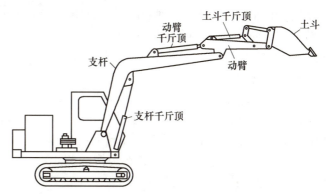

图1-9 反向铲挖土机

吊装一个抓斗。它的挖土特点是抓斗直上直下，自重切土。其挖掘力较小，只能挖Ⅰ~Ⅱ类土，用于开挖面积较小，深度较大的沟槽或基坑，特别适于水下挖土。

1.4.2 多斗挖土机开挖

多斗挖土机又称挖沟机，它与单斗挖土机比较有以下优点：挖土作业是连续的，在同样条件下生产率较高；开挖沟槽的底和壁较整齐；在连续挖土的同时，能将土自动卸在沟槽一侧。

挖沟机由工作装置，行走装置，动力、

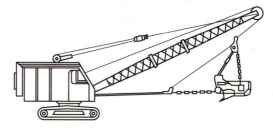

图1-10 拉铲挖土机

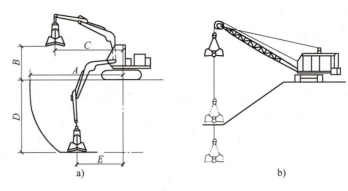

图 1-11 合瓣铲（抓铲）挖土机
a）液压式合瓣铲挖土机　b）绳索式合瓣铲挖土机
A—最大挖土半径　B—卸土高度　C—卸土半径　D—最大挖土深度　E—最大挖土深度时的挖土半径

操纵及传动装置等部分组成。挖沟机按工作装置分为链斗式（图 1-12）和轮斗式两种；按卸土方式分为装有卸土带式运输器挖沟机和无装卸土带式运输器挖沟机两种，后者以重力卸载或其他强制卸土方法进行卸土。挖沟机大多装有带式运输器。行走装置有履带式、轮胎式和履带轮胎式三种。动力一般为内燃机。

图 1-12 为链斗式挖沟机。链斗式挖沟机开挖沟槽宽度与土斗宽度相同。为加大开挖宽度，一般在土斗两侧各装设一铸钢制的括耳，使开挖宽度由 0.8m 加大至 1.1m。如要增大挖深，可更换较长的斗架。图 1-13 为倾斜地面开行的挖沟机。

轮斗式与链斗式挖沟机的主要区别在于，前者的土斗是固定在圆形的斗轮上的，斗轮旋转使土斗连续挖土。当土斗旋升至斗轮顶点时，土即卸至带式运输器上被运出卸在沟槽一侧。斗轮通过钢索升降改变挖土深度。

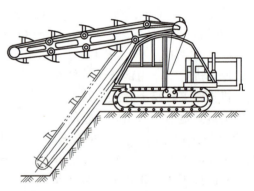

图 1-12 链斗式挖沟机

挖沟机不宜开挖坚硬的土和含水量较大的土。宜开挖黄土、砂土和粉质黏土等。

1.4.3 推土机及其作业

推土机由拖拉机和推土铲刀组成。索式推土机的铲刀借本身自重切入土中，在硬土中切土深度较小。液压式推土机（图 1-14）由于用液压操纵，能使铲刀强制切入土中，切土深度较大。同时，液压式推土机铲刀还可以调整角度，具有更大的灵活性。

推土机能单独地进行挖土、运土和卸土作业，具有操纵灵活、运行方便、所需工作面较小、行驶速度较快等特点，适用于场地清理，场地平整，开挖深度不大于 1.5m 的基坑以及回填作业等。

1.4.4 铲运机及其作业

铲运机是一种能够独立完成铲土、运土、卸土、填筑和平整的土方机械（图 1-15）。铲运机按行走机构可分为拖式铲运机和自行式铲运机两种。拖式铲运机由拖拉机或推土机牵引,自行式铲运机的行驶和作业都靠自身的动力设备。

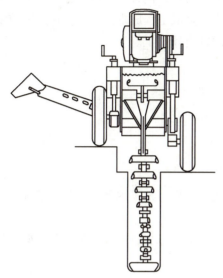

图1-13 倾斜地面开行的挖沟机

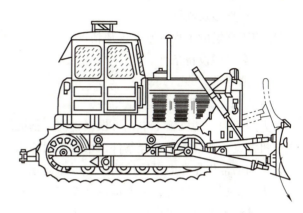

图1-14 液压式推土机

铲运机对行驶道路要求较低,操纵灵活,生产率较高。可在Ⅰ~Ⅲ类土中直接挖土、运土,适用运距为600~1500m,当运距为200~350m时效率最高。铲运机常用于坡度在20°以内的大面积场地平整、大型基坑、沟槽的开挖,路基和堤坝的填筑等,不适于砾石层、冻土地带及沼泽地区使用。坚硬土开挖时要用推土机助铲或用松土机配合。

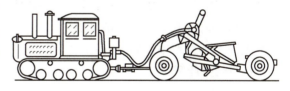

图1-15 铲运机

1.4.5 液压挖掘装载机及其作业

液压挖掘装载机(图1-16)是装有数种不同功能工作装置的施工机械,如反向铲土、装载、起重、推土等。常用的反铲的斗容量为$0.2m^3$。最大挖深为4m,最大回转角度为180°,故常用于中、小型管道沟槽的开挖。

常用的装载斗容量为$0.6m^3$,最大提升高度4.2m,用于场地平整,清除树根、块石等作业。

液压挖掘装载机机身结构紧凑、动作灵活、运行方便,适用于一般大型机械不能适应的施工现场。

图1-16 液压挖掘装载机

1.4.6 沟槽、基坑土方工程机械化施工方案的选择

大型管沟、基坑的土方工程施工中应合理地选择土方机械，使各种机械在施工中配合协调，充分发挥机械效率，保证工程质量，加快施工进度、降低工程成本。因此，在施工前要经过经济和技术分析比较，制订出合理的施工方案，用以指导施工。

1. 制订施工方案的依据

1) 工程类型及规模。
2) 施工现场的工程及水文地质情况。
3) 现有机械设备条件。
4) 工期要求。

2. 施工方案的选择

在大型管沟、基坑施工中，可根据管沟、基坑深度、土质、地下水及土方量等情况，结合现有机械设备的性能、适合条件，采取不同的施工方法。

开挖沟槽常优先考虑采用挖沟机，以保证施工质量，加快施工进度。也可以用反向铲挖土机挖土，根据管沟情况，采取沟端开挖或沟侧开挖。

大型基坑施工可以采用正向铲挖土机挖土，自卸汽车运土；当基坑有地下水时，可先用正向铲挖土机开挖地下水位以上的土，再用反向铲或拉铲或抓铲开挖地下水位以下的土。

采用机械挖土时，为了不使地基土遭到破坏，增加地基处理费用，管沟或基坑底部应留不少于200mm厚土层，由人工清理整平。

3. 挖沟机的生产率计算

挖沟机的生产率为

$$Q = 0.06nqK_{充} \frac{1}{K_{松}} KK_{时} \tag{1-26}$$

式中　　Q——挖沟机的生产率（m³/h）；

　　　　n——土斗每分钟挖掘次数；

　　　　q——土斗容量（L）；

　　　　$K_{充}$——土斗充盈系数；

　　　　$K_{松}$——土的可松性系数；

　　　　K——土的开挖难易程度系数；

　　　　$K_{时}$——时间利用系数。

在一定的土质条件下，提高挖沟机的生产率的主要途径是加快开挖时的行驶速度。但应考虑带式运输器的运送能力是否能及时将土方卸出。

4. 单斗挖土机与自卸汽车配套计算

(1) 单斗挖土机生产率计算　　单斗挖土机的生产率计算式为

$$Q = 60nqK_1K_2 \tag{1-27}$$

式中　　Q——单斗挖土机每小时挖土量（m³/h）；

　　　　n——每分钟工作循环次数；

q——土斗容量（m³）；

K_1——土的影响系数，按土的等级确定：Ⅰ级土约为 1.0；Ⅱ级土约为 0.95；Ⅲ级土约为 0.8；Ⅳ级土约为 0.55；

K_2——时间利用系数（一般为 0.75~0.95）。

（2）挖土机数量确定 根据土方量大小和工期，可确定挖土机数量 N，即

$$N = \frac{Q}{Q_d TCK_h} \tag{1-28}$$

式中 Q——土方量（m³）；

Q_d——挖土机生产率（m³/台班）；

T——工期（工作日）；

C——每天工作班数；

K_h——时间利用系数（一般为 0.75~0.95）。

若挖土机数量已定，工期 T 可按下式计算

$$T = \frac{Q}{NQ_d CK_h} \tag{1-29}$$

（3）自卸汽车配套计算 自卸汽车装载容量 Q_1 一般宜为挖土机容量的 3~5 倍。自卸汽车的数量 N_1，应保证挖土机连续工作，可按下式计算

$$N_1 = \frac{T}{t_1} \tag{1-30}$$

其中 $T = t_1 + \frac{2L}{V_c} + t_2 + t_3;\ t_1 = nt$

式中 T——自卸汽车每一工作循环延续时间（min）；

t_1——自卸汽车每次装车时间（min）；

t——挖土机每次作业循环的延续时间（s），如 WI-100 型正向铲挖土机为 25~40s；

L——运距（m）；

V_c——重车与空车的平均速度（m/min），一般取 20~30km/h；

t_2——卸车时间（一般为 1min）；

t_3——操纵时间（包括停放待装、等车、让车等），一般取 2~3min；

n——自卸汽车每车装土次数，按式（1-31）计算

$$n = \frac{Q_1 K_s}{q K_c \rho} \tag{1-31}$$

式中 Q_1——自卸汽车装载容量（m³）；

q——挖土机斗容量（m³）；

K_c——土斗充盈系数，取 0.8~1.1；

K_s——土的最初可松性系数；

ρ——土的密度（一般取 1000kg/m³）；

1.5 沟槽、基坑支撑

1.5.1 支撑的作用、种类及适用条件

1. 支撑的目的及要求

开挖管沟或基坑，如果土质与周围场地条件允许，采取梯形槽（大开槽）开挖，往往比较经济。但有时受环境限制且开挖的土方量太大，此时可采取直槽加支撑的施工方法。

支撑是防止沟槽或基坑土壁坍塌的挡土结构，一般采取木材或钢材制作。

沟槽或基坑支撑与否应根据工程特点、土质条件、地下水位、开挖深度、开挖方法、排水方法、地面荷载等因素确定。一般情况下，高地下水位砂性土质并采用集水井排水时，沟槽或基坑土质较差、深度较大而又开挖成直槽时，均应支撑。

沟槽或基坑支撑应满足下列要求：

1）支撑应具有足够的强度、刚度和稳定性，保证施工安全。
2）便于支设和拆除。
3）不妨碍沟槽或基坑开挖及后续工序的施工。

2. 支撑的种类及适用条件

支撑形式有横撑、竖撑和板桩撑等。

横撑（图 1-17）用于土质较好，地下水量较小的沟槽。横撑随着沟槽逐渐挖深而分层铺设，支设容易，但拆除时不安全。竖撑（图 1-18）用于土质较差，地下水较多或有流砂的情况下。竖撑的特点是撑板可在开槽过程中用打桩机先于挖土打入土中，在回填以后再逐根拔出，因此施工十分安全。

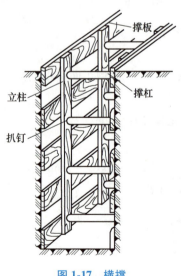

图 1-17 横撑

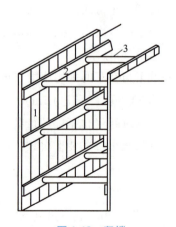

图 1-18 竖撑
1—撑板 2—横木 3—撑杠

横撑由撑板、立柱和撑杠等组成，竖撑由撑板、横木和撑杠等组成。撑板分木撑板和金属撑板两种，木撑板不应有裂纹等缺陷。通常采用的是金属撑板（图 1-19），它由钢板焊接

于槽钢上拼成，槽钢间用型钢（工字钢、槽钢、H 型钢）焊接加固。

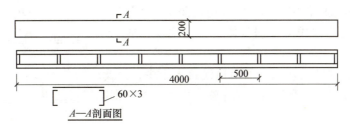

图 1-19　金属撑板

立柱（横木）和撑杠一般采用型钢（工字钢、槽钢、H 型钢），如图 1-20 所示，撑杠由撑头和圆套管组成。撑头为一丝杠，以球铰连接于撑头板，带柄螺母套于丝杠。使用时，将撑头丝杠插入圆套管内，旋转带柄螺母，柄把止于套管端，而丝杠伸长，则撑头板就紧压立柱，使撑板固定。丝杠在套管内的最短长度为 20cm，

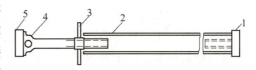

图 1-20　工具式撑杠
1—撑头板　2—圆套管　3—带柄螺母
4—球铰　5—撑头板

以保安全。这种工具式撑杠由于支设方便，更换不同长度套管，可满足不同槽宽的需要，因而得到广泛使用。

板桩撑是将桩板垂直地打入槽或坑底下一定深度（图 1-21）。按使用材料分，板桩撑分木板桩、钢板桩和钢筋混凝土板桩等几种。木板桩由于材料来源问题，且材料强度有限，目前施工单位已极少采用。钢板桩是施工单位常采用的支护材料，拉森钢板桩是钢板桩中最常用的钢板桩。

拉森钢板桩又叫 U 形钢板桩，在建桥围堰、大型管道敷设、临时沟渠开挖时作挡土、挡水、挡沙墙；在码头、卸货场作护墙、挡土墙、堤防护岸等。拉森钢板桩对沟槽或基坑土壁进行支护，既能挡土又能止水，不仅绿色、环保，而且施工速度快、费用低。

拉森钢板桩常用长度为 6m、9m、12m、15m，入土深度不少于整体长度的 1/3。6m、9m 长拉森钢板桩适合沟槽土壁支护；12m、15m 长拉森钢板桩适合深基坑土壁支护。

木板桩适用于不含卵石及不坚硬土质的地层，且开挖深度在 4m 以内的沟槽或基坑。

板桩两侧有榫口连接，板厚小于 8cm 时常采用人字形榫口，厚度大于 8cm 的板桩常采用凸凹企口形榫口。桩底部为双斜面形桩脚，如打入砂砾土层，应增加铁皮桩靴。

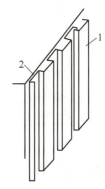

图 1-21　板桩撑
1—槽钢桩板
2—槽壁

钢板桩适用于砂土、黏性土、碎石类土层，开挖深度可达 30m。钢板桩的断面有 U 形、一字形和 Z 形三种，如图 1-22 所示。钢板桩的桩与桩之间由各种形式的锁口相互咬合。重复使用时，应对锁口和桩尖进行修整。钢板桩接长时，应焊夹板加固。

预制钢筋混凝土板桩，用于连接的榫口有凸凹形和半圆形两种，如果打入砂砾层，桩尖应增焊钢板靴。

较浅的沟槽或基坑板桩可以不加支撑，仅依靠入土部分的土压力来维持板桩的稳定。当沟槽开挖较深时，需设置一道或几道支撑。支撑方式可根据具体情况选用横撑或上层锚杆。

板桩是在开挖沟槽或基坑之前沿边线打入土中，因此，板桩撑在沟槽或基坑开挖及其后序工序施工中，始终起保障安全作用。

在各种支撑中，板桩撑是安全度最高的支撑。因此，在弱饱和土层中，经常选用板桩撑。

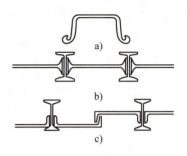

图 1-22 桩板的断面
a）U 形　b）一字形　c）Z 形

在开挖较大基坑或使用机械挖土，而不能安装撑杠时，可改用锚碇式支撑（图 1-23）。锚桩必须设置在土的破坏范围以外，挡土板水平钉在柱桩的内侧，柱桩一端打入土内，上端用拉杆与锚桩拉紧，挡土板内侧回填土。

在开挖较大基坑，当有部分地段下部放坡不足时，可以采用短桩横隔板支撑或临时挡土墙支撑，以加固土壁（图 1-24）。

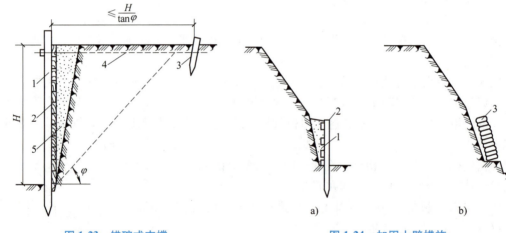

图 1-23 锚碇式支撑
1—柱桩　2—挡土板　3—锚桩　4—拉杆
5—回填土　φ—土的内摩擦角

图 1-24 加固土壁措施
a）短桩横隔板支撑　b）临时挡土墙
1—短桩　2—横隔板　3—装土草袋

1.5.2 支撑的计算

实测资料表明，在排除地下水的情况下，作用在支撑上的土压力分布如图 1-25 所示，其中 γ 为土的重度，K_a 为主动土压力系数，φ 为土的内摩擦角，H 为沟槽深度，c 为土的黏聚力，b 为撑板宽度。支撑的计算内容是确定撑板、立柱（或横木）和撑杠的尺寸。

1. 撑板的计算

撑板按简支梁计算，如图 1-25 所示。

计算跨度等于立柱或横木的间距 l_1，每块撑板的宽度为 b，厚度为 d，所承受的均布荷载等于 $pb(\mathrm{kN/m})$，其中 p 是侧土压力，对砂土取 $0.8\gamma H\tan^2\left(45°-\dfrac{\varphi}{2}\right)$，对软黏土取 $\gamma H-4c$。

撑板的最大弯矩为

$$M_{max} = \frac{pbl_1}{8} \quad (1-32)$$

撑板的抵抗矩为

$$W = \frac{bd^2}{6} \quad (1-33)$$

因此，撑板的最大弯曲应力为

$$\sigma = \frac{M_{max}}{W} = \frac{3pl_1}{4d^2} \leq [\sigma_w] \quad (1-34)$$

式中　$[\sigma_w]$——材料允许弯曲应力。

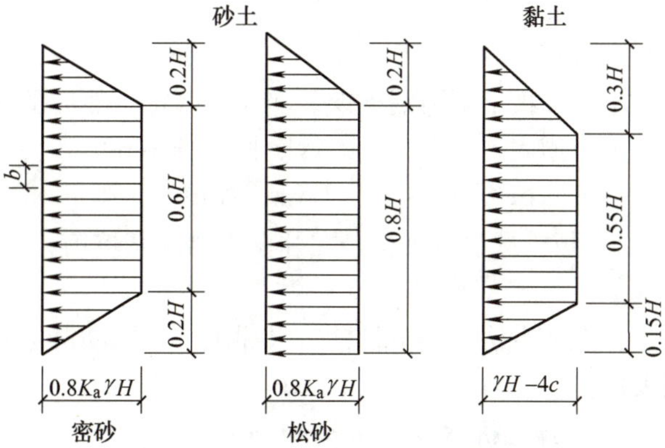

2. 立柱（横木）的计算

立柱（横木）的所受的荷载 q 等于撑板所传递的侧土压力，反力 R 如图 1-26 所示。计算时，假设在支座（横撑）处为简支梁，再算出最大弯矩，并校核最大弯曲应力。

3. 撑杠的计算

撑杠所受的荷载等于简支立柱或横木的反力，按压杆进行强度和稳定计算（图 1-27）。

支撑构件的尺寸取决于现场已有材料的规格，因此，支撑的计算只是对已有结构进行校核。如果支撑构件应力过大，可适当增加立柱和横撑的数目。现场施工常凭经验来确定支撑构件的尺寸。

木撑板一般长 2~6m，宽为 20~30cm，厚 5~10cm。

图 1-25　支撑计算的侧土压力简化计算图形

H—沟槽深度　K_a—主动土压力系数
γ—土的重度　c—土的黏聚力

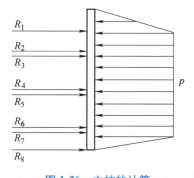

图 1-26　立柱的计算

$R_1 \sim R_8$—撑杠反力　p—侧土压力

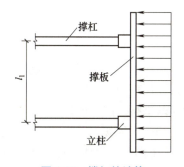

图 1-27　撑杠的计算

l_1—撑杠间距

横木的截面尺寸一般为 10cm×15cm~20cm×20cm（视槽宽而定）。立柱的截面尺寸为 10cm×10cm~20cm×20cm（视槽深而定）。槽深在 4m 以内时，立柱间距为 1.5m 左右；槽深为 4~6m 时，立柱间距在疏撑中为 1.5m，密撑为 1.2m；槽深为 6~10m 时，立柱间距为 1.5~1.2m。撑杠垂直间距一般为 1.2~1.0m。

1.5.3　支撑的设置与拆除

1. 支撑的设置

1）横撑和竖撑的设置。挖槽到一定深度或到地下水位以上时，开始支设支撑，然后逐层开挖逐层支设。横撑支设顺序为：首先支设撑板并要求紧贴槽壁，而后安设立柱（或横木）和撑杠，要求横平竖直，支设牢固。竖撑的支设顺序为：将撑板密排立贴在槽壁，再将横木在撑板上下两端支设并加撑杠固定。然后随着挖土，撑板底端高于槽底，再逐块将撑板打入至槽底。根据土质，每次挖深50~60cm，将撑板下锤一次。撑板打至槽底排水沟底为止。下锤撑板每到1.2~1.5m，加撑杠一道。

2）板桩撑设置板桩是在开挖沟槽或基坑前，沿开挖边线打入土中，打入到要求的深度为止。

打桩的方法有锤击打桩、水冲沉桩、振动沉桩和静力压桩等，其中以打桩机锤击打桩应用最广。

2. 支撑的拆除

施工过程中，更换立柱和撑杠位置，称为倒撑。一般在下列情况下必须倒撑：

1）原支撑妨碍下一道工序正常进行。
2）原支撑不稳定。
3）一次拆撑有危险。
4）由于其他原因必须重新安设支撑。

在施工期间，应经常检查槽壁和支撑的情况，尤其在有流砂地段或雨后，更应仔细检查。若发现支撑各部件有弯曲、倾斜、松动等现象，应立即采取加固措施。若槽壁有塌方预兆，应加设支撑，而不应采取倒撑方法，以免发生安全事故。

沟槽内工作全部完成后，才可将支撑拆除。拆撑与沟槽回填应同步进行，边填边拆。板桩的拆除可在沟槽部分回填后，采取拔桩机拔桩，拔桩后所留孔洞，应及时回填土或采取冲水灌砂填实。

1.6 地基处理

在工程实际中，常遇到一些软弱土层，如土质疏松、压缩性高、抗剪强度低的软土、松散砂土和未经处理的填土等。当在这种软弱地基上直接敷设管道或修建构筑物不可行时，往往需要对地基进行加固或处理。

地基处理的目的如下：

1）改善土的剪切性能，提高抗剪强度。
2）降低软弱土的压缩性，减少基础的沉降或不均匀沉降。
3）改善土的透水性，起着截水、防渗的作用。
4）改善土的动力特性，防止砂土液化。
5）改善特殊土的不良地基特性（主要是指消除或减少湿陷性黄土的湿陷性和膨胀土的胀缩性等）。

地基处理的方法有换土垫层、挤密与振密、碾压与夯实、排水固结和浆液加固五类。但常用的地基处理的方法主要为换土垫层、挤密与振密、碾压与夯实。地基处理方法见表1-11。具体采用哪种方法应从当地地基条件、目的要求、工程费用、施工进度、材料来源、可能达到的效果及环境影响等方面进行综合考虑，并通过试验和比较，采用合理、有效和经济的处理方案，必要时还需要在构筑物整体性方面采取相应的措施。

表 1-11　地基处理方法

分类	处理方法	原理及作用	适用范围
换土垫层	素土垫层 砂垫层 碎石垫层	挖除浅层软土，用砂、石等强度较高的材料代替，以提高持力层土的承载力，减少部分沉降量；消除或部分消除土的湿陷性、胀缩性及防止土的冻胀作用；改善土的抗液化性能	适用于处理浅层软弱土地基、湿陷性黄土地基（只能用灰土垫层）、膨胀土地基、季节性冻土地基
挤密与振实	砂桩挤密法 灰土桩挤密法 石灰桩挤密法 振冲法	通过挤密或振动使深层土密实，并在振动挤压过程中，回填砂、砾石等材料，形成砂桩或碎石桩，与桩周土一起组成复合地基。从而提高地基承载力，减少沉降量	适用于处理砂土、粉土或部分黏土颗粒含量不高的黏性土
碾压与夯实	机械碾压法 振动压实法 重锤夯实法 强夯法	通过机械碾压或夯击压实土的表层，强夯法则利用强大的夯击，迫使深层土液化和动力固结而密实，从而提高地基土的强度，减少部分沉降量，消除或部分消除黄土的湿陷性，改善土的抗液化性能	一般适用于砂土、含水量不高的黏性土及填土地基。强夯法应注意其振动对附近（约 30m 内）建筑物的影响
排水固结	堆载预压法 砂井堆载预压法 排水板法 井点降水预压法	通过改善地基的排水条件和施加预压荷载，加速地基的固结和强度增长，提高地基的强度和稳定性，并使基础沉降提前完成	适用于处理厚度较大的饱和软土层，但需要具有预压的荷载和时间，对于厚的泥炭层则要慎重对待
浆液加固	硅化法 旋喷法 碱液加固法 水泥灌浆法	通过注入水泥、化学浆液，将土粒黏结，或通过化学作用、机械拌和等方法，改善土的性质，提高地基承载力	适用于处理砂土、黏性土、粉土、湿陷性黄土等地基，特别适用于对已建成的工程地基事故处理

1.6.1　换土垫层

换土垫层是一种直接置换地基持力层软弱土的处理方法。施工时将基底下一定深度的软弱土层挖除，分层回填砂、石、灰土等材料，并加以夯实振密（图 1-28）。换土垫层是一种较简易的浅层地基处理方法，在各地得到广泛应用。

换土垫层适用于较浅的地基处理，一般用于地基持力层扰动小于 0.8m 的地基处理。如有地下水，可采取满槽挤入片石的方法，由沟一端开始，依次向另一端推进，边挖边挤入片石，片石缝隙用级配砂石填充。片石厚度不小于扰动深度的 80%。垫层作为地基的持力层，可提高承载力，并通过垫层的应力扩散作用，减少对垫层下面的地基的单位面积的荷载。

换土垫层厚度确定可采取钎插法，即人用力将 9~16mm 钢筋插入到硬底，插入土中深度即近似为地基换土垫层处理的深度。

换土垫层施工的基本要求：垫层材料应分层铺设，分层压实。与地基土接触的最下一层的压实应避免对地基土的扰动。

管道基础处理：

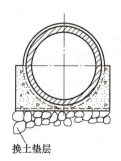

图 1-28　管道的换土垫层

1) 当土壤承载力为 80~100kPa 和非岩石时，采用原状土作为基础。
2) 当土壤承载力为 50~70kPa 时，应采用经夯实后的原状土作为基础，夯实密度应达到 95%。
3) 当沟底遇到岩石、卵石、硬质土、软的膨胀土、不规则卵石块及浸泡土质而不宜作沟底基础时，应根据实际情况挖除后做人工基础。基础厚度宜采用 0.3~0.5 管道公称尺寸，且不得小于 150mm。

管道垫层：管道的垫层应按回填材料的要求使用砂或砾石，管床应平整，垫层厚度为 50~150mm。

埋地聚乙烯（PE）给水管道、聚乙烯双壁波纹排水管等塑料管常采用中粗砂或石屑基础；钢筋混凝土管道采用砂石及管座基础；金属管道常采用中细砂或原土基础。

1.6.2 挤密与振实

1. 挤密桩

挤密桩可采用类似沉管灌注桩的机具和工艺，通过振动或锤击沉管等方式成孔、在管内灌料（砂、石灰、灰土或其他材料）、加以振实加密等过程而形成的。图 1-29 所示为砂桩施工的机械设备。

（1）挤密砂石桩　挤密砂石桩用于处理松散砂土、填土以及塑性指数不高的黏性土。对于饱和黏土由于其透水性低，可能挤密效果不明显。此外，还可起到消除可液化土层（饱和砂土、粉土）发生振动液化的作用。砂石桩宜采用等边三角形或正方形布置，直径可采用 300~800mm，根据地基土质情况和成桩设备等因素确定。对饱和黏土地基宜选用较大的直径。砂石桩的间距应通过现场试验确定，但不宜大于砂石桩直径的 4 倍。

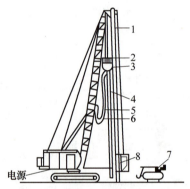

图 1-29　砂桩施工的机械设备
1—导架　2—振动机　3—砂漏斗
4—工具管　5—电缆　6—压缩空气管
7—装载机　8—提砂斗

桩孔内的填料宜用砾砂、粗砂、中砂、圆砾、角砾、卵石、碎石等。填料中含泥量不得大于 5%（质量分数），并不宜含有大于 50mm 的颗粒。

（2）生石灰桩　在下沉钢管成孔后，灌入生石灰碎块或在生石灰中掺加适量的水硬性掺合料，如粉煤灰、火山灰等，约占 30%（质量分数），经密实后便形成了桩体。生石灰桩之所以能改善土的性质，是由于生石灰的水化膨发挤密、放热、离子交换、胶凝反应等作用和成孔挤密、置换作用。

生石灰桩直径采用 300~400mm，桩距为 3~3.5 倍桩径，超过 4 倍桩径的效果常不理想。

生石灰桩适用于处理地下水位以下的饱和黏性土、粉土、松散粉细砂、杂填土及饱和黄土等地基。湿陷性黄土则应采用土桩、灰土桩。

2. 振冲法

在砂土中，利用加水和振动可以使地基密实。振冲法就是根据这个原理而发展起来的一种方法。振冲法施工的主要设备是振冲器（图 1-30a），它类似于插入式混凝土振捣器，由潜水电动机、偏心块和通水管三部分组成。振冲器由吊机就位后，同时起动电动机和射水泵，在高频振动和高压水流的联合作用下，振冲器下沉到预定深度，周围土体在压力水和振动作用下变密，此时地面出现一个陷口，往陷口内填砂一边喷水振动，一边填砂密实，逐段填料振密，逐段提升振冲器，直到地面，从而在地基中形成一根较大直径的密实的碎石桩体，一般称为振冲碎石桩。

从振冲法所起的作用来看，振冲法分为振冲置换和振冲密实两类。振冲置换法适用于处理不排水抗剪强度不小于20kPa的黏性土、粉土、饱和黄土和人工填土等地基。该方法是在地基土中制造一群以石块、砂砾等材料组成的桩体，这些桩体与原地基土一起构成复合地基。而振动密实法适用于处理砂土、粉土等，该方法是利用振动和压力水使砂层发生液化，砂土颗粒重新排列，孔隙减少，从而提高砂层的承载力和抗液化能力。

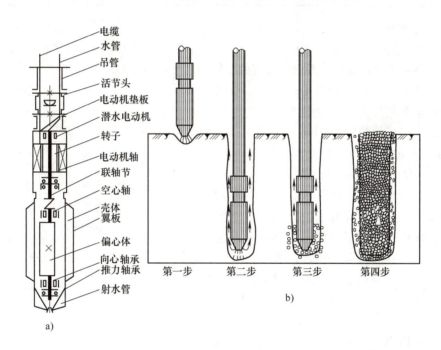

图 1-30 振冲法施工程序图
a）振冲器构造图　b）施工程序

1.6.3 碾压与夯实

1. 机械碾压法

机械碾压法采用压路机、推土机、羊足碾或其他压实机械来压实松散土，常用于大面积填土的压实和杂填土地基的处理。

处理杂填土地基时，应首先将建筑物范围内一定深度的杂填土挖除，然后先在基坑底部前后碾压，再将原土分层回填碾压，还可在原土中掺入部分砂和碎石等粗粒料。

碾压的效果主要取决于压实机械的压实能量和被压实土的含水量。应根据具体的碾压机械的压实能量，控制碾压土的含水量，选择合适的铺土厚度和碾压遍数。最好是通过现场试验确定，在不具备试验条件的场合，可参照表 1-12 选用。

表 1-12　垫层每层铺土厚度和碾压遍数

施工设备	每层铺填厚度/cm	每层压实遍数
平碾（8~12t）	20~30	6~8
羊足碾（5~16t）	20~35	8~16
蛙式夯（200kg）	20~25	3~4
振动碾（8~15t）	60~130	6~8
振动压实机（2t，振动力98kN）	120~150	10
插入式振动器	20~50	—
平板式振动器	15~25	—

2. 振动压实法

振动压实法是利用振动压实机（图 1-31）振动压实浅层地基的一种方法，适用于处理砂土地基和黏性土含量较少、透水性较好的松散杂填土地基。

振动压实机的工作原理是由电动机带动两个偏心块以相同速度相反方向转动而产生很大的垂直振动力。振动压实机的频率为 1160~1180r/min，振幅为 3.5mm，自重为 20kN，振动力可达 50~100kN，并能通过操纵使它能前后移动或转弯。

振动压实效果与填土成分、振动时间等因素有关。一般来说，振动时间越长效果越好，但超过一定时间后，振动引起的下沉已基本稳定，再振也不能起到进一步的压实效果。因此，需要在施工前进行试振，以测出振动稳定下沉量与时间的关系。对于主要是由炉渣、碎砖、瓦块等组成的建筑垃圾，振动时间约在 1min 以上。对于含炉灰等细颗粒填土，振动时间约为 3~5min，有效振实深度为 1.2~1.5m。注意振动对周围建筑物的影响。一般情况下振源离建筑物的距离不应小于 3m。

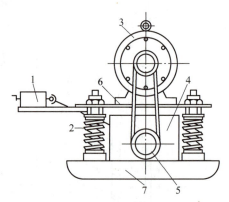

图 1-31　振动压实机示意
1—操纵机构　2—弹簧减振器　3—电动机
4—振动器　5—振动机槽轮　6—减振架
7—振动夯板

3. 重锤夯实法

重锤夯实法是利用起重机械将夯锤提到一定高度，然后使锤自由下落，重复夯击以加固地基的方法（图 1-32）。

夯锤一般采用钢筋混凝土圆锥体（截去锥尖），它的底面直径为 1~1.5m，质量为 1.5~3.0t，落距 2.5~4.5m。施工时，重锤由移动式起重机吊挂而锤击土层。重锤加固前应挖坑进行试夯，确定夯实参数。经若干遍夯击后，其加固深度可达 1.0~1.5m，均等于夯锤直径。当最后两遍的平均夯沉量不超过 10~20mm（一般黏性土和湿陷性黄土）或 5~10mm（砂土）时，即可停止夯击。

重锤浅层夯实适用于地下水位以上的非饱和黏性土、砂土、湿陷性黄土和回填土等。

重锤夯实的加固深度和压实程度根据土质、含水量和夯实制度而定。夯实参数的内容包括夯锤质量、夯锤尺寸、落距、落点形式、夯击遍数等。

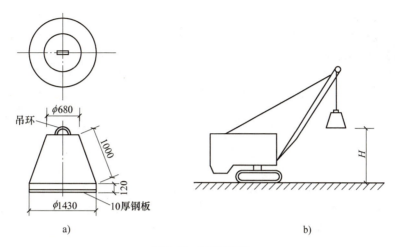

图 1-32 重锤夯实
a) 夯锤 b) 起重机械提升夯

4. 强夯法

所谓强夯法是以很大的冲击能量对土层进行较大深度的固结。强夯的单击夯击能可达 1500~5000J。夯锤重为 100~2000kN，锤底面积达 2~6m²，落距为几米到几十米，加固深度达 10~40m。

5. 机械碾压法

机械碾压工具有压路机、夯捣式压路机、轮胎式压路机、振动式压路机等。夯捣式压路机是圆筒碾滚上安装羊蹄或蟹足形凸块，即为羊足碾等。碾压的影响深度一般为 0.3~0.5m。如果换土回填压实地基，换土层厚度一般为 0.2~0.3m/层。换填土的含水量，碾压的每层铺土厚度、碾压遍数，碾压荷载和碾压密实度要求等应由试验测定。

复习思考题

1. 土有哪些主要的物理性质？
2. 土的渗透性如何表示？怎样确定？
3. 试述土压力的种类。
4. 试述沟槽土的分类。
5. 试述施工测量的目的和步骤。
6. 给水排水管道放线的要求有哪些？
7. 试述沟槽断面种类及其选择。
8. 沟槽断面选择时应考虑哪些因素？
9. 某建筑小区敷设一条长 100m、管径为 400mm 的钢筋混凝土排水管。沟槽土为黏土，坡顶无荷载，沟槽平均挖深 1.6m；采取梯形断面，最大边坡为 1:0.33，管道采取素土基础，接口为水泥砂浆抹带接口。管道基础宽为 600mm。求沟槽开挖土方量。
10. 试述换土垫层适用条件、常用材料和施工方法。
11. 地基浅层压实的方法有哪些？适用哪些场合？
12. 试述沟槽回填施工的内容及其基本要求。

13. 试述沟槽开挖机械的种类及其适用条件。
14. 试述沟槽支撑的目的和要求。
15. 试述沟槽支撑的种类及其适用条件。
16. 试述沟槽支撑的设置与拆除。

第 2 章
施工排水

含水土层内的水分以水汽、结合水和自由水三种状态存在。结合水没有出水性。土体孔隙中的自由水在重力作用下会产生流动,土体被水透过的性质称为渗透性,通常以渗透系数 K 来表示。水在土中渗流属于"层流"。达西(法国)通过渗流试验得出水在土中的渗流规律,即达西线性渗透定律

$$V = KI \tag{2-1}$$

式中　V——渗透速度(m/d、m/h 或 m/s);

　　　I——水力坡度,$I = \dfrac{H}{L}$;

　　　L——水的渗流线长度(m);

　　　H——在渗流线长度 L 内的水头差(m);

　　　K——渗透系数(m/d、m/h 或 m/s)。

当渗水通过土体的断面积(也称过水断面)为 W 时,其渗透流量为

$$Q = KIW \tag{2-2}$$

土的渗透系数大小取决于土的结构、土颗粒大小及粒径级配、土的密实度等。同一种土的渗透系数是随土的密度程度变化而变化的。表 2-1 给出的渗透系数值仅供参考。在施工中为了获得可靠的渗透系数值,应进行实测求得。

表 2-1　渗透系数值

土的类别	K/(m/d)	土的类别	K/(m/d)
黏土	<0.001	粉砂	0.5~<1
重砂黏土	0.001~<0.05	细砂	1~<5
轻砂黏土	0.05~<0.1	中砂	5~<20
黏砂土	0.1~<0.25	粗砂	20~<50
黄土	0.25~<0.5	砾石	50~<150

当沟槽开挖到地下水位以下时,有时会出现土粒随地下水一起流动,涌入沟槽的现象,称为"流砂"。沟槽开挖发生流砂,使得沟底土丧失承载力,恶化了施工条件,严重时会引起塌方、滑坡,甚至危及邻近建筑物或人身安全。

流砂现象一般发生在细砂、粉砂等不良土层中。而在黏性土中,由于土粒间黏聚力较大,不会发生流砂现象,但有时在承压水作用下出现整体隆起现象。因此,施工时必须消除地下水的影响,当然也必须消除地表水和雨水的影响。

施工排水的目的是将水位降至基坑、槽底以下一定的深度,以改善施工条件,稳定边

坡，防止地基承载力下降。

施工排水分集水井排水和人工降低地下水位两种。前者是将流入沟槽或基坑内的地下水、地表水、雨水汇集到集水井，然后用水泵抽走。后者是在沟槽或基坑开挖前，将地下水水位降低到工作面标高以下。

2.1 集水井排水

集水井排水系统如图 2-1 所示。从槽底、槽壁渗出的地下水，经排水沟汇集到集水井，然后用水泵排出槽外。

沟槽开挖到接近地下水位时，修建集水井并安装水泵，然后继续开挖沟槽至地下水位时，先在槽底中线处开挖排水沟，使水流向集水井。当挖至接近槽底设计标高时，排水沟改挖在槽底两侧或一侧。

1. 排水沟

排水沟断面尺寸由地下水量而定，通常为 300mm × 300mm。排水沟底一般低于槽底 300mm，并以 3%~5% 的坡度坡向集水井。

2. 集水井

为了防止槽底土结构遭到破坏，集水坑应设置在沟槽范围以外，地下水走向的上游。为了防止地下水对槽底和集水井的冲刷，进水口两侧采用密撑或板桩加固，如图 2-1 所示。

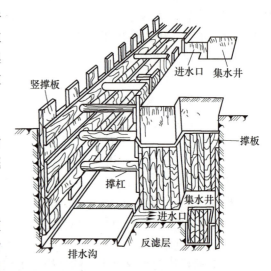

图 2-1 集水井排水系统

当槽底为黏土或亚黏土时，通常开挖土井，或井壁用竹、木等材料加固，或设置直径不小于 0.6m 的混凝土管集水井。井底低于槽底 0.8~1.0m，并能保证排水泵的正常运行。

当土质为砂土、粉土或不稳定的亚黏土，一般采用混凝土管集水井。管径不小于 1500mm，采用沉井法或水射振动法下管，井底标高在槽底以下 1.5~2.0m 处。

混凝土管集水井井底铺设碎石滤水层，以免在抽水时间较长时将泥砂抽出，并防止井底土被搅动。

集水井的数量和间距根据地下水量、井的尺寸大小，以及水泵抽水能力而定，一般每 50~150m 设置一个。

3. 水泵的选用

集水井排水常用的水泵有离心泵、潜水泵和泥浆泵。

（1）离心泵　离心泵的选择，主要根据流量和扬程。离心泵的安装，应注意吸水管接头不漏气及吸水头至少沉入水面以下 0.5m，以免吸入空气，影响水泵的正常使用。

（2）潜水泵　这种泵具有整体性好、体积小、重量轻、移动方便及开泵时不需灌水等优点，在施工排水中广泛应用。

潜水泵使用时，应注意不得脱水空转，也不得抽升含泥砂量过大的泥浆水，以免烧坏电动机。

(3) 泥浆泵　泥浆泵是泵与电动机连成一体潜入水中工作，由水泵、三相异步电动机、橡胶圈密封、电器保护装置四部分组成。泥浆泵的叶轮前部装一搅拌叶轮，它可将作业面下的泥沙等杂质搅起抽吸，非常适宜抽升含泥砂量大的泥浆水。

集水井排水是一种常用的简易的降水方法，适用于少量地下水的排除，以及槽内的地表水和雨水的排除。软土或土层中含有细砂、粉砂或淤泥层时，不宜采用这种方法。

2.2　人工降低地下水位

人工降低地下水位就是在沟槽或基坑开挖前，在沟槽一侧或两侧埋设一定数量的滤水管（井），利用抽水设备抽水，使地下水位降低到沟槽以下，并在沟槽开挖过程中不断抽水，使所挖的土始终保持干燥状态。人工降低地下水改善了工作条件，防止了流砂发生，土方边坡也可陡些，从而减少了挖方量。

人工降低地下水位的方法根据土层性质和允许降低的不同，分为轻型井点、喷射井点、电渗井点、管井井点和深井井点等。上述各种井点对应的渗透系数和降低水位的深度见表2-2。

表 2-2　各种井点对应的渗透系数和降低水位的深度

井点类别	渗透系数/(m/d)	降低水位的深度/m
单层轻型井点	0.1~50	3~6
多层轻型井点	0.1~50	6~12
喷射井点	0.1~2	8~20
电渗井点	<0.1	根据选用的井点确定
管井井点	20~200	3~5
深井井点	10~250	>15

在给排水管道工程施工中，一般采用轻型井点法就能满足需要，而在给排水构筑物基础施工中，常采用管井井点和深井井点降低地下水。

1. 轻型井点

轻型井点适用于粉砂、细砂、中砂、粗砂等渗透系数为 0.1~50m/d，要求降低地下水位深度 3~6m 的场合。

(1) 轻型井点系统的组成　轻型井点系统由滤管、直管、弯联管、总管和抽水设备组成（图2-2）。滤管设在含水层内，地下水经滤管、直管、弯联管、总管，由抽水设备排除，如图2-3所示。滤管是井点设备的重要组成部分，其构造是否合理，对抽水效果影响较大。滤管（图2-4）由镀锌钢管制作，公称通径一般取 50mm，长度为 1~1.5m，管壁钻呈三角形分布的滤孔。滤管的下端用管堵封闭；也可安装沉砂管，使地下水中夹带的砂粒沉积在管内。滤管外壁包扎滤网，防止砂粒进入。滤网材料和网孔规格根据土颗粒粒径和地下水水质而定。滤网一般分为两层，内层的滤网采用 30~50 眼/cm 的铜丝布或尼龙丝布，外层粗滤网采用 5~10 眼/cm 的塑料纱布。管壁与滤网之间用塑料绳骨架绕成螺旋形隔开，滤网外面用粗铁丝网保护。滤管上端与直管连接。

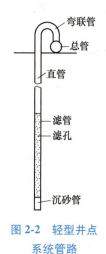

图 2-2 轻型井点
系统管路

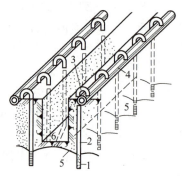

图 2-3 沟槽双排井点系统
1—滤管 2—直管 3—橡胶弯联管
4—总管 5—地下水降落曲线 6—沟槽

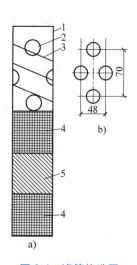

图 2-4 滤管构造图
a) 井点滤管构造
b) 井点管壁孔眼布置
1—井点滤管 2—滤孔
3—塑料绳骨架 4—铜丝
或尼龙布 5—塑料纱布

直管与滤管管径相同，其长度为 5~7m。上端用弯联管与总管连接。

弯联管通常采用橡胶管，直径与直管相同。每个弯联管均应安装阀门，以便井点检修。

集水总管一般用直径 150mm 的钢管，总管分节，常采用法兰连接，每节长度为 4~6m。

轻型井点系统采用真空式或射流式抽水设备。降水深度较小时，也可采用自引式抽水设备。自引式抽水设备是用离心水泵直接从总管抽水，地下水位降落深度仅为 2~5m。真空式抽水设备为真空泵-离心水泵联合机组。该抽水设备可降低地下水位深度为 5.5~6.5m。真空式抽水设备除真空泵、离心水泵外，还需要沉砂罐、稳压罐、冷却循环水系统，设备复杂、操作不便。射流式抽水设备简单，工作可靠，操作方便，是一种广泛应用的抽水设备。射流泵如图 2-5 所示。离心水泵从水箱内抽水，泵压高压水在射流器的喷口出流形成射流，产生真空度，将地下水由滤管、直管、弯联管、总管吸入水箱内，水箱内的水经滤清后一部分参入循环，多余部分由水箱上部的出水口排除。

采用射流式抽水设备降低地下水位时，要特别注意管路、水箱的密封，否则会影响降水效果。

(2) 轻型井点系统的计算　轻型井点系统的计算，是确定在降低地下水位的范围内，井点系统总涌水量计算需埋设的井点管数目、埋深、水泵的抽水能力等。计算井点系统时，应具备地质剖面图（包括含水层厚度、不透水层厚度、地下水位线）、土的物理力学性质（包括含水土层颗粒组成、饱和含水量、土的渗透系数等）、抽水试验报告（包括井位、井径、滤管所在土层等）和井点系统设备性能等资料。

1) 涌水量计算。一般地，施工中遇到的大多为潜水不完整井（图 2-6），其涌水量可由式 (2-3) 确定。

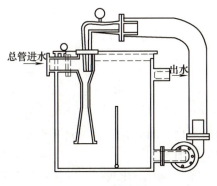

图 2-5 射流泵

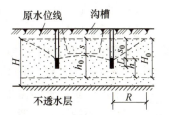

图 2-6 潜水不完整井的有效带计算图

$$Q = 1.366K \frac{(2H_0 - S_0)S_0}{\lg R - \lg x_0} \tag{2-3}$$

式中　Q——涌水量（m³/d）；
　　　K——渗透系数（m³/d）；
　　　H_0——含水层有效带厚度（m）；
　　　S_0——降水深度（m）；
　　　R——影响半径（m）；
　　　x_0——设计沟槽或基坑半径（m）。

$H_0 = \alpha(S_0 + L)$，其中 L 为滤管长度，当 $\frac{S_0}{S_0+L} = 0.2$ 时，$\alpha = 1.3$；当 $\frac{S_0}{S_0+L} = 0.3$ 时，$\alpha = 1.5$；当 $\frac{S_0}{S_0+L} = 0.5$ 时，$\alpha = 1.7$；当 $\frac{S_0}{S_0+L} = 0.8$ 时，$\alpha = 1.85$。

2）渗透系数 K 和影响半径 R 的确定。渗透系数 K 和影响半径 R 是涌水量计算的重要参数，取值是否正确，直接影响计算结果的准确性，尽管 K 和 R 的计算方法有很多种，但为了提高涌水量计算的精度，一般应进行现场抽水试验确定。

（3）井点管数量及井距计算　井点管的数量取决于井点系统涌水量的多少和单根井点管的最大出水量，单根井点管的最大出水量与滤管的构造、尺寸、土的渗透系数有关，按下式计算

$$q = 65\pi dL\sqrt[3]{K} \tag{2-4}$$

式中　q——单根井点管的最大出水量（m³/d）；
　　　d——滤管直径（m）；
　　　L——滤管长度（m）；
　　　K——渗透系数（m³/d）。

井点管根数 n 按下式计算

$$n = 1.1\frac{Q}{q} \tag{2-5}$$

式中　1.1——备用系数，考虑井点管堵塞等因素；
　　　Q——涌水量（m³/d）。

井点管间距 l 按下式计算

$$l = \frac{L_0}{N} \tag{2-6}$$

式中　L_0——集水总管长度（m）；
　　　N——井点管根数。

在确定井点管间距时，应注意以下几点：
1）井距不能过小，否则彼此干扰大，影响出水量，因此井距必须大于 $5\pi d$。
2）在总管拐弯处及靠近河流处，井点管宜适当加密。
3）在渗透系数小的土中，考虑到抽水使水位降落的时间比较长，宜使井距靠近。
4）间距应与总管上的接口间距相配合。

（4）轻型井点布置　轻型井点的布置要根据沟槽或基坑的平面形状及尺寸、沟槽或基坑的深度、土质、地下水位高低及流向、降水深度要求等因素确定。

1）平面布置。沟槽降水，可采用单排或双排布置。一般情况下，槽宽小于2.5m，要求降低地下水位深度不大于4.5m时，可采用单排井点平面布置，并布置在地下水流上游一侧。

井点管应布置在沟槽或基坑上口边缘外 1~1.5m 处。布置过近，不利于施工，而且可能使井点露出而与大气连通，破坏井点真空系统。

2）高程布置。轻型井点的降深一般不超过6m。井点管上端的埋设高程由下式确定（图 2-7）

$$H = H_1 + h_1 + h_2 + s \tag{2-7}$$

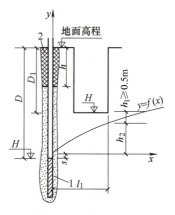

图 2-7　井点管埋设高程
1—砂圈过滤层　2—黏土密封
D—地面至滤管顶标高的距离
D_1—地面至槽底的距离

式中　H——井点管上端埋设高程（m）；
　　　H_1——槽底高程（m）；
　　　h_1——降水后地下水位与槽底的最小距离，根据施工要求，$h_1 \geq 0.5\text{m}$；
　　　h_2——水力坡降，$h_2 = Il_1$，I 为水力梯度，在细砂、粉砂层取 1/8~1/10，l_1 为井点管距对面槽底边缘距离（m）；
　　　s——井点管壁局部损失（m），取 0.5m。

为了提高降水深度，总管埋设高程应接近原地下水位。一般情况下，总管位于原地下水位以上 0.2~0.3m。因此，总管和井点管通常是开挖小沟进行埋设或设置在基坑分层开挖的平台上。总管布置以 1/1000~2/1000 的坡度坡向水泵。

抽水设备常设置在总管中部或一端，水泵进水管轴线尽量与地下水位接近，常与总管在同一标高，或高出 0.5m 左右，但水泵轴线不宜低于原地下水位以上 0.5~0.8m。

（5）轻型井点的施工顺序　开挖井点沟槽，敷设集水总管；冲孔，沉设井点管，灌填砂滤料；弯联管与集水总管连接；安装抽水设备；试抽。

井点管的埋设方法有射水法、冲孔（或钻孔）法及套管法，根据设备条件及土质情况选用。

射水法是在井点管的底端装上水冲装置来冲孔下沉井点管，如图 2-8 所示。冲孔装置内装有球阀和环阀，用高压水冲孔时，球阀下落，高压水流在井点管底部喷出使土层形成孔洞，井点管依靠自重下沉，泥砂从井点管和土壁之间的孔隙内随水流排出，较粗的砂粒随井点下沉，形成滤层的一部分。当井点管达到设计标高后，冲水停止，球阀上浮，可防止土进入井点管内，然后立即填砂滤层。冲孔直径应不小于300mm，冲孔深度应比滤管深0.5m左右，以利泥砂沉降。井点管要位于砂滤层中层。

冲孔法是用直径为50~70mm的冲管冲孔后，再沉放井点管，如图2-9所示。

冲管长度一般比井点管约长1.5m，下端装有圆锥形冲嘴，在冲嘴的圆锥面上钻有3个喷水小孔，各孔之间焊有三角形立翼，以辅助冲水时扰动土层，便于冲管更快下沉。冲管上端用橡胶管与高压水泵连接。加快冲孔速度，减少用水量，有时还在冲管两旁加装压缩空气管。

冲孔前，先在井点管位置开挖小坑，并用小沟渠将小坑连接起来，以便排水。冲孔时，先将冲管吊起并插在井点坑内，然后开动高压水泵将土冲松，冲管边冲边沉，冲孔时应使孔洞保持垂直，上下孔径一致。冲孔直径一般为300mm，以保证管壁有一定厚度的砂滤层；冲孔深度一般比滤管底深0.5mm左右。

井孔冲成后，拔出冲管，立即插入井点管，并在井点管与孔壁之间填灌砂滤层。砂滤层所用的砂一般为粗砂，滤层厚度为60~100mm，填充高度至少要到滤管顶以上1~1.5m，也可填到原地下水位线，以保证水流畅通。

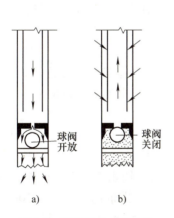

图2-8 直接用井点管水冲
a) 水向下冲射 b) 抽水时

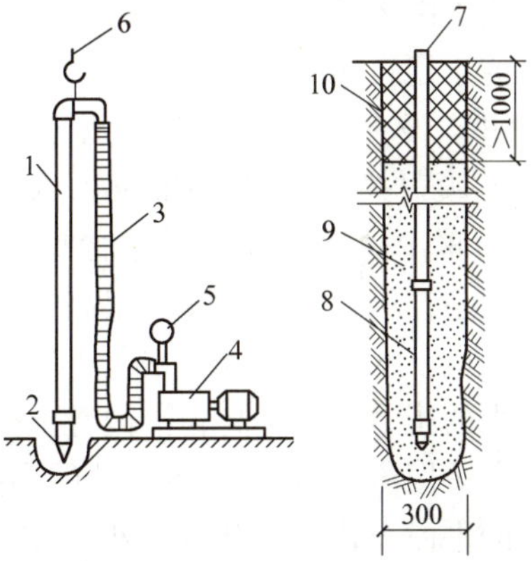

图2-9 冲管冲孔法
1—冲管 2—冲嘴 3—橡胶管 4—高压水泵 5—压力表
6—起重吊钩 7—井点管 8—滤管 9—填砂 10—黏土封口

土质密实坚硬，可采用套管辅助切土。若土质十分松软，可用套管在冲土时支撑孔壁。套管冲沉井点管如图2-10所示。套管直径为350~400mm，长度为6~8m，底部呈锯齿形。水枪放在套管内。冲孔时，套管由起重机吊起并上下移动，切入土中。冲至要求深度，放入井点管，并在套管内填入砂滤层，同时慢慢拔出套管。

每根井点管沉设后应检验渗水性能。井点管与孔壁之间填砂滤料时，管口应有泥浆水冒出，或向管内灌水时，能很快下渗，方为合格。

井点管沉设完毕，即可接通总管和抽水设备，然后进行试抽。要全面检查管路接头质量，井点出水状况和抽水设备运行情况等。如发现漏气和死井（井点管淤塞）要及时处理，检查合格后，井点孔口到地面距离范围内，应用黏土填塞，以防漏气，填深不小于1m。

轻型井点使用时，应连续抽水（特别是开始阶段）。时抽时停，易使滤管堵塞，也易抽出土粒，使出水混浊，并可能造成附近建筑物下土粒流失而使地面沉降。抽水过程中应调节离心泵的出水阀以控制水量，使抽水保持均匀。

井点系统的拆除应在水泵停止抽水后进行。用起重机拔起井点管，若井点管难拔时，可用高压水自直管冲下后再拔。拔出后的井点管和直管应检修保养。井点管埋设孔一般用砂土回填。

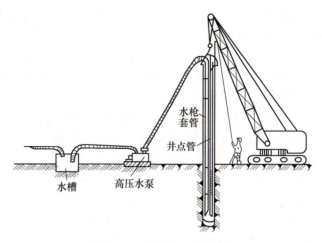

图 2-10　套管冲沉井点管

2. 喷射井点

当沟槽或基坑开挖较深，降水深度要求大于6m时，宜采用喷射井点降水，降深可达8~20m。在渗透系数为3~50m/d的砂土中应用此法最为有效，在对渗透系数为0.1~3m/d的粉砂、淤泥质土中效果也较显著。根据工作介质不同，喷射井点分为喷水井点和喷气井点两种。国内目前采用较多的为喷水井点。

（1）喷射井点设备与布置　喷射井点设备由喷射井管、高压水泵及进水排水管路组成（图2-11a）。喷射井管有内管和外管，在内管下端设有喷射器与滤管相连（图2-11b）。高压水（0.7~0.8MPa）经外管与内管之间的环形空间，并经喷射器侧孔流向喷嘴，由于喷嘴处截面突然缩小，压力水经喷嘴以很高的流速喷入混合室，使该室压力下降，造成一定的真空度。此时，地下水被吸入混合室与高压水汇合，流经扩散管，由于截面扩大，水流速度相应减小，使水的压力逐渐升高，沿内管上升经排水总管排出。

高压水泵宜采用流量为50~80m³/d的多级高压水泵，每套约能带动20~30根井管。

喷射井点的平面布置，当基坑宽小于10m时，井点可作单排布置；当大于10m时，可双排布置；当基坑面积较大时，宜采用环形布置（图2-11c）。井点间距一般采用2~3m。

（2）喷射井点的施工与使用　喷射井点的施工顺序为：安装水泵及进出水管路；敷设进水总管和回水总管；沉设井点管并灌填砂滤料，接通进水总管及时进行单根井点试抽，检验；全部井点管沉设完毕后，接通回水总管，全面试抽，检查整个降水系统的运转状况及降水效果。然后让工作水循环进行正式工作。

为防止喷射器磨损，宜采用套管法成孔，加水及压缩空气排泥，当套管内含泥量小于5%时才下井管及灌填滤水层，再将套管拔起。冲孔直径400~600mm，深度应比滤管底深1m以上。

进水、回水总管与每根井点管的连接均需设置阀门，以便调节使用和防止不抽水时发生回水倒灌。井点管路接口应严密，以防漏气。

开泵初期，压力要小于0.3MPa，以后再逐渐正常。抽水时若发现井管周围有泛砂冒水现象，应立即关闭井点管进行检修。工作水应保持清洁，试抽两天后应更换清水，以减轻工

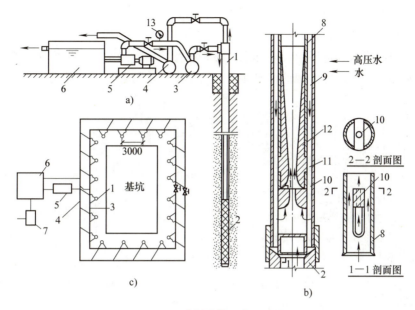

图 2-11 喷射井点设备及布置
a) 井点设备组成 b) 井管断面图 c) 井点平面布置图
1—喷射井管 2—滤管 3—进水总管 4—排水总管 5—高压水泵 6—集水池
7—水泵 8—内管 9—外管 10—喷嘴 11—混合室 12—扩散管 13—压力表

作水对喷嘴及水泵叶轮的磨损。

（3）喷射井点计算　喷射井点的涌水量计算及确定井点管数量与间距、抽水设备等均与轻型井点计算相同。

3. 管井井点

在土的渗透系数大（$K \geqslant 20\text{m/d}$）、地下水量大的土层中，宜采用管井井点。

管井井点是沿基坑周围每隔一定距离（20~50m）设置一个管井，每个管井单设一台水泵不断抽水来降低地下水位。降水深度为3~15m。

井管一般用直径为200mm的钢管制作，过滤部分可采用钢筋焊接骨架，外缠镀锌铁丝，并包滤网。管井井点采用离心式水泵或潜水泵抽水。

4. 深井井点

当降水深度较大，在管井井点内采用一般的离心泵或潜水泵满足不了降水要求时（降水深度大于15m），可加大管井深度，改为深井泵，即为深井井点。深井泵分为电动机安装在地面上的深井泵及深井潜水泵等。

5. 电渗井点

对于渗透系数<0.1m/d的土层（如黏土、淤泥、砂质黏土等），宜采取电渗井点。

电渗井点的原理源于电动试验。在含水细颗粒土中，插入正、负电极并通过直流电后，土颗粒从负极向正极移动，水由正极向负极移动，前者称为电泳现象，后者称为电渗现象，而全部现象为电动现象。

另外，天然状态的黏土颗粒分散在水溶液中，水分子具有极性，在黏土中按极性取向，包围在颗粒外，形成水化膜，构成土粒表面的束缚水。束缚水分黏结水和黏滞水两种。黏结水以结合水状态存在，无出水性，不易排除，它对施工无影响。黏滞水有较大的自由度，可因电动作用以自由水状态排除。

在弱透水层中降水，可以形成毛细水区域。被排除的黏滞水在土层中转化为毛细水。含有毛细水的饱和土无出水性。因此，电渗井点可使地下水位降低，从而提高土体的稳定性和耐压强度。

<h2 style="text-align:center">复习思考题</h2>

1. 施工排水的目的和要求是什么？
2. 试述施工排水的方法及其适用条件。
3. 试述集水井排水系统的组成。
4. 试述集水井抽水设备及其适用条件。
5. 试述喷射井点布置方式以及井管的制作。
6. 试述管井井点、深井井点降水的特点及其适用范围。

第 3 章
钢筋混凝土工程

混凝土结构是以混凝土为主要材料制成的结构,包括素混凝土结构、钢筋混凝土结构和预应力钢筋混凝土结构等。素混凝土结构是指由无筋或不配置受力钢筋的混凝土制成的结构;钢筋混凝土结构是指由配置受力钢筋的混凝土制成的结构;预应力钢筋混凝土结构是指由配置受力的预应力钢筋通过张拉或其他方法建立预加应力的混凝土制成的结构。其中,钢筋混凝土结构在水处理构筑物施工中应用最为广泛。

钢筋混凝土结构以混凝土承受压力、钢筋承受拉力,能比较充分合理地利用混凝土(高抗压性能)和钢筋(高抗拉性能)这两种材料的力学特性。与素混凝土结构相比,钢筋混凝土结构承载力大大提高,破坏也呈延性特征,有明显的裂缝和变形发展过程。钢筋有时也可以用来协助混凝土受压,改善混凝土的受压破坏脆性性能和减少截面尺寸。对于一般工程结构,钢筋混凝土结构的经济指标优于钢结构,技术经济效益显著。

钢筋混凝土结构具有用材合理、耐久性好、耐火性好、可模性好、整体性好、易于就地取材等特性。但也存在自重偏大、抗裂性差、施工比较复杂,工序多、新老混凝土不易形成整体,混凝土结构一旦破坏,修补和加固比较困难等不利因素。

钢筋混凝土结构可以采用现场整体浇筑结构,也可以采用预制构件装配式结构。现场浇筑整体性好,抗渗和抗震性较强,钢筋消耗量也较低,可不需大型起重运输机械等。但施工中模板材料消耗量大,劳动强度高,现场运输量较大,建设周期一般也较长。预制构件装配式结构,由于实行工厂化、机械化施工,可以减轻劳动强度,提高劳动生产率,为保证工程质量,降低成本,加快施工速度,并为改善现场施工管理和组织均衡施工提供了有利的条件。

钢筋混凝土工程由钢筋工程、模板工程和混凝土工程所组成。在施工中应选择合适的建筑材料、施工工艺和施工技术,由多种工种密切配合完成钢筋混凝土工程施工。钢筋混凝土工程的施工程序如图 3-1 所示。同时,在钢筋混凝土工程中,新材料、新结构、新技术和新工艺得到了广泛的应用与发展,并取得了显著的成效。

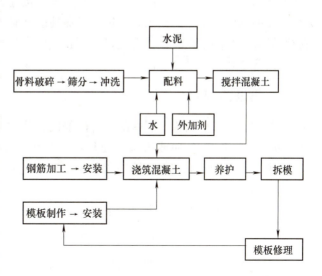

图 3-1　钢筋混凝土工程的施工程序

3.1 钢筋工程

钢筋工程施工应遵循《给水排水构筑物工程施工及验收规范》（GB 50141—2008），其中未包括的部分须遵循《混凝土结构工程施工质量验收规范》（GB 50204—2015）的要求。

3.1.1 钢筋的分类

钢筋混凝土结构中使用的钢筋可以按加工工艺、化学成分、力学性能、表面形状等不同的方法进行分类。分类方法如下：

1) 按加工工艺可分为热轧钢筋、冷加工钢筋、热处理钢筋、高强钢丝和钢绞线等。其中，后三种用于预应力钢筋混凝土结构。

2) 按化学成分可分为碳素钢钢筋和普通低合金钢钢筋。碳素钢钢筋按碳含量多少，可分为低碳钢钢筋（碳的质量分数低于0.25%）、中碳钢钢筋（碳的质量分数为0.25%~0.7%）和高碳钢钢筋（碳的质量分数为0.7%~1.4%）。碳含量增加，能使钢材强度提高，性质变硬，但也使钢材的可塑性和韧性降低，焊接性能变差。普通低碳钢钢筋是在炼钢时对碳素钢加入少量合金元素而形成的。低合金钢钢筋具有强度高、塑性及可焊性好的特点，因而应用较为广泛。

3) 热轧钢筋按力学性能可分为 HPB300、HRB335 和 HRB400 或 RRB400 三级。HPB300 钢筋屈服强度为 $300N/mm^2$，HRB400 钢筋屈服强度为 $400N/mm^2$。工程中普遍使用的主力受力钢筋是 HRB335，辅助钢筋大多为等级更低的 HPB300。

4) 按表面形状可分为光面钢筋和带肋钢筋（月牙形、螺旋形、人字形钢筋）等。

3.1.2 钢筋的进场检验

混凝土结构所采用的钢筋和钢丝的质量均应符合国家标准。钢筋出厂时厂家应出具产品合格证或出厂检验报告，每捆钢筋均应有标牌。按施工规范要求，对进场钢筋应按进场的批次和产品的抽样检验方案抽取试样进行机械性能试验，合格后方能使用。钢筋在使用中如发现脆断、焊接性能不良或机械性能显著不正常时，还应检验其化学成分，检验有害成分硫、磷、砷的含量是否超过允许范围。

3.1.3 钢筋的配料

钢筋的配料是根据施工图中的构件配筋图，分别计算各种形状和规格的单根钢筋下料的长度和根数。钢筋因弯曲或弯钩会使其长度变化，在配料中不能直接根据图样中的尺寸下料，必须了解混凝土保护层、钢筋弯曲、弯钩等规定，再根据图中尺寸计算下料长度。

1. 钢筋下料长度计算

各种钢筋下料长度计算方法如下：

直钢筋下料长度 = 构件长度 - 保护层厚度 + 弯钩增加长度

弯起钢筋下料长度 = 直段长度 + 斜段长度 - 弯曲调整值 + 弯钩增加长度

箍筋下料长度 = 箍筋周长 + 箍筋调整值

上述钢筋需要搭接时，还应增加钢筋搭接长度。

2. 弯曲调整值

在设计图中，钢筋的尺寸一般按外包尺寸标注，但加工下料长度应按中线计算。钢筋在弯曲处形成圆弧，但弯曲后轴线长度不变。钢筋的量度方法是沿直线量外包尺寸，如图 3-2 所示。因此，计算下料长度时，必须从外包尺寸中扣除量度差值。这一工作是对外包长度的调整，因此量度差值也叫"弯曲调整值"。根据理论推算并结合实践经验，钢筋弯曲调整值可参见表 3-1。

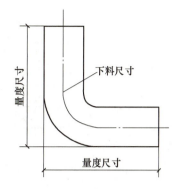

图 3-2 钢筋弯曲时的量度方法

表 3-1 钢筋弯曲调整值

钢筋弯曲角度	30°	45°	60°	90°	135°
钢筋弯曲调整值	0.35d	0.5d	0.85d	2d	2.5d

注：d 为钢筋直径。

3. 弯钩增加长度

钢筋的弯钩形式有三种，即半圆弯钩、直弯钩及斜弯钩，如图 3-3 所示。钢筋端部弯钩长度一般只计外包线（钩顶切线）以外需要增加的长度。这个需要增加的长度与弯钩的制作方法和弯钩形式有关。人工弯制时，为了有利于钢筋扳子卡固，端部要留有平直段（一般 3d），机械弯制时，平直段可以缩短，甚至取消。半圆弯钩是最常用的一种弯钩。直弯钩多用在柱钢筋的下部、箍筋和附加钢筋中。斜弯钩多用在直径较小的钢筋中。弯钩增加长度半圆弯钩为 6.25d，直弯钩为 3.5d，斜弯钩为 4.9d。

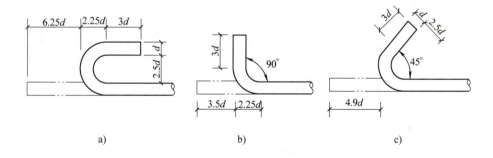

图 3-3 钢筋弯钩计算简图

a) 半圆弯钩　b) 直弯钩　c) 斜弯钩

在生产实践中，由于实际弯心直径与理论弯心直径有时不一致，钢筋粗细和机具条件不同等而影响平直部分的长短（手工弯钩时，平直部分可适当加长；机械弯钩时，平直部分可适当缩短），因此在实际配料计算时，对弯钩增加长度常根据工程具体情况，采用表 3-2 中的经验数据。

表 3-2 半圆弯钩增加长度（用机械弯）

钢筋直径 d/mm	一个弯钩	两个弯钩
4	$8d$	$16d$
5	$7d$	$14d$
6	$6d$	$12d$
8~10	$5d$	$10d$
12~16	$5.5d$	$11d$
18~22	$5d$	$10d$
25~32	$4.5d$	$9d$

注：d 为钢筋直径。

4. 弯起钢筋斜长

弯起钢筋的斜长系数见表 3-3。

表 3-3 弯起钢筋斜长系数

弯起角度 α	30°	45°	60°
斜边长度 S	$2h_0$	$1.41h_0$	$1.15h_0$
底边长度 L	$1.732h_0$	h_0	$0.575h_0$
增加长度 $S-L$	$0.268h_0$	$0.41h_0$	$0.575h_0$

注：h_0 为弯起高度。

5. 箍筋调整值

箍筋调整值，即为弯钩增加长度和弯曲调整值两项之差或和，根据箍筋量外包尺寸或内皮尺寸确定，箍筋量度方法如图 3-4 所示。箍筋调整值见表 3-4。

表 3-4 箍筋调整值　　　　　　　　　　　　　　　（单位：mm）

箍筋量度方法	箍筋直径			
	4~5	6	8	10~12
量外包尺寸	40	50	60	70
量内皮尺寸	80	100	120	150~170

3.1.4 钢筋的代换

施工中缺少设计图中所要求的钢筋的品种或者规格时，以现有的钢筋品种或者规格代替设计所要求的钢筋的品种或者规格，以促使施工能按计划进度进行。钢筋的代换原则如下：

1) 等强度代换：按钢筋承担的拉、压能力相等原则进行代换。

2) 等面积代换：按钢筋面积相等的原则进行代换。

3) 等弯矩代换：按抗弯能力相等的原则进行代换。

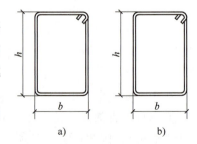

图 3-4 箍筋量度方法

a) 量外包尺寸　b) 量内皮尺寸

4）进行抗裂验算：对构件裂缝开展宽度有控制要求的。

5）满足构造要求：钢筋间距、最小直径、钢筋根数、锚固长度等。

钢筋代换时，必须充分了解设计意图和代换材料性能，并严格遵守现行钢筋混凝土设计规范的各项规定；凡重要结构中的钢筋代换，应征得设计单位同意。

钢筋代换后，应满足构造方面的要求（如钢筋间距、最小直径、最少根数、锚固长度、对称性等）及设计中提出的特殊要求（如冲击韧性、抗腐蚀性等）。

3.1.5 钢筋的加工

钢筋的调直、除锈、剪切、弯曲成型等工作，都是钢筋加工的具体内容。

（1）钢筋的调直　钢筋成型加工之前必须进行的工作就是调直。调直的方法可以用调直机、卷扬机等机械调直；也可以人工在钢板上用锤子敲打；更多的是采用冷拉法。当采用冷拉方法调直钢筋时，HPB300 级钢筋的冷拉率不宜大于 4%；HRB335 级、HRB400 级和 RRB400 级钢筋的冷拉率不宜大于 1%。冷拔钢丝和冷轧带肋钢筋调直后，其抗拉强度一般要降低则可适当降低调直筒的转速和调直块压紧程度。

（2）钢筋的除锈　钢筋在运输、存放等管理过程中，难免会沾污油渍、漆污、生锈等。过去在施工前，除锈是必须要进行的工序，以免影响与混凝土的黏接。但实践证明，不严重的锈对黏接性并无影响。所以，现在对轻度的锈蚀不再清除。在冷拉、调直等加工工序中，锈会自动脱落。生锈严重的一般还是要清理。常用的除锈方法有：钢丝刷擦刷，机动钢丝轮擦磨，机动钢丝刷磨刷，喷沙枪喷沙。若生锈很严重，有特殊要求的，可在硫酸或者盐酸池中进行酸洗除锈。

（3）钢筋的剪切　钢筋的剪切是指钢筋的下料切断。这一工作主要是选择合适的剪切机具。常用的剪切机具有：电动剪切机或液压剪切机（剪切 ϕ40mm 以下的钢筋）、手动剪切器（剪切 ϕ12mm 以下的钢筋）、氧炔焰切割、电弧切割（切割特粗钢筋）。

（4）钢筋的弯曲成型　ϕ40mm 以下的钢筋一般用专门的钢筋弯曲机弯曲成型，弯曲机可弯直径为 6~40mm 的钢筋。大于 ϕ25mm 的钢筋当无弯曲机时也可采用扳钩弯曲。

（5）钢筋加工的质量检验　钢筋加工质量检验的数量按每工作班同一类型钢筋、同一加工设备检查不应少于 3 件。钢筋加工的允许偏差见表 3-5。

表 3-5　钢筋加工的允许偏差

项　目	允许偏差/mm
受力钢筋顺长度方向全长的净尺寸	±10
弯起钢筋的弯折位置	±20
箍筋内的净尺寸	±5

3.1.6 钢筋的焊接

钢筋焊接方法很多，焊接设备复杂，技术要求较高。用焊接方法将钢筋连接起来，与绑扎相比，可以改善结构受力性能，提高工效，节约钢筋，降低成本。钢筋的焊接应按《钢筋焊接及验收规程》（JGJ 18—2012）规定执行。

钢筋的焊接方法有：闪光对焊、电弧焊、电渣压力焊、电阻点焊、气压焊等。钢筋的焊接质量与钢材的焊接性、焊接工艺有关。

钢筋的接头宜设置在受力较小处。同一纵向受力钢筋不宜设置两个或两个以上接头。接头末端至钢筋弯起点的距离不应小于钢筋直径的 10 倍。在施工现场应按《钢筋机械连接技术规程》(JGJ 107—2016)、《钢筋焊接及验收规程》(JGJ 18—2012) 的规定,对钢筋机械连接接头、焊接接头的外观进行检查,其质量应符合有关规程的规定。

当受力钢筋采用机械连接接头或焊接接头时,设置在同一构件内的接头宜相互错开。纵向受力钢筋机械连接接头及焊接接头连接区段的长度为 $35d$(d 为纵向受力钢筋的较大直径)且不小于 500mm,凡接头中点位于该连接区段长度内的接头,均属于同一连接区段。同一连接区段内,纵向受力钢筋机械连接及焊接的接头面积百分比为该区段内有接头的纵向受力钢筋截面面积与全部纵向受力钢筋截面面积的比值。同一连接区段内,纵向受力钢筋的接头面积百分比应符合设计要求;当设计无具体要求时,应符合下列规定:

1)在受压区不宜大于 50%。
2)接头不宜设置在有抗震设防要求的框架梁端、柱端的箍筋加密区;当无法避开时,对等强度高质量机械连接接头,不应大于 50%。
3)直接承受动力荷载的结构构件中,不宜采用焊接接头;当采用机械连接接头时,不应大于 50%。

同一构件中相邻纵向受力钢筋的绑扎搭接接头宜相互错开。绑扎搭接接头中钢筋的横向净距不应小于钢筋直径,且不应小于 25mm。钢筋绑扎搭接接头连接区段的长度为 $1.3l_1$(l_1 为搭接长度),凡搭接接头中点位于该连接区段长度内的搭接接头均属于同一连接区段。

1. 闪光对焊

闪光对焊广泛应用于钢筋接长及预应力钢筋与螺纹端杆的焊接。热轧钢筋宜优先采用闪光对焊。

钢筋闪光对焊的原理如图 3-5 所示,是利用对焊机使两段钢筋接触,通过低电压的强电流,待钢筋被加热到一定温度变软后,进行轴向加压顶锻,形成对焊接头。对焊广泛应用于 HPB300、HRB335 和 HRB400 或 RRB400 等各级钢筋的接长及预应力钢筋与螺纹端杆的焊接。

根据钢筋品种、直径和所用焊机功率等不同,闪光对焊可分为连续闪光焊、预热闪光焊和闪光-预热-闪光焊三种工艺。

(1)连续闪光焊 连续闪光焊工艺过程包括连续闪光和顶锻过程。施焊时,先闭合电源,使两钢筋端面轻微接触,此时端面的间隙中即喷射出火花般熔化的金属微粒——闪光,接着徐徐移动钢筋,使两端面仍保持轻微接触,形成连续闪光。当闪光到预定的长度,使钢筋接头加热到将近熔点时,以一定的压力迅速进行顶锻。先带电顶锻,再无电顶锻到一定长度,焊接接头即告完成。

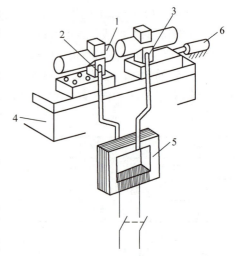

图 3-5 钢筋闪光对焊原理
1—焊接的钢筋 2—固定电极 3—可动电极
4—机座 5—变压器 6—手动顶压机构

(2)预热闪光焊 预热闪光焊是在连续闪光焊前增加一次预热过程,以扩大焊接热影响区。其工艺过程包括预热、闪光和顶锻过程。施焊时先闭合电源，然后使两钢筋端面交替地接触和分开，这时钢筋端面的间隙中即发生断续的闪光，而形成预热。当钢筋达到预热的温度后进入闪光阶段，随后顶锻而成。

（3）闪光-预热-闪光焊　闪光-预热-闪光焊是在预热闪光焊前加一次闪光过程，以便使不平整的钢筋端面烧化平整，使预热均匀。其工艺过程包括：一次闪光、预热、二次闪光及顶锻过程。钢筋直径较粗时，宜采用预热闪光焊和闪光-预热-闪光焊。

2. 电弧焊

电弧焊是利用弧焊机使焊条与钢筋之间产生高温电弧，使钢筋熔化而连接在一起，冷却后形成焊接接头。

钢筋电弧焊的接头形式有：搭接焊接头、帮条焊接头、坡口焊接头、熔槽帮条焊接头和水平钢筋窄间隙焊接头。部分钢筋电弧焊的接头形式如图3-6所示。

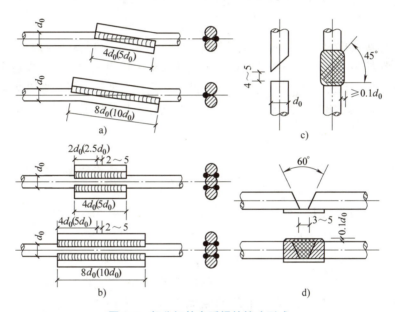

图3-6　部分钢筋电弧焊的接头形式
a）搭接焊接头　b）帮条焊接头　c）立焊的坡口焊接头　d）平焊的坡口焊接头

钢筋焊接加工的效果与钢材的焊接性有关，即指被焊钢材在采用一定焊接材料和焊接工艺条件下，获得优质焊接接头的难易程度。钢筋的焊接性与其碳含量及合金元素含量有关，碳含量增加，焊接性降低；锰含量增加也影响焊接效果。含适量的钛可改善焊接性能。钢筋的焊接效果还与焊接工艺有关，即使较难焊的钢材，如果能掌握适宜的焊接工艺也可获得良好的焊接质量。

钢筋电弧焊接头外观检查时，应在接头清渣后逐个进行目测或量测，并应符合下列要求：焊缝表面平整，不得有较大的凹陷、焊瘤；接头处不得有裂纹；咬边、气孔、夹渣等，以及接头尺寸偏差不得超过表3-6的规定；坡口焊的焊缝加强高度为2~3mm。外观检查不合格的接头，经修整或补强后，可提交二次验收。

表 3-6　电弧焊钢筋接头尺寸和缺陷的允许偏差

次	偏差项目名称	单　位	允许偏差值
1	帮条对焊接头中心的纵向偏移	mm	$0.50d$
2	接头处钢筋轴线的曲折	度	4
3	接头处钢筋轴线的偏移	mm	$0.1d$（3）
4	焊缝高度	mm	$-0.05d$
5	焊缝宽度	mm	$-0.10d$
6	焊缝长度	mm	$-0.50d$
7	横向咬肉深度	mm	0.5
8	焊缝表面上气孔和夹渣在长 $2d$ 的焊缝表面上（对坡口焊为全部焊缝上）	个 mm²	2 6

注：1. 允许偏差值在同一项目内有两个数值时，应按其中较严的数值控制。
　　2. d 为钢筋直径。

钢筋电弧焊接头拉力试验，应从成品中每批抽取三个接头进行拉伸试验。对装配式结构节点的钢筋焊接接头，可按生产条件制作模拟试件。接头拉力试验结果，应符合三个试件的抗拉强度均不得低于该级别钢筋的抗拉强度标准值；至少有两个试件呈塑性断裂。当检验结果有一个试件的抗拉强度低于规定指标，或有两个试件发生脆性断裂时，应取双倍数量的试件进行复验。

3. 点焊

点焊是将钢筋交叉点放入点焊机的两电极间，使钢筋通电发热至一定温度后，加压使焊点金属焊牢。点焊的工作原理如图 3-7 所示。

点焊过程可分为：预压、加热熔化、冷却结晶三个阶段。钢筋点焊工艺，根据焊接电流大小和通电时间长短，可分为强参数工艺和弱参数工艺。强参数工艺的电流强度较大（120～360A/mm²），通电时间短（0.1～0.5s）；这种工艺的经济效果好，但点焊机的功率要大。弱参数工艺的电流强度较小（80～160A/mm²），而通电时间较长（0.5s 至数秒）。点焊热轧钢筋时，除因钢筋直径较大，焊机功率不足，需采用弱参数工艺外，一般都可采用强参数工艺，以提高点焊效率。点焊冷处理钢筋时，为了保证点焊质量，必须采用强参数工艺。

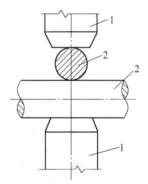

图 3-7　点焊的工作原理
1—电极　2—钢筋

点焊制品的外观检查，应按同一检验批内，对梁、柱和独立基础，应抽查构件数量的 10%，且不少于 3 件；对墙和板，应按有代表性的自然面抽查 10%，且不少于 3 面；对大空间结构，墙可按相邻轴线间高度 5m 左右划分检查面，板可按纵横轴线划分检查面，抽查 10%，且均不少于 3 面。外观检查的内容主要包括：焊点处熔化金属均匀；无脱落、漏焊、裂纹、多孔性缺陷及明显的烧伤现象；量测制品总尺寸，并对纵、横方向 3～5 个网格的外观尺寸进行抽样。钢筋点焊制品外观尺寸允许偏差应符合表 3-7 中的规定。

表 3-7 钢筋点焊制品外观尺寸允许偏差

项次	测量项目		允许偏差/mm
1	焊接网片	长	±10
		宽	±10
		网格尺寸	±10
2	焊接骨架	长	±10
		宽	±5
		高	±5
3	骨架箍筋间距		±10
4	网片两对角线之差		±10
5	受力主筋	间距	±10
		排距	±5

应从每批成品中抽取点焊制品进行强度检验。热轧钢筋焊点做抗剪试验，试件为 3 件；冷拔低碳钢丝焊点除做抗剪试验外，还应对较小的钢丝做拉力试验，试件各为 3 件。钢筋焊点抗剪试验结果应符合表 3-8 规定。拉力试验结果应不低于乙级冷拔低碳钢丝的规定数值。试验结果如有一个试件达不到上述要求，则取双倍数量的试件进行复验。

表 3-8 钢筋焊点抗剪力指标 （单位：kN）

项次	钢筋级别	较小一根钢丝直径/mm								
		3	4	5	6	6.5	8	10	12	14
1	HPB300				2.5	3.0	4.5	7.1	10.2	13.9
2	HRB400				3.4	4.0	6.0	9.4	13.6	18.5
3	冷拔低碳钢丝	2.5	4.5	7.0						

3.1.7 钢筋的绑扎与安装

绑扎连接是在钢筋搭接处用铁丝绑扎而成，是最常用和最简便的钢筋接长方法，但可靠性不够好。绑扎连接一般是采用 20~22 号钢丝将两段钢筋扎牢使其连接起来而达到接长的目的。当纵向受拉钢筋的绑扎搭接接头面积百分比不大于 25% 时，其最小搭接长度应符合表 3-9 的规定。当纵向受拉钢筋搭接接头面积百分比大于 25%，且不大于 50% 时，其最小搭接长度应按表 3-9 中数据乘以系数 1.2 取用；当接头面积百分比大于 50% 时，应乘以系数 1.35 取用。

表 3-9 钢筋绑扎接头的最小搭接长度

混凝土类别	钢筋级别	受拉区	受压区
普通混凝土	HPB300	$30d_0$	$20d_0$
	HRB335	$35d_0$	$25d_0$
	HRB400	$40d_0$	$30d_0$
	冷拔低碳钢丝	250mm	200mm

(续)

混凝土类别	钢筋级别	受拉区	受压区
轻骨料混凝土	HPB300	$35d_0$	$25d_0$
	HRB335	$40d_0$	$30d_0$
	HRB400	$45d_0$	$35d_0$
	冷拔低碳钢丝	300mm	250mm

注：d_0 为钢筋直径；钢筋绑扎接头的搭接长度，除应符合本表要求外，在受拉区不得小于250mm，在受压区不得小于200mm，轻骨料混凝土均应分别增加50mm；当混凝土强度等级为C13时，除冷拔低碳钢丝外，最小搭接长度应按表中数值增加5d。

在同一检验批内，对梁、柱和独立基础，应抽查构件数量的10%，且不少于3件；对墙和板，应按有代表性的自然面抽查10%，且不少于3面；对大空间结构，墙可按相邻轴线间高度5m左右划分检查面，板可按纵、横轴线划分检查面，抽查10%，且均不少于3面。钢筋安装位置的允许偏差和检验方法应符合表3-10的规定。

表3-10 钢筋安装位置的允许偏差和检验方法

项 目			允许偏差/mm	检验方法
绑扎钢筋网	长、宽		±10	钢尺检查
	网眼尺寸		±20	钢尺量连续三档，取最大值
绑扎钢筋骨架	长		±10	钢尺检查
	宽、高		±5	钢尺检查
受力钢筋	间距		±10	钢尺量两端中间，各一点取最大值
	排距		±5	
	保护层厚度	基础	±10	钢尺检查
		柱、梁	±5	钢尺检查
		板、墙、壳	±3	钢尺检查
绑扎箍筋、横向钢筋间距			±20	钢尺量连续三档，取最大值
钢筋弯起点位置			20	钢尺检查
预埋件	中心线位置		5	钢尺检查
	水平高差		+3，0	钢尺和塞尺检查

注：1. 检查预埋件中心线位置时，应沿纵、横两个方向量测，并取其中的较大值。
2. 表中梁类、板类构件上部纵向受力钢筋保护层厚度的合格点率应达到90%及以上，且不得有超过表中数值1.5倍的尺寸偏差。

3.2 模板工程

所谓模板工程是指在钢筋混凝土结构施工中用以保证结构或构件的位置、形状、尺寸正确的模型工程。模板也是对结构或构件进行防护和方便养护混凝土的工具。模板工程是混凝土工程不可缺少的作业内容，模板工程需要消耗大量的木材、钢材、劳动力、资金等，模板工程质量还会直接影响混凝土工程的质量和进度。因此，对模板工程也要给予高度重视。

模板工程必须有足够的强度、刚度和稳定性，以保证结构或构件的形状和尺寸以及相互位置的正确；模板的构造应简单，且安装和拆除应方便；模板的表面应光洁，使结构或构件的观感好；模板的接缝应少，且不应漏浆。

3.2.1 模板的分类

模板的分类方法较多，常用的分类方法有以下几种：

1) 按材料分类：木模板、钢模板、钢木模板、铝合金模板、塑料模板、胶合板模板（木、竹）、玻璃钢模板、预应力混凝土薄板模板等。

2) 按施工方法分类：现场装拆式模板、固定式模板、移动式模板等。

3) 按结构或构件类型分类：基础模板、柱模板、梁模板、楼板模板、墙模板、楼梯模板、壳模板、烟囱模板等。

3.2.2 常用模板

（1）木模板 木模板由板条和拼条组成，如图3-8所示。木模板多在加工场或现场制作，根据需要加工成不同尺寸的元件，尺寸大小应以便于移动及利于多次使用为原则。

（2）组合钢模板 组合钢模板由钢模板和配件两大部分组成。组合钢模板的模板部分包括平面模板、阳角模板、阴角模板和连接角模，如图3-9所示。配件包括连接件和支承件。配件的连接件包括U形卡、L形插销、钩头螺栓、紧固螺栓、对拉螺栓、扣件等，如图3-10所示；配件的支承件包括柱箍、钢楞、支柱、斜撑、钢桁架（图3-11）等。组合钢模板规格见表3-11。

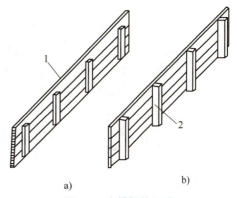

图 3-8 木模板的组成
a）一般木模板 b）梁侧板的木模板
1—板条 2—拼条

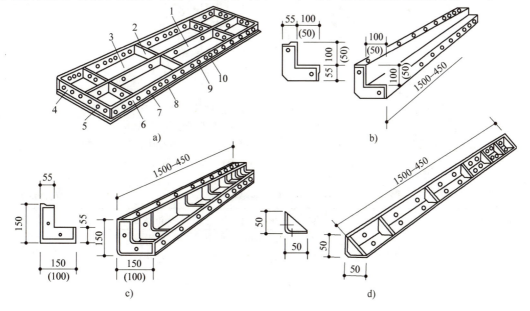

图 3-9 钢模板类型
a）平面模板 b）阳角模板 c）阴角模板 d）连接角模
1—中纵肋 2—中横肋 3—面板 4—横肋 5—插销孔 6—纵肋 7—凸棱 8—凸鼓 9—U形卡孔 10—钉子孔

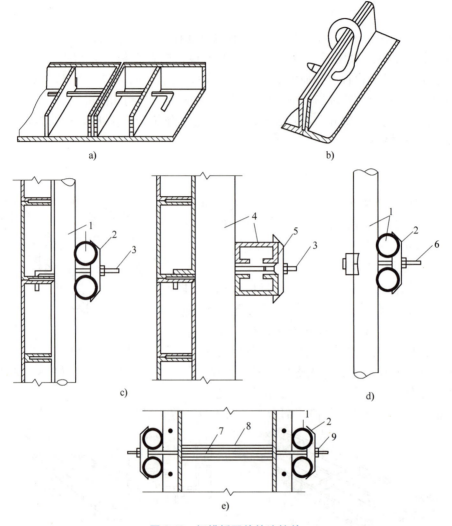

图 3-10 钢模板配件的连接件

a) U形卡 b) L形插销 c) 钩头螺栓 d) 紧固螺栓 e) 对拉螺栓

1—圆钢管钢楞 2—"3"字形扣件 3—钩头螺栓 4—内卷边槽钢钢楞 5—蝶形扣件
6—紧固螺栓 7—对拉螺栓 8—塑料套管 9—螺母

表 3-11 组合钢模板规格 （单位：mm）

规格	平面模板	阴角模板	阳角模板	连接模板
宽度	300, 250, 200, 150, 100	150×150 100×150	100×100 50×50	50×50
长度	1500, 1200, 900, 750, 600, 450			
肋高	55			

（3）大模板　大模板是指大尺寸的工具式定型模板，如图 3-12 所示。大模板由面板系统、支撑系统、操作平台以及附件组成。面板系统包括面板、水平加劲肋、竖楞。支撑体系

主要是承受水平荷载，防止模板倾覆，增加模板的刚度，包括支撑桁架和地脚螺钉。操作平台包括平台架、脚手平台和防护栏杆。附件主要有穿墙螺栓和固定卡具。

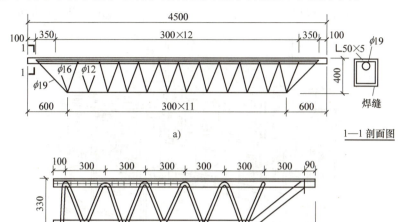

图 3-11 钢桁架示意图
a）整榀式　b）组合式

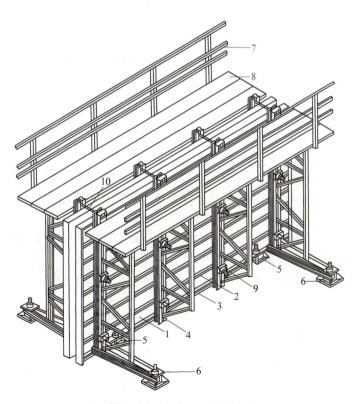

图 3-12 大模板构造示意图
1—面板　2—水平加劲肋　3—支撑桁架　4—竖楞　5—调整水平度的螺旋千斤顶
6—调整垂直度的螺旋千斤顶　7—防护栏杆　8—脚手平台　9—穿墙螺栓　10—固定卡具

(4) 滑升模板　滑升模板由模板系统、操作平台系统和提升机具系统三部分组成，如图 3-13 所示。

(5) 构件模板　在现浇结构中，主要是柱、梁、楼板、墙等几种构件的模板。

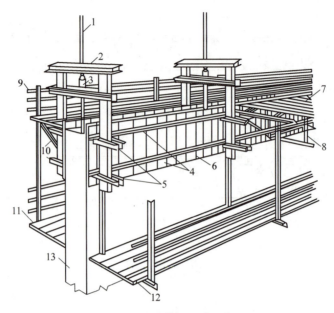

图 3-13　滑升模板组成示意图

1—支承杆　2—提升架　3—液压千斤顶　4—围圈　5—围圈支托
6—模板　7—操作平台　8—平台桁架　9—栏杆　10—外挑三脚架
11—外吊脚手架　12—内吊脚手架　13—混凝土墙体

1) 柱模板。柱模板由侧模板和支撑组成。柱子的特点是断面尺寸不大而比较高，其模板构造和安装主要考虑须保证垂直度及抵抗混凝土的水平侧压力；此外，还要考虑方便灌注混凝土和钢筋绑扎等。

2) 梁模板。梁模板由侧模和底模以及支撑组成。一般有矩形梁、T形梁、花篮梁及圈梁等模板。梁底均有支承系统，采用支柱（琵琶撑）或桁架支模。

3) 楼板模板。楼板模板由底模和支撑组成。

4) 墙模板。墙模板由侧模板和支撑组成。为了保持墙的厚度，墙板内加撑头。防水混凝土墙则加有止水板的撑头或采用临时撑头，在混凝土浇灌过程中逐层逐根取出。墙模板安装应注意：①要保证模板的垂直度，其支撑应与柱支撑成为整体；②要解决好混凝土的侧压力问题。

3.2.3　模板工程质量要求

模板支设应符合下列要求：

1) 模板及其支承结构的材料、质量，应符合规范规定和设计要求。

2) 模板及支撑应有足够的强度、刚度和稳定性，并不致发生不允许的下沉与变形，模板的内侧要平整，接缝严密，不得漏浆。

3) 模板安装后应仔细检查各部构件是否牢固，在浇灌混凝土过程中要经常检查，如果发现变形、松动，要及时修整加固。

4）现浇整体式结构模板安装的允许偏差见表 3-12。

表 3-12　现浇整体式结构模板安装的允许偏差

项次	项目		允许偏差/mm
1	轴线位置		5
2	底模上表面标高		±5
3	截面内部尺寸	基础	±10
		柱、墙、梁	+4，-5
4	层高垂直	全高小于等于 5m	6
		全高大于 5m	8
5	相邻两板表面高低差		2
6	表面平整（2m 长度上）		5

5）固定在模板上的预埋件和预留洞均不得遗漏，安装必须牢固，位置准确，允许偏差见表 3-13。

表 3-13　固定在模板上的预埋件和预留洞的允许偏差

项次	项目		允许偏差/mm
1	预埋钢板中心线位置		3
2	预埋管中心线位置		3
3	预埋螺栓	中心线位置	2
		外露长度	+10，-0
4	预留孔中心线位置		3
5	预留洞	中心线位置	10
		截面内部尺寸	+10，-0

6）组合钢模板在浇灌混凝土前，还应检查下列内容：①扣件规格与对拉螺栓、钢楞的配套和紧固情况；②斜撑、支柱的数量和着力点；③钢楞、对拉螺栓及支柱的间距；④各种预埋件和预留孔洞的规格尺寸、数量、位置及固定情况；⑤模板结构的整体稳定性。

3.2.4　模板的拆除

（1）模板的隔离剂　为了减少模板与混凝土构件之间的黏结，方便拆模，降低模板的损耗，在模板内表面应涂刷隔离剂。常用的隔离剂有肥皂下脚料、纸筋灰膏、黏土石灰膏、废润滑油、滑石粉等。建筑模板脱模剂是一种新型非油性混凝土模板脱模材料，用量少、无毒、不燃、无腐蚀、不分层、附着力好，对混凝土、人体、环境均无污染，具有增强混凝土表面自养能力、模板防锈多重功能。

（2）模板的拆除　及时拆除模板，将有利于模板的周转和加快工程进度。拆模要掌握时机，拆除模板的日期应根据构件的性质、用途和混凝土的凝结硬化速度以及施工温度等确定。

模板的拆除应符合以下规定：

1）非承重构件，应在混凝土强度能保证其表面及棱角不因拆除模板而受损坏时，方可拆除。

2）承重构件应在与结构相同、养护条件相同的试块达到表 3-14 规定的强度后方可拆除。

表 3-14 整体式结构拆模时所需的混凝土强度

项 次	结 构 类 型	结构跨度/m	按设计混凝土强度的标准值百分比计（%）
1	板	≤2	50
		>2，≤8	75
		>8	100
2	梁、拱、壳	≤8	75
		>8	100
3	悬臂梁构件	—	≥100

3）在拆除模板过程中，如发现混凝土有影响结构安全的质量问题时，应暂停拆除，经过处理后，方可继续拆除。

4）已拆除模板及其支架的结构，应在混凝土强度达到设计强度后才能允许承受全部计算荷载。

拆除模板时不要用力过猛过急，拆模程序一般应是后支先拆，先支后拆，先拆除非承重部分，后拆除承重部分。重大复杂模板的拆除，事先应制定拆模方案。拆除跨度较大的梁下支柱时，应先从跨中开始，分别拆向两端。定型模板，特别是组合钢模板，要加强保护，拆除后逐块传递下来，不得抛掷，拆下后立即清理干净，板面涂油，按规格分类堆放整齐，以利再用。若其背面油漆脱落，应补刷防锈漆。

3.3 混凝土的制备

混凝土是以胶凝材料、细骨料、粗骨料和水（根据需要掺入外掺剂和矿物质混合材料）按适当比例配合，经均匀拌制、密实成型及养护硬化而成的人造石材。

混凝土工程施工的内容包括混凝土骨料加工、混凝土拌制、混凝土运输、混凝土浇筑、混凝土养护、混凝土冬季施工、混凝土夏季施工、特殊混凝土施工等内容。

给水排水工程中的混凝土，大部分用在构筑物上，其特点是薄壁、多筋，并有抗渗、抗冻的要求，尤其应防止开裂。对此，从材料、配合比、搅拌、运输、浇筑、养护等环节，均应采取适当的施工方法和保障措施，以确保使用功能。

混凝土的强度等级应按立方体抗压强度标准值划分，混凝土强度等级采用符号 C 与立方体抗压强度标准值（以 N/mm^2 计）表示。立方体抗压强度标准值是指对按标准方法制作和养护的边长为 150mm 的立方体试件，在 28d 龄期，用标准试验方法测得的抗压强度总体分布中的一个值，强度低于该值的百分比不超过 5%。

当混凝土的生产条件在较长时间内能保持一致，且同一品种混凝土的强度变异性能保持

稳定时，应由连续的三组试件组成一个验收批，其强度应同时满足下列要求

$$mf_{cu} \geqslant f_{cu,k} + 0.7\sigma_0 \quad (3-1)$$

$$f_{cu,min} \geqslant f_{cu,k} - 0.7\sigma_0 \quad (3-2)$$

当混凝土强度等级不高于C20时，其强度的最小值尚应满足下式要求

$$f_{cu,min} \geqslant 0.85 f_{cu,k} \quad (3-3)$$

当混凝土强度等级高于C20时，其强度的最小值尚应满足下式要求

$$f_{cu,min} \geqslant 0.90 f_{cu,k} \quad (3-4)$$

式中　mf_{cu}——同一验收批混凝土立方体抗压强度的平均值（N/mm²）；

　　　$f_{cu,k}$——混凝土立方体抗压强度标准值（N/mm²）；

　　　σ_0——验收批混凝土立方体抗压强度的标准差（N/mm²）；

　　　$f_{cu,min}$——同一验收批混凝土立方体抗压强度的最小值（N/mm²）。

混凝土标号可按表3-15换算为混凝土强度等级。

表3-15　混凝土标号与强度等级的换算表

混凝土标号	100	150	200	250	300	400	500	600
混凝土换算强度等级	C8	C13	C18	C23	C28	C38	C48	C58

3.3.1　混凝土的分类

混凝土的分类方法有很多，主要有以下几种：

1）按胶凝材料分类：无机胶凝材料混凝土，如水泥混凝土、石膏混凝土等；有机胶凝材料混凝土，如沥青混凝土等。

2）按使用功能分类：普通结构混凝土、防水混凝土、耐酸及耐碱混凝土、水工混凝土、耐热混凝土、耐低温混凝土等。

3）按质量密度分类：特重混凝土（密度大于2700kg/m³，含重骨料如钢屑、重晶石等）、普通混凝土（密度为1900~2500kg/m³，以普通砂石为骨料）、轻混凝土（密度为1000~1900kg/m³）和特轻混凝土（密度小于1000kg/m³，如泡沫混凝土、加气混凝土等）。

4）按施工工艺分类：普通浇筑混凝土，离心成型混凝土，喷射、泵送混凝土等。

5）按拌合料流动度分类：干硬性和半干硬性混凝土、塑性混凝土、大流动性混凝土等。

在给水排水构筑物施工工程中，普通混凝土的应用最为广泛。

3.3.2　普通混凝土的组成材料

1. 水泥

水泥按性质和用途可分为普通用途水泥和特种用途水泥。普通用途水泥包括硅酸盐水泥、普通硅酸盐水泥、矿渣硅酸盐水泥、火山灰质硅酸盐水泥、粉煤灰硅酸盐水泥以及复合硅酸盐水泥。特种用途水泥包括早强水泥、快凝快硬水泥、膨胀水泥、油井水泥、耐火水泥以及其他专用水泥。

(1) 硅酸盐水泥　硅酸盐水泥俗称纯熟料水泥，是用石灰质（如石灰石、白垩、泥灰质石灰石等）和黏土质（如黏土、泥灰质黏土）原料，按适当比例配成生料，在1300~1450℃高温下烧至部分熔融后所得的以硅酸钙为主要成分的熟料，加以适量的石膏，磨成细粉而制成的一种不掺任何混合材料的水硬性胶凝材料。其特性是早期及后期强度都较高，在低温下强度增长比其他水泥快，抗冻、耐磨性都好，但水化热较高，抗腐蚀性较差。

(2) 普通硅酸盐水泥　普通硅酸盐水泥简称普通水泥，是在硅酸盐水泥熟料中，加入少量混合材料和适量石膏，磨成细粉而制成的水硬性胶凝材料。混合材料的掺量按水泥成品质量百分比计，掺活性混合材料时，不超过15%；非活性材料的掺量不得超过10%。普通硅酸盐水泥除早期强度比硅酸盐水泥稍低外，其他性质接近硅酸盐水泥。

(3) 矿渣硅酸盐水泥　矿渣硅酸盐水泥简称矿渣水泥，是在硅酸盐水泥熟料中，加入粒化高炉矿渣和适量石膏，磨成细粉而制成的水硬性胶凝材料。粒化高炉矿渣掺量按水泥成品质量百分比计为20%~70%。允许用不超过混合材料总掺量1/3的火山灰质混合材料。石灰石、窑灰代替部分粒化高炉矿渣，但代替总量最多不超过水泥质量的15%，其中石灰石不得超过10%，窑灰不得超过8%。替代后水泥中的粒化高炉矿渣不得少于20%。矿渣水泥的特性是早期强度较低，在低温环境中强度增长较慢，但后期强度增长快，水化热较低，抗硫酸盐侵蚀性较好，耐热性较好，但干缩变形较大，析水性较大，抗冻、耐磨性较差。

(4) 火山灰质硅酸盐水泥　火山灰质硅酸盐水泥简称火山灰水泥，是在硅酸盐水泥熟料中，加入火山灰质混合材料和适量石膏，磨成细粉制成的水硬性胶凝材料。火山灰质混合材料（火山灰、凝灰岩、硅藻土、煤矸石、烧页岩等）的掺量按水泥成品质量百分比计为20%~50%。允许用不超过混合材料总掺量1/3的粒化高炉矿渣代替部分火山灰质混合材料，代替后水泥中的火山灰质混合材料不得少于20%。火山灰水泥的特性是：早期强度较低，在低温环境中强度增长较慢，在高温潮湿环境中（如蒸汽养护）强度增长较快，水化热低，抗硫酸侵蚀性较好，但抗冻、耐磨性差，拌制混凝土需水量比普通硅酸盐水泥大，干缩变形也大。

(5) 粉煤灰硅酸盐水泥　粉煤灰硅酸盐水泥简称粉煤灰水泥，是在硅酸盐水泥熟料中，加入粉煤灰和适量石膏，磨成细粉的水硬性胶凝材料。粉煤灰的掺量按水泥成品质量百分比计为20%~40%。允许用不超过混合材料总量1/3的粒化高炉矿渣代替粉煤灰，此时混合材料总掺量可达50%，但粉煤灰掺量仍不得少于20%或超过40%。粉煤灰水泥的特性是：早期强度较低、水化热比火山灰水泥还低、和易性比火山灰水泥要好、干缩性较小、抗腐蚀性能好，但抗冻、耐磨性较差。

(6) 复合硅酸盐水泥　复合硅酸盐水泥简称复合水泥，是指由硅酸盐水泥熟料、两种或两种以上规定的混合材料，加入适量石膏磨细制成的水硬性凝聚材料。水泥中混合材料总掺量按质量总掺量应大于15%，但不超过50%。水泥中允许用不超过8%的窑灰代替部分混合材料，掺矿渣时混合材料掺量不得与矿渣水泥重复。

六种常用水泥的强度等级及各龄期强度要求见表3-16。按照水泥标准，将水泥按早期强度分为两种类型，其中 R 型为早强型水泥。

表 3-16　六种常用水泥强度等级及各龄期强度要求

品　种	强度等级	抗压强度/(N/mm²)		抗折强度/(N/mm²)	
		3d	28d	3d	28d
硅酸盐水泥	42.5	17.0	42.5	3.5	6.5
	42.5R	22.0	42.5	4.0	6.5
	52.5	23.0	52.5	4.0	7.0
	52.5R	27.0	52.5	5.0	7.0
	62.5	28.0	62.5	5.0	8.0
	62.5R	32.0	62.5	5.5	8.0
普通水泥、复合水泥	32.5	11.0	32.5	2.5	5.5
	32.5R	16.0	32.5	3.5	5.5
	42.5	16.0	42.5	3.5	6.5
	42.5R	21.0	42.5	4.0	6.5
	52.5	22.0	52.5	4.0	7.0
	52.5R	26.0	52.5	5.0	7.0
矿渣水泥、火山灰水泥、粉煤灰水泥	32.5	10.0	32.5	2.5	5.5
	32.5R	15.0	32.5	3.5	5.5
	42.5	15.0	42.5	3.5	6.5
	42.5R	19.0	42.5	4.0	6.5
	52.5	21.0	52.5	4.0	7.0
	52.5R	23.0	52.5	4.5	7.0

水泥从加水搅拌到开始失去可塑性的时间，称为初凝时间；终凝为水泥从加水搅拌至水泥浆完全失去可塑性并开始产生强度的时间。为了便于混凝土的搅拌、运输和浇筑，国家标准规定：硅酸盐水泥初凝时间不得少于 45min、终凝时间不得超过 12h 为合格。凝结时间的检验方法是以标准稠度的水泥净浆，在规定的温、湿度环境下，用凝结时间测定仪测定。

在使用水泥的时候必须区分水泥的品种及强度等级，掌握其性能和使用方法，根据工程的具体情况合理选择与使用水泥，这样既可提高工程质量又能节约水泥。

在施工过程中还应注意以下几点：

1）优先使用散装水泥。

2）运到工地的水泥，应按标明的品种、强度等级、生产厂家和出厂批号，分别储存到有明显标志的仓库中，不得混装。

3）水泥在运输和储存过程中应防水防潮，已受潮结块的水泥应经处理并检验合格方可使用。

4）水泥库房应有排水、通风措施，保持干燥。堆放袋装水泥时，应设防潮层，距地面、边墙至少 30cm，堆放高度不得超过 15 袋，并留出运输通道。

5）先出厂的水泥先用。

6）应避免水泥的散失浪费，做好环境保护。

2. 骨料

砂石骨料是混凝土最基本的组成成分。通常 $1m^3$ 的混凝土需要 $1.5m^3$ 的松散砂石骨料。在混凝土用量很大的给水排水工程中,砂石骨料的需求量是很大的。骨料的质量好坏直接影响混凝土强度、水泥用量和混凝土性能,从而影响水工建筑物的质量和造价。为此,在给水排水工程施工中应统筹规划,认真研究砂石骨料储量、物理力学指标、杂质含量及开采、储存和加工等各个环节。使用的骨料应根据优质、经济、就地取材的原则进行选择。可以选用天然骨料、人工骨料,或者互相补充。选用人工骨料时,有条件的地方宜选用石灰岩质的料源。

骨料料场的合理规划是骨料生产系统的设计基础,是保证骨料质量、促进工程进展的有力保障。骨料料场规划的原则如下:

1)满足水工混凝土对骨料的各项质量要求,其储量力求满足各设计级配的需要,并有必要的富余量。

2)选用的料场,特别是主要料场应场地开阔,高程适宜,储量大,质量好,开采季节长,主辅料场应能兼顾洪枯季节互为备用的要求。

3)选择可采率高,天然级配与设计级配较为接近,用人工骨料调整级配数量少的料场。

4)料场附近有足够的回车和堆料场地,且占用农田少。

5)选择开采准备量小,施工简便的料场。

骨料的质量要求包括:强度、抗冻、化学成分、颗粒形状、级配和杂质含量。骨料分为粗骨料和细骨料。粗骨料质量要求如下:

1)粗骨料最大粒径不应超过钢筋净距的 2/3、构件断面最小边长的 1/4、素混凝土板厚的 1/2。对少筋或无筋的混凝土结构,应选用较大的粗骨料粒径。

2)在施工中,宜将粗骨料按粒径分成下列几种粒径组合:当最大粒径为 40mm 时,分成 D20、D40 两级;当最大粒径为 80mm 时,分成 D20、D40、D80 三级;当最大粒径为 150(120)mm 时,分成 D20、D40、D80、D150(D120) 四级。

3)应控制各级骨料的超、逊径颗粒的含量。

4)采用连续级配或间断级配,应由试验确定。

5)粗骨料表面应洁净,如有裹粉、裹泥或被污染等应清除。

6)混凝土粗骨料的其他品质技术指标见表 3-17。

表 3-17 混凝土粗骨料的其他品质技术指标

项 目		指 标	备 注
泥含量(%)	D20,D40 粒径级	≤1	按质量计
	D80,D150(D120)粒径级	≤0.5	
泥块含量		不允许	
坚固性(%)	有抗冻要求的混凝土	≤5	
	无抗冻要求的混凝土	≤12	
硫化物及硫酸盐含量(%)		≤0.5	折算成 SO_3,按质量计
有机质含量		浅于标准色	如深于标准色,应进行混凝土强度对比试验,抗压强度比不应低于 0.95

（续）

项　目	指　标	备　注
表观密度/(kg/m³)	≥2550	
吸水率（%）	≤2.5	
针片状颗粒含量（%）	≤15	按颗粒质量计；经试验论证，可以放宽至25%

7) 细骨料质量要求：①细骨料应质地坚硬、清洁、级配良好；人工砂的细度模数宜在 2.4~2.8 范围内，天然砂的细度模数宜在 2.2~3.0 范围内，使用山砂、粗砂、特细砂应经试验论证；②细骨料的含水率应保持稳定，人工砂饱和面干的含水率不宜超过 6%，必要时应采取加速脱水措施；③混凝土细骨料的其他品质技术指标见表 3-18。

表 3-18　混凝土细骨料其他品质技术指标

项　目		指　标		备　注
		天然砂	人工砂	
泥含量（%）	D20, D40 粒径级	≤3		按质量计
	D80，D150（D120）粒径级	≤5		
泥块含量		不允许	不允许	
坚固性（%）	有抗冻要求的混凝土	≤8	≤8	
	无抗冻要求的混凝土	≤10	≤10	
硫化物及硫酸盐含量（%）		≤1	≤1	折算成 SO_3，按质量计
有机质含量		浅于标准色	不允许	
表观密度/(kg/m³)		≥2500	≥2500	
云母含量（%）		≤2	≤2	按质量计
轻物质含量（%）		≤1		按质量计；经试验论证，可以放宽至25%
石粉含量（%）			6~18	按质量计

天然砂的最佳级配，《普通混凝土用砂石质量及检验方法标准》（JGJ 52—2006）的规定见表 3-19。对细度模数为 3.7~1.6 的砂，按 0.63mm 筛孔的累计筛余量（以质量百分率计）分成三个级配区。砂的颗粒级配应处于表中的任何一个级配区内。

表 3-19　砂颗粒级配区

筛孔尺寸/mm	级　配　区		
	Ⅰ区	Ⅱ区	Ⅲ区
	累计筛余百分比（%）		
10.00	0	0	0
*5.00	*10~0	*10~0	*10~0
2.50	35~5	25~0	15~0
1.25	65~35	50~10	25~0

（续）

筛孔尺寸/mm	级配区		
	Ⅰ区	Ⅱ区	Ⅲ区
	累计筛余百分比（%）		
*0.63	*85~71	*70~41	*40~16
0.315	95~80	92~70	85~55
0.16	100~90	100~90	100~90

砂的实际颗粒级配与表3-19中所列的累计筛余百分比相比，除5mm和0.63mm筛号（表中*号所标数值）外，允许稍有超出分界线，但总量不应大于5%。

砂的级配用筛分试验鉴定。筛分试验是用一套标准筛将500g干砂进行筛分，标准筛的孔径由5mm、2.5mm、1.25mm、0.63mm、0.315mm、0.16mm组成，筛分时，须记录各尺寸筛上的筛余量，并计算各粒级的分计筛余百分比和累计筛余百分比。

砂的粒径越细，比表面积越大，包裹砂粒表面所需的水泥浆就越多。由于细砂强度较低，细砂混凝土的强度也较低。因此，拌制混凝土，宜采用中砂和粗砂。

粗骨料石子分卵石和碎石。卵石表面光滑，拌制混凝土和易性好。碎石混凝土和易性要差，但与水泥砂浆黏结较好。石子也应有良好级配。碎石和卵石的级配有两种，即连续粒级和单粒级。卵石或碎石级配范围见表3-20，公称粒径的上限为该颗粒级的最大粒径。

表3-20 卵石或碎石级配范围

级配情况	粒径/mm	累计筛余（按质量计）（%）										
		筛孔尺寸（圆孔筛）/mm										
		2.5	5	10	15	20	25	30	40	50	60	80	100
连续级配	5~10	95~100	80~100	0~15	0								
	5~15	95~100	90~100	30~60	0~10	0							
	5~20	95~100	90~100	40~70		0~10	0						
	5~30	95~100	90~100	70~90		15~45		0~5	0				
	5~40		95~100	75~90		30~65			0~5	0			
间断级配	10~20		95~100	85~100		0~15	0						
	15~30		95~100		80~100		0~10		0				
	20~40			95~100		85~100			0~10	0			
	30~60					95~100		75~100	45~75		0~10	0	
	40~80							95~100	70~100		30~60	0~10	0

粗骨料的强度越高，混凝土的强度也越高，因此，石子的抗压强度一般不应低于混凝土强度的150%。

拌制混凝土时，最大粒径越大，越可节约水泥用量，并可减少混凝土的收缩。但《普通混凝土用砂、石质量及检验方法标准》（JGJ 52—2006）规定，最大粒径不应超过结构截面最小尺寸的1/4，同时也不得超过钢筋间最小净距的3/4。否则将影响结构强度的均匀性或因钢筋卡住石子后造成孔洞。

石子的针、片状颗粒、含泥量、含硫化物量和硫酸盐含量等均应符合 JGJ 52—2006 的规定。

3. 水

能饮用的自来水及洁净的天然水，都可以用作拌制混凝土用水。要求水中不含有能影响水泥正常硬化的有害杂质。工业废水、污水及 pH 值小于 4 的酸性水和硫酸盐含量超过水质量 1% 的水，均不得用于混凝土中；海水不得用于钢筋混凝土和预应力混凝土结构中。

4. 外加剂

混凝土中掺入适量的外加剂，能改善混凝土的工艺性能，加速工程进度或节约水泥。外加剂根据剂量配比配成稀释溶液与水一起使用。在混凝土拌和机上，一般都设有虹吸式量水器，在水通过管道注入拌和机内时，实现自动量水。常用的外加剂有早强剂、减水剂、加气剂、缓凝剂、速凝剂、抗冻剂、消泡剂等。以下介绍前四种：

（1）早强剂　早强剂可以提高混凝土的早期强度，对加速模板周转，节约冬季施工费用都有明显效果。早强剂配方参考见表 3-21。

表 3-21　早强剂配方参考

项次	早强剂名称	常用掺量（占水泥质量的百分数）（%）	适用范围	使用效果
1	三乙醇胺 [$N(C_2H_4OH)_3$]	0.05	常温硬化	3~5d 可达到设计强度的 70%
2	三异丙醇胺（$C_9H_{21}NO_3$） 硫酸亚铁（$FeSO_4 \cdot 7H_2O$）	0.03 0.5	常温硬化	5~7d 可达到设计强度的 70%
3	氯化钙（$CaCl_2$）	2	低温或常温硬化	7d 强度与不掺者对比约可提高 20%~40%
4	硫酸钠（Na_2SO_4） 亚硝酸钠（$NaNO_2$）	3 4	低温硬化	在-5℃条件下，28d 可达到设计强度的 70%
5	三乙醇胺 硫酸钠 亚硝酸钠	0.03 3 6	低温硬化	在-10℃条件下，1~2 月可达到设计强度的 70%
6	硫酸钠 石膏（$CaSO_4 \cdot 2H_2O$）	2 1	蒸汽养护	蒸汽养护 6h，与不掺者对比，强度约可提高 30%~100%

（2）减水剂　减水剂是一种表面活性材料，它能把水泥凝聚体中所包含的游离水释放出来，从而有效地改善和易性，增加流动性，降低水灰比，节约水泥，有利于混凝土强度的增长。常用减水剂的种类及掺量见表 3-22。

表 3-22 常用减水剂的种类及掺量

种 类	主要原料	掺量（占水泥质量的百分数）(%)	减水率(%)	提高强度(%)	增加坍落度/cm	节约水泥(%)	适用范围
木质素磺酸钠	纸浆废液	0.2～0.3	10～15	10～20	10～20	10～15	普通混凝土
MF 减水剂	甲基萘磺酸钠	0.3～0.7	10～30	10～30	2～3 倍	10～25	早强、高强、耐碱混凝土
NNO 减水剂	亚甲基二萘磺酸钠	0.5～0.8	10～25	20～25	2～3 倍	10～20	增强、缓凝、引气
UNF 减水剂	油萘	0.5～1.5	15～20	15～30	10～15	10～15	
FDN 减水剂	工业萘	0.5～0.75	16～25	20～50		20	
磺化焦油减剂	煤焦油	0.5～0.75	10	35～37		5～10	早强、高强、大流动性混凝土
糖蜜减水剂	废蜜	0.2～0.3	7～11	10～20	4～6	5～10	

（3）加气剂　常用的加气剂有松香热聚物、松香皂等。加入混凝土拌和物后，能产生大量微小（直径为 1μm）、互不相连的封闭气泡，以改善混凝土的和易性，增加坍落度，提高抗渗和抗冻性。

（4）缓凝剂　能延缓水泥凝结的外加剂，常用于夏季施工和要求延迟混凝土凝结时间的施工工艺。例如，在浇筑给水构筑物或给水管道时，掺入水泥质量的 0.2%～0.3% 的己糖二酸钙（制糖业副产品）；当气温在 25℃ 左右环境下，每多掺 0.1%，能延缓混凝土凝结时间 1h。常用的缓凝剂有糖类、木质素磺酸盐类、无机盐类等。其成品有己糖二酸钙、木质素磺酸钙、柠檬酸、硼酸等。

3.3.3　混凝土的配合比设计

普通混凝土的配合比设计，应根据混凝土等级及施工所要求的混凝土拌合物坍落度指标进行。若混凝土还有其他技术性能要求，除在计算和配制过程中予以考虑外，尚应增添相应的试验项目，进行试验确认。

混凝土施工配合比必须通过试验确认，满足设计技术指标和施工要求，并经审批后方可使用。混凝土施工配料必须经审核后签发，并严格按签发的混凝土施工配料单进行配料，严禁擅自更改。在施工配料中一旦出现漏配、少配或者错配，混凝土将不允许使用。

混凝土的配合比设计应满足设计需要的强度和耐久性。混凝土的最大水灰比和最小水泥用量可参见表 3-23。混凝土拌合料应具有良好的施工和易性。混凝土的配合比要求有较适宜的技术经济性。

普通混凝土的配合比设计，应在保证结构设计所规定的强度等级和耐久性，满足施工和易性及坍落度的要求，并符合合理使用材料、节约水泥的原则下，确定单位体积混凝土中水泥、砂、石和水的最佳质量比。

表 3-23 混凝土的最大水灰比和最小水泥用量

环境条件	结构物类别	最大水灰比			最小水泥用量/kg		
		素混凝土	钢筋混凝土	预应力混凝土	素混凝土	钢筋混凝土	预应力混凝土
干燥环境	正常的居住和办公用房屋内部件	不规定	0.65	0.60	200	260	300
潮湿环境 无冻害	高湿度的室内部件 室外部件 在非侵蚀性土和（或）水中的部件	0.70	0.60	0.60	225	280	300
潮湿环境 有冻害	经受冻害的室外部件 在非侵蚀性土和（或）水中的部件 高湿度且经受冻害的室内部件	0.55	0.55	0.55	250	280	300
有冻害和除冰剂的潮湿环境	经受冻害和除冰剂作用的室内和室外部件	0.50	0.50	0.50	300	300	300

注：1. 当采用活性掺合料取代部分水泥时，表中最大水灰比和最小水泥用量即为替代前的水灰比和水泥用量。
    2. 配制 C15 级及其以下等级的混凝土，可不受本表限制。

1. 配合比计算程序

（1）计算混凝土配制强度 $f_{cu,0}$

混凝土配制强度按下式计算

$$f_{cu,0} \geq f_{cu,k} + 1.645\sigma \tag{3-5}$$

式中 $f_{cu,0}$——混凝土配制强度（N/mm²）；

$f_{cu,k}$——设计的混凝土立方体抗压强度标准值（N/mm²）；

σ——混凝土强度标准差（N/mm²）。

混凝土强度标准差宜根据同类混凝土统计资料计算确定，并应符合以下规定：

1）计算时，强度试件组数不应少于 25 组。

2）当混凝土强度等级为 C20 和 C25 级，强度标准差计算值小于 2.5N/mm² 时，计算配制强度用的标准差应取不小于 2.5N/mm²；当混凝土强度等级等于或大于 C30 级，强度标准差计算值小于 3.0N/mm² 时，计算配制强度用的标准差应取不小于 3.0N/mm²。

3）当施工单位无近期统计资料时，可按表 3-24 取值。

表 3-24 σ 取值表

混凝土强度等级	<C15	C20~C35	>C35
$\sigma/(N/mm^2)$	4	5	6

（2）计算水灰比（W/C） 计算公式如下

$$\frac{W}{C} = \frac{Af_{ce}}{f_{cu,0} + ABf_{ce}} \tag{3-6}$$

式中　A、B——回归系数（对于碎石混凝土，A 取 0.46，B 取 0.07；对于卵石混凝土，A 取 0.48，B 取 0.33）；

　　　f_{ce}——水泥 28d 抗压强度实测值（N/mm²）；

　　　W/C——混凝土所要求的水灰比。

计算所得的混凝土水灰比值应与表 3-23 中的数值进行比较，当计算水灰比大于该表中数值时，应按表取值。

（3）确定每立方米混凝土的用水量（m_{wo}）　W/C 在 0.4~0.8 时，塑性混凝土的用水量可按表 3-25 确定；干硬性混凝土的用水量可按表 3-26 确定。$W/C<0.4$ 的混凝土或强度等级大于等于 C60 及采用特殊成型工艺的混凝土用水量应通过试验确定。流动性和大流动性的用水量可以表 3-25 中坍落度 90mm 为基础，按坍落度每增大 20mm 用水量增加 5kg 的原则计算出未掺外加剂时的混凝土的用水量。

表 3-25　塑性混凝土的用水量　　　　　　　　　　　　　　（单位：kg/m³）

拌合物稠度		卵石最大粒径/mm			碎石最大粒径/mm		
项目	指标	10	20	40	10	20	40
坍落度/mm	10~30	190	170	150	200	185	165
	30~50	200	180	160	210	195	175
	50~70	210	190	170	220	205	185
	70~90	215	195	175	230	215	195

表 3-26　干硬性混凝土的用水量　　　　　　　　　　　　　（单位：kg/m³）

拌合物稠度		卵石最大粒径/mm			碎石最大粒径/mm		
项目	指标	10	20	40	10	20	40
维勃稠度/s	16~20	175	160	145	180	170	155
	11~15	180	165	150	185	175	160
	5~10	185	170	155	190	180	165

注：1. 本表用水量系采用中砂的平均值。采用细砂时，可增加 5~10kg；采用粗砂时，则可减少 5~10kg。
　　2. 掺用外加剂或掺合料时，用水量应相应调整。

（4）计算每立方米混凝土的水泥用量（m_{co}）　计算公式如下：

$$m_{co} = \frac{m_{wo}}{W/C} \tag{3-7}$$

式中　m_{co}——每立方米混凝土的水泥用量（kg）；

　　　m_{wo}——每立方米混凝土的用水量（kg）。

计算所得的水泥用量如果小于表 3-23 中所规定的最小水泥用量，则应按表 3-23 取值。混凝土的最大水泥用量不得大于 550kg/m³。

（5）确定混凝土的砂率　坍落度为 10~60mm 的混凝土的砂率，可按表 3-27 选取。坍落度大于 60mm 的混凝土砂率，可经试验确定，也可在表 3-27 的基础上，按坍落度每增大 20mm 砂率增大 1% 的幅度予以调整。坍落度小于 10mm 的混凝土，其砂率应通过试验确定。

表 3-27　混凝土砂率选用表　　　　　　　　　　　　　　（单位：%）

水灰比 W/C	卵石最大粒径/mm			碎石最大粒径/mm		
	10	20	40	10	20	40
0.40	26~32	25~31	24~30	30~35	29~34	27~32
0.50	30~35	29~34	28~33	33~38	32~37	30~35
0.60	33~38	32~37	31~36	36~41	35~40	33~38
0.70	36~41	35~40	34~39	39~44	38~43	36~41

注：1. 本表数值为中砂的砂率，对细砂或粗砂，可相应减少或增大。
　　2. 对薄壁构件取偏大值。
　　3. 砂率系指砂与骨料总量的质量比。

（6）粗骨料用量（m_{go}）和细骨料用量（m_{so}）

1）当采用质量法时，应按下式计算

$$m_{co} + m_{go} + m_{so} + m_{wo} = m_{cp} \tag{3-8}$$

$$\beta_s = \frac{m_{so}}{m_{so} + m_{go}} \times 100\% \tag{3-9}$$

式中　m_{co}——每立方米混凝土的水泥用量（kg）；
　　　m_{go}——每立方米混凝土的粗骨料用量（kg）；
　　　m_{so}——每立方米混凝土的细骨料用量（kg）；
　　　m_{wo}——每立方米混凝土的用水量（kg）；
　　　m_{cp}——每立方米混凝土拌合物的假定质量（kg）；其值可取 2350~2450kg。
　　　β_s——砂率（%）。

2）当采用体积法时，应按下式计算

$$\frac{m_{co}}{\rho_c} + \frac{m_{go}}{\rho_g} + \frac{m_{so}}{\rho_s} + \frac{m_{wo}}{\rho_w} + 0.01\alpha = 1 \tag{3-10}$$

$$\beta_s = \frac{m_{so}}{m_{so} + m_{go}} \times 100\% \tag{3-11}$$

式中　ρ_c——水泥密度（kg/m³），可取 2900~3100kg/m³；
　　　ρ_g——粗骨料的表观密度（kg/m³）；
　　　ρ_s——细骨料的表观密度（kg/m³）；
　　　ρ_w——水的密度（kg/m³），可取 1000kg/m³；
　　　α——混凝土的含气量百分数，在不使用引气型外加剂时，α 取 1。

ρ_g 及 ρ_s 应按《混凝土结构通用规范》（GB 55008—2021）和《普通混凝土用砂、石质量及检验方法标准》（JGJ 52—2006）所规定的方法确定。

（7）泵送混凝土　泵送混凝土应选用硅酸盐水泥、普通硅酸盐水泥、矿渣硅酸盐水泥和粉煤灰硅酸盐水泥，不宜采用火山灰质硅酸盐水泥。粗骨料宜采用连续级配，其针片状颗粒含量不宜大于 10%；粗骨料的最大粒径与输送管径之比宜符合表 3-28 的规定。中砂通过 0.315mm 筛孔的颗粒含量不应少于 15%。

表 3-28 泵送混凝土粗骨料的最大粒径与输送管径之比

石 子 品 种	泵送高度/m	粗骨料最大粒径与输送管径比
碎 石	<50	≤1:3.0
	50~100	≤1:4.0
	>100	≤1:5.0
卵 石	<50	≤1:2.5
	50~100	≤1:3.0
	>100	≤1:4.0

泵送混凝土应掺用泵送剂或减水剂，并宜掺用粉煤灰或其他活性矿物掺合料，其质量应符合国家现行有关标准的规定。泵送混凝土的用水量与水泥和矿物掺合料的总量之比不宜大于 0.60；水泥和矿物掺合料的总量不宜小于 300kg/m³；砂率宜为 35%~45%。

2. 混凝土配合比的试配和调整

根据计算出的配合比，取工程中实际使用的材料和搅拌方法进行试拌。当坍落度或黏聚性、保水性不能满足要求时，应在保持水灰比不变的条件下，调整用水量或砂率；当拌合物密度与计算不符，偏差在 2% 以上时，应调整各种材料用量。以上各项经调整并再试验符合要求后，方可制作试件检验抗压强度。

试件的制作，至少采用三个不同的配合比，其中一个是上述的基准配合比，其他两个配合比的水灰比值分别增加或减少 0.05，其用水量与基准配合比基本相同，砂率可分别增加或减少 1%。当拌合物坍落度与要求相差较大时，可以增减用水量进行调整。

每种配合比应至少制作一组（三块），标准养护到 28d 后进行试压。从中选择强度合适的配合比作为施工配合比，并相应确定各种材料用量。现场配料时还要根据砂、石含水率对砂、石和水的数量作相应的调整。

3.4 现浇混凝土工程

现浇混凝土工程的施工，是将配制好的混凝土拌合物充分搅拌后，再经过运输、浇筑、养护等施工过程，最终制成达到设计要求的工程构筑物。

3.4.1 混凝土的搅拌

混凝土的搅拌是将施工配合比确定的各种材料进行均匀拌和。经过搅拌的混凝土拌合物，水泥颗粒分散度高，有助于水化作用进行，能使混凝土和易性良好，具有一定的黏性和塑性，便于后续施工过程的操作，质量控制和提高强度。

1. 混凝土的搅拌方式

混凝土搅拌方式按其搅拌原理可分为自落式和强制式两类（图 3-14、图 3-15）。搅拌机的搅拌原理及其适用范围见表 3-29。混凝土搅拌机型号要根据工程量大小、施工组织手段、混凝土技术参数等因素确定。

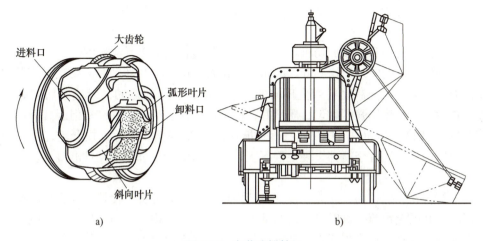

图 3-14 自落式搅拌机
a) 搅拌作用示意图 b) 自落式搅拌机示意图

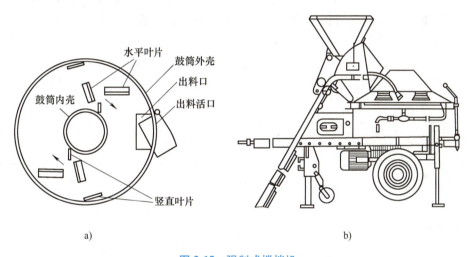

图 3-15 强制式搅拌机
a) 搅拌作用示意图 b) 强制式搅拌机示意图

表 3-29 搅拌机的搅拌原理及其适用范围

类别	搅拌原理	机型	适用范围
自落式	筒身旋转，带动叶片将物料提高，在重力作用下物料自由坠下，重复进行。物料互相穿插、翻拌、混合	鼓形	流动性及低流动性混凝土
		锥形	流动性、低流动性及干硬性混凝土
强制式	筒身固定，叶片旋转，对物料施加剪切、挤压、翻滚、滑动、混合	立轴	低流动性或干硬性混凝土
		卧轴	

　　自落式搅拌机利用旋转的拌和筒上的固定叶片将配料带到筒顶，再自由跌落到筒的底部，从而实现拌和目的。它是按重力的机理拌和混凝土的，由于仅靠自落掺拌，搅拌作用不够强烈，多用来拌制具有一定坍落度的混凝土。自落式搅拌机应用较为广泛。自落式搅拌方

式宜用于搅拌塑性混凝土和低流动性混凝土，搅拌时间一般为 90~120s/盘，动力消耗大，效率低。

强制式搅拌机的拌和是按剪切机理进行的。这种搅拌机大多是立轴水平旋转的，搅拌机中有转动的涡轮桨状的叶片，这些叶片的角度、位置不同，叶片转动时，要克服物料的惯性力、摩擦力、黏滞力，强制物料产生环向的、径向的、竖向的运动，以达到均匀混合的目的。强制式搅拌方式作用强烈均匀，质量好，搅拌速度快，生产效率高。但因其转速比自落式搅拌机高 2~3 倍，其动力消耗要比自落式搅拌机大 3~4 倍，叶片磨损严重，加之构造复杂，维护费用较高，适宜于搅拌干硬性混凝土、轻骨料混凝土和低流动性混凝土。

2. 混凝土拌合物的搅拌

混凝土拌合物在搅拌前，应先在搅拌机筒内加水空转数分钟，使搅拌筒充分湿润，然后将积水倒净。开始搅拌第一盘时，考虑筒壁上的黏结使砂浆损失，石子用量应按配合比规定减半。搅拌好的混凝土拌合物要做到基本卸净，不得在卸出之前再投入拌合料，也不允许边出料边进料。

（1）混凝土原材料按质量计的允许偏差　严格控制水灰比和坍落度，不得随意加减用水量。每盘装料数量不得超过搅拌筒标准容量的 10%。搅拌混凝土时，应严格控制材料配合比。混凝土原材料按质量计的允许偏差见表 3-30。

表 3-30　混凝土原材料按质量计的允许偏差

材 料 名 称	允 许 偏 差（%）
水泥、混合材料	±2
粗、细骨料	±3
水、外加剂溶液	±2

（2）混凝土拌合物的搅拌时间　混凝土拌合物的搅拌时间是指从原料全部投入搅拌机筒时起，至拌合物开始卸出时止。搅拌时间随搅拌机类型及拌合物和易性的不同而异，其最短搅拌时间应符合表 3-31 中的规定。

表 3-31　混凝土搅拌的最短时间　　　　　　　　　　（单位：s）

混凝土坍落度/mm	搅拌机类型	搅拌机出料量/L		
		≤250	>250~500	>500
≤30	强制式	60	90	120
	自落式	90	120	150
>30	强制式	60	60	90
	自落式	90	90	120

在混凝土拌和中应定时检测骨料含水量。混凝土掺和料在现场宜用干掺法，且必须拌和均匀。混凝土拌和物出现下列情况之一，按不合格处理：①错用配合比；②混凝土配料时，任意一种材料计量失控或漏配；③拌和不均匀或夹带生料；④出口混凝土坍落度超过最大允许值。

（3）混凝土拌合物的投料顺序　施工中常用的投料顺序有一次投料法、二次投料法、水泥裹砂法等。

1）一次投料法。一次投料法是将砂、水泥、石和水同时投入搅拌机搅拌筒进行搅拌。水泥应夹放在砂、石之间，以减少水泥飞扬。

2）二次投料法。二次投料法是先将水、水泥、砂子投入搅拌机，拌和30s，成为水泥砂浆，然后投粗集料拌和60s，这时集料与水泥已充分拌和均匀。采用这种方法，因砂浆中无粗集料，便于拌和，粗集料投入后易被砂浆均匀包裹，有利于提高混凝土强度，并可减少粗集料对叶片和衬板的磨损。经多次试验，用数理统计分析结果表明，在各种原材料用量不变的情况下，采用二次投料法，3d强度平均增长20%，7d强度平均增长27%。采用二次投料法还可以减少构件28d强度的离散性，用常规法生产的构件28d强度均方差为28.99%，离散率为8.9%，而用二次投料法生产的构件28d强度均方差为21.3%，离散率为5.6%。

（4）进料容量　进料容量是将搅拌前各种材料的体积累加起来的容量即干料容量。进料容量约为出料容量的1.4~1.8倍（一般取1.5倍）。

3. 混凝土搅拌站

为了保持混凝土生产相对集中、方便管理、减少占地，工程中常根据生产规模和条件，将混凝土制备过程需要的各种设施组装成搅拌站或拌和楼。混凝土搅拌站的设置有工厂型和现场型两种。

工厂型搅拌站为大型永久性或半永久性的混凝土生产企业，向若干工地供应商品混凝土拌合物。我国目前在大中城市已分区设置了容量较大的永久性混凝土搅拌站，拌制后用混凝土运输车分别送到施工现场；对建设规模大、施工周期长的工程，或在邻近有多项工程同时进行施工，可设置半永久性的混凝土搅拌站。这种设置集中站点统一拌制混凝土，便于实行自动化操作和提高管理水平，对提高混凝土质量、节约原材料、降低成本，以及改善现场施工环境和文明施工等都具有显著优点。

现场混凝土搅拌站是根据工地任务大小，结合现场条件，因地制宜设置。为了便于建筑工地转移，通常采用流动性组合方式，使机械设备组成装配连接结构，尽量做到装拆、搬运方便。现场搅拌站的设计也应做到自动上料、自动称量、机动出料和集中操纵控制，使搅拌站后台（指原材料进料方向）上料作业走向机械化、自动化生产。

3.4.2　混凝土的运输

1. 混凝土运输的基本要求

混凝土运输是混凝土搅拌与浇筑的中间环节。在运输过程中要解决好水平运输、垂直运输与其他材料、设备运输的协调配合问题。在运输过程中混凝土不初凝、不分离、不漏浆，无严重泌水，无大的温度变化，以保证入仓混凝土的质量。因此，装、运、卸的全过程不仅要合理组织安排，而且要求各个环节要符合工艺要求，保证质量。混凝土每装卸转运一次，都会增加一次分离和砂浆损失的机会，都会延长运输时间。故要求运输过程转运次数一般不多于两次，卸料和转运时的自由跌落高度不大于2m。道路平顺，盛料的容器和车厢严密不漏浆，从装料到入仓卸料整个过程不宜超过30~120min，一般不宜超过表3-32的规定。夏季运输时间要更短，以保持混凝土的预冷效果；冬季运输时间也不宜太长，以保持混凝土的预热效果。从拌和楼出料到浇筑仓前，主要完成水平运输，从浇筑仓前到仓里，主要完成垂直运输。只有在少数情况下，将拌和楼布置在缆机下，由缆机吊运不脱钩的料罐直接入仓，既完成水平运输，又完成垂直运输。采用汽车或者带式运输机直接入仓，比较便捷，但应特别注意控制混凝土的质量。

表 3-32　混凝土拌合物从搅拌机中卸出后到浇筑完毕的延续时间

气温 /℃	持续时间 /min			
	采用搅拌车		其他运输工具	
	≤C30	>C30	≤C30	>C30
≤25	120	90	90	75
>25	90	60	60	45

2. 混凝土运输机具

运输机具可根据运输量、运距、设备条件合理选用。水平运输可选用手推车、带式运输机、机动翻斗车、自卸汽车、混凝土搅拌运输车、轻轨斗车、标准轨平台车等；垂直运输可选用快速提升斗（升高塔）、井架（钢架摇臂拔杆）、各类起重机、混凝土泵等。下面简要介绍几种常用的运输机具。

（1）混凝土搅拌运输车　它是在汽车的底盘上安装了一台斜仰的反转出料式锥形搅拌机形成的运输车。在运输途中搅拌机缓慢旋转继续搅拌混凝土，防止离析；到达浇筑地点以后，反转出料。在夏天高温季节，一般在混凝土中加入缓凝剂，防止运输途中发生初凝。这种运输方式一般都设有中心拌和站，用于距离远、交通方便的分散零星的工地，以避免各处都设料场和搅拌机械。采用这种运输方式，混凝土运输费用较高，但是总的经济效果较好。

（2）混凝土泵　它是一种以管道方式运输混凝土的方法，它可以一次性完成水平运输、垂直运输，并直接输送到浇筑地点。因此，它是一种短距离、连续性运输和浇筑工具。这种运输特点决定了泵送混凝土必须是流态混凝土，要求坍落度在 5~15cm，骨料粒径不能太大，一般控制最大骨料粒径小于管道内径的1/3，避免堵塞。粗骨料宜用卵砾石，以减少摩阻力。泵送混凝土的水泥用量较大，单价较高。在给水排水工程中混凝土泵多用活塞泵。输送混凝土的管道一般用无缝钢管、铝合金管、硬塑料管和橡胶、塑料制的软管等，其内径一般为 75~200mm，每一节一般长 0.3~3m，都配有快速接头。

3.4.3　混凝土的浇筑

混凝土拌合物的浇筑（浇灌与振捣）是混凝土工程施工中的关键工序，对于混凝土的密实度和结构的整体性都有直接的影响。

混凝土浇筑施工的工艺流程由仓面准备、入仓铺料、平仓振捣、成品养护组成。

1. 仓面准备

仓面准备是混凝土浇筑前的准备作业，内容一般包括地基表面处理、施工缝处理、立模、钢筋混凝土中的钢筋和预埋件的安设等。

（1）地基表面处理　地基分砂砾地基、土基、岩基，不同的地基有不同的处理要求。

1）砂砾地基。应清除杂物，平整建基面，先浇厚度 10~20cm 的低标号混凝土作为垫层，防止漏浆。

2）土基。应先铺碎石，盖上湿砂，压实以后，再浇筑混凝土。

3）岩基。先用人工清除表面松软岩石，处理带有尖棱、反坡的部分，并用高压水枪冲洗；如果有油污和黏结的杂物，还需用金属丝刷配合刷洗，直至洁净为止。洗刷后鼓风吹干岩面的积水以利于混凝土与岩石的牢固结合。地基表面处理完经过质检合格后，方可开仓浇筑。

（2）施工缝处理　前次浇筑的混凝土表面往往会产生灰白色的软弱乳皮层（它是浇筑收仓时，集中在表面的含水量很大的浮浆形成的，也叫水泥膜），它的存在影响新老混凝土的牢固结合。因此，在新一期混凝土浇筑前，必须用高压水枪或者风沙枪将前期混凝土表面的乳皮层清除干净，使表面石子半露，形成麻面，以利新老混凝土的牢固结合。施工缝常用的处理方法有：凿毛、刷毛、风沙枪喷毛、高压水冲毛处理、界面涂刷处理等方法。

1）凿毛。凿毛是人工用铁锤或者风镐凿去混凝土表面乳皮层的简单方法。其优点是：处理时间好安排，处理质量有保证。缺点是：损失混凝土多，劳动强度大，效率低。凿毛适用于中小型工程和大型工程的狭窄部位。要求处理时间控制在混凝土凝固并达到一定强度后，一般为拆模强度或者强度不小于 $2.5N/mm^2$。

2）刷毛。刷毛是人工用钢丝刷刷去乳皮层的方法。要求处理时间控制在混凝土初凝后，人在上面踩不坏混凝土面，且能刷动乳皮层为宜。

3）高压水冲毛。这是利用水利冲去乳皮层的做法。其优点是施工方便，效率较高。缺点是：冲刷时间不好控制，冲得过早，混凝土被冲掉的多，损失大，也可能冲松一定的深度，影响混凝土质量；冲得过晚，混凝土强度已较高，冲不动，对新老混凝土接合不利。

4）界面涂刷处理。界面涂刷处理是在混凝土达到能上人的强度后，人工清除混凝土表面的疏松部分，但不是去掉乳皮层；再用水冲净浮灰，在不存在明水的情况下，涂刷 YJ-302 混凝土界面处理剂；然后浇筑新混凝土。这样，新老混凝土的黏结强度可提高 15～30 倍，处理工效可提高数 10 倍。

2. 入仓铺料

混凝土入仓铺料一般有平层铺料、阶梯铺料、斜层铺料三种方法。

（1）铺料方法比较

1）平层铺料法。每一层都是从仓面的同一端一直铺到另一端，周而复始，水平上升。平层铺料法应用最为广泛，但要求供料强度大，若采用大仓面浇筑，供料强度不足时，容易留下施工缝，故应采取预防措施。

2）阶梯铺料法。将混凝土铺成台阶形，水平前进阶梯，一般宽不小于 3m，浇筑高度不超过 1.5～2.0m，台阶为 3～5 个。

3）斜层铺料法。混凝土斜向分层铺筑，倾角一般不大于 10°。要求在斜坡上振捣混凝土时，必须自下而上振捣；反之，则会引起上部下陷而崩裂。

阶梯铺料和斜层铺料的优点是：混凝土铺料暴露面积小，所需混凝土供料强度小；在夏季，当混凝土入仓温度低于外界温度时，能够减少吸热量，有利于防止大体积混凝土出现温度裂缝；在冬季，能够减少散热，有利于抗冻。阶梯铺料和斜层铺料的缺点是：在平仓振捣时，容易引起砂浆顺坡向下流动，仓面末端稀浆集中，导致混凝土离析，强度不均。所以，阶梯铺料和斜层铺料一般都采用流动性较小的混凝土。

为了保证混凝土浇筑时不产生离析现象，混凝土自高处倾落时，自由倾落高度不宜超过 2m。若混凝土自由倾落高度超过 2m，则应设溜槽或串筒，在竖向结构（如墙、柱）中浇筑混凝土时，如浇筑高度超过 3m，也应采用溜槽或串筒，如图 3-16 所示。

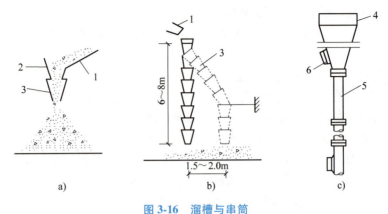

图 3-16 溜槽与串筒
a) 溜槽和串筒 b) 串筒 c) 振动串筒
1—溜槽 2—挡板 3—串筒 4—漏斗 5—节管 6—振动器

（2）铺料厚度要求 混凝土入仓铺料多采用平浇法，它是由仓面某一边逐层有序连续铺填。铺料层的厚度与振动设备的性能、混凝土黏稠度、骨料强度和气温高低有关。混凝土浇筑前不应发生初凝和离析现象。混凝土浇筑时的坍落度应满足表 3-33 的要求。混凝土浇筑层厚度应符合表 3-34 的规定。

表 3-33 混凝土浇筑时的坍落度

结 构 种 类	坍落度/mm
基础或地面等的垫层、无配筋的大体积结构或配筋稀疏的结构	10~30
板、梁和大、中型截面的柱子	30~50
配筋密列的结构（薄壁、斗仓、筒仓、细柱等）	50~70
配筋特密的结构	70~90

表 3-34 混凝土浇筑层厚度

捣实混凝土的方法		浇筑层的厚度/mm
插入式振捣		振捣器作用部分长度的 1.25 倍
表面振动		200
人工捣固	在基础、无筋混凝土或配筋稀疏的结构中	250
	在梁、墙板、柱结构中	200
	在配筋密列的结构中	150
轻骨料混凝土	插入式振捣	300
	表面振动（振动时需加荷）	200

（3）铺料对供料的要求 供料能力要保证每一个浇筑层在初凝之前能够覆盖上一层混凝土，而且能振实为整体。若供料过慢，超过初凝时间的混凝土表面会产生乳皮，再振捣也难以消除，从而造成薄弱的结合面。这种薄弱结合面一般称为施工缝。它的抗剪、抗拉、抗渗能力降低，这是非常有害的。施工中，如因故供料不足或者中断供料，必须停浇，并按施工缝处理。

（4）重塑试验　在施工中，一般通过重塑试验来掌握混凝土是否超过初凝时间。重塑试验的标准是：用振捣器振捣 20s，振捣器周围 10cm 以内还能够泛浆，而且不留孔洞。满足这些条件，说明已浇筑的混凝土还能够重塑，可以继续浇筑上层混凝土。

3. 平仓振捣

（1）平仓　将卸入浇筑仓内成堆的混凝土料按规定厚度铺平叫平仓。平仓也是很重要的工作。若平仓不好，则粗骨料集中、成堆，形成架空，混凝土会离析泌水、漏振，产生冷缝等事故。平仓可用插入式振捣器插入料堆顶部振动，使混凝土液化后自行摊平。但是，不能因为平仓用了振捣器，平仓后就不再振捣，这样很容易出现漏振。仓面较大的，又没有模板拉条影响的，可用小型履带式推土机平仓，一般还在机后安装上振捣器组，平仓、振捣两用，边平仓、边振捣，效率较高。

（2）振捣　对混凝土进行机械振捣是为了提高混凝土密实度。振捣前浇灌的混凝土是松散的，在振捣器高频率低振幅振动下，混凝土内颗粒受到连续振荡作用，成"重质流体状态"，颗粒间摩阻力和黏聚力显著减少，流动性显著改善；粗骨料向下沉落，粗骨料孔隙被水泥砂浆填充；混凝土中空气被排挤，形成小气泡上浮；一部分水分被排挤，形成水泥浆上浮。混凝土充满模板，密实度和均一性都增高。干稠混凝土在高频率振捣作用下可获得良好流动性，与塑性混凝土比较，在水灰比不变条件下可节约水泥，或在水泥用量不变条件下可提高混凝土强度。

振捣是保证混凝土密实的关键。由于振捣器产生的高频低振幅的振动，使塑性混凝土液化，骨料相互滑移，砂浆充满空隙，空气被排出，使仓内全部充满密实的混凝土。

振捣的方法有：人工捣实、机械振捣两种。

1）人工捣实混凝土，费力、费时、费工，混凝土质量不易保证，一般只用于不便使用机械化施工的零星工程中，并要求铺层要薄（小于 20cm），要密捣，混凝土坍落度要大。

2）机械振捣应用广泛。振动机械按工作方式一般可分为内部振动器（插入式振动器）、表面振动器（平板式振动器）、外部振动器（附着式振动器）、振动台等，前三种振动机械的工作原理如图 3-17 所示。

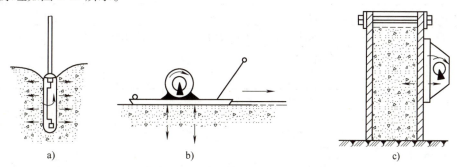

图 3-17　三种振动机械的工作原理
a）内部振动器　b）表面振动器　c）外部振动器

内部振动器和表面振动器主要用于各类现浇混凝土工程，外部振动器和振动台主要用于混凝土构件预制。其中内部振动器又叫插入式振动器，应用最为广泛。它的工作部分是一个棒状的空心圆柱体，也称为振捣棒，振捣棒的内部装有偏心的振动系统，在电动机或者压缩空气的驱动下高速旋转，产生不平衡离心力，带动棒头作高频微幅圆周振动。

4. 成品养护

混凝土拌合物经浇筑密实成型后，凝结和硬化是通过其中水泥的水化作用实现的。而水化作用要在适当的温度与湿度的条件下才能完成。新浇筑的混凝土若不加强保护，水分蒸发过快，表层混凝土会因缺水而停止水化硬结，出现片状、粉状剥落，并产生干缩裂缝，影响结构的整体性、耐久性和表面强度。因此，为保证混凝土在规定龄期内达到设计要求的强度，并防止产生收缩裂缝，必须认真做好养护工作。

通常养护的方法有：洒水养护和喷塑养护。

（1）洒水养护　洒水养护是最通常的养护方法，一般在混凝土表面上用草帘、锯末、沙等进行覆盖，再经常向覆盖物上喷洒清水，使混凝土在一定时间内保持足够湿润的状态。也有的在混凝土表面上筑小埝，进行灌水养护。对于垂直面一般采用喷头喷水养护。

养护初期，水泥的水化反应较快，需水也较多，应注意头几天的养护工作，在气温高、湿度低时，应增加洒水次数。一般当气温在15℃以上时，在开始三昼夜中，白天至少每3h洒水一次，夜间洒水两次。在以后的养护期中，每昼夜应洒水三次左右，保持覆盖物湿润。在夏日因充水不足或混凝土受阳光直射，水分蒸发过多，水化作用不足，混凝土发干呈白色，发生假凝或出现干缩细小裂缝时，应仔细加以遮盖，充分浇水，加强养护工作，并延长浇水时间进行补救。

（2）喷塑养护　喷塑养护是将塑料溶液喷洒在混凝土表面上，溶液经挥发，塑料在混凝土表面形成一层薄膜与空气隔绝，封闭混凝土中的水分不被蒸发。这种方法一般适用于表面积大的混凝土施工和缺水地区。喷塑养护比常规的草帘洒水养护的费用还低，因此，可能是今后混凝土养护发展的方向。

开始养护时间，一般在混凝土浇筑后12~18h；持续养护时间，环境气温不同，所用水泥品种不同，建筑物的结构部位不同，养护持续时间的要求不同，一般控制7~28d。混凝土浇水养护时间应符合表3-35的规定。

表3-35　混凝土浇水养护时间

分　类		浇水养护时间/d
拌制混凝土的水泥品种	硅酸盐水泥、普通硅酸盐水泥、矿渣硅酸盐水泥	≥7
	抗渗混凝土 混凝土中掺用缓凝型外加剂	≥14

注：采用其他品种水泥时，混凝土的养护应根据水泥技术性能确定；如平均气温低于5℃时，不得浇水。

3.5　混凝土的季节性施工

3.5.1　混凝土的冬季施工

1. 冬季施工的不利影响

冬季施工是指低温季节施工。混凝土在低温下，水化凝结作用大为减缓，强度增长受到阻碍。当气温降到0℃以下时，水泥的水化作用基本停止；气温降到-2℃时，混凝土内部的水分开始结冰，其体积大约膨胀8%~9%，从而产生冰晶应力。此时的混凝土疏松，强度、抗裂、抗渗、抗冻能力都会大大降低，甚至丧失承载能力。故《水工混凝土施工规范》（DL/T 5144—2015）规定：寒冷地区三天平均气温稳定在5℃以下，或者最低气温在-3℃以下时，温和地区的日平均气温稳定在3℃以下时，即属于低温季节，混凝土和钢筋混凝土施工应采取相应的冬季施工措施。

塑性混凝土如在凝结之前遭受冻结，恢复正温养护后的抗压强度约损失50%；如在硬化初期遭受冻结，恢复正温养护后的抗压强度仍会损失15%~20%；而干硬性混凝土在相同条件下的强度损失却很小。因此，在冬季施工中，为保证混凝土的质量，必须使其在受冻结前能获得足够抵抗冰胀应力的强度，这一强度称为抗冻临界强度。

根据DL/T 5144—2015的规定，采用硅酸盐水泥或普通硅酸盐水泥配制的混凝土，抗冻临界强度为标准强度（指在标准条件下养护28d的混凝土抗压强度）的30%；采用矿渣硅酸盐水泥配制的混凝土，抗冻临界强度为标准强度的40%，但C10及C10以下的混凝土，不得低于5.0N/mm²；掺防冻剂的混凝土，当室外最低温度不低于-15℃时，抗冻临界强度不得小于4.0N/mm²，当室外最低温度不低于-30℃时，抗冻临界强度不得小于5.0N/mm²。

2. 混凝土受冻时强度的变化规律

受冻后的混凝土，如果在正温中融解，并重新结硬时，混凝土的强度可继续增长；新浇筑混凝土受冻越早，对强度增长越不利；在常温情况下浇筑7~10d后再受冻，混凝土解冻后，对强度增长的最终值影响极小，甚至不受影响；此外，混凝土的坍落度越大，水灰比越大，受冻影响也越大。

3. 混凝土冬季施工常用措施

混凝土冬季施工的技术措施，可按不同施工阶段分为：在浇筑前使混凝土或其组成材料升高温度，使混凝土尽早获得强度；在浇筑后对混凝土进行保温或加热，造成一定的温湿条件，并继续进行养护。

浇筑时间一般安排在温度和湿度有利的条件下浇筑混凝土，争取在寒潮到达之前使混凝土的强度达到设计强度的50%，并且强度值不低于5~10N/mm²。

在冬季采用高热或者快凝水泥，减小水灰比，掺加速凝剂和塑化剂，加速混凝土的凝固，增加发热量，提高早期强度。一般当气温在-5~5℃时，可掺一定的氯化钙、硫酸钠、氯化钠等，创造强度快速增长条件。但由于氯化钠等氯盐对钢筋有腐蚀作用，掺入量应受限，按不同情况一般不超过2%~3%。

冬季混凝土拌和时间通常为常温拌和时间的1.5倍，并且对搅拌机进行预热。要求拌和温度：大体积混凝土一般不大于12℃，薄壁结构不大于17~25℃。同时控制在各种情况下拌和温度应保证使入仓浇筑温度不低于5℃。

在混凝土拌和、运输、浇筑中，应采取措施减少热量损失。例如，尽量缩短运输时间，减少转运次数，装料设备口部加盖，侧壁保温；在配料、卸运、转运站和带式运输机廊道等处，增加保温设施；将老混凝土面和模板在混凝土浇筑前加温到5~10℃，一般混凝土加热深度要大于10cm。

对混凝土的组成材料进行加热也是常用措施，当气温在3~5℃以下时，可以加热水，但是水温不宜高于60~80℃，否则会使混凝土产生假凝。如果水按以上要求加热后，所需热量仍然不够，可再加热干砂和石子。加热后的温度，砂不能超过60℃，石子不能超过40℃。水泥应在使用前1~2d置于暖房内预热，升温不宜过高。骨料一般采用蒸汽加热，有的用蒸

汽管预热,也有的直接将蒸汽喷入料仓中。这时,蒸汽所含的水量应从拌和加水量中扣除。热工计算方法如下:

(1) 混凝土拌合物的温度计算公式

$$T_0 = [0.9(m_{ce}T_{ce} + m_{sa}T_{sa} + m_gT_g) + 4.2T_w(m_w - \omega_{sa}m_{sa} - \omega_gm_g) + C_1(\omega_{sa}m_{sa}T_{sa} + \omega_gm_gT_g) - C_2(\omega_{sa}m_{sa} + \omega_gm_g)] \div [4.2m_w + 0.9(m_{ce} + m_{sa} + m_g)] \quad (3-12)$$

式中 T_0——混凝土拌合物的温度(℃);

m_w、m_{ce}、m_{sa}、m_g——水、水泥、砂、石的用量(kg);

T_w、T_{ce}、T_{sa}、T_g——水、水泥、砂、石的温度(℃);

ω_{sa}、ω_g——砂、石的含水率(%);

C_1、C_2——水的比热容[kJ/(kg·K)]及水的溶解热(kJ/kg)。当骨料温度>0℃时,$C_1 = 5.2$kJ/(kg·K),$C_2 = 0$;当骨料温度≤0℃时,$C_1 = 2.1$kJ/(kg·K),$C_2 = 335$kJ/kg。

(2) 混凝土拌合物的出机温度计算公式

$$T_1 = T_0 - 0.16(T_0 - T_i) \quad (3-13)$$

式中 T_1——混凝土拌合物的出机温度(℃);

T_i——搅拌机棚内的温度(℃)。

(3) 混凝土拌合物经运输至成型完成时的温度计算公式

$$T_2 = T_1 - (\alpha t_t + 0.032n)(T_1 - T_a) \quad (3-14)$$

式中 T_2——混凝土拌合物经运输至成型完成时的温度(℃);

t_t——混凝土自运输至浇筑成型完成的时间(h);

n——混凝土转运次数;

T_a——运输时的环境温度(℃);

α——温度损失系数(h^{-1})。当采用混凝土搅拌运输车时,$\alpha = 0.25$h^{-1};当采用开敞式大型自卸汽车时,$\alpha = 0.205$h^{-1};当采用开敞式小型自卸汽车时,$\alpha = 0.303$h^{-1};当采用封闭式自卸汽车时,$\alpha = 0.10$h^{-1};当采用手推车时,$\alpha = 0.50$h^{-1}。

经过上述热工计算,可求出混凝土拌合物从搅拌、运输到浇筑成型的温度降低值,并作为施工设计的依据。但实际上,由于影响因素很多,不易掌握,所以应加强现场实测温度,并依此进行温度调整,使混凝土开始养护前的温度不低于5℃。

4. 冬季混凝土的养护

冬季作业混凝土的养护通常采用的方法有蓄热法、外部加热法、掺外加剂法等。

(1) 蓄热法 蓄热法是指经材料预热浇筑后混凝土仍具有一定温度的条件下,采用保温措施以防止热量外泄的方法。该法不采取额外的加热措施,只是将混凝土内原有的温度和水化热温度设法保存起来,使混凝土在硬化过程中不致冻结。该法是利用锯末、稻草、芦席和保温模板严密覆盖。保温模板一般是两层木板,中间填塞锯末隔热。蓄热法具有节能、简便、经济等优点,是一种简单经济的养护方法,可考虑优先采用。但是对于极度严寒地区的薄壁结构,当一种保温材料不能满足要求时,常采用几种材料或用石灰锯末保温。在锯末石灰上洒水,石灰就能逐渐发热,减缓构件热量散失。图3-18为锯末草袋保温,图3-19为石灰锯末加热保温。采用蓄热法养护时,室外温度不得低于-15℃,结构表面系数不应大于15m^{-1}。

（2）外部加热法　外部加热法是当外界气温过低或混凝土散热过快时，须补充加热混凝土的养护方法。该法包括暖棚法、电热法、蒸汽法。除此以外，还可以用远红外加热器、蒸汽加热混凝土表面，向保温板内或者混凝土内导入蒸汽加热（图3-20）。也可以插入电极直接对混凝土实行电热法进行防冻（图3-21）。采用电热法时，混凝土中的水分蒸发，对最终强度影响较大，混凝土的密实性越低，这种影响越显著。水分过分蒸发，导致混凝土脱水。故养护过程中，应注意其表面情况，当开始干燥时，应先停电，随之浇洒温水，使混凝土表面湿润。为了防止水分蒸发，应对外露表面进行覆盖。这类方法能够使混凝土在高温下硬化，强度增长较快，但是所需设备复杂，耗能也多，热效率低，费用较高，一般仅适用于小范围的或者要求高的特殊结构混凝土的养护。电热装置的电压一般为50~100V，在无筋结构或含筋量不大于50kg的结构中，可采用120~220V。随着混凝土的硬化和游离水的减少，混凝土电阻增加，电压也逐渐增加。电热法养护混凝土的温度应控制在表3-36中的数值内。加热过程中，混凝土体内应有测温孔，随时测量混凝土温度，以便控制电压。

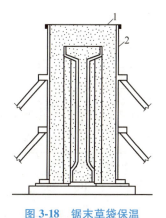

图3-18　锯末草袋保温
1—草席两层　2—草袋装锯末

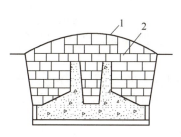

图3-19　石灰锯末加热保温
1—草袋　2—石灰锯末

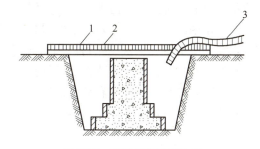

图3-20　利用地槽作蒸汽室
1—脚手杆　2—篷布、油毡或草袋　3—进汽管

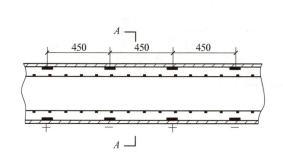

图3-21　薄钢片电极

表 3-36　电热法养护混凝土最高温度　　　　　　　　　　（单位：℃）

水泥强度等级	结构表面系数/m^{-1}		
	<10	10~15	>15
42.5	40		35

采用蒸汽养护法或电热法养护时，混凝土的升、降温速度不得超过表 3-37 的规定。

表 3-37　加热养护混凝土的升、降温速度

表面系数/m^{-1}	升温速度/(℃/h)	降温速度/(℃/h)
≥16	15	10
<6	10	5

(3) 掺外加剂法　这是在混凝土中掺入外加剂，使混凝土在负温条件下能够继续硬化，而不受冻害的养护方法。掺入的外加剂可以使混凝土产生抗冻（降低混凝土的冰点）、早强、催化、减水等效用，使水泥能够在一定的负温范围内还能继续水化，从而使混凝土的强度逐步增长。

冷混凝土的工艺特点，是将预先加热的拌和用水、砂（必要时也加热）、石、水泥及适量的负温硬化剂溶液混合搅拌，经浇筑成型的混凝土具有一定的正温度（不应低于5℃）。浇筑后用保温材料覆盖，不需加热养护，混凝土在负温条件下硬化。

负温硬化剂的作用是能有效地降低混凝土拌合物中水的冰点，在一定的负温条件下，可以使含水率低于10%，而液态水可以与水泥起水化反应，使混凝土的强度逐渐增长。同时，由于含水率得到控制，防止了冰冻的破坏作用。

硬化剂由防冻剂、早强剂和减水剂组成。常用的防冻剂有无机和有机化合物两类。无机化合物有氯化钠、氯化钙、亚硝酸钠、硝酸钙、碳酸钾等，有机化合物有尿素、氨水等，见表 3-38。

表 3-38　常用防冻剂的种类

名　称	化　学　式	析出固相共溶体时		附　注
		含量/(g/100g 水)	温度/℃	
氯化钠	NaCl	30.1	-21.2	致　锈
氯化钙	CaCl$_2$	42.7	-55.0	致　锈
亚硝酸钠	NaNO$_2$	61.3	-19.6	
硝酸钙	Ca(NO$_3$)$_2$	78.6	-28.0	
碳酸钾	K$_2$CO$_3$	56.5	-36.5	
尿素	(NH$_2$)$_2$CO	78.0	-17.6	
氨水	NH$_4$OH	161.0	-84.0	

负温硬化剂的组成中，抗冻剂起主要作用，由它来保证混凝土中的液态水存在。掺加负温硬化剂的参考配方见表 3-39。

表 3-39　掺加负温硬化剂的参考配方

混凝土硬化温度/℃	参考配方（示例）（占水泥质量的百分数）
0	食盐 2 + 硫酸钠 2 + 木钙 0.25 亚硝酸钠 2 + 硫酸钠 2 + 木钙 0.25
-5	食盐 2 + 硫酸钠 2 + 木钙 0.25 亚硝酸钠 4 + 硫酸钠 2 + 木钙 0.25 尿素 2 + 硝酸钠 4 + 硫酸钠 2 + 木钙 0.25
-10	亚硝酸钠 7 + 硫酸钠 2 + 木钙 0.25 乙酸钠 2 + 硝酸钠 6 + 硫酸钠 2 + 木钙 0.25 尿素 2 + 硝酸钠 5 + 硫酸钠 2 + 木钙 0.25

冷混凝土的配制应优先选用强度等级 42.5 级或 42.5 级以上的普通硅酸盐水泥，以利强度增长。砂石骨料不得含有冰雪和冻块及能冻裂的矿物质。应尽量配制成低流动性混凝土，坍落度控制在 1~3cm，施工配制强度一般要比设计强度提高 15% 或提高一级。为了保证外掺硬化剂拌和均匀，必须采用机械搅拌。加料顺序应先投入砂石骨料、水及硬化剂溶液，搅拌 1.5~2min 再加入水泥，搅拌时间应比普通混凝土延长 50%。硬化剂中掺入氯化钠仅用于素混凝土。混凝土浇筑后的温度应不低于 5℃（应尽量提高），并及时覆盖保温，以延长正温养护时间和使混凝土温度在昼夜间波动较小。

在冷混凝土施工过程中，应按施工及验收规范的规定数量制作试块。试块在现场取样，并与结构物在同等条件下养护 28d，然后转为标准养护 28d，测得的抗压强度应不低于规范规定的验收标准。

5. 冬季混凝土的拆模与应力核算

模板和保温层的拆除应在混凝土温度冷却到 5℃后，混凝土与外界温差小于 20℃ 时进行。拆模后应采取临时覆盖措施。

整体结构如为加热养护时，浇筑程序和施工缝位置的设置应采取能防止发生较大温度应力的措施。当加热温度超过 45℃ 时，应进行温度应力核算。

3.5.2　混凝土的夏季施工

（1）夏季施工的不良影响　夏季气温高，一般当气温超过 30℃ 以后，对混凝土的施工和质量都会产生不良影响，主要表现是：水泥水化快，和易性降低，初凝时间短，运输中容易早凝，有效浇筑时间短，容易产生冷缝，大体积结构内部温升高，内外温差与基础的稳定温差大，容易因表面拉应力和基础约束拉应力而导致混凝土出现表面裂缝、深层裂缝，甚至贯穿裂缝，从而使结构的整体性受到破坏，严重影响到结构的强度、稳定、抗渗、抗冻、耐久等性能。

（2）夏季施工的措施　夏季施工的措施一般从材料和施工方法两方面着手：

1）材料措施。一般采用低热水泥；掺加塑化剂、减水剂，以减少水泥用量；采用水化速度慢的水泥，掺加缓凝剂，以延缓水化热的产生；预冷骨料，用井水、冰屑拌和混凝土，以降低入仓混凝土的温度。

2）施工措施。高堆骨料，廊道取料（减少日晒数量）；缩短运输时间，运输中加盖防晒；雨后或者夜间浇筑；仓面喷雾降温；浇筑后覆盖防晒保温材料；加强水养护，或者埋设通水管道，进行通水冷却。

3.6 水下混凝土灌注施工

在进行基础施工，如灌注连续墙、桩、沉井封底等时，经常会遇到地下水大量涌入的情况，此时若大量抽水，强制降低地下水位，易影响地基质量。在江河水位较深，流速较快情况下修建取水构筑物时，常会采用直接在水下灌注混凝土的方法。水下灌注混凝土适用于水工建筑物的现浇混凝土桩基、挡水建筑物的混凝土防渗墙、水下建筑物的混凝土修补工程及其他临时性的水下混凝土建筑物等。

在水下灌注混凝土，当混凝土拌合物直接向水中灌注，在穿过水层达到基底过程中，由于混凝土的各种材料所受浮力不同，将使水泥浆和骨料分解，骨料先沉入水底，而水泥浆则会在水中流失，以致无法形成混凝土。故须防止未凝结的混凝土中水泥流失。

水下混凝土灌注很难振捣，它主要靠混凝土自重和下落时的冲击作用挤密。因此，要求混凝土应具有良好的流动性、抗泌水性、抗分离性。为此混凝土的坍落度应控制在 16~22cm；混凝土中水泥用量一般在 350kg/m³ 以上，水灰比控制在 0.55~0.66 之间，含砂率控制 40%~50%，粗骨料最好用卵石，骨料最大粒径不宜大于导管内径的 1/5，或者不宜超过 40mm。混凝土拌和时，掺加适量的外加剂（如木钙、糖蜜、加气剂等），以改善混凝土的和易性和延长混凝土的初凝时间。

水下混凝土灌注，必须注意防止水掺混到混凝土中，造成混凝土的水灰比加大，或者冲失水泥浆，降低混凝土强度。为此，浇筑区域内的水流速应小于3m/min，最好是静止的。

混凝土施工方法一般分为水下灌注法和水下压浆法两种。

3.6.1 水下灌注法

水下灌注法有直接灌注法、导管法、泵压法、柔性管法和开底容器法等。其中，导管法是施工中使用较多的方法。以下介绍导管法和泵压法。

1. 导管法

该方法是将混凝土拌合物通过金属管筒在已灌注的混凝土表面之下灌入基础（图 3-22），这样就避免了新灌注的混凝土与水直接接触。

导管法施工设备组成主要包括混凝土运输车、混凝土料斗、存料漏斗、导管、护筒等。

施工时，按设计位置钻造桩孔；然后将导管下沉到离基面 50~100mm 处，在存料漏斗的下口安放一个用布包裹的木球塞（或者预制混凝土半球塞），并用钢丝吊住；向存料斗内倒满混凝土，剪断吊球塞的钢丝，此时混凝土会挤压球塞沿着导管迅速下落；最后将导管向上稍微提升，此时球塞会从导管底口逸出，混凝土也随之涌出，并挤升一定高度，将导管底口埋没。连续灌注混凝土，随桩孔中的混凝土面的上升，逐步提升导管，并顶部卸去导管的各个管节。浇筑

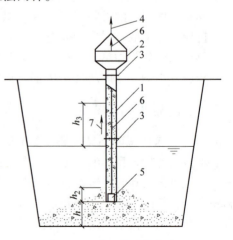

图 3-22 水下灌注混凝土
1—导管 2—漏斗 3—密封接头
4—起重设备吊索 5—混凝土塞子
6—钢丝 7—导管缓慢上升

后的混凝土顶面高程应高出设计标高 200~500mm，待其硬结之后再将超出的部分清除（超出部分往往与水和泥浆一直接触，强度较低）。

导管为普通钢管，直径一般为 200~300mm，壁厚为 2.5~3.5mm，每节长度为 1~2m，导管的选用可见表 3-40。要用橡胶衬垫的法兰连接，不能漏水，导管的上口必须高出桩柱孔内的水面或者泥浆面 2~3m。导管的下口要始终埋入混凝土内 8~15mm，并保持导管内的混凝土压力始终大于导管外部混凝土和水柱或者泥浆柱的压力，以防止水或者泥浆挤入导管中，影响混凝土的浇筑质量。

表 3-40 导管管径与灌注能力表

导管直径/mm	100	150	200	250	300
通过能力/(m³/h)	3.0	6.5	12.5	18.0	26.0
允许粗骨料最大粒径/mm	20	20	碎石 20	卵石 40	40	60

如果混凝土供应中断，要设法防止导管内空腔。因为中断时间若较长，或者出现导管拔空，或者出现泥浆挤进导管，都容易形成断柱。遇到这些情况时，要等已经浇筑过的混凝土的强度达到一定强度（一般要求为 $2.5N/mm^2$）后，并将混凝土表面软弱部分清理后，才能继续浇筑。

2. 泵压法

当在水下需灌注的混凝土体积较大时，可以采用混凝土泵将拌合物通过导管灌注，加大混凝土拌合物在水下的扩散范围，并可减少导管的提升次数及适当降低坍落度（10~12cm）。泵压法一根导管的灌注面积可达 40~50m²，当水深在 15m 以内时，可以筑成质量良好的构筑物。

3.6.2 水下压浆法

水下压浆法先将符合级配设计要求，并且洗净的粗骨料填放在待浇筑处，然后用配置好的砂浆通过输浆管压入粗骨料的空腔，最后胶结硬化形成混凝土，如图 3-23 所示。这种混凝土适宜用于：构件钢筋比较密集的部位、埋设部件比较复杂的部位、不便于用导管法施工的水下混凝土浇筑及其他不容易浇筑和捣实部位的混凝土施工。

骨料用带有拦石钢筋的格栅模板、板桩或砂袋定形。骨料应在模板内均匀填充，以使模板受力均匀，骨料面高度应大于注浆面高度 0.5~1.0m，对处于动水条件下，骨料面高度应高出注浆面 1.5~2.0m。此时，骨料填充和注浆可同时配合进行作业。填充骨料，应保持骨料粒径具有良好级配。

注浆管可采用钢管，内径根据骨料最小粒径和灌注速度而定，通常为 25mm、38mm、50mm、65mm、

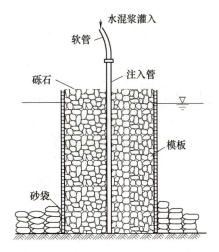

图 3-23 水下压浆法

75mm 等规格。管壁开设注浆孔，管下端呈平口或 45°斜口，注浆管一般垂直埋设，管底距离基底约 10~20cm。为了保证灌浆处于有压状态，砂浆一般用砂浆泵压送，压力一般控制在 0.2~0.5N/mm² 之间；压浆时，要自下而上，不能间断，砂浆的提升速度一般控制在 50~100cm/h 范围内。为了及时检查、观察压浆效果，一般都在压浆部位埋设观测管和排气管。

注浆管作用半径可由下式求得

$$R = \frac{(H_t \gamma_{CB} - H_w \gamma_w) D_h}{28 K_h \gamma_{CB}} \tag{3-15}$$

式中　R——注浆管作用半径（m）；
　　　H_t——注浆管长度（m）；
　　　γ_{CB}——浆液重度（kN/m³）；
　　　H_w——灌浆处水深（m）；
　　　γ_w——水重度（kN/m³），$\gamma_w = 10 \text{kN/m}^3$；
　　　D_h——预填骨料平均粒径（mm）；
　　　K_h——预填骨料抵抗浆液运动附加阻力系数，卵石为 4.2，碎石为 4.5。

加压灌注时，注浆管的作用半径为

$$R = \frac{(1000 p_0 + H_t \gamma_{CB} - H_w \gamma_w) D_h}{28 K_h \tau_{cs}} \tag{3-16}$$

式中　p_0——注浆管进浆压力（MPa）；
　　　τ_{cs}——浆液极限剪应力（MPa）。

注浆管的平面布置可呈矩形、正方形或三角形。采用矩形布置时注浆管作用半径与管距、排距的关系为

$$(0.85R)^2 = \left(\frac{B}{4}\right)^2 + \left(\frac{L_t}{2}\right)^2 \tag{3-17}$$

则

$$L_t \leqslant \sqrt{2.89 R^2 - \frac{B^2}{4}} \tag{3-18}$$

当宽度方向有几排注浆管时

$$L_t \leqslant \sqrt{2.89 R^2 - \frac{B^2}{n^2}} \tag{3-19}$$

式中　L_t——注浆管间距（m）；
　　　R——注浆管作用半径（m）；
　　　B——浇筑构筑物宽度（m）；
　　　n——沿宽度方向布置注浆管排数。

通常情况下，当预填骨料厚度超过 4m 时，为了克服提升注浆管的阻力，防止水下抛石时碰撞注浆管，可在管外套以护罩。护罩一般由钢筋笼架组成，笼架的钢筋间距不应大于最小骨料粒径的 2/3。

水下注浆分自动灌注和加压注入。加压注入由砂浆泵加压。为了提高注浆管壁润滑性，在注浆开始前先用水灰比大于 0.6 的纯水泥浆润滑管壁。开始注浆时，为了使浆液流入骨料

中，将注浆管上提 5~10cm，随压、随注，并逐步提升注浆管，使其埋入已注砂浆中深度保持 0.6m 以上。注浆管埋入砂浆深度过浅，虽可提高灌注效率，但可能会破坏水下预埋骨料中砂浆表面平整度；如插入过深，会降低灌注效率或已灌浆液的凝固，通常插入深度最小为 0.6m，一般为 0.8~1.0m。当注浆接近设计高程时，注浆管仍应保持原设定的埋入深度，注浆达到设计高程，将注浆管缓慢拔出，使注浆管内砂浆慢慢卸出。

注浆管出浆压力，应考虑预埋骨料的种类（卵石、砾石、碎石）、粒级和平均粒径、水泥砂浆在预填骨料和空隙间流动产生的极限切应力值以及注浆管埋设间距（要求水泥砂浆的扩散半径）等因素而定，一般在 0.1~0.4N/mm² 范围内。

水泥砂浆需用量，可用下式估计

$$V_{CB} = K_n l V_c \tag{3-20}$$

式中　V_{CB}——水泥砂浆需用量（m³）；

　　　K_n——填充系数，一般取值为 1.03~1.10；

　　　l——预填骨料的孔隙比；

　　　V_c——水下压浆混凝土方量（m³）。

复习思考题

1. 工程中常用钢筋有哪些？合格钢筋应具备哪些条件？
2. 钢筋加工内容一般有哪些？
3. 冷拉钢筋一般如何使用？
4. 简述钢筋冷拉开展的方法。
5. 冷拔钢筋一般如何使用？
6. 钢筋配料的原则是什么？
7. 钢筋代换原则有哪些？
8. 什么叫钢筋的弯曲调整值？
9. 模板有什么作用？
10. 对模板一般有哪些要求？
11. 模板有哪些类型？各有什么优缺点？
12. 混凝土施工主要包括哪些内容？
13. 骨料破碎、筛洗机械各常用哪些类型？试总结它们各自的特点。
14. 混凝土搅拌机械常用哪些类型？试总结它们各自的特点。
15. 混凝土拌和楼一般由哪几部分组成？
16. 混凝土在运输过程中一般有哪些要求？
17. 混凝土浇筑流程有哪几个环节？
18. 为什么要对施工缝进行处理？
19. 施工缝处理常用哪些方法？
20. 混凝土振捣有哪些要求？
21. 混凝土浇筑后为什么要进行养护？
22. 混凝土受冻时，其强度变化有什么规律？
23. 夏季施工对混凝土的浇筑和质量会产生不良影响，主要表现是什么？

第4章 给水排水工程构筑物施工

由于圆形筒体构筑物的水力条件最优,大多数取水泵房、水处理构筑物均采用圆形筒体形状。但由于各类构筑物本身的多样性、地质特性的特殊性等影响,故在施工组织、施工工艺等诸多方面均存在着差异。

本章将介绍现浇钢筋混凝土水池,装配式预应力钢筋混凝土水池,沉井、管井及江河取水构筑物等给水排水工程构筑物的施工方法及其要点。

4.1 现浇钢筋混凝土水池施工

现浇钢筋混凝土水池的主要特点为:施工比较方便,不需要特殊的施工设置,整体性好,抗渗性强;但是需要耗用大量模板材料,且施工周期较长。现浇钢筋混凝土水池主要适用于大、中型给水排水工程中的永久性水池,如蓄水池、调节池、滤池、沉淀池、反应池、曝气池、气浮池、消化池、溶液池等水处理构筑物。

4.1.1 模板

大、中型给水排水工程中的水池一般均具有薄壁、占地面积大、布筋密集、施工工艺要求精度高等特点。但通常要求在施工现场拼制木质或钢制模板,以确保水池结构和构件各部分尺寸、形状及相互位置保证正确无误。同时,模板的支设还应便于钢筋的绑扎、混凝土的浇筑和养护,以确保池体达到设计要求的强度、刚度和稳定性。

1. 圆形水池的支模

圆形水池的无支撑支模主要有以下两种形式:

(1)螺栓拉结形式 先支内模,钢筋绑扎完毕后再支外模。为保证模板有足够的强度、刚度和稳定性,内外模用拉结止水螺栓紧固,内模里圈用花篮螺钉及锚具拉紧。浇筑混凝土时应保证沿池壁四周均匀对称浇筑,每层高度为20~25cm,并设专人检查花篮螺钉、拉条的松紧,防止模板松动。混凝土逐层浇捣到临时撑木的部位,以便随时将撑木取出。

(2)拼置拉结形式 先支外模,钢筋绑扎完毕后再支内模,在内模内采用木条沿上层、中层、下层每隔几个立柱相固定,如图4-1、图4-2所示,从而增加内模板的刚度和稳定性。

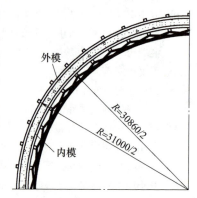

图4-1 水池无支撑支模施工

圆形水池也采用有支撑支模，属于立柱斜撑支模方式。

2. 矩形水池的支模

矩形水池支设模板主要有支撑支模和无支撑支模两种方式。不同的水池其支撑方式有所不同，沉淀池池壁分层支模如图4-3所示，辐流沉淀池池壁模板支设如图4-4所示。

3. 支模板施工要点

1）池壁与顶板连续施工时，池壁内模立柱不得同时作为顶板模板立柱。顶板支架的斜杆或横向连杆不得与池壁模板的杆件连接。

2）池壁模板可先安装一侧，钢筋绑完后，分层安装另一侧模板，或采用一次安装到顶，但分层预留操作窗口的施工方法。采用这种方法时，应遵循以下规定：①分层安装模板，每层层高不宜超过1.5m，分层留置窗口时，窗口的层高及水平净距不宜超过1.5m，斜壁的模板及窗口的分层高度应适当减小；②当有预留孔洞或预埋管件时，宜在孔

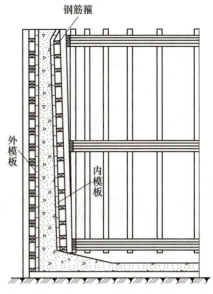

图4-2 水池模板的拼置式拉结

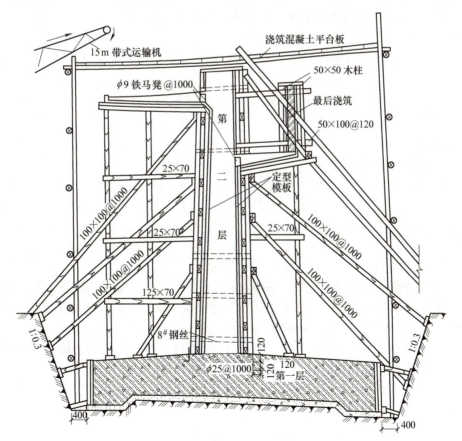

图4-3 沉淀池池壁分层支模

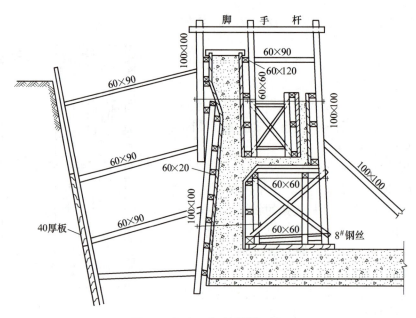

图 4-4 辐流沉淀池壁模板支设

口或管口外径 1/4~1/3 高度处分层，孔径或管外径小于 200mm 时，可不受此限制；③分层模板及窗口模板应事先做好连接装置，使能迅速安装；④分层安装模板或安装窗口模板时，应严防杂物落入模内。

3）固定在模板上的预埋管件的安装必须牢固，位置准确。安装前应清除铁锈和油污，安装后应做标志。

4）池壁整体式内模施工，当木模板为竖向木纹使用时，除应在浇筑前将模板充分湿润外，还应在模板适当的位置设置八字缝板，拆模时，先拆内模。

5）模板应平整，且拼缝严密不漏浆，固定模板的螺栓（或钢丝）不宜穿过水池混凝土结构，以避免沿穿孔缝隙渗水。

6）当必须采用对拉螺栓固定模板时，应在螺栓上加焊止水板，止水板直径一般为 8~10cm。

4.1.2 钢筋

1. 钢筋绑扎要点

1）在绑扎钢筋时，应详细检查钢筋的直径、间距、位置、搭接长度、上下层钢筋的间距、保护层及预埋件的位置和数量，均应符合设计要求。上下层钢筋均用铁撑（铁马凳）加以固定，使之在浇捣过程中不发生变位。

2）若采用铁马凳架设钢筋时，在不能取掉的情况下，应在铁马凳上加焊止水板，防止水沿铁马凳渗入混凝土结构。

3）当钢筋排列稠密，以致影响混凝土正常浇捣时，应与设计人员商量采用适当措施保证浇筑质量。

2. 池壁开洞的钢筋布置

1）当水池池壁预埋管件及预留孔洞的尺寸小于 300mm 时，可将受力钢筋绕过预埋管件或孔洞，不必加固。

2）当水池池壁预埋管件及预留孔洞的尺寸在 300~1000mm 时，应沿预埋管件或孔洞每边配置加强钢筋，其钢筋截面面积不小于在洞口宽度内被切断的受力钢筋面积的 1/2，且不小于 2ϕ10mm。

3）当水池池壁预埋管件及预留孔洞的尺寸大于 1000mm 时，宜在预留孔或预埋管件四周加设小梁。

4.1.3 混凝土

1. 混凝土在浇筑时应注意以下事项：

（1）选择合适的配合比　应合理选择、调整混凝土配合比的各项技术参数，并需通过试配求得符合设计要求的防水混凝土最佳配合比。

（2）改善施工条件，精心组织施工　普通防水混凝土水池结构的优劣与施工质量密切相关。因此，对施工中的各主要工序，如混凝土搅拌、运输、浇筑、振捣、养护等，都应严格遵守施工及验收规范和操作规程的规定。

（3）做好施工排水工作　在有地下水地区修建水池结构工程时，必须做好排水工作，以保证地基土壤不被扰动，使水池不因地基沉陷而发生裂缝。施工排水须在整个施工期间不间断进行，防止因地下水上升而导致水池底板产生裂缝。

2. 水处理构筑物功能性试验

对于给水排水构筑物而言，要满足构筑物的使用功能，除了检查外观和强度外，还应通过满水试验、闭气试验等对其严密性进行验收。

（1）水池满水试验　满水试验是按水处理构筑物的工作状态进行的针对构筑物抗压强度、抗渗强度的检验工作。满水试验不宜在雨天进行。

1）水池满水试验的前提条件：①池体结构混凝土的抗压强度、抗渗强度等级或砖砌水池的砌体水泥砂浆强度已达到设计要求；②在现浇钢筋混凝土水池的防水层、水池外部防腐层施工以及池外回填土之前；③在装配式预应力钢筋混凝土水池施加预应力以后，水泥砂浆防护层喷涂之前；④在砖砌水池的内外防水水泥砂浆完成之后；⑤进水、出水、放空、溢流、连通管道的安装及其穿墙管口的填塞已经完成；⑥水池抗浮稳定性满足设计要求；⑦满足设计图样中的其他特殊要求。

2）水池满水试验前的准备工作：①修补池体内外混凝土的缺陷，结构检查达到设计要求；②检查阀门，不得渗漏；③临时封堵管口；④清扫池内杂物；⑤准备清水作为注水水源，并安装好注水、排空管路系统；⑥设置水位观测标尺，标定水位测计；⑦准备现场测定蒸发量的设备等。

3）满水试验步骤及测定方法。

a. 注水。向水池注水分三次进行，每次注入设计水深的 1/3，且注水水位上升速度不宜超过 2m/24h，相邻两次注水的时间间隔不少于 24h。每次注水后测读 24h 的水位下降值，并计算渗水量。如果池体外壁混凝土表面和管道填塞有渗漏的情况，同时水位降的测读渗水量较大时，应停止注水，待检查、处理完毕后再继续注水。即使水位降（渗水量）符合标准要求，只要池壁外表面出现渗漏现象，也视为结构混凝土不符合规范要求。

b. 水位观测。注水时用水位标尺测定水位。注水至设计水深时，用水位测针测定水位降。水位测针的读数精度应达到 1/10mm。测读水位的末读数与初读数的时间间隔应不小于 24h。水池水位降的测读时间可依实际情况而定，如第一天测定的渗水量符合标准，应再测定一天；如第一天测定的渗水量超过允许标准，而以后的渗水量逐渐减少，可继续延长时间观察。

c. 蒸发量的测定（无盖水池必做）。现场测定蒸发量的设备，可采用直径约为 50cm，高约 30cm 的敞口钢板水箱，并设有水位测针。水箱应经过检验，不得漏水。水箱应固定在水池中，水箱中的充水深度可在 20cm 左右。测定水池中水位的同时，测定水箱中的水位。

水池渗水量按下式计算

$$q = \frac{A_1}{A_2}[(E_1 - E_2) - (e_1 - e_2)] \tag{4-1}$$

式中　q——渗水量 $[L/(m^2 \cdot d)]$；

　　　A_1——水池的水面面积（m^2）；

　　　A_2——水池的浸湿总面积（m^2）；

　　　E_1——水池中水位测针的初读数，即初读数（mm）；

　　　E_2——测读 E_1 后 24h 水池中水位测针的末读数，即末读数（mm）；

　　　e_1——测读 E_1 时水箱中水位测针的读数（mm）；

　　　e_2——测读 E_2 时水箱中水位测针的读数（mm）。

水池渗水量按池壁（不包括内隔墙）和池底的浸湿面积计算，钢筋混凝土水池不得超过 $2L/(m^2 \cdot d)$；砖石砌体水池不得超过 $3L/(m^2 \cdot d)$。

(2) 闭气试验　污水处理厂的消化池在满水试验合格后，还应进行闭气试验。闭气试验是观测 24h 前后池内压力降。规范要求，消化池 24h 压力降不得大于 0.2 倍试验压力，一般试验压力是工作压力的 1.5 倍。

1) 准备工作：完成工艺测温孔的封堵、池顶盖板的封闭；安装温度计、测压仪及充气截门；使用的温度计刻度精确至 1℃，使用的大气压力计刻度精确至 10Pa；采用空气压缩机往池内充气。

2) 测读气压：池内充气至气压稳定后，测读池内气压值，即为初读数；间隔 24h，测读末读数；在测读池内气压的同时，测读池内的气温和池外大气压力，并将大气压力换算成等同于池内气压的单位。

池内气压降按下式计算

$$\Delta p = (p_{d_1} + p_{a_1}) - (p_{d_2} + p_{a_2})\frac{273 + t_1}{273 + t_2} \tag{4-2}$$

式中　Δp——池内气压降（10Pa）；

　　　p_{d_1}——池内气压初读数（10Pa）；

　　　p_{d_2}——池内气压末读数（10Pa）；

　　　p_{a_1}——测定 p_{d_1} 时的相对大气压力（10Pa）；

　　　p_{a_2}——测定 p_{d_2} 时的相对大气压力（10Pa）；

　　　t_1——测定 p_{d_1} 时的相应池内气温（℃）；

　　　t_2——测定 p_{d_2} 时的相应池内气温（℃）。

闭气试验的压力降须满足在设计试验压力降的允许范围之内。

4.2 装配式预应力钢筋混凝土水池施工

预应力钢筋混凝土水池具有较强的抗裂性及不透水性。与普通钢筋混凝土水池相比，还具有节省水泥、钢材、木材用量的特点。

预应力钢筋混凝土水池的预应力钢筋主要沿池壁环向布置，预应力钢筋混凝土水池在水力荷载作用之前，先对混凝土预制件预加压力，使钢筋混凝土预制件产生人为的应力状态，所产生的预压应力将抵消由荷载所引起的大部分或全部的拉应力，从而使预制件装配完毕使用时拉应力明显减小或消失。由此可防止或减少池体裂缝的产生，同时将降低构件的刚度和挠度。但对于高度较高且容积较大的地上式水池，为防止池壁垂直方向上产生弯矩而形成水平裂缝，在垂直方向上应增设预应力钢筋。

预应力钢筋混凝土水池一般情况下多做成装配式，常用于构筑物的壁板、柱、梁、顶盖以及管道工程的基础、管座、沟盖板、检查井等工程施工中。装配式结构具有加快施工进度、减小施工强度、保证工程质量、延长构筑物的使用寿命等优点。

4.2.1 装配式水池施工流程

装配式水池施工流程如图 4-5 所示。

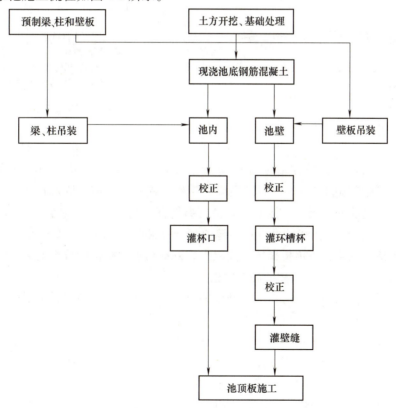

图 4-5 装配式水池施工流程

4.2.2 预应力钢筋混凝土构件的制作

预应力钢筋混凝土的特点是：在混凝土结构中对高强度钢筋进行张拉，使混凝土预先获得压应力；当构件在荷载作用下产生拉应力时，首先抵消预压应力，随着荷载的不断增加，受拉区混凝土受拉，以此提高构件的抗裂度和刚度。

1. 水池壁板的结构形式

水池壁板的结构形式一般有两种。一种是两壁板之间有搭接钢筋（图4-6a）；另一种是两壁板之间无搭接钢筋（图4-6b）。前一种壁板的横向非预应力钢筋可承受部分拉应力，但此种壁板运输不便，外露钢筋易锈蚀，而且接缝混凝土捣固不易密实。因此，大多采用后一种形式的壁板。水池壁板安插在底板外周槽口内，如图4-7所示。

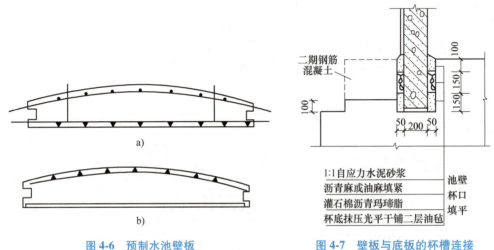

图 4-6 预制水池壁板
a）有搭接钢筋的壁板　b）无搭接钢筋的壁板

图 4-7 壁板与底板的杯槽连接

缠绕预应力钢丝时，需在池壁外侧留设锚固柱（图4-8）、锚固肋（图4-9）或锚固槽（图4-10），安装锚固夹具，以固定预应力钢丝。壁板接缝应牢固和严密。图4-11a中的接缝用于有搭接钢筋的壁板，在接缝处焊接或绑扎直立钢筋，支设模板，浇筑细石混凝土；图4-11b中的接缝用于无搭接钢筋壁板接缝内浇筑膨胀水泥混凝土或C30细石混凝土。

在壁板顶浇筑圈梁，将顶板搁置在圈梁上，以提高水池结构的抗震能力。

2. 水池壁板预应力钢筋张拉的施工方法

水池环向预应力钢筋张拉工作应在环槽杯口，壁板接缝浇筑的混凝土强度达到设计强度的70%后开始张拉施工。

钢筋采用普通钢筋或高强钢丝。普通钢筋在张拉前作冷拉处理。冷拉采用双控：防止钢筋由于匀质性差而产生张拉应力误差，用冷拉应力控制；防止产生钢筋脆性，采用冷拉伸长率控制。冷拉应力与伸长率由试验确定，通常要求预应力张拉后的钢筋屈服点提高到不小于550MPa，屈服比 $d_0/d_s > 108\%$。因此，冷拉控制应力为520～530MPa，伸长率为3.2%～3.6%，不超过5%，且不小于2%。

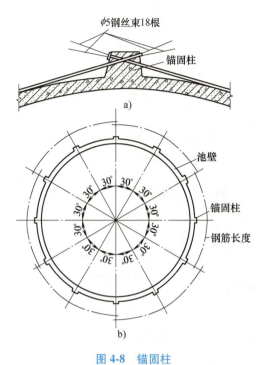

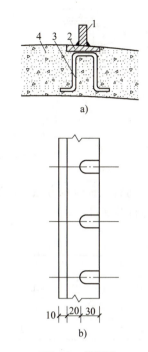

图 4-8 锚固柱
a）锚固柱　b）有锚固柱的池体

图 4-9 锚固肋
a）锚固肋　b）锚固肋开口大样
1—锚固肋　2—钢板　3—固定钢筋
4—池壁

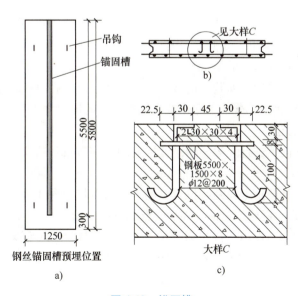

图 4-10 锚固槽
a）有锚固槽壁板的正面　b）有锚固槽壁板的剖面　c）锚固槽大样

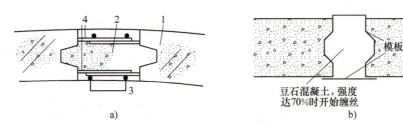

图 4-11 壁板接缝
a) 有搭接钢筋壁板接缝　b) 无搭接钢筋壁板接缝
1—池壁板　2—膨胀混凝土　3—直立钢筋　4—搭接筋

预应力钢筋有三种张拉方法，即绕丝法、电热张拉法和径向张拉法。三种预应力钢筋张拉方法的特点详见表 4-1。

表 4-1　预应力钢筋张拉方法的特点

施工方法	特　点
绕丝法	施工速度快、质量好，但需专用设备
电热张拉法	设备简单，操作方便，施工速度快，质量较好
径向张拉法	工具设备简单，操作方便，施工费低，比绕丝法、电热张拉法低 12%～23%

绕丝法是利用绕丝机围绕池壁转动，将高强度钢丝从钢丝盘中拉出，进入绕丝盘中。绕丝盘与大链轮由同一轴转动，但绕丝盘的周长略小于大链轮的节圆长度。绕丝机沿池壁转动时，当大链轮自转了一周，绕丝机还没有自转一周，即大链轮所放出的链条长度略大于绕丝盘放出的钢丝长度，钢丝就此被拉长，从而使钢丝产生预应力。

(1) 预应力绕丝的准备工作

1) 从上到下检查池体半径、壁板垂直度，允许误差在 ±10mm 以内，将外壁清理干净，壁缝填灌混凝土，将毛刺铲平，高低不平的凸缝应凿成弧形。

2) 检查钢丝的质量和卡具的质量。

3) 绕丝机在地面组装后，安装大链条。大链条在距离池底 500mm 高处沿水平线绕池一周，穿过绕丝机，调整后，空车试运行并将绕丝机提到池顶。

(2) 预应力绕丝方法

1) 绕丝方向由上向下进行，第一圈距池顶的距离应按设计规定或依绕丝机设备能力确定，且不宜大于 500mm。

2) 每根钢丝开始绕的正卡具是越拉越紧的，末端为同一种卡具，但方向相反，绕丝机前进时，末端卡具松开，钢丝绕过池一周后，开始张拉抽紧。

3) 一般张拉应力为高强钢丝抗拉强度的 65%，控制在 ±1kN 误差范围内，要始终保持绕丝机拉力不小于 20kN，当超张拉在 23～24kN 之内时，就要不断地调整大弹簧。

4) 应力测定点从上到下宜在一条竖直线上，便于进行应力分析。在一根槽钢旁选好位置，打卡具与测应力可同时进行。

5) 钢丝接头应采用前接头法。当一根钢丝在牵制器前剩下 3m 左右时停止，卸去空盘换上重盘，将接头在牵制器前接好，然后钢丝盘反向转动，使钢丝仍然绷紧。接好后，使接头缓缓通过牵制器，在应力盘上绕好。同时，调整应力盘上钢丝接头，以防压叠或挤出，直到钢丝接头走出应力盘，再继续开车。钢丝接头应采用 18～20 号钢丝密排绑扎牢固，其搭接长度不应小于 250mm。

6）施加应力时，每绕一圈钢丝应测定一次钢丝应力并记录。

7）池壁两端不能用绕丝机缠绕的部位，应在顶端和底端附近部位加密或改用电热法张拉。

电热张拉法是将钢筋通电，使其温度升高，延伸长度到一定程度后固定两端；断开电源后，钢筋随即冷却，便产生了温度应力。电热张拉可采用一次张拉，也可以采用多次张拉，一般以 2～4 次为佳。

（1）张拉前的水池安装　水池的壁板、柱、梁、板一般采用综合吊装法进行安装。安装时必须分出锚固肋板的位置，如图 4-12 所示，并使有锚固肋的预制壁板按设计要求严格、准确就位。当环槽杯口、壁板接缝处浇筑的混凝土强度达到设计强度的 70% 时，方可进行电热张拉。

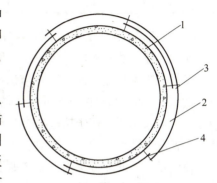

图 4-12　锚固肋板的位置
1—池壁　2—预应力粗钢筋
3—锚固肋板　4—端头短杆

电热张拉前，应根据电工、热工等参数计算伸长值，并应取一环试张拉进行验证。采用电热张拉法时，预应力钢筋的弹性模量由试验确定。

（2）电热张拉前的准备工作

1）钢筋下料。

a. 冷拉。预应力钢筋一般采用钢筋冷拉，控制应力不超过 530MPa。将伸长率相近的钢筋对焊成整根，并对全部接头进行应力检验。

b. 下料。每根钢筋长度为

$$L = \frac{\pi(D-\phi)+h}{n} \tag{4-3}$$

式中　L——每根钢筋长度；

D——水池外径；

ϕ——钢筋直径；

h——锚固肋高度；

n——每池周钢筋根数，一般采用 2～8 根。

2）预应力伸长值（见表 4-2）。

表 4-2　预应力伸长值

伸 长 值	计 算 公 式	备　注
基本伸长值	$\Delta L_1 = (\sigma_{con} + 30)L$	σ_{con}——预应力张拉控制应力，Φ钢筋一般不超过 450MPa
附加伸长值	$\Delta L_2 = \Sigma\lambda_1 - \Sigma\lambda_2$	$\Sigma\lambda_1$——锚具变形（cm） $\Sigma\lambda_2$——垫板缝隙（cm）
总伸长值	$\Delta L = \Delta L_1 + \Delta L_2$	L——电热前钢筋总长（cm）

3) 施工一般要求电热参数（见表 4-3）。

表 4-3 施工一般要求电热参数

项 目	参 数	项 目	参 数
升温/℃	200~300	电流/A	400~700
升温时间/min	5~7	Ⅲ级钢电流密度/(A/cm^2)	>150
电压/V	35~65		

4）电热张拉施工方法。张拉顺序，宜先下后上再中间，即先张拉池体下部 1~2 环，再张拉池顶一环，然后从两端向中间对称进行张拉，把最大环张力的预应力钢筋安排在最后张拉，以尽量减少预应力损失。对与锚固肋相交处的钢筋应进行良好的绝缘处理（一般采用酚醛纸板），端杆螺栓接电源处应除锈并保持接触紧密。通电前，钢筋应测定初应力，张拉端应刻划伸长标记。在张拉过程中及断电后 5min 内，应采用木锤连续敲打各段钢筋，使钢筋产生弹跳以助钢筋伸长，调整应力。

径向张拉法的准备及施工方法如下：

（1）预应力钢筋的准备 首先应校验钢筋成分和力学性能是否合格。对焊接头应在冷拉前进行，接头强度不低于钢材本身，冷弯 90°合格。螺纹端杆可用同级冷拉钢筋制作，如果用 45 号钢，热处理后强度不低于 700MPa，伸长率大于 14%。套筒用不低于 3 号钢材质的热轧无缝管制作，螺纹端杆与预应力钢筋对焊接长，用带螺扣的套筒连接。螺杆与套筒精度应符合标准，分层配合良好，配套供应。施工过程中应采取措施保护螺扣免遭损坏。环筋分段长度，应视冷拉设备和运输条件而定，一般每环分为 2~4 段，每段长约 20~40m。

（2）径向张拉施工方法 径向张拉示意图如图 4-13 所示。预应力筋在指定位置安装，尽力拉紧套筒，再沿圆周每隔一定距离用简单张拉法将钢筋拉离池壁约计算值的一半，填上垫块，然后用测力张拉器逐点调整张力以达到设计要求，最后用可调撑垫顶住。为了使各点离池壁的间隙基本一致，张拉时宜同时用多个张拉器均匀地同时张拉。每环张拉点数视水池直径大小、张拉器能力和池壁局部应力等因素而定。点与点的距离一般不大于 1.5m，预制板以一板一点为宜。张拉时，张拉系数一般取控制应力的 10%，即粗钢筋 ≤120MPa，高强钢丝束 ≤150MPa，以提高预应力效果。张拉点应避开对焊接头处，距离不少于 10 倍钢筋直径。不得进行超张拉。

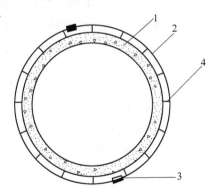

图 4-13 径向张拉示意图
1—池壁 2—预应力环筋
3—连接套筒 4—可调撑垫

3. 枪喷水泥砂浆保护层施工

喷浆施工应在水池满水试验合格后进行。试水结束后，应尽快进行钢丝保护层的喷浆施工，以免钢丝暴露在大气中发生锈蚀。喷浆前，必须对受喷面进行除污、去油、清洗处理。枪喷水泥砂浆材料及配比要求见表 4-4。

表 4-4　枪喷水泥砂浆材料及配比要求

砂			配　合　比	
粒径/mm	刚度模数	含水率（%）	灰砂比	水灰比
≤5	2.3~3.7	1.5~0.33	0.3~0.5	0.25~0.35

喷浆应拌和均匀，随拌随喷，存放时间不得超过 2h。喷浆罐内压力宜为 0.5MPa，供水压力也应相适应。输料管长度不宜小于 10m，管径不宜小于 25mm。应沿池壁的圆周方向自池身上端开始喷浆，喷口至受喷池面的距离应以回弹物较少、喷层密实的原则确定。每次喷浆厚度为 15~20mm，共喷三遍，总的保护层厚度不小于 40mm。喷枪应与喷射面保持垂直，当遇到障碍物时，其入射角不宜大于 15°。喷浆应连续喷射，出浆量应稳定且连续，不可滞射或扫射，且保持层厚和密实。喷浆宜在气温高于 15℃ 时进行，当遇大风、冰冻、降雨或低温时，不得进行。喷浆凝结后，应加遮盖，湿润养护 14d 以上为宜。

4.3　沉井施工

水处理构筑物建于流砂、软土、高地下水位等地段或施工场地窄小时，采用大开槽方法修建，施工将会遇到很多困难，如基坑护壁的支设、地下水的降水、塌方等问题。为此，常采用沉井法施工。

沉井施工是修筑地下工程和深埋基础工程所采用的重要施工方法之一。在给水排水工程中，常用于取水构筑物、排水泵站、大型集水井、盾构和顶管工作井等工程。

沉井的井筒一般先在地面上制作，或在水中围堰筑岛，在岛上制作。再将井筒浮运至沉放地点就位，在井筒内挖土，使井筒靠其自重来克服其外壁与土层间的摩擦阻力，从而逐渐下沉至设计标高。最后，平整井筒内土面，浇筑混凝土垫层及混凝土底板，完成沉井的封底工作。沉井下沉的深度一般为 7~20m。

4.3.1　沉井的构造

沉井的组成部分包括井筒、刃脚、隔墙、梁和底板等，如图 4-14 所示。

井筒即为沉井的井壁，是地下构筑物的维护结构和基础，要求具有足够的强度和内部空间。井筒一般用钢筋混凝土、砌砖或钢材等材料制成。井筒一般不高于 5m，当井筒过高或通过土质密实的地层时，可做成台阶面，但台阶要设在分节处。矩形沉井的井壁四周应做成圆角或钝角以免受损。井壁应严密不漏水，混凝土强度等级不应低于 C15。

刃脚设于沉井井筒的底部，形状为内刃环刀。刃脚可以在井筒下沉时减少井壁下端切土的阻力，并便于操作人员挖掘靠近沉井刃脚外壁的土体。刃脚下端有一个水平的支撑面，通称刃脚踏面。其底宽一般为 150~300mm。刃脚踏面以上为刃脚斜面，在井筒壁的内侧，它与水平面的夹角应大于 45°，一般取 50°~60°。当沉井在坚硬土层中下沉时，刃脚踏面的底宽宜取 150mm；为防止刃脚踏面受到损坏，可用角钢加固；当采用爆破法清除刃脚下的障碍物时，应在刃脚的外缘用钢板包住，以达到加固的目的，如图 4-15 所示。刃脚高由壁厚决定，一般不低于 1m。刃脚混凝土强度等级不能低于 C20。

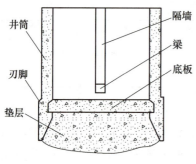

图 4-14 沉井构造示意图

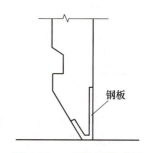

图 4-15 刃脚加固构造图

隔墙、柱和横梁用以增加井筒的刚度，防止井筒在施工中发生突然下沉。

底板设于井筒的底部，是沉井的井底。不排水下沉时，当井沉至设计标高后，要将井底部封闭，切断井外水源，抽干井内积水，并填充混凝土或抛填片石。排水下沉时，为了减轻井重，在井内仅抛填砂砾。因井底要承受土和水的压力，故要求底板有一定厚度，并应高出刃脚顶面至少 0.5m。不填充的空心沉井需设钢筋混凝土顶盖，其厚度为 1.0~2.0m，钢筋按计算及构造需要配置。实心沉井可用素混凝土盖板，但强度等级不得低于 C20。为增强井壁与底板的连接，在刃脚上部井壁上应留有连接底板的企口凹槽，深度为 10~20cm。

4.3.2 沉井施工方法

1. 井筒的制作

（1）支模　在基坑中施工时，基坑应比沉井宽 2~3m，四周设排水沟、集水井，使地下水位降至基坑底面 0.5m 以下，同时防止地表水流入基坑，以免土体塌方。当泵房井壁高度超过 12m 时，宜分段制作，在底段井筒下沉后再继续加高井壁，一般底段井筒高度控制在 8~12m 之间为宜。

泵房壁模板采用钢组合式定型模板或木质定型模板组装而成。采用木模时，外模朝混凝土一面应刨光，内外模均应采用竖向分节支设，每节高 1.5~2.0m。用直径 12~16mm 对拉螺栓拉紧槽钢固定。有抗渗要求的，在螺栓中间设止水板。内外模应分开支立，先内后外，内外模之间用对拉螺栓紧固或用连接螺栓固定。将模板背稍向左右各伸长 10cm，使之相互交错连接。外模支完后均匀布置三道钢丝绳围绕，用手拉葫芦收紧，并将卡扣卡住，固定。井筒接高时，利用第一节段模板的最上排对拉螺栓插入钢筋作接高节段模支承。其余工序与灌注方法与第一节井筒相同。待钢筋绑扎完后，即安装骨架，组织井壁灌注。

沉井钢筋可用起重机垂直安装就位，用人工绑扎或焊接连接，各接头应错开。对高度大的泵房壁也可采用滑模施工。第二段及其以上的各段模板不应支撑于地面上，以免因自重增加产生新的沉降，使新浇筑的混凝土造成裂缝。当分段井筒沉至一定深度（井筒顶距地面上 0.5~1.0m）时，应停止下沉并开始做另一节井筒灌注工作。

井筒应保持竖直并防止偏斜，灌注要对称，接头沉井节段间竖向中轴线应相互重合，被接长的井筒应有足够的稳定性和重量使井继续下沉，节段间的接缝要仔细处理。钢筋混凝土井筒常使用预埋件连接，接高的井筒一般不宜少于 3m。

（2）混凝土浇筑　沿沉井周围搭设脚手架平台，用 15m 带式运输机将混凝土送到脚手架平台上，用手推车沿沉井通过导管均匀地浇筑。用混凝土搅拌车运送混凝土，混凝土泵车沿沉井壁周围进行均匀浇筑。浇筑混凝土时应注意以下事项：

1) 应将沉井分为若干段，同时对称、均匀、分层浇筑，每层厚度为30cm，以免造成地基不均匀下沉或产生倾斜。

2) 混凝土宜一次性连续浇筑完成。井筒第一节混凝土强度达到70%方可浇筑第二节井筒。

3) 井壁有抗渗要求时，上、下两节井壁的接缝应设置水平凸缝，接缝处凿毛并冲洗处理后，再继续浇筑下一节井筒。

4) 前一节井筒下沉应为后一节混凝土浇筑工作预留0.5~1.0m高度，以便操作。

5) 混凝土可采用自然养护。为加快拆模下沉，冬季可将防雨帆布或塑料薄膜等设置于模板外侧，使之成密闭气罩，通入蒸汽加热养护或采用抗冻早强混凝土浇筑。

2. 沉井的下沉方法及有关计算公式

（1）沉井下沉的方法 主要有：排水下沉法和不排水下沉法两种。沉井下沉方法的选择见表4-5。

表4-5　沉井下沉方法的选择

沉井方法	适用范围	优 缺 点
排水下沉	1) 适用于渗水量不大（≤1m³/min）的地层 2) 稳定黏性土（黏土、亚黏土及各种岩质土）或砂砾层中渗水量虽较大，但排水并不困难 3) 沉井工程规模较大时	优点：施工方便、易纠偏和清除障碍物；可直接检验地基保证施工质量；设施简单（仅用离心泵、抓泥斗等工具） 缺点：需设安全措施（以防涌水翻砂、坠物伤人）
不排水下沉	1) 适用于严重的流砂地层和渗水量大的砂砾层中，地下水无法排除或大量排水会影响附近建筑物安全 2) 泵房与大口井合建，以保证井的涌水量	优点：该方法对地下水位及地层要求不高 缺点：下沉时防流砂措施要求较高（应保证井内水位比井外地下水位高1~2m）

（2）沉井施工的配重计算公式

1) 土体作用在沉井上的总摩擦阻力计算公式如下：

圆筒形沉井

$$T_\mathrm{f} = \pi D f \left[(H-5) + \left(\frac{1}{2}\right) \times 5 \right] = \pi D f (H-2.5) \tag{4-4}$$

外壁为阶梯形的沉井

$$T'_\mathrm{f} = \pi D f h + 0.6\pi D' f' (H-5-h) + 0.6\pi D' f' \left(\frac{1}{2} \times 5\right)$$
$$= \pi D f h + 0.6\pi D' f' (H-h-2.5) \tag{4-5}$$

式中　H——井筒下沉高度（m）；

　　　h——井筒外壁呈阶梯形部分（刃脚）的高度；

　　　T_f——筒柱形沉井外壁所受的总摩擦阻力（kN）；

　　　T'_f——阶梯形沉井外壁所受的总摩擦阻力（kN）；

D——沉井刃脚外壁直径（m）；

D'——阶梯形沉井上部外壁直径（m）；

f——刃脚壁单位面积摩擦阻力（kN/m^2）（见表4-6）；

f'——阶梯形沉井上部外壁所受的单位面积摩擦阻力（kN/m^2）（见表4-6）。

表4-6 土与沉井外壁间的单位面积摩擦阻力

土 的 种 类	土与沉井外壁间的单位面积摩擦阻力/(kN/m^2)
黏性土	24.5~49.0
软土	9.8~11.8
砂土	11.8~24.5
砂卵石	17.7~29.4
砂砾石	14.7~19.6
泥浆润滑套	2.9~4.9

注：当沉井下沉深度范围内由不同土层组成时，平均摩擦系数 f_0 由下式决定

$$f_0 = \frac{f_1 n_1 + f_2 n_2 + \cdots + f_n n_n}{n_1 + n_2 + \cdots + n_n}$$

式中 f_1、$f_2 \cdots$、f_n——各层土的摩擦系数；

n_1、$n_2 \cdots$、n_n——各土层厚度。

对于其他形状的沉井，可以将外壁分成若干块，以各块的面积乘以相应单位面积摩擦阻力，而后算得其总和而求得其总摩擦阻力。

2）配重的计算公式如下

$$G \geqslant 1.15[\pi d(h - 2.5)f + R] + B \tag{4-6}$$

式中 G——沉井自重及附加荷重（kN）；

h——井筒外壁呈阶梯形部分（刃脚）的高度；

f——刃脚壁单位面积摩擦阻力（kN/m^2）（见表4-6）；

d——井筒外径（m）；

B——被井壁排出水重（kN）；

R——刃脚反力（kN），若将刃脚底面及斜面的土方挖空，则 $R=0$。

3）不计活荷载。抗浮稳定的验算公式如下

$$K_w = \frac{G + 0.5T_f}{P_{fw}} \geqslant 1.1 \tag{4-7}$$

式中 G——沉井自重（kN）；

T_f——沉井外壁的总摩擦阻力（kN），如沉井下沉封底时，沉井外壁土体尚未稳定，可取 $T_f = 0$；

P_{fw}——沉井承受的浮力（kN），它等于沉井的井壁浸入泥水中的体积乘以泥水的单位重力；

K_w——沉井抗浮安全系数，一般取 $K_w \geqslant 1.1$。

4）抗倾覆验算公式如下

$$K_q = \frac{\sum M_k}{\sum M_a} \geqslant 1.5 \tag{4-8}$$

式中 K_q——抗倾覆稳定系数（一般为1.5）；

$\sum M_k$——沉井抗倾覆弯矩之和（kN·m）；

$\sum M_a$——沉井倾覆弯矩之和（kN·m）。

3. 沉井下沉施工

（1）排水下沉 排水下沉是在井筒下沉和封底过程中，采用井内开设排水明沟，用水泵将地下水排除或采用人工降低地下水位方法排出地下水。它适用于穿过透水性较差的土层，涌水量不大，排水不至产生流砂现象，而且施工现场有排水出路的地方。

井筒内挖土根据井筒直径大小及沉井埋设深度来确定施工方法，一般分为机械挖土和人工挖土两类。机械挖土一般仅开挖井中部的土，四周的土由人工开挖。常用的开挖机械有合瓣式挖掘机、履带式全液压挖掘机等。垂直运土工具有少先式起重机、卷扬机、桅杆起重杆等。卸土地点距井壁一般不应小于20m，以免因堆土过近使井壁土方坍塌，导致下沉摩擦阻力增大。当土质为砂土或砂性黏土时，可用高压水枪先将井内泥土冲松，稀释成泥浆，然后用水力吸泥机将泥浆吸出排到井外。人工挖土应沿刃脚四周均匀而对称进行，以保持井筒均匀下沉。它适用于小型沉井，下沉深度较小、机械设备不足的地方。人工开挖应防止流砂现象发生。

下沉要及时掌握土层情况，做好下沉测量记录，随时分析和检验土的阻力与井筒重力的关系。特别是初沉和终沉阶段更应增加观测次数，必要时要连续观测。挖土要均匀，不要使内隔墙底部顶托，底节支承处土的深度和隔墙两边土面的高差视土质、井筒大小和入土深度而定，一般不大于50cm。在沉入基底以上2m时，要控制井内出土量和位置，并注意正位和调平井筒，对无筋和少筋井筒更应严格采用均衡下沉措施，防止井壁裂缝。沉井若遇到倾斜岩层时，应将刃脚大部分嵌入岩层，其余不到岩层部分应作处理。

（2）不排水下沉 若基础处于大量涌水或流砂的土层，土质结构不稳定，排水开挖无法实施，可采用不排水开挖沉井。水下开挖法主要用抓土斗和吸泥机作业。土方由合瓣式抓铲挖出，当铲斗将井的中央部分挖成锅底形状时，井壁四周的土涌向中心，井筒就会下沉。如井壁四周的土不易下滑时，先用高压水枪进行冲射，然后用水泥吸泥机将泥浆吸出排到井外。吸泥机适用于砂、黏土和砂夹卵石等地层。在黏性土或较紧密土层中使用时常配合高压水枪射水，把土冲碎后再吸泥。为了使井筒下沉均匀，最好同时设置几支水枪。每支水枪前均设置阀门，以便沉井下沉不均匀时进行调整。

开挖时应配备水泵，不断向井内注水，使井内水位高出井外水位1~2m，以防流砂涌入。吸泥应均匀，并要防止局部吸泥过深而坍塌，或造成井筒偏斜。沉井下沉过程中，每班至少观测两次，如有倾斜，应及时纠正。

（3）封底 采用沉井方法施工的构筑物，必须做好封底，保证不渗漏。封底的方法及技术要求见表4-7。

表4-7 封底的方法及技术要求

施工方法	技 术 要 求
排水封底 （干封底）	1）沉井下沉至设计标高，不再继续下沉 2）排干沉井内存水并除净浮泥 3）应待底板混凝土强度达到设计规定，且沉井满足抗浮要求时，方可停止排水，将其排水井封闭

(续)

施工方法	技 术 要 求
不排水封底（湿封底）	1）井内水位不低于井外水位 2）整理沉井基底，清理浮泥，超挖部分应先用粒径为30cm左右的石块压平井底再铺砂，然后按设计铺设垫层。混凝土凿毛处应清洗干净 3）水下混凝土的浇筑一般采用导管法 4）当水下封底混凝土达到设计规定，且沉井满足抗浮要求时，方可从沉井内抽水

井沉至基底后应检查，弄清基底土质再进行处理和封底工作。处理基底土层应平整底面，同时预留井孔内刃脚、隔墙的高差以灌注混凝土；尽量消除基底面的陡坎、浮泥、松土；应全部清除基底内对灌注混凝土有害的物质及夹层和风化岩层，使井底嵌入岩层；必要时可在砂层或黏性土层的基底上铺设一层碎石后再封底；岩面不平时，可将其凿成凹凸形或台阶形，使封底混凝土挤入刃下；当风化层较厚或岩面高差较大，全面清基凿岩有困难时，可采用钻孔桩将沉井刃脚沉到新鲜岩层一定深度后再灌注混凝土。

1）排水封底。将混凝土接触面冲刷干净或打毛，修整井底使之成锅底形，由刃脚向中心挖排水沟，填以卵石做成滤水暗沟，在中部设2~3个深1~2m的集水井，井间用盲沟相通，插入直径600~800mm穿孔钢管或混凝土管，四周填以卵石，使井底水流汇集在集水井中用泵排出，保持地下水位低于基底面0.3m以上。

封底一般先浇一层厚0.5~1.5m的混凝土垫层。达到50%设计强度后绑扎钢筋，钢筋两端伸入刃脚或凹槽内，再浇筑上层底板混凝土。混凝土浇筑应连续进行，由四周向中央推进。可分层浇筑混凝土，每层厚30~50cm，并用振捣器捣实，当井内有隔墙时，应前后左右对称地逐格浇筑。混凝土采用自然养护，养护期应继续抽水。待混凝土强度达到70%后，集水井逐个停止抽水，逐个封堵。封堵的方法是将集水井中水抽干，在套管内迅速使用干硬性高强度混凝土进行堵塞并捣实；然后上法兰，用螺栓拧紧或焊固；上部用混凝土垫实捣平。封底后应进行抗浮稳定验算，荷载组合应包括结构自重和地下水的浮力。沉井下沉后先封底再浇筑钢筋混凝土底板时，封底混凝土的强度计算荷载可按施工期间的最高地下水位计算。

2）不排水封底（水下混凝土封底导管法）。在地下水位高、水量不足、易产生塌方和管涌的砂土、淤泥质土等地质条件下进行沉井施工时，可用水下封底。当井筒下沉至设计标高后，观测8h，下沉量总计不超过10mm即可进行封底施工。水下封底混凝土应一次浇筑完。当井内有隔墙、底梁时应预先隔断，分格浇筑。水下封底的技术要点见表4-8。

表4-8 水下封底的技术要点

序号	项目	技 术 要 点
1	准备工作	1）清理基底浮泥及其他杂物，超挖及软土基础应铺以碎石垫层 2）混凝土凿毛处理应洗刷干净
2	导管要求	1）采用DN200~DN300的钢管制作，内壁应光滑，管段接头应密封良好并便于拆装 2）每根导管上端装有数节1.0m长的短管；导管中设球塞及隔板等防水。采用球塞时导管下端距井底的距离应比球塞直径大5~10cm；采用隔板或扇形活门时，其距离不宜大于10cm
3	导管数量	导管浇筑半径可取3~4m，其布置应使各导管的浇筑面积互相交叉

(续)

序号	项目	技术要点
4	浇筑	1) 每根导管浇筑前，应备有足够的混凝土量，使开始浇筑时，能一次将导管底埋住 2) 浇筑顺序应从低处开始，向周围扩大 3) 当井内有隔墙时应分格浇筑 4) 每根导管的混凝土应连续浇筑，且导管埋入混凝土的深度不宜小于1.0m 5) 各导管间混凝土浇筑面的平均上升速度不应小于0.25m/h，坡度不应小于1∶5；相邻导管间混凝土上升速度宜相近，终浇时混凝土面应略高于设计高程 6) 水下封底混凝土强度达到设计规定，且沉井能满足抗浮要求时，方可将井内水抽除

4.3.3 测量控制

在沉井过程中应设几个下沉观测点，发现沉井偏斜时，或井中心位移时，立即予以纠正。沉井过程的监测方法见表4-9。

表4-9 沉井过程的监测方法

监测方法	监测项目	方法说明
垂球法	井筒倾斜	在井筒内壁四个对称点悬挂垂球，当井筒发生倾斜时，垂球线偏离井壁上的垂直标志线
标尺测定法	水平位移、井筒倾斜	在井筒外壁四条直线上绘出高程标记，并对准高程标记设置水平标尺，观测时移动水平标尺使其一端与井壁接触，读出水平移动数与下沉高程数，由相应两次读数之差可求水平位移与井筒倾斜值
水准仪测量法	井筒倾斜	在井筒四周设置高程标志，通过水准仪观测各点的下沉高度

沉井下沉允许偏差见表4-10。

表4-10 沉井下沉允许偏差

项目		允许偏差/mm
沉井刃脚平均标高与设计标高差		≤100
沉井水平偏移	下沉总深度 $H>10$m	≤H/100
	下沉总深度 $H<10$m	≤100
沉井四周任何两对称点处的刃脚踏面标高	两对称点间水平距离 $L>10$m	≤L/100 且 ≤300
	两对称点间水平距离 $L<10$m	≤100
底面中心与顶面中心在纵横方向偏差	下沉总深度 H	2%H
沉井倾斜度		1/50

4.4 管井施工

管井是集取深层地下水的地下取水构筑物，主要由井壁管、过滤管、沉淀管、人工填料和井口封闭层等组成。管井的一般结构如图4-16所示。

管井的结构取决于取水地区的地质结构、水文条件及供水设计要求等。管井的井孔深度、井径、井壁管种类、规格、过滤管的类型及安装位置、沉淀管的长度、填砾层厚度、粒径、填入量、抽水机械设备的型号等均需进行结构设计。

4.4.1 管井材料

管井材料包括井壁管、过滤管、沉淀管及人工填料等。管井材料应在开工前准备齐全，以便井孔成形后立即安装。

1. 井壁管、沉淀管

管井井壁管、沉淀管多采用钢管和铸铁管，也可采用其他非金属管材，如钢筋混凝土管、塑料管、陶土管、混凝土管等。

（1）无缝钢管　弯曲度偏差不得超过1.0mm，内外径偏差不得超过±1.5mm，壁厚公差为±1.0mm。钢管两端应切成直角，并清除毛刺、内外表面不得有裂缝、折叠、轧折、离层、发纹和结疤等缺陷存在。

（2）焊接钢管　弯曲度偏差不得超过1.0mm，内外径偏差不得超过2%，壁厚公差为+12.5%~15%，管壁厚度不得小于8mm。外观无裂纹、气孔、咬肉和焊瘤等缺陷。

（3）铸铁管　弯曲度偏差不得超过1.5mm，内外径偏差不得超过±3.0mm，壁厚公差为±1.0mm。管内外表面不允许有冷隔、裂缝、错位等妨碍使用的明显缺陷。内壁应光滑，不得有沟槽，铸瘤高度不得超过2.0mm。

（4）非金属管　弯曲度偏差不得超过3.0mm，内外径偏差不得超过±5.0mm，壁厚公差为-1.0~+2.0mm。表面应平整，无碰伤和裂纹，壁厚均匀。

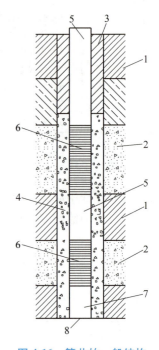

图4-16　管井的一般结构

1—隔水层　2—含水层
3—人工封闭物　4—人工填料
5—井壁管　6—过滤管
7—沉淀管　8—井底

2. 过滤管

过滤管按结构形式分有圆孔过滤管、条孔过滤管、包网过滤管、缠丝过滤管、填砾过滤管、砾石水泥过滤管（无砂混凝土）、无缠丝过滤管、贴砾过滤管等，一般常用的有缠丝过滤管、填砾过滤管和砾石水泥（无砂混凝土）过滤管。

管井过滤管一般选用钢管、铸铁管或其他非金属管材。其管材的质量要求与井壁管、沉淀管相同。要正确处理滤水管的透水性和过滤性的矛盾，就要正确选择过滤管的孔隙率。钢管孔隙率要求为30%~35%，铸铁管孔隙率要求为23%~25%，钢筋骨架孔隙率为50%，石棉管、混凝土管等考虑到管壁强度，孔隙率要求为15%~20%。

3. 过滤管填砾滤料

对于砾石、粗砂、中砂、细砂等松散含水层，为防止细砂涌入井内，提高滤水管的有效孔隙率，增大管井出水量，延长管井的使用年限，在缠丝滤水管周围应再填充一层粗砂和砾石。这种滤水结构也称为填砾过滤管，是松散含水层中运用最广泛的一种形式。

1）管井填砾滤料的规格、形状、化学成分及质量与管井的产水量和出水水质密切相关。滤料粒径过大，容易产生涌砂现象；粒径过小，将减少管井的出水量。因此，应按含水层的颗粒级配正确选择缠丝间距和填砾粒径。

2) 砾石滤料形状以近似圆形为宜。填砾规格一般为含水层颗粒中 $d_{50} \sim d_{70}$（指筛分时留在筛上质量分别为总质量 50%~70% 时的筛孔直径）的 8~10 倍，施工时可根据含水层的种类和筛分结果按表 4-11 选用。

表 4-11 填砾规格和缠丝间距

序号	含水层种类	筛分结果		填入砾石粒径 /mm	缠丝间距 /mm
		颗粒粒径/mm	（%）		
1	卵石	>3	90~100	24~30	5
2	砾石	>2.25	85~90	18~22	5
3	砾砂	>1	80~85	7.5~10	5
4	粗砂	>0.75	70~80	6~7.5	5
5		>0.5	70~80	5~6	4
6	中砂	>0.5	60~70	3~4	2.5
7		>0.3	60~70	2.5~3	2
8		>0.25	60~70	2~205	1.5
9	细砂	>0.20	50~60	1.5~2	1
10		>0.15	50~60	1~1.5	0.75
11	细砂含泥	>0.15	40~50 含泥≤50	1~1.5	0.75
12	粉砂	>0.10	50~60	0.75~1	0.5~0.75
13	粉砂含泥	>0.10	40~50 含泥≤50	0.75~1	0.5~0.75

3) 填砾的厚度一般为 75~150mm，在细粉砂地层为 100~150mm，填砾高度应高出滤水管顶 5~10m，以防填砾塌陷使砾层降至滤水管顶以下，导致井内涌砂。

4) 砾石滤料形状以近似圆形石英质颗粒为宜。

5) 石质应坚硬、无风化、磨圆度好，并经严格筛分清洗，不含杂物，不合格的砾石不得超过 15%，严禁使用碎石。

4.4.2 管井施工方法

管井施工是用专用钻凿工具在地层中钻孔，然后安装滤水器和井管。管井一般设在松散岩层，深度在 30m 以内。管井施工的程序包括施工准备、钻孔、安装井管、填砾、洗井与抽水试验等。

管井施工前，应查清钻井场地及附近地下与地上障碍物的确切位置，以选择井位。做好临时水、电、路、通信等准备工作，并按设备要求范围平整场地。场地地基应平整坚实、软硬均匀。对软土地基应加固处理。当井位为充水的淤泥、细砂、流砂或地层软硬不均，容易下沉时，应于安装钻机基础方木前横铺方木、长衫杆或铁轨，以防钻进时不均匀下沉。在地势低洼，易受河水、雨水冲灌地区施工时，还应修筑特殊凿井基台。

安装钻塔时，应将塔腿固定于基台上或用垫块垫牢，以保持稳定。绷绳安设应位置合理，地锚牢固，并用紧绳器绷紧。施工方法和机具确定后，还应根据设计文件准备黏土、砾石和管材等，并在使用前运至现场。

1. 管井钻进方法

对于规模较小的浅井工程，可以采用人力钻孔。深井通常采用机械钻孔。根据破碎岩石的方式不同，机械钻孔方法可分为冲击钻进、回转钻进、锅锥钻进等；根据护壁或冲洗的介质与方法不同，机械钻孔方法可分为泥浆钻进、套管钻进、清水钻进等。近年来，随着科学技术的发展和建设的需要，涌现出许多新的钻进方法和钻进设备。例如，反循环钻进、空气钻进、潜孔锤钻进等已在管井施工中逐步推广应用，并取得了较好的效果。在不同地层中施工应选用适合的钻进方法和钻具。

常用管井钻进方法及适用条件见表 4-12。

表 4-12 常用管井钻进方法及适用条件

钻进方法	主要工艺特点	适用条件
回转钻进	钻头回转切割、研磨破碎岩石，清水或泥浆正向循环。有取芯钻进及全面钻进之分	砂土类及黏性土类松散层，软或硬的基岩
冲击钻进	钻具冲击破碎岩石，抽筒捞取岩屑。有钻头钻进及抽筒钻进之分	碎石土类松散层，井深在 200m 以内
潜孔锤钻进	冲击、回转破碎岩石，冲洗介质正向循环。潜孔锤有风动及液动之分	坚硬基岩，且岩层不含水或含水性差
反循环钻进	回转钻进中，冲洗介质反向循环。有泵吸、气举、射流反循环三种方式	除漂石、卵石（碎石）外的松散层基岩
空气钻进	回转钻进中，用空气或雾化清水、雾化泥浆、泡沫、充气泥浆作冲洗介质	岩层漏水严重或干旱缺水地区施工
半机械化钻进	采用锅锥人力回转施工，或采用抽砂筒半机械抽砂挖土钻进	黏土、亚砂土、砂土直径及 100mm 卵石 ≤30%

（1）冲击钻进　在以土、砂、砾石、卵石为主的松散层中凿井，一般采用冲击钻进作业，钻进操作分为拧绳法和不拧绳法两种。拧绳法采用实芯钢丝接头。其特点是：便于掌握井孔圆度，井孔内的故障易于处理，但劳动强度大，须有较高的施工技术。不拧绳法采用活环钢丝绳接头、活芯钢丝绳接头或开口式活芯钢丝绳接头。其特点是：劳动强度小，只需注意钢丝绳的扭动，就可判断钻具在井底的转动情况，且更换钻具方便。

下钻前，应对钻头的外径和出刃、抽筒肋骨片的磨损情况、钻具连接螺扣和法兰连接螺钉松紧度进行检查，如果磨损过多，应及时修补；如果螺扣松动，应及时上紧。

下钻时，先将钻头垂吊稳定后，再导正下入井孔。钻具下入井孔后，应盖好井盖板，使钢丝绳置于井盖板中间的绳孔中，并在地面设置标志，以便用交线法测定钢丝绳位移。下钻速度要平稳，不可高速下放。钻进中，若发现塌孔、扁孔、斜孔时，应及时处理。若发现缩孔时，应经常提动钻具，修整孔壁，每回冲击时间不宜过长，以防卡钻。

钻进过程中或钻进结束提钻时，应注意观察与测量钻井钢丝绳的位移。开始提钻时应缓慢，提高距孔底数米未遇到阻力后再正常提升。若遇阻，应将钻具放下，使钻头方向改变后再提，不得强行提拉。

（2）回转钻进　回转钻进是依靠钻机旋转，钻具在地层上具有相当大的压力，从而使钻具慢慢切碎地层，形成井孔。其特点是：钻进速度快、机械化程度高，并适用于坚硬的岩层钻进，但是设备比较复杂。

开钻前，先对钻具进行检查，如发现脱焊、裂口、严重磨损时，应及时焊补或更换。水嘴与高压胶管连接应严密，不漏水。

每次开钻前，应先将钻具提离井底，开动泥浆泵，待冲洗液流畅后，再慢速回转至孔底，然后开始正常钻进。钻进深度小于 15m 时，不得加压，转速要慢，以免出现孔斜。用钻机拧卸杆扣时，离合器要慢慢结合，转速不宜太快，用手拧卸时，应注意扳手回冲打人。

钻进过程中，提升、下降钻具时，不得用脚踏在转盘上，工具及附件不得放在转盘上。变径时，钻杆上须加导向装置，钻到一定深度后去掉。如果发现钻具回转阻力增大，泥浆泵压力不足等反常现象，应立即停车检查。发生卡钻时，应马上退开总离合器，停止转盘转动，进行检查处理。

回转钻进对于不同的地层须采取不同的方法钻进：

1）松散地层钻进。钻进黏土层时，如发现缩径、糊钻、憋泵等现象时，可适当加大钻压和泵量，并经常提升钻头，防止钻头产生包泥。在卵石、砾石层中钻进时，应轻压、慢转及辅助使用提取卵石、砾石的沉淀管或其他装置。钻进砂层时，宜于较小钻压、较大泵量、中等转速，并经常清除泥浆中的砂。为防止因超径造成孔斜，开钻前宜用小泵量冲孔，待钻具转动开始进尺时，再开大泵量冲孔。还应经常注意钻进状况、返出泥浆颜色及带出泥砂的特性，检验井孔圆直度等，并据此随时调整泥浆指标，并采取其他相应措施。

2）基岩钻进。在泥、页岩或破碎岩层钻进时，宜用轻压、快速、小泵量钻进，且常提钻修孔。在较深井孔、较硬岩层中钻进时，宜用大钻压、高转速、大泵量钻进，并且应据地层及进尺情况，随时调整钻进参数及泥浆指标。

3）硬质合金钻进。井孔内留岩芯过多时，不得下入新钻头。应采取轻钻压、慢转速、小泵量等措施，待岩芯套入岩芯管正常钻进后，再调整到正常钻压、转速和泵量。井孔内岩粉高度超过 0.5m 时，应先捞取岩粉清孔。硬质合金片或钻粒脱落时，应冲捞或磨灭。加减压时应连续缓慢进行，不得间断性加减压或无故提动钻具。在钻压不足的情况下钻进硬岩层时，不宜采用单纯加快转速的方法钻进。

（3）反循环钻进　反循环钻进适于松散地层，地下水水位深度小于 3m，且施工供水充足的岩层凿岩钻进。

2. 护壁或冲洗

护壁方法有：泥浆护壁、套管护壁和水压护壁三种。

（1）泥浆护壁　泥浆是黏土和水组成的胶体混合物，在凿井施工中起着固壁、携砂、冷却和润滑的作用。泥浆护壁适用于基岩破碎层及水敏性地层的施工，既为护壁材料，又为冲洗介质。

凿井施工中使用的泥浆，一般需要控制比重、黏度、含砂量、失水量、胶体率等几项指标。泥浆的相对密度越大、黏度越高，固壁效果越好，但对将来的洗井会带来一定的困难。在冲击钻进中，含砂量大，会严重影响泥浆泵的寿命。泥浆的失水量越大，形成泥皮越厚，使钻孔直径变小。在膨胀的地层中如果失水量大，就会使地层吸水膨胀造成钻孔掉块、坍塌。胶体率表示泥浆悬浮性程度。胶体率大，可以减少泥浆在孔内的沉淀，而且可以减少井孔坍塌及井孔缩径现象。钻进不同岩层适用的泥浆性能指标见表 4-13。

表 4-13 钻井不同岩层适用的泥浆性能指标

岩层性质	黏度 /(10^{-4} m²/s)	密度 /(g/cm³)	含砂量 (%)	失水量 /cm	胶体率
非含水层（黏性土类）	15~16	1.05~1.08	<4	<8	冲击钻进大于或等于70%~80%
粉、细、中砂层	16~17	1.08~1.1	4~8	<20	
粗砂、砾石层	17~18	1.1~1.2	4~8	<15	
卵石、漂石层	18~20	1.15~1.2	<4	<15	
承压自流水含水层	>25	1.3~1.7	4~8	<15	回转钻进大于或等于80%
遇水膨胀岩层	20~22	1.1~1.15	<4	<10	
坍塌、掉块岩层	23~28	1.15~1.3	<4	<15	
一般基岩层	18~20	1.1~1.15	<4	<23	
裂隙、溶洞基岩层	22~28	1.15~1.2	<4	<15	

对制备泥浆用黏土的一般要求是：在较低的密度下，能有较大的黏度、较低的含砂量和较高的胶体率。当黏土试验配制泥浆密度为 1.1g/cm³ 时，含砂量不超过 6%，黏度为 $16 \times 10^{-4} \sim 18 \times 10^{-4}$ m²/s，胶体率在 80% 以上的黏土即可用于凿井工程制浆。

在正式大量配制泥浆之前，应先根据井孔岩层情况，配制几种不同密度的泥浆，进行黏度、含砂量、胶体率试验。根据试验结果和钻进岩层的泥浆指标要求，确定泥浆配方。配制泥浆用的黏土应预先捣碎，用水浸泡 1h 后，再用泥浆搅拌机加水搅拌，也可用泥粉配制，但不得向井孔内直接投加黏土块。

当黏土配制的泥浆达不到试验要求，或遇高压含水层、特殊岩层需要变换泥浆指标时，应在储浆池内加入新泥浆进行调节，不能在储浆池内直接加水或黏土来调节指标。但由于调节相当费事，故在泥浆指标相差不大时，可不予调节，泥浆指标解决方法见表 4-14。

表 4-14 泥浆性能调节方法

钻进中所遇情况	起作用的因素	对泥浆性能的影响	解决方法
砂层钻进	砂侵	泥浆含砂量、比重、静切力、黏度均升高	1）完善除砂系统 2）降低泥浆静切力 3）涌砂层必须提高泥浆密度
泥岩、黏土层钻进	各类易水化黏土	泥浆变稠，黏度、静切力升高，失水量降低，孔壁由于黏土水化膨胀，可能缩径或坍落	1）加水稀释 2）采用含钙泥浆（如石灰泥浆、石膏）抑制
钻遇高压含水层	高层水侵入	泥浆密度降低，甚至造成井坍	1）石膏层较薄时，可用纯碱沉除钙离子，或以单宁酸碱液处理 2）石膏层较厚时，上述方法无效，可以转化为石膏泥浆，以铁、铬盐减稠，必要时辅加失水剂
钻遇石膏层	硫酸钙，主要是 Ca^{2+}	黏度、静切力急剧升高，失水量增大	含盐量在 7%~9% 以下时，以减稠为主，辅加失水剂

(续)

钻进中所遇情况	起作用的因素	对泥浆性能的影响	解 决 方 法
岩盐、钾盐、盐水层中钻进	氯化钠或氯化钾，主要是Cl^-	含盐量在7%~9%以下时，随含盐量升高，泥浆急剧变稀，黏度、静切力、失水量均上升	含盐量超过7%~9%时，应以失水剂为主，当层位较厚时，为防止岩盐溶解造成事故，可转为饱和盐水泥浆
地热井钻进	高温破坏处理剂及泥浆的胶体状态	黏度、静切力上升，失水量升高	以铁铬盐、铬腐殖酸作减稠剂，以水解聚丙烯腈作失水剂

钻进中，井孔泥浆必须经常注满，泥浆面不能低于地面0.5m。一般地区，每停工4~8h，必须将井孔内上下部的泥浆充分搅匀，并补充新泥浆。

（2）套管护壁　套管护壁适用于泥浆、水压护壁无效的松散地层，特别适用于深度较小井的半机械化及缺水地区施工时采用。套管护壁是用无缝钢管作套管，下入凿成的井孔内，形成稳固的护壁。套管护壁作业具有不需水源、护壁效果好、保证含水层透水性、可以分层抽水等优点，但在施工过程中将耗用大量钢管作为套管，技术要求高、下降起拔困难、造价较高，井孔应垂直并呈圆形，否则套管不能顺利下降，也难以保证凿井的质量。

套管在钻进的井孔中下沉有以下三种方法：

1）靠自重下沉。此法较简便，仅在钻进浅井或较松散岩层时才适用。

2）采用人力、机械旋转或吊锤冲打等外力，迫使套管下沉。

3）在靠自重和外力都不能下沉时，可用千斤顶将套管顶起1.0m左右，然后松开下沉（有时配合旋转法同时进行）。

同一直径的套管在松散和软质岩层中的长度视地层情况决定，通常为30~70m，太长会导致拔除困难。除流砂层外，一般套管直径较钻头尺寸大50mm左右。变换套管直径时，第一组套管的管靴，应下至稳定岩层，才不致发生危险；如下降至砂层就变换另一组套管，砂子容易漏至第一、二组套管间的环状间隙内，以致卡住套管，使之起拔和下降困难。

（3）水压护壁　水压护壁是在总结套管护壁和泥浆护壁的基础上发展起来的一种方法，适用于结构稳定的黏性土及不大量露水的松散地层，且具有充足的施工水源的凿井施工工程。此法施工简单，钻井和洗井效率高，成本高，但护壁效果不长久。

水在井孔中相当于一种液体支撑，其静压力除平衡土压力及地下水压力外，还给井壁一种向外的作用力，此力有助于孔壁稳定。同时，由于井孔的自然造浆，加大了水柱的静压力，在此压力作用下，部分泥浆渗入孔壁，失去结合水，形成一层很薄的泥皮，它密实柔韧，具有较高的黏聚力，对保护井壁可起很大的作用。

3. 井管安装

（1）井管安装前的准备工作

1）井孔质量检验。安装井管前，必须按照设计图和检验标准对井孔进行检查和验收，检查井孔的深度、直径、圆度和垂直度是否满足设计要求。

2）排管。根据设计图和实际地质柱状图排列井管、过滤管的安装顺序，并进行统一编号，核对无误后方可进行安装。

3）物资准备。将井管管材、滤料、封闭材料等进行全面检查，不合格的材料不允许下入井内。

4) 清孔。泥浆护壁的井身，除自流井外，应先清理井底沉淀物，并将井孔中的泥浆适当稀释，但不可向井孔内加入清水。泥浆密度可根据井孔的稳定情况和计划填入砾石的粒径而定，一般为 1.05~1.1g/cm³。

5) 井管安装专用工具准备。井管安装前，除准备常用设备安装的小型工具外，还应准备好井管安装的专用工具。一般常用的工具有井管铁卡子、钢丝绳套、滑车等。

(2) 下管　下管的方法，应根据下管深度、管材强度和钻探设备等因素进行选择。下管的方法有：井管自重下管法、浮板下管法、托盘下管法及多级下管法四种。

1) 井管自重下管法。井管自重（浮重）不超过井管允许抗拉力和钻探设备的安全负荷时，宜用井管自重下管法。用铁夹板将第一根井管（或滤管）在管箍处卡紧，将钢丝绳套套在铁夹板两侧，吊起慢慢放入井孔内，并将管铁夹板放在方垫木上。用同样方法吊起第二根井管，对正第一根井管，拧紧丝扣后，继续下管。全部井管下至井底后，调整井管口水平度，且居于井孔正中，用方垫木固定井管，放入填料后再拆除井管上的铁夹板。井管自重（浮重）超过井管允许抗拉力或钻机安全负荷时，宜采用浮板下管法或托盘下管法。

2) 浮板下管法。浮板下管法常在钢管、铸铁井管下管时使用，如图 4-17 所示。浮板一般为木制圆板，直径略小于井管外径，安装在两根井管接头处，用于封闭井壁管，利用泥浆浮力，减轻井管重量。泥浆淹没井管的长度 (L) 可以有三种情况：①自滤水管最上层密闭，如图 4-17a 所示；②在滤水管中间密闭，如图 4-17b 所示；③上述两种情况联合使用，如图 4-17c 所示。

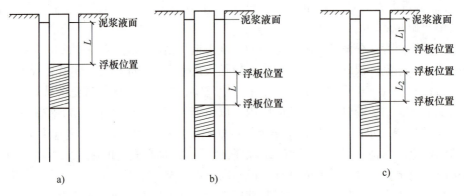

图 4-17　浮板下管法

采用浮板下管时，密闭井管体积内排开的泥浆将由井孔溢出，下管前应准备一个浅而大的临时储存泥浆的坑，并挖沟使其与井孔连通。井管下降时，由于部分井管密闭，泥浆即从井孔排至储泥坑。安装浮板后，井管应慢慢下降，避免因猛烈冲撞而破坏浮板，导致泥浆上喷。若浮板破裂，井内须及时补充泥浆，避免产生井壁坍塌事故。

井管下好后，即用钻杆捣破浮板。注意在捣破浮板之前，尚需向井管内注满泥浆，否则，一旦浮板捣破，泥浆易上喷伤人，还可能由于泥浆补充不足产生井壁坍塌事故。

3) 托盘下管法。托盘下管法常在混凝土井管、矿渣水泥管、砾石水泥管等允许抗拉应力较小的井管下管时采用，如图 4-18 所示。

托盘的底为厚钢板，直径略大于井管外径，小于井孔直径 4~6cm，托盘底部中心焊一个反扣钻杆接箍,并于托盘上焊以双层铁板,外层铁板内径稍大于井管外径,内层铁板内径与井管内径相同。

下管时,首先将托盘上涂上灰砂沥青,然后将第一根混凝土井管垂直插入托盘的插口,并采取适当的加固措施。将钻杆下端特制反扣接箍相连,慢慢降下钻杆,井管随之降入井孔,当井管的上口下至井口处时,停止下降钻杆,吊上第二节井管,用灰砂沥青连接。井管的接口处必须以竹、木板条用铅丝捆牢,每隔20m安装一个扶正器,直至将全部井管下入井孔。最后将钻杆正转拧出,盖好井,下管工作结束。

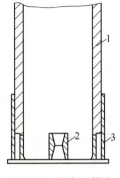

图 4-18 托盘下管法示意图
1—井管
2—反扣钻杆接箍
3—托盘

4）多级下管法。井身结构复杂或下管深度过大时,宜采用多级下管法。将全部井管分多次下入井内。前一次下入的最后一根井管上口和后一次下入的第一根井管下口安装一对接头,下入后使其对口。

（3）填砾　为扩大滤水能力,防止隔水层或含水层塌陷而阻塞滤水管的滤网,在井壁管（滤水管）周围应回填砾石滤层。回填砾石的粒径通常为含水砂层颗粒有效直径的8~10倍,可根据表4-15选用。滤层通常做成单层,滤层厚度一般为50~75mm。

表 4-15　回填砾石的粒径及特性

含水层名称	特　性		回填砾石粒径/mm
	粒径/mm	有效粒径所占百分比（%）	
粗砂	2~1	80	10~8
中砂	1~0.5	60	5~4
细砂	0.5~0.25	50	2.5~2.0
粉砂及粉砂土	0.25~0.05	30~40	1.0~0.5

填砾前,应使井孔中泥浆密度达到 $1.05 \sim 1.10 \mathrm{kg/cm^3}$。

对于较浅井,填砾时,应从孔口直接填入,填砾宜连续、均匀。对于较深井,应从井管外返水填砾或抽水填砾,填砾宜连续、均匀,且不宜中途停泵,同时应随时向井管与井壁间补充清水或稀泥浆。

回填砾石滤层的高度,要使含水层通连以增加出水量,并且要超过含水层几米。

（4）井管外封闭　井管外封闭的目的是使取水层与有害取水层隔离,并防止地表水渗入地下,导致井水受到污染。井管外封闭从砾石滤层最上部开始,宜先采用黏土球,后用优质黏土捣成碎块填上5~10m,以上部分采用一般泥土填实。特殊情况可用混凝土封闭。

井管外封闭止水效果检查方法有：

1）水位压差法,即观测止水管内外水位,然后用注水、抽水造成止水管内外差,稳定0.5h,当水位波动幅度≤0.1m时,视为合格。

2）泵压检查法,即密闭止水管上口,接水泵送入,使水泵压力增至比此水段可能造成比最大水压差大的泵压,稳定0.5h,当耗水量≤1.5L时,视为合格。

3）食盐扩散检验法，即测地下水的电阻率。将5%的食盐水倒入止水套管与井壁间空隙内，2h后再测地下水电阻率，两者相差不大时，视为合格。

4）水质对比法，即分析封闭前后的地下水水质，如果能保持原水水质，则视为合格。

（5）洗井　洗井是为了避免在钻进过程中井孔内岩屑和泥浆对含水层造成堵塞。在洗井时可以排出滤水管周围含水层中的细小颗粒，以疏通含水层，使滤水管周围的渗透性能提高，减小进水阻力，延长管井的使用寿命。洗井必须在下管、填砾、封井后立即进行，否则将会导致井孔壁泥皮固结，造成洗井困难。

洗井方法应根据含水层特性、井深、管井结构和钻探工艺等因素确定。常用的洗井方法有活塞洗井、压缩空气洗井、水泵洗井、高速水喷射洗井等。

1）活塞洗井。活塞洗井适用于松散井孔，井管强度允许，管井深度不太大的情况。其特点是设备简单，不用增添其他设备。活塞洗井是靠活塞在孔内上下往复运动，产生抽压作用，有效地破坏泥皮，清除渗入含水层的泥浆，从而疏通含水层，达到洗井的目的。活塞使用前应先放入水中浸泡24h，掏清井内泥浆后，再放入活塞。清洗时，先从第一含水层开始清洗，清洗后再转洗第二含水层。活塞提升速度宜控制在0.6~1.2m/s，操作时要防止活塞与井管相撞。

2）压缩空气洗井。压缩空气洗井适用于粗砂、卵石层中管井的冲洗，不适用于粉、细砂层中的管井，以及管井深过大的情况。其特点是洗井效果好，操作简单，但需要空压机及其冲洗设备，是最常用的洗井方法之一。压缩空气洗井采用空压机作动力，接入风管，在井管中吹洗。由于动力费用较大，通常与活塞洗井结合使用。

3）水泵洗井。在不适宜于采用空压机洗井的情况下，多采用水泵洗井。水泵洗井是采用泥浆泵向井内注水与拉动活塞相结合的洗井方法，该方法洗井效率高，可省去空压机，适用于各种含水层和不同规格的管井。这种方法洗井时间较长。

4）高速水喷射洗井。高速水喷射洗井特别适合于泥浆层较厚的砂、砾石层中的管井的冲洗，是一种简单易行、有效的洗井方法。

4. 抽水试验

抽水试验的目的在于正确评定单井或井群的出水量和出水水质，为设计施工及运行提供依据。

抽水试验前应完成如下准备工作：选用适宜的抽水设备并安装；检查固定点的标高，以便准确测定井的动水位和静水位；校正水位测定仪器及温度计的误差；开挖排水设施等。

试验中水位下降次数不得少于两次，一般为三次。要求绘出出水量与水位下降值（Q-s）关系曲线和单位出水量与水位下降值（q-s）关系曲线，借以检查抽水试验是否正确。

抽水试验的最大出水量，最好能大于该井将来生产中的出水量，当限于设备条件不能满足此要求时，也应不小于生产出水量的75%。三次抽降中的水位下降值分别为$\frac{1}{3}s$、$\frac{2}{3}s$、s（s为最终水位下降值），且各次水位抽降差与最小一次抽降值以大于1m为宜。

抽水试验的延续时间与土壤的透水性有关，见表4-16。

表 4-16　抽水试验的延续时间

含水层岩性成分	稳定水位延续时间/h		
	第一次抽降	第二次抽降	第三次抽降
裂隙岩层	72	48	24
中、细、粉砂层	24	48	64
粗砂、砾石层	24	36	48
卵石层	36	24	12

5. 管井的交验

管井交验时应提交的资料包括管井柱状图、颗粒分析资料、抽水试验资料、水质分析资料及施工说明等。

管井竣工后应在现场按下列质量标准验收：

1）管井的单位出水量应与设计值基本相符。管井揭露的含水层与设计依据不符时，可按实际抽水量验收。

2）管井抽水稳定后，水中含砂量（体积比）：粗砂地层应<1/50000；中、细砂地层应<1/20000。

3）井管直径、井深及井管的垂直度。井管直径、井深应与设计相符，其垂直度≤0.27%。

4）井内沉淀物的高度不得大于井深的5‰。

5）井身直径不得小于设计直径20mm，井深偏差不得超过设计井深的±2‰。

6）井管应安装在井的中心，上口保持水平。井管与井深的尺寸偏差，不得超过全长的±2‰，过滤器安装位置偏差，上下不超过30mm。

井管及过滤器安装允许偏差见表 4-17。

表 4-17　井管及过滤器安装允许偏差

井管资料	井管允许偏差			过滤器允许偏差			
	垂直度/(mm/m)	内外长（%）	厚度/mm	孔隙率（%）	缠丝间距（%）	上下位置/mm	缠丝或网与管间隙/mm
无缝钢管	≤1	≤1~1.5	—	≤10	≤20	≤30	>3
焊接钢管	≤1	≤2	—		≤20	≤30	>3
铸铁井管	≤1.5	≤3	≤1		≤10	≤30	>3
钢筋混凝土管	≤3	≤5	≤2		≤20	≤30	>3

4.5　江河水取水构筑物施工

地表水水源多数是江河水。江河固定式取水构筑物主要分为岸边式、河床式和斗槽式等形式。在江河中修建取水构筑物的施工方法有：水下法、吊装法、栈台法、围堰法、浮运沉箱法（浮运法）和筑岛法六种。具体的施工方法应根据江河的河床形式、地质、水深、河床冲淤、水位变化幅度、泥沙及漂浮物、冰情和航运、技术经济分析等因素综合分析确定。

取水头部的施工方法及其作业条件见表4-18。

表4-18 取水头部的施工方法及其作业条件

施工方法		水下法	吊装法	栈台法	浮运法	筑岛法	围堰法
作业条件	允许流速/(m/s)	0.8~1.0	1.2~1.5	1.5	1.5	1.5~3.0	1.5~3.0
	允许水深/m	不限	不限	脚手架≤3.0	≥2.0	≤3~5	≤3~5
	岸线远近	不限	视设备而定	较近	较远	较近	较近
	其他	底沙流不严重		风力不超过五级 波高不超过0.5m		河床为非岩质、非淤泥	河床不透水或弱透水

以下主要介绍围堰法与浮运法的施工技术。

4.5.1 围堰法施工

围堰法施工是在拟建取水头部的临河一面修筑一段月牙堤，包围取水头部基坑，使其与河心隔离开来，并在抽干堰内水的情况下进行施工的方法。围堰是为创造施工条件而修建的临时性工程，待取水构筑物施工完成后，随即将围堰拆除。

围堰法施工技术比较简单，不需要复杂的机具设备，质量容易得到保证。但由于土方量大，需要大量的劳动力，且受江河水文因素影响较大，加上施工完毕后拆除围堰工作困难，该法一般只适用于围隔范围不大的岸边式取水构筑物施工，以及建筑围堰不影响航运的河段。

围堰的结构形式有多种，如土围堰、堆石围堰、板桩围堰等。采用何种围堰要根据施工所在地区的江河水文、地质条件及河流性质而定。

1. 围堰的类型

围堰的形式很多，在取水构筑物施工中常用的围堰类型及其适用条件见表4-19。

表4-19 常用的围堰类型及其适用条件

围堰类型	适用条件		
	河床	最大水深/m	最大流速/(m/s)
土围堰	不透水	2	0.5
草土围堰		3	1.5
草捆土围堰		5	3
草（麻）袋围堰		3.5	2
堆石土围堰		4	3
石笼土围堰		5	4
木板桩围堰	可透水	5	3
钢板桩围堰		—	3

2. 围堰施工的基本要求

围堰的结构和施工应保证其可靠的稳定性、紧固性和不透水性，防止在河水压力的作用下，围堰的基础与围堰体在渗水的过程中发生管涌现象。施工的围堰和基槽边界的间距不小于1.0m，以满足施工排水与运输的需要。决定堰顶高程时，应考虑波浪、壅高和围堰的沉陷，围堰的超高一般在 0.5 以上。围堰的构造应当简单，能迅速进行施工、修理和拆除，并符合就地取材的原则。围堰布置时，应采取防止水流冲刷的措施。在通航河道上的围堰布置要满足航行的条件，特别是航行对河道水流流速的要求。

3. 围堰施工

（1）土围堰和草（麻）袋围堰　土围堰是直接将土抛入水中填筑，一般土壤均可建造，最好是沙壤土。堰顶宽度不小于 2m。为了避免背水面滑坡，常用堆石或草袋填筑排水棱体。其结构如图 4-19 所示。采用草（麻）袋围堰，边坡可以较陡，一般为 1:0.5~1:1.5。装土草（麻）袋围堰的草袋装土仅装满 2/3，以便叠筑稳固。草袋搭接长度约 50cm，草包上、下层用黄土找平，交叉堆放。土围堰的缺点是围堰底部较宽、断面大，河水流速过大时易被冲刷，故适于枯水期施工。

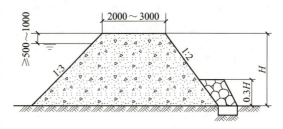

图 4-19　土围堰结构

（2）堆石土围堰　堆石土围堰是在堰的背水面堆石，迎水面用土堆筑。一般先抛石，后筑反滤层，最后筑土料斜墙。堆石土围堰在江河流速大的情况下采用，但它的拆除较困难。堆石土围堰结构如图 4-20 所示。

（3）草土围堰　草土围堰是草与土组合的混合结构，如图 4-21 所示。具有一定的柔性和弹性，适于一般的地质条件，并有较大的抗冲击能力，渗透量小，有足够的不透水性。为了防止滑坡和渗漏，堰顶宽度一般为水深（最深处）的 3~5 倍。堰顶应高出施工期最高水位 1.5~2.0m。草和土的体积比为 1:1~1:2，每立方米坝体用草 55~65kg，用土 0.5~0.7m³。堰底与堰顶可以一样宽，也可以采用 1:0.2~1:0.25 的边坡。

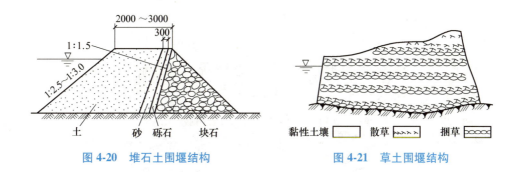

图 4-20　堆石土围堰结构　　　　图 4-21　草土围堰结构

（4）板桩围堰　板桩围堰适于基础土壤允许打桩，在江河水深较大、流速较急时采用。板桩围堰的材料经常采用的有木材和钢材两种。吊装钢板桩，吊点位置不得低于桩顶以下 1/3 桩长。钢板桩可采用锤击、振动和射水等方法下沉，但在黏土中不宜用射水。锤击时应设桩帽。应设导向设备保证插打质量、最初插打的钢板桩，应详细检查其平面位置和垂直度。接长的钢板桩，其相邻两钢板桩的接头位置，应上下错开。拔出钢板桩前，应向堰内灌水至与堰外水位相同，拔桩应由下游开始。

4.5.2 浮运法施工

浮运法是将岸上制作的取水头部（如沉箱类），通过设置的滑道下水，或靠涨水时头部（沉箱）自行浮起的方法移运下水。头部（沉箱）也可借助于设在上游的专用趸船进行浮运。当头部运至距设计位置的上游约 2m 处，暂停浮运，必要时停靠岸边，待基槽验证无误即（转向）平移到位、下沉、调整、收缆。最后经过水下浇筑混凝土固定头部及基础四周抛石卡固、纠偏、收缆、锚固，即完成取水头部的浮运法施工。

1. 浮运法施工组织设计内容及其施工流程

浮运法施工组织设计主要包括以下内容：
1）取水头部施工平面位置及纵、横断面图。
2）取水头部制作。
3）取水头部的基坑开挖。
4）水上打桩。
5）取水头部的下水措施。
6）取水头部的浮运措施。
7）取水头部的下沉、定位及固定措施。
8）混凝土预制构件水下组装。

浮运法施工流程如图 4-22 所示。

2. 取水头部的浮运

当确定浮运、沉放的构件尺寸和总重量后，选配合适的工装驳船，在工装驳船上制作取水构筑物，然后浮运到规定地点下水。取水头部浮运过程如图 4-23 所示。

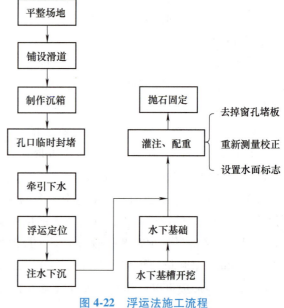

图 4-22 浮运法施工流程

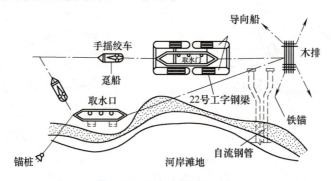

图 4-23 取水头部浮运过程

浮运前应设置测量标志：取水头部中心线及其进水管口中心的测量标志。取水头部下沉后，测量标志仍应露出水面。将取水头部移至与基础中线同一直线上，距设计位置的上游约 2m 处停止浮运，以便在下沉定位时能进行距离调整。岸边的测量标志应设在水位上涨时不被淹没的稳固地段。取水头部各角均需设置吃水深度标尺（下沉后仍应露出水面）。设专人观测，达到设计值后，立即停止压水。取水头部基坑也应设定位的水上标志。

取水头部浮运前，应保证取水头部的混凝土强度已达到设计要求。然后将取水头部清扫干净，并将水下孔洞全部封闭，严防漏水。采取配重或浮托措施，调整取水头部下水后的吃水平衡。浮运拖轮、导向船及测量定位人员均做好准备工作。浇筑取水口结构的混凝土须符合水工构筑物的质量标准，特别是水密性，否则将影响施工拖运下水和下沉。

取水头部下滑入水的方法有滑道下水法、利用河流天然水位使取水头部下水、浮船浮运下水等。其中滑道下水法是最常用的一种。

滑道下水法是在预制场地修筑纵向或纵横双向滑道。滑道常可用石料铺砌，上置枕木轨道，坡度采用 $1:3\sim1:6$。沉箱预制在滑道的水上部分进行。滑道长度应使沉箱在滑道末端有足够的吃水深度，即应保证在施工水位最低时头部能从滑道上浮起。

拖拉沉箱沿滑道下水，所需要的拉力 T 可近似按下式计算

$$T = Q(u - i) \tag{4-9}$$

式中　Q——构筑物（沉箱）的重力；

　　　u——构筑物与滑道的摩擦系数；

　　　i——滑道的坡度。

最后，将取水头部浮运至设计沉放地点，准备下沉。

3. 取水头部的下沉

取水头部下沉由以下各工序完成：

（1）转向　将取水头部浮运到基坑上游约 2m 处，如果构件中心线与基坑中心线不在同一方向直线上，则需转向。拉环缆转动铰，部分缆松，部分缆紧，可分三次转到同基坑中心的同一方向上。

（2）平移　如果构件中心线与基坑中心线在一个方向，而不在一条直线上时的平移，可变换平移钢缆，拆除转动铰，构件向下游方向平移若干距离即可。

（3）就位　将取水头部平移到坑位水面，同时安装下游限位墩、卡箍、拉杆等设施。

（4）沉放　斜拉钢缆，为克服干舷高度，沉箱灌水若干吨，满足下沉力要求，将构件下沉到设计标高，中途随时调整构件，保证平稳地下沉到位。

（5）调整　水下拆除限位墩、拉杆、卡箍、松提垂直控制绳（也可用顶升装置充气，如气袋起重器）等将沉箱提起。水平锚拉调整位置，下落至准确位置，一般由潜水员水下作业完成。

（6）收缆固定　水下拆、收垂直控制缆绳和水平锚拉缆绳，就位固定，灌注水下混凝土，基坑四周抛石以固定头部。

取水头部的沉放时间，从系缆准备、转向、注水沉放至收缆结束，作为时间的总体控制。对受潮位影响的河流，应避开半日潮中最大落潮流量和最大涨潮流量。其注水沉放时间应在落潮憩流点前后，此时航道流速、流量最小，为最佳时间选择。相应的转向、平移、就位、调整、收缆工作在涨潮、落潮憩流中完成。

取水头部被浮运到预定位置后，采用经纬仪三点交叉定位法将取水头部定位，如图 4-24 所示。抛锚方式应视河流变化情况而定，并与当地航务部门协商确定。

下沉时应缓缓向沉箱内注水，同时均匀放松导向船上两个绞车，使取水头部均匀沉降，并由潜水员检查就位情况，及时调整。取水头部下沉定位的允许偏差应符合表 4-20 中的

规定。

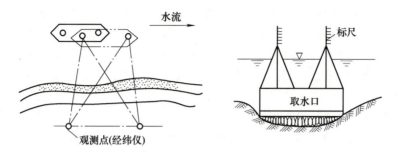

图 4-24 沉降就位的观测方法

表 4-20 取水头部下沉定位的允许偏差

项 目	允许偏差
轴线位置	150mm
顶面高程	±100mm
扭转	1°

取水头部定位后，由潜水员拆除孔窗上的封板，同时应检查下沉位置是否正确，合格后应及时用锚头固定灌注水下混凝土及在基坑四周抛石固定，且在水面上应设安全标志。

复习思考题

1. 现浇钢筋混凝土水池的主要特点有哪些？
2. 试列举常用模板的种类。
3. 支设模板施工中应注意哪些施工技术要点？
4. 钢筋绑扎中应注意哪些施工技术要点？
5. 混凝土在浇筑时应注意哪些事项？
6. 混凝土浇筑和振捣时应采取哪些措施，以利于提高混凝土的强度？
7. 混凝土的养护时应采取哪些措施，以利于提高混凝土的强度？
8. 试述水池满水试验的前提条件及试验步骤。
9. 试述闭气试验的方法。
10. 预应力钢筋混凝土水池中预应力钢筋的作用是什么？
11. 试述水池壁板预应力钢筋张拉的施工方法。
12. 沉井主要由哪些部分组成？
13. 试述沉井井筒的制作方法。
14. 沉井下沉施工的主要方法有哪些？各有哪些利弊？
15. 沉井封底施工的主要方法有哪些？各有哪些利弊？
16. 管井主要由哪些部分组成？
17. 管井对填砾滤料有哪些要求？
18. 试述井孔常用的钻进方法及适用条件。
19. 试述管井的护壁方法及其适用条件。
20. 试述井管安装的步骤。
21. 试述管井抽水试验的目的及方法。

22. 管井交验时应提交哪些资料？
23. 江河固定式取水构筑物主要分为哪几种形式？
24. 在江河中修建取水构筑物的施工方法有哪些？
25. 试述在取水构筑物施工中常用的围堰的形式及其适用条件。
26. 围堰施工的基本要求有哪些？
27. 试述取水头部的浮运法施工步骤。
28. 取水头部下沉包括哪些工序？

第 5 章 砌体工程

给水排水工程中常采用砌体工程。例如，砖砌检查井、雨水口，表面铺砌六角混凝土预制块沟渠、块石砌明渠等。砌体工程是指以烧结普通砖、灰砂砖、灰渣砖、多孔砖、硅酸盐类砖、石材和各种砌块用砂浆砌筑的工程。砌体也就是由块体和砂浆砌筑而成的整体材料。根据砌体中是否配置钢筋，砌体分为无筋砌体和配筋砌体。对于无筋砌体，按照所采用的块体材料又分为砖砌体、石砌体和砌块砌体等。

砌体工程的特点是：取材方便、施工简单、造价较低，在给水排水工程中，砌体工程较多用于部分主体工程和附属工程。但是它的施工仍以手工操作为主，劳动强度大，生产效率低，而且烧制黏土砖占用大量农田，能源消耗高，难以适应建筑工业化的需要。因此，烧结普通砖已逐渐淘汰，而各类灰渣砖、灰砂砖、硅酸盐砖、中小型硅酸盐砌块和混凝土空心砌块是当前推广使用的砌体材料。

本章主要阐述砌体工程脚手架的搭设、砌体材料、黏接材料、砖砌体工程、毛石砌体工程、中小型砌块墙施工等内容。

5.1 脚手架的搭设

5.1.1 概述

给水排水工程中的取水构筑物、泵站、水处理构筑物、清水池、检查井、办公楼、化验楼等常采用砌体工程的形式，在砌筑这些工程时，常需要搭设脚手架。

1. 脚手架的作用与分类

砌体工程中采用脚手架是在砌筑施工中工人进行安全操作及堆放材料的一种临时性设施，属于操作用脚手架，也称结构脚手架，它直接影响到工程质量、施工安全和劳动生产率。砌体施工时，工人的劳动生产率受砌体的砌筑高度影响，在距地面 0.6m 左右时生产率最高，砌筑高度低于或高于 0.6m 时，生产率相对降低，且工人劳动强度增加。当砌筑到一定高度时，必须搭设脚手架，为砌筑操作提供高处作业条件。考虑到砌墙工作效率及施工组织等因素，每次搭设脚手架的高度确定为 1.2m 左右，称为"一步架高度"，也称墙体的可砌高度。砌筑时，当砌到 1.2m 左右即应停止砌筑，搭设脚手架后再继续砌筑。

砌体用脚手架按其搭设位置分为外脚手架和里脚手架两大类；按其所用材料分为木脚手架、竹脚手架与金属脚手架；按其构造形式分为多立杆式脚手架、框式脚手架、桥式脚手架、吊式脚手架、挂式脚手架、升降式脚手架及工具式脚手架等。

2. 脚手架的基本要求

为满足施工需要和确保使用安全，对脚手架的材料、构造、搭设、使用和拆除等方面的问题要重视，脚手架的使用应符合规定，要有可靠的安全防护措施，使用中应经常检查。对脚手架的基本要求如下：

1）脚手架宽度应满足工人操作、材料堆放及运输要求，一般为 1.5~2m。
2）脚手架应保证有足够的强度、刚度及稳定性，能保证施工期间在可能出现的使用荷载下不变形、不倾斜、不摇晃。
3）搭拆简单，搬运方便，能多次周转使用。
4）因地制宜，就地取材，尽量节省用料。

5.1.2 外脚手架

外脚手架是沿构筑物外围从地面搭设的一种脚手架，既可用于外墙砌筑，又可用于外墙装饰施工。外脚手架结构形式主要有多立杆式、框式、桥式等，其中多立杆式应用最广，框式次之。

1. 多立杆式脚手架

常见多立杆式脚手架有扣件式钢管脚手架、碗扣式钢管脚手架、木脚手架、竹脚手架四种。多立杆式脚手架主要由立杆、大横杆（纵向水平杆）、小横杆（横向水平杆）、脚手板、固定件、斜撑、剪力撑与抛撑等组成，其特点是每步架高可根据施工需要灵活布置，取材方便，可用钢或竹木搭设，能适应建筑物平立面的各种变化。

竹、木脚手架用铅丝或竹篾绑扎，操作技术要求高，耗材多，周转次数少。扣件式钢管脚手架虽然一次性投资较大，但其周转次数多，摊销费用低，工作可靠，装拆方便，搭设高度大，适应性强，所以被广泛采用。扣件式钢管脚手架由钢管、扣件、脚手板和底座组成，其构造如图5-1所示。钢管一般用外径4.8cm、壁厚3.5mm（DN40）的焊接钢管，用于杆

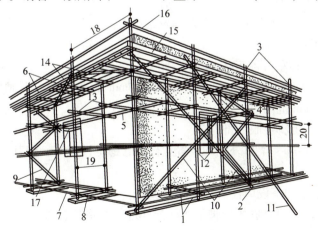

图 5-1 扣件式钢管脚手架构造

1—垫板 2—底座 3—外立杆 4—内立杆 5—大横杆 6—小横杆 7—纵向扫地杆
8—横向扫地杆 9—横向斜撑 10—剪刀撑 11—抛撑 12—旋转扣件 13—直角扣件
14—水平斜撑 15—挡脚板 16—防护栏杆 17—连墙件
18—杆距 19—排距 20—步距

件。扣件有三种基本形式，如图 5-2 所示，用于钢管的连接。立杆底端立于底座上，以传递荷载于地面，底座如图 5-3 所示。脚手板可采用冲压钢脚手板、木脚手板、竹脚手板等。碗扣式钢管脚手架的钢管之间用碗扣接头连接。除此之外，铝合金脚手架比钢管脚手架轻，现已大量使用。

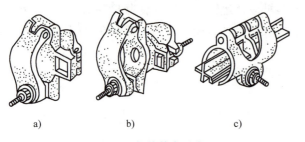

图 5-2 扣件基本形式
a) 直角扣件 b) 旋转扣件 c) 对接扣件

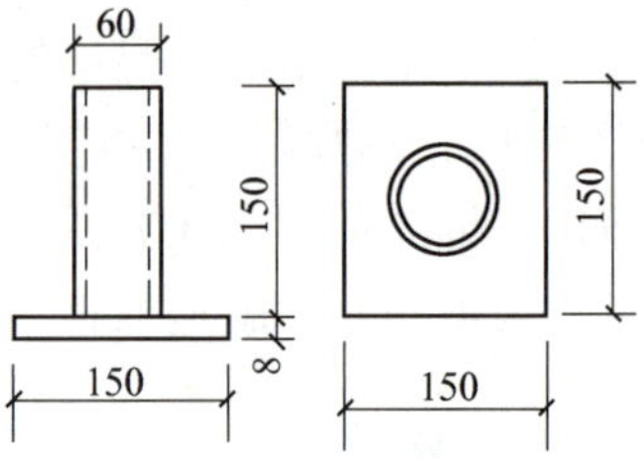

图 5-3 底座

常用的扣件式钢管脚手架按立杆的布置方式分为单排、双排两种。单排脚手架仅在外墙外侧设一排立杆，其小横杆一端与大横杆连接，另一端搁在墙上。单排脚手架节约材料，但稳定性较差，且需在墙上留脚手眼。下列情况不适于用单排脚手架：

1）墙体厚度≤180mm。
2）建筑物高度>24m。
3）空斗砖墙、加气块墙等轻质墙体。
4）砌筑砂浆强度等级≤M1.0 的墙体。

经补砌的脚手眼或多或少会对砌体的整体性带来不利影响，所以不得在下列墙体或部位留设脚手眼：

1）120mm 厚墙、料石清水墙和砖、石独立柱。
2）过梁上与过梁成 60°角的三角形范围及梁净跨度 1/2 的高度范围内。
3）宽度<1m 的窗间墙。
4）梁或梁垫下及其左右各 500mm 的范围内。
5）砌体的门窗洞口两侧 200mm 和转角处 450mm 的范围内。石砌体的门窗洞口两侧 300mm 和转角处 600mm 范围内。
6）设计不允许设置脚手眼的部位。

双排脚手架是指在脚手架里外侧均设置立杆，它稳定性较好，但其工料消耗要比单排脚手架多。

扣件式钢管脚手架的搭设应注意以下几点：

1）在搭设之前，必须对进场的脚手架杆配件进行严格的检查，禁止使用规格和质量不合格的杆配件。
2）搭设场地应平整、夯实并设置排水设施。
3）立于土地面上的立杆底部（每根立杆均应设置标准底座）应加设宽度≥200mm、厚度≥50mm 的垫木、垫板或其他刚性垫块，且面积应符合标准。底座上 200mm 必须设置纵、横向扫地杆。

4）立杆、大横杆（纵向水平杆）、小横杆（横向水平杆）、脚手板、固定件、支撑系统等的搭设、固定必须符合构造要求。

5）扣件连接杆件时，选择扣件形式要正确，扣件螺栓的松紧程度必须适度。扭矩以40~50N·m为宜，最大不得超过60N·m。

6）必须有安全防护措施。

7）在搭设中不得随意改变构架设计、减少杆配件设置和对立杆纵距进行大于或等于100mm的构架尺寸放大。确有实际情况，需要对构架做调整和改变时应提交技术主管人员解决。

8）脚手架搭设完毕后，要对脚手架的搭设质量按规定进行检查验收，检查合格后，方可投入使用。

2. 框式脚手架

框式脚手架也称为门式脚手架，特点是装拆方便、构件规格统一，是当今国际上应用最普遍的脚手架之一，已形成系列产品，它不仅可作为外脚手架，也可作为内脚手架等。框式脚手架由门式框架、剪刀撑、水平梁架、底座组成基本单元，将基本单元相互连接，并增加梯子、栏杆及脚手板等即形成脚手架，如图5-4所示。

框式脚手架是一种工厂生产、现场搭设的脚手架，一般只需根据产品目录所列的使用荷载和搭设规定进行施工，不必再进行验算。如果实际使用情况与规定有出入时，应采取相应的加固措施或进行验算。通常框式脚手架搭设高度限制在45m以内，采取一定措施后可达到80m左右。其宽度有1.2m、1.5m、1.6m，高度有1.3m、1.7m、1.8m、2.0m等规格，可根据不同要求进行组合。安装时，对地基及底座的要求与钢管扣件脚手架相同。另外，应注意纵横支撑，剪刀撑的布置及其与墙的拉结，以确保脚手架的整体稳定性。

使用脚手架应注意安全。脚手板应铺满、铺稳，不得有空头板。多层及高层建筑用的外脚手架应沿外侧拉设安全网，以免工人跌下或材料、工具落下伤人。支好的安全网应能承受1.6kN的冲击力，安全网应随楼层施工进度逐渐上移。

5.1.3 里脚手架

里脚手架搭设于构筑物内部，每砌完一层墙体后，即将脚手架转移到上一层面，以便上一层施工，可用于内墙的砌筑施工。里脚手架用料省，但装拆频繁，故要求轻便灵活、装拆方便。一般多采用工具式里脚手架，其结构形式有折叠式、支柱式、门式等多种。

1. 折叠式里脚手架

折叠式里脚手架的支架常用角钢制成，在其上铺脚手板即可操作，如图5-5所示。砌墙时架设间距不超过2m，可搭设两步：第一步为1m，第二步为1.65m。此外，也有用钢管或钢筋制成的折叠式里脚手架。

2. 支柱式里脚手架

支柱式里脚手架由若干支柱及横杆组成，上铺脚手板，砌墙时搭设间距不超过2m。图5-6所示为套管式支柱，搭设时插管插入立管中，以销孔间距调节高度，插管顶端的凹形支柱内搁置方木横杆以铺设脚手板。架设高度为1.57~2.17m。图5-7所示为承插式钢管支柱，架设高度为1.2m、1.6m、1.9m，当架设第三步时要加销钉以确保安全。另外，也可用角钢或钢筋做成类似的承插式支柱。

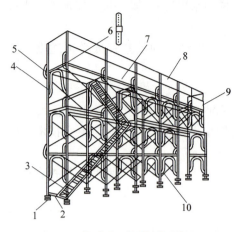

图 5-4 框式脚手架构造示意图

1—底座 2—梯子托梁 3—梯子 4—门式框架
5—扣件 6—插销 7—脚手板 8—栏杆
9—栏杆立柱 10—剪刀撑

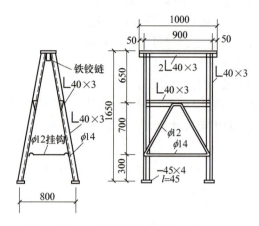

图 5-5 角钢折叠式里脚手架

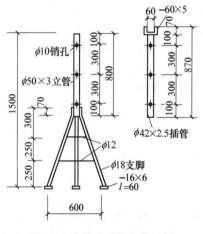

图 5-6 套管式支柱里脚手架

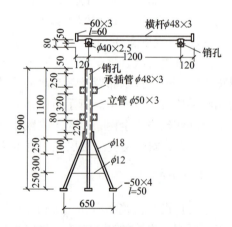

图 5-7 承插式钢管支柱里脚手架

此外,还有门架式里脚手架等类型,工程中还常用木、竹、钢筋等制成马凳式里脚手架,如图 5-8 所示。

图 5-8 马凳式里脚手架

a) 竹马凳式里脚手架　b) 木马凳式里脚手架　c) 钢马凳式里脚手架

5.2 砌体材料

砌体工程所用砌体材料主要是砖、石材及各种砌块。

5.2.1 砖

我国采用的砖按所用的制砖材料可分为灰砂砖、灰渣砖、页岩砖、煤矸石砖、硅酸盐砖等；按烧结与否可分为烧结砖与非烧结砖等；按砖的密实度可分为实心砖、空心砖、多孔砖及微孔砖等。给水排水工程中砌体材料常采用灰砂砖、灰渣砖和烧结多孔砖。

1. 灰砂砖

灰砂砖又称为蒸压灰砂砖，是以砂和石灰为主要原料，允许掺入颜料和外加剂，经坯料制备、压制成型、经高压蒸汽养护而成的普通灰砂砖。蒸压灰砂砖（以下简称灰砂砖）是一种技术成熟、性能优良又节能的建筑材料，它适用于多层混合结构建筑的承重墙体。其技术要求包括砖的形状、尺寸、外观。

灰砂砖的外形为直角六面体，其尺寸为 240mm×115mm×53mm。这样，4 个砖长，8 个砖宽或 16 个砖厚，都恰好为 1m。$1m^3$ 砖砌体需用砖 512 块。

2. 灰渣砖

灰渣砖是一种由粉煤灰、矿渣砂（黄砂）、矿渣碎石（碎石）、水泥、水按比例混合，放入模中，在振动设备上加压振动成形，经过一段时间湿水养护，达到一定强度后拆模制成的砖。灰渣砖吸水率较大，强度低，耐水性差，不宜用于水池等池砌筑。常作为水表井、检查井、阀门井、跌水井、雨水口等非蓄水小型构筑物的砌体材料。灰渣砖的外形为直角六面体，其尺寸为 240mm×115mm×53mm。

3. 烧结多孔砖

烧结多孔砖的尺寸规格有 190mm×190mm×90mm 和 240mm×115mm×90mm 两种。其密度一般为 $1400kg/m^3$，按力学性能分为 MU10、MU15、MU20、MU25、MU30 五个强度等级。

5.2.2 石材

石材主要来源于重质岩石和轻质岩石。重质岩石密度大于 $1800kg/m^3$，其抗压强度高，耐久性好，但热导率（导热系数）大；轻质岩石密度不大于 $1800kg/m^3$，其热导率小，容易加工，但抗压强度低，耐久性较差。石材较易就地取材，在产石地区利用这一天然资源比较经济。

我国石材按其加工后的外形规则程度可分为料石和毛石两类。

根据石料的抗压强度等级划分为 MU120、MU100、MU90、MU80、MU70、MU60、MU50、MU40、MU30、MU20、MU15 和 MU10，共 12 级。

5.2.3 砌块

用黏土砖需耗用大量黏土，对于发展生产和保护生态平衡都是不利的。因此，现在鼓励使用非黏土材料制成的砌块。砌块主要有混凝土、轻骨料混凝土和加气混凝土砌块，以及利用各种工业废渣、粉煤灰等制成的无熟料水泥煤渣混凝土砌块和蒸汽养护粉煤灰硅酸盐砌块。

5.3 粘接材料

砌体的粘接材料主要为砂浆,下面主要介绍砌筑砂浆的材料、性质、种类、制备及使用。

5.3.1 砂浆材料的组成

砂浆材料是由无机胶凝材料、细骨料及水所组成。以下是几种常用材料。

(1) 石灰　石灰属气硬性胶凝材料,即能在空气中硬化并增长强度。它是由石灰石经900℃的高温焙烧而成的。石灰分为生石灰、生石灰粉、熟石灰粉。在施工中,为了使用简便,有磨细生石灰及消石灰粉,以袋装形式供应。

(2) 石膏　石膏也属于气硬性胶凝材料,由于石膏的孔隙大、强度低,故不在耐水的砌体中使用。

(3) 水泥　应根据砌体部位和所处环境来选择水泥的品种及强度等级。砌筑砂浆所用水泥应保持干燥,分品种、强度等级、出厂日期堆放。不同品种的水泥不得混合使用。对于水泥砂浆采用的水泥,强度等级不宜小于32.5级;对于水泥混合砂浆采用的水泥,强度等级不宜小于42.5级。

(4) 砂　拌制砂浆所用的砂一般采用质地坚硬、清洁、级配良好的中砂,其中毛石砌体宜采用粗砂。不得含有草根等杂质,含泥量应控制在5%以内。砌石用砂的最大粒径应不大于灰缝厚度的1/4~1/5。对于抹面及勾缝的砂浆,应选用细砂。人工砂、山砂及特细砂作砌筑砂浆,应经试配、满足技术条件要求。

(5) 水　拌制砂浆所用的水应该满足《混凝土用水标准》(JGJ 63—2006)的要求。

5.3.2 砂浆的技术性质

新拌制的砂浆应具有良好的和易性,以便于铺砌,砂浆的和易性包括流动性和保水性两方面。

(1) 流动性　砂浆的流动性也称稠度,是指在自重或外力作用下流动的性能。砂浆的流动性与胶结材料的用量、用水量、砂的规格等有关。砂浆流动性用砂浆稠度仪测定。砂浆稠度的选择主要根据墙体材料、砌筑部位及气候条件而定。

(2) 保水性　砂浆混合物能保持水分的能力称为保水性,指新拌砂浆在存放、运输和使用过程中,各项材料不易分离的性质。保水性好的砂浆不仅能获得砌体的良好质量,还可以提高工作效率。在砂浆配合比中,若胶凝材料不足则保水性差,为此,在砂浆中常掺用可塑性混合材料,即能改善其保水性能。

(3) 砂浆的强度　砂浆强度是以边长为7.07cm×7.07cm×7.07cm的6块立方体试块,按标准养护28d的平均抗压强度值确定的。砂浆强度等级分为M20、M15、M10、M7.5、M5、M2.5六个等级。

影响砂浆抗压强度的因素较多。在实际工程中,要根据材料组成及其数量,经过试验确定抗压强度的值。

砂浆试块应在搅拌机出料口随机取样、制作。一组试样应在同一盘砂浆中取样,同盘砂浆只能制作一组试样,一组试样为6块。

砂浆的抽样频率应按：250m³ 砌体中的各种类型及强度等级的砌筑砂浆，每台搅拌机至少抽检一次。

标准养护，28d 龄期，同品种、同强度砂浆各组试块的强度平均值应大于或等于设计强度，任意一组试块的强度应大于或等于设计强度的 75%。

5.3.3 砂浆的种类

建筑砂浆按用途不同可分为砌筑砂浆、抹面砂浆、防水砂浆和装饰砂浆四种。建筑砂浆也可按使用地点或所用材料不同分为石灰砂浆、混合砂浆、水泥砂浆和微沫砂浆等。砂浆种类选择及其等级的确定，应根据设计要求。

（1）砌筑砂浆 砌筑砂浆要根据工程类别及砌体部位选择砂浆的强度等级，有承重要求时砂浆强度等级≥M5，无承重要求时砂浆强度等级≥M2.5；检查井、阀门井、跌水井、雨水口、化粪池等采用砂浆的强度等级≥M5；隔油池、挡墙等采用砂浆的强度等级≥M10；砖砌筒拱采用砂浆的强度等级≥M5，石砌平拱采用砂浆的强度等级≥M10。

（2）抹面砂浆 抹面砂浆应分为两层或三层完成，第一层为底层，最后一层为面层，中间层为结构层。在土建工程中，用于地上或干燥部位的抹面砂浆，常采用石灰砂浆或混合砂浆，在易碰撞或潮湿的地方，应用水泥砂浆。

（3）防水砂浆 制作防水层的砂浆称作防水砂浆。这种砂浆用于砖、石结构的储水或水处理构筑物的抹面工程中。对变形较大或可能发生不均匀沉陷的建筑物，不宜采用此类刚性防水层。

在水泥砂浆中加入质量分数为 3%~5% 的防水剂制成防水砂浆。常用的防水剂有氯化物金属盐类防水剂、水玻璃防水剂及金属皂类防水剂等。这些防水剂在水泥砂浆硬化过程中，生成不透水的复盐或凝胶体，以加强结构的密实度。

水泥砂浆防水层所用的材料应符合下列要求：

1）应采用强度等级不低于 32.5MPa 的硅酸盐水泥、碳酸盐水泥、特种水泥。严禁使用受潮、结块的水泥。

2）砂宜采用中砂，泥含量不大于 1%（质量分数）。

3）外加剂的技术性能符合国家该行业产品一等品以上的质量要求。

5.3.4 砂浆制备与使用

砂浆的配料应准确。水泥、微沫剂的配料精确度应控制在±2%以内。其他材料的配料的精确度应控制在±5%以内。

1. 砂浆搅拌

砂浆应采用机械拌和，自投料完算起，搅拌时间应符合下列规定：水泥砂浆和水泥混合砂浆不得少于 2min；水泥粉煤灰砂浆和掺用外加剂的砂浆不得少于 3min；掺有机塑化剂的砂浆，应为 3~5min。无砂浆搅拌机时，可采用人工拌和，应先将水泥与砂干拌均匀，再加入其他材料拌和，要求拌和均匀，拌成后的砂浆应符合下列要求：

1）设计要求的种类和强度等级。

2）规定的砂浆稠度。

3）保水性能良好（分层度不应大于 30mm）。

为了改善砂浆的保水性，可掺入黏土、电石膏、粉煤灰等塑化剂。

2. 砂浆使用

砂浆拌成后和使用时，均匀盛入储灰斗内。如果砂浆出现泌水现象，应在砌筑前再次拌和。砂浆应随拌随用，常温下，水泥砂浆和水泥混合砂浆必须分别在拌和后 3h 和 4h 内使用完毕；如果施工期间最高气温超过 30℃，则必须分别在拌和后 2h 和 3h 内使用完毕。

5.4 砖砌体施工

5.4.1 施工准备工作

1. 砖的准备

砖的品种、强度等级必须符合设计要求，并应规格一致，且有出厂合格证明和进场复验报告。用于清水墙、柱表面的砖，应边角整齐、色泽均匀。在砌砖前 1~2d（视天气情况而定）应将砖堆浇水湿润，以免在砌筑时因干砖吸收砂浆中大量的水分，使砂浆流动性降低，造成砌筑困难，并影响砂浆的黏结力和强度。但也要注意不能将砖浇得过湿而使砖不能吸收砂浆中的多余水分，影响砂浆的密实性、强度和黏结力，而且会产生堕灰和砖块滑动现象，使墙面不洁净，灰缝不平整，墙面不平直。要求普通黏土砖、空心砖含水率为 10%~15%。施工中可将砖砍断，看其断面四周的吸水深度达 10~20mm 即认为合格。灰砂砖、粉煤灰砖含水率宜为 5%~8%。

2. 砂浆的准备

砂浆的准备主要是做好配制砂浆的材料准备和砂浆的拌制。砂浆应拌和均匀、具有良好的保水性及和易性。砂浆的和易性好有利于施工操作、易于保证灰缝饱满、厚薄一致，提高砌体强度及劳动生产率。为了改善砂浆在砌筑时的和易性，常掺入适量的塑化剂，如微沫剂（也称为松香皂）。

3. 施工机具的准备

砌筑前，必须按施工组织设计要求组织垂直和水平运输机械、砂浆搅拌机械进场，完成安装、调试等工作。同时，要准备脚手架、砌筑工具（如皮数杆、托线板）等。

5.4.2 砖砌体的组砌形式

普通砖墙的厚度有半砖（115mm）、3/4 砖（178mm）、一砖（240mm）、一砖半（365mm）、两砖（490mm）等。

砖砌体的组砌要上下错缝，内外搭接，以保证砌体的整体性；同时组砌要有规律，少砍砖，以提高砌筑效率，节约材料。

1. 砖墙的组砌形式

（1）一顺一丁　一顺一丁砌法是一皮中全部顺砖与一皮中全部丁砖相互间隔砌筑，上下皮间的竖缝相互错开 1/4 砖长，如图 5-9a 所示。这种砌法效率较高，但当砖的规格不一致时，竖缝就难以整齐。

（2）三顺一丁　三顺一丁砌法是三皮中全部顺砖与一皮中全部丁砖间隔砌筑，上下皮顺砖间竖缝错开 1/2 砖长；上下皮顺砖与丁砖间竖缝错开 1/4 砖长，如图 5-9b 所示。这种砌筑方法由于顺砖较多，砌筑效率较高，适用于砌一砖和一砖以上的墙厚。

（3）梅花丁　梅花丁又称沙包式、十字式。梅花丁砌法是每皮中丁砖与顺砖相隔，上皮丁砖坐中于下皮顺砖，上下皮间竖缝相互错开 1/4 砖长，如图 5-9c 所示。这种砌法内外竖缝每皮都能错开，故整体性较好，灰缝整齐，比较美观，但砌筑效率较低。砌筑清水墙或当砖规格不一致时，采用这种砌法较好。

为了使砖墙的转角处各皮间竖缝相互错开，必须在外角处砌七分头砖（即 3/4 砖长）。当采用一顺一丁组砌时，七分头的顺面方向依次砌顺砖，丁面方向依次砌丁砖，如图 5-10a 所示。

砖墙的丁字接头处应分皮相互砌通，内角相交处竖缝应错开 1/4 砖长，并在横墙端头处加砌七分头砖，如图 5-10b 所示。

砖墙的十字接头处应分皮相互砌通，交角处的竖缝相互错开 1/4 砖长，如图 5-10c 所示。

（4）其他砌法　砖墙的砌筑还有全顺式、全丁式、两平一侧式等砌法。排水工程中检查井施工常采用全丁式砌法。

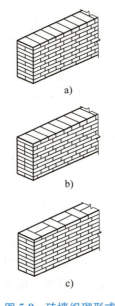

图 5-9　砖墙组砌形式
a）一顺一丁　b）三顺一丁　c）梅花丁

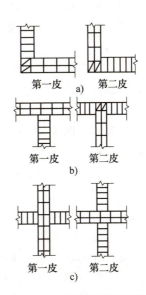

图 5-10　一砖墙交接处组砌
a）转角　b）丁字交接处　c）十字交接处

2. 砖柱组砌

砖柱组砌应使柱面上下皮的竖缝相互错开 1/2 砖长或 1/4 砖长，在柱心无通天缝，少砍砖，并尽量利用二分头砖（即 1/4 砖）。严禁用包心组砌法。

3. 空心砖墙组砌

规格为 190mm×190mm×90mm 的承重空心砖一般是整砖顺砌，上下皮竖缝相互错开 1/2 砖长（100mm）。如有半砖规格的，也可采用每皮中整砖与半砖相隔的梅花丁砌筑形式，如图 5-11 所示。

规格为 240mm×115mm×90mm 的承重空心砖一般采用一顺一丁或梅花丁砌筑形式。规格为 240mm×180mm×115mm 的承重空心砖一般采用全顺或全丁砌筑形式。

非承重空心砖一般是侧砌的，上下皮竖缝错开 1/2 砖长。

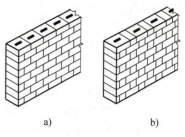

图 5-11　空心砖组砌形式
a）整砖顺砌　b）梅花丁砌筑

5.4.3　砖砌体的施工工艺

1. 找平、弹线

砌筑前，在基础防潮层或楼面上先用水泥砂浆找平，然后在龙门板上以定位钉为标志，弹出墙的轴线、边线，定出门窗洞口位置。二楼以上墙的轴线可以用经纬仪或垂球将轴线引上，并弹出各墙的宽度线，画出门洞口位置线。

2. 摆砖

摆砖也称摆底，是指在放线的基面上按选定的组砌方式用干砖试摆。一般在房屋外纵墙方向摆顺砖，在山墙方向摆丁砖。摆砖的目的是校对所放出的墨线在门洞口、附墙垛等处是否符合砖的模数，以尽可能减少砍砖，并使砌体灰缝均匀，组砌得当。

摆砖结束后，用砂浆把干摆的砖砌好，砌筑时注意其平面位置不得移动。

3. 立皮数杆、砌筑

皮数杆是指在其上画有每皮砖和砖缝厚度，以及门窗洞口、过梁、楼板、梁底、预埋件等标高位置的一种木制标志杆，它是砌筑时控制砌体竖向尺寸的标志，同时可以保证砌体的垂直度。

皮数杆一般立于房屋的四大角、内外墙交接处、楼梯间及洞口多的地方，大约每隔 10~15m 立一根。皮数杆的设立应由两个方向斜撑或锚钉加以固定，以保证其牢固和垂直。一般每次开始砌砖前应检查一遍皮数杆的垂直度和牢固程度。

砌砖的操作方法很多，各地的习惯、使用工具也不尽相同。一般宜用"三一"砌砖法，即一铲灰、一块砖、一挤揉。砌砖时，先挂上通线，按所排的干砖位置把第一皮砖砌好；然后盘角，每次盘角不得超过六皮砖，在盘角过程中应随时用托线板检查墙角是否垂直平整，砖层灰缝是否符合皮数杆标志；最后在墙角安装皮数杆，即可挂线砌第二皮以上的砖。砌筑过程中应三皮一吊，五皮一靠，在操作过程中严格控制砌筑误差，以保证墙面垂直平整。砌一砖半厚以上的砖墙必须双面挂线。

每层承重墙的最上一皮砖、梁或梁垫下面的砖，应用丁砖砌筑；隔墙与填充墙的顶面与上层结构的接触处，宜用侧砖或立砖斜砌挤紧。

4. 勾缝、清理

勾缝是清水砖墙的最后一道工序，具有保护墙面和增加墙面美观的作用。内墙面可采用砌筑砂浆随砌随勾缝，称为原浆勾缝；外墙面应采用加浆勾缝，即在砌筑几皮砖以后，先在灰缝处划出 10mm 深的灰槽。待砌完整个墙体以后，再用细砂拌制 1∶1.5 水泥砂浆勾缝。

当一层砖砌体砌筑完毕后，应进行墙面、柱面和落地灰的清理。

5. 各层标高的控制

各层标高除立皮数杆控制外，还可弹出室内水平线进行控制。底层砌到一定高度后，在各层的里墙角，用水准仪根据龙门板上的 ±0.000m 标高，引出统一标高的测量点（一般比室内地坪高出 200~500mm），然后在墙角两点弹出水平线，依次控制底层过梁、圈梁和楼板板底标高。当第二层墙身砌到一定高度后，先从底层水平线用钢尺往上量第二层水平线的第一个标志，然后以此标志为准，用水准仪定出各墙面的水平线，以此控制第二层标高。

6. 临时洞口及构造柱

施工时需在砖墙中留置的临时洞口，其侧边离交接处的墙面不应小于 500mm；洞口顶部宜设置过梁。

设有钢筋混凝土构造柱的抗震多层砖混房屋，应先绑扎钢筋，而后砌砖墙，最后浇筑构造柱混凝土。墙与柱应沿高度方向每 500mm 设 2φ6 钢筋，每边伸入墙内不应少于 1m；构造柱应与圈梁连接；砖墙应砌成马牙槎，每一马牙槎沿高度方向的尺寸不超过 300mm，马牙槎从每层柱脚开始，应先退后进，如图 5-12 所示；该层构造柱混凝土浇筑完之后，才能进行上一层施工。

7. 空心砖墙

承重空心砖的空洞应呈垂直方向砌筑，非承重空心砖的空洞应呈水平方向砌筑。非承重空心砖墙，其底部应至少砌三皮实心砖，在门洞两侧一砖长范围内，也应用实心砖砌筑。

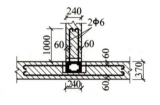
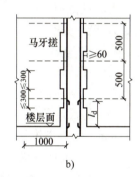

图 5-12 马牙槎及拉结钢筋布置示意图
a）平面图 b）立面图

5.4.4 砌筑的质量要求

砌体质量的好坏取决于组成砌体的原材料质量和砌筑方法，故砌筑应掌握正确操作方法，应做到横平竖直、灰浆饱满、错缝搭砌、接槎可靠，以保证墙体有足够的强度与稳定性。砖砌体的位置及垂直度偏差、一般尺寸允许偏差也必须符合要求，它们的允许偏差见表 5-1、表 5-2。

表 5-1 砖砌体的位置及垂直度允许偏差

项次	项 目		允许偏差/mm	检验方法
1	轴线位置偏移		10	用经纬仪和尺检查或用其他测量仪器检查
2	垂直度	每层	5	用 2m 托线板检查
		全高 ≤10m	10	用经纬仪、吊线和尺检查，或用其他测量仪器检查
		>10m	20	

表 5-2 砖砌体一般尺寸允许偏差

项次	项 目		允许偏差/mm	检验方法	抽检数量
1	基础顶面和楼面标高		±15	用水平仪和尺检查	不应少于 5 处
2	表面平整度	清水墙、柱	5	用 2m 靠尺和楔形塞尺检查	有代表性自然间 10%，但不应少于 3 间，每间不应少于 2 处
		混水墙、柱	8		
3	门窗洞口高、宽（后塞口）		±5	用尺检查	检验批洞口的 10%，且不应少于 5 处

（续）

项次	项目		允许偏差/mm	检验方法	抽检数量
4	外墙上下窗口偏移		20	以底层窗口为准，用经纬仪或吊线检查	检验批的10%，且不应少于5处
5	水平灰缝平直度	清水墙	7	拉10m线和尺检查	有代表性自然间10%，但不应少于3间，每间不应少于2处
		混水墙	10		
6	清水墙游丁走缝		20	吊线和尺检查，以每层第一皮砖为准	有代表性自然间10%，但不应少于3间，每间不应少于2处

1. 横平竖直

砖砌体抗压性能好，而抗剪抗拉性能差。为使砌体均匀受压，不产生剪切水平推力，砌体灰缝应保证横平竖直，否则，在竖向荷载作用下，沿砂浆与砖块结合面会产生剪应力。当剪应力超过抗剪强度时，灰缝受剪破坏，随之对相邻砖块形成推力或挤压作用，致使砌体结构受力情况恶化。

2. 砂浆饱满

为保证砖块均匀受力和使块体紧密结合，要求水平灰缝砂浆饱满，厚薄均匀。否则砖块受力不均，从而产生弯曲、剪切破坏作用。砂浆饱满程度以砂浆饱满度表示，用百格网检查，要求饱满度达到80%以上。灰缝厚度应控制在10mm左右，不宜小于8mm，也不宜大于12mm。由于砌体受压时，砖与砂浆产生横向变形，且两者变形能力不同（砖变形能力小于砂浆），因而砖块受到拉力作用，而过厚灰缝使此拉力加大，故不应随意加厚砂浆灰缝厚度。竖向灰缝砂浆应饱满，可避免透风漏水，改善保温性能。

3. 错缝搭砌

为了提高砌体的整体性、稳定性和承载能力，砖块排列应遵守上下错缝、内外搭砌的原则，避免出现连续的垂直通缝。错缝或搭砌长度一般不小于60mm，同时应照顾砌筑方便、少砍砖的要求。

4. 接槎可靠

砖墙转角处和交接处应同时砌筑。对不能同时砌筑而又必须留置的临时间断处，应砌成斜槎（图5-13）。斜槎长度不应小于高度的2/3。斜槎操作简便，接槎砂浆饱满度易于保证。对于留斜槎确有困难时，除转角外，也可留直槎，但必须做成阳槎，并设拉结筋。拉结筋的数量为每120mm墙厚放置1根直径6mm的钢筋；间距沿墙高不得超过500mm；埋入长度从墙的留槎处算起，每边均不应小于500mm；对抗震设防烈度6度、7度的地区，不应小于1000mm；末端应有90°弯钩，如图5-14所示。

5. 减少不均匀沉降

沉降不均匀将导致墙体开裂，对结构危害很大，砌体施工中要严加注意。为减少灰缝变形而导致砌体沉降，一般每日砌筑高度不宜超过1.8m，雨天施工，不宜超过1.2m。

6. 砌体的稳定性保证

为保证施工阶段砌体的稳定性，对尚未安装楼板或屋面板的墙和柱，当可能遇到大风时，其允许自由高度不得超过《砌体结构工程施工质量验收规范》（GB 50203—2011）的规定。如240mm厚实心砖墙，当风荷载为0.3kN/m²（约7级风）、0.4kN/m²（约8级风）

0.5kN/m²（约9级风）时，允许自由高度分别为2.8m、2.1m、1.4m。当墙高超过10m或有可靠连接时，允许自由高度需做折减或不受限制。

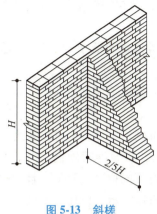

图5-13 斜槎

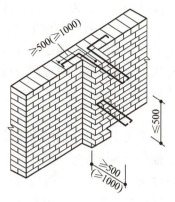

图5-14 直槎

5.4.5 砖砌体冬期施工

《砌体结构工程施工质量验收规范》（GB 50203—2011）规定，室外日平均气温连续5d稳定低于5℃时，砖石工程应按冬期施工技术规定进行施工。冬期施工时，砌体砂浆在负温下冻结，砌体冻结强度随温度的降低而增高，但砂浆中的水泥由于水分冻结而停止水化，且砂浆体积膨胀，产生冻胀应力，使水泥石结构遭受破坏。随着气温的回升，砌体冻结强度逐渐降低，当温度回升至0℃时，砌体回复至开始冻结时的强度。解冻后，砂浆的强度虽仍可继续增长，但其最终强度将显著降低，而且由于砂浆的压缩变形大，砌体沉降量大，稳定性也随之降低。实践证明，砂浆的用水量越多，遭受冻结越早，气温越低，冻结时间越长，灰缝越厚，冻结的危害程度越大，反之，冻结的危害程度越小。当砂浆具有20%以上的设计强度后，再遭冻结，则冻结对砂浆的最终强度影响不大。

冬期施工不得使用无水泥配制的砂浆，水泥宜用普通硅酸盐水泥；石灰膏、黏土膏等不应冻结；砂不得有大于10mm的冰块；普通砖、空心砖湿水有困难时，应增大砂浆的稠度。为使砂浆有一定的正温度，拌和前，水及砂可预先加热。水的加热温度不超过80℃，砂加热温度不超过40℃，水泥储存在棚中保持5℃以上温度时不加热。拌制时应防止水温过高使水泥产生假凝现象。与常温情况相比，搅拌时间应增长0.5~1倍。为保证砌体质量，不允许在有冻胀性的冻土地基上砌筑。每日砌筑后，应在砌体表面覆盖保温材料。

砖石工程冬期施工常用方法有掺盐砂浆法和冻结法，以前者为主。

1. 掺盐砂浆法

掺盐砂浆法是在水泥砂浆或水泥混合砂浆中掺入一定数量的氯化钠（单盐）或氯化钠加氯化钙（复盐），以降低冰点，使砂浆中的水分在一定的负温下不冻结，水泥继续水化，增长强度。这种方法施工简便、经济、可靠，是砖石工程冬期施工广泛采用的方法。但氯盐会使砌体产生盐析、吸湿现象，对保温、绝缘、装饰有特殊要求的结构，如发变电站、湿度大的工程、高温工程及艺术装饰要求高的工程，不允许采用氯盐砂浆。

单盐氯化钠的掺量视气温而定，在-10℃以内时，为用水量的3%；-11~-15℃时为用水量的 5%；-16~-20℃时，为用水量的 7%。气温过低时，可掺用复盐，如-16~-20℃时，可掺氯化钠 5%和氯化钙 2%，气温低于-20℃时，可掺氯化钠 7%和氯化钙 3%。对配筋砌体或有预埋金属件的砌体，为防止金属件腐蚀，可用掺有 2%~5%氯化钠和 3%~5%亚硝酸钠的拌制砂浆（注：此处百分数均为质量分数）。

为了弥补冻结对砂浆后期强度所造成的损失，当日最低气温低于-15℃时，承重砌体的砂浆强度等级应比常温施工时提高一级。

为便于操作，并有利于砂浆的硬化，砌筑时，砂浆的温度不应低于 5℃。

2. 冻结法

冻结法是采用不掺外加剂的水泥砂浆或水泥混合砂浆砌筑砌体，允许砂浆遭受冻结。解冻时砂浆的强度为零或接近于零。气温回升到 0℃以上后，砂浆继续硬化。由于砂浆经过冻结、融化、硬化三个阶段，其强度及与砖石的黏结力都有不同程度的降低，且砌体在解冻时变形大、稳定性差，故使用范围受到限制。空斗墙、毛石墙、承受侧压力的砌体、解冻期间可能受振动或动力荷载的砌体、不允许产生沉降的砌体等均不得采用冻结法施工。

冻结法施工中，当平均气温高于-25℃时，承重砌体的砂浆强度等级，应比常温施工时提高一个级别；当气温低于-25℃时，则应提高两个级别。冻结法施工时，砂浆砌筑温度不低于 10℃。为保证砌体在解冻时的正常沉降，还应注意：每日砌筑高度及临时间断处的高差均不得大于 1.2m，门窗框上部应留缝隙，其厚度不少于 5mm，砌体水平灰缝厚度不宜大于 10mm 留在砌体中的洞口，沟槽宜在解冻前填砌完毕；解冻前应移走结构上的临时荷载。

解冻期间应经常对砌体进行观测和检查，如发现裂缝、不均匀沉降或倾斜等，应分析原因立即采取加固措施。

5.5 毛石砌体施工

5.5.1 材料要求

毛石砌体所用的石材应质地坚实，无风化剥落和裂纹。用于清水墙、柱表面的石材，应色泽均匀。石材表面的泥垢、水锈等杂质，砌筑前应清除干净。

毛石应呈块状，其中部厚度不宜小于 150mm。

砌筑砂浆的品种和强度等级必须符合设计要求。砂浆稠度宜为 30~50mm，雨期或冬期稠度应小一些，在暑期或干燥气候情况下，稠度可大些。

5.5.2 毛石砌体施工

毛石砌体是用毛石和砂浆砌筑而成。毛石用乱毛石和平毛石（形状不规则，但有两个平面大致平行），砂浆用水泥砂浆或水泥混合砂浆，一般用铺浆法砌筑。灰缝厚度不宜大于 20mm，砂浆饱满度不应小于 80%。毛石砌体宜分皮卧砌，并应上下错缝，内外搭接。不得采用外面侧立石块，中间填心的砌筑方法。每日砌筑高度不宜超过 1.2m。在转角处及交接处应同时砌筑，不能同时砌筑时，应留斜槎。

毛石墙一般采用交错组砌，灰缝不规则。外观要求整齐的墙面，其外皮石材可适当加工。毛石墙的转角应用料石或修整的平毛石砌筑。墙角部分纵横宽度至少为 0.8m。毛石墙在转角处，应采用有直角边的石料砌在墙角一面，据长短形状纵横搭接砌入墙内，如图 5-15a 所示；在丁字接头处，要选取较为平整的长方形石块，长短纵横砌入墙内，使其在纵横墙中上下皮能相互搭砌，如图 5-15b 所示。毛石墙的第一皮石块及最上一皮石块应选用较大平毛石砌筑，第一皮大面向下，以后各皮上下错缝，内外搭接，墙中不应放铲口石和全部对合石，如图 5-16 所示。毛石墙必须设置拉结石，拉结石均匀分布，相互错开，一般每 0.7m² 墙面至少设置一块，且同皮内的中距不大于 2m。拉结石长度，如墙厚等于或小于 400mm，应等于墙厚；墙厚大于 400mm，可用两块拉结石内外搭接，搭接长度不小于 150mm，且其中一块长度不小于墙厚的 2/3。

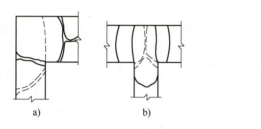
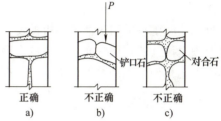

图 5-15　转角处和丁字接头处
a）转角处　b）丁字接头处

图 5-16　毛石墙砌筑

石墙的勾缝形式一般多采用平缝或凸缝（图 5-17）。勾缝前应先剔缝，将灰缝刮深 20~30mm，墙面用水湿润，不整齐的要加以修整。勾缝用 1∶1 的水泥砂浆，有时还掺入麻刀，勾缝线条必须均匀一致，深浅相同。

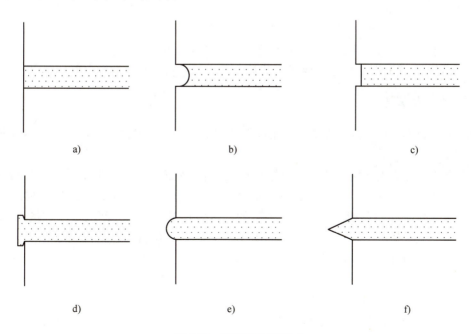

图 5-17　石墙的勾缝形式

5.6 中小型砌块墙施工

长期以来，我国建筑工程的墙体材料仍以小块黏土砖为主，其用量约占墙体材料消耗总量的98%。黏土砖墙体的缺点：操作劳动强度大、生产效率低、施工进度慢、墙体自重大；能耗高、占用耕地。因此，要大力发展轻质、高强、空心、大块、多功能的新型墙体材料。

近年来，我国在不同地区利用本地区资源及工业废渣，因地制宜，就地取材，制成了不同特点的砌块，如粉煤灰硅酸盐砌块、混凝土空心砌块等。高度为380~940mm的称为中型砌块，砌块高度小于380mm的称为小型砌块。这些砌块用于建筑物墙体能保证建筑物具有足够的强度和刚度；能满足建筑物的隔声、隔热、保温要求；建筑物的耐久性和经济效果也较好。

中型砌块施工是采用各种吊装机械及夹具将砌块安装在设计位置，一般要按建筑物的平面尺寸及预先设计的砌块排列图逐块按次序吊装、就位、固定。小型砌块施工与传统的砖砌体的施工工艺相似，也是手工砌筑，只是在形状、构造上有一定的差异。

5.6.1 砌块排列图

砌块建筑中，砌体部位不同，砌块规格各异。为便于施工，砌筑砌块前，应绘制砌块排列图。

砌块排列应按下列原则：

1) 尽量使用主规格砌块，以减少砌块规格。

2) 砌块应错缝搭砌，搭砌长度不小于砌块高度的1/3，也不应小于150mm。外墙转角及纵横墙交接处应交错搭砌，如不能交错搭砌时，则应每两皮砌块设一道钢筋网片。

3) 对于空心砌块，上下皮砌块的壁、肋、孔应垂直对齐，以提高砌体承载能力。在外墙转角处及纵横墙交接处，上下空心砌块的孔洞需对准贯通，要插入直径8~12mm的钢筋并与基础筋连接，然后灌注混凝土形成构造柱，以增强砌体的整体性。

4) 局部必须镶砖时，应尽量使所镶砖数量最少，且将镶砖分散开布置。

5.6.2 砌块安装工艺

砌块砌筑前可根据气温条件适当浇水润湿，对其表面污物及黏土应清理，并做好施工准备工作。

由于砌块质量不大而块数较多，为充分发挥起重机的效能，一般将简易起重机台令架置于地面或楼面上吊装该层砌块。砌筑砌块应从转角处或定位处开始，按砌块排列图依次吊装。为了减少台令架的移动，常根据台令架的起重半径及建筑物开间的大小，按1~2开间划分施工段，流水作业，逐段吊装。相邻施工段间断处留作斜槎，斜槎长度不小于高度的2/3，如留斜槎确有困难，除转角处外，也可砌成直槎，但必须采用拉结网片或采取其他措施，以保证连接牢靠。

砌筑的主要工序：铺灰、砌块安装就位、校正、灌竖缝、镶砖等。

1) 铺灰。水平缝采用稠度良好的水泥砂浆，稠度为50~70mm，铺灰应平整饱满，长度为3~5m，炎热天气或寒冷季节应适当缩短。

2）砌块安装就位。中型砌块宜采用小型起重机械（台令架）吊装就位，小型砌块直接由人工安装就位。

3）校正。用托线板检查砌块垂直度，拉准线检查水平度。用撬杠或在水平灰缝塞楔块进行校正。

4）灌竖缝。小型砌块水平缝与竖缝的厚度宜控制在 8~12mm，中型砌块，当竖缝宽超过 30mm 时，应采用不低于 C20 细石混凝土灌实。

5）镶砖。出现较大的竖缝或过梁找平时，应用镶砖。镶砖用的红砖一般不低于 MU10，在任何情况下都不得竖砌或斜砌。镶砖砌体的竖直缝和水平缝应控制在 15~30mm 内。镶砖的最后一皮砖和安放有檩条、梁、楼板等构件下的砖层，均需用丁砖镶砌。丁砖必须用无裂缝的砖。在两砌块之间凡是不足 145mm 的竖直缝不得镶砖，而需用与砌块强度等级相同的细石混凝土灌注。

5.7 抹灰工程

抹灰是对砌体表面进行美化装饰，并使构筑物达到一定的防水防腐蚀等特殊要求的工程。在整个工程施工中，它有工程量大、工期时间长、劳动强度大、技术要求高的特点。

抹灰工程分为一般抹灰工程、饰面板工程和清水砌体嵌缝工程。在给水排水工程中一般均采用防水砂浆对砌体、钢筋混凝土的水池或水处理构筑物等进行抹灰。抹灰前应对表面的松动物、油脂、涂料、封闭膜及其他污染物必须清除干净，光滑表面应凿毛，用水充分润湿新旧界面，并在抹灰前不得有明水。抹灰厚度较大时可分层施工，分层施工时底层砂浆必须搓毛以利面层黏结。砂浆施工后必须进行养护，可用淋水的方式，不得使砂浆脱水过快，养护时间宜为 7d。

复习思考题

1. 砖石砌体工程的特点是什么？
2. 砌筑用脚手架有何作用？对它有哪些基本要求？
3. 什么叫一步架高度？
4. 外脚手架有哪些类型？如何构造？有何特点？各适用于什么范围？
5. 外脚手架的搭设、使用应注意哪些问题？
6. 常用里脚手架有哪些？其构造特点如何？
7. 常用砌体材料有哪些？
8. 砂浆材料由哪些成分组成？
9. 砂浆的和易性包括哪两方面？
10. 砌筑用砂浆分哪些种类？
11. 对砖砌体的砌筑质量有哪些要求？如何保证？
12. 什么叫"接槎"？它有哪些方式？如何保证质量？
13. 砖墙有哪几种组砌方式？各有何优缺点？
14. 如何减少砌体的沉降及不均匀沉降？
15. 简述"三一"砌砖法。
16. 试述砖墙砌筑施工工艺过程。

17. 什么是"皮数杆"？如何设置皮数杆？
18. 砖砌体砌筑时主要检查哪几方面的问题？如何检查？
19. 目前在工程中使用的砌块主要有哪几种？砌块排列时应注意哪些事项？
20. 简述砌块施工工艺。

第 2 篇

给水排水管道施工

第 6 章 管材、附件及常用材料

6.1 管子及其附件的通用标准

水是靠管道输送的。因此，管道工程是建筑、市政、环境工程不可缺少的组成部分。各种用途的管道都是由管子和管道附件组成的。管道附件是连接在管道上的阀门、接头配件等部件的总称。为便于生产厂家制造，设计、施工单位选用，国家对管子和管道附件制定了统一的规定标准。管子和管道附件的通用标准主要是下列所指的公称通径、公称压力、试验压力和工作压力等。

6.1.1 公称通径

公称通径（或称公称直径）是管子和管道附件的标准直径。它是就内径而言的标准，只近似于内径而不是实际内径。因为同一号规格的管外径都相等，但对各种不同工作压力要选用不同壁厚的管子，压力大则选用管壁较厚的，内径因壁厚增大而减小。公称通径用字母 DN 作为标志符号，符号后面注明单位是毫米的尺寸。例如 DN50，即公称通径为 50mm 的管，公称通径是有缝钢管、铸铁管、混凝土管等管子的标称，但无缝钢管不用此表示法。

管子及管子附件的公称通径的标准见表 6-1，表中既列出了公称通径，也给出了管子和管道附件应加工相当的管螺纹。

表 6-1 管子及管子附件的公称通径的标准

公称通径	相当的管螺纹/in	公称通径	相当的管螺纹/in	公称通径	相当的管螺纹/in
DN8	1/4	DN50	2	DN175	7
DN10	3/8	DN70	$2\frac{1}{2}$	DN200	8
DN15	1/2	DN80	3	DN225	9
DN20	3/4	DN100	4		
DN25	1	DN125	5	DN250	10
DN32	$1\frac{1}{4}$	DN150	6	DN300	12
DN40	$1\frac{1}{2}$				

注：在实际应用中，DN100 以上管子采用焊接，很少采用螺纹连接。

管子和管道附件及各种设备上的管子接口，都要符合公称通径标准。生产企业根据公称通径生产制造或加工，不得随意选定尺寸。

6.1.2 公称压力、试验压力和工作压力

公称压力是生产管子和管道附件的强度方面的标准，不同的材料承受压力的性能不同。因此不同材质的管子和管道附件的公称压力、试验压力和工作压力也有所区别，见表6-2~表6-5。

表6-2 碳素钢管道附件公称压力、试验压力与工作压力

公称压力	试验压力（用低于100℃的水）p_s/MPa	介质工作温度/℃						
		≤200	250	300	350	400	425	450
		最大工作压力 p_t/MPa						
		p_{20}	p_{25}	p_{30}	p_{35}	p_{40}	p_{42}	p_{45}
PN0.1	0.2	0.1	0.1	0.1	0.07	0.06	0.06	0.05
PN0.25	0.4	0.25	0.23	0.2	0.18	0.16	0.14	0.11
PN0.4	0.6	0.4	0.37	0.33	0.29	0.26	0.23	0.18
PN0.6	0.9	0.6	0.55	0.5	0.44	0.38	0.35	0.27
PN1.0	1.5	1.0	0.92	0.82	0.73	0.64	0.58	0.45
PN1.6	2.4	1.6	1.5	1.3	1.2	1.0	0.9	0.7
PN2.5	3.8	2.5	2.3	2.0	1.8	1.6	1.4	1.1
PN4.0	6.0	4.0	3.7	3.3	3.0	2.8	2.3	1.8
PN6.4	9.6	6.4	5.9	5.2	4.3	4.1	3.7	2.9
PN10.0	15.0	10.0	9.2	8.2	7.3	6.4	5.8	4.5

注：1. 表中略去了公称压力为16MPa、20MPa、32MPa、40MPa、50MPa共5级的参数。
2. 本书压力单位采用MPa（原习惯单位为kg/cm²），为工程应用方便，在单位换算时按1kg/cm²≈0.1MPa计算。

表6-3 含钼不少于0.4%的钼钢及铬钢制品公称压力、试验压力与工作压力

公称压力	试验压力（用低于100℃的水）p_s/MPa	介质工作温度/℃							
		≤350	400	425	450	475	500	510	520	530
		最大工作压力 p_t/MPa							
		p_{35}	p_{40}	p_{42}	p_{45}	p_{47}	p_{50}	p_{51}	p_{52}	p_{53}
PN0.1	0.2	0.1	0.09	0.09	0.08	0.07	0.06	0.05	0.04	0.04
PN0.25	0.4	0.25	0.23	0.21	0.20	0.18	0.14	0.12	0.11	0.09
PN0.4	0.6	0.4	0.36	0.34	0.32	0.28	0.22	0.20	0.17	0.14
PN0.6	0.9	0.6	0.55	0.51	0.48	0.43	0.33	0.30	0.26	0.22
PN1.0	1.5	1.0	0.91	0.86	0.81	0.71	0.55	0.50	0.43	0.36
PN1.6	2.4	1.6	1.5	1.4	1.3	1.1	0.9	0.8	0.7	0.6
PN2.5	3.8	2.5	2.3	2.1	2.0	1.8	1.4	1.2	1.1	0.9
PN4.0	6	4	3.6	3.4	3.2	2.8	2.2	2.0	1.7	1.4
PN6.4	9.6	6.4	5.8	5.5	5.2	4.5	3.5	3.2	2.8	2.3
PN10	15	10	9.1	8.6	8.1	7.1	5.5	5	4.3	3.6

注：本表略去了公称压力16~100MPa共9级的参数。

表 6-4 灰铸铁及可锻铸铁制品公称压力、试验压力与工作压力

公称压力	试验压力（用低于100℃的水）p_s/MPa	介质工作温度/℃			
		≤120	200	250	300
		最大工作压力 p_t/MPa			
		p_{12}	p_{20}	p_{25}	p_{30}
PN0.1	0.2	0.1	0.1	0.1	0.1
PN0.25	0.4	0.25	0.25	0.2	0.2
PN0.4	0.6	0.4	0.38	0.36	0.32
PN0.6	0.9	0.6	0.55	0.5	0.5
PN1.0	1.5	1.0	0.9	0.8	0.8
PN1.6	2.4	1.6	1.5	1.4	1.3
PN2.5	3.8	2.5	2.3	2.1	2.0
PN4.0	6.0	4.0	3.6	3.4	3.2

表 6-5 青铜、黄铜及紫铜制品公称压力、试验压力与工作压力

公称压力	试验压力（用低于100℃的水）p_s/MPa	介质工作温度/℃		
		≤120	200	250
		最大工作压力 p_t/MPa		
		p_{12}	p_{20}	p_{25}
PN0.1	0.2	0.1	0.1	0.07
PN0.25	0.4	0.25	0.2	0.17
PN0.4	0.6	0.4	0.32	0.27
PN0.6	0.9	0.6	0.5	0.4
PN1.0	1.5	1.0	0.8	0.7
PN1.6	2.4	1.6	1.3	1.1
PN2.5	3.8	2.5	2.0	1.7
PN4.0	6.0	4.0	3.2	2.7
PN6.4	9.6	6.4		
PN10	15	10		
PN16	24	16		
PN20	30	20		
PN25	33	25		

注：1. 表中所用压力均为表压力。
 2. 当工作温度为表中温度级之中间值时，可用插入法决定工作压力。

在管道内流动的介质，都具有一定的压力和温度。用不同材料制成的管子与管道附件所能承受的压力受介质工作温度的影响，随着温度的升高，材料强度降低，所以必须以某一温度下制品所允许承受的压力作为耐压强度标准，这个温度称为基准温度。制品的基准温度下的耐压强度称为公称压力，用 PN 表示。如公称压力 2.5MPa，可记为 PN2.5。试验压力是

在常温下检验管子及管道附件机械强度及密封性能的压力标准,即通常水压试验的压力标准,试验压力以 p_s 表示。水压试验采用常温下的自来水,试验压力为公称压力的 1.5~2 倍,即 $p_s=(1.5~2)$PN,当公称压力较大时,倍数值选小的;当公称压力较小时,倍数值取大的。

工作压力是指管道内流动介质的工作压力,用字母 p_t 表示,"t"为介质最高温度 1/10 的整数值,如 $p_t=p_{20}$ 时,"20"表示介质最高温度为 200℃。输送热水和蒸气的热力管道和附件,由于温度升高而产生热应力,使金属材料机械强度降低,因而承压能力随着温度升高而降低,所以热力管道的工作压力随着工作温度提高而应减小其最大允许值。p_t 随温度变化的数值见表 6-2~表 6-5。

为保证管道系统安全可靠地运行,用各种材料制造的管道附件,均应按表 6-2 中的试验压力标准试压。对于机械强度的检查,待配件组装后,用等于公称压力的水压作密封性试验和强度试验,以检验密封面、填料和垫片等密封性能。压力试验必须遵守该项产品的技术标准。如青铜制造的阀门,按产品技术标准应符合公称压力 PN≤1.6MPa,则对阀门本体应做 2.4MPa 的水压试验,装配后再进行 1.6MPa 的水压试验,检验其密封性。根据表 6-5 可知,这个阀门用在介质温度 T≤120℃ 时,PN=1.6MPa;T=200℃ 时,PN=1.3MPa;T=250℃ 时,PN=1.1MPa。

综上所述,公称压力表示管子和管道附件的一般强度标准,因此可根据输送介质的参数选择管子及管道附件,不必再进行强度计算,这样既便于设计,又便于安装。公称压力、试验压力和工作压力的关系见表 6-2~表 6-5。如果温度和压力与表中数据不符,可用插入法计算。

6.2 管材及其应用

给水排水工程所选用的管材,分为金属、非金属及复合管材三大类。给水排水工程用材的基本要求是:①有一定的机械强度和刚度;②管材内外表面光滑,水力条件较好;③易加工,且有一定的耐腐蚀能力。在保证质量的前提下,应选择价格低廉、货源充足、供货近便的管材。

金属管材有无缝钢管、有缝钢管(焊接钢管)、球墨铸铁管、铜管、不锈钢管等;非金属管分为塑料管、玻璃钢管、混凝土管、钢筋混凝土管等;复合管材有预应力钢筒混凝土管、钢塑管、铝塑管等。

6.2.1 金属管

金属管由于具有较高的机械强度和刚度、管内外表面光滑、水力条件好的特点而广泛用于给水排水工程中。

用于给水排水工程的金属管道主要有有缝钢管(焊接钢管)、无缝钢管、不锈钢管、铸铁管与球墨铸铁管、铜管等。管道的连接方式视管道材质与管径的不同,分为螺纹连接、焊接、法兰连接及其他连接方式。按接口形式又分为刚性接口与柔性接口。

1. 有缝钢管

缝钢管又称为焊接钢管,由易焊接的碳素钢制造。按制造工艺不同,分为对焊、叠边焊和螺旋焊接管三种。

焊接钢管常用于冷水和煤气的输送,因此又称为水、煤气管。为了防止焊接钢管被腐蚀,将焊接钢管内外表面镀锌,这种镀锌焊接钢管在施工现场习惯称为白铁管,而未镀锌焊接钢管称为黑铁管。镀锌管分为热浸镀锌管和冷镀锌管。热浸镀锌管常用于室内消防管道、燃气管道。因镀锌钢管长时间使用后易造成水质污染,生活饮用水管不得采用镀锌钢管。

有缝钢管的最大公称通径为150mm。常用的公称通径为DN15~DN100。

有缝钢管按壁厚可分为一般管和加厚管,管口端形式分为带螺纹管和不带螺纹管。管材长度为4~10m。低压流体输送用焊接钢管、镀锌焊接钢管规格见表6-6。

表6-6 低压流体输送用焊接钢管、镀锌焊接钢管规格(摘自GB/T 3091—2015)

公称通径	外径/mm	管子 一般管 壁厚/mm	管子 一般管 理论质量/(kg/m)	管子 加厚管 壁厚/mm	管子 加厚管 理论质量/(kg/m)	螺纹 基面外径/mm	螺纹 每英寸螺扣数	螺纹 空刀以外的长度 锥形螺纹/mm	螺纹 空刀以外的长度 圆柱形螺纹/mm	每6m加一个接头计算之钢管理论质量/(kg/m)
DN8	13.5	2.50	0.68	2.80	0.47	—	—	—	—	—
DN10	17.2	2.50	0.91	2.80	0.99	—	—	—	—	—
DN15	21.3	2.80	1.28	3.50	1.54	20.956	14	12	14	0.01
DN20	26.9	2.80	1.66	3.50	2.02	26.442	14	14	16	0.02
DN25	33.7	3.20	2.41	4.00	2.93	33.250	11	15	18	0.03
DN32	42.4	3.50	3.36	4.00	3.79	41.912	11	17	20	0.04
DN40	48.3	3.50	3.87	4.5	4.86	47.805	11	19	22	0.06
DN50	60.3	3.80	5.29	4.50	6.19	59.616	11	22	24	0.09
DN65	76.1	4.00	7.71	4.50	7.95	75.187	11	23	27	013
DN80	88.9	4.00	8.38	5.00	10.35	87.887	11	32	30	0.2
DN100	114.3	4.00	10.88	5.00	13.48	113.034	11	38	36	0.4
DN125	139.7	4.00	13.39	5.50	18.20	138.435	11	41	38	0.6
DN150	168.3	4.50	18.18	6.00	24.02	163.836	11	45	42	0.8

注:1. 轻型管壁厚比表中一般的壁厚小0.75mm,不带螺纹,易于焊接。
2. 镀锌管(白铁管)比不镀锌钢管质量大3%~6%。
3. 表中"理论质量"为"单位长度理论质量",表6-7~表6-11同。

一般给水工程上,管径超过100mm的给水管及煤气管常采用的钢管为卷焊钢管。卷焊钢管按生产工艺不同及焊缝的形式分为直缝卷制焊接钢管和螺旋缝焊接钢管。

2. 直缝卷制焊接钢管

直缝卷制焊接钢管由钢板分块经卷板机卷制成形,再经焊接而成,属低压流体输送用管。直缝卷制焊接钢管主要用于水、煤气、低压蒸汽及其他流体,常用规格见表6-7。

表 6-7 直缝卷制焊接钢管常用规格

公称通径	外径/mm	壁厚/mm							
		4.5	6	7	8	9	10	12	14
		理论质量/(kg/m)							
DN150	159	17.15	22.64						
DN200	219		31.51		41.63				
DN225	245			41.09					
DN250	273		39.51		52.28				
DN300	325		47.20		62.54				
DN350	377		54.89		72.80	81.6			
DN400	426		62.14		82.46	92.6			
DN450	478		69.84		92.72				
DN500	530		77.53				115.6		
DN600	630		92.33			137.8	152.9		
DN700	720		105.6		140.5	157.8	175.8		
DN800	820		120.4		160.2	180.0	199.8	239.1	
DN900	920		135.2		179.9	202.0	224.4	268.7	
DN1000	1020		150.0			224.4	249.1	298.3	
DN1100	1120				219.4		273.7		
DN1200	1220				239.1		298.4	357.5	
DN1300	1320				258.8			387.1	
DN1400	1420				278.6			416.7	
DN1500	1520				298.3			446.3	
DN1600							397.1		554.5
DN1800							446.4		632.5

3. 螺旋缝卷制焊接钢管

螺旋缝卷制焊接钢管与直缝卷制焊接钢管一样，也是一种大口径钢管，用于水、煤气、空气和蒸汽等一般低压流体的输送。螺旋缝焊接钢管以热轧钢带卷坯，在常温下卷曲成形，采用双面埋弧焊或单面焊法制成，也可采用高频搭接焊。螺旋缝卷制焊接钢管规格见表6-8，一般低压流体输送用螺旋缝埋弧焊接钢管规格见表6-9。

表 6-8 螺旋缝卷制焊接钢管规格

外径/mm	公称壁厚/mm				
	6	7	8	9	10
	理论质量/(kg/m)				
219	32.02	37.10	42.13	47.11	—
245	35.86	41.59	47.26	52.88	—
273	40.01	46.42	52.78	59.10	—
325	47.70	55.40	63.04	70.64	—
337	55.40	64.37	73.30	82.18	91.01

注：管长通常为 8~12.5m。

表 6-9　一般低压流体输送用螺旋缝埋弧焊接钢管规格

外径/mm	公称壁厚/mm										
	5	6	7	8	9	10	11	12	13	14	15	16
	理论质量/(kg/m)										
219.1	26.90	32.03	37.11	42.15	47.13							
244.5	30.03	35.79	41.50	47.16	52.77							
273.0	33.55	40.01	46.42	52.78	59.10							
323.9		47.54	55.21	62.82	70.39							
355.6		52.23	60.68	69.08	77.43							
(377)		55.40	64.37	73.30	82.18							
406.4		59.75	69.45	79.10	88.70	98.26						
(426)		62.65	72.83	82.97	93.05	103.09						
457		67.23	78.18	89.08	99.94	110.74	121.49	132.19	142.85			
508		74.78	86.99	99.15	111.25	123.31	135.52	147.29	159.20			
(529)		77.89	90.61	103.29	115.92	128.49	141.02	153.50	165.93			
559		82.33	95.79	109.21	122.57	135.89	149.16	162.38	175.55			
610		89.87	104.60	119.27	133.89	148.47	162.99	177.47	191.90			
(630)		92.83	108.05	123.22	138.33	153.40	168.42	183.39	198.31			
660		97.27	113.23	129.13	144.99	160.80	176.56	192.27	207.93			
711		104.82	122.03	139.20	156.31	173.38	190.39	207.36	224.28			
(720)		106.15	123.59	140.97	158.31	175.60	192.84	210.02	227.16			
762			130.84	149.26	167.63	185.95	204.23	222.45	240.63	258.76		
813			139.64	159.32	178.95	198.53	218.06	237.55	256.98	276.36		
(820)			140.85	160.70	180.50	200.26	219.96	239.62	259.22	278.78	298.29	317.75
914				179.25	201.37	223.44	245.46	267.44	289.36	311.23	333.06	354.84
920				180.43	202.70	224.92	247.09	269.21	291.28	313.31	335.28	357.20
1016				199.37	224.01	248.59	273.13	297.62	322.06	346.45	370.79	395.08
(1020)				200.16	224.89	249.58	274.22	298.81	323.34	347.83	372.27	396.66
2220						545.52	599.75	653.93	708.06	762.15	816.18	870.16

注：表内数字有（　）者为标准规格；管长通常为 8~18m。

尽管普通焊接钢管的工作压力可达 1.0MPa，然而在实际工程中，其工作压力一般不超过 0.6MPa；加厚焊接钢管，直缝、螺旋缝卷制焊接钢管虽然工作压力可达 1.6MPa，但实际工程中，其工作压力一般不超过 1.0MPa。

一般管径小于 DN100 的镀锌管采用螺纹连接，大于 DN100 的焊接钢管采用焊接、法兰连接。

焊接钢管应用于自来水厂、污水厂水工艺管道；城市给水明装管道、水泵房工艺管道以及低压工业管道。用于室内外的焊接钢管安装完毕后，应采取防腐措施，防止锈蚀。

4. 无缝钢管

无缝钢管是用普通碳素钢、优质碳素钢、普通低合金钢和合金结构钢制造的，按制造方法分为热轧管和冷拔（轧）管。无缝钢管规格表示为外径乘以壁厚。例如，外径为159mm、壁厚为6mm的无缝钢管表示为$\phi159\times6$。在同一外径下的无缝钢管有多种壁厚，管壁越厚，管道所承受的压力越高。冷拔（轧）管外径为6~200mm，壁厚为0.25~14mm；热轧管外径为32~630mm，壁厚为2.5~75mm。热轧无缝钢管的长度为3~12.5m；冷拔（轧）管的长度1.5~9m。在管道工程中，管径在57mm以内时常用冷拔（轧）管，管径超过57mm时，常选用热轧管。热轧无缝钢管常用规格见表6-10。

表6-10 热轧无缝钢管常用规格（摘自GB/T 8163—2018）

外径/mm	壁 厚/mm										
	3.5	4	4.5	5	5.5	6	7	8	9	10	11
	理论质量/(kg/m)（设钢的密度为7.85）										
57	4.62	5.23	5.83	6.41	6.99	7.55	8.63	9.67	10.65	11.59	12.48
60	4.83	5.52	6.16	6.78	7.39	7.99	9.15	10.26	11.32	12.33	13.29
63.5	5.18	5.87	6.55	7.21	7.87	8.51	9.75	10.95	12.10	13.19	14.24
68	5.57	6.31	7.05	7.77	8.48	9.17	10.53	11.84	13.10	14.30	15.46
70	5.74	6.51	7.27	8.01	8.75	9.47	10.88	12.23	13.54	14.80	16.01
73	6.00	6.81	7.60	8.38	9.16	9.91	11.39	12.82	14.21	15.54	16.82
76	6.26	7.10	7.93	8.75	9.56	10.36	11.91	13.42	14.87	16.28	17.63
83	6.86	7.79	8.71	9.62	10.51	11.39	13.21	14.80	16.42	18.00	19.53
89	7.38	8.38	9.38	10.36	11.33	12.28	14.16	15.98	17.76	19.48	21.16
95	7.90	8.98	10.04	11.10	12.14	13.17	15.19	17.16	19.09	20.96	22.79
102	8.50	9.67	10.82	11.96	13.09	14.21	16.40	18.55	20.64	22.69	24.69
108	—	10.26	11.49	12.70	13.90	15.09	17.44	19.73	21.97	24.17	26.31
114	—	10.85	12.15	13.44	14.72	15.98	18.47	20.91	23.31	25.65	27.94
121	—	11.54	12.93	14.30	15.67	17.02	19.68	22.29	24.86	27.37	29.84
127	—	12.13	13.59	15.04	16.48	17.90	10.72	23.48	26.19	28.85	31.47
133	—	12.73	14.26	15.78	17.29	18.79	21.75	24.66	27.52	30.33	33.10
140	—	—	15.04	16.65	18.24	19.83	22.96	26.04	29.08	32.06	34.99
146	—	—	15.70	17.39	19.06	20.72	24.00	27.23	30.41	33.54	26.62
152	—	—	16.37	18.13	19.87	21.66	25.03	28.41	31.75	35.02	38.25
159	—	—	17.15	18.99	20.82	22.64	26.24	29.79	33.29	36.75	40.15
168	—	—	—	20.10	22.04	23.97	27.79	31.57	35.29	38.99	42.59
180	—	—	—	—	—	25.75	29.87	33.93	37.95	41.92	45.85
194	—	—	—	(23.31)	—	27.82	32.28	36.70	41.06	45.38	49.64

（续）

外径/mm	壁厚/mm										
	3.5	4	4.5	5	5.5	6	7	8	9	10	11
	理论质量/(kg/m)（设钢的密度为7.85）										
219	—	—	—	—	—	31.52	36.60	41.93	46.61	51.54	56.43
245	—	—	—	—	—	—	41.09	46.76	52.38	57.95	63.48
273	—	—	—	—	—	—	45.92	52.28	58.60	64.86	71.07
299	—	—	—	—	—	—	—	57.41	64.37	71.27	78.13
325	—	—	—	—	—	—	—	62.54	70.14	77.86	85.18
351	—	—	—	—	—	—	—	67.67	75.91	84.10	92.23
377	—	—	—	—	—	—	—	—	—	90.51	99.29
426	—	—	—	—	—	—	—	—	(92.55)	—	112.58

无缝钢管适用于工业管道工程，高层建筑循环冷却水管道，室内消防管道，自来水厂、污水厂、城市给水明装管道、水泵房工艺管道。通常压力在1.6MPa以上的管道应选用无缝钢管，用于室内外的无缝钢管安装完毕后，应采取防腐措施，防止锈蚀。

5. 建筑给水薄壁不锈钢管

建筑给水采用薄壁不锈钢管的连接方式有螺纹连接、卡压连接等。建筑给水薄壁不锈钢管适用于高档宾馆、酒店和高级公寓、高层住宅中的饮用水、热水、直饮水系统。

建筑给水薄壁不锈钢管设计与安装见国家建筑标准设计图集《给水排水标准图集》S4（二）10S407-2。

流体输送用不锈钢管常用规格见表6-11。

表6-11 流体输送用不锈钢管常用规格（摘自GB 14976—2012）

外径/mm	壁厚/mm	理论质量/(kg/m)	外径/mm	壁厚/mm	理论质量/(kg/m)
14	3	0.82	89	4	8.45
18	3	1.12	108	4	10.03
25	3	1.64	133	4	12.81
32	3.5	2.74	159	4.5	17.30
38	3.5	3.00	194	6	27.99
45	3.5	3.60	219	6	31.99
57	3.5	4.65	245	7	41.35
76	4	7.15			

6. 铸铁管与球墨铸铁管

铸铁管按管径、壁厚及用途，分为给水铸铁管和排水铸铁管。给水铸铁管和排水铸铁管材质为灰口铸铁。给水铸铁管耐腐蚀性差，性脆且重，已淘汰。在建筑排水工程中，排水铸铁管使用越来越少，而柔性接口排水铸铁管使用的越来越多。

（1）排水铸铁管与柔性接口排水铸铁管 用于室内排水的排水铸铁管为承插口，刚性接口方式有油麻石棉接口、油麻膨胀水泥接口，柔性接口方式为胶圈接口。

排水铸铁管 A、B 型排水直管承、插口尺寸分别见表 6-12、表 6-13。表 6-14 为排水铸铁直管的壁厚及质量。

表 6-12　A 型排水直管承、插口尺寸　　　　　　　　　　　　（单位：mm）

公称通径	壁厚 T	内径 D_1	外径 D_2	承口尺寸											插口尺寸			
				D_3	D_4	D_5	A	B	C	P	R	R_1	R_2	a	b	D_6	X	R_4	R_5
DN50	4.5	50	60	73	84	98	10	48	10	65	6	15	8	4	10	66	10	15	5
DN75	5	75	83	100	111	126	10	53	10	70	6	15	8	4	10	92	10	15	5
DN100	5	100	110	127	139	154	11	57	11	75	7	16	8.5	4	12	117	15	15	5
DN125	5.5	125	135	154	166	182	11	62	11	80	7	16	9	4	12	143	15	15	5
DN150	5.5	150	161	181	193	210	12	66	12	85	7	18	9.5	4	12	168	15	15	5
DN200	6	200	212	232	246	264	12	76	13	95	7	18	10	4	12	129	15	15	5

表 6-13　B 型排水直管承、插口尺寸　　　　　　　　　　　　（单位：mm）

公称通径	管厚 T	内径 D_1	外径 D_2	承口尺寸										插口尺寸			
				D_3	D_5	E	P	R	R_1	R_2	R_3	A	a	b	D_6	X	R_4	R_3
DN50	4.5	50	59	73	98	18	65	6	15	12.5	25	10	4	10	66	10	15	5
DN75	5	75	85	100	126	18	70	6	15	12.5	25	10	4	10	92	10	15	5
DN100	5	100	110	127	154	20	75	7	16	14	25	11	4	12	117	15	15	5
DN125	5.5	125	136	154	182	20	80	7	16	14	25	11	4	12	143	15	15	5
DN150	5.5	150	161	181	210	20	85	7	18	14.5	25	12	4	12	168	15	15	5
DN200	6	200	212	232	264	25	95	7	18	15	25	12	4	12	219	15	15	5

表 6-14　排水铸铁直管的壁厚及质量

公称通径	外径 D_2 /mm	壁厚 T /mm	承口凸部质量 /kg		插口凸部质量 /kg	直部质量 /(kg/m)	有效长度 L/mm								总长度 L_1/mm	
							500		1000		1500		2000		1830	
							总质量/kg									
			A 型	B 型			A 型	B 型	A 型	B 型	A 型	B 型	A 型	B 型	A 型	B 型
DN50	59	4.5	1.13	1.18	0.05	5.55	3.96	4.01	6.73	6.78	9.51	9.56	12.28	12.33	10.98	11.03
DN75	85	5	1.62	1.70	0.07	9.05	6.22	6.30	10.74	10.82	15.27	15.35	19.79	19.87	17.62	17.70
DN100	110	5	2.33	2.45	0.14	11.88	8.41	8.53	14.35	14.47	20.29	20.41	26.23	26.35	23.32	23.44
DN125	136	5.5	3.02	3.16	0.17	16.24	11.31	11.45	19.43	19.57	27.55	27.69	35.67	35.81	31.61	31.75
DN150	161	5.5	3.99	4.19	0.20	19.35	13.87	14.07	23.54	23.74	33.22	33.42	42.89	43.09	37.96	38.16
DN200	212	6	6.10	6.40	0.26	27.96	20.34	20.64	34.32	34.62	48.30	48.60	62.28	62.58	54.87	55.17

柔性接口排水铸铁管与排水塑料管相比，具有强度高、噪声小、抗燃烧的特点，与排水塑料管比较，不仅保留了排水铸铁管上述特点，而且它的抗震性、不易渗漏性是排水塑料管无法比拟的，因此广泛应用于公共建筑如图书馆、档案馆、酒店，民用建筑如高档住宅、别

墅建筑排水中。

柔性接口排水铸铁管采用法兰承插式接口、卡箍式接口、卡环连接多种形式接口。

常用管径有 DN50、DN75、DN100、DN125、DN150 五种规格。

柔性接口排水铸铁管安装见国家建筑标准设计图集《给水排水标准图集》S4（三）04S409。

（2）球墨铸铁管　采取退火离心铸造，不仅具有较高的抗拉强度和伸长率，而且具有较好的韧性、耐腐蚀、抗氧化、耐高压等优良性能。球墨铸铁管材质为球墨铸铁，具有强度高、耐腐蚀、抗震等优良性能，是一种十分理想的给水管材，故广泛应用于地下给水、污水、污水厂尾水管道、燃气及其他液体的有压输送。

球墨铸铁管采取柔性接口。按接口形式分为机械式、滑入式胶圈接口两类。机械接口形式又分为 N_1 型、X 型和 S 型三种，滑入式接口形式为 T 型。

N_1 型、X 型机械接口球墨铸铁管尺寸和质量见表 6-15；S 型机械接口球墨铸铁管尺寸和质量见表 6-16；T 型滑入式接口球墨铸铁管尺寸和质量见表 6-17。

球墨铸铁管选用：小区给水、市政给水、消防，管壁厚一般采用 K_9，公称压力为 1.0MPa；市政污水收集输送管为重力流管道，管壁厚一般采用 K_8，公称压力为 1.0MPa；如果采用顶管施工，无论是给水还是污水管，球墨铸铁管管壁厚一般不小于 K_9。

7. 铜管

铜管按制造材料分为紫铜管和黄铜管。按制造工艺，铜管分为拉制与挤制两种。室内冷、热水及制冷用铜管采用纯铜管经拉制而成。铜管的连接方式有钎焊连接与螺纹连接。铜及铜合金拉制管规格见表 6-18。

与 GB/T 1527—2017 铜管配套的为按 GB/T 11618.1—2008、GB/T 11618.2—2008 生产的铜接头。铜管接头按其外形分为三通接头、三能异径接头、45°弯头、90°弯头、套管接头、螺纹接头、螺纹活接头、法兰等。铜管接头的承口与插口如图 6-1 所示。

铜管接头承口与插口的基本尺寸见表 6-19。铜管接头种类、规格可查建筑给水排水设计手册。

冷热水使用铜管和铜管件具有下述优点：

（1）耐腐蚀　铜管耐蚀性好，使用寿命长。

（2）水质卫生　铜管对饮用水来说是安全的，溶解出的铜离子除有一定的杀菌作用外，对人体而言是一种不可缺少的微量元素。

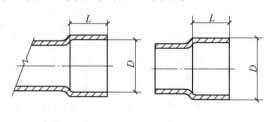

图 6-1　铜管接头的承口与插口
a）承口　b）插口

（3）质量轻　铜管壁薄，质量轻，抗震性好。

（4）安装方便　安装铜管时，只需将铜管插入相应铜管件，配上铜管接头专用焊料，采用氧乙炔火焰钎焊连接，安全可靠，节约工时。铜管除焊接外，还可以采取螺纹或铜法兰连接。

基于上述优点，尽管使用铜管初次成本比其他管材高 3 倍左右，但它的使用寿命比其他管道高 15~20 倍。因此，铜管在发达国家的公共建筑和民用建筑中使用都非常普遍。可以展望，国内的公共建筑（如宾馆、饭店、写字楼等）；民用建筑（别墅、高层住宅等）的冷热水、直饮水将越来越多地选用铜管。

表 6-15 N_1 型、X 型机械接口球墨铸铁管尺寸和质量

公称通径	外径 D_4/mm	壁厚 T/mm				承口凸部近似质量/kg	直部质量/(kg/m)				标准工作长度 L/mm 总质量/kg															
											4000				5000				5500				6000			
		K_8	K_9	K_{10}	K_{12}		K_8	K_9	K_{10}	K_{12}	K_8	K_9	K_{10}	K_{12}	K_8	K_9	K_{10}	K_{12}	K_8	K_9	K_{10}	K_{12}	K_8	K_9	K_{10}	K_{12}
DN100	118	6.0		6.1		10.1	14.9		15.1		69.7		71		84.6		86		92		95		100		101	
DN150	169			6.3		14.4	21.7		22.7		101		105		123		128		134		139		145		151	
DN200	220			6.4		17.6	28		30.6		130		140		158		171		172		186		186		201	
DN250	271.6		6.8	7.5	9	26.9	35.3	40.2	43.9	52.3	168	188	203	236	203	228	246	288	221	248	269	315	239	268	290	341
DN300	322.8	6.4	7.2	8	9.6	33	44.8	50.8	55.74	66.6	212	236	256	300	257	287	312	366	279	312	340	399	302	358	368	433
DN350	374	6.8	7.7	8.5	10.2	38.7	55.3	63.2	68.8	82.2	260	292	314	368	315	355	383	450	343	386	417	491	371	418	452	532
DN400	425.6	7.2	8.1	9	10.8	46.8	66.7	75.5	83	99.2	314	349	379	444	380	424	462	543	414	462	503	592	447	500	545	642
DN500	528	8.0	9	10	12	64	92	104.6	114.7	137.1	432	431	523	612	524	586	638	750	570	638	695	818	616	690	752	887
DN600	630.8	8.8	9.9	11	13.2	88	121	137.1	151	180.6	572	636	692	810	693	774	843	991	754	842	919	1081	814	911	994	1172
DN700	733	9.6	10.8	12	14.4	96	153.8	173.9	191.6	229.2	713	794	862	1015	867	968	1054	1244	944	1054	1150	1359	1021	1141	1246	1473

注："直部质量"为"单位长度理论质量"，表 6-16、表 6-17 同。

表 6-16 S 型机械接口球墨铸铁管尺寸和质量

公称通径	外径 D_4/mm	壁厚 T/mm				承口凸部近似质量/kg	直部质量/(kg/m)				标准工作长度 L/mm 总质量/kg																
											4000				5000				5500				6000				
		K_8	K_9	K_{10}	K_{12}		K_8	K_9	K_{10}	K_{12}	K_8	K_9	K_{10}	K_{12}	K_8	K_9	K_{10}	K_{12}	K_8	K_9	K_{10}	K_{12}	K_8	K_9	K_{10}	K_{12}
DN100	118	6.0		6.1		8.96	14.9		15.1		68.6		69.4		83.5		84.5		90.9		92.1		98.4		99.7	
DN150	169	6.0		6.3		11.7	21.7		22.7		98.5		102.4		119		126.4		131.4		137.4		142.4		149.4	
DN200	220	6.0		6.4		17.8	28.0		30.6		129.7		141		158		166		172		186		186		201	
DN250	271.6	6.8	7.2	7.5	9.0	21.8	35.3	40.2	43.9	52.3	163	183	198	231	199	223	241	284	216	243	263	310	234	263	285	336
DN300	322.8	6.4	7.2	8.0	9.6	27.5	44.8	50.8	55.7	66.6	207	231	251	294	252	276	307	361	274	307	334	394	296	332	362	427
DN350	374	6.8	7.7	8.5	10.2	33.48	55.3	63.2	68.8	82.2	255	287	309	363	310	343	378	445	338	381	412	486	366	413	447	527
DN400	625.6	7.2	8.1	9.0	10.8	40.39	66.7	75.5	83	99.2	307	343	373	437	374	418	456	536	407	455	497	586	440	493	539	636
DN500	528	8.0	9.0	10.0	12	50.4	92	104.3	114.7	137.1	419	468	509	599	511	572	624	736	557	624	681	805	603	676	739	873
DN600	638.8	8.8	9.9	11.0	13.2	65.18	121	137.1	151	180.6	549	614	669	788	670	751	820	968	731	819	896	1059	791	888	971	1149
DN700	733	9.6	10.8	12.0	14.4	85.41	153.8	173.9	191.6	229.2	701	781	852	1092	854	955	1043	1231	931	1042	1139	1346	1008	1129	1235	1461

第6章 管材、附件及常用材料

表 6-17 T 型滑入式接口球墨铸铁管尺寸和质量

公称通径	外径 D_4/mm	壁厚 T/mm K_8	K_9	K_{10}	K_{12}	承口凸部近似质量/kg	直部质量/(kg/m) K_8	K_9	K_{10}	K_{12}	标准工作长度 L/mm 4000 总质量/kg K_8	K_9	K_{10}	K_{12}	5000 K_8	K_9	K_{10}	K_{12}	5500 K_8	K_9	K_{10}	K_{12}	6000 K_8	K_9	K_{10}	K_{12}
DN100	118	6.0		6.1		4.3	14.9		15.1		63.9		64.7		78.8		79.8		86.3		87.4		93.7		94.9	
DN150	170	6.0		6.3		7.1	21.8		22.8		94.3		98.8		116		121		127		133		138		144	
DN200	222	6.0		6.4		10.3	28.7		30.6		125		133		154		163		168		179		183		194	
DN250	274	6.8	7.5		9.0	14.2	35.6	40.2	44.3	53	157	175	191.4	226	192	215	236	279	210	235	258	306	228	255	280	332
DN300	326	6.4	7.2	8.0	9.6	18.9	45.3	50.8	56.3	67.3	200	222	244	288	245	273	300	355	268	298	329	389	290	323	357	422
DN350	378	6.8	7.7	8.5	10.2	23.7	55.9	63.2	69.6	83.1	247	277	302	356	303	340	372	439	331	371	407	481	359	403	441	522
DN400	429	7.2	8.1	9.0	10.8	29.5	67.3	75.5	83.7	100	299	332	364	430	366	409	448	530	400	445	490	580	433	483	532	630
DN500	532	8.0	9.0	10.0	12.0	42.8	92.8	104.3	115.6	138	414	460	505	595	507	564	671	733	553	616	679	802	600	669	730	871
DN600	635	8.8	9.9	11.0	13.2	59.3	122	137.3	152	182	547	609	667	787	669	746	819	969	730	814	895	1060	791	883	971	1151
DN700	738	9.6	10.8	12.0	14.4	79.1	155	173.9	193	231	699	775	851	1003	854	949	1044	1234	912	1030	1141	1350	1009	1128	1237	1465
DN800	842	10.4	11.7	13.0	15.6	102.6	192	215.2	239	286	871	963	1059	1247	1063	1179	1298	1535	1159	1286	1417	1676	1255	1304	1537	1819
DN900	945	11.2	12.6	14.0	16.8	129.0	232	260.2	289	345	1057	1170	1285	1509	1289	1430	1574	1854	1405	1560	1719	2027	1521	1690	1863	2199
DN1000	1048	12.0	13.5	15.0	18.0	161.3	275	309.3	343.2	411	1261	1399	1533	1805	1536	1708	1876	2216	1674	1862	2048	2422	1811	2017	2221	3627
DN1200	1255	13.6	15.3	17.0	20.4	237.7	374	420.1	466.1	558	1734	1918	2102	2470	2108	2338	2568	3028	2295	2548	2801	3307	2482	2758	3034	3586

表 6-18 铜及铜合金拉制管规格（摘自 GB/T 1527—2017）

公称通径	外径/mm	壁厚/mm	理论质量/(kg/m)	公差/mm 外径 壁厚	工作压力/MPa
DN10	12	1	0.307+0.029	0.2±0.10	7.4
DN15	16	1	0.420+0.039	0.24±0.10	5.6
DN16	19	1.5	0.735+0.067	0.24±0.15	7.0
DN20	22	1.5	0.861+0.067	0.30±0.15	6.0
DN25	28	1.5	1.113+0.104	0.30±0.15	4.8
DN132	35	1.5	1.407+0.134	0.35±0.15	4.0
DN40	44	2	2.352+0.223	0.40±0.20	4.2
DN50	55	2	2.968+0.285	0.50±0.20	3.4
DN65	70	2.5	4.725+0.454	0.60±0.25	3.4
DN80	85	2.5	5.775+0.559	0.80±0.25	2.8
DN100	105	2.5	7.175+0.699	±0.50±0.25	2.3
DN125	133	2.5	9.140+0.890	±0.50±0.25	1.8
DN150	159	3	13.120+1.054	±0.60±0.25	1.8
DN200	219	4	24.080+1.770	±0.70±0.30	1.8

表 6-19 铜管接头承口与插口的基本尺寸

公称通径	承口直径/mm		插口直径/mm		L/mm
	最大	最小	最大	最小	
DN10	12.08	12.03	12.00		8
DN10（加厚管）	16.10	16.05	16.00	15.95	10
DN15	19.15	19.05	19.00	18.93	12
DN20	22.18	22.05	22.00	21.90	13
DN25	28.20	28.05	22.00	21.90	16
DN32	35.20	35.08	35.00	34.90	20
DN40	55.30	55.15	55.00	54.90	25
DN65	70.30	70.15	70.00	69.90	28
DN80	85.40	85.20	85.00	84.90	28
DN100	105.45	105.20	105.00	104.90	30
DN125	133.50	133.30	133.00	132.90	35
DN150	159.80	159.50	159.00	158.90	40
DN200	219.90	219.80	219.00	218.90	50

建筑给水铜管安装见国家建筑标准设计图集《给水排水标准图集》S4（二）09S407-1。

6.2.2 非金属管

非金属管由于具有一定的机械强度和刚度、管内外表面光滑、耐蚀性好、水力条件好的特点而广泛地用于给水排水工程中。非金属管主要有各种塑料管，玻璃钢夹砂管、钢筋混凝土管等。

塑料管按制造原料的不同，分为硬聚氯乙烯管（PVC-U管）、聚乙烯管（PE管）、聚丙烯管（PP-R管）和工程塑料管（ABS管）等。塑料管的共同特点是质轻、耐蚀性好、管内壁光滑、流体摩擦阻力小、使用寿命长。塑料管可替代金属管用于建筑给水排水、城市给水排水、工业给水排水和环保工程中。

1. 硬聚氯乙烯管

硬聚氯乙烯管又称PVC-U管。按采用的生产设备及其配方工艺，硬聚氯乙烯管分为给水用PVC-U管和排水用硬聚氯乙烯管。

（1）给水用硬聚氯乙烯管及其管件　给水用硬聚氯乙烯管的质量要求是：用于制造硬聚氯乙烯管的树脂中，含有已被国际医学界普遍公认的人体致癌物质——氯乙烯单体不得超过5mg/kg；对生产工艺上所要求添加的重金属稳定剂等一些助剂，应符合GB/T 10002.1—2023《给水用硬聚氯乙烯（PVC-U）管材》的要求。给水用硬聚氯乙烯管材分三种形式：①平头管材；②粘接承口端管材；③弹性密封圈承口端管材。管材的额定工作压力分两个等级0.63MPa和1.0MPa。给水用硬聚氯乙烯管规格见表6-20。

表6-20　给水用硬聚乙烯管规格

外径/mm	壁厚/mm					
	公称压力					
	0.63MPa			1.0MPa		
基本尺寸	允许误差	基本尺寸	允许误差	基本尺寸	允许误差	
20	0.3	1.6	0.4	1.9	0.4	
25	0.3	1.6	0.4	1.9	0.4	
32	0.3	1.6	0.4	1.9	0.4	
40	0.3	1.6	0.4	1.9	0.4	
50	0.3	1.6	0.4	2.4	0.5	
65	0.3	2.0	0.4	3.0	0.5	
75	0.3	2.3	0.4	3.6	0.6	
90	0.3	2.8	0.5	4.3	0.7	
110	0.4	3.4	0.5	5.3	0.8	
125	0.4	3.9	0.6	6.0	0.8	
140	0.5	4.3	0.7	6.7	0.9	
160	0.5	4.9	0.7	7.7	1.0	
180	0.6	5.5	0.8	8.6	1.1	
200	0.6	6.2	0.9	9.6	1.2	
225	0.7	6.9	0.9	10.8	1.3	
250	0.8	7.7	1.0	11.9	1.4	
280	0.9	8.6	1.1	13.4	1.6	
315	1.0	9.7	1.2	15.9	1.7	

给水用硬聚氯乙烯管件应符合《给水用硬聚氯乙烯（PVC-U）管件》（GB/T 10002.2—2023）的要求，按不同用途和制作工艺分为 6 类：①注塑成型的 PVC-U 粘接管件；②注塑成型的 PVC-U 粘接变径接头管件；③转换接头；④注塑成型的 PVC-U 弹性密封圈承口连接件；⑤注塑成型 PVC-U 弹性密封圈与法兰连接转换接头；⑥用 PVC-U 管材二次加工成型的管件。

PVC-U 管件种类见表 6-21。它们的规格可查有关手册。

表 6-21　PVC-U 管件种类

管件名称	管径/mm																	
	20	25	32	40	50	63	75	90	110	125	140	160	180	200	225	250	280	315
90°弯头（粘接）	+	+	+	+	+	+	+	+	+	+	+	+						
45°弯头（粘接）	+	+	+	+	+	+	+	+	+	+	+	+						
90°三通（粘接）	+	+	+	+	+	+	+	+	+	+	+	+						
45°三通（粘接）	+	+	+	+	+	+	+	+	+	+	+	+						
套管（粘接）	+	+	+	+	+	+	+	+	+	+	+	+						
管堵（粘接）	+	+	+	+	+	+	+	+	+	+	+	+						
活接头（粘接）	+	+	+	+	+													
异径管Ⅰ、Ⅱ（粘接）	+	+	+	+	+	+	+	+	+	+	+	+						
90°变径弯头（粘接）	+	+	+	+	+													
90°变径三通（粘接）	+	+	+	+	+													
粘接承口与外螺纹转换接头（全塑）	+	+	+	+	+													
粘接插口与内螺纹转换接头（全塑）	+	+	+	+	+													
粘接承口与外螺纹转换接头Ⅰ、Ⅱ（全塑）	+	+	+	+	+													
粘接插口与外螺纹转换接头（带金属件）	+	+	+	+	+													
粘接承口与外螺纹转换接头（带金属件）	+	+	+	+	+													
双用承插口与活动金属帽转换接头Ⅰ、Ⅱ（全塑）	+	+	+	+	+													
PVC 套管与活动金属帽转换接头Ⅰ、Ⅱ（全塑）	+	+	+	+	+													
双承口套管（胶圈接口）						+	+	+	+	+	+	+	+	+				
90°三通（胶圈接口）						+	+	+	+	+	+	+	+	+				
双承口变径管（胶圈接口）						+	+	+	+	+	+	+	+	+				
单承口变径管Ⅰ、Ⅱ（胶圈接口）						+	+	+	+	+	+	+	+	+				
法兰支管双承口三通接头（全塑）						+	+	+	+	+	+	+	+	+				
法兰与胶圈承口转换接头Ⅰ、Ⅱ（全塑）						+	+	+	+	+	+	+	+	+				
法兰与胶圈插口转换接头（全塑）						+	+	+	+	+	+	+	+	+				
活套法兰变接头（全塑）						+	+	+	+	+	+	+	+	+				
粘接双承口弯头（111/4°、221/2°、30°、45°、90°）	+	+	+	+	+	+	+	+	+	+	+	+						
粘接单承口弯头（111/4°、221/2°、30°、45°、90°）	+	+	+	+	+	+	+	+	+	+	+	+						
胶圈双承口弯头（111/4°、221/2°、30°、45°、90°）						+	+	+	+	+	+	+	+	+	+	+		
胶圈单承口弯头（111/4°、221/2°、30°、45°、90°）						+	+	+	+	+	+	+	+	+	+	+		

近年来，给水用硬聚氯乙烯管发展很快。主要表现在下面几个方面：

1) 硬聚氯乙烯管材的压力等级由两种扩展到 4 种，即 Ⅰ 型（0～0.5MPa）；Ⅱ 型（0.4～0.63MPa）；Ⅲ 型（0.63～1.0MPa）；Ⅳ 型（1.0～1.6MPa）。

2) 管径。管径已由 DN20～DN315 扩展到 DN16～DN710，国内已能生产 DN710 的给水用 PVC-U 管。

3) 管件。随着管径的扩展，与大口径管配套的玻璃钢增强 PVC-U 管件及由工程塑料（ABS）为材质的管件已开始应用于长距离输水工程。

4) 连接方法。采用粘接和弹性密封胶圈连接两种。

（2）排水用硬聚氯乙烯管　排水用硬聚氯乙烯管是一种新型的化学管材，排水用硬聚氯乙烯管与传统管材相比，具有质量轻、强度高、耐蚀性好、水流阻力小、密封性能好、使用寿命长、运输安装方便迅速、对地基的不均匀沉降有较好的适应性等优点。因此，在排水工程中 PVC-U 管替代小口径混凝土管材、在建筑排水工程中替代排水铸铁管是一种发展趋势。

排水硬聚氯乙烯直管公称外径与壁厚及粘接承口见表 6-22。

表 6-22　排水硬聚氯乙烯直管公称外径与壁厚及粘接承口（单位：mm）

公称外径	平均外径极限偏差	直管				粘接承口		
		壁厚 δ		长度		承口中部内径 d_s		最小承口深度
		基本尺寸	极限偏差	基本尺寸	极限偏差	最小尺寸 d_2	最大尺寸 d_1	
DN40	+0.3 0	20	+0.4 0	4000 或 6000	±10	40.1	40.4	25
DN50	+0.3 0	20	+0.4 0			50.1	50.4	25
DN75	+0.3 0	23	+0.4 0			75.1	75.5	40
DN90	+0.3 0	32	+0.6 0			90.1	90.5	46
DN110	+0.4 0	32	+0.6 0			110.2	110.6	48
DN125	+0.4 0	32	+0.6 0			125.2	125.6	51
DN160	+0.5 0	40	+0.6 0			160.2	160.7	58

排水硬聚氯乙烯管件主要有带承插口的 T 形三通和 90°肘形弯头；带承插口的三通、四通和弯头。除此之外，还有 45°弯头、异径管和管接头（管箍）等。它们的规格可查有关手册。

建筑排水硬聚氯乙烯管运行中噪声较大，因此可以选择中空壁内螺旋 PVC-U 消音管，承插粘接接口。

建筑排水塑料管道安装见国家建筑标准设计图集《给水排水标准图集》S4（三）10S406。

目前国内生产的可用于室外埋地排水管道的 PVC-U 管材形式、规格品种较多。主要有 PVC-U 双壁波纹管、PVC-U 加筋管、PVC-U 直壁管、PVC-U 肋式卷绕管等。

1) 硬聚氯乙烯双壁波纹管（图 6-2）。此种管的管壁截面为双层结构，内壁的表面光滑、外壁为等距排列的空芯封闭环肋结构。由于管壁截面中间是空芯的，在相同的承载能力下可以比普通的直壁管节省 50% 以上的材料，因此价格较低。管材的公称直径以管材外径表示，国内产品最大直径为 DN500，环刚度（SN）多为 $8kN/m^2$，管长为 6m。PVC-U 双壁波纹管多为橡胶圈柔性接口，密封性能好。

2) 硬聚氯乙烯加筋管（图 6-3）。此种管的管壁光滑、外壁带有等距排列环肋的管材。这种管材既减少了管壁厚度又增大了管材的刚度，提高了管材承受外荷载的能力，可比普通直壁管节 30% 以上的材料。管材的公称直径以管内径表示，产品最大直径为 DN400，环刚度（SN）为 $8kN/m^2$，管材长度为 6m，承插式橡胶圈接口。

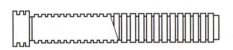

图 6-2 硬聚氯乙烯（PVC-U）双壁波纹管

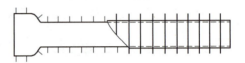

图 6-3 硬聚氯乙烯（PVC-U）加筋管

3) 硬聚氯乙烯肋式卷绕管（螺旋管）（图 6-4）。此种管是新一代塑料管材。制管分两阶段进行：第一阶段先将原材料制成带有等距排列的 T 形肋的带材，第二阶段再将带材通过螺旋卷管机卷成不同直径的管材。管材的公称直径以管内径表示。这种管材的特点是可以把带材运到管道施工现场，就地卷成所需直径的管材，大大简化了管材的运输；管材长度可以任意调整。带材的规格有四种，适用于不同直径和不同要求的管材。管材质量仅为直壁管质量的 35%~50%，管材接口用特制的管接头粘接。

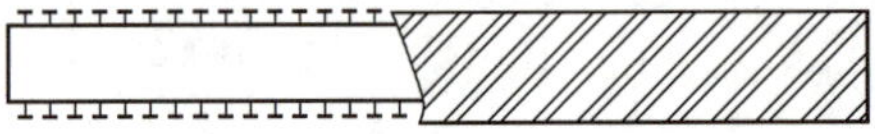

硬聚氯乙烯双壁波纹管、硬聚氯乙烯加筋管、硬聚氯乙烯钢塑复合缠绕管适用于建筑小区、市政排水用管，选用管径通常不超过 DN500。

图 6-4 硬聚氯乙烯（PVC-U）肋式卷绕管（螺旋管）

埋地塑料排水管环刚度选择：地下埋深 2.5m 内，环刚度采用 $SN8(8kN/m^2)$；埋深为 2.5~3.5m，环刚度采用 $SN11(12kN/m^2)$。

埋地塑料排水管施工见国家建筑标准设计图集 06MS201-2《市政排水管道工程及附属设施》。

2. 聚乙烯（PE）管

聚乙烯（PE）管以高密度聚乙烯（HDPE）为材料，采用特殊挤出工艺在热熔融状态下缠绕成管。聚乙烯管分为给水聚乙烯管，排水聚乙烯管。

(1) 给水聚乙烯管　给水聚乙烯管多用于压力在 0.6MPa 以下的给水管道，以替代金属管，接口采用电熔连接和螺纹连接，其管件也为聚乙烯制品。它主要用于建筑小区给水，建筑内部给水，DN300 以下市政给水管道。市政污水管道当采用非开槽水平定向钻拖拉管施工时，DN200~DN1000 的聚乙烯管（电熔连接）是理想管材。

给水聚乙烯管的管径为 DN15~DN1200。建筑给水常用聚乙烯管规格见表 6-23。聚乙烯管多用于压力在 0.6MPa 以下的给水管道，以替代金属管。建筑用聚乙烯管主要用于建筑内部给水，多采用热熔连接和螺纹连接，其管件也为聚乙烯制品。

表6-23 建筑给水常用聚乙烯管规格

外径 mm	壁厚 mm	长度 m	近似质量 kg/m	近似质量 kg/根	外径 mm	壁厚 mm	长度 m	近似质量 kg/m	近似质量 kg/根
5	0.5	≥4	0.007	0.028	40	3.0	≥4	0.321	1.28
6	0.5		0.008	0.032	50	4.0		0.532	2.13
8	1.0		0.020	0.080	63	5.0		0.838	3.35
10	1.0		0.026	0.104	75	6.0		1.20	4.80
12	1.5		0.046	0.184	90	7.0		1.68	6.72
16	2.0		0.081	0.324	110	8.5		2.49	9.96
20	2.0		0.104	0.416	125	10.0		3.32	13.3
25	2.0		0.133	0.532	140	11.0		4.10	16.4
32	2.5		0.213	0.852	160	12.0		5.12	20.5

（2）排水聚乙烯管 排水聚乙烯管产品包括聚乙烯缠绕结构壁管、聚乙烯双壁波纹管、钢带增强聚乙烯螺旋波纹管。管道常用环刚度为 $8kN/m^2$、$10kN/m^2$、$12kN/m^2$、$16kN/m^2$，粗糙系数 $n=0.009\sim0.010$。管径规格为 DN200～DN3000。常用管径为 DN200～DN500。接口方式有橡胶圈柔性接口、卡箍式弹性密封件接口、焊接接口、热收缩带套接口等。以橡胶圈柔性接口、卡箍式弹性密封件接口最为常用。

1）聚乙烯缠绕结构壁管。聚乙烯中空壁缠绕管环刚度大于 $8kN/m^2$，聚乙烯双壁波纹管的管径一般在800mm以下，橡胶圈柔性接口，连接方便，密封性能好。管道的柔韧性及其柔性接口，使得抗地基不均匀沉降性能强，因质量轻，施工简单，节约工期而广泛用于市政排水、远距离低压输水、农业用灌溉水管道、工厂及养畜场等的污水管道、广场、运动场、高尔夫球场、道路的排水管道、通风管道及化工容器制作。目前，在城市排水工程中，高密度聚乙烯管已逐步替代传统钢筋混凝土管。

聚乙烯缠绕结构壁管属于全塑缠绕熔接管，管材内壁基本光滑，壁管截面的几何形状和尺寸如图6-5所示。

2）聚乙烯双壁波纹管。聚乙烯双壁波纹管常用环刚度 $4kN/m^2$、$8kN/m^2$、$10kN/m^2$、$12kN/m^2$、$16kN/m^2$ 5个等级，管径为 DN200～DN800，常用管径为 DN200～DN500，采用胶圈接口。

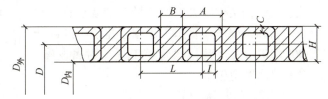

图6-5 聚乙烯缠绕结构壁管截面的几何形状和尺寸
$D_外$—缠绕管外径　$D_内$—缠绕管内径（公称直径）　D—缠绕管中径
H—壁管高度　A—壁管宽度　B—熔接厚度　C—壁管壁厚
注：$L=A+B$；$I=2(A-2C)$。

3）钢带增强聚乙烯螺旋波纹管。钢带增强聚乙烯管采用钢带增强，接口为焊接，环刚度为 $8kN/m^2$。

4）钢塑缠绕增强复合管。钢塑复合增强管结构形式（图6-6）：挤出缠绕成型PE片材经过异形材模具中间层复合钢丝网，上表面复合几条钢肋，再经过成型模具热态缠绕成型。连接方式：DN1000 以下采用电熔管箍连接（图6-7）；DN1000 以上采用电热熔带连接（图6-8）。

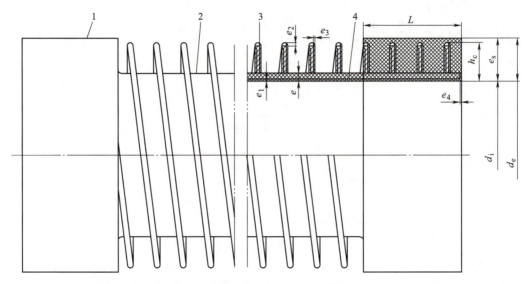

图 6-6 钢塑缠绕增强复合管结构形式

1—插口 e_1—钢网到内壁 PE 厚度 2—管材本体 e_2—钢带顶部 PE 厚度 3—钢带 e_3—钢带两侧 PE 厚度 4—钢丝网 e_4—管材端面 PE 厚度 d_e—插口外径 e_s—插口壁厚 d_i—内径 h_c—结构高度 e—壁厚 L—插口长度

聚乙烯缠绕结构壁管、聚乙烯双壁波纹管、钢带增强聚乙烯螺旋波纹管、钢塑缠绕增强复合管耐磨损，耐腐蚀，阻力小，过流能力强，使用寿命在 50 年以上。管道连接方便，密封性能好。因质量轻，施工简单，节约工期而广泛用于小区排水、市政道路排水，农业用灌溉水管道，工厂及养畜场等的污水管道，广场、运动场、高尔夫球场的排水管道，通风管道及化工容器制作。

聚乙烯缠绕结构壁管、聚乙烯双壁波纹管、钢带增强聚乙烯螺旋波纹管施工见国家建筑标准设计图集 06MS201-2《市政排水管道工程及附属设施》埋地塑料排水管道施工。

3. 聚丙烯（PP-R）管

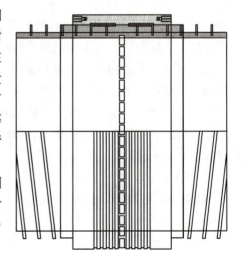

图 6-7 电熔管箍连接示意图

聚丙烯（PP-R）管是以石油炼制的丙烯气体为原料聚合而成的聚烯族热塑料管材。由于原料来源丰富，因此价格便宜。聚丙烯塑料管是热塑性管材中材质最轻的一种管材，密度为 $0.91\sim0.921\text{g/cm}^3$，呈白色蜡状，比聚乙烯透明度高。其强度、刚度和热稳定性也高于聚乙烯塑料管。

我国生产的聚丙烯塑料管根据 GB/T 18742.2—2017 的规定，管材按管系列分为 S6.3、S5、S4、S3.2、S2.5、S2。

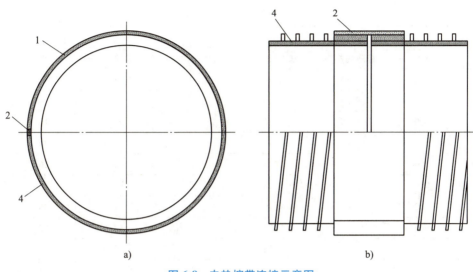

图 6-8 电热熔带连接示意图
a) 管道　b) 熔管箍
1—连接电热熔带　2—补强电热熔带　3—PE 堆焊带　4—管道

聚丙烯塑料管可采用焊接、热熔连接和螺纹连接,其中以热熔连接最为可靠。热熔接口是聚乙烯、聚丙烯、聚丁烯等热塑性管材主要接口形式。小口径的上述管材常用承插热熔连接,大口径管通常采用电熔连接。用热熔接口连接时应将特制的熔接加热膜加热至一定温度,当被连接表面由熔接加热膜加热至熔融状态(管材及管件的表面和内壁呈现一层黏膜)时,迅速将两连接件用外力紧压在一起,冷却后即连接牢固。

聚丙烯管由于材质轻、吸水性差及耐腐蚀,多用作化学废料排放管、化验室排水管、盐水处理管及盐水管道,建筑给水、水处理及农村给水系统,水厂、污水厂加药管道。聚丙烯塑料管还广泛用于建筑物的室内地面加热供暖管道。

建筑给水聚乙烯管、聚丙烯管安装见国家建筑标准设计图集《给水排水标准图集》S4(二)11S405-2。

4. 增强聚丙烯(FRPP)模压管

增强聚丙烯模压管是以聚丙烯原料为主,加入具有改性功能、色母等添加剂辅助原料,进行混炼、注塑、模压成型而制成的,如图 6-9 所示。表 6-24 列出增强聚丙烯模压管的尺寸。增强聚丙烯模压管常用于工业企业排水、居民小区排水及城市排水。其接口方式多采用胶圈接口。

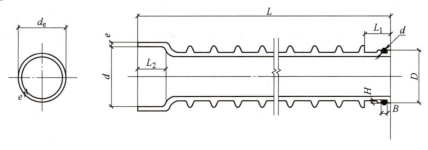

图 6-9 增强聚丙烯模压管

表 6-24 增强聚丙烯模压管的尺寸

公称直径	内径		肋高	壁厚		近似净质量 /(kg/m)	长度 /mm
	基本尺寸/mm	极限偏差/mm	基本尺寸/mm	基本尺寸/mm	极限偏差/mm		
DN200	200	±4	10	4	±1.0	4	2000±20
DN300	300	±4	12	4	±1.0	9	
DN400	400	±5	16	4	±1.0	14	
DN500	500	±5	18	5	±1.5	20	
DN600	600	±6	25	5	±1.5	26	
DN700	700	±6	28	6	±1.5	40	
DN800	800	±7	30	6	±1.5	48	
DN900	900	±7	34	6	±1.5	62	
DN1000	1000	±8	34	7	±2.0	75	
DN1200	1200	±10	38	8	±2.0	110	1000±10
DN1350	1350	±12	42	10	±2.5	125	
DN1500	1500	±15	45	12	±2.5	148	
DN1000	1000	±8	34	7	±2.0	75	

增强聚丙烯模压管施工见国家建筑标准设计图集 06MS201-2《给水排水标准图集》市政排水管道工程及附属设施埋地塑料排水管道施工。

因埋地塑料排水管道管壁与检查井砌筑材料（混凝土或砖）热膨胀系数不同，直接连接极易产生渗漏。因此，埋地塑料排水管道与检查井的连接采取以下处理方式：

1）管材与检查井接触处采取表面粗化处理。

2）管材与检查井接触处套一个遇水膨胀橡胶圈，并采用现浇 C20 混凝土封堵。

3）管材与检查井接触处接一刚性短套管，套管材料采用钢筋混凝土管，塑料管与套管连接处设置遇水膨胀橡胶圈密封，空隙处用 1∶2 水泥砂浆填充。

埋地塑料排水管道与检查井的连接分为（Ⅰ型）、（Ⅱ型）。设计与施工参见国家建筑标准设计图集 06MS201-2《给水排水标准图集》市政排水管道工程及附属设施埋地塑料排水管道施工。

5. 聚丁烯（PB）管

聚丁烯管质量很轻（相对密度为 0.925）。该管具有独特的抗蠕变（冷变形）性能，故机械密封接头能保持紧密，抗拉强度在屈服极限以上时，能阻止变形，使之能反复绞缠而不折断，其工作压力为 1.0~1.6MPa。

聚丁烯管在温度低于 80℃ 时，对皂类、洗涤剂及很多酸类、碱类有良好的稳定性；室温时，聚丁烯管对醇类、醛类、酮类、醚类和脂类有良好的稳定性，但易受某些芳香烃类和氯化溶剂侵蚀，温度越高越显著。

在化学性质上，聚丁烯管抗细菌、藻类和霉菌，因此可用作地下管道，其正常使用寿命一般为 50 年。

聚丁烯管可采用热熔连接，其连接方法及要求与聚丙烯管相同。小口径聚丁烯管也可以采取螺纹连接。

聚丁烯管主要用于给水管、热水管及燃气管道。化工厂、造纸厂、发电厂、食品加工厂、矿区等也广泛采用聚丁烯管作为工艺管道。聚丁烯管规格可参见材料手册及给水排水设计手册。

6. 工程塑料（ABS）管

工程塑料管是丙烯腈-丁二烯-苯乙烯的共混物（三元共聚），属于热固性管材。

ABS 管质轻，具有较高的耐冲击强度，表面硬度在-40~100℃范围内仍能保持韧性、坚固性和刚度，并不受电腐蚀和土壤腐蚀，因此宜作地埋管线。ABS 管表面光滑，具有优良的抗沉积性，能保持热量，不使油污固化、结渣、堵塞管道，因此被认为是在高层建筑内用于给水的理想管材。

ABS 管常采用承插粘接接口，在与其他管道连接时，可采取螺纹、法兰等过渡接口。国产 ABS 管按工作压力，分为三个等级：B 级为 0.6MPa，C 级为 0.9MPa，D 级为 1.6MPa。ABS 管的使用温度为-20~70℃，常用规格为 DN15~DN200。

ABS 管适用于室内外给水、排水、纯水、高纯水、水处理用管，尤其适合输送腐蚀性强的工业废水、污水等，是一种能取代不锈钢管、铜管的理想管材。

7. 玻璃钢（GRP）管

玻璃钢管分为纯玻璃钢结构和玻璃钢夹砂结构。两者的主要区别是：纯玻璃钢管为纤维缠绕实体结构；玻璃钢夹砂管则以玻璃纤维及其制品、不饱和聚酯树脂、石英砂为主要原料，采用纤维缠绕夹砂或离心浇铸等工艺而生产的一种新型复合管材，如图 6-10 所示。

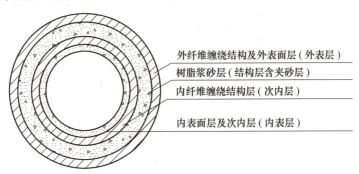

图 6-10 玻璃钢夹砂管基本结构

离心浇注玻璃纤维增强热固性树脂夹砂管（图 6-11）成型工艺是用喂料机将玻璃纤维、树脂、石英砂等原材料按设计要求在计算机控制下浇注到高速旋转的模具内，加热固化后成型制管。

图 6-11 离心浇注玻璃纤维增强热固性树脂夹砂管

表 6-25 为玻璃钢夹砂管各层结构的材料与作用。

表 6-25　玻璃夹砂管各层结构的材料与作用

名　称	材　料	作　用
外保护层	树脂	耐腐、耐候、防老化
增强层	玻璃纤维、树脂	使管壁具有轴、环向的内外压强度
结构层	玻璃纤维、树脂、石英砂	使管壁具有承受变形强度
内衬层	树脂、涤纶表面毡	耐腐、防渗、水力特性好

玻璃钢夹砂缠绕管产品规格（按压力等级不同划分）见表 6-26。

表 6-26　玻璃钢夹砂缠绕管产品规格（按压力等级不同划分）

直径/mm	压力等级 0.6MPa			压力等级 1.0MPa			压力等级 1.6MPa		
	壁厚/mm	最大支距/mm	管长/mm	壁厚/mm	最大支距/mm	管长/mm	壁厚/mm	最大支距/mm	管长/mm
200	5.6	4000	6000	5.6	4000	6000	7.5	4000	6000
250	5.6	4000	12000	6.3	4000	12000	8.7	4000	12000
300	5.6	4000	12000	7.1	4000	12000	10.1	4000	12000
350	5.6	4000	12000	8.0	4000	12000	11.3	4000	12000
400	6.2	4000	12000	8.8	4000	12000	12.7	4000	12000
450	6.6	4000	12000	9.5	4000	12000	15	4000	12000
500	7.1	4000	12000	10.4	4000	12000	15.4	4000	12000
600	8.4	6000	12000	12.1	6000	12000	18.2	6000	12000
700	9.1	6000	12000	13.7	6000	12000	20.6	6000	12000
800	10.1	6000	12000	15.3	6000	12000	23.2	6000	12000
900	11.1	6000	12000	16.9	6000	12000	25.9	6000	12000
1000	12	6000	12000	18.6	6000	12000	28.6	6000	12000
1200	13.5	6000	12000	21.5	6000	12000			
1400	15.5	6000	12000	24.8	6000	12000			
1600	17.5	6000	12000	28.4	6000	12000			
1800	19.5	6000	12000	31.5	6000	12000			
2000	21.5	6000	12000	34.3	6000	12000			

玻璃钢夹砂缠绕管产品规格（按刚度等级不同划分）见表 6-27。

表 6-27　玻璃钢夹砂缠绕管产品规格（按刚度等级不同划分）

刚度等级	2500N/m²		5000N/m²		10000N/m²	
直径/mm	壁厚/mm	每米质量/(kg/m)	壁厚/mm	每米质量/(kg/m)	壁厚/mm	每米质量/(kg/m)
300	5.6	10.3	5.6	10.3	6.7	12.4
400	5.6	13.7	7.0	17.2	8.5	20.9
500	7.5	22.9	8.4	25.7	10.6	32.6

(续)

刚度等级 直径/mm	2500N/m² 壁厚/mm	2500N/m² 每米质量/(kg/m)	5000N/m² 壁厚/mm	5000N/m² 每米质量/(kg/m)	10000N/m² 壁厚/mm	10000N/m² 每米质量/(kg/m)
600	8.3	30.4	10.5	38.6	13.3	49.2
700	9.7	41.5	12.2	52.4	15.5	66.9
800	11.0	53.8	14.0	68.7	17.8	87.8
900	11.8	64.9	14.8	81.6	19.0	105.3
1000	12.6	76.9	16.5	101.1	21.2	130.5
1200	15.1	110.6	19.4	142.6	25.0	184.6
1400	17.9	153.0	23.0	197.3	29.6	255.1
1600	20.6	201.3	26.6	260.9	34.2	336.9
1800	22.3	245.0	28.8	317.5	37.2	412.0
2000	25.1	306.4	32.5	395.8	41.8	514.5
2250	28.0	387.5	36.3	500.3	46.6	645.2
2600	33.5	531.9	43.2	688.4	55.8	893.4
2800	35.6	624.8	45.6	802.7	57.8	1021.8
3000	38.9	731.3	48.6	916.5	60.7	1149.3
3200	41.5	832.1	51.7	1039.9	64.6	1304.5
4000	51.3	1240	64.1	1554.2	80.2	1952.3

玻璃钢夹砂缠绕管的连接方式有多种。常见的有如下几种：

(1) 承插（单环）胶圈连接（图6-12） 可以进行快速的安装，适合于地下中等压力的低腐蚀性排水管道。

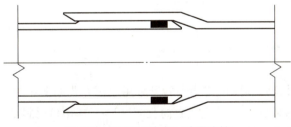

图 6-12 承插（单环）胶圈连接

(2) 承插粘接（图6-13） 用胶黏剂连接，适用于高压及复杂荷载的大口径管道，安装简便，速度快。

图 6-13 承插粘接

(3) 对接（图6-14） 用于小直径管以及直线形的管道和配件的连接。

(4) 双胶圈连接（图6-15） 采用双"O"形橡胶密封圈的接口形式，适用于高压和高、中腐蚀性场合。此种接口密封严密，2根管道接口完成后即可用试压泵试压，水压试验合格后，即可土方回填。

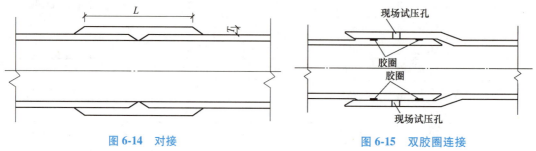

图6-14 对接

图6-15 双胶圈连接

注：L 和 T 的大小取决于外界条件。

(5) 承插粘接加外补强（图6-16） 除了适用于高压情况外，还适用于重负载的情况，并能保持管道畅通，避免障碍物堆积。

(6) 法兰连接（图6-17） 适用于中低压管件及设备、工艺管道的连接，与GB、ASTM、JB等标准适应。

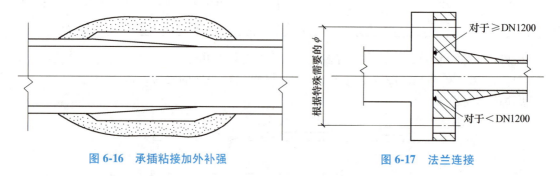

图6-16 承插粘接加外补强

图6-17 法兰连接

离心浇注玻璃纤维增强热固性树脂夹砂管采用连接方式如下：

(1) 推进式套筒胶圈接口 推进式套筒胶圈（FWC）接口材料如图6-18所示。

缠绕成型的玻璃钢层合结构加工而成的FWC接口，借助外力，压缩2根管道内接口处倒顺牙双唇式EPDM橡胶密封圈。该接口耐蚀性好，安装便捷，密封性好，是离心浇铸玻璃纤维增强热固性树脂夹砂管采取开槽施工时常用的接口方式。

(2) 不锈钢机械式胶圈接口 图6-19所示为不锈钢机械式胶圈接口。

采用专用紧固工具，收紧不锈钢机械式接头外3个螺栓，使套在2根管道接口间的三元乙丙胶圈被压缩，从而达到严密的止水效果。此种接口是离心浇注玻璃纤维增强热固性树脂夹砂管采取不开槽施工时常用的接口方式。

玻璃夹砂钢管具有耐蚀性好、质量轻（球墨铸铁管重的1/4）、水力条件好、不结垢等特点，适用于输送饮用水、市政排水、污水、发电厂的循环水、城市污水、化学工业用水等，是一种很有发展前途的大口径给水排水管道。

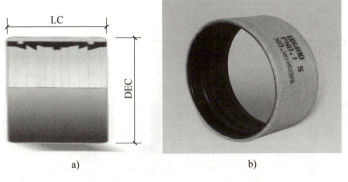

图6-18 推进式套筒胶圈接口材料
a) FWC接口 b) 倒顺牙式EPDM橡胶密封圈

图6-19 不锈钢机械式胶圈接口

浙江某管业有限公司生产的离心浇铸玻璃钢夹砂管有0.6MPa、0.8MPa、1.0MPa、1.2MPa、1.6MPa、2.0MPa、2.5MPa 7种不同的压力等级,环刚度为5000N/m²、10000N/m²、12500N/m²、100000N/m²;管径DN350~DN2400。根据管材的用途接口分为:

1)开挖管(压力管)接口采用倒顺牙式双唇密封FWC接头,接头材质为玻璃钢,密封材料为三元乙丙橡胶。

2)顶管接口连接形式为采用F型接头,套筒材质为玻璃钢;密封圈采用三元乙丙橡胶,密封形式为楔形结构。

3)微型顶管接口连接形式采用FS型接头,套筒材质为304不锈钢;密封圈采用整体式胶圈(与套筒配合成整体),密封圈材质为三元乙丙橡胶。

4)压力顶管接口采用倒顺牙式双唇密封FWC接头,套筒材质为玻璃钢,形式为平口对接。

湖北某复合材料有限公司生产的玻璃钢夹砂缠绕管有0.1MPa、0.6MPa、1.0MPa、1.6MPa、2.5MPa 5种不同的压力等级;2500N/m²、5000N/m²、10000N/m² 3种不同的刚度等级;直径为DN100~DN3700;多采取承插双环胶圈接口,在特殊的场合,也可以用玻璃钢做的法兰盘或特制金属接头连接,以及其他接口方式。

6.2.3 复合管

复合管通常是金属材料与非金属材料经不同的加工形式而制成的一种新型管材。复合管既有金属材料的刚度,又有非金属材料的无毒、耐蚀性好、质轻的特性,是目前国内外都在大力发展和推广应用的新型管材。

1. 聚乙烯夹铝复合管

聚乙烯夹铝复合管简称铝塑管,是目前国内外都在大力发展和推广应用的新型塑料金属复合管。该管由中间层纵焊铝管、内外层为聚乙烯及铝管与内外层聚乙烯之间的热熔胶共挤复合而成,具有无毒、耐蚀性好、质轻、机械强度高、耐热性能好、脆化温度低、使用寿命较长等特点。聚乙烯夹铝复合管一般用于建筑内部工作压力不大于1.0MPa的冷热水、空调、采暖和燃气等管道,是镀锌钢管和铜管的替代产品。这种管材属小管径材料,卷盘供应,每卷长度一般为50~200m。DN32以上为直管。管件为铜或铝合金材料。常用聚乙烯夹铝复合管规格见表6-28。

表6-28 常用聚乙烯夹铝复合管规格

(外径/mm)×(壁厚/mm)	外径/mm	内径/mm	壁厚/mm	管质量/(kg/m)	卷长/m	卷质量/kg
14×2	14	10	2	0.098	200	19.6
16×2	16	12	2	0.102	200	20.4
18×2	18	14	2	0.156	200	31.2
25×2.5	25	20	2.5	0.202	100	20.2
32×3	32	26	3	0.312	50	15.7

聚乙烯夹铝复合管的连接采取卡套式或扣压式接口。卡套式接口适合于规格等于或小于25mm×2.5mm 的管子；扣压式接口适合于规格等于或大于32mm×3mm 的管子。

1）卡套式接口方式如下：①将螺母和卡套先套在管子端头；②将管件本体（即内芯）管嘴插入管子内腔，应用力将管嘴全长压入为止；③拉回卡套和螺母，用扳手将螺母拧固在管件本体的外螺纹上。

2）扣压式接口方式如下：①将扣压式接头的管嘴插入管子内腔，应用力将管嘴全长插入为止；②用专用的扣压管钳将接头外皮挤压定型，管子即被牢固箍紧。

2. 钢塑管

钢塑复合压力管（PSP）简称钢塑管，具有优异的材料性能、广泛的环境适应性及良好的连接和施工性能。因此，钢塑复合压力管是替代大、中口径镀锌钢管的理想管材，可广泛应用于建筑、石油、化工、制药、食品、矿山、燃气等领域，在中低压管道方面具有较大的应用空间和竞争优势，是目前国内外都在大力发展和推广应用的新型塑料金属复合管。

钢塑复合压力管采用钢带辊压成形为钢管并进行氩弧对接焊，采用内外均有塑层、中间为增强焊接钢管的复合结构。PSP 管既克服了钢管存在的易锈蚀、使用寿命短和塑料管强度低、易变形的缺陷，又具有钢管和塑料管的共同优点，如隔氧性好、有较高的刚性和较高的强度、埋地管容易探测等。

钢塑复合压力管主承压层完全由复合其中的焊接钢管承担，其塑料层仅单纯发挥防腐保护作用，因此该管的承压能力基本不受温度变化和塑料层老化的影响，并采用专利技术成功解决了钢塑复合界面的脱层问题。具有如下特点：

1）具有较高强度、刚性、抗冲击性、低膨胀系数和抗蠕变性能，埋地管可以承受大大超过全塑管的外部压力。

2）具有自示踪性，可以用磁性金属探测器进行寻踪，不必另外埋设跟踪或保护标记，可避免挖掘性破坏，为抢修和维护提供极大的便利。

3）无须做任何防腐处理即可安装，节约费用。

4）完整的钢管层为管体的主承压层，因此管材的承压能力不受塑料层性能变化的影响。

5）管件具有优异的密封性能，抗拔脱，易安装，同时具备各种变形的自适应能力。

6）具有一定的柔性，可以弯曲，从而使装卸、运输、安装的适应性及运行的可靠性较高。地下安装可有效承受由于沉降、滑移、车辆等造成的突发性冲击荷载。定尺（12m）单支钢塑复合压力管可以单向弯曲25°，节省了小角度转向弯头的用量。

7）管壁光滑，流体阻力小，不结垢，在同等管径和压力下比金属管材水头损失低30%，可获得更大的传输流量。

钢塑管按照生产工艺不同，分为内涂塑复合钢管、内外涂塑复合钢管、内衬塑复合钢管、外覆塑内衬塑复合钢管四种，塑料采用PE、PPR、UPVC、环氧树脂，钢管采用焊接钢管、无缝钢管、不锈钢管。

钢塑管规格：DN15~DN2000。公称压力为1.0MPa、1.6MPa、2.5MPa。

建筑给水进户管、立管常用钢塑管（支管采用PPR管），建筑给水钢塑管接口方式有双热熔承插连接、沟槽（卡箍）连接、螺纹连接、法兰连接。

室外给水管道压接内密封管件连接有以下几种方式：

1）压兰式连接。压兰式由一个内衬钢管注塑衬套和球墨铸铁喷塑压兰盖及连接压兰的螺栓组成，与非钢塑管连接侧为金属内（外）螺纹或法兰件。安装时，将压兰套在连接管材的两端，然后管材连接管件端用专用扩管器扩口，将球墨铸铁衬套插入扩好口的管材端头，管材连接两侧用压兰连接好即可。

2）螺母式连接。螺母式管件由内衬管件体和螺母组成。

管件采用在管材内表面侧密封的方法，使密封更可靠。管件的抗拔脱由压兰或螺母来实现。当旋紧压兰上的螺栓或螺母时，压兰或螺母迫使衬套带密封圈部位向管体扩口斜面滑动，使管材内表面与衬套斜面上的密封圈紧密接触起到密封的作用。当管体受到轴向拉应力时，管材扩口部位的钢管骨架承担了大部分的拉应力，因此这种连接方式具有很高的抗拔脱性能。

3）滑入式柔性管件连接。滑入式柔性管件由一个内衬钢管注塑衬套和球墨铸铁喷塑安全抱箍及专用配套异型密封胶圈组成，与非钢塑管连接侧为金属内（外）螺纹或法兰件。该种管件的密封圈位于管件衬套部分的侧面，与管材扩口段的内侧表面形成侧密封。为防止管子轴线拉力造成的滑脱，使用安全抱箍达到防滑脱的目的。在安装时，由于内部衬套的直线段长度大于安全抱箍的直线段长度，因此在轴线方向虽然衬套两端管体有一定的轴向移动量，但由于安全抱箍的作用，可有效地防止滑脱。这样接头可以吸收由于冷热变化而引起的管材膨胀变形及收缩，从而在长距离管线安装时，省去了使用膨胀节来消除由于输送流体和环境温度的冷热变化而引起的管线变形。

安装时先将管材扩口，然后在衬套上正确放入专用胶圈，采用专用工具将衬套压入需连接的两管子的扩口端，将安全抱箍抱紧连接管材扩口末端，拧紧安全抱箍上的连接螺栓即可。该种柔性管件主要用于长距离管线直通部分。

由于采用此种机械压紧连接方式要对管材端部进行扩口，对管材的粘接质量和焊接强度及韧性有了更高的要求，从而保证了管材的性能符合使用要求，也使用户可以对管材的粘接和焊接质量有直观的了解和判断。

钢塑复合压力管连接方式以机械方式压紧连接为主，这种连接方式具有以下优势：

1）连接方式方便快捷、易操作，连接处可以重复拆装，中途也很方便插入施工，且连接完毕即可输送介质，无须等待连接处固化或冷却，对于需装修、改装、更新管道极为方便。

2）在管道维护时无须将管道内的余水排尽，可及时抢修破损处，使管道的维护修理更为快捷。

3）这种连接方式对安装工作环境无特殊要求，可以在-30℃的环境中正常连接、安装使用，使管材的应用场合更为广泛。

4）管材连好后内部无缩颈，输送流体优势更为明显。

钢塑管安装见国家建筑标准设计图集 S4（二）10411《给水排水标准图集》。

3. 给水钢丝网骨架塑料（聚乙烯）复合管

给水钢丝网骨架塑料（聚乙烯）复合管是以高强度钢丝和聚乙烯塑料为原材料，以缠绕成型的高强度钢丝为芯层，以高密度聚乙烯塑料为内、外层，而形成整体管壁的一种新型复合结构壁压力管材。给水钢丝网骨架塑料（聚乙烯）复合管是以薄钢板均匀冲孔后焊接成形的钢筒为增强骨架，用符合输送介质要求的聚乙烯专用料均匀注塑而形成整体管壁的复合结构壁套筒、弯头、三通、异径管等的统称。

给水钢丝网骨架塑料（聚乙烯）复合管强度较高，抗冲击性能好，耐蚀性强，价格高于塑料管，低于钢管。因此，这种管材广泛用于室外给水与建筑给水的输送。

给水钢丝网骨架塑料（聚乙烯）复合管有普通管和加强管两种管壁结构系列，其管径、壁厚和公称压力见表 6-29。

表 6-29　给水钢丝网骨架塑料（聚乙烯）复合管管径、壁厚和公称压力

公称外径 d_n/mm	普通管系列		加强管系列	
	最小壁厚 e_n/mm	公称压力	最小壁厚 e_n/mm	公称压力
110	8.5	PN1.6	10.0	PN3.5
140	9.0	PN1.6	10.0	PN3.5
160	9.5	PN1.6	11.0	PN3.5
200	10.5	PN1.6	13.0	PN3.5
250	12.5	PN1.0	14.0	PN2.5
315	13.5	PN1.0	17.0	PN2.0
400	15.5	PN1.0	19.0	PN1.6
500	22.0	PN1.0	24.0	PN1.6

注：1. 公称外径 d_n 为管的标定外径。本表中所列公称外径为管的最小外径，也是管的设计外径。

　　2. 最小壁厚 e_n 为管壁任意一点规定的最小壁厚，可用作管材的设计壁厚。

直管的最小允许弯曲半径不得小于表 6-30 中的规定。

表 6-30　直管的最小允许弯曲半径

公称外径 d_n/mm	110	140	160	200	250	315	400	500
最小允许弯曲半径	$80d_n$				$100d_n$		$110d_n$	

注：管段上有接头时，允许弯曲半径不宜小于 $200d_n$。

承插口管件的承口尺寸应符合表 6-31 中的规定。

表 6-31 承插口管件的承口尺寸

插入管管端外径 d_n/mm	承口内径 d_i/mm	承口内壁长度/mm	承口壁厚
110	110+(0.7~1.5)	≥75	不得小于插入管的壁厚
140	140+(0.8~1.6)	≥85	
160	160+(0.8~1.8)	≥96	
200	200+(0.8~1.9)	≥108	
250	250+(1.0~2.2)	≥115	
315	315+(1.4~2.4)	≥135	
400	400+(1.9~2.7)	≥155	
500	500+(2.2~3.0)	≥160	

注：表内"承口内径 d_i"栏中，括号内数值表示承口内径必须大于插入管管端外径，即公称外径加最大允许正偏差后的实际外径。

给水钢丝网骨架塑料（聚乙烯）复合管的连接形式如下：

(1) 法兰连接　采用的钢制活套管法兰和螺栓紧固件必须符合《钢制管法兰第 1 部分：PN 系列》(GB/T 9124.1—2019)、《钢制管法兰第 2 部分：Class 系列》(GB/T 9124.2—2019) 的规定。钢法兰、螺栓和密封件等专用件，必须与管端有加强箍结构的钢丝网骨架塑料复合管材或电熔结构的法兰管件等配套供应。

(2) 电熔连接　电熔连接是利用镶嵌在连接处接触面内壁或外壁的电热元件通电后产生的高温，将接触面熔接成整体的连接方法。电熔连接有承插式和套筒式等连接形式。

(3) 电熔承插式连接　电熔承插式连接是利用镶嵌在承口内壁的电热元件通电后产生的高温，将插入承口的管与承口的接触面熔接成整体的连接方法。这种连接属于刚性接头，适用于采用钢丝网骨架塑料复合管承插口管和管件的管道接头。

(4) 电熔套筒连接　电熔套筒连接是利用镶嵌在套筒内壁的电热元件通电后产生的高温，将插入套筒的对接管材与套筒的接触面熔接成整体的连接方法。这种连接属于刚性接头，适用于采用钢丝网骨架塑料复合平口和锥形口结构壁管和管件的管道接头。

4. 预应力钢筒混凝土管

(1) 管道结构　预应力钢筒混凝土管（PCCP）（图 6-20）采用薄钢板与钢质承插口环卷制拼焊成筒体，然后用立式振动成型法在筒体内外浇灌（或采用离心法在筒体内浇灌）混凝土构成管芯，再在管芯外圆上缠绕高强度预应力钢丝，最后喷涂水泥砂浆保护层而制成的一种复合管。预应力钢筒混凝土管采用橡胶圈柔性接口。

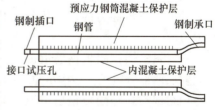

图 6-20 预应力钢筒混凝土管结构示意

(2) 预应力钢筒混凝土管的特性

1) 耐蚀性好、寿命长　由于制作 PCCP 的所有钢材均被良好密实的混凝土所包裹，经防腐处理的承口安装后，其外露部位又用砂浆灌注封口，混凝土或砂浆提供的高碱性环境使 PCCP 内部的钢材钝化，从而防止其被腐蚀，避免水质二次污染。设计使用寿命为 75~100 年。

2）耐内压和外压　内衬钢筒使管子更加坚固，外缠预应力钢丝更增加了管的强度，内压可达 3MPa 以上，外压能承受 10m 以上覆土。

3）水力条件相对好，过流能力强，粗糙系数（$n = 0.012$），管线能保持很高的通水能力。

4）安装简易、可靠　PCCP 具有刚性结构，回填容易。钢质承插口为半刚性接口，允许有一定的转角，施工迅速简捷。

5）对地基适应性好，有良好的抗震性　由于 PCCP 的半刚性接头使管道既有一定的刚性，又有一定的柔性，使其能转一定的角度，所以不均匀沉降适应能力高，有良好抗震性。

6）维护费用低　DN3000 的球墨铸铁管的年平均运行费用约为 1670 元/km，同规格的钢管年平均运行费用约为 3120 元/km，而 PCCP 基本上无须维护保养。

7）抗渗、防漏　内衬钢筒都经水压试验查漏，确保了管身无渗漏。焊接在钢筒两端的承插口钢环，具有机械加工的精度，插口钢环上设有胶圈限位凹槽，故安装后管道接头有很好的防漏性。

（3）预应力钢筒混凝土管的应用　PCCP（GB/T 19685—2017）具有很高的强度，可承受较高的工作压力，有良好的水密性、抗渗性、耐磨性和耐蚀性，特别是采用钢质承插口环，强度和刚度好。管道连接处采用橡胶圈密封，抗渗、防漏性能都比较好。在敷设管道时允许有一定的转角，而不影响管道使用。在管道基础出现问题时，管道能承受自身重量和外压，仍能正常使用。

PCCP 适用于制作大口径压力管（DN400 ~ DN4000），能够满足城市引水工程、供水系统、大型排污管道工程，以及大型火电厂和核电厂的循环水管道的要求，特别适用于高水压、大口径、长距离输水管道工程。

5. 内衬聚乙烯锚固板钢筋混凝土排水管

内衬聚乙烯锚固板钢筋混凝土排水管以钢筋混凝土排水管为基体，成型过程中在管内壁衬入聚乙烯锚固板的排水管，用于输送对管道有防腐需求的城市污水，或用于因场地所限而需增大单位截面面积过流能力的城市排涝（内衬粗糙系数 $n = 0.01$）。

内衬聚乙烯锚固板钢筋混凝土排水管由管体及内衬层两部分组成，结构示意如图 6-21 所示。

内衬聚乙烯锚固板钢筋混凝土排水管是一种新型复合排水管材，它具有传统混凝土和钢筋混凝土排水管的刚度大、价格低等优点，又具有塑料管材内壁光滑、摩阻系数小、耐蚀性好、密封性能好、使用寿命长等优点，是替代传统管材的产品之一。它适用于新建、改建及扩建的城镇、居住区、工业园区的室外排水管道工程，适用的管材公称直径范围为 1000 ~ 3500mm。

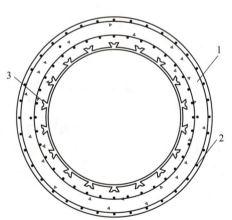

图 6-21　内衬聚乙烯锚固板钢筋混凝土排水管结构示意

1—混凝土管体　2—内衬钢筋
3—内衬聚乙烯锚固板

内衬聚乙烯板（HDPE）钢筋混凝土排水管道既适用于开槽施工，又适用于顶进施工。普通开挖施工法用的混凝土强度等级不应低于 C40，顶管施工法用的混凝土强度等级不应低于 C50。外层钢筋的混凝土保护层厚度不应小于 20mm。

内衬聚乙烯锚固板钢筋混凝土排水开槽施工采用双胶圈钢制承插口接口，顶管施工采用 F 型钢套环承插式橡胶圈口专用顶管。内衬材料在管道接口位置的处理方式有两种：一种为管道内衬层采用搭接，并用挤出焊枪焊接为一个整体，这种方式一般适用于管径大于或等于 1200mm 的管道；另一种为对接，可用挤出焊枪焊接接口，这种方式适用于各种规格的管道。

内衬 PE 板钢筋混凝土排水管外压荷载等级分级为 Ⅱ、Ⅲ 级。

管子规格、外压荷载及内水压力检验指标应符合表 6-32 的规定。

表 6-32　内衬 PE 板钢筋混凝土排水管规格、外压荷载及内水压力检验指标

公称内径 DN/mm	有效长度 L/mm ≥	Ⅱ级管				Ⅲ级管			
		壁厚 t/mm ≥	裂缝荷载 /(kN/m)	破坏荷载 /(kN/m)	内水压力 /MPa	壁厚 t/mm ≥	裂缝荷载 /(kN/m)	破坏荷载 /(kN/m)	内水压力 /MPa
800	2000	80	54	81	0.10	80	71	107	0.10
900		90	61	92		90	80	120	
1000		100	69	100		100	89	134	
1100		110	74	110		110	98	147	
1200		120	81	120		120	107	161	
1350		135	90	135		135	122	183	
1400		140	93	140		140	126	189	
1500		150	99	150		150	135	203	
1600		160	106	159		160	144	216	
1650		165	110	170		165	148	222	
1800		180	120	180		180	162	243	
2000		200	134	200		200	181	272	
2200		220	145	220		220	199	299	
2400		230	152	230		230	217	326	
2600		235	172	260		235	235	353	
2800		255	185	280		255	254	381	
3000		275	198	300		275	273	410	
3200		290	211	317		290	292	438	
3500		320	231	347		320	321	482	
3600		330	236	254		330	306(308)	459(462)	
3800		340	248	372		340	320(324)	480(486)	
4000		350	260	390		350	332(340)	498(510)	

注：管子的壁厚包含内衬 PE 板的厚度。

内衬 PE 板钢筋混凝土排水管的设计与施工参见《内衬聚乙烯锚固板钢筋混凝土排水管》（T/CECS 10200—2022）。

6. 衬里管道

金属管道强度较高，冲击性能好，但耐蚀性差。非金属管耐蚀性虽好，但强度低，质脆，容易因冲击而损坏。为了获得高强和耐腐的管材，可采用各种衬里的金属管道。目前，除大量采用水泥砂浆衬里外，还有衬胶、衬塑、衬玻璃、衬石墨等。各种衬里管道可参见材料手册和给水排水设计手册。

7. 其他管道

其他给水排水管道，如混凝土管、钢筋混凝土管等可见本书第8章有关内容。

6.3 管道附件

在给水排水管道工程施工过程中，除了需要各种管材、管件外，还需要各种管道附件。这些管道附件主要有阀门、测量仪表等。

6.3.1 阀门

阀门由阀体、阀瓣、阀盖、阀杆及手轮等附件组成。在各种管道系统中，起开启、关闭以及调节流量、压力等作用。

阀门的种类很多，按其动作特点分为驱动阀门和自动阀门两大类。驱动阀门是用手操纵或其他动力操纵的阀门，如闸阀、截止阀、蝶阀等。自动阀门是依靠介质本身的流量、压力或温度参数发生的变化而自行动作的阀门。属于这类阀门的有倒流防止器、单向阀、溢流阀、浮球阀、液位控制阀、减压阀等。按工作压力，阀门可分为：低压阀门（工作压力≤1.6MPa）、中压阀门（工作压力=2.5~6.4MPa）、高压阀门（工作压力=10~100MPa）、超高压阀门（工作压力>100MPa）。

按制造材料，阀门分为金属阀门和非金属阀门两大类。金属阀门主要由球墨铸铁、钢、铜制造；非金属阀门主要由塑料制造。

在给排水管道工程中，常用的阀门多为低压金属阀门。常用阀门分类如下。

1. 闸阀

闸阀又称闸门或闸板阀，因输水管道上大量使用闸阀，故又有"水门"之称。闸阀属于全开全闭型阀门，不宜作频繁开闭或调节流量用。闸阀的优点是流体阻力小，安装无方向性要求；闸阀的缺点是闸板易被流动介质擦伤而影响密封性能，还易被杂质卡住而造成开闭困难。因此，闸阀已逐渐被蝶阀所取代。

闸阀按阀杆结构形式分为明杆和暗杆两类。明杆闸阀可根据阀杆伸出的长度（有的明杆闸阀装有标高尺）判断出其开闭状态，但阀杆易生锈，故一般用于干燥的室内管道上；暗杆闸门不需要像明杆闸阀那样高的空间，阀杆在阀体内不易生锈，因此常用于室外管道上。另外，室外安装的闸阀通常应设阀门井。

不同阀门采用不同的阀门井。阀门井的设计选用及施工参见国家建筑标准设计图集S5（一）05S502《给水排水标准图集》。

闸阀按阀芯的结构形式分为楔式、平行式、弹性闸板。楔式闸板一般都制成单闸板；平行式闸板两密封面是平行的，一般制成双闸板。从结构上看，平行式比楔式闸板易制造、易修理、不易变形，但不适宜输送含有杂质的介质，一般用于给水工程。弹性闸板，其闸板是一整块，由于其密封面制造要求高，适宜在较高温度下输送黏性较大的介质，多用于石油及化工管道上。室外给水采用软密封闸阀。图 6-22 为暗杆楔形闸板闸阀和明杆平行闸板闸阀。

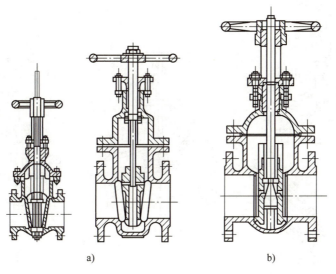

图 6-22　暗杆楔形闸板闸阀和明杆平行闸板闸阀
a）暗杆楔形闸阀　b）明杆平行闸阀

2. 截止阀

截止阀是利用装在阀杆下面的阀盘与阀体的凸缘部分相配合以控制阀开启、关闭的阀门。截止阀的优点是结构简单、密封性能好、检修方便，缺点是流体阻力比闸阀大。除小口径给水管道上采用截止阀外，中大口径给水管道上常常采用蝶阀。截止阀可用于蒸汽、水、空气、氨、油及腐蚀性介质的管道上。安装时应使介质的流动方向与阀体上所指示（箭头）一致，即"低进高出"，方向不能装反。

图 6-23a 为筒形截止阀，其水流阻力较大，为了减小阻力，另有如图 6-23b 所示的流线型截止阀和图 6-23c 所示的直流式截止阀。

角形截止阀是一种介质通过角形阀后流向改变为 90°的截止阀。

3. 蝶阀

蝶阀又叫翻板阀，是一种结构简单的调节阀，用于低压管道介质的开关控制的蝶阀是指关闭件（阀瓣或蝶板）为圆盘，围绕阀轴旋转来达到开启与关闭的一种阀。

蝶阀主要由阀体、阀杆、蝶板和密封圈组成（图 6-24）。阀体呈圆筒形，轴向长度短，内置阀板。蝶阀的优点如下：

1）蝶阀具有结构简单、体积小、重量轻、材料耗用省，安装尺寸小，开关迅速、90°往复回转，驱动力矩小等特点，用于截断、接通、调节管路中的介质，具有良好的流体控制特性和关闭密封性能。

2）蝶阀可以运送泥浆，在管道口积存液体最少。低压下，可以实现良好的密封，调节性能好。

3）蝶板的流线型设计，使流体阻力损失小，可谓是一种节能型产品。

4）阀杆为通杆结构，经过调质处理，有良好的综合力学性能和耐蚀性，抗擦伤性。蝶

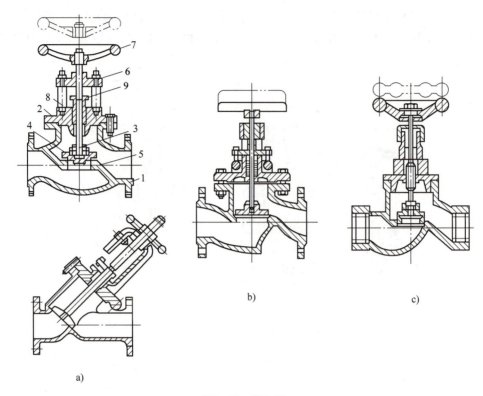

图 6-23 截止阀
a）筒形截止阀　b）流线型截止阀　c）直流式截止阀
1—阀体　2—阀盖　3—阀杆　4—阀瓣　5—阀座
6—阀杆螺母　7—操作手轮　8—填料　9—填料压盖

阀启闭时阀杆只作旋转运动而不作升降运行，阀杆的填料不易破坏，密封可靠。与蝶板锥销固定，外伸端为防冲出型设计，以免在阀杆与蝶板连接处意外断裂时阀杆崩出。

5）连接方式有法兰连接、对夹连接、对焊连接及凸耳对夹连接。

蝶阀的驱动形式有手动、蜗轮传动、电动、气动、液动、电液联动等，可实现远距离控制和自动化操作。蝶阀的选用可参见材料手册。

蝶阀安装要求如下：

1）在安装时，阀瓣要停在关闭的位置上。

2）开启位置应按蝶板的旋转角度来确定。

3）带有旁通阀的蝶阀，开启前应先打开旁通阀。

4）应按制造厂的安装说明书进行安装，质量大的蝶阀，应设置牢固的基础。

5）安装位置、高度、进出口方向必须符合设计要求，连接应牢固紧密。

图 6-24 蝶阀

蝶阀的运用范围很广，不仅应用于市政给水、建筑给水、建筑消防管道上。在石油、煤气、化工、水处理等一般工业上也得到广泛应用，是取代闸阀、截止阀的理想阀门。

4. 单向阀（止回阀、逆止阀）

在管路上安装单向阀，介质便只能沿一个方向流动，反方向流动则自动关闭。因此，单向阀是防止管路中介质倒流的一种阀门，如用于水泵出口的管路上作为水泵停泵时的保护装置。

单向阀按照结构分为升降式和旋启式（图 6-25），升降式单向阀的阀体与截止阀的阀体相同，为使阀瓣 1 准确坐落到阀座上，阀盖 2 上设有导向槽，阀瓣上有导杆，并可在导向槽内自由升降。当介质自左向右流动时，在压力作用下顶起阀瓣即成通路；反之，阀瓣由于自重下落关闭，介质不能逆流。

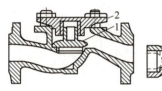 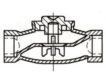 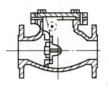 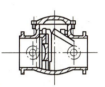

a)   b)

图 6-25 单向阀
a) 升降式　b) 旋启式
1—阀瓣　2—阀盖

旋启式单向阀的阀瓣是围绕销轴旋转来开闭的。阀瓣有单瓣和多瓣之分。升降式单向阀只能安装在水平管道上；旋启式单向阀既可安装在水平管道，又可安装在垂直管道上。由于单向阀有严格的方向性，因此安装时应注意介质的流向与阀体上箭头方向一致。

5. 倒流防止器

图 6-26 所示为倒流防止器结构图，图 6-27 所示为倒流防止器外形图。

倒流防止器是一种采用止回部件组成的可防止给水管道水流倒流的装置。主要分为低阻力倒流防止器和减压型倒流防止器两类，按国家标准低阻力倒流防止器的水头损失小于 3m，减压型倒流防止器的水头损失小于 7m。由于倒流防止器良好的防止给水管道水流倒流的特性，取代止回阀是必然趋势。

技术参数：公称压力为 1.0~2.5MPa；公称通径为 50~400mm；阀体材质为球墨铸铁、304 不锈钢、碳钢、不锈钢；阀瓣材质为碳钢、不锈钢、丁腈橡胶；阀杆材质为青铜、铬不锈钢；膜片材质为丁腈橡胶；膜片压板材质为钢、不锈钢；弹簧材质为不锈钢。

倒流防止器的安装部位如下：

1）自来水管网接入用户的接户管水表后面。

2）生活用水管道上接出非生活饮用水和排污管，安装于接出管起端。

3）生活饮用水水箱的进水管上（水箱底部进水时）。

4）生活饮用水管道上串联加压泵时安装于泵吸水管上。

5）市政给水接入小区进水管水表前。当小区设置消火栓系统时，应在倒流防止器前设置一个消火栓。

图 6-28 所示为倒流防止器室内安装图。

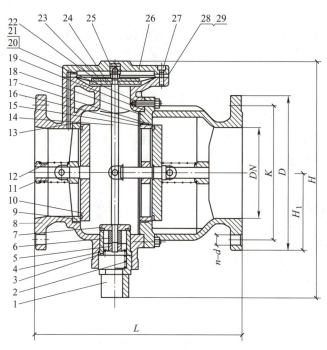

序号	零件名称	序号	零件名称	序号	零件名称
1	泄水接头	11	弹簧座	21	六角螺母
2	泄水弹簧	12	弹簧	22	膜片下压板
3	泄水阀座	13	O形圈	23	膜片
4	O形圈	14	阀杆	24	膜片上压板
5	导叶螺母	15	后止回阀阀座	25	六角螺母
6	隔套	16	后止回阀阀盘	26	阀盖
7	泄水阀瓣	17	O形圈	27	内六角螺钉
8	主阀体	18	副阀体	28	六角螺栓
9	前止回阀阀座	19	O形圈	29	橡胶垫
10	膜片	20	六角螺栓		

图 6-26 倒流防止器结构图

安装要求如下：

1）倒流防止器应安装在方便调试和维修、能及时发现水的泄放或故障产生的水平位置。安装后倒流防止器的阀体不应承受管道的质量（设置支墩），并注意避免冻坏和人为破坏。

2）应配有空气阻隔器，其出口必须接至排水管网或下水道中。

3）为测试及维修需要，排水器出口与空气阻隔器之间安装球阀，正常工作时，球阀处于开启状态。

图 6-27 倒流防止器外形图

4）倒流防止器前应装控制阀门、过滤器及活接头，倒流防止器后装控制阀门以便维修。

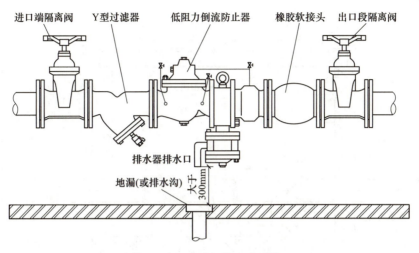

图 6-28 倒流防止器室内安装图

图 6-29 所示为室外钢筋混凝土矩形水表井内倒流防止器安装图(不带旁通阀)。

倒流防止器的具体选用及安装见《国家建筑标准设计图集 S1(一):给水排水标准图集》和《国家建筑标准设计图集 12S108-1:倒流防止器选用及安装》。

阀门的型号根据阀门类、驱动方式、连接形式、结构形式、密封圈或衬里材料、公称压力、阀体材料等,分别以汉语拼音字母和数字共 6~7 位横式书写表示,其后注明公称通径。JB/T 308—2004 中规定各类阀门型号如下:

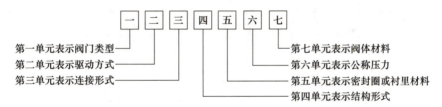

1) 第一单元"阀门类型"用汉语拼音字母作为代号,见表 6-33。

表 6-33 类型及代号

阀门类型	闸阀	截止阀	节流阀	隔膜阀	球阀	旋塞阀	止回阀	蝶阀	疏水阀	安全阀	减压阀	调节阀
代号	Z	J	L	G	Q	X	H	D	S	A	Y	T

2) 第二单元"驱动方式"用一位数字作为代号,见表 6-34。
3) 第三单元"连接形式"用一位数字作为代号,见表 6-35。
4) 第四单元"结构形式"也用一位数字作为代号,见表 6-36。

表 6-34 阀门驱动方式及代号

驱动方式	电磁驱动	蜗轮传动驱动	正齿轮传动驱动	锥齿轮传动驱动	气动驱动	液压驱动	电动机驱动
代号	0	3	4	5	6	7	9

注:用手轮或扳手等手工驱动的阀门和自动阀门则省略本单元代号。

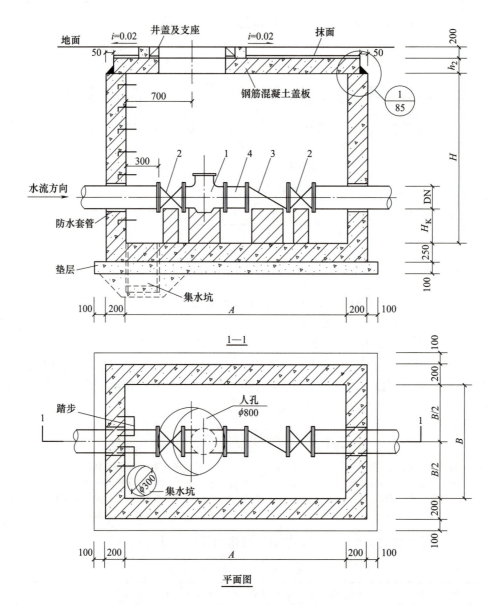

图 6-29 室外钢筋混凝土矩形水表井内倒流防止器安装图（不带旁通阀）
1—水表 2—蝶阀 3—倒流防止器或单向阀 4—伸缩接头

表 6-35 阀门连接形式及代号

连接形式	内螺纹	外螺纹	法兰	焊接	对夹	卡箍	卡套
代号	1	2	4	6	7	8	9

注：1. 法兰连接代号 3 仅用于双弹簧安全阀。
2. 法兰连接代号 5 仅用于杠杆式安全阀。
3. 单弹簧安全阀及其他类别阀门，用法兰连接时采用代号 4。

表 6-36 阀门结构形式及代号

阀门类型	代号和结构形式									
	1	2	3	4	5	6	7	8	9	0
闸阀	明杆楔式单闸板	明杆楔式双闸板	明杆平行式单闸板	明杆平行式双闸板	暗杆楔式双闸板	暗杆楔式单闸板	—	暗杆平行式双闸板	—	—
截止阀节流阀	直通式（铸造）	角式（铸造）	直通式（锻造）	角式（锻造）	直流式			无填料直通式	压力计用	—
隔膜阀	直通式	角式	—	—	直流式					
球阀	直通式（铸造）	—	直通式（锻造）							
旋塞	直通式	调节式	直通填料式	三通填料式	四通填料式	—	油封式	三通油封式	液面指示器用	—
单向阀	直通升降式（铸造）	立式升降式	直通升降式（锻造）	单瓣旋启式	多瓣旋启式					
蝶阀	旋转偏心轴式	双偏心	三偏心						杠杆式	
疏水器	—	—	—	—	钟形浮子式			脉冲式	热动力式	—
减压阀	外弹簧薄膜式	内弹簧薄膜式	膜片活塞式	波纹管式	杠杆弹簧式	气垫薄膜式				
弹簧式安全阀	封闭						不封闭			
	微启式	全启式	带扳手微启式	带扳手全启式	—	—	带扳手微启式	带扳手全启式	—	带散热器全启式
杠杆式安全阀	单杠杆式		双杠杆式							
	微启式	全启式	微启式	全启式						
调节阀	薄膜弹簧式						活塞弹簧式			
	带散热片气开式	带散热片气关式	不带散热片气开式	不带散热片气关式	阀前	阀后	阀前	阀后	—	—

5）第五单元"密封圈或衬里材料"用汉语拼音字母作为代表，见表 6-37。

6）第六单元"公称压力"直接用公称压力（PN）数值表示，并用短线与前几个单元隔开。

7）第七单元"阀体材料"用汉语拼音字母作为代号，见表 6-38。

表 6-37　阀门密封面或衬里材料代号

密封面或衬里材料	代号	密封面或衬里材料	代号
锡基轴承合金（巴氏合金）	B	尼龙塑料	N
搪瓷	C	渗硼钢	P
渗氮钢	D	衬铅	Q
氟塑料	F	奥氏体不锈钢	R
陶瓷	G	塑料	S
Cr13 系不锈钢	H	铜合金	T
衬胶	J	橡胶	X
蒙乃尔合金	M	硬质合金	Y

表 6-38　阀体材料代号

阀体材料	代号	阀体材料	代号
碳钢	C	铬镍钼系不锈钢	R
Cr13 系不锈钢	H	塑料	S
铬钼系钢	I	铜及铜合金	T
可锻铸铁	K	钛及钛合金	Ti
铝合金	L	铬钼钒钢	V
铬镍系不锈钢	P	灰铸铁	Z
球墨铸铁	Q		

注：CF3、CF8、CF3M、CF8M 等材料牌号可直接标注在阀体上。

以上为阀门单元代号的含义，下面举例说明其规格型号表示方法：

1）公称直径为 50mm，公称压力为 1.6MPa，手轮直接驱动，内螺纹连接并带有铜密封圈，用于水和蒸汽的直通式截止阀，写为 J11T-1.6，公称直径为 50mm，其名称统一写为内螺纹截止阀 DN50。

2）上述截止阀如果是法兰连接的直通截止阀，则应写为 J41T-1.6，公称直径为 50mm，其名称为法兰截止阀 DN50。

3）公称直径为 200mm，公称压力为 1.0MPa，手轮直接驱动，法兰连接并带有铜密封圈，用于水和蒸气的暗杆楔式单闸板闸阀，应写为 Z45T-1.0，其名称为法兰暗杆楔式单闸板闸阀 DN200。

4）上述闸阀如果是明杆平行式双闸板的闸阀，则应写为 Z44T-1.0，其名称为法兰明杆平行式双闸板闸阀 DN200；若为公称直径为 600mm，电动机驱动，应写为 Z944T-1.0，公称直径为 600mm，其名称为电动明杆平行式双闸板闸阀。

5）H44T-1.0 型，即表示法兰连接的单瓣旋启式用铜密封圈，公称压力为 1.0MPa 的单向阀，产品名称统一为旋启式单向阀。

6）D71J-1.0 型，即表示对夹连接的旋转偏心轴式用硬橡胶密封圈，公称压力为 1.0MPa 的蝶阀，产品名称统一为旋转偏心轴式蝶阀。

6.3.2 阀门的标志与识别

阀门的类别、驱动方式和连接形式，可以从阀门的外形加以识别。阀门的公称通径、公称压力和介质流向，已由制造厂家标示在阀门的正面，可以直接识出。对于阀体材料、密封圈材料及带有衬里的材料，必须根据阀门各部位所涂油漆的颜色来识别。

阀体材料识别颜色见表6-39，涂在不加工的表面上。

表6-39 阀体材料识别颜色面

阀体材料	识别涂漆颜色	阀体材料	识别涂漆颜色
灰铸铁、可锻铸铁	黑色	耐酸钢	浅蓝色
球墨铸铁	银色	不锈钢	—
碳素钢	灰色	合金钢	蓝色

注：1. 可根据用户的特殊需要，改变涂漆的颜色。
　　2. 耐酸钢或不锈钢制造的阀门允许不涂漆出厂。

密封面材料识别颜色见表6-40，涂在手轮、手柄或自动阀门的阀盖上。

表6-40 密封面材料识别颜色

密封面材料	识别涂色	密封面材料	识别涂色
青铜或黄铜	红色	硬质合金	灰色周边带红色条
巴氏合金	黄色	塑料	灰色周边带蓝色条
铝	铝白色	皮革或橡胶	棕色
耐酸钢或不锈钢	浅蓝色	硬橡胶	绿色
渗氮钢	淡紫色	直接在阀体上做密封面	同阀体的颜色

注：关闭件的密封面材料与阀体上密封面材料不同时，应按关闭件密封面材料涂漆。

衬里材料（当阀门有衬里时）识别颜色见表6-41，涂在阀门连接法兰的外圆表面上。

表6-41 衬里材料识别颜色

衬里材料	识别涂色	衬里材料	识别涂色
搪瓷	红色	铝锑合金	黄色
橡胶及硬橡胶	绿色	铝	铝白色
塑料	蓝色		

6.3.3 阀门的选用

在给水排水管道工程中，应用最多的是闸阀、截止阀、蝶阀。阀门的选用应根据产品的类型、性能、规格，按照管路输送介质和参数、使用条件和安装条件正确选用。选用阀门的步骤如下：

1) 根据管路介质特性、工作压力和温度，选择阀体材料。给水排水管道工程多采用灰铸铁阀门。

2) 根据公称压力、介质特性和温度，选择密封面材料。给水排水管道工程所用阀门密封面材料常为橡胶、铜合金、衬胶或直接在本体上加工的密封圈。

3）根据管路的介质工作压力和温度，确定阀门的公称压力。给水排水管道工程所用阀门公称压力有 PN≤1.0MPa 和 PN≤1.6MPa 两类。

4）由管路的管径计算值确定阀门的公称通径。一般情况下，阀门的公称通径等于管路的公称通径。

5）根据阀门的用途和生产工艺条件要求，选择阀门的驱动方式。

6）根据管道的连接方法和阀门公称通径，选择阀门的连接形式。

7）根据阀门的公称压力、介质特性和工作温度以及公称通径等，确定阀门类型、结构形式及型号。表 6-42 为常用阀门型号与基本参数。

表 6-42 常用阀门型号与基本参数

阀门名称	型 号	公称压力	使用温度/℃	适用介质	公称通径范围
内螺纹暗杆楔式闸阀	Z15T-1.0 Z15T-1.0K	PN1.0	≤120	水、蒸汽	DN15～DN100
明杆楔式单闸板闸阀	Z41T-1.0	PN1.0	≤200	水、蒸汽	DN100～DN400
明杆平行式双闸板闸阀	Z44T-1.0	PN1.0	≤200	水、蒸汽	DN50～DN400
暗杆楔式单闸板闸阀	Z45T-1.0	PN1.0	≤100	水	DN75～DN400
电动楔式闸阀	Z941T-1.0	PN1.0	≤200	水、蒸汽	DN100～DN450
液动楔式闸阀	Z741T-1.0	PN1.0	≤100	水	DN100～DN600
伞齿轮传动楔式双闸板闸阀	Z542H-2.5	PN2.5	≤300	水、蒸汽	DN300～DN500
内螺纹截止阀	J11X-1.0	PN1.0	≤50	水	DN15～DN65
	J11T-1.6	PN1.6	≤200	水、蒸汽	DN15～DN65
内螺纹铜截止阀	J11W-1.0T	PN1.0	≤225	水、蒸汽	DN6～DN65
法兰截止阀	J41W-1.0T	PN1.0	≤225	水、蒸汽	DN6～DN80
	J41T-1.6	PN1.6	≤220	水、蒸汽	DN15～DN200
	J41H-2.5	PN2.5	≤425	水、蒸汽、油类	DN32～DN200
蝶阀	D71J-1.0 D41H-1.0	PN1.0	≤100	水、蒸汽、油类	DN32～DN300
倒防流器	LHS743H-1.0Q	PN1.0	≤200	水	DN50～DN600
	DF41X-1.6Q-	PN1.6			
旋启式单向阀	H44T-1.0	PN1.0	≤200	水、蒸汽	DN50～DN400
	H44H-2.5	PN2.5	≤350	水、蒸汽、油类	DN50～DN300

6.3.4 阀门的安装

对长时间存放和多次搬运的阀门，安装前应进行检查、清洗、试压和更换密封填料，当阀门不严密时，还必须对阀芯及阀孔进行研磨。

1. 阀门检查和水压试验

通常先将阀盖拆下，对阀门进行清洗后检查：看内外表面有无砂眼、毛刺、裂纹等缺陷；阀座与阀体接合是否牢固；阀芯与阀座（孔）的密封面是否吻合和有无缺陷；阀杆与阀芯连接是否灵活牢固，阀杆有无弯曲；阀杆与填料压盖是否配合适当；阀门开闭是否灵活；螺纹有无缺扣断丝；法兰是否符合标准等。

经检查合格的阀门，按规定标准进行强度及严密性试验，在试验压力下检查阀体、阀盖、垫片和填料等有无渗漏。

2. 阀门研磨

当阀门的密封面因摩擦、挤压而造成划痕和不平等损伤，损伤深度小于 0.05mm 时，可用研磨法处理。若深度大于 0.05mm 时可先用车床车削后再研磨。

截止阀、升降式单向阀，可直接将阀芯的密封面和阀座密封圈上涂一层研磨剂，将阀芯来回旋转互相研磨；对闸阀则要将闸板与阀座分开研磨。

研磨少量阀门时，可采用手工研磨；当研磨的阀门较多时，可采取研磨机研磨。

研磨剂用人造刚玉粉、人造金刚砂和碳化硼粉，煤油、机油和酒精等配制而成，前者为磨料，后者为磨液。研磨铸铁、钢和铜制的密封圈，应采用人造刚玉粉；人造金刚砂和碳化硼粉用于研磨硬质合金密封圈。

研磨的工具硬度应比工件软一些，以便嵌于磨料，同时应具有一定的耐磨性。最好的研具材料是生铁，其次为软钢、铜、铅和硬木等。

磨液按不同的研具选用。对生铁研具，用煤油；对铁钢研具，用机油；对铜研具，用机油或酒精。将选定的磨液与磨料混合，则可用以研磨。

阀门经研磨、清洗、装配后，应进行试压测试，合格后方可安装。

3. 阀门的安装

阀门安装时，应仔细核对阀门的型号、规格是否符合设计要求。安装的阀门，其阀体上标示的箭头，应与介质流向一致。

水平管道上的阀门，其阀杆一般应安装在上半周范围内，不允许阀杆朝下安装。

安装法兰阀门，应保证两法兰端相互平行和同心。

安装法兰或螺纹连接的阀门应在关闭状态下进行。

安装单向阀时，应特别注意介质的正确流向，以保证阀盘自动开启。对升降式单向阀，应保证阀盘中心线与水平面互相垂直；对旋启式单向阀，应保证摇板的旋转枢轴成水平状。

安装铸铁、硅铁阀门时，应避免因强力连接或受力不均引起的破坏。

阀门的操作机构和传动装置应进行必要的调整，使之动作灵活，指示正确。

较大型阀门安装应用起重工具吊装，绳索应绑扎在阀体上，不允许将绳索拴在手轮、阀杆或阀孔处，以防造成损伤和变形。

为便于检修和启闭操作，室外地下阀门应设阀门井。

地下各类阀门安装和阀门井的砌筑见国家建筑标准设计图集 S5（一）05S502《给水排水标准图集》。

6.3.5 常用测量仪表安装

测量仪表在管道系统中，起监视、控制及调节的作用。常用测量仪表有温度测量仪表、压力测量仪表、计量仪表。

（1）温度测量仪表 温度测量仪表又称温度计，种类繁多，按其测量方式可分为接触式和非接触式两类,按测量原理可分为膨胀式、压力式、电阻式、热电式和辐射式五类。管道工程常用玻璃水银温度计,其结构形式有直型、90°型及135°型三种,测温范围为-30~500℃。这种温度计一般带有金属保护套管,以免受机械损坏,其尾部接头配有M27×2、3/4in(1in=2.54cm)或1/2in管螺纹,可与管道或设备连接。

选用玻璃水银温度计时,要注意其型号、测量范围、尾部长度及配合螺纹规格。表6-43为常用玻璃水银温度计的规格。

表6-43 常用玻璃水银温度计规格

型号	尾部形式	测量范围/℃	常用尾部长度/mm	金属保护套管接头螺纹
WNG-11	直型	-30~50, 0~50, 0~100 0~150, 0~200, 0~250 0~300, 0~400, 0~500	60, 80, 100 120, 160 200	一般为M27×2螺纹,也可采用3/4in或1/2in管螺纹
WNG-12 WNG-13	90°型 135°型	-30~50, 0~50, 0~100 0~150, 0~200, 0~250 0~300, 0~400, 0~500	110, 130 150, 170 210	

温度计的安装应在整个工程将结束时进行,其安装位置要便于观察和检修,且不易被机械损坏。安装前,应检查型号规格是否符合设计图中的要求,测温上、下限范围是否符合被测介质的温度要求,有无损坏。安装时,应将感温包端部尽可能伸到被测介质管道中心线位置,且受热端应与介质流向逆向。

温度计与管道或设备连接时,必须在安装部位焊接螺纹与金属保护套管接头相同的钢制管接头,然后把温度计套管接头拧入管接头内,并用扳手拧紧。

玻璃水银温度计安装方式如图6-30所示。

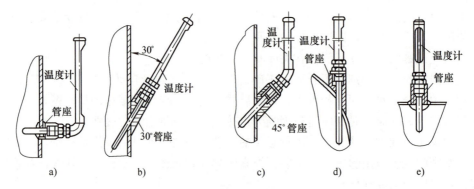

图6-30 玻璃水银温度计安装方式
a) 90°型工业用玻璃水银温度计在容器壁或立管(≥DN50)上安装
b) 直型工业用水银温度计在容器壁或立管(≥DN50)上安装
c) 135°型工业用水银温度计在容器壁或立管(≥DN50)上安装
d) 直型工业用玻璃水银温度计在容器球形顶壁上安装
e) 直型工业用玻璃水银温度计在容器平顶壁上安装

(2)压力测量仪表 按被测压力状态,压力测量仪表分为压力表和真空表,用于测量管道内输送介质的压力。

给水排水管道工程中常采用弹簧管式压力表，主要由表壳、表盘、弹簧管、指针、连杆、扇形齿轮和轴心架等部件组成，如图 6-31 所示。

表内弹簧金属管断面呈扁圆形，一端被封闭。当被测介质进入弹簧管时，由于介质的压力作用，使弹簧产生变形延伸，经齿轮传动，使指针动作，从表盘上指针的偏转可读出被测介质的压力变化。

弹簧式压力表可测量 0~58.8MPa 的压力，精度等级有 0.5、1.0、1.5、2.5 级。Y 型弹簧管压力表是弹簧式压力表的一种，它在给水排水管道系统中应用最为普遍，其主要技术参数见表 6-44，适用于测量液体、气（汽）体的压力。

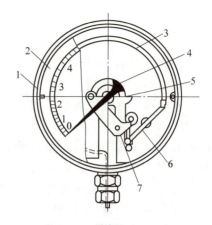

图 6-31 弹簧管式压力表
1—表壳　2—表盘　3—弹簧管
4—指针　5—扇形齿轮　6—连杆
7—轴心架

表 6-44　Y 型弹簧管压力表的主要技术参数

型号	表面直径/mm	测量范围/MPa		接头螺纹	精度等级
		下限	上限		
Y-60	60	0	0.156、0.245、0.588、0.98、1.568、2.45、3.92、5.88、9.8、15.68、24.5	M14×1.5	1.5 2.5 4
Y-100	100	0	0.098、0.157、0.245、0.392、0.588、0.98、1.568、2.45、3.92、5.88、9.8、15.68、24.5	M20×1.5	1.5 2.5
Y-150	150	0	0.098、0.157、0.245、0.392、0.588、0.98、1.568、2.45、3.92、5.88、9.8、15.68、24.5、39.2、58.8	M20×1.5	1.5 2.5
Y-250	250	0	0.098、0.157、0.245、0.392、0.588、0.98、1.568、2.45、3.92、5.88	M20×1.5	1 1.5 2.5

选用弹簧管压力表时，精度等级一般可选 1.5 级或 2.5 级，表盘大小根据观察距离的远近来选择。在选用压力表的测量范围时，其正常指示值不应接近最大测量值。当被测量介质压力比较稳定时，表的正常指示值为最大测量值的 2/3 或 3/4；当测量被动压力时，表的正常指示值为最大测量值的 1/2。在上述两种情况下，测量值最低不应低于最大测量值的 1/3。压力表通常在管道与设备试运行前安装，应垂直安装在光线充足、便于观察和方便检修的直线立管或水平管道上。

（3）计量仪表　计量仪表是用来计量介质流量的，它分为水表和流量计两类。常用水表有旋翼式水表、螺翼式水表、复式水表、远传水表和 IC 卡水表；常用流量计有转子流量计和电磁流量计。一般的，公称直径≤DN50 时，选用旋翼式水表；公称直径>DN50 时，应采用螺翼式水表，当通过流量变化幅度很大时，应采用由旋翼式和螺翼式组合而成的复式水表。

旋翼式水表和螺翼式水表为传统直读式水表，需要人工抄表。目前，远传水表因无须上门抄表，即可将用户用水量记录并保存，并且可即时将水表数据上传给管理系统及用户。IC 卡水表则属于预付费智能水表，用户将费用预存于 IC 卡内，付费用水。智能水表的应用是智慧城市建设智慧水务的重要组成部分。智能水表逐步取代传统直读式水表只是时间问题。

远传水表由普通机械水表和电子采集发信模块组成。电子采集发信模块完成信号采集、数据处理、存储并将数据通过通信线路上传给中继器或手持式抄表器，表体采用一体设计。它可以实时地记录并保存用户的用水量，或者直接读取当前累计数。每块水表都有唯一的代码，当智能水表接收到抄表指令后可即时将水表数据上传给管理系统。

远传水表按机电转换方式不同分为实时转换式远传水表、直读式远传水表、脉冲式远传水表、无源厚膜直读式远传水表；按翼轮构造不同分为螺翼式远传水表、旋翼式远传水表；按照计数机件的浸没方式不同分为干式远传水表、湿式远传水表、液封式远传水表。远传水表如图 6-32 所示。

图 6-32　远传水表

IC 卡水表的外观与一般水表的外观基本相似，其安装过程也基本相同。IC 卡水表的使用很简单，从用户的角度看，就是把 IC 卡向水表里插一下即可用水。IC 卡水表的工作过程一般如下：将含有金额的 IC 卡片插入水表中的 IC 卡读写器，经微机模块识别和下载金额后，阀门开启，用户可以正常用水。当用户用水时，水量采集装置开始对用水量进行采集，并转换成所需的电子信号供给微机模块进行计量，并在 LCD 显示模块上显示出来。当用户的用水金额下降到一定数值时，微机模块进行声音报警，提示用户应该去持卡交费购水。如果超过用水金额，则微机模块会自动将电控阀门关闭，切断供水。用户插入已经交费的 IC 卡片后，IC 卡水表重新开始开启阀门进行供水。水表的公称直径应按设 IC 卡水表计秒流量不超过水表的额定流量来决定，一般等于或略小于管道的公称通径。IC 卡水表如图 6-33 所示。常用水表的技术特性见表 6-45。

图 6-33　IC 卡水表

表 6-45 常用水表的技术特性

类型	介质条件			公称直径	主要技术特性	适用范围
	水温 /℃	压力 /MPa	性质			
旋翼式水表	0~40	1.0	清洁的水	DN15~DN150	最小起步流量及计量范围较小，水流阻力较大，湿式构造简单，精度较高	适用于用水量及其逐时变化幅度小的用户，只限于计量单位向水流
螺翼式水表	0~40	1.0	清洁的水	DN80~DN400	最小起步流量及计量范围较大，水流阻力小	适用于用水量大的用户，只限于计量单向水流
复式水表	0~40	1.0	清洁的水	主表：DN50~DN400 副表：DN15~DN40	由主、副表组成，用水量小时仅由副表计量，用水量大时，则主、副表同时计量	适用于用水量变化幅度大的用户，仅限于计量单向水流
远传水表	0~40	1.0	清洁的水	DN15~DN400	由普通机械水表和电子采集模块组成，电子模块完成信号采集、数据处理、存储并将数据通过通信线路上传给管理系统及用户	只限于计量单位单向水流
IC 卡水表	0~40	1.0	清洁的水	DN15~DN300	预付费模式。具有交易方便、计算准确、可利用银行进行结算等特点	只限于计量单位单向水流

水表安装要求如下：

1) 水表应安装在便于检修和读数，不受曝晒、冰冻、污染和机械损伤的水平管道上。

2) 螺翼式水表在上游侧，应保证长度为 8~10 倍水表公称直径的直管段；其他类型的水表前后应有不小于 300mm 的直线管段。

3) 水表前后和旁通管上应设检修阀门。若水表可能产生倒转而损坏水表时，则应在水表前设防倒流器或单向阀（图 6-34）。

4) 住宅分户水表仅在表后设检修阀门。

5) 安装水表时应注意水表外壳上箭头所示方向应与水流方向一致。

室外水表及水表井的设计选用、水表井施工参见国家建筑标准设计图集 S5（一）05S502《给水排水标准图集》和 07MS101《市政给水管道工程及附属设施》。

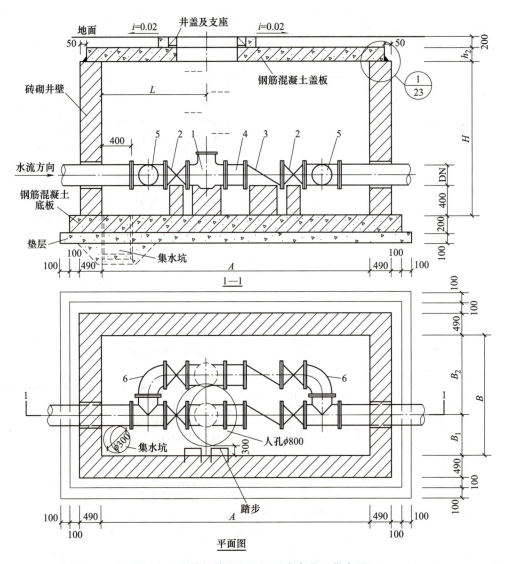

图 6-34 室外钢筋混凝土矩形水表井（带旁通）
1—水表 2—蝶阀 3—倒流防止器或单向阀 4—伸缩接头 5—三通 6—弯头

6.4 常用辅材

给水排水管道工程中所需的材料分为主材和辅（副）材，主材为管材、各种阀件、法兰等，其余的材料都称为辅助材料。常用的辅材有型钢、钢板、填料等。

6.4.1 型钢

一般的型钢是用 Q235 钢经热轧工艺制成不同几何断面形状的钢材，主要有圆钢、角钢、扁钢、槽钢、工字钢、钢板等。

1. 圆钢

圆钢常用于受力构件，如管道吊架拉杆、管道支架 U 形螺栓卡环等。为了便于运输和堆放，直径 6~12mm 的圆钢通常卷成圆盘出厂，称盘条或盘圆；直径 12mm 以上的圆钢通常轧成每根长度为 6~12m，称直条。圆钢直径表示符号为 ϕ，如直径为 12mm 的圆钢表示为 ϕ12。圆钢的规格为 6~40mm，常用圆钢规格见表 6-46。

表 6-46 常用圆钢规格

规格 ϕ/mm	6	8	10	12	14	16	18	20	22
理论质量/(kg/m)	0.222	0.395	0.617	0.888	1.21	1.58	2.0	2.47	2.98

2. 角钢

角钢的两直角边宽度相等者称为等边角钢，规格表示为边宽×边厚，如边宽为 30mm，边厚为 4mm 的等边角钢表示为∟30×4；两直角边宽不相等者称为不等边角钢，规格表示为长边宽×短边宽×边厚，如长边宽为 32mm，短边宽 20mm，边厚为 3mm 的不等边角钢表示为∟32×20×3。常用等边角钢规格见表 6-47。角钢常用于管道支架。

表 6-47 常用等边角钢规格表

规格（边宽/mm）×（边厚/mm）	质量/(kg/m)	规格（边宽/mm）×（边厚/mm）	质量/(kg/m)	规格（边宽/mm）×（边厚/mm）	质量/(kg/m)	规格（边宽/mm）×（边厚/mm）	质量/(kg/m)	规格（边宽/mm）×（边厚/mm）	质量/(kg/m)
25×3	1.124	40×4	2.422	50×5	3.770	56×6	6.568	70×6	6.406
30×4	1.786	45×4	2.736	50×6	4.465	63×5	4.822	70×7	7.398
36×4	2.163	45×5	3.369	56×4	3.446	63×6	5.721	75×6	6.905
40×3	1.852	50×4	3.059	56×5	4.251	70×5	5.397	80×8	9.658

注：通常长度为边宽 20~40mm，长 3~9m；边宽 45~80mm，长 4~12m。

3. 扁钢

扁钢是宽度相等的长条形钢材，主要用于制作管道吊架的吊环、管卡、活动支架等。其规格以宽度×厚度表示，如—20×5 的扁钢。扁钢规格见表 6-48。

表 6-48 扁钢规格（摘自 GB/T 702—2017）

宽度/mm	厚度/mm														
	10	12	14	16	18	20	22	25	28	30	32	36	40	45	50	56	60
	理论质量/(kg/m)																
3	0.24	0.28	0.33	0.38	0.42	0.47	0.52	0.59	0.66	0.71	0.75	0.85	0.94	1.06	1.18	1.32	1.41
4	0.31	0.38	0.44	0.50	0.57	0.63	0.69	0.79	0.88	0.94	1.01	1.13	1.26	1.41	1.57	1.76	1.88
5	0.39	0.47	0.55	0.63	0.71	0.79	0.86	0.98	1.10	1.18	1.25	1.41	1.57	1.73	1.96	2.20	2.36
6	0.47	0.57	0.66	0.75	0.85	0.94	1.04	1.18	1.32	1.41	1.50	1.69	1.88	2.12	2.36	2.64	2.83
7	0.55	0.66	0.77	0.88	0.99	1.10	1.21	1.37	1.54	1.65	1.76	1.98	2.20	2.47	2.95	3.08	3.30
8	0.63	0.75	0.88	1.00	1.13	1.26	1.38	1.57	1.76	1.88	2.01	2.26	2.51	2.83	3.14	3.52	3.77
9	—	—	—	1.15	1.27	1.41	1.55	1.77	1.98	2.12	2.26	2.51	2.83	3.18	3.53	3.95	4.24
10	—	—	—	1.26	1.41	1.57	1.73	1.96	2.20	2.36	2.54	2.82	3.14	3.53	3.93	4.39	4.71

注：通常长度为 3~9m。

4. 槽钢

槽钢常用于给水排水管道工程中的管道及设备的支架、托架、支座等。槽钢规格以高度的厘米数值表示，常用型号表示，如高度为 100mm 的槽钢表示为 10 号槽钢，也可以记为 10#槽钢。槽钢规格见表 6-49。

表 6-49　槽钢规格（摘自 GB/T 706—2016）

型号	尺寸/mm			理论质量/(kg/m)	备注
	h	b	d		
5	50	37	4.5	5.44	
6.3	63	40	4.8	6.63	
8	80	43	5	8.04	
10	100	48	5.3	10	
12.6	126	53	5.5	12.37	
14a	140	58	6	14.53	
14b	140	60	8	16.73	
16a	160	63	6.5	17.23	
16b	160	65	8.5	19.74	
18a	180	68	7	20.17	
18b	180	70	9	22.99	
20a	200	73	7	22.63	
20b	200	75	9	25.77	

5. 工字钢

工字钢的断面为工字形，用途与槽钢相类似，规格的表示也相同，长度一般为 5~19m。常用规格见有关材料手册。

6. 钢板

钢板按厚度分为薄板（板厚≤4mm）和厚板（板厚为 4.5~60mm），厚板又可分为中板（板厚为 4.5~26mm 厚）和厚板（板厚为 28~60mm）。钢板在给水排水管道工程中主要用于制作容器、焊接钢管、法兰、盲板、管托架、预埋构件等，钢板的规格表示以板的厚度表示，常用的厚度为 0.5~26mm。表 6-50 为常用钢板规格。

表 6-50　常用钢板规格

薄板		厚板					
厚度/mm	质量/(kg/m²)	厚度/mm	质量/(kg/m²)	厚度/mm	质量/(kg/m²)	厚度/mm	质量/(kg/m²)
0.5	3.925	1.4	10.990	4.5	35.325	12.0	94.200
0.7	5.495	1.5	11.775	5.5	43.180	14.0	100.900
0.9	7.065	2.0	15.700	6.0	47.100	16.0	125.600
1.0	7.850	2.5	19.625	7.0	54.950	18.0	141.300
1.1	8.635	3.0	23.550	8.0	62.800	20.0	157.000
1.2	9.420	3.5	27.476	9.0	70.650	22.0	172.700
1.3	10.205	4.0	31.400	10.0	75.500	24.0	188.400

6.4.2 管道支架

所有的管道都应以合理的构件承托，设备也不例外。这些构件按材料不同，分为钢结构、钢筋混凝土结构、混凝土结构、砖木结构等；按管道能否在构件上滑动，分为滑动式和固定式两种；按构件的结构形式可分为支架、吊架、托架与管卡。

管道支架是管道安装中使用最广泛的构件之一。管道支架的形式及其间距选择，主要取决于管道的材料、输送介质的工作压力和工作温度、管道保温材料与厚度，还需考虑便于制作和安装，在确保管道安全运行的前提下，降低安装费用。支架选择的一般规定如下：

1）沿建筑物墙、柱敷设的管道一般采用支架。

2）不允许有任何水平或垂直方向位移的管道采取固定支架。在固定支架之间，管道的热膨胀靠管道的自然补偿或专设的补偿器解决。

3）允许有水平位移的管道（如热力管道），应采取滑动支架。若管道输送温度较高，管径较大，为了减小轴向摩擦力，可采用滚动支架。

4）需要有垂直位移的管道可采取弹簧支架。

5）有水平位移或垂直位移的管道（如热水管）穿过建筑物墙或楼板时，必须加套管，套管的作用相当于一种特殊的滑动支架。

常用管道固定支架的间距见表 6-51。

表 6-51 常用管道固定支架的间距

公称直径 (D/mm)	水平敷设/m					垂直敷设/m		
	钢管		塑料管 $t=20℃$			钢管	聚氯乙烯高压聚乙烯	低压聚乙烯
	不保温	保温	聚氯乙烯	低压聚乙烯	高压聚乙烯			
DN15(20)	2.5	1.5	0.55	0.40	0.40		—	0.5
DN20(25)	3.0	2.0	0.65	0.45	0.45		—	0.7
DN25(32)	3.5	2.0	0.85	0.50	0.55		1.21	0.9
DN32(40)	4.0	2.5	1.10	0.60	0.65		1.51	1.10
DN40(50)	4.5	3.0	1.15	0.70	0.8	3.0	1.80	1.40
DN50(63)	5.0	3.0	1.35	0.80	0.90		2.40	1.70
DN70(75)	6.0	4.0	1.60	0.90	1.00		2.50	2.00
DN80(90)	6.0	4.0	1.80	1.00	1.10		3.20	2.60
DN100(110)	6.0	4.5	2.0	1.15	1.25		3.90	2.90
DN125(140)	7.0	5.0	2.25	—	—		—	—

注：D 为塑料管外径。

管道支架安装的一般要求如下：

1）支架横梁应牢固地固定在墙、柱子或其他构件上，横梁长度方向应水平，顶面应与管子中心线平行。

2）管道的支架间距施工时一般按设计规定采用。

6.4.3 常用紧固件

常用紧固件主要是用于各种管路、支架及设备固定与收紧所用的器件，如膨胀螺栓、射钉、螺栓（母）。

1. 膨胀螺栓

膨胀螺栓是用于固定管道支、吊、托架、管卡及作为设备地脚的专用紧固件。采用膨胀螺栓能省去预埋件及预留孔洞，提高施工质量，加快安装速度，降低成本。膨胀螺栓种类很多，按结构形式分为锥塞型和胀管型两类；按制造材料分，可分为金属材料和非金属材料两大类。金属材料制造的膨胀螺栓主要是钢制膨胀螺栓，其次为铜合金及不锈钢制造的膨胀螺栓；非金属材料制造的膨胀螺栓主要是塑料膨胀螺栓，其次为尼龙膨胀螺栓。膨胀螺栓的种类见有关五金材料手册。

锥塞型膨胀螺栓适用于钢筋混凝土建筑结构。胀管型膨胀螺栓用于砖、木及钢筋混凝土建筑结构。对于受拉或受动荷载作用的支、吊、托架、管卡及设备宜采用胀管型膨胀螺栓。膨胀螺栓的安装要求（表 6-52）为①选择不小于允许拉力和允许剪力的膨胀螺栓；②在安装部位采用冲击电钻（电锤）钻孔，所选钻头直径等于膨胀螺栓直径；③将胀管放入孔洞内，锥塞型膨胀螺栓打入锥塞；胀管型膨胀螺栓则拧紧螺母即可。

表 6-52　钢制膨胀螺栓在 C15 及其以上等级混凝土中的允许承载力

型号	螺栓直径/mm	抗拉强度/MPa	抗剪强度/MPa	钻孔直径/mm	钻孔深度/mm
YG1	M10	10	57	47	10.5	60
	M12	12	87	69	12.5	70
	M16	16	165	130	16.5	90
	M20	20	270	200	20.5	110
YG2	M16	16	194	180	22.5~23	120
	M20	20	304	280	28.5~30	140

2. 射钉

射钉的作用与膨胀螺栓一样。不同于膨胀螺栓需要钻孔，射钉靠射钉枪中弹药爆炸的冲击力将钢钉直接射入建筑结构中。射钉是一种专用特制钢钉，它可作用在砖墙、钢筋混凝土结构、钢质或木质构件上。射钉是靠对基体材料的挤压产生的摩擦力而紧固的。因此，射钉只能承受一般的静荷载，不宜承受动荷载。采用射钉安装支架与设备，不但位置准确，速度快，而且可节省能源和材料。

选用射钉要考虑荷载量、构件的材质和射钉的埋入深度，见表 6-53，并根据射钉的大小选择射钉弹。

表 6-53　射钉和射钉弹选用表

基体材料类别	基体材料抗拉（压）强度/MPa	射钉埋置深度 L/mm	被紧固件材质和厚度 S/mm	射钉类型	射钉弹类型
混凝土	10~60	22~32	木质 25~55	YD DD	S_1（红、黄） S_3（黄、红、绿）

（续）

基体材料类别	基体材料抗拉（压）强度/MPa	射钉埋置深度 L/mm	被紧固件材质和厚度 S/mm	射钉类型	射钉弹类型
混凝土	10~60	22~32	松软木质 25~55	YD+D36 DD+D36	S_1（红、黄）S_3（红、黄、绿）
混凝土	10~60	22~32	钢和铝板 4~8	YD DD	S_1（红、黄）S_3（红、黄）
混凝土	10~60	22~32	—	M6	S_3（红、黄）
混凝土	10~60	22~32	—	M8、M10	S_3（红、黄）
金属体	1~7.5	8~12	木质 25~55	HYD HDD	S_1（红）S_3（红、黄）
金属体	1~7.5	8~12	—	HM6 HM8 HM10	S_3（黑、红、黄）

射钉分为圆头射钉和螺纹射钉两类。

射钉枪的使用：将装好射钉和弹药的射钉枪对着所要固定的基体材料，用30~50N的压力使枪管向后压缩到规定位置，扣动扳机击发，将钢钉射入指定的位置。

3. 螺栓（母）

螺栓与螺母的螺距分为粗牙和细牙两种。粗牙普通螺距用字母"M"和公称直径表示，如M12表示公称直径为12mm的粗牙螺纹。细牙普通螺纹用字母"M"和公称直径×螺距表示，如M14×1.5表示螺距为1.5mm、公称直径为14mm的细牙螺纹。给水排水管道工程中，粗牙的螺栓（母）应用较普遍。公制普通螺纹规格见表6-54。

表6-54 公制普通螺纹规格 （单位：mm）

公称直径螺距	4	5	6	8	10	12	14	16	18	20	22	24	27	30	33	36	39	42	45	48
粗牙	0.7	0.8	1	1.25	1.5	1.75	2	2	2.5	2.5	2.5	3	3	3.5	3.5	4	4	4.5	4.5	5
细牙	0.5	0.5	0.75	1.0 0.75	1.0 1.25	1.25 1.5	1.5	1.5	2 2.15	2 2.15	2.5	2	2	3.2	3.2	3.2	3.2	4.3	4.3	4.3

（1）螺栓 螺栓按外形分为六角头、方头和双头螺栓三种；按制造工艺分为粗制、半精制、精制三种。给水排水管道工程中常采用粗制、半精制粗牙普通螺距六角头螺栓（母）。螺栓的表示：粗牙普通螺距的螺栓为公称直径×长度，如M8×10表示公称直径为8mm，螺栓长为10mm；细牙普通螺纹螺栓用公称直径×长度×螺纹长度。公制六角头螺栓规格见表6-55。

表6-55 公制六角头螺栓规格 （单位：mm）

公称直径	DN3	DN4	DN5	DN6	DN8	DN10	DN12	DN16	DN20	DN24
螺栓长度	4~35	5~40	6~50	8~75	10~85	10~85	10~150	14~220	18~220	32~260

（2）螺母 螺母是与螺栓配套的紧固件，分为六角螺母和方螺母两种。公制六角螺母规格见表6-56。

表 6-56 公制六角螺母规格　　　　　　　　　　　　（单位：mm）

公称直径	DN2	DN2.5	DN3	DN4	DN5	DN6	DN8	DN10	DN12	DN14	DN16	DN18	DN20	DN22	DN24	DN30
螺母厚度	1.6	2	2.4	3.2	4	5	6	8	10	11	13	14	16	18	19	24

（3）垫圈　垫圈分为平垫圈和弹簧垫圈两种。垫圈置于被紧固件（如法兰）与螺母之间，能增大螺母与被紧固件间的接触面积，降低螺母作用在单位面积上的压力，并起保护被紧固件表面不受摩擦损伤的作用。给水排水管道工程中常采用平垫圈。平垫圈规格见表 6-57。弹簧垫圈富有弹性，能防止螺母松动，适宜于常受振动处（如水泵的地脚螺栓）。它分为普通与轻型两种，规格与所配合使用的螺栓一致，以公称直径表示。

表 6-57　平垫圈规格（公称直径指配合螺栓规格）

公称直径	DN3	DN4	DN5	DN6	DN8	DN10	DN12	DN14	DN16	DN18	DN20	DN22	DN24	DN30	DN36	DN40
垫圈直径/mm	3.2	4.2	5.5	6.5	8.5	10.5	12.5	14.4	16.5	19	21	23	25	31	33	44
垫圈质量/(kg/千个)	0.331	0.508	1.051	1.421	2.327	3.981	5.76	10.61	13.90	15.90	24.71	30.44	34.51	63.59	117.6	165.1

螺栓、垫圈、螺母的安装要求：①螺栓的公称直径应小于被紧固件螺栓孔直径 2~3mm；②螺栓的长度应保持垫上垫圈拧紧螺母后外露长度不超过 5mm（2~3 扣螺扣）；③一个螺母下只允许垫一个垫圈；④拧紧螺母的扳手不允许附加管子套管进行加力，以免损坏被紧固件或拧断螺栓。

6.4.4　管道支架的安装

管道支架的安装分下面两个步骤进行：

（1）管道支架的定线　按照设计要求定出支架的位置，再按管道的标高，将同一水平直管段两端的支架位置画在墙或柱子上。对于有坡度的管道，应根据两点间的距离和坡度的大小，算出两点间的高差，然后在两点间拉一根直线，按照支架的间距在墙或柱子上画出每个支架的位置。

如果土建施工时已在墙上预留了埋设支架的孔洞，或在钢筋混凝土构件上预埋了焊接支架的钢板，则应检查预留孔洞或预埋钢板的标高和位置是否符合设计要求。预埋钢板上的砂浆或油漆应清除干净。

混凝土、钢筋混凝土、砖砌等制成的支柱、支墩等，在安装支架前应测量顶面标高、坡度和垂直度是否符合设计要求。

（2）支架的安装　支架的安装应按设计或有关要求执行。其安装方法分为两种：预留孔洞或预埋钢板式。前者由土建施工时预留孔洞，埋入支架横梁时，应清除洞内碎石和灰尘，并用水将孔洞浇湿，埋入深度应符合设计要求或有关标准图的规定（图 6-35）。孔洞采用 C20 的细石混凝土填塞，要填得密实饱满；后者在浇灌混凝土前，将钢板焊接在钢筋骨架上，以免振捣混凝土时，预埋件脱落或偏离设计标高和位置（图 6-36）。上述两种方法适用于较大直径且有较大推力的管道支架的安装。

在没有预留孔洞和预埋钢板的砖或混凝土构件上，可以用射钉或膨胀螺栓安装支架，如图 6-37、图 6-38 所示。这种施工方法具有施工进度快、工程质量好、安装成本低的优点。

但是，这种方法安装的管道支架一般仅用于管径不大的管道或推力较小管道的安装。

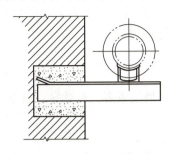

图 6-35　埋入墙内的支架（预留孔洞）

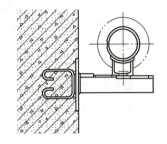

图 6-36　焊接到预埋钢板上的支架

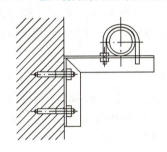

图 6-37　用射钉安装的支架

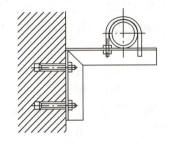

图 6-38　用膨胀螺栓安装的支架

6.4.5　管道吊架安装

管道吊架用于架空敷设管道的安装。例如，建筑物楼板下架空安装的排水管等均采用吊架。管道吊架可分为刚性吊架和弹簧吊架两种。刚性吊架由管卡和吊杆组成，用于无垂直位移管道的安装；弹簧吊架由管卡、弹簧、吊杆组成，用于有垂直位移管道的安装。吊架的安装要求为：吊架的吊杆应垂直于管子，吊杆的长度要能调节。

管道吊架的安装有下列几种方法：

1) 土建施工预留孔洞或预埋钢板或直接预埋吊杆。这种方法要求安装施工要密切配合土建施工进行预留预埋，否则会造成少埋、漏埋或位置不符合设计要求的问题。

2) 现场打洞法。这种方法仅适合较薄现浇板或预制空心板的打洞。打洞宜采用冲击电钻（电锤）施工，应最大限度地保证建筑物结构不受损坏、孔洞大小适中、位置正确。

3) 膨胀螺栓安装吊架法。这种方法具有施工简单快捷，质量容易保证的特点。但应注意管道的荷载不应大于膨胀螺栓的允许拉力，以免膨胀螺栓拔出而损坏管道。

托架类似于支架，不但用于管道的支承，也用于设备的架空承托，实质上也是一种支架，其安装要求和施工方法与支架相同。

6.4.6　管卡固定

管卡是用来固定管道，防止管道滑动的专用构件。按制作材料，管卡可分为钢制管卡、铸铁管卡（用于排水铸铁管的铸铁管卡又称卡玛）、塑料管卡等；按用途，管卡可分为支、托架用 U 形管卡，吊架用吊环式管卡。管卡一般与管道的支、托、吊架配合使用。

室内给水排水管道安装用支、吊、托架、管卡的制作与安装参见国家建筑标准设计图集

S4(一)03S402《给水排水标准图集》。

其他管道支架等的制作、安装可参照 96K402-2《散热器及管道安装图安装》和《室外热力管道支座》等国家标准图集，根据管道安装的实际位置选择。

6.4.7 填料

填料也是一种管道工程中广泛使用的辅材。填料的种类较多，包括麻、白铅油、聚四氟乙烯胶带、黄丹粉与铅粉、石棉等。

1. 麻

麻是麻类植物的纤维。常见的麻有亚麻、大麻、白麻，总称为原麻。原麻中数亚麻的纤维长而细，强度大，大麻次之。原麻经5%石油沥青与95%汽油混合溶液浸泡处理，干燥后即为油麻。油麻最适宜用作管螺纹的接口填料；油麻也是铸铁管承插口的嵌缝填料。

2. 白铅油（白厚漆）

白铅油是铅丹粉拌干性油（鱼油）的产物。在管螺纹接口中，麻主要起填充止水作用，白铅油初期将麻粘接在管螺纹上，后期干燥后，也起填充作用。使用时，先将白铅油用废锯条或排笔涂于外管螺纹上（白铅油过稠可用机油调和），然后用油麻丝（将油麻用手抖松成薄而均匀的片状）顺螺纹方向缠绕2~3圈，拧入阀门或管件，用管钳上紧即可。

3. 聚四氟乙烯胶带

麻的缺点是使用一段时间后会腐烂，影响水质，而且施工不便，施工完毕后，还需剔去管接头处多余的油麻以保证管道的良好外观。

聚四氟乙烯胶带是以聚四氟乙烯树脂与一定量的助剂相混合，并制成厚度为0.1mm、宽度在30mm左右、长度为3~5m（缠绕在塑料盘上）的薄膜带。它具有优良的耐化学腐蚀性能，对于强酸、强碱、强氧化剂，即使在高温条件也不会产生作用；它的热稳定性好，能在250℃高温下长期工作；它的耐低温性能也很好。其工作温度为−180~+250℃。聚四氟乙烯胶带使用方便，使用时，将胶带顺外管螺纹方向贴紧缠绕3~4圈，拧入内管后，用管钳上紧即可。经胶带接口的管道不但美观，而且有保护管道（因套丝而受损）接头处免受腐蚀的作用。因此，除了价格因素外，聚四氟乙烯胶带是取代油麻作管道螺纹接口的理想填料。

4. 黄丹粉与铅粉

氧气管道螺纹接口采用黄丹粉拌甘油（甘油有防火性能）。黄丹粉还可用于煤气、压缩空气、氨等管道的螺纹接口。黄丹粉与甘油调和后，宜在10min内用完，否则会硬化。

铅粉也叫石墨粉，呈碎片状，性滑。对于介质温度超过115℃的管道螺纹接口可采用铅粉拌干性油（鱼油）与石棉绳作密封材料。铅粉拌干性油的产物又称黑铅油。

铅粉用机油搅拌成糊状后，涂在橡胶石棉板法兰垫片上，不仅增加了接触面的严密性，还可防止垫片黏附在法兰上，方便更换。

5. 石棉

石棉是一种非金属矿物纤维，具有耐蚀性好，隔热好、不燃烧的优点，常用作保温材料。石棉绳是石棉制品中的一种，广泛用于管道的接口。石墨石棉绳则属成型材料，其截面呈方形或圆形（又称为石棉盘棉），规格较多，是各种阀门和水泵水封轴处的填料。石棉与橡胶混合，压制成石棉橡胶板，石棉橡胶板是法兰接口良好的密封材料。

复习思考题

1. 简述管道与管道附件的通用标准。
2. 简述管材的分类及选择原则。
3. 试述钢管的性质、用途。
4. 试述铜管的性质、用途。
5. 试述塑料管的主要种类、性质、用途。
6. 试述阀门型号表示方法及各单元的含义。
7. 试述常用阀门的种类及其型号。
8. 试述闸阀、截止阀的性能、用途,这两种阀从外表、结构上如何区分?
9. 单向阀在管道工程中有何作用?如何安装?
10. 简述常用紧固件的种类及使用要求。
11. 管道工程中常用哪些辅材?如何表示其规格?
12. 试述常用辅材的用途。
13. 试述管道支、吊、托架与管材采用的材料、施工机具及安装方法。
14. 试述管道螺纹连接用填料的种类、性能及其应用。

第 7 章
管道的加工与连接

管道的加工与连接是管道安装工程的中心环节,是将施工设计转化为工程实体的重要过程。管道的加工工艺主要有下料、切断、弯管等。管道的连接主要有螺纹连接、焊接、承插连接、粘接、法兰连接等。加工和连接的每道工序均应符合设计要求和质量标准,这就需要在管道的加工和连接的过程中,严格遵守施工操作规程,杜绝质量事故。工程技术人员及工人应根据施工现场条件,合理地进行施工组织,尽可能采用先进机具、先进技术,以降低工程成本,提高劳动生产率,高速度、高效益地完成每项建设工程。

7.1 施工准备

给水排水管道加工的施工准备,一般可分为熟悉图样和资料、管道的检查与清理、施工测量等。

1. 熟悉图样和资料

在给水排水管道加工前,应认真做好各项准备工作,以便及早发现问题,消灭差错,这对加工的顺利进行和保证工程质量都具有重要的意义。

在熟悉图样阶段,必须具有施工时要用的全部图样和说明。识图时,应注意管道的位置和标高有无差错,管道的交叉处、连接点、变径处是否清楚,管道工程与土建工程及电气、仪表、设备安装有无矛盾等。同时,应弄清楚管道、管件的材质与规格、所用阀门等附件的型号、管道的连接方式及管道基础、管座、支架等结构形式。

通过熟悉图样,应了解工程的生产工艺和使用要求,理解设计意图,从而明确对加工的要求。若发现有问题,可以在图样会审时或施工过程中提出修改意见,及时解决。同时,应当充分熟悉有关的规程、规范、质量标准等资料,然后根据设计要求和现场实际情况,编制施工预算与施工组织设计,提出相应的施工方法、技术措施、材料使用计划、机具使用计划、加工件(如法兰、支架、弯管等)计划和必要的加工图。此外,还应根据工程的特点,提出保证施工安全的具体措施。

2. 管道的检查与清理

给排水管道加工前,应进行管道的检查与清理。管道的检查与清理应按管道材质的不同,分类进行。管材一般应有合格证书,外观质量及尺寸公差应符合国家标准。

(1) 钢管 钢管必须具有制造厂的合格证书,否则应补做所缺项目的检验,其指标应符合现行国家和行业技术标准。钢管表面应无显著锈蚀,不得有裂纹、凹坑、鼓包、重皮等不良现象,其材质、规格应符合设计要求。有缝钢管内外表面的焊缝应平直光滑,不得有扭曲、焊缝开裂、焊缝根部未焊透的缺陷。镀锌钢管的内外镀锌层应完整和均匀。

(2) 球墨铸铁管　球墨铸铁管必须有合格证书。不同球墨铸铁管的外形尺寸、允许偏差应符合现行国家标准。管表面不得有裂纹。检查球墨铸铁管有无裂纹，可用小铁锤轻轻敲击管口、管身，有裂纹处发出嘶哑混浊的声音，有破裂的管材不能使用。对承、插口部位的沥青防腐层可用喷灯或气焊烤掉。若有毛刺和铸砂可用砂轮磨掉或用錾子剔除。承插口配合的环向间隙应满足接口的需要。对采用胶圈接口的球墨铸铁管，承插口的内外工作面应光滑、轮廓清晰、不得有影响接口密封面的缺陷。有内衬水泥砂浆防腐层的球墨铸铁管，应进行检查，如有缺陷或损坏，应按产品说明修补、养护。

(3) 塑料管　管材必须有合格证书，且批量、批号相符。管的外形及尺寸偏差应符合现行国家标准。给水用塑料管除具有产品合格证外，还应有产品说明，标明用途、国家标准，并附卫生性能、物理力学性能检测报告等技术文件。塑料管表面应光滑，不得有擦伤、断裂和变形现象；不允许有裂纹、气泡、脱皮和严重的冷斑、明显的杂质以及色泽不匀、分解变质的缺陷。管材的承、插口的工作面必须表面平整、尺寸准确。

(4) 混凝土管、钢筋混凝土管　外观质量及尺寸公差应符合国家现行标准。外观检查：如果发现混凝土和钢筋混凝土管有裂缝、保护层脱落、空鼓、接口掉角等缺陷，使用前应鉴定，经过修补认可后，方可使用。

(5) 管道缺陷的修补

1) 混凝土管的修补。用环氧腻子修补混凝土管，适用于局部有蜂窝、保护层脱皮、小面积空鼓和碰撞造成的缺角、掉边。操作步骤为：使待修部位向上→修补部位凿毛→洗净晾干→刷环氧树脂底胶→初步固化→抹环氧腻子→用铁抹子压实压光。环氧腻子配方见表7-1。

表 7-1　环氧腻子配方

材 料 名 称	配方（质量分数）（%）	
	环氧树脂底胶	环氧腻子
6101 号环氧树脂	100	100
磷苯二甲酸二丁酯	10	8
乙二胺	6~10	6~10
425 号水泥	—	350~450
滑石粉	—	350~450

2) 钢筋混凝土管的修补。管口有蜂窝、缺角、掉边及合缝漏浆、小面积空鼓、脱皮露筋等现象的钢筋混凝土管的修补，可采用环氧树脂砂浆。环氧树脂砂浆配方见表7-2。

表 7-2　环氧树脂砂浆配方

材 料 名 称	配方（质量分数）（%）	
	环氧树脂底胶	环氧树脂砂浆
6101 号环氧树脂	100	100
乙二胺	6~10	6~10
磷苯二甲酸二丁酯	10	8
425 号水泥	—	150~200
细砂（粒径为 0.3~1.2mm）	—	400~600

修补顺序为使待修部位朝上→凿毛（使钢筋局部外露）→清洗晾干→毛刷刷环氧树脂底胶→填补环氧树脂砂浆→铁抹子反复压实压光、达到要求厚度。

3. 施工测量

（1）施工测量的目的　通过施工测量，可以检查预埋件及预留孔洞的位置是否正确，管道的基础及管座的标高和尺寸是否符合管道的设计标高和尺寸，管道与管道平行、交叉，以及管道与设备、仪表安装是否有矛盾等。对于在图上无法确定的标高、尺寸和角度，也需要在实地测量确定。

（2）测量的方法　测量的基本方法是利用空间三维坐标原理，测出管道在 X、Y、Z 轴三个方向所需的尺寸和角度。测量时要首先选择基准，主要包括水平线、水平面、垂直线和垂直面。选择基准应以施工现场的具体条件而定。建筑外墙、道路边石、中心线，建筑物的地坪、梁、柱、墙或已安装完毕的设备和管道都可作为基准。

测量长度用钢卷尺或皮尺。管道转弯处应测量到转角的中心点，测量时，可在管道转角处两边的中心线上各拉一条线，两条线的交叉点就是管道转角的中心点。

测量角度可以用经纬仪或全站仪。一般用的简便测量方法，是在管道转角处两边的中心线上各拉一条细线，用量角器或活动角尺测量两条线的夹角，就是管道弯头的角度。

在测量过程中，首先根据图样的要求在现场定出主干管或干管各转角点的位置。水平管段先测出一端的标高，并根据管段的长度和坡度，定出另一端的标高。两点的标高确定后，就可以定出管道中心线的位置。再在主干管或干管中心线上定出各分支处的位置，标出分支管的中心线。然后定出各个管路附件的位置，测量各管段的长度和弯头的角度。

连接设备的管道，一般应在设备就位以后测量。如果在设备就位前测量，则应在设备连接处预留一闭合管段，在设备落位后再次测量，才能作为下料的依据。

（3）管道安装图的绘制　通过施工测量，并对照设计图，可以绘制出详细的管道安装图，作为管道、管件预制和安装的依据。

管道安装图一般按系统绘成单线图，较复杂的节点应绘制大样图。在管道安装图中，应标出各个转角点之间的管段中心线长度，弯头的弯曲角度和弯曲半径，各管件、阀件、压力表、温度计等连接点的位置，同时应标注管道的规格与材质、管路附件的型号及规格等。

如果管道的预制集中在预制厂进行，则应分别按组合件绘制预制加工图。

对于某些数量多、安装形式又相同的管道工程（如建筑给水排水工程），可以只测量一个单元，绘出安装图，安装出一个单元的标准管路系统，其余各单元可按此安装图预制和安装。

7.2 管道切断

切断是管道加工的一道工序，切断过程常称为下料。对管道切口的质量要求为管道切口要平齐，即断面与管道轴心线要垂直，切口不正会影响套螺纹、焊接、粘接等接口质量；管口内外无毛刺和熔渣，以免影响介质流动；切口不应产生断面收缩，以免减小管道的有效断面积从而减小流量。

管道的切断方法可分为手工切断和机械切断两类。手工切断主要有钢锯切断、管道割刀切断、錾断气割；机械切断主要有砂轮切割机切断、电动套丝机切断、专用管道切割机切断等。

1. 手工切断

（1）钢锯切断 钢锯切断是一种常用方法，钢管、铜管、塑料管都可采用，尤其适合于 DN50 以下钢管、铜管的切断。钢锯最常用的锯条规格是 12in（300mm）×24 牙及 18 牙两种（其牙数为 1in 长度内有 24 个牙或 18 个牙）。因此，壁厚不同的管道锯切时应选用不同规格的锯条。薄壁管道（如铜管）锯切时应采用牙数多的锯条。

手工钢锯切断的优点是设备简单，灵活方便，节省电能，切口不收缩和不氧化；缺点是速度慢，劳动强度大，较难达到切口平整。

（2）管道割刀切断 管道割刀是用带有刃口的圆盘形刀片，在压力作用下边进刀边沿管壁旋转，将管道切断。采用管道割刀管时，必须使滚刀垂直于管道，否则易损坏刀刃。管道割刀适用于管径为 15~100mm 的焊接钢管。此方法具有切管速度快，切口平整的优点，但产生缩口，必须用绞刀刮平缩口部分。管道割刀如图 7-1 所示。

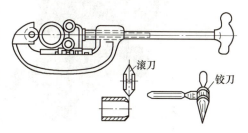

图 7-1 管道割刀

（3）錾断 錾断主要用于铸铁管、混凝土管、钢筋混凝土，所用工具为手锤和扁錾。为了防止将管口錾偏，可在管道上预先划出垂直于轴线的錾断线，方法是用整齐的厚纸或油毡纸圈在管道上，用磨薄的石笔在管道上沿样板边划一圈即可。操作时，在管道的切断线处垫上厚木板，用扁錾沿切断线錾 1~3 遍至有明显錾痕，然后用手锤沿錾痕连续敲打，并不断转动管道，直至管道折断。錾切效率较低，切口不够整齐，管壁厚薄不匀时，极易损坏管道（錾破或管身出现裂纹），通常用于缺乏机具条件下或管径较大情况下使用。

（4）气割 气割是利用氧气和乙炔气的混合气体燃烧时产生的高温（约 1100~1150℃），使被切割的金属熔化而生成四氧化三铁熔渣，熔渣松脆易被高压氧气吹开，使管道或型材切断。手工气割采用射吸式割炬。气割的速度较快，但切口不整齐，有熔渣，需要用钢锉或砂轮打磨和除去熔渣。

气割常用于 DN100 以上的焊接钢管、无缝钢管的切断。不适合铜管、不锈钢管、镀锌钢管的切断。此外，各种型钢、钢板也常用气割切断。

2. 机械切断

（1）砂轮切割机（图 7-2） 砂轮切割机的原理是使高速旋转的砂轮片与管壁接触磨削，将管壁磨透切断。砂轮切割机适合于切割 DN150 以下的金属管材，它既可切直口也可切斜口。砂轮切割机也可用于切割塑料管和各种型钢，是目前施工现场使用最广泛的小型切割机具。

（2）电动套丝机（图 7-3） 电动套丝机适合施工现场的套丝机均配有切管器，因此它同时具有切管、坡口（倒角）、套螺纹的功能。套丝机用于 DN≤100 焊接钢管的切断和套螺纹，是施工现场常用的机具。

（3）专用管材切割机 国内外用于不同管材、不同口径和壁厚的切割机很多。国内已开发生产了一些产品，如用于大直径钢管切断机，可以切断 DN75~DN600、壁厚为 12~

20mm 的钢管,这种切断机较为轻便,对埋于地下的管道或其他管网的长管中间切断尤为方便。还有一种电动自爬割管机,可以切割直径为 133~1200mm、壁厚≤39mm 的钢管、球墨铸铁管,在自来水、煤气、供热及其他管道工程中广泛应用。这些割管机均具有在完成切管以后进行坡口加工的功能。

图 7-2 砂轮切割机

图 7-3 电动套丝机

7.3 弯管的加工

在给水排水管道安装中,需要用各种角度的弯管,如 90°弯、45°弯、乙字弯(来回弯)、抱弯(弧形弯)等。这些弯管以前均在现场制作,费工费时,质量难以保证。现在弯管的加工日益工厂化,尤其是各种模压弯管(压制弯)广泛地用于管道安装,使得管道安装进度加快,安装质量提高。但是,由于管道安装的特殊性,在管道安装现场仍然有少量的弯管需要加工。

1. 弯管质量要求与计算

(1) 弯管断面质量要求与受力分析 钢管弯曲后其弯曲段的强度及圆形断面不应受到明显影响,因此就必须对圆断面的变形、焊缝处、弯曲长度及弯管工艺等方面进行分析、计算和制定质量标准。

弯管受力与变形如图 7-4 所示。管道在弯曲过程中,其内侧管壁各点均受压力,由于挤压作用,管壁增厚,直线 CD 成为圆弧 $C'D'$,且由于压缩变短;外侧管壁受拉力,在拉力作用下,管壁厚度减薄,直线 AB 变为圆弧线 $A'B'$ 且伸长,管壁减薄会使强度降低。为保证一定的强度,要求管壁有一定的厚度,在弯曲段管壁减薄应均匀,减薄量不应超过壁厚的 15%。断面的椭圆率(长短直径之差与长直径之比):当管径 $D\leqslant 50mm$ 时不大于 10%;管径 50mm<D<150mm 时不大于 8%;管径 150mm<D≤200mm 时不大于 6%。此外,管壁上不得产生裂纹、鼓包,且弯

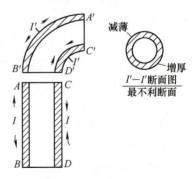

图 7-4 弯管受力与变形

度要均匀。

弯曲半径 R 是影响弯管壁厚的主要因素。同一管径的管道弯曲时，R 大，弯曲断面的减薄（外侧）量小；R 小，弯曲断面外侧减薄量大。如果从强度方面和减小管道阻力考虑，R 越大越好。但在工程上 R 大的弯头所占空间较大且不美观，因此弯曲半径 R 应有一个选用范围，根据管径及使用场所不同采用不同的 R 值，一般 $R=1.5\sim4$ 倍公称直径。采用机械弯管时：冷弯 $R=4$ 倍公称直径；热弯 $R=3.5$ 倍公称直径；压制弯、焊接弯头 $R=1.5$ 倍公称直径。

（2）管道弯曲长度确定　管道弯曲长度即指弯头展开长度。其计算公式为

$$L = \frac{\alpha}{360}2\pi R = \frac{\alpha}{180}\pi R \tag{7-1}$$

式中　α——弯管角度；
　　　R——弯曲半径。

在给水排水管道施工中如果设计无特殊要求，采用手工冷弯时，90°弯管（图 7-5）的弯曲半径取 4 倍公称直径，则弯曲长度可近似取 6.5 倍公称直径，45°弯管的弯曲长度取 2.5~3 倍公称直径。乙字弯（来回弯）一般可近似按两个 45°弯管计算。

2. 冷弯弯管

制作冷弯弯管，通常用手动弯管器或电动弯管机等机具进行，可以弯制 DN≤150 的弯管。冷弯弯管由于弯管时不用加热，常用于钢管、不锈钢管、铜管、铝管的弯管。

冷弯弯管的弯曲半径 R 不应小于管子公称通径的 4 倍。

由于管子具有一定的弹性，当弯曲时施加的外力撤除后，因管子弹性变形的结果，弯管会弹回一个角度。弹回角度的大小与管材、壁厚及弯管的弯曲半径有关。一般钢管弯曲半径为 4 倍管子公称通径的弯管，弹回的角度为 3°~5°。因此，在弯管时，应增加这一回弹角度。

手动弯管器的种类较多。图 7-6 所示的弯管板是一种最简单的手动弯管器，它由长为 1.2~1.6m、宽为 250~300mm、厚为 30~40mm 的硬质土板制成。板中根据需要弯管的管子外径开若干圆孔，弯管时将管子插入孔中，管端加上套管作为杠杆，以人工加力压弯。这种弯管器适合于 DN15~DN20、弯曲角度不大的弯管，如连接冲洗水箱乙字弯（来回弯）。

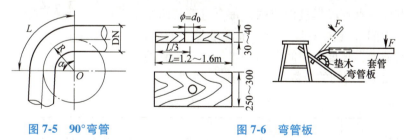

图 7-5　90°弯管　　　　　　　　图 7-6　弯管板

图 7-7 所示的是施工现场常用的一种弯管器。这种弯管器需要用螺栓固定在工作台上使用，可以弯曲公称通径不超过 25mm 的管。施工现场弯管时，将要弯曲的管放在与管外径相符的定胎轮和动胎轮之间，一端固定在夹持器内，然后推动手柄（可接加套管），绕定胎轮旋转，直到弯成所需弯管。这种弯管器弯管质量要优于弯管板，但它的每一对胎轮只能加工一种外径的管，若管外径改变，则胎轮也必须更换。因此，弯管器常备有几套与常用规格管

的外径相符的胎轮。

采用机械进行冷弯弯管具有工效高、质量好的优点。一般公称直径在 25mm 以上的管都可以采用电动弯管机进行弯管。

冷弯适宜于中小管径和较大弯曲半径（$R \geqslant 2$ 倍公称直径）的管子，对于大直径及弯曲半径较小的管子需很大的动力，这会使冷弯机机身复杂庞大，使用不便，因此常采用热弯弯管。

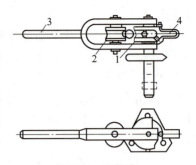

图 7-7 弯管器

1—动胎轮　2—定胎轮
3—杠杆　4—夹持器

3. 热弯弯管

热弯弯管是将管子加热后进行弯曲的方法。加热的方式有焦炭燃烧加热、电加热、氧乙炔焰加热等。焦炭燃烧加热弯管由于劳动强度大、弯管质量不易保证，目前施工现场已极少采用。

中频弯管机采用中频电感应对管子进行局部环状加热，同时用机械拖动管子旋转，喷水冷却，使弯管工作连续进行。可弯制 $\phi 325 \times 10$mm 的弯管，弯曲半径为管外径的 1.5 倍。

火焰弯管机能弯制钢管范围：直径为 76~426mm，壁厚为 4.5~20mm、弯曲半径 R 为 (2.5~5) 倍公称直径的钢管。

4. 模压弯管

模压弯管又称为压制弯。它是根据一定的弯曲半径制成模具，然后将下好料的钢板或管段加入加热炉中加热到 900℃ 左右，取出放在模具中用锻压机压制成形。用板材压制的为有缝弯管，用管段压制的为无缝弯管。目前，模压弯管已实现了工厂化生产，不同规格、不同材质、不管弯曲半径的模压弯管都有产品，它具有成本低、质量好等优点，逐渐取代了现场各种弯管方法，广泛地用于管道安装工程之中。

5. 焊接弯管

当管径较大、弯曲半径 R 较小时，可采用焊接弯管（俗称虾米弯）。大直径的卷焊管道，一般都采用焊接弯管。

（1）焊接弯管的节数及尺寸计算　焊接弯管是由若干节带有斜截面的直管段焊接而成的，每个弯管有两个端节和若干个中间节（图 7-8）。中间节两端带斜截面；端节一端带斜截面，长度为中间节的一半。每个弯管的节数不应少于表 7-3 所列的节数。

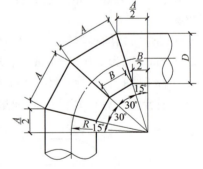

图 7-8 焊接弯管

表 7-3 焊接弯管的最少节数

弯曲角度	节数	其中	
		中间节	端节
90°	4	2	2
60°	3	1	2
45°	3	1	2
30°	2	0	2

根据表 7-3 所列节数 90°、60°及 30°焊接弯管端节最大有效长度 $A/2$ 和最小有效长度 $B/2$ 可分别按下列公式计算

$$\frac{A}{2} = \tan 15° \left(R + \frac{D}{2}\right) \approx 0.26\left(R + \frac{D}{2}\right) \tag{7-2}$$

$$\frac{B}{2} = \tan 15° \left(R - \frac{D}{2}\right) \approx 0.26\left(R - \frac{D}{2}\right) \tag{7-3}$$

式中 R——弯曲半径（mm）；
　　　D——弯管外径（mm）。

45°焊接弯管及采用 3 个中间节的 90°焊接弯管，端节的最大有效长度 $A/2$ 和最小有效长度 $B/2$ 则按下式计算

$$\frac{A}{2} = \tan 11°15' \left(R + \frac{D}{2}\right) \approx 0.2\left(R + \frac{D}{2}\right) \tag{7-4}$$

$$\frac{B}{2} = \tan 11°15' \left(R - \frac{D}{2}\right) \approx 0.2\left(R - \frac{D}{2}\right) \tag{7-5}$$

（2）下料样板的制作　焊接弯管下料前，须先用展开图法制作下料样板。焊接弯管下料样板的制作方法如图 7-9 所示，步骤如下：

1）在厚纸或油毡纸上画直线 1—7 等于管直径，分别从 1 和 7 两点作直线 1—7 的垂线，截取 1—1′等于 $B/2$、7—7′等于 $A/2$，连接 1′和 7′两点得斜线 1′—7′。

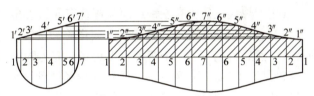

图 7-9　焊接弯管下料样板的制作方法

2）以 1—7 之长为直径画半圆，把半圆弧分为六等分（等分越多越精确），从各等分点向直径 1—7 作垂线与直径 1—7 相交于 2、3、4、5、6 各点，并延长使其与斜线 1′—7′相交于 2′、3′、4′、5′、6′各点。

3）在右边画直线段 1—1 等于管子外圆周长，把 1—1 分成 12 等分，各等分点依次为 1、2、3、4、5、6、7、6、5、4、3、2、1，由各等分点作 1—1 的垂线，在这些垂线上分别截取 1—1″等于 1—1′，2—2″等于 2—2′，…，7—7″等于 7—7′。

4）用曲线板连接 1″、2″、…、7″、…、1″，得曲线 1″—1″，图中带斜线部分即为端节的展开图。

5）在 1—1 直线段下面画出上半部的对称图，就是中间节的展开图。
用剪刀将此展开图剪下，即成下料样板。

（3）下料及其焊接　公称通径小于 400mm 的焊接弯管，可根据设计要求用焊接钢管或无缝钢管制作。在制作下料样板时所用的管直径应是管的外径加上油毡纸或厚纸的厚度。下料时，先在管上用削薄石笔沿管轴线画两条对称的直线，这两条直线间的距离等于管外圆周长的一半，然后将下料样板在管上划出切割线，再将下料样板旋转 180°，画出另一段的切割线。如果用钢锯或砂轮机切割，则割口宽度等于锯条或砂轮片的厚度（图 7-10）。两边端节

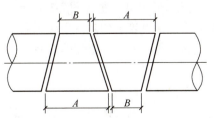

图 7-10　用管子制作焊接弯管的下料

不割下来,应和一段直管连在一起。

公称通径大于 400mm 的焊接弯管,一般用钢板卷制。但制作下料样板时所用的管直径应是管的内径加钢板厚度。

焊接弯管的各段在打坡口时,弯管外侧的坡口角度应开小一些,而弯管内侧的坡口角度应开大一些,否则弯管焊好以后会出现外侧焊缝宽、内侧焊缝窄的现象。

焊接弯管在组对焊接时,应将各段的中心线对准,否则弯头焊好后会出现扭曲现象。

7.4 三通管及变径管的加工

在管道安装工程中,管径小于 100mm 的焊接钢管采用螺纹连接时,可选用带有螺纹的各种管配件。管径大于或等于 100mm 的钢管均采用焊接,而相应需用的管配件,如弯头、三通管和变径管等。现在实现了工厂化生产、商品化供应,使得施工简单、成本降低。但在这些场合,这些配件还需现场焊制。

1. 焊接三通管

常用的焊接三通管有三种:同径弯管三通、直角三通、平焊口三通。

(1) 同径弯管三通 同径弯管三通俗称裤衩管。它是用两个 90°弯管切掉外臂处半个圆周管壁,然后将剩下的两个弯管对焊起来,成为同径三通,如图 7-11 所示。

(2) 直角三通 这种三通有同径和异径两种(图 7-12a、b),制作时按两个相贯的圆柱面画展开图,此图可画在厚纸或油毡纸上,用剪刀剪下作样板,然后用样板圈在管上用石笔画线,一般采用氧-乙炔焰割刀(割炬)进行切割,最后用电焊焊接而成。

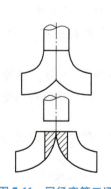

图 7-11 同径弯管三通

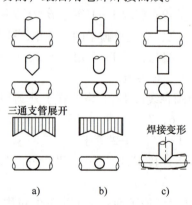

图 7-12 焊接三通
a) 同径直角三通 b) 异径直角三通 c) 平焊口三通

(3) 平焊口三通(图 7-12c) 这种三通焊接短,变形较小,节省管材,加工简便。制作方法是在直管上切割一个椭圆孔,椭圆的短轴等于支管外径的 2/3,长轴等于支管外径,再将椭圆孔的两侧管壁加热至 900℃左右(加热呈黄红色),向外扳边做成圆口。

2. 变径管制作

变径管又称为异径管(俗称大小头)。常见的变径管有正心和偏心两种,可用钢板卷制,也可以用钢管摔制。一般管径较大的多采用钢板卷制;管径较小的多采用钢管摔制。

(1) 钢板卷制 管径较大的异径管可用钢板卷制。根据异径管的高度及两端管径画出展开图,先制成样板,再在钢板上下料,然后将扇形板料用氧乙炔焰或炉火加热后卷制,最后采用焊接成形。钢制弯头、异径弯头、三通、四通、偏心异径管和喇叭口等的加工可参见国家建筑标准设计图集02S403《钢制管件》。

(2) 钢管撸制 对于管径较小的大小头,常采取钢管撸制。一般采用氧乙烯加热管端至 900℃ 左右进行锤钉。撸正心异径管时,应在加热后边转动管边锤打,由大到小向圆弧均匀过渡。操作时,注意落锤要平,防止管壁产生麻面,一次撸制不成,可分多次进行。撸制偏心异径管与正心异径管不同的是,管下壁不加

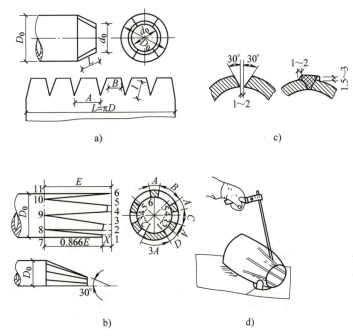

图 7-13 焊接变径管
a) 同心变径 b) 偏心变径 c) 焊接坡口 d) 焊接坡口示意图

热。撸制时应左右转动,快打快成,尽可能减少加热时间和锤击次数。

如果异径管管径相差较大,就要采用抽条焊接的方法 (图 7-13)。

7.5 管道连接

在管道安装工程中,管材、管径不同,连接方式也不同。焊接钢管常采用螺纹、焊接及法兰连接;无缝钢管、不锈钢管常采用焊接和法兰连接。在施工中,应按照不同设计的工艺要求,选用合适的连接方式。

7.5.1 钢管螺纹连接与加工

螺纹连接常用于 $DN \leqslant 100$,$PN \leqslant 1.0MPa$ 的冷、热水管道,即镀锌焊管(白铁管)的连接;也可用于 $DN \leqslant 50$,$PN \leqslant 0.2MPa$ 的饱和蒸汽管道,即焊接钢管(黑铁管)的连接。此外,对于带有螺纹的阀件和设备,也采用螺纹连接。螺纹连接的优点是拆卸安装方便。

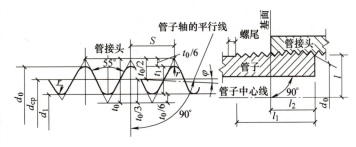

图 7-14 管螺纹齿形

(1) 管螺纹连接 管道螺纹连接采用管螺纹,其齿形如图 7-14 所示,齿形尺寸见表 7-4。

表 7-4 管螺纹齿形尺寸

螺纹理论高度	t_0	$0.96049S$
螺纹工作高度	t_1	$0.64033S$
圆弧半径	r	$0.13733S$
倾斜角	φ	$1°47'24''$
斜度	$2\tan\varphi$	$1:16$

注：S 为螺距。

管螺纹有圆柱形和圆锥形两种。圆柱形管螺纹其螺纹深度及每圈螺纹的直径都相等，只是螺尾部分较粗一些。管子配件（三通、弯头等）及螺纹阀门的内螺纹均采用圆柱形螺纹。

圆锥形管螺纹的各圈螺纹的直径均不相等，从螺纹的端头到根部成锥台形。钢管采用圆锥形螺纹。管螺纹尺寸见表 7-5。

表 7-5 管螺纹尺寸 （单位：mm）

| 螺纹标称 | 螺距 | 最小工作长度 | 由管端到基面 | 基面直径 | | | 管端螺纹内径 | 螺纹工作高度 | 圆弧半径 | 每英寸螺纹数 |
				平均直径	外径	内径				
DN	S	l_1	l_2	d_{cp}	d_0	d_1	d_T	t_1	r	n
$\frac{1}{2}''$	1.814	15	7.5	19.794	20.956	18.632	18.163	1.162	0.249	14
$\frac{3}{4}''$	1.814	17	9.5	25.281	26.442	24.119	23.524	1.162	0.249	14
$1''$	2.309	19	11	31.771	33.250	30.293	29.606	1.479	0.317	11
$1\frac{1}{4}''$	2.309	22	13	40.433	41.912	38.954	38.142	1.479	0.317	11
$1\frac{1}{2}''$	2.309	23	14	46.326	47.805	44.847	43.972	1.479	0.317	11
$2''$	2.309	26	16	58.137	59.616	56.659	55.659	1.479	0.317	11
$2\frac{1}{2}''$	2.309	30	18.5	73.708	75.187	72.230	71.074	1.479	0.317	11
$3''$	2.309	32	20.5	86.409	87.887	84.930	83.649	1.479	0.317	11
$4''$	2.309	38	25.5	111.556	113.034	110.077	108.483	1.479	0.317	11
$5''$	2.309	41	28.5	136.957	138.445	135.478	133.697	1.479	0.317	11
$6''$	2.309	45	31.5	162.357	160.836	160.879	158.910	1.479	0.317	11

注：1. 基面为指定之剖面，在此剖面中圆锥形螺纹直径（外径、中径、内径）尺寸与同一柱状管螺纹直径完全相等。

2. 表中所列之 d_T 尺寸系供参考用。

管螺纹的连接有圆柱形管螺纹与圆柱形管螺纹连接（柱接柱）、圆锥形外螺纹与圆柱形内螺纹连接（锥接柱）、圆锥形外螺纹与圆锥形内螺纹连接（锥接锥）。螺栓与螺母的螺纹连接是柱接柱，它们的连接在于压紧而不要求严密。钢管的螺纹连接一般采用锥接柱，这种连接方法接口较严密。连接最严密的是锥接锥，一般用于严密性要求很高的管螺纹连接，如制冷管道与设备的螺纹连接。但这种圆锥形内螺纹加工需要专门的设备（如车床），加工较困难，锥接锥的方式应用不多。

管与螺纹阀门连接时，管上加工的外螺纹长度应比阀门上内螺纹长度短 1~2 个螺纹，以防止管拧过头顶坏阀芯或胀破阀体。同理，管的外螺纹长度也应比所连接的配件的内螺纹略短些，以避免管拧到头接口不严密的问题。

(2) 管螺纹配件　建筑消防给水系统中，常采用焊接钢管。公称通径 DN≤100 的管常采用螺纹连接，因此带有螺纹的管配件是必不可少的。

管螺纹配件主要用可锻铸铁或软钢（碳的质量分数为 0.2%~0.3%）制造。管件按镀锌分为镀锌管件（白铁管件）和不镀件管件（黑铁管件）两种。

管件按其用途，可分为以下 6 种（图 7-15）：

1) 管路延长连接用配件：管箍、六角内接头（对丝、内接头）等。

2) 管路分支连接用配件：三通、四通等。

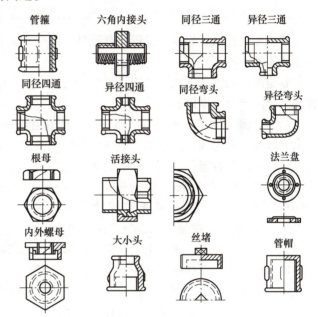

图 7-15　管螺纹配件

3) 管路转弯用配件：90°弯头、45°弯头等。

4) 节点碰头连接用配件：根母、活接头、带螺纹法兰盘等。

5) 管道变径用配件：内外螺母（补心）、异径管箍（大小头）等。

6) 管道堵口用配件：丝堵、管帽等。

在管路连接中，一种管件不止一个用途。

如异径三通，既是分件，又是变径件，还是转弯件。因此，在管路连接中，应以最少的管件，达到多重目的，以保证管路简捷、降低安装费用。

管道配件的规格与管道是相同的，是以公称通径 DN 标称的。同一种配件一般有同径和异径之分，如四通管件分为同径和异径两种。同径管件用同一个数值表示，如规格为 20mm 的三通可写作三通 DN20。异径管径的规格通常用两个管径数值表示，前一个数表示大管径，后一个数表示小管径，如异径四通 DN25×20mm；大小头 DN32×20mm。公称通径为 15~100mm 的管件中，同径管件共 9 种，异径管件组合规格共 36 种，见表 7-6。

表 7-6　管道配件的规格排列表　　　　　　　　　　　　　　　（单位：mm）

同径管件	异径管件							
15×15								
20×20	20×15							
25×25	25×25	25×20						
32×32	32×32	32×20	32×25					
40×40	40×40	40×20	40×25	40×32				
50×50	50×50	50×20	50×25	50×32	50×40			
65×65	65×65	65×20	65×25	65×32	65×40	65×50		
80×80	80×15	80×20	80×25	80×32	80×40	80×50	80×65	
100×100	100×15	100×20	100×25	100×32	100×40	100×50	100×65	100×80

管道配件的试压标准：可锻铸铁配件应承受的公称压力不小于 0.8MPa；软钢配件承压不小于 1.6MPa。

管道配件的圆柱形内螺纹应端正整齐无断螺纹、壁厚均匀一致，外形规整，镀锌应均匀光亮，材质严密无砂眼。

（3）管螺纹加工　所谓管螺纹加工，即在管道的连接端制螺纹，该种螺纹加工习惯上称为套螺纹。套螺纹分为手工和电动机械加工两种方法。手工套螺纹就是用管铰板在管上铰出螺纹。一般公称通径为 15~20mm 的管，可以 1~2 次套成，稍大的管子，可分几次套出。手工套螺纹加工速度慢、劳动强度大，一般用于缺乏电源或小管径套螺纹（DN50~DN100）。电动套丝机不但能套螺纹，还有切断、扩口、坡口功能，尤其用于大管径（DN50~DN120）时更显示出套螺纹速度快的优点，它是施工现场常用的一种施工机械。无论是人工铰板套螺纹，还是电动套螺纹机套螺纹，套螺纹结构基本相同，都是采用装在铰板上的四块板牙切削管外壁，从而产生螺纹。管螺纹加工尺寸见表 7-7。从质量方面要求：管螺纹必须完整光滑无毛刺、无断螺纹（允许不超过螺纹全长的 1/10），试用手拧上相应管件后，松紧度应适宜，以保证螺纹连接的严密性。

表 7-7　管螺纹加工尺寸

序号	管道规格		连接管件用长、短管螺纹				连接阀门的短螺纹	
			长螺纹		短螺纹			
	mm	in	长度/mm	螺纹数	长度/mm	螺纹数	长度/mm	螺纹数
1	15	$\frac{1}{2}$	50	28	16	9	13	6
2	20	$\frac{3}{4}$	55	30	18	9	14	7
3	25	1	60	26	20	9	16	8
4	32	$1\frac{1}{4}$	65	28	22	10	18	8
5	40	$1\frac{1}{2}$	70	30	24	11	20	10
6	50	2	75	33	26	12	22	11

(续)

序号	管道规格		连接管件用长、短管螺纹				连接阀门的短螺纹	
	mm	in	长螺纹		短螺纹		长度/mm	螺纹数
			长度/mm	螺纹数	长度/mm	螺纹数		
7	65	$2\frac{1}{2}$	85	37	30	13	24	12
8	80	3	100	44	32	14	27	14
9	100	4	115	47	34	15	30	16

图 7-16a 所示是手工套螺纹用管铰板的构造，在铰板的板牙架上有 4 个板牙孔，用于安装板牙，板牙的伸、缩调节靠转动带有滑轨的活动标盘进行。铰板的后部设有 4 个可调节松紧的卡爪，用于在管上固定铰板。

图 7-16b 所示是板牙的构造，套螺纹时板牙必须依 1、2、3、4 的顺序装入板牙孔，切不可将顺序弄错，配乱了板牙就不能套出合格的螺纹。一般在板牙尾部和铰板板牙孔处均印有 1、2、3、4 序号字码，以便对应装入板牙。铰板的规格及套螺纹范围见表 7-8，板牙每组四块，能套两种管径的螺纹。使用时应按管子规格选用对应的板牙，不可乱用。

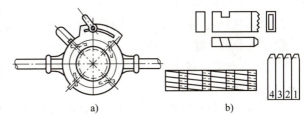

图 7-16　铰板及板牙
a) 铰板的构造　b) 板牙的构造

表 7-8　铰板规格及套螺纹范围

规　　格		能用板牙套数	套螺纹范围	板 牙 规 格
大铰板	$1\frac{1}{2}''\sim 4''$	3	$1\frac{1}{2}''\sim 4''$	
	$1''\sim 3''$	3	$1''\sim 3''$	
小铰板	$\frac{1}{2}''\sim 2''$	3	$\frac{1}{2}''\sim 2''$	
	$\frac{1}{4}''\sim 1\frac{1}{4}''$	3	$\frac{1}{4}''\sim 1\frac{1}{4}''$	

手工套螺纹步骤如下：

1）把要加工的管固定在管子台钳上，加工的一端伸出 150mm 左右。

2）将管子铰板套在管口上，拨动铰板后部卡爪滑盘把管子固定，注意不宜太紧，再根据管径的大小调整进刀的深浅。

3）人先站在管端方向，一手用掌部扶住铰板机身向前推进，一手以顺时针转动手把，使铰板入扣。

4）铰板入扣后，人可站在面对铰板的左、右侧，继续用力旋转板把徐徐而进，在切削过程中，要不断在切削部位加注润滑油以润滑管螺纹及冷却板牙。

5）当螺纹加工达到深度及规定长度时，应边旋转边逐渐松开标盘上的固定把，这样既能满足螺纹的锥度要求，又能保证螺纹的光滑。

电动套丝机使用时应尽可能安放在平坦的、坚硬的地面上（如水泥地面），如地面为松软的泥土，可在套丝机下垫上木板，以免振动而陷入泥土中。另外，后卡盘的一端应适当垫高一些，以防止冷却液流失及污染管道。

安放好套螺纹机后，应做好如下准备工作：

1）取下底盘上的铁屑筛盖子。
2）清洁油箱，然后灌入足量的乳化液（也可用低黏度润滑油）。
3）将电源插头插进电源插座。
4）按下开关，稍后应有油液流出（否则应检查油路是否堵塞）。

做好上述准备工作，即可进行管子的套螺纹，步骤如下：

1）根据套螺纹管子的直径，先取相应规格的板牙头的板牙，板牙上的1、2、3、4号码应与板牙头的号码相对应。
2）拨动把手，使拖板向右靠拢；旋开前头卡盘，插入管子（插入的管长应合适），然后旋紧前头卡盘，将管子固定。
3）按下开关，移动进刀把手，使板牙头对准管端并稍施压力，入扣后因螺纹的作用板牙头会自动进刀。
4）将达到套螺纹所需长度时，应逐渐松开板牙头上的松紧手把至最大，板牙便沿径向退离螺纹面。
5）切断电源，移开拖板，松开前头卡盘，整个套螺纹完成。

如需切断管子，必须掀开板牙头的扩孔锥刀，放下切管器，使切割刀对准管子的切断线，按下开关，即可切割。切割时，进刀量不宜太小，以减小内口的挤压收缩。

（4）管螺纹连接工具　管钳是螺纹接口拧紧常用的工具，有张开式和链条式两种（图7-17）。张开式管钳应用较广泛，其规格及使用范围见表7-9。管钳的规格以全长尺寸划分，每种规格能在一定范围内调节钳口的宽度，以适应不同直径的管子。安装不同管径的管子应选用对应号数的管钳，这是因为小管径若用大号管钳，易因用力过大而胀破管件或阀门；大直径的管子用小号管钳，费力且不容易拧紧，还易损坏管钳。使用管钳时，不得用管子套在手柄上加力，以免损坏管钳或出安全事故。

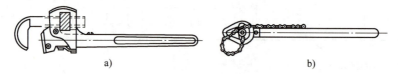

图7-17　管钳
a）张开式　b）链条式

表7-9　张开式管钳的规格及使用范围

规格	mm	150	200	250	300	350	450	600	900	1200
	in	6″	8″	10″	12″	14″	18″	24″	36″	48″
工作范围（管径）/mm		4~8	8~10	8~15	10~20	15~25	32~50	50~80	65~100	80~125

链条式管钳简称链条钳，它是借助链条把管子箍紧而回转管子，主要用于大管径或因场地狭窄，张开式管钳不便使用的地方。链条式管钳的规格见表 7-10。

表 7-10　链条式管钳的规格

规　格		链长/mm	适用于规格/mm
mm	in		
900	36	700	40~100
1000	42	870	50~150
1200	50	1070	50~250

7.5.2　钢管焊接

焊接是钢管连接的主要形式。焊接的方法有焊条电弧焊、气焊、手工氩弧焊、埋弧焊、电阻焊和气压焊等。在施工现场焊接碳素钢管，常用的是焊条电弧焊和气焊。手工氩弧焊由于成本较高，一般用于不锈钢管的焊接。埋弧焊、电阻焊和气压焊等方法由于设备较复杂，施工现场采用较少，一般在管道预制加工厂采用。

电弧焊接缝的强度比气焊强度高，并且比气焊经济，因此应优先采用。只有公称通径小于 50mm、壁厚小于 4mm 的管子才用气焊焊接。但有时受条件限制，在不能采用电弧焊施焊的地方，也可以用气焊焊接公称通径大于 50mm 的管子。

（1）管子开坡口　管子开坡口的目的是保证焊接的质量，因为焊缝必须达到一定熔深，才能保证焊缝的抗拉强度。管子需不需要坡口，与管子的壁厚有关。管壁厚度在 6mm 以内，采用 I 形坡口；管壁厚度在 6~12mm，采用 V 形坡口；

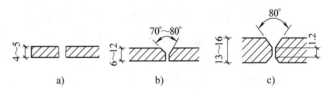

图 7-18　管子坡口与焊缝
a）I 形坡口　b）V 形坡口　c）X 形坡口

管壁厚大于 12mm，而且管径尺寸允许工人进入管内焊接时，应采用 X 形坡口。管子坡口与焊缝如图 7-18 所示。

管子对口前，应将焊接端的坡口面及内外壁 10~15mm 范围内的铁锈、泥土、油脂等污物清除干净。不圆的管口应进行修整。

管子坡口加工可分为手工及电动机械加工两种方法。手工加工坡口方法：大平钢锉锉坡口、风铲（压缩空气）打坡口及用氧割割坡口等几种方法。其中，氧割割坡口用得较广泛，但氧割的坡口必须将氧化铁渣清除干净，并将凸凹不平处打磨（手提磨口机或钢锉）平整。电动机械有手提砂轮磨口机和管子切坡口机。前者体积小，质量轻，使用方便，适合现场使用；后者开坡口速度快、质量好，适用于大直径管道开坡口，一般在预制管加工厂使用。

（2）钢管焊接　钢管焊接时，应进行管子对口。对口应使两管中心线在一条直线上，也就是被施焊的两个管口必须对准，允许的错口量（图 7-19）不得超过表 7-11 中的规定。

对口时,两管端的间隙(图7-20)应在允许范围内(表7-11)。

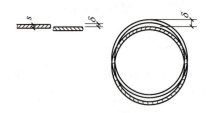
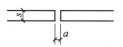

图7-19　管端对口的错口量　　　　图7-20　两管口的间隙

s—管壁厚　δ—错口量　　　　　　s—管壁厚　a—间隙值

表7-11　管子焊接允许错口量、间隙值　　　　　　　（单位：mm）

管壁厚 s	4~6	7~9	≥10
允许错口量 δ	0.4~0.6	0.7~0.8	0.9
间隙值 a	1.5	2	2.5

1. 电弧焊

电弧焊分为自动和手工电弧焊两种方式。大直径管道及钢制给水排水容器采用自动焊，既节省劳动力，又可提高焊接质量和速度。手工电弧焊常用于施工现场钢管的焊接。手工电弧焊可采用直流电焊机或交流电焊机。用直流电源焊接时电流稳定，焊接质量好。但施工现场往往只有交流电源，为使用方便，施工现场一般采用交流焊机焊接。

（1）电焊机（图7-21）电焊机由变压器、电流调节器、振荡器等部件组成，各部件的作用如下：

1）变压器，当电源的电压为220V或380V时，经变压器后输出安全电压55~65V(点火电压)，供焊接使用。

2）电流调节器，由于金属焊件的厚薄不同，需对焊接电流进行调节。焊接时电流强度计算公式为

$$I = (20 + 6d)d \quad (7-6)$$

式中　I——电流（A）；

d——焊条直径（mm）。

一般焊条的直径不应大于焊件厚度，通常钢管焊接采用直径为3~4mm的焊条。

图7-21　电焊机

3）振荡器，用以提高电流的频率，将电源50Hz的频率提高到250000Hz，使交流电的交变间隙趋于无限小，增加电弧的稳定性，以利提高焊接质量。

（2）焊条　焊条由金属焊条芯和焊药两部分组成。焊药层易受潮，受潮的焊条在使用时不易点火起弧，且电弧不稳定易断弧，因此焊条一般用塑料袋密封存，放在干燥通风处。受潮的焊条不能直接使用，应经干燥后使用。

结构钢焊条型号根据《非合金钢及细晶粒钢焊条》（GB/T 5117—2012）表示，如图7-22所示。

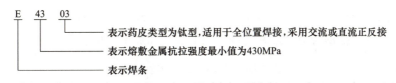

图 7-22 结构钢焊条型号

常用焊条型号及主要用途见表 7-12。

表 7-12 常用焊条型号及主要用途

焊条型号 GB/T 5117—2012	焊缝抗拉强度 /MPa	药皮类型	焊接电源	主要用途
E4313	420	钛型	直流或交流	焊接低碳管道、支架等
E4303	420	钛钙型		焊接受压容器、高压管道等
E4301	420	钛铁矿型		
E4320	420	氧化铁型		焊钢管、支架、受压容器等
E5015	500	低氢型	直流	焊锅炉、压力容器等

(3) 焊接时的注意事项

1) 电焊机应放在干燥的地方,且有接地线。

2) 禁止在易燃材料附近施焊。必须施焊时,应采取安全措施及 5m 以上的安全距离。

3) 管道内有水或有压力气体或管道和设备上的油漆未干均不得施焊。

4) 在潮湿的地方施焊时,焊工须处在干燥的木板或橡胶垫上。

5) 电焊操作时必须带防护面罩和手套。

手工焊接费时费工、施工速度慢、质量完全取决于电焊工个人技术水平,目前仅限于焊接工作量较小的现场施工。对于预制长距离、大中管径的钢管管道工程,通常采用自动焊机(焊接机器人)焊接,它具有质量稳定、施工速度快的特点。

2. 气焊

气焊是用氧乙炔进行焊接。由于氧和乙炔的混合气体燃烧温度达 3100~3300℃,工程上借助此高温熔化金属进行焊接。气焊材料与设备及注意事项如下:

(1) 氧气 焊接用氧气要求纯度达 98%以上。氧气厂生产的氧气以 15MPa 的压力注入专用钢瓶(氧气瓶)内,送至施工现场或用户使用。

(2) 乙炔气 以前施工现场常用乙炔发生器生产乙炔气,既不安全,电石渣还会污染环境。现在,乙炔气生产厂将乙炔气装入钢瓶,运送至施工现场或用户,既安全又经济,还不会产生环境污染。

(3) 高压胶管 用于输送氧气及乙炔气至焊炬,应有足够的耐压强度。气焊胶管长度一般不小于 30m,质料要柔软便于操作。

(4) 焊炬(焊枪)气焊的主要工具 主要工具有大、中、小三种型号,按照每小时气体消耗量,每种型号各带 7 个焊嘴,大型的为 500L/h、750L/h、1000L/h、1250L/h、

1750L/h、2000L/h，中型的为 100L/h、150L/h、225L/h、350L/h、500L/h、750L/h、100L/h，小型的为 50L/h、75L/h、150L/h、225L/h、350L/h、500L/h。

在施焊时，一般根据管道厚度来选择适当的焊嘴和焊条，见表 7-13。

表 7-13　焊接时焊条直径的选择

管壁厚度/mm	1~2	3~4	5~8	9~12
焊嘴/(L/h)	75~100	150~225	350~500	750~1250
焊条直径/mm	1.5~2	2.5~3	3.5~4	4~5

（5）焊条　气焊条又称焊丝。焊接普通碳素钢管道可用 H08 气焊条；焊接 10 号和 20 号优质碳素结构管道（PN≤6MPa）可用 H08A 或 H15 气焊条。

（6）气焊操作要求　为了保证焊接质量，对要焊接的管口应开坡口和钝边，同电弧焊一样，施焊时两管口间要留一定的间距（表 7-14）。气焊的焊接方法及质量要求基本上与电弧焊相同。

表 7-14　气焊对口形式及要求

接头名称	对口形式	接头尺寸			
		厚度 δ/mm	间隙 c/mm	钝边 p/mm	坡口角度 α(°)
对接不开坡口（I 形坡口）		<3	1~2	—	—
对接 V 形坡口		3~6	2~3	0.5~1.5	70~90

施焊时，可按管壁厚选择适宜的焊嘴和焊条，见表 7-15。

表 7-15　管道焊接时焊嘴与焊条的选择

管壁厚/mm	1~2	3~4	5~8	9~12
焊嘴/(L/h)	75~100	150~225	350~500	750~1250
焊条直径/mm	1.5~2.0	2.5~3.0	3.5~4.0	4.0~5.0

（7）气焊操作注意事项

1）氧气瓶及压力调节器严禁沾油污，不可在烈日下暴晒。

2）乙炔气为易燃易爆气体，无论采用乙炔发生器产生乙炔气还是钢瓶装乙炔气，周围严禁烟火，特别要防止焊炬回火造成事故。

3）在焊接过程中，若乙炔胶管脱胶、破裂或着火，应首先熄灭焊枪火焰，然后停止供气。若氧气管着火，应迅速关闭氧气瓶上阀门。

4）施焊过程中，操作人员应戴口罩，防护眼镜和手套。

5）焊枪点火时，应先开氧气阀，再开乙炔阀。灭火、回火或发生多次鸣爆时，应先关乙炔阀再关氧气阀。

6）对水管进行气割前，应先放掉管内水，禁止对承压管道进行切割。

气焊常用于焊接 6mm 以下的薄板和小直径管材及修补焊接。气焊适用于多种金属材料的焊接，设备简单、成本低廉、焊接操作灵便，在小批量薄件（最薄的厚度为 0.5mm）焊接、全位置安装焊（如锅炉低压管安装）和修补焊等方面应用较普遍。

7.5.3 钢管的法兰连接

法兰是固定在管口上的带螺栓孔的圆盘。法兰连接严密性好，拆卸安装方便，故用于需要检修或定期清理的阀门、管路附属设备与管子的连接，如泵房管道的连接常采取法兰连接。

（1）法兰的种类　根据法兰与管子的连接方式，钢制法兰分为以下几种：

1）平焊法兰（图 7-24a、b）。给水排水的管道工程中常用平焊法兰。这种法兰制造简单、成本低，施工现场既可采用成品，又可按国家标准在现场用钢板加工。平焊法兰的密封面根据耐压等级可制成光滑面、凸凹面和榫槽面三种，以光滑面平焊法兰应用最为普遍。平焊法兰可用于公称压力不超过 2.5MPa、工作温度不超过 300℃ 的管道上。光滑面平焊钢法兰的尺寸标注如图 7-23 所示，规格见表 7-16 和表 7-17。

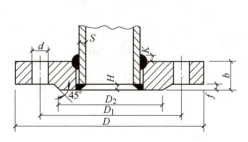

图 7-23　光滑面平焊钢法兰尺寸标注

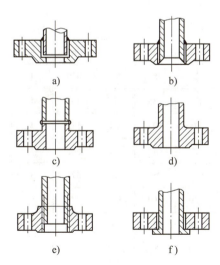

图 7-24　法兰的几种形式

a)、b) 平焊法兰　c) 对焊法兰　d) 铸钢法兰
e) 铸铁螺纹法兰　f) 翻边松套法兰

表7-16 公称压力为0.6MPa的光滑面平焊钢法兰规格（一）　　（单位：mm）

公称直径	管外径 d_0	法兰外径 D	螺栓孔中心圆直径 D_1	连接凸出部分直径 D_2	连接凸出部分高度 f	法兰厚度 b	螺栓孔直径 d	数量	单头 直径×长度	双头 直径×长度	法兰理论质量（相对密度7.85）/(kg/m)
DN10	14	75	50	32	2	12	12	4	M10×40	M10×50	0.313
DN15	18	80	65	40	2	12	12	4	M10×40	M10×50	0.335
DN20	25	90	65	50	2	14	12	4	M10×50	M10×60	0.536
DN25	32	100	75	60	2	14	12	4	M10×50	M10×60	0.641
DN32	38	120	90	70	2	16	14	4	M10×50	M10×70	1.097
DN40	45	130	100	80	3	16	14	4	M10×50	M10×70	1.219
DN50	57	140	110	90	3	16	14	4	M10×50	M10×70	1.348
DN65	73	160	130	110	3	16	14	4	M10×50	M10×70	1.67
DN80	89	185	150	125	3	18	18	4	M10×60	M10×80	2.48
DN100	108	205	170	145	3	18	18	4	M10×60	M10×80	2.89
DN125	133	235	200	175	3	20	18	8	M10×60	M10×80	3.94
DN150	159	260	225	200	3	20	18	8	M10×60	M10×80	4.47
DN175	194	290	255	230	3	22	18	8	M10×70	M10×80	5.54
DN200	219	315	280	255	3	22	18	8	M10×70	M10×80	6.06
DN225	245	340	305	280	3	22	18	8	M10×70	M10×80	6.6
DN250	273	370	335	310	3	24	18	12	M10×70	M10×90	8.03
DN300	325	435	395	362	4	24	23	12	M10×80	M10×100	10.3
DN350	377	485	445	412	4	26	23	12	M10×80	M10×100	12.59
DN400	426	535	495	462	4	28	23	16	M10×80	M10×100	15.2
DN450	478	590	550	518	4	28	23	16	M10×80	M10×100	17.59
DN500	529	640	600	568	4	30	23	16	M10×90	M10×110	20.67
DN600	630	755	705	670	5	30	25	20	M10×90	M10×110	26.57
DN700	720	860	810	775	5	32	25	24	M10×90	M10×120	37.1
DN800	820	975	920	880	5	32	30	24	M10×100	M10×120	46.2
DN900	920	1075	1020	980	5	34	30	24	M10×100	M10×130	55.1
DN1000	1020	1175	1120	1080	5	36	30	28	M10×100	M10×130	57.3

表7-17 公称压力为0.6MPa的光滑面平焊钢法兰规格（二）　　（单位：mm）

公称直径	管外径 d_0	法兰外径 D	螺栓孔中心圆直径 D_1	连接凸出部分直径 D_2	连接凸出部分高度 f	法兰厚度 b	螺栓孔直径 d	数量	单头 直径×长度	双头 直径×长度	法兰理论质量（相对密度7.85）/(kg/m)
DN10	14	90	60	40	2	12	14	4	M20×40	M12×60	0.458
DN15	18	95	65	45	2	12	14	4	M20×40	M12×60	0.511
DN20	25	105	75	55	2	14	14	4	M20×50	M12×60	0.748
DN25	32	115	85	65	2	14	14	4	M20×50	M12×60	0.89
DN32	38	135	100	78	2	16	18	4	M20×60	M16×70	1.40
DN40	45	145	110	85	3	18	18	4	M20×60	M16×80	1.71
DN50	57	160	125	100	3	18	18	4	M20×60	M16×80	2.09
DN65	73	180	145	120	3	20	18	4	M20×60	M16×80	2.84
DN80	89	195	160	135	3	20	18	4	M20×60	M16×80	3.24
DN100	108	215	180	155	3	22	18	8	M20×70	M16×90	4.01
DN125	133	245	210	185	3	24	18	8	M20×70	M16×90	5.40
DN150	159	280	240	210	3	24	23	8	M20×80	M20×100	6.12
DN175	194	310	270	240	3	24	23	8	M20×80	M20×100	7.44
DN200	219	335	295	265	3	24	23	8	M20×80	M20×100	8.24
DN225	245	365	325	295	3	24	23	8	M20×80	M20×100	9.30
DN250	273	390	350	320	3	26	23	12	M20×80	M20×100	10.7
DN300	325	440	400	368	4	28	23	12	M20×80	M20×100	12.9
DN350	377	500	460	428	4	28	23	16	M20×80	M20×100	15.9
DN400	426	565	515	482	4	30	25	16	M20×90	M22×110	21.8
DN450	478	615	565	532	4	30	25	20	M10×90	M22×110	24.4
DN500	529	670	620	585	4	32	25	20	M20×90	M22×120	27.7
DN600	630	780	725	685	5	36	30	20	M27×110	M22×130	30.4

2）对焊法兰。对焊法兰如图7-24c所示。这种法兰本体带一段短管，法兰与管子的连接实质上是短管与管子的对口焊接，故称对焊法兰。对焊法兰一般用于公称压力大于4MPa或温度大于300℃的管道上。对焊法兰多采用锻造法制作，成本较高，施工现场大多采用成品。对焊法兰可制成光滑面、凸凹面、榫槽面、梯形槽等几种密封面，其中以前两种形式应用最为普遍。

3）铸钢法兰与铸铁螺纹法兰。铸钢法兰与铸铁螺纹法兰（图7-24d、e）适用于水煤气输送钢管上，其密封面为光滑面。它们的特点是一面为螺纹连接，另一面为法兰连接，属于低压螺纹法兰。

4）翻边松套法兰　翻边松套法兰属于活动法兰，分为平焊钢环松套、翻边套和对焊松套三种。翻边松套法兰（图7-24f）由于不与介质接触，常用于有色金属管（铜管、铝管）、不锈钢管及塑料管的法兰连接。

5）法兰盖　法兰盖是中间不带管孔的法兰，供管道封口用，俗称盲板。法兰盖的密封面应与其相配的另一个法兰对应，压力等级与法兰相等。

（2）法兰管子的连接方法　平焊法兰、对焊法兰与管子的连接，均采用焊接。焊接时要保持管子和法兰垂直，其允许偏差见表 7-18。管口不得与法兰连接面平齐，应凹进 1.3～1.5 倍管壁厚度或加工成管台，如图 7-24a、b 所示。

表 7-18　法兰焊接允许偏差　　　　　　　　　　（单位：mm）

公称直径	≤DN80	DN100~DN250	DN300~DN350	DN400~DN500
法兰盘允许偏斜值 a	±1.5	±2	±2.5	±3

法兰的螺纹连接适用于镀锌钢管与铸铁法兰的连接，或镀锌钢管与铸钢法兰的连接。在加工螺纹时，管子的螺纹长度应略短于法兰的内螺纹长度，螺纹拧紧时应注意两块法兰的螺栓孔对正。若孔未对正，只能拆卸后重装，不能将法兰回松对孔，以保证接口严密不漏。

翻边松套法兰安装时，先将法兰套在管子上，再将管子端头翻边，翻边要平正成直角无裂口损伤，不挡螺栓孔。

（3）接口质量检查　法兰的密封面（即法兰台）无论是成品还是自动加工，应符合标准无损伤。垫圈厚薄要适中，所用垫圈、螺栓规格要合适，上螺栓时必须对称分 2～3 次拧紧，使接口压合严密。两个法兰的连接面应平正互相平行，其允许偏差见表 7-19，应在法兰连接螺栓全部拧紧后，再测量 a 和 b 的数值。

表 7-19　法兰密封面平行度允许偏差　　　　　　（单位：mm）

公称直径	允许偏差（a-b）	
	<PN1.6	PN1.6~PN4.0
≤DN100	0.20	0.1
>DN100	0.30	0.15

（4）法兰垫圈　法兰连接必须加垫圈，其作用是保证接口严密，不渗不漏。法兰垫圈厚度选择一般为 3～5mm，垫圈材质根据管内流体介质的性质或同一介质在不同温度和压力的条件下选用。给水排水管道工程采用以下几种垫圈：

1）橡胶板。橡胶板具有较高的弹性，所以密封性能良好。橡胶板按其性能可分为普通橡胶板、耐热橡胶板、夹布橡胶板、耐酸碱橡胶板等。在给水排水管道工程中，常用含胶量为 30% 左右的普通橡胶板、耐酸橡胶板作垫圈。这类橡胶板，属中等硬度，既具有一定的弹性，又具有一定的硬度，适用于温度不超过 60℃、公称压力小于或等于 1MPa 的水、酸、碱及真空管路的法兰上。

2）石棉橡胶板。石棉橡胶板是用橡胶、石棉及其他填料经过压缩制成的管道密封衬垫材料，广泛地用于热水、蒸汽、煤气、液化气，以及酸、碱等介质的管路上。石棉橡胶板分为低、中和高压三种。低压石棉橡胶板适用于温度不超过200℃、公称压力小于或等于1.6MPa的一般水暖设备、低压给水管路上。中、高压石棉橡胶板一般用于温度为200~450℃，压力为1.6~6MPa的工业管道上。

3）聚四氟乙烯垫片。此种垫片因具有优良的化学稳定性，耐高温、采用模压成形安装方便等特点，适用于-240~260℃温度范围的法兰接头、阀门密封等。

法兰垫圈的使用要求如下：

1）法兰垫圈的内径略大于法兰的孔径，外径应小于相对应的两个螺栓孔内边边缘的距离，使垫圈不妨碍上螺栓。

2）为便于安装，当采用橡胶板垫圈，在制作垫圈时，应留一呈尖三角形伸出法兰外的手把。

3）一个接口只能设置一个垫圈，严禁用双层或多层垫圈来解决垫圈厚度不够或法兰连接面不平整的问题。

4）法兰连接用的螺栓拧紧后露出的螺纹长度不应大于螺栓直径的一半（约露出2~3扣螺纹），安装时，螺栓、螺母的朝向应一致。

7.5.4 铜管连接

当建筑冷、热水供应系统采用铜管时，就必须采用经挤压成形的铜管件。常用的铜管件如下：

1）承插口连接形式的铜管件。
2）螺纹连接形式的铜管件。
3）卡套连接形式的铜管件。
4）法兰连接形式的铜管件。

通常，承插口的连接强度很高，是我国目前常用的一种连接形式。而其他三种连接形式应用较少。

1. 铜管的下料与切断

铜管的下料定长十分重要，这可以有效保证承插口长度。铜管的切断最好采用铜管切断器，也可以用钢锯切断。要求铜管的切割面必须与铜管中心线垂直，铜管端部外表面与铜管管件重叠的一段应光亮、清洁、无油污，否则应对表面清理。一般可用钢锉修平、砂布或不锈钢丝绒打光，油污去除用汽油或其他有机溶剂擦洗。

2. 铜管钎焊

建筑冷热水用铜管的连接一般采用钎焊。钎焊连接强度高、严密性好，属于不可拆卸连接。

钎焊根据熔化温度不同，分为软钎焊和硬钎焊两种。通常软钎焊的材料为锡基材料与铝基材料。用于饮用水输送铜管工程中，不得使用铝基材料作钎焊用料。软钎焊的熔化温度为250~350℃。软钎焊一般用于小管径或临时用管的连接上。

硬钎焊的材料为铜基材料，分为含银与不含银两种，熔化温度通常在650~750℃。硬钎焊是铜管钎焊的主要钎焊材料。

铜管与铜管件装配间隙的大小直接影响钎焊质量和钎料的用量。为了保证通过毛细管作用钎料得以散布，在套接时应调整铜管自由端和管件承口或插口处，使其装配间隙控制在 0.03~0.2mm。

钎焊的火焰常用氧乙炔气焊炬产生，可以说，铜管的钎焊也是一种气焊。与气焊焊接钢管的不同之处是铜管钎焊一般需用钎焊熔剂（简称钎剂）。用氧乙炔焊炬进行铜管钎焊时，应用外焰进行加热，火焰应呈中性或略带还原性。加热时，焊炬沿铜管作环向摆动，使加热均匀，而不能停在一处，以免烧穿铜管。

开始加热时，加热范围可大些，待加热到适当温度时，用钎焊条蘸取适量钎剂，均匀地涂抹于焊件缝隙处，当焊件加热到使钎料熔化的温度时，送入钎料，毛细管作用产生的吸引力使熔化后的钎料向缝隙里渗透。当钎料填满缝隙，渗出焊缝时，应立即提高焊炬，稍加保温，以保持饱满的焊角。若管子直径较大，可同时用2~3个焊炬加热。

为便于铜管连接，有的生产厂家将焊料均匀地预置在铜管承口内壁。安装时，将铜管插口插入承口，直接用氧乙炔焰加热承口外壁，熔化焊料。

焊接完成后，去掉焊缝部位的残渣。残渣的去除可用蒸汽吹扫、热水冲洗、湿软布擦拭。对于铸件接头，应自然冷却一段时间，再用湿软布擦净。

其他给水排水管材的连接，如塑料管、球墨铸铁管、钢筋混凝土管等的连接，可见本书第6、8章内容。

复习思考题

1. 管道工程施工前需作哪些准备工作？
2. 试述钢管切断的方法及其机具的选择。
3. 试述弯管种类及其加工方法。
4. 试述三通管、变径管的种类、加工方法。
5. 试述钢管管螺纹连接适用的管材、规格。
6. 试述管螺纹加工机具及管螺纹加工质量要求。
7. 试述管螺纹连接的管件名称、作用。
8. 钢管焊接为什么需要坡口？坡口加工的方法有哪些？
9. 试述钢管焊接的种类及其选择。
10. 试述法兰的类型及其与管子的连接方法。
11. 常用法兰垫圈的材料有哪些？如何选择？
12. 试述铜管常用的连接方法及其操作步骤。

第 8 章
地下给水排水管道开槽施工

开槽施工是常用的一种室外给水排水管道施工方法，包括测量与放线、沟槽断面开挖、沟槽地基处理、下管、稳管、接口、管道工程质量检查与验收、土方回填等工序。测量与放线、沟槽断面开挖、沟槽地基处理已在本书第 1 章中详细阐述。下管、稳管、接口、土方回填、管道工程质量检查与验收等工序是本章重点。

室外给水排水管道施工主要依据如下：

1）施工图及施工组织设计。
2）《室外给水设计标准》(GB 50013—2018)。
3）《室外排水设计标准》(GB 50014-2021)。
4）《给水排水管道工程施工及验收规范》(GB 50268—2008)。
5）国家建筑标准设计图集 S5（一）《给水排水标准图集　室外给水排水管道工程及附属设施（一）》。
6）国家建筑标准设计图集 07MS101《市政给水管道工程及附属设施》。
7）国家建筑标准设计图集 06MS201《市政排水管道工程及附属设施》。
8）国家建筑标准设计图集 07S906《给水排水构筑物设计选用图（水池、水塔、化粪池、小型排水构筑物）》。

8.1　下管与稳管

给水排水管道敷设前，首先应检查管道沟槽开挖深度、沟槽断面、沟槽边坡、堆土位置是否符合规定，检查管道地基处理情况等；其次必须对管材、管件进行检验，质量要符合设计要求，确保不合格或已经损坏的管材及管件不下入沟槽。

8.1.1　下管

管子经过检查、验收后，将合格的管材及管件运至沟槽边。按设计进行排管，经核对管节、管件位置无误方可下管。

下管应以施工安全、操作方便、经济合理为原则，可根据管材种类、单节管重及管径、管长、机械设备、施工环境等因素来选择下管方法。下管方法分人工下管和机械下管两类。无论采取哪一种下管法，一般采用沿沟槽分散下管，以减少在沟槽内的运输。当不便于沿沟槽下管而允许在沟槽内运管时，可以采用集中下管法。

1. 人工下管

人工下管多用于施工现场狭窄，重量不大的中小型管子，以施工方便、操作安全、经济合理为原则。

（1）贯绳法　贯绳法适用于管径小于 300mm 以下混凝土管、钢筋混凝土管。用一端带有铁钩的绳子钩住管子一端，绳子另一端由人工徐徐放松，直至将管子放入槽底。

（2）压绳下管法　压绳下管法是人工下管法中最常用的一种方法，适用于中、小型管子。此方法灵活，可作为分散下管方法。压绳下管法包括人工撬棍压绳下管法和立管压绳下管法等。人工撬棍压绳下管法的具体操作是：在沟槽上边土层打入两根撬棍，分别套住一根下管大绳，绳子一端用脚踩牢，用手拉住绳子的另一端，听从一人号令，徐徐放松绳子，直至将管子放至沟槽底部。立管压绳下管法的具体操作是：在距离沟边一定距离处，直立埋设一节或两节管子，管子埋入一半立管长度，内填土方，将下管用两根大绳缠绕在立管上（一般绕一圈），绳子一端固定，另一端由人工操作，利用绳子与立管管壁之间的摩擦力控制下管速度，操作时注意两边放绳要均匀，防止管子倾斜。立管压绳下管如图 8-1 所示。

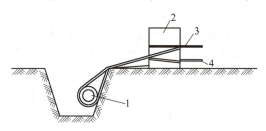

图 8-1　立管压绳下管

1—管子　2—立管　3—放松绳　4—固定绳

（3）集中压绳下管法　此种方法适用于较大管径。集中压绳下管法是从固定位置往沟槽内下管，然后在沟槽内将管子运至稳管位置。下管用的大绳应质地坚固、不断股、不糟朽、无夹心。

（4）搭架下管法　此种方法适用于较大管径。常用搭架下管法有三脚架或四脚架法。其操作过程如下：首先在沟槽上搭设三脚架或四脚架等塔架，在塔架上安设吊链；然后在沟槽上铺上方木或钢管，将管子运至方木或钢管上；用吊链将管子吊起，撤出原铺方木或细钢管，操作吊链使管子徐徐放入槽底。

（5）溜管法　溜管法是将由两块木板组成的三角木槽斜放在沟槽内，管子一端用带有铁钩的绳子钩住管子，绳子另一端由人工控制，将管子沿三角木槽缓慢溜入沟槽内。此法适用于管径小于 300mm 以下混凝土管、钢筋混凝土管等。

2. 机械下管

因为机械下管速度快、安全，并且可以减轻工人的劳动强度，劳动效率高，所以有条件时应尽可能采用机械下管法。

机械下管视管的重量选择起重机械，常用汽车式或履带式起重机下管。下管时，起重机沿沟槽开行。起重机的行走道路应平坦、畅通。当沟槽两侧堆土时，其一侧堆土与槽边应有足够的距离，以便起重机开行。起重机距离沟边至少 1m，以免槽壁坍塌。起重机与架空输电线路的距离应符合电力管理部门的有关规定，并由专人看管。禁止起重机在斜坡地方吊着管回转，轮胎式起重机作业前应将支腿撑好，轮胎不应承担起吊重量。支腿距离沟边要有 2m 以上距离，必要时应垫木板。在起吊作业区内，任何人不得在吊钩或被吊起的重物下面通过或站立。

机械下管一般为单机单管节下管。下管时，起重吊钩与球墨铸铁管或混凝土及钢筋混凝土管端相接触处，应垫上麻袋，以保护管口不被破坏。起吊塑料管、玻璃钢夹砂管的吊具应采用柔韧且较宽的吊索（橡胶带、帆布带、尼龙带）或直径大于 30mm 的尼龙绳，禁止用钢丝绳或铁链吊装管子，以免管子滑动损坏管子或造成安全事故。起吊或搬运管材、配件时，对于法兰盘面、非金属管材承插口工作面、金属管防腐层等，均应采取保护措施，以防损坏，吊装闸阀等配件时不得将钢丝绳捆绑在操作轮及螺栓孔上。管节下入沟槽时，不得与槽壁支撑及槽下的管道相互碰撞，沟内运管不得扰动天然地基。塑料管道敷设应在沟底标高和管道基础质量检查合格后进行，在敷设管道前要对管材、管件、橡胶圈等重新进行一次外观检查，发现有损坏、变形、变质迹象等问题的管材、管件均不得采用。塑料管材在吊运及放入沟内时，应采用可靠的软带吊具，平稳下沟。

机械下管不应一点起吊，采用两点起吊时吊绳应找好重心，平吊轻放。

为了减少沟内接口工作量，同时由于钢管有足够的强度，所以通常在地面将钢管焊接成长串，然后由2~3台起重机联合下管，称为长串下管。由于多台设备不易协调，长串下管一般不要多于3台起重机。起吊管时，管应缓慢移动，避免摆动，同时应有专人负责指挥。下管时应按有关机械安全操作规程执行。

8.1.2 稳管

稳管是将管按设计的高程与平面位置稳定在地基或基础上的施工过程。稳管包括管对中和对高程两个环节，两者同时进行。压力流管道敷设的高程和平面位置的精度都可低些。通常情况下，敷设承插式管节时，承口朝向介质流来的方向。在坡度较大的斜坡区域，承口应朝上，应由低处向高处敷设。重力流管道的敷设高程和平面位置应严格符合设计要求，一般以逆流方向进行敷设，使已铺的下游管道先期投入使用，同时供施工排水。

稳管工序是决定管道施工质量的重要环节，必须保证管道的中心线与高程的准确性。允许偏差值应按《给水排水管道工程施工及验收规范》（GB 50268—2008）的规定执行，一般均为±10mm。

稳管时，相邻两管节底部应齐平。为避免因紧密相接而使管口破损，便于接口，柔性接口允许有少量弯曲，一般大口径管道两管端面之间应预留约10mm间隙。

承插式给水球墨铸铁管稳管是将插口装在承口中，称为撞口。撞口前可在承口处做出记号，以保证一定的缝隙宽度。

胶圈接口的给水承插式球墨铸铁管及给水用UPVC管的稳管与接口同时进行，即稳管和接口为一个工序。撞口的中线和高程误差，一般控制在20mm以内。撞口完毕找正后，一般用铁牙背匀间隙，然后在管身两侧同时还土夯实或架设支撑，以防管道错位。

8.2 给水管道施工

室外给水工程管材有球墨铸铁管、钢管、给水用硬聚氯乙烯（UPVC）管等，接口方式及接口材料受管道种类、工作压力、经济因素等影响而不同。

8.2.1 球墨铸铁管

球墨铸铁管采用离心浇筑，其公称直径为DN100~DN2600，长为4~9m。球墨铸铁管有强度高、韧性大、抗腐蚀能力强的性能，又称为可延性铸铁管。球墨铸铁管本身有较大的伸长率，同时管口之间采用柔性接头，在埋地管道中能与管周围的土体共同工作，改善了管道的受力状态,提高了管网的工作可靠性,是市政给水、污水主要使用管材。

球墨铸铁管的插口端设有小台,用于 T 型胶圈柔性接口(图 8-2)。

为了防止管内结垢,球墨铸铁管内壁涂敷水泥砂浆衬里层,外壁喷涂沥青防腐层。

球墨铸铁管均采用柔性接口,按接口施工形式分为推入式接口(简称 T 型接口)和机械式接口(简称 K 型接口)两类。

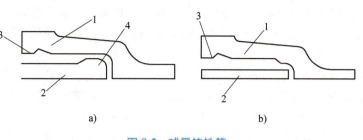

图 8-2 球墨铸铁管
1—承口 2—插口 3—水线 4—小台

1. 推入式球墨铸铁管接口

球墨铸铁管采取承插式柔性接口,其工具配套,操作简便、快速,适用于 DN80～DN2600 的输水管道,在国内外输水工程上广泛采用。

(1)施工工具 推入式球墨铸铁管的安装应选用叉子、手动葫芦、连杆千斤顶、反向铲挖土机等配套工具。

(2)施工操作程序 推入式球墨铸铁管施工程序为下管→清理承口和胶圈→上胶圈→清理插口外表面及刷润滑剂→接口→检查。

将管子完整地下到沟槽后,应清刷承口,铲去所有的黏结物,如砂、泥土和松散涂层及可能污染水质、划破胶圈的附着物等。随后将胶圈清理洁净,将弯成心形或花形(大口径管)的胶圈放入承口槽内就位。把胶圈都装入承口槽,确保各个部位不翘、不扭,仔细检查胶圈的固定是否正确。清理插口外表面,插口端应是圆角并有一定锥度,以便插入承口。在承口内胶圈的内表面刷润滑剂(肥皂水、洗衣粉),插口外表面刷润滑剂。插口对承口找正后,上安装工具,扳动手扳葫芦(或叉子),使插口慢慢装入承口。最后用探尺插入承插口间隙中,以确定胶圈位置。插口推入位置应符合标准。

(3)推入式球墨铸铁管的施工应注意事项

1)正常的接口方式是将插口端推入承口,但特殊情况下,承口装入插口亦可。

2)胶圈存放应注意避光,不要叠合挤压,长期储存应放入盒子里,或用其他材料覆盖。

3)上胶圈时,不得将润滑剂刷在承口内表面,以免接口失败。

4)安装前应准备好配套工具。为防止接口脱开,可用手扳葫芦锁管。

推入式接口常用以下几种安装方法:

(1)千斤顶小车拉杆法(图 8-3)由后背工字钢、螺旋千斤顶(一或二台)、顶铁(纵、横铁)、垫木等组成的一套顶推设备安装在一辆平板小车上,特制的弧形卡具固定在已经安装好的管子上,用符合管节模数的钢拉杆拉起卡具和后背顶

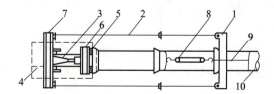

图 8-3 千斤顶小车拉杆法安装预应力混凝土管示意图
1—卡具 2—钢拉杆(活接头组合) 3—螺旋千斤顶
4—双轮平板小车 5—垫木(一组) 6—顶铁(一组)
7—后背工字钢(焊有拉杆接点) 8—吊链(卧放手拉葫芦)
9—钢丝绳套 10—已安装好的管

铁，使小车与卡具、拉杆形成一个自锁推拉系统。锁成后调整顶铁的位置及垫木、垫铁、千斤顶的位置，摇动螺旋千斤顶，将套有胶圈的插口徐徐顶入已安装好的管子承口中，随顶随调整胶圈，使之就位准确（终点在距小台5mm处）。每顶进一根管子，加一根钢拉杆，一般安装10根管子移动一次位置。此法适用于中小管径管道安装。

(2) 吊链（手拉葫芦）拉入法（图8-4） 在已安装稳固的管子上拴住钢丝绳，在待拉入管子承口处架上后背横梁，用钢丝绳和吊链连好绷紧对正，两侧同步拉吊链，将已套好胶圈的插口经撞口后拉入承口中，注意随时校正胶圈位置。此法适用于小管径管道安装，但是施工速度慢。

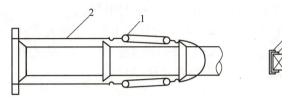

图8-4 吊链（手拉葫芦）拉入法安管示意图
1—吊链（手拉葫芦） 2—钢丝绳 3—槽钢（横梁）
4—缓冲橡胶带（或汽车外带） 5—方木

(3) 牵引机拉入法（图8-5） 安好后背方木、滑轮（或滑轮组）和钢丝绳，启动牵引机械或卷扬机，将对好胶圈的插口拉入承口中，随拉随调胶圈，使之就位准确。此法适合大、中管径管道的安装，但是施工速度慢。

(4) DKJ多功能快速接管机安管（图8-6） DKJ多功能快速接管机可快速进行管道接口作业，并具有自动对口、纠偏功能，人只需站在接口处操作按钮即可，操作简便，施工速度较快。

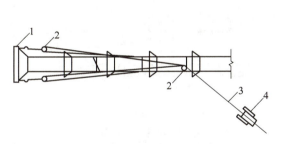

图8-5 牵引机安管示意图
1—后背方木 2—滑轮 3—钢丝绳 4—牵引机

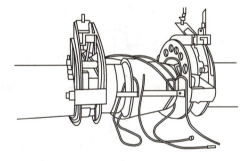

图8-6 DKJ多功能快速接管机安管

(5) 撬杠顶进法 将撬杠插入已对口待连接管承口端的土层内，在撬杠与承口端之间垫上木块或硬橡胶块，扳动撬杠，使插口胶圈进入已连接管承口内。此法适用于小管径管道安装。

(6) 反向铲挖土机顶管（图8-7） 安装第一节球墨铸铁管后背支撑，使其具有足够抗推强度。第二节球墨铸铁管插口套上胶圈，反向铲挖土机的土斗降至第二节承口（为防止承口顶

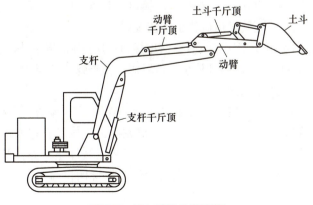

图8-7 反向铲挖土机顶管

坏，可采用废轮胎、硬橡胶块用钢丝或铁链固定在第二节球墨铸铁管承口上），反向铲挖土机利用支杆、动臂、土斗千斤顶推动土斗背缓慢顶管，直至将第二节球墨铸铁管插口顶至第一节球墨铸铁管承口内安装位置。此后，反复进行同样操作。需要注意的是，接口处必须安排具有丰富施工经验的工人，用对讲机指挥反向铲挖土机操作顶管。配置无线视频（主要设备为摄像头、显示器等）的反向铲挖土机，则不需要安排工人在沟槽内指挥。使用反向铲挖土机，一个人即可完成顶管工作，不仅速度快，施工还安全。反向铲挖土机还可以边挖土，边进行管道接口，特别适合长距离大中管径球墨铸铁管道安装，也适合玻璃钢夹砂管、钢筋混凝土管、塑料管胶圈接口的施工。

采用上述方法敷管后，为防止前几节管子管口移动，可用钢丝绳和吊链锁在后面的管子上，也即进行锁管（图8-8）。

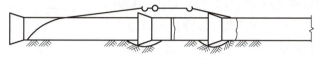

图8-8 锁管示意图

2. 机械式（压兰式）球墨铸铁管接口

（1）接口形式及特点　机械式（压兰式）球墨铸铁管接口属于柔性接口，它的主要优点是抗振性能较好，并且安装与拆修方便；缺点是配件多，造价高。它主要由球墨铸铁直管、管件、压兰、螺栓及橡胶圈组成。按填入的橡胶圈种类不同，分为N1型接口（图8-9）、X型接口（图8-10）和T型接口。

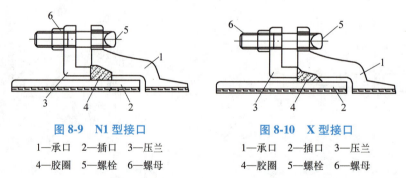

图8-9 N1型接口　　　　　　图8-10 X型接口
1—承口　2—插口　3—压兰　　　1—承口　2—插口　3—压兰
4—胶圈　5—螺栓　6—螺母　　　4—胶圈　5—螺栓　6—螺母

其中，N1型及X型接口使用较为普遍。当管径为100～350mm时，选用N1型接口；管径为100～700mm，选用X型接口。T型接口可参看有关施工手册。

（2）机械式接口施工工艺及要求

1）施工工序：下管→清理插口、压兰和胶圈→压兰与胶圈定位→清理承口→刷润滑剂→对口→临时紧固→螺栓全方位紧固→检查螺栓转矩。

2）工艺要求。

a. 下管。按下管要求将管材、管件下入沟槽，不得抛掷管材、管件及其他设备。机械下管应采用两点吊装，应使用尼龙吊带、橡胶套包钢丝绳或其他适用的吊具，防止管材、管件的防腐层损坏，宜在管与吊具间垫以缓冲垫，如橡胶板等制品。

b. 清理连接部位。用棉纱和毛刷将插口端外端表面、压兰内外面、胶圈表面、承口内表面彻底清洁干净。

c. 压兰与胶圈定位。插口及压兰、胶圈清洁后，吊装压兰并将其推送插口端部定位，然后用人工把胶圈套在插口上（注意胶圈不要装反）。

d. 涂刷润滑剂。在插口及密封胶圈的外表面和承口内表面涂刷润滑剂，要求涂刷均匀，不能太多。

e. 对口。将管子吊起，使插口对正承口，对口间隙应符合设计规定。在插口进入承口并调整好管中心和接口间隙后，在管两侧填砂固定管身，然后卸去吊具，将密封胶圈推入承口与插口的间隙。

f. 临时紧固。将橡胶圈推入承口后，调整压兰，使其螺栓孔和承口螺栓孔对正、压兰与插口外壁间的缝隙均匀。用螺栓在垂直四个方位临时紧固。

g. 螺栓紧固。将接口所用的螺栓穿入螺孔，安上螺母，按上、下、左、右交替紧固的顺序均匀地将每个螺栓分数次上紧，穿入螺栓的方向应一致。

h. 检查螺栓转矩。螺栓上紧后，应用力矩扳手检验每个螺栓转矩。

（3）机械式接口施工注意事项

1）接口前应彻底清除管内杂物。

2）管道砂垫层的标高必须准确，以控制高程，并以水准仪校核。

3）管接口后不得移动，可在管底两侧回填砂土并夯实，或用垫块等将管临时固定等方法。

4）三通、变径管和弯头等处，应按设计要求设置支墩。浇筑混凝土支墩时，管外表面应洗净。

5）橡胶圈应随用随从包装中取出，暂时不用的橡胶圈一定用原包装封存，放在阴凉、干燥处保存。

8.2.2 给水硬聚氯乙烯管

硬聚氯乙烯管是目前国内推广应用塑料管中的一种管材。它与金属管道相比，具有质量轻、耐压强度好、阻力小、耐蚀性好、安装方便、投资省、使用寿命长等特点。

硬聚氯乙烯管不同于金属管材，为保证施工质量，硬聚氯乙烯管材及配件在运输、装卸及堆放过程中严禁抛扔或激烈碰撞。应避免阳光曝晒，若存放期较长，则应放置于棚库内，以防变形和老化。硬聚氯乙烯管材、配件堆放时，应放平垫实，堆放高度不宜超过 1.5m；对于承插式管材、配件堆放时，相邻两层管材的承口应相互倒置并让出承口部位，以免承口承受集中荷载。

给水硬聚氯乙烯管道可以采用胶圈接口、粘接接口、法兰连接等形式。最常用的是胶圈和粘接连接，橡胶圈接口适用于管外径为 63~710mm 的管道连接；粘接接口只适用管外径小于 160mm 管道的连接；法兰连接一般用于硬聚氯乙烯管与铸铁管等其他管材、阀件等的连接。

当管道采用胶圈接口（R-R 接口）时，所用的橡胶圈不应有气孔、裂缝、重皮和接缝。

若使用圆形胶圈作接口密封材料时，胶圈内径与管材插口外径之比宜为 0.85~0.90，胶圈断面直径压缩率一般采用 40%。

当管道采用粘接连接（T-S 接口）时，所选用的黏合剂的性能应符合下列基本要求：

1）黏附力和内聚力强，易于涂在接合面上。

2）固化时间短。

3）硬化的粘接层对水不产生任何污染。

4）粘接的强度应满足管道的使用要求。

5）当发现黏合剂沉淀、结块时不得使用。

给水硬聚氯乙烯管经挤出成型，管外径为 12~160mm 的管件（如三通、四通、弯头等）为硬聚氯乙烯注塑管件（粘接）；管外径为 200~710mm 的管件选用给水用玻璃钢增强硬聚氯乙烯复合管件。

给水硬聚氯乙烯管的施工程序：沟槽、管材、管件检验→下管→对口连接→部分回填→水压试验合格→全部回填。

给水硬聚氯乙烯管连接方法如下：

（1）胶圈连接　首先，应将管道承口内胶圈沟槽，将管端工作面及胶圈清理干净，不得有土或其他杂物；将胶圈正确安装在承口的胶圈区中，不得装反或扭曲。为了安装方便，可先用水浸湿胶圈，但不得在胶圈上涂润滑剂安装；橡胶圈连接的管材在施工中被切断时（断口平整且垂直于管轴线），应在插口端倒角（坡口），并划出插入长度标线，再进行连接。管子接头最小插入长度见表 8-1。

表 8-1　管子接头最小插入长度

公称外径/mm	63	75	90	110	125	140	160	180	200	225	280	315
插入长度/mm	64	67	71	75	78	81	86	90	94	100	112	113

然后，用毛刷将润滑剂均匀地涂在装嵌在承口处的胶圈和管插口端外表面上，但不得将润滑剂涂到承口的胶圈沟槽内；润滑剂可采用 V 型脂肪酸盐，禁止用黄油或其他油类作润滑剂。

最后，将连接管道的插口对准承口，保持插入管段的平直，用手拉葫芦或其他拉力机械将管一次插入至标线。若插入阻力过大，切勿强行插入，以防胶圈扭曲。胶圈插入后，用探尺顺承插口间隙插入，沿管圆周检查胶圈的安装是否正常。

（2）粘接连接　粘接连接的管道在施工中被切断时，须将插口处倒角，锉成坡口后再进行连接。切断管材时，应保证断口平整且垂直于管轴线。加工成的坡口应符合下列要求：坡口长度一般不小于 3mm；坡口厚度为管壁厚度的 1/3~1/2。坡口完后，应将残屑清除干净。管材或管件在粘接前，应用于棉纱或干布将承口内侧和插口外侧擦拭干净，使被粘接面保持清洁干燥，当表面有油污时，可用棉纱蘸丙酮等清洁剂擦净。

粘接前应将两管试插一次，两管的配合要紧密，若两管试插不合适，应另换一根再试，直至合适为止。使插入深度及配合情况符合要求，并在插入端表面划出插入承口深度的标线。粘接时，先用毛刷将黏合剂迅速涂刷在插口外侧及承口内侧结合面上时，宜先涂承口，后涂插口，宜轴向涂刷，涂刷均匀适量；承插口涂刷黏合剂后，应立即找正方向将管端插入承口，用力挤压，使管端插入的深度至所划标线，并保证承插接口的直度和接口位置正确，同时必须保持如下规定的时间：当管外径为 63mm 以下时，保持时间为不少于 30s；当管外径为 63~160mm 时，保持时间应大于 60s。

粘接完毕后，应及时将挤出的黏合剂擦拭干净。粘接后，不得立即对接合部位强行加载，静止固化时间不应低于表 8-2 规定。

表 8-2　静止固化时间　　　　　　　　　　　　　　　（单位：min）

公称外径/mm	45~70℃	18~40℃	5~18℃
≤63	12	20	30
>63~110	30	45	60
>110~160	45	60	90

（3）其他连接　当给水硬聚氯乙烯管与球墨铸铁管、钢管连接时，应采用管件标准中的专用接头连接，也可采用双承橡胶圈接头、接头卡子等连接。当与阀门及消火栓等管件连接时，应先将硬聚氯乙烯管用专用接头接在铸铁管或钢管上后，再通过法兰与这些管件相连接。

8.2.3　钢管

钢管自重轻、强度高、抗应变性能好（优于铸铁管、硬聚氯乙烯管及预应力钢筋混凝土管）、接口方便、耐压程度高、水力条件好，但钢管的耐蚀性差，必须进行防腐处理。钢管的防腐可参见本书第 13 章有关内容。

钢管主要采用焊接和法兰连接。其工艺可参见本书第 6 章有关内容。

现在用于给水管道的钢管由于耐腐性差而越来越多地被衬里（衬塑料、衬橡胶、衬玻璃钢、衬玄武岩）钢管所代替。

在给水管道的弯管、变径、三通处、阀门处设置混凝土支墩，支墩应围住管件，止推墩的受力一边应支撑在分层夯实的土上。

市政给水管道附属设施如消火栓、自动排气阀、各种阀门及阀门井、排泥井等的设计与施工参见国家建筑标准设计图集 S5（一）《给水排水标准图集》《室外给水排水管道工程及附属设施（一）》和国家建筑标准设计图集 07MS101《市政给水管道工程及附属设施》。

8.3　排水管道施工

室外排水管道常用的有钢筋混凝土管、球墨铸铁管、硬聚氯乙烯波纹管、聚乙烯双壁缠绕结构管等。常用的钢筋混凝土管通常采用Ⅱ级钢筋混凝土管，胶圈接口；市政污水管道采用壁厚为 K8、公称压力为 1.0MPa 的球墨铸铁管。T 型胶圈接口；DN500 以下管径，常常采用 PVC-U 双壁波纹管、PE 双壁波纹管等排水塑料管。

排水管道属于重力流管道。施工中，对管道的中心与高程控制要求较高。

8.3.1　安管（稳管）

排水管道安装（稳管）常用坡度板法和边线法控制管道中心与高程。边线法控制管道中心和高程比坡度板法速度快，但准确度不如坡度板法。

1. 坡度板法

在重力流排水管道施工中，用坡度法控制安管的中心与高程时，坡度板埋设必须牢固，而且要便于使用，因此对坡度板的设置有以下要求：

1）坡度板应选用有一定刚度且不易变形的材料制成，常用 50mm 厚木板，长度根据沟槽上口宽，一般跨槽每边不小于500mm，埋设必须牢固。

2）坡度板设置间距一般为10m，最大间距不宜超过15m，变坡点、管道转向及检查井处必须设置坡度板。

3）单层槽坡度板设置在槽上口跨地面，坡度板距槽底不宜超过3m，多层槽坡度板设在下层槽上口跨槽台，距槽底也不宜大于3m。

4）在坡度板上施测中心与高程时，中心钉应钉在坡度板顶面，高程板一侧紧贴中心钉（不能遮挡挂中线）钉在坡度板侧面，高程钉钉在靠中心钉一侧的高程板上（图8-11）。

5）坡度板上应标井室号、明桩号及高程钉至各有关部位的下反常数。变换常数处，应在坡度板两面分别书写清楚，并分别标明其所用高程钉。

安管前，准备好必要的工具（垂球、水平尺、钢尺等），按坡度板上的中心钉、高程板上的高程钉挂中线和高程线（至少是三块坡度板），用一只眼睛看一下有无折线，是否正常；根据给定的高程下反数，在高程尺上量好尺寸，刻上标记，经核对无误后，再安管。

安管时，在管端吊中心垂球，当管径中心与垂线对正不超过允许偏差时，安管的中心位置即正确。

控制安管的管内底高程：将高程线绷紧，把高程尺杆下端放至管内底上，当尺杆上的标记与高程线距离不超过允许偏差时，安管的高程为正确。

2. 边线法（图8-12）

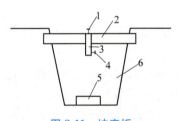

图8-11 坡度板

1—中心钉 2—坡度板 3—立板
4—高程钉 5—管道基础 6—沟槽

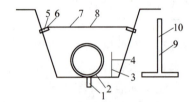

图8-12 边线法安管示意图

1—给定中线桩 2—中线钉 3—边线铁钎
4—边线 5—高程桩 6—高程钉
7—高程辅助线 8—高程线
9—高程尺杆 10—标记

对边线的设置有如下要求：

1）在槽底给定的中线桩一侧钉边线铁钎，上挂边线，边线高度应与管中心高度一致，边线距管中的距离等于管外径的1/2加上一常数（常数以小于50mm为宜）。

2）在槽帮两侧适当的位置打入高程桩，其间距10m左右（不宜大于15m），并实测上高程钉。连接槽两帮高程桩上的高程钉，在连线上挂纵向高程线，用眼"串"线看有无折点，是否正常（线必须拉紧查看）。

3）根据给定的高程下反数，在高程尺杆上量好尺寸，刻写上标记，经核对无误再安管。

安管时，如果管外径相同，则将用尺量取管外皮距边线的距离与自己选定的常数相比，不超过允许偏差时为正确；如果安外径不同的管，则用水平尺找中，量取至边线的距离，与给定管外径的1/2加上常数相比，不超过允许偏差为正确。

安管中线位置控制的同时应控制管内底高程。方法为将高程线绷紧，把高程尺杆下端放至管内底上，并立直，当尺杆上标记与高程线距离不超过允许偏差时为正确。安管允许偏差见《给水排水管道工程施工及验收规范》(GB 50268—2008) 中规定。

8.3.2 排水管道敷设的常用方法

排水管道敷设的方法较多，常用的方法有平基法、垫块法、"四合一"施工法安装敷设。应根据管道种类、管径大小、管座形式、管道基础、接口方式等来选择排水管道敷设的方法。

1. 平基法

排水管道平基法施工，首先浇筑平基（通基）混凝土，待平基达到一定强度再下管、安管（稳管）、浇筑管座及抹带接口的施工方法。这种方法常用于雨水管道，尤其适合于地基不良或雨期施工的场合。

平基法施工程序：支平基模板→浇筑平基混凝土→下管→安管（稳管）→支管座模板→浇筑管座混凝土→抹带接口→养护。

平基法施工操作要点如下：

1）浇筑混凝土平基顶面高程，不能高于设计高程，低于设计高程不超过 10mm。

2）平基混凝土强度达到 5MPa 以上时，方可直接下管。

3）下管前可直接在平基面上弹线，以控制安管中心线。

4）安管的对口间隙，管径≥700mm 时，按 10mm 控制，管径<700mm 时，可不留间隙，安较大的管子，宜进入管内检查对口，减少错口现象，稳管以达到管内底高程偏差在±10mm 之内，中心线偏差不超过 10mm，相邻管内底错口不大于 3mm 为合格。

5）管子安好后，应及时用干净石子或碎石卡牢，并立即浇筑混凝土管座。

管座浇筑要点如下：

1）浇筑管座前，平基应凿毛或刷毛，并冲洗干净。

2）对平基与管接触的三角部分，要选用同强度等级混凝土中的软灰，先行捣密实。

3）浇筑混凝土时，应两侧同时进行，防止挤偏管。

4）较大管子，浇筑时宜同时进入管内配合勾捻内缝；直径小于 700mm 的管，可用麻袋球或其他工具在管内来回拖动，将流入管内的灰浆拉平。

2. 垫块法

排水管道施工，把在预制混凝土垫块上安管（稳管），然后浇筑混凝土基础和接口的施工方法，称为垫块法。采用这种方法可避免平基、管座分开浇筑，是污水管道常用的施工方法。垫块法施工程序：预制垫块→安垫块→下管→在垫块上安管→支模→浇筑混凝土基础→接口→养护。

预制混凝土垫块强度等级同混凝土基础；垫块的几何尺寸：长为管径的 0.7 倍，高等于平基厚度，允许偏差为±10mm，宽大于或等于高；每节管垫块一般为两个，一般放在管两端。

垫块法施工操作要点如下：

1）垫块应放置平稳，高程符合设计要求。

2）安管时，管两侧应立保险杠，防止管从垫块上滚下伤人。

3）安管的对口间隙：管径 700mm 以上者按 10mm 左右控制；安较大的管时，宜进入管内检查对口，减少错口现象。

4）管安装好后一定要用干净石子或碎石将管卡牢，并及时灌注混凝土管座。

"四合一"施工方法（图 8-13）如下：

1) 平基。灌筑平基混凝土时，一般应使平基面高出设计平基面 20~40mm（视管径大小而定），并进行捣固，管径在 400mm 以下者，可将管座混凝土与平基一次灌齐，并将平基面做成弧形以利稳管。

2) 稳管。将管从模板上滚至平基弧形内，前后揉动，将管揉至设计高程（一般高于设计高程 1~2mm，以备下一节管又稍有下沉），同时控制管中心线位置的准确。

3) 管座。完成稳管后，立即支设管座模板，浇筑两侧管座混凝土，捣固管座两侧三角区，补填对口砂浆，抹平管座两肩。当管道接口采用钢丝网水泥砂浆抹带接口时，进行混凝土捣固时应注意钢丝网位置的正确。为了配合管内缝勾捻，管径在 600mm 以下时，可用麻袋球或其他工具在管内来回拖动，将管口内溢出的砂浆抹平。

4) 抹带。管座混凝土灌筑后，马上进行抹带，随后勾捻内缝，抹带与稳管至少相隔 2~3 节管，以免稳管时不小心碰撞管，影响接口质量。

8.3.3 混凝土管和钢筋混凝土管施工

混凝土管的规格为 DN100~DN600，长为 1m；钢筋混凝土管的规格为 DN300~DN2400，长为 2m。管口形式有承插口、平口（已限制使用）、圆弧口、企口 4 种（图 8-14）。

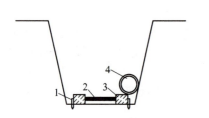

图 8-13 "四合一"安管支模排管示意图

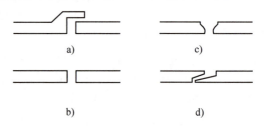

图 8-14 管口形式
a）承插口　b）平口　c）圆弧口　d）企口

混凝土管和钢筋混凝土管的接口形式有刚性和柔性两种。刚性有：①水泥砂浆抹带接口；②钢丝网水泥砂浆抹带接口；③套环接口；④承插管水泥砂浆接口。柔性接口有：①沥青砂浆柔性接口；②承插管沥青油膏柔性接口；③塑料止水带接口；④胶圈接口。埋地小管径混凝土、钢筋混凝土雨水管可以采用刚性接口。埋地市政污水、雨水管道采用的钢筋混凝土管为Ⅱ级钢筋混凝土管，柔性胶圈接口。

1. 抹带接口

（1）水泥砂浆抹带接口（图 8-15）水泥砂浆抹带

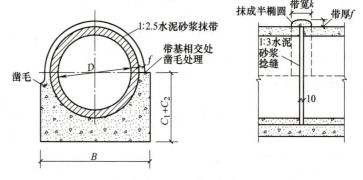

图 8-15 水泥砂浆抹带接口
B—沟槽底部宽度　C_1—垫层深度　C_2—管外层半径

接口是一种常用刚性接口，一般在地基较好、管径较小时采用。水泥砂浆抹带接口施工程序：浇管座混凝土→勾捻管座部分管内缝→管带与管外皮及基础结合处凿毛清洗→管座上部内缝支垫托→抹带→勾捻管座以上内缝→接口养护。

水泥砂浆抹带材料及质量配合比：水泥采用42.5号水泥（普通硅酸盐水泥），砂子应过2mm孔径筛子，泥含量不得大于2%（质量分数）；质量配合比为，水泥：砂＝1：2.5，水一般不大于0.5。勾捻内缝水泥砂浆的质量配合比为，水泥：砂＝1：3，水一般不大于0.5。

水泥砂浆抹带接口工具有浆桶、刷子、铁抹子、弧形抹子等。

抹带接口操作如下：

1）抹带：①抹带前将管口及管带覆盖到的管外皮刷干净，并刷水泥浆一遍；②抹第一层砂浆（卧底砂浆）时，应注意找正使管缝居中，厚度约为带厚的1/3，并压实使之与管壁粘接牢固，在表面划成线槽，以利于与第二层结合（管径在400mm以内者，抹带可一次完成）；③待第一层砂浆初凝后抹第二层，用弧形抹子捋压成形，待初凝后再用抹子赶光压实；④带、基相接处（如果基础混凝土已硬化，则需凿毛洗净、刷素水泥浆）三角形灰要饱实，大管径可用砖模，防止砂浆变形。

2）对于公称直径≥700mm的管，勾捻内缝应符合以下要求：①管座部分的内缝应配合浇筑混凝土时勾捻，管座以上的内缝应在管带缝凝后勾捻，亦可在抹带之前勾捻，即抹带前将管缝支上内托，从外部用砂浆填实，然后拆去内托，将内缝勾捻平整，再进行抹带；②勾捻管内缝时，人在管内先用水泥砂浆将内缝填实抹平，然后反复捻压密实，灰浆不得高出管内壁。

3）对于公称直径<700mm的管，应配合浇筑管座，用麻袋球或其他工具在管内来回拖动，将流入管内的灰浆拉平。

（2）钢丝网水泥砂浆抹带接口（图8-16）

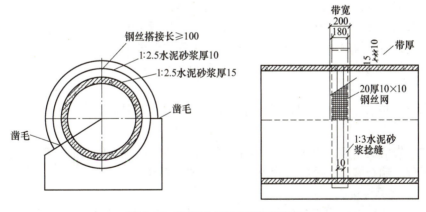

图8-16 钢丝网水泥砂浆抹带接口

钢丝网水泥砂浆抹带接口由于在抹带层内埋置20号10mm×10mm方格的钢丝网，因此接口强度高于水泥砂浆抹带接口。施工程序：管口凿毛清洗（管径≤500mm者刷去浆皮）→浇筑管座混凝土→将钢丝网片插入管座的对口砂浆中并以抹带砂浆补充肩角→勾捻管内下部管缝→上部内缝支托架→抹带（素灰、打底、安钢丝网片、抹上层、赶压、拆模等）→勾捻管内上部管缝→内外管口养护。

抹带接口操作如下：

1）抹带：①抹带前将已凿毛的管口洗刷干净并刷水泥浆一道；在抹带的两侧安装好弧形边模；②抹第一层砂浆应压实，与管壁粘牢，厚为15mm左右，待底层砂浆稍晾有浆皮儿后将两片钢丝网包拢使其挤入砂浆浆皮中，用 20 号或 22 号细钢丝（镀锌）扎牢，同时要把所有的钢丝网头塞入网内，使网面平整，以免产生小孔漏水；③第一层水泥砂浆初凝后，再抹第二层水泥砂浆，使之与模板平齐，砂浆初凝后赶光压实；④抹带完成后立即养护，一般 4~6h 可以拆模，应轻敲轻卸，避免碰坏抹带的边角，然后继续养护。

2）勾捻内缝及接口养护方法与水泥砂浆抹带接口相同。

钢丝网水泥砂浆接口的闭水性较好，常用于污水管道接口，管座采用 135°或 180° V 形座。

2. 套环接口

套环接口的刚度好，常用于污水管道的接口，分为现浇套环接口和预制套环接口两种。

（1）现浇套环接口　采用的混凝土的强度等级一般为 C18；捻缝用 1∶3 水泥砂浆；配合比（质量比）为，水泥∶砂∶水 = 1∶3∶0.5；钢筋为 HPB300 级。

施工程序：浇筑管基→凿毛与管相接处的管基并清刷干净→支设马鞍形接口模板→浇筑混凝土→养护后拆模→养护。

捻缝与混凝土浇筑相配合进行。

（2）预制套环接口　套环采用预制套环可加快施工进度。套环内可填塞油麻石棉水泥或胶圈石棉水泥。石棉水泥配合比（质量比）为，水∶石棉∶水泥 = 1∶3∶7；捻缝用砂浆配合比（质量比）为，水泥∶砂∶水 = 1∶3∶0.5。

施工程序：在垫块上安管→安套环→填油麻→填打石棉水泥→养护。

3. 承插管水泥砂浆接口

承插管水泥砂浆接口一般适合小口径雨水管道施工。

水泥砂浆配合比（质量比）为，水泥∶砂∶水 = 1∶2∶0.5。

施工程序：清洗管口→安第一节管并在承口下部填满砂浆→安第二节管、接口缝隙填满砂浆→将挤入管内的砂浆及时抹光并清除→湿养护。

4. 沥青麻布（玻璃布）柔性接口

沥青麻布（玻璃布）柔性接口适用于无地下水、地基不均匀沉降不严重的平口或企口排水管道。

接口时，先清刷管口，并在管口上刷冷底子油，热涂沥青，作四油三布，并用钢丝将沥青麻布或沥青玻璃布绑扎，最后捻管内缝（1∶3 水泥砂浆）。

5. 沥青砂浆柔性接口

沥青砂浆柔性接口的使用条件与沥青麻布（玻璃布）柔性接口相同，但不用麻布（玻璃布），成本降低。沥青砂浆质量配合比为，石油沥青∶石棉粉∶砂 = 1∶0.67∶0.69。制备时，待锅中沥青（10 号建筑沥青）完全熔化到超过 220℃时，加入石棉（纤维占 1/3 左右）、细砂，不断搅拌，使之混合均匀。浇灌时，沥青砂浆温度控制在 200℃左右，具有良好的流动性。

施工程序：管口凿毛及清理→管缝填塞油麻、刷冷底子油→支设灌口模具→灌注沥青砂浆→拆模→捻内缝。

6. 承插管沥青油膏柔性接口

这是利用一种黏结力强、高温不流淌、低温不脆裂的防水油膏，进行承插管接口，施工较为方便。沥青油膏有成品，也可自配。这种接口适用于小口径承插口污水管道。沥青油膏质量配合比，石油沥青∶松节油∶废机油∶石棉灰∶滑石粉＝100∶11.1∶44.5∶77.5∶119。

施工程序：清刷管口保持干燥→刷冷底子油→油膏捏成圆条备用→安第一节管→将粗油膏条垫在第一节管承口下部→插入第二节管→用麻錾填塞上部及侧面沥青膏条。

7. 塑料止水带接口

塑料止水带接口是一种质量较高的柔性接口，常用于现浇混凝土管道上。它具有一定的强度，又具有柔性，抗地基不均匀沉陷性能较好，但成本较高。这种接口适用于敷设在沉降量较大的地基上，需修建基础，并在接口处用木丝板设置基础沉降缝。

8. 胶圈接口

Ⅱ级钢筋混凝土管采用 O 形胶圈接口，通常采用推入法施工。施工方法及机具参见本章球墨铸铁管接口施工。

8.3.4　硬聚氯乙烯双壁波纹管的施工

硬聚氯乙烯双壁波纹管于 20 世纪 90 年代初在西方发达国家被开发成功并得到大量应用。硬聚氯乙烯双壁波纹管为中空环形结构，具有质地轻、强度高、韧性好的特点，同时，还具有易敷设、阻力小、成本低、耐蚀性好等优点，是工程管材的更新换代产品，被广泛地应用在地下排水管道。

硬聚氯乙烯双壁波纹管特性如下：

1）内壁光滑，流体的阻力明显小于混凝土管。实践证明，在同样的坡度下，采用直径较小的双壁波纹管就可以达到要求的流量；在同样的直径下，采用双壁波纹管可以减小坡度，有效地减少敷设的工程量。

2）采用弹性密封圈承插连接，双壁波纹管的密封性更为可靠。

3）耐腐性好。双壁波纹管耐腐蚀性远胜于金属管，也明显优于混凝土管。

4）抗磨损性能良好，使用周期更长。

5）敷设安装方便。硬聚氯乙烯双壁波纹管质量轻，长度大，接头少，对于管沟和基础的要求低、连接方便、施工快捷。

6）综合造价低。双壁波纹管的工程造价比承插口混凝土管的造价低 30%～40%，施工周期短，经济效益明显。

硬聚氯乙烯双壁波纹管基础采用垫层基础，其厚度应按设计要求。一般土质较好地段，槽底只需铺一层砂垫层，厚度为 100mm；对软土地基或槽底位于地下水位以下时，可采用 150mm 厚、颗粒尺寸为 5～40mm 的碎石或砾石砂铺筑，其上用 50mm 厚砂垫层整平，基础宽度与槽底同宽。基础应夯实紧密，表面平整。管道基础的接口部位应预留凹槽以便接口操作。接口完成后，随即用相同材料填筑密实。

硬聚氯乙烯双壁波纹管采用弹性密封圈承插连接，将密封圈浸湿、安装在管道插口第二或第三个螺口内，将管道承口处清理干净、抹上洗洁剂，然后将插口对准承口缓慢旋转、缓慢安装，在管道尾端可借助于外力轻轻撞击，将两节管道安装在一起。

8.3.5　排水管道附属设施施工

排水管道附属设施主要有检查井、雨水口、出水口等。

1. 检查井（图8-17）

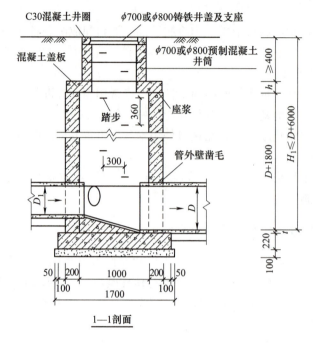

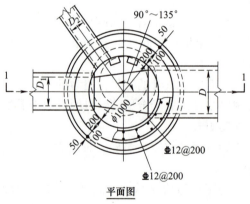

图8-17 圆形钢筋混凝土污水检查井

污水检查井采用混凝土或钢筋混凝土，雨水检查井一般为混凝土现浇或预制，仅在地下水位低的地方才采用砖砌检查井。检查井按井口形状分为圆形、矩形、扇形检查井。检查井的井座、井盖选择：选择自带安全防护网（防护网材料为球墨铸铁格网）重型（机动车道下承载等级D400即400kN/m²，非机动车道下C250，绿化带下B125）球墨铸铁"六防"井盖井座，即不需要在井盖井座内另设尼龙安全防护网，井盖标识为"污""雨"字样。

2. 雨水口（图8-18）

雨水口一般为砖砌或预制混凝土装配式。雨水口按其形式分为偏沟式、联合式；按箅子形式分为单、双、多箅。材料主要有混凝土、灰铸铁、球墨铸铁，以球墨铸铁材质最好。道路上的雨水口应选择D400承载等级的球墨铸铁箅子。为了利于收水，雨水口箅面应低于路面3~5cm。雨水口与检查井连接管一般可采用DN300的Ⅱ级钢筋混凝土管，并且采用C20

混凝土包管，厚度为25cm。

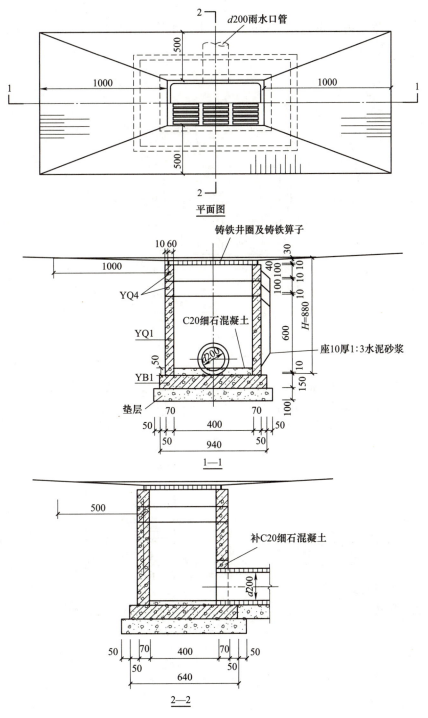

图 8-18 砖砌平箅式单箅雨水口

3. 出水口（图 8-19）

排水管道的出水口有八字式、一字式、门字式三种形式。常用砖、块石或混凝土砌筑。

市政排水管道施工以及附属设施如用于城市排水钢筋混凝土、混凝土检查井、砖砌检查井、雨水口、出水口、化粪池、小型排水构筑物等施工参见国家建筑标准设计图集 06MS201《市政排水管道工程及附属设施》、07S906《给水排水构筑物设计选用图（水池、水塔、化粪池、小型排水构筑物）》。

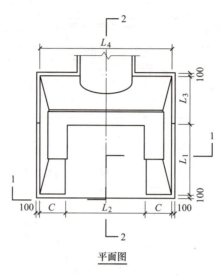

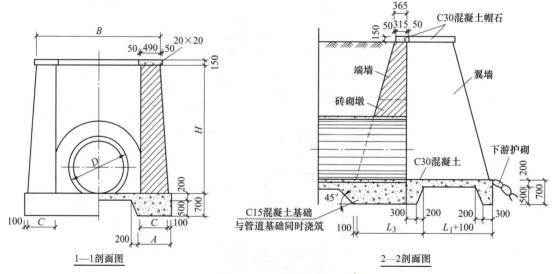

图 8-19　门字式出水口

8.3.6　沟槽土方回填

沟槽回填分为部分回填及全部回填。当管道施工完毕，尚未进行水压试验或闭水（气）试验前，在管道两侧回填部分土，是为了保证试验时管道不产生位移；当管道验收合格，则进行全部回填。尽可能早地回填，可保护管道的正常位置，避免沟槽坍塌或下雨积水，并可及时恢复地面交通。

沟槽回填土的重量一部分由管子承受。提高管道两侧（胸腔）和管顶的回填土密实度，可以减少管顶垂直土压力。根据经验，沟槽各部分的回填土密实度要求如图8-20所示。

管道两侧及管顶以上500mm范围内的密实度应不小于95%。

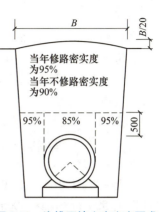

图8-20 沟槽回填土密实度要求

1. 夯实机具

土方回填常采用如下机具：

（1）木夯、铁夯 木夯、铁夯是用人力操作的夯实机具，常在无电源或小面积及狭窄施工现场使用。

（2）蛙式夯 由夯头架、拖盘、电动机和传动装置、偏心块等组成（图8-21）。

该机具构造简单，操作轻便，是目前广泛使用的一种小型机具。夯土时，电动机经带轮二级减速，使偏心块转动，从而使摇杆绕拖盘上的连接绞转动，使拖盘上下起落。夯头架也产生惯性力，使夯板作上下运动，夯实土方。同时，由于惯性作用，蛙式夯自行向前移动。夯土时，根据密实度要求及土的含水量，由试验确定夯土制度。功率为2.8kW的蛙式夯，在最佳含水量条件下，铺土厚度为25~30cm，夯实3~4遍，即可达到回填土密实度95%左右。

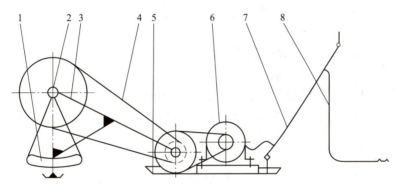

图8-21 蛙式夯构造示意

1—偏心块 2—前轴装置 3—夯头架 4—传动装置 5—拖盘 6—电动机 7—操纵手柄 8—电气控制设备

（3）振动压实机（图8-22） 振动压实机构造简单，操作轻便，既可以用于地基处理，又可用于土方回填压实，是一种施工现场常用的机具。

振动压实效果与填土成分、振动时间等因素有关。一般来说，振动时间越长效果越好，但超过一定时间后，振动引起的下沉已基本稳定，再振也不能起到进一步的压实效果。因此，需要在施工前进行试振，以测出振动稳定下沉量与时间的关系。应注意振动对周围建筑物的影响。一般情况下，振源离建筑物的距离不应小于3m。

（4）火力夯 火力夯即内燃打夯机。该机由燃料供给动力，属于振动冲击式夯土机具，在最佳含水量条件下，铺土厚度为25~30cm，夯实1~2遍，即可达到回填土密实度95%左右。火力夯夯实沟槽、基坑、墙边墙角土方比较方便。

（5）履带式打夯机 用履带式起重机提升重锤，锤型有梨形和方形等形式，夯锤质量为1~4t，夯击高度为1.5~5m。夯实土层的厚度最大可达300cm，它适用于沟槽上部夯实或大面积夯土工作。

(6) 压路机　压路机有静作用压路机和振动压路机两种。它在压实上层还土时使用，压实土层的厚度最大可达 50cm，工作效率较高。

2. 回填土施工

回填土施工包括还土、摊平、夯实、检查等几个工序。

还土一般用沟槽原土或基坑原土。在管顶以上 500mm（山区 300mm）内，不得回填大于 30mm 的石块、砖块等杂物。回填应在管道基础混凝土达到一定强度后进行；砖沟应在盖板安装后进行；现浇混凝土沟按设计规定。沟槽回填顺序，应按沟槽排水方向由高向低分层进行。回填土时不得将土直接砸在抹带接口及防腐绝缘层上。给水排水塑料管试压（闭水）合格后的大面积回填，宜在管道内充满水的情况下进行。

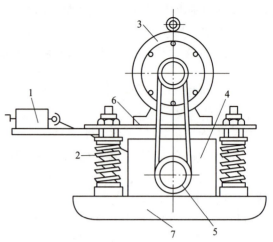

图 8-22　振动压实机示意
1—操纵机构　2—弹簧减振器　3—电动机　4—振动器
5—振动机槽轮　6—减振架　7—振动夯板

沟槽土方回填施工要点如下：

1) 管道隐蔽工程验收前，预留出管道接口处不回填，其余管段立即回填至管顶以上一倍管径高度。待管道工程试验合格后，马上全部回填。

2) 沟槽回填从管底基础部位开始到管顶以上 700mm 范围内，必须用人工回填，严禁用机械推土机回填。为了防止今后有人开挖，应在塑料管上方 100mm 处铺上警示带，起到告警作用。

3) 管顶 500mm 以上部位的回填，可用机械从管道轴线两侧同时回填，夯实或碾压。

4) 回填前应排出沟槽积水，不得回填淤泥、有机质土及冻土。回填土中不应含有石块、砖、其他杂物及带有棱角的大块物体。

5) 回填时应分层对称进行，每层回填高度不大于 200mm，以确保管道及检查井不产生位移。

沟槽回填前，应建立回填制度。根据不同的压实机具、土质、密实度要求、夯击遍数、走夯形式等确定还土厚度和夯实后厚度。每层土夯实后，应测定密实度。测定的方法有环刀法和贯入法两种。

回填应使沟槽上土面略呈拱形，以免日久因土沉陷而造成地面下凹。拱高，也称余填高，一般为槽宽的 1/20，常取 15cm。

8.4　管道工程质量检查与验收

验收压力管道时必须对管道、接口、阀门、配件、伸缩器及其他附属构筑物的外观进行仔细检查，复测管道的纵断面，并按设计要求检查管道的放气和排水条件。管道验收还应对管道的强度和严密性进行试验。

8.4.1 管道压力试验的一般规定

1）应符合《给水排水管道工程施工及验收规范》（GB 50268—2008）规定。

2）压力管道应用水进行压力试验。地下钢管或球墨铸铁管，在冬季或缺水情况下，可用空气进行压力试验，但均须有防护措施。

3）压力管道的试验，应按下列规定进行：架空管道、明装管道及非掩蔽的管道应在外观检查合格后进行压力试验；地下管道必须在管基检查合格，管身两侧及其上部回填不小于0.5m，接口部分尚敞露时，进行初次试压，全部回填土在完成该管段各项工作后进行末次试压。此外，敷设后必须立即全部回填土的管道，在回填前应认真对接口做外观检查，仔细回填后进行一次试验；对于组装的有焊接接口的钢管，必要时可在沟边预先试验，在下沟连接以后仍需进行压力试验。

4）试压管段的长度不宜大于1km，非金属管段不宜超过500m。

5）管端敞口，应事先用管堵或管帽堵严，并加临时支撑，不得用闸阀代替；管道中的固定支墩，试验时应达到设计强度；试验前应将该管段内的闸阀打开。

6）当管道内有压力时，严禁修整管道缺陷和紧动螺栓，检查管道时不得用手锤敲打管壁和接口。

7）给水管道在试验合格验收交接前，应进行一次通水冲洗和消毒，冲洗流量不应小于设计流量或流速不小于1.5m/s。冲洗应连续进行，当排水的色、透明度与入口处目测一致时，即为合格。生活饮用水管冲洗后用含20~30mg/L游离氯的水，灌洗消毒，含氯水留置24h以上。消毒后再用饮用水冲洗。冲洗时应注意保护管道系统内仪表，防止堵塞或损坏。

8.4.2 管道水压试验

1）管道试压前管段两端要封以试压堵板，堵板应有足够的强度，试压过程中与管身接头处不能漏水。

2）管道试压时应设试压后背，可用天然土壁作试压后背，也可用已安装好的管道作试压后背。试验压力较大时，会使土后座墙发生弹性压缩变形，从而破坏接口。为了解决这个问题，常用螺旋千斤顶对后背施加预压力，使后背产生一定的压缩变形。管道水压试验后背装置如图8-23所示。

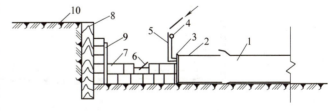

图 8-23 管道水压试验后背装置
1—试验管段 2—短管乙 3—法兰盖堵 4—压力表 5—进水管
6—千斤顶 7—顶铁 8—方木 9—铁板 10—后座墙

3）管道试压前应排除管内空气，灌水进行浸润，试验管段灌满水后，应在不大于工作压力条件下充分浸泡后进行试压。浸泡时间应符合以下规定。球墨铸铁管、钢管无水泥砂浆衬里不小于24h；有水泥砂浆衬里，不小于48h。预应力、自应力混凝土管及现浇钢筋混凝土管渠，管径<1000mm，不小于48h。管径>1000mm，不小于72h。硬聚氯乙烯管在无压情况下至少保持12h，进行严密性试验时，将管内水加压到0.35MPa，并保持2h。

4）硬聚氯乙烯管道灌水应缓慢，流速<1.5m/s。

5）冬季进行水压试验时，应采取有效的防冻措施，试验完毕后应立即排出管内和沟槽内的积水。

6）水压试验压力按表 8-3 确定。

表 8-3　水压试验压力

管 材 种 类	工作压力 p/MPa	试验压力 p_t/MPa
钢管	p	p+0.5 且不小于 0.9
球墨铸铁管	$p \leqslant 0.5$	$2p$
	$p > 0.5$	p+0.5
预应力钢筋混凝土管与自应力筋混凝土管	$p \leqslant 0.6$	$1.5p$
	$p > 0.6$	p+0.3
给水硬聚氯乙烯管	p	强度试验 $1.5p$；严密试验 0.5
现浇或预制钢筋混凝土管渠	$p \geqslant 0.1$	$1.5p$
水下管道	p	$2p$

7）水压试验验收及标准。

a. 落压试验法。在已充水的管道上用手摇泵向管内充水，待升至试验压力后，停止加压，观察表压下降情况。如果 10min 压力降不大于 0.05MPa，且管道及附件无损坏，将试验压力降至工作压力，恒压 2h，进行外观检查，无漏水现象表明试验合格。落压试验装置如图 8-24 所示。

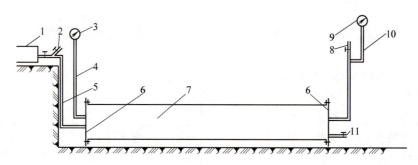

图 8-24　落压试验装置

1—手摇泵　2—进水总管　3—压力表　4—压力表连接管　5—进水管　6—盖板　7—试验管段
8—放水管兼排气管　9—压力表　10—连接管　11—泄水管

b. 漏水率试验法。将管段压力升至试验压力后，记录表压降低 0.1MPa 所需的时间 T_1，然后在管内重新加压至试验压力，从放水阀放水，并记录表压下降 0.1MPa 所需的时间 T_2 和此间放出的水量 W。按式 $q = W/(T_1 - T_2)$ 计算漏水率。漏水率试验示意如图 8-25 所示。若 q 值小于表 8-5 或表 8-6 的规定，即认为合格。

焊接接口钢管、球墨铸铁管、玻璃钢管、预应力及自应力钢筋混凝土管水压试验允许漏水率见表 8-4。硬聚氯乙烯管强度试验的允许漏水率不应超过表 8-5 的规定。

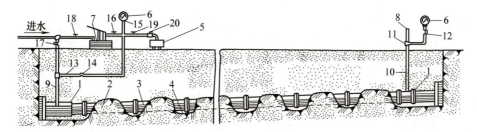

图 8-25 漏水率试验示意

1—封闭端 2—回填土 3—试验管段 4—工作坑 5—水筒 6—压力表 7—手摇泵 8—放水阀
9—进水管 10、13—压力表连接管 11、12、14~19—闸门 20—水嘴

表 8-4 焊接接口钢管等管道水压试验允许漏水率 [单位：L/(min·km)]

管径/mm	焊接接口钢管	球墨铸铁管、玻璃钢管	预应力及自应力钢筋混凝土管
100	0.28	0.70	1.40
125	0.35	0.90	1.56
150	0.42	1.05	1.72
200	0.56	1.40	1.98
250	0.70	1.55	2.22
300	0.85	1.70	2.42
350	0.90	1.80	2.62
400	1.00	1.95	2.80
450	1.05	2.10	2.96
500	1.10	2.20	3.14
600	1.20	2.40	3.44
700	1.30	2.55	3.70
800	1.35	2.70	3.96
900	1.45	2.90	4.20
1000	1.50	3.00	4.42
1100	1.55	3.10	4.60
1200	1.65	3.30	4.70
1300	1.70		4.90
1400	1.75		5.00

表 8-5 硬聚氯乙烯管强度试验的允许漏水率

管外径/mm	允许漏水率/[L/(min·km)]	
	粘接连接	胶圈连接
63~75	0.2~0.24	0.3~0.5
90~110	0.26~0.28	0.6~0.7
125~140	0.35~0.38	0.9~0.95
160~180	0.42~0.5	1.05~1.2
200	0.56	1.4
225~250	0.7	1.55
280	0.8	1.6
315	0.85	1.7

8.4.3 无压管道严密性试验

1）污水管道、雨污合流管道、倒虹吸管及设计要求闭水的其他排水管道，回填前应采用闭水法进行严密性试验。

试验管段应按井距分隔，长度不大于 1km，带井试验。雨水和与其性质相似的管道，除大孔性土壤及水源地区外，可不做渗水量试验。污水管道不允许渗漏。

2）做闭水试验管段应符合下列规定：管道及检查井外观质量已验收合格；管道未回填，且沟槽内无积水；全部预留孔（除预留进出水管外）应封堵坚固，不得渗水；管道两端堵板承载力经核算应大于水压力的合力。

3）闭水试验应符合下列规定：试验段上游设计水头不超过管顶内壁时，试验水头应以试验段上游管顶内壁加 2m 计；当上游设计水头超过管顶内壁时，试验水头应以上游设计水头加 2m 计；当计算出的试验水头小于 10m，但已超过上游检查井井口时，试验水头应以上游检查井井口高度为准。无压管道闭水试验装置图如图 8-26 所示。

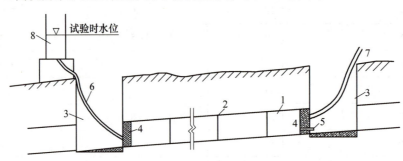

图 8-26 无压管道闭水试验装置示意

1—试验管段 2—接口 3—检查井 4—堵头 5—闸门 6、7—胶管 8—水筒

4）试验管段灌满水后浸泡时间不小于 24h。当试验水头达到规定水头时，开始计时，观测管道的渗水量，观测时间不少于 30min，期间应不断向试验管段补水，以保持试验水头

恒定。无压管道严密性试验实测渗水量应符合表 8-6 规定。

表 8-6 无压管道严密性试验实测渗水量

管道内径 /mm	允许渗水量 /cm³/(24h·km)	管道内径 /mm	允许渗水量 /cm³/(24h·km)	管道内径 /mm	允许渗水量 /cm³/(24h·km)
200	17.60	500	27.95	800	35.35
300	21.62	600	30.60	900	37.50
400	25.00	700	33.00		
1100	41.45	1500	48.40	1000	39.52
1200	43.30	1600	50.00	1900	54.48
1300	45.00	1700	51.50		
1400	46.70	1800	53.00	2000	55.90

8.4.4 地下给水排水管道冲洗与消毒

给水管道试验合格后，竣工验收前应冲洗、消毒，使管道出水符合《生活饮用水卫生标准》（GB 5749），经验收才能交付使用。

1. 管道冲洗

（1）放水口 管道冲洗主要使管内杂物全部冲洗干净，使排出水的水质与自来水状态一致。在没有达到上述水质要求时，这部分冲洗水要有放水口。冲洗水可排至附近河道、排水管道。排水时应取得有关单位协助，确保安全排放、畅通。安装放水口时，其冲洗管接口应严密，并设有闸阀、排气管和放水水嘴，弯头处应进行临时加固。冲洗管放水口如图 8-27 所示。

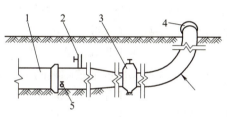

图 8-27 冲洗管放水口
1—管道 2—排气管 3—闸阀
4—放水水嘴 5—插盘短管

冲洗水管可比被冲洗的水管管径小，但断面不应小于被冲洗管断面的 1/2。冲洗水的流速宜大于 0.7m/s。管径较大时，所需用的冲洗水量较大，可在夜间进行冲洗，以不影响周围的正常用水。

（2）冲洗步骤及注意事项

1）准备工作。会同自来水管理部门，商定冲洗方案，如冲洗水量、冲洗时间、排水路线和安全措施等。

2）冲洗时应避开用水高峰，以流速不小于 1.0m/s 的冲洗水连续冲洗。

3）冲洗时应保证排水管路畅通安全。

4）开闸冲洗。放水时，先开出水闸阀再开来水闸阀；注意排气，并派专人监护放水路线；发现情况及时处理。

5）检查放水口水质。观察放水口水的外观，直至水质外观澄清、化验合格为止。

6）关闭闸阀。放水后尽量使来水闸阀、出水闸阀同时关闭。如果做不到，可先关闭出水闸阀，但留几扣暂不关死，等来水阀关闭后，再将出水阀关闭。

7）放水完毕，管内存水 24h 以后再化验为宜，合格后即可交付使用。

2. 管道消毒

管道消毒的目的是消灭新安装管道内的细菌，使水质不致污染。

消毒液通常采用漂白粉溶液，注入被消毒的管段内。灌注时可少许开启来水闸阀和出水闸阀，使清水带着漂白液流经全部管段，从放水口检验出高含量氯水为止，然后关闭所有闸阀，使含氯水浸泡 24h 为宜。氯含量为 26～30mg/L。

管道消毒漂白粉耗用量可参照表 8-7 选用。

表 8-7 每 100mm 管道消毒所需漂白粉质量

管径/mm	100	150	200	250	300	400	500	600	800	1000
漂白粉/kg	0.13	0.28	0.5	0.79	1.13	2.01	3.14	4.53	8.05	12.57

注：1. 漂白粉含氯量以 25%（质量分数）计。
2. 漂白粉溶解率以 75% 计。
3. 水中氯含量为 30mg/L。

8.4.5 地下给水排水管道工程施工质量检验与验收

工程验收制度是检验工程质量必不可少的一道程序，也是保证工程质量的一项重要措施。如果质量不符合规定，可在验收中发现和处理，并避免影响使用和增加维修费用，为此，必须严格执行工程验收制度。

给水排水管道工程验收分为中间验收和竣工验收。中间验收主要是验收埋在地下的隐蔽工程，凡是在竣工验收前被隐蔽的工程项目，都必须进行中间验收，并对前一工序验收合格后，方可进行下一工序，当隐蔽工程全部验收合格后，方可回填沟槽。竣工验收全面检验给水排水管道工程是否符合工程质量标准，它不仅要查出工程的质量结果怎样，还应该找出产生质量问题的原因，对不符合质量标准的工程项目必须经过整修，甚至返工，经验收达到质量标准后，方可投入使用。

地下给水排水管道工程属隐蔽工程。给水管道的施工与验收应严格按《给水排水管道工程施工及验收规范》（GB 50268—2008）、《工业金属管道工程施工规范》（GB 50235—2010）、《埋地硬聚氯乙烯给水管道工程技术规程》（CECS-17—2000）进行施工及验收；排水管道按《给水排水管道工程施工及验收规范》（GB 50268—2008）进行施工与验收。

给排水管道工程竣工后，应分段进行工程质量检查。质量检查的内容包括：

1) 外观检查。对管道基础、管座、管接口，节点、检查井、支墩及其他附属构筑物进行检查。

2) 断面检查。断面检查是对管的高程、中线和坡度进行复测检查。

3) 接口严密性检查。对给水管道一般进行水压试验，排水管道一般做闭水试验。

生活饮用水管道，还必须进行水质检查。

给水排水管道工程竣工后，施工单位应提交下列文件：

1) 施工设计图并附设计变更图和施工洽商记录。
2) 管道及构筑物的地基及基础工程记录。
3) 材料、制品和设备的出厂合格证或试验记录。
4) 管道支墩、支架、防腐等工程记录。

5）管道系统的标高和坡度测量的记录。
6）隐蔽工程验收记录及有关资料。
7）管道系统的试压记录、闭水试验记录。
8）给水管道通水冲洗记录。
9）生活饮用水管道的消毒通水后的水质化验记录。
10）竣工后管道平面图、纵断面图及管件结合图等。
11）有关施工情况的说明。

复习思考题

1. 给水排水管道工程开槽施工包括哪些工序？
2. 试述施工测量的目的及步骤。
3. 给水排水管道放线时有哪些要求？
4. 试述地下给水排水管道施工顺序。
5. 地下给水排水管道施工前，应检查的内容有哪些？
6. 人工下管时可采取哪些方法？
7. 机械下管时应注意哪些问题？
8. 稳管工作包括哪些环节？
9. 室外给水管道常用的管材有哪几种？各用在什么场合？
10. 试述地下给排水管道施工中对稳管的要求。
11. 简述管道中心和高程控制的方法及其操作要点。
12. 简述球墨铸铁管的性能、使用场合及其施工方法。
13. 给水 UPVC 管的运输、保管、下管有何要求？
14. 试述钢筋混凝土管的性能、适合的场合及接口方式。
15. 什么叫作平基法施工？施工程序是什么？平基法施工操作要求是什么？
16. 什么叫作垫块法施工？施工程序是什么？垫块法施工操作要求是什么？
17. 试述"四合一"施工法的定义及施工顺序。
18. 排水管道常采用的刚性接口和柔性接口有哪些？各用在什么场合？
19. 土方回填施工中，常用哪些夯实机具？各在什么场合使用？
20. 土方回填施工的要点是什么？
21. 水压试验设备由哪几部分组成？
23. 试述室外给水管道水压试验的方法及其适用条件。
24. 室外给水管道水压试验压力有何规定？
25. 室外排水管道严密性试验的方法有哪些？各用在哪些场合？
26. 室外排水管道闭水试验的步骤是什么？
27. 室外给水管道试验合格后如何进行冲洗消毒工作？
28. 室外给排水管道质量检查的内容是什么？

第 9 章
地下给水排水管道不开槽施工

9.1 概述

敷设地下给水排水管道,一般采用开槽方法。开槽施工时要开挖大量土方,并要有临时存放场地,以便安好管道后进行回填。这种施工方法污染环境,占地面积大、阻碍交通,给工农业生产和人们日常生活带来极大不便。而不开槽施工可避免以上问题。

不开槽施工的适用范围很广,一般遇到下列情况时就可采用:
1)管道穿越铁路、公路、河流或建筑物时。
2)街道狭窄,两侧建筑物多时。
3)在交通量大的市区街道施工,管道既不能改线又不能断绝交通时。
4)现场条件复杂,与地面工程交叉作业,相互干扰,易发生危险时。
5)管道覆土较深,开槽土方量大,并需要支撑时。

影响不开槽施工的因素包括地质情况、管道埋深、管道种类、管材及接口、管径大小、管节长度、施工环境、工期等,其中主要因素是地质情况和管节长度。

与开槽施工比较,不开槽施工具有如下特征:
1)施工面由线缩成点,占地面积少;施工面移入地下,不影响交通,不污染环境。
2)穿越铁路、公路、河流、建筑物等障碍物时可减少沿线的拆迁,节省资金与时间,降低工程造价。
3)施工中不破坏现有的管线及构筑物,不影响其正常使用。
4)大量减少土方的挖填量。一般开槽施工要浇筑混凝土基础,而不开槽施工是利用管底下的天然土作地基,可节省管道的全部混凝土基础。
5)降低工程造价。不开槽施工较开槽施工可降低 40%左右的费用。

但是,这项技术也存在以下问题:
1)土质不良或管顶超挖过多时,竣工后地面下沉,路表裂缝,需要采用灌浆处理。
2)必须要有详细的工程地质和水文地质勘探资料,否则,将出现不易克服的困难。
3)遇到复杂的地质情况时(如松散的砂砾层、地下水位以下的粉土),则施工困难、工程造价提高。

因此,不开槽施工前,应详细勘察施工场地的工程地质、水文地质和地下障碍物等情况。

不开槽施工一般适用于非岩性土层。在岩石层、含水层或遇坚硬地下障碍物不开槽施工,则必须选择盾构机。

地下给水排水管道不开槽施工方法有很多种，主要分为掘进顶管、挤压土顶管、水平定向钻拖拉管、盾构掘进衬砌成型管道或管廊。采用哪种方法，取决于管道用途、管径、土质条件、管长等因素。

不开槽施工敷设的给水排水管道种类有钢管、球墨铸铁管、Ⅲ级钢筋混凝土管（F型钢制承插口）、玻璃钢夹砂管等。

室外非开挖给水排水管道施工主要依据如下：
1）施工图、施工组织设计及顶管施工安全专项设计。
2）《室外给水设计标准》（GB 50013—2018）。
3）《室外排水设计标准》（GB 50014—2021）。
4）《给水排水管道工程施工及验收规范》（GB 50268—2008）。
5）国家建筑标准设计图集S5（一）《给水排水标准图集 室外给水排水管道工程及附属设施（一）》。
6）国家建筑标准设计图集07MS101《市政给水管道工程及附属设施》。
7）国家建筑标准设计图集06MS201《市政排水管道工程及附属设施》。

9.2 掘进顶管

掘进顶管施工过程示意如图9-1所示。先在管道一端挖工作坑，再按照设计管线的位置和坡度，在工作坑底修筑基础、设置导轨，将管安放在导轨上。顶进前，在管前端挖土，后面用千斤顶将管逐节顶入，反复操作，直至顶至设计长度为止。千斤顶支承于后背，后背支承于后座墙上。

为便于管内操作和安装施工机械，采用人工挖土时，管径一般不应小于900mm；采取螺旋掘进机，管径一般为200~800mm。

9.2.1 人工掘进顶管

人工掘进顶管又称普通顶管，是目前较普遍的顶管方法。管前用人工挖土，设备简单，能适应不同的土质，但工效低。

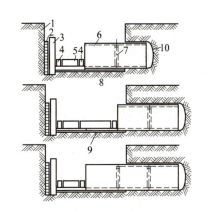

图9-1 掘进顶管施工过程示意
1—后座墙 2—后背 3—立铁 4—横铁
5—千斤顶 6—管节 7—内涨圈 8—基础
9—导轨 10—掘进工作面

1. 工作坑及其选择

（1）工作坑位置选择 顶管工作坑是顶管施工时在现场设置的临时性设施，工作坑内包括后背、导轨和基础等。工作坑是人、机械、材料较集中的活动场所，因此工作坑的选择应考虑以下原则：①尽量选择在管线上的附属构筑物位置上，如闸门井、检查井处；②有可利用的坑壁原状土作后背；③单向顶进时工作坑宜设置在管线下游。

（2）工作坑种类和尺寸计算 按工作坑的使用功能，有单向坑、双向坑、多向坑、转向坑、交汇坑，如图9-2所示。

单向坑的特点是管道只朝一个方向顶进，工作坑利用率低，只适用于穿越障碍物。双向

图 9-2 工作坑种类

1—单向坑 2—双向坑 3—多向坑 4—转向坑 5—交汇坑

坑的特点是在工作坑内顶完一个方向管道后,调过头来利用顶入管道作后背,再顶进相对方向的管道,工作坑利用率高,适用于直线式长距离顶进。多向坑一般用于管道拐弯处,或支管接入干管处,在一个工作坑内,向两至三个方向顶进,工作坑利用率较高。转向坑类似于多向坑。交汇坑是在其他两个工作坑内,从两个相对方向向交汇坑顶进,在交汇坑内对口相接。交汇坑适用于顶进距离长,或一端顶进出现过大误差时使用,但工作坑利用率最低,一般情况下不用。

工作坑尺寸是指工作坑底的平面尺寸,它与管径大小、管节长度、覆土深度、顶进形式、施工方法有关,并受土的性质、地下水等条件影响,还要考虑各种设备布置位置、操作空间、工期长短、垂直运输条件等多种因素。

工作坑底的长度如图 9-3 所示。其计算公式为

$$L = a + b + c + d + e + 2f + g \tag{9-1}$$

式中 L——工作坑底的长度(m);

其余参数如图 9-3 所示。

工作坑底长度也可以用下式估算

$$L \approx d + 2.5\text{m} \tag{9-2}$$

工作坑的底宽 W 和高度 H 如图 9-4 所示。

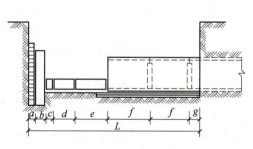

图 9-3 工作坑底的长度

a—后背宽度 b—立铁宽度 c—横铁宽度
d—千斤顶长度 e—顺铁长度 f—单节管长
g—已顶入管节的余长

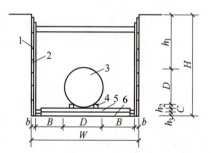

图 9-4 工作坑的底宽和高度

1—撑板 2—支撑立木 3—管节
4—导轨 5—基础 6—垫层

工作坑的底宽按下式计算

$$W = D + 2B + 2b \tag{9-3}$$

式中 W——工作坑的底宽(m);

D——顶进管节外径(m);

B——工作坑内稳好管节后两侧的工作空间(m);

b——支撑材料的厚度，采用木撑板时，$b=0.05\text{m}$；采用木板桩时，$b=0.07\text{m}$。

工作坑底宽也可以用下式估算

$$W = D + (2.5 \sim 3.0)\text{m} \tag{9-4}$$

工作坑的施工方法有开槽式、沉井式及连续墙式等。

1) 开槽式工作坑。此种工作坑应用比较普遍的是称为支撑式的工作坑。这种工作坑的纵断面形状有直槽式、梯形槽式。工作坑支撑宜采用板桩撑。图 9-5 所示的支撑就是一种常用的支撑方法。工作坑支撑时首先应考虑撑木以下到工作坑底的空间，此段最小高度应为 3.0m，以利操作。撑木要尽量选用松杉木，支撑节点的地方应加固，以防错动，发生危险。支撑式工作坑适用于任何土质，与地下水位无关，且不受施工环境限制，但覆土太深操作不便，一般挖掘深度以不大于 7m 为宜。

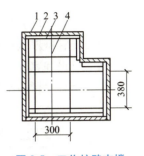

图 9-5　工作坑壁支撑

1—坑壁　2—撑板
3—横木　4—撑杠

2) 沉井式工作坑。在地下水位以下修建工作坑，可采用沉井法施工。沉井法即在钢筋混凝土井筒内挖土，井筒靠自重或加重使其下沉，直至沉至要求的深度，最后用钢筋混凝土封底。沉井式工作坑平面形状有单孔圆形沉井和单孔矩形沉井。

3) 连续墙式工作坑。此种工作坑是采取先钻深孔成槽，用泥浆护壁，然后放入钢筋网，浇筑混凝土时将泥浆挤出形成连续墙段，再在井内挖土封底而形成工作坑。与同样条件下施工的沉井式工作坑相比，可节约一半的造价及全部的支模材料，工期还可提前。

(3) 工作坑基础　工作坑基础形式取决于地基土的种类、管节的轻重及地下水位的高低。一般的顶管工作坑常用的基础形式有三种：

1) 土槽木枕基础，适用于地基土承载力大，又无地下水的情况。将工作坑底平整后，在坑底挖槽并埋枕木，枕木上安放导轨并用道钉将导轨固定在枕木上。这种基础施工操作简单，用料不多且可重复使用，因此造价较低。

2) 卵石木枕基础，适用于虽有地下水，但渗透量不大，而地基土为细粒的粉砂土，为了防止安装导轨时扰动地基土，可铺一层 10cm 厚的卵石或级配砂石，以增加其承载能力，并能保持排水通畅。在枕木间填粗砂找平。这种基础形式简单实用，较混凝土基础造价低，一般情况下可代替混凝土基础。

3) 混凝土木枕基础，适用于地下水位高，地基承载力又差的地方。在工作坑浇筑 20cm 厚的 C10 混凝土，同时预埋方木作轨枕。这种基础能承受较大荷载，工作面干燥无泥泞，但造价较高。

此外，在坑底无地下水，但地基土质很差，可在坑底通铺方木，形成木筏式基础。方木重复利用，造价较低。

(4) 导轨　导轨的作用是引导管按设计的要求顶入土中，保证管在将要顶入土中前的位置正确。

导轨按使用材料不同分为钢导轨和木导轨两种。钢导轨是利用轻轨、重轨和槽钢作导轨（图 9-6），具有耐磨和承载力大的特点；木导轨是将方木抹去一角来支承管体，起导向作用。

导轨安装前应算好轨距。导轨轨距取决于管径及导轨高度。

两导轨间净距（图9-7）A可由下式求得

$$A = 2BK = 2\sqrt{OB^2 - OK^2} = 2\sqrt{(D+2t)(h-c)-(h-c)^2} \quad (9-5)$$

导轨中距AO（图9-7）的计算式如下

$$AO = a + A = a + 2\sqrt{(D+2t)(h-c)-(h-c)^2} \text{ (m)} \quad (9-6)$$

式中　D——管子内直径（m）；

　　　t——管壁厚（m）；

　　　h——钢导轨高度（m）；

　　　c——管外壁与基础面的间隙，约为0.01~0.03m。

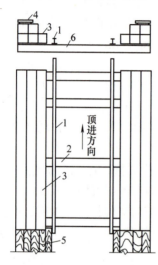

图9-6　轻便钢轨导轨

1—钢轨导轨　2—方木轨枕　3—护木
4—铺板　5—平板　6—混凝土基础

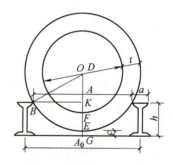

图9-7　导轨间净距计算图

一般的导轨都采取固定安装，但有一种滚轮式安装的导轨（图9-8），具有两导轨间距可调，以减少导轨对管节摩擦。这种滚轮式导轨用于钢筋混凝土管顶管和外设防腐层的钢管顶管。

导轨的安装应按管道设计高程、方向及坡度铺设导轨，要求两轨道平行，各点的轨距相等。

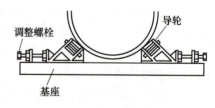

图9-8　滚轮式安装的导轨

导轨装好后应按设计检查轨面高程、坡度及方向。检查高程时在每条轨道的前后各选6~8点，测其高程，允许误差不大于3mm。稳定首节管后，应测量其负荷后的变化，并加以校正，还应检查轨距。在顶进过程中，应检查校正，以保证管节在导轨上不产生跳动和侧向位移。

（5）后座墙与后背　后座墙与后背是千斤顶的支承结构，造价低廉、修建简便的原土后座墙是常用的一种后座墙。施工经验表明，管道埋深2~4m浅覆土时，原土后座墙的长度一般需4~7m。选择工作坑时，应考虑有无原土后座墙可以利用。无法利用原土作后座墙时，可修建人工后座墙，图9-9是人工后座墙的一种。

后背的功能主要是在顶管过程中承担千斤顶顶管前进的后坐力，后背的构造应有利于减少对后座墙单位面积的压力。后背的构造有很多种，图 9-10 是其中的两种。方木后背的承载力可达 300kN，具有装拆容易、成本低、工期短的优点；钢板桩后背承载能力可达 500kN，采取与工作坑同时施工方法，适用于弱土层。

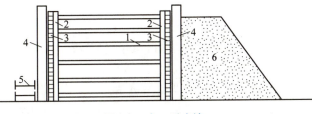

图 9-9 人工后座墙

1—撑杠 2—立柱 3—后背方木 4—立铁 5—横铁 6—填土

在双向坑内双向顶进时，利用已顶进的管段作千斤顶的后背，因此不必设后座墙与后背。

（6）工作坑的附属设施 工作坑的附属设施主要有工作台、工作棚、顶进口装置等。

1）工作台。工作台位于工作坑顶部地面上，由型钢支架而成，上面铺设方木和木板。在承重平台的中部设有下管孔道，盖有活动盖板。下管后，盖好盖板。管节堆放在平台上，卷扬机将管提起，然后推开盖板向下吊放。

2）工作棚。工作棚位于工作坑上面，作用是防风防雨、防雪，以利于操作。工作棚的覆盖面积要大于工作坑平面尺寸。工作棚多采用支拆方便、重复使用的装配式工作棚。

3）顶进口装置。管节入土处不应支设支撑。土质较差时，在坑壁的顶入口处局部浇筑素混凝土壁，混凝土壁当中预埋钢环及螺栓，安装处留有混凝土台，

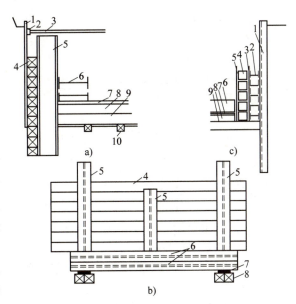

图 9-10 后背

a）方木后背侧视图 b）方木后背正视图

1—撑板 2—方木 3—撑杠 4—方木后背 5—立铁 6—横铁 7—木板 8—护木 9—导轨 10—轨枕

c）钢板桩后背

1—钢板桩 2—工字钢 3—钢板 4—方木 5—钢板 6—千斤顶 7—木板 8—导轨 9—混凝土基础

台厚最少为橡胶垫厚度与外部安装环厚度之和。在安装环上将螺栓紧固，压紧橡胶垫止水，以防止采用触变泥浆顶管时泥浆从管外壁外溢。

工作坑布置时，还要解决坑内排水、照明、工作坑人员上下扶梯等问题。

2. 顶力计算及顶进设备

（1）顶力计算 顶管施工时，千斤顶的顶力克服管壁与土壁之间的摩擦阻力和首节管端面的贯入阻力而将管节顶向前进。千斤顶的工作顶力计算式如下

$$R = K[f(2P_v + 2P_H + P_B) + P_A] \tag{9-7}$$

式中 R——千斤顶工作顶力（kN）；

K——安全系数，一般取 1.2；

f——管壁与土间的摩擦系数；

P_v——管顶上的垂直土压力（kN）；
P_H——管侧的侧土压力（kN）；
P_B——全部欲顶进的管段重量（kN）；
P_A——管端部的贯入阻力（kN）。

管顶覆土的垂直土压力计算式为

$$P_v = K_p \gamma H D_1 L \tag{9-8}$$

式中　K_p——垂直土压力系数，如图 9-11 所示，查表得出；
　　　γ——土的重度（kN/m³）；
　　　H——管顶覆土厚度（m）；
　　　D_1——顶入管节外径（m）；
　　　L——顶进管段长度（m）。

管侧土压力用下式计算

$$P = \gamma \left(H + \frac{D_1}{2} \right) D_1 L \tan \left(45° - \frac{\varphi}{2} \right) \tag{9-9}$$

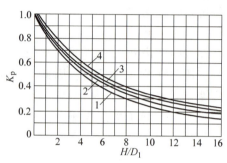

图 9-11　H/D_1-K_p 关系

1—砂土及耕植土（干燥）　2—砂土、硬黏土、耕植土（湿的或饱和的）　3—塑性黏土　4—流塑性黏土

式中　φ——土的内摩擦角（°）。

管段重量 P_B 计算式为

$$P = GL$$

式中　G——管节单位长度重量（kN/m）；
　　　L——顶进总长度（m）。

管端部的贯入阻力 P_A 与土的种类及其物理性质指标有关，也受工作面上操作方法的影响，故一般多采用经验值。

(2) 顶进设备　顶进设备种类很多，一般采用液压千斤顶。液压千斤顶的构造形式分活塞式和柱塞式两种。其作用方式有单作用液压千斤顶及双作用液压千斤顶，顶管施工常用双作用液压千斤顶。为了减少缸体长度而又要增加行程长度，宜采用多行程或长行程千斤顶，以减少搬放顶铁时间，提高顶管速度。

按千斤顶在顶管中的作用一般可分为用于顶进管节的顶进千斤顶、用于校正管节位置的校正千斤顶、用于中继间顶管的中继千斤顶。顶进千斤顶一般采用的顶力为 $(2 \sim 4) \times 10^3$ kN，顶程 0.5～4m。

千斤顶在工作坑内的布置方式分单列、双列和环周列，如图 9-12 所示。当要求的顶力较大时，可采用数个千斤顶并列顶进。

顶铁（图 9-13）是顶进过程中的传力工具，它的作用是延长短行程千斤顶的行程，传递顶力并扩大管节端面的承压面积。顶铁一般由型钢焊接而成。根据安放位置和传力作用不同，顶铁可分顺铁、横铁、立铁、弧铁和圆铁。顺铁是当千斤顶的顶程小于单节管长度时，在顶进过程中陆续安放在千斤顶与管之间传递顶力的。当千斤顶的行程等于或大于一节管长时，就不需用顺铁。弧铁和圆铁是宽度为管壁厚的全圆形顶铁，包括半圆形的各种弧度的弧形顶铁及全圆形顶铁。此外，还可做成各种结构形式的传力顶铁。顶铁的强度和刚度应当经过核算。

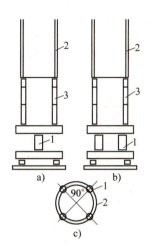
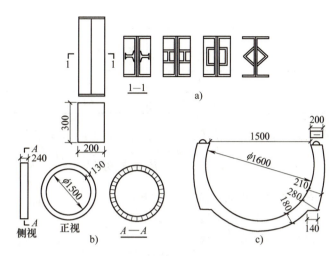

图 9-12 千斤顶布置方式
a) 单列式 b) 双列式 c) 环周列式
1—千斤顶 2—管子 3—顺铁

图 9-13 顶铁
a) 矩形顶铁 b) 圆形顶铁 c) U形顶铁

3. 后背的设计计算

最大顶力确定后，就可进行后背的结构设计。后背结构及其尺寸主要取决于管径大小和后背土体的被动土压力——土抗力。计算土抗力的目的是考虑在最大顶力条件下保证后背土体不被破坏，以期在顶进过程中充分利用天然后背土体。

由于最大顶力一般在顶进段接近完成时出现，所以后背计算时应充分利用土抗力，而且在工程进行中应严密注意后背土的压缩变形值。当发现变形过大时，应考虑采取辅助措施，必要时可对后背土进行加固，以提高土抗力。后背土体受压后产生的被动土压力计算式如下

$$\sigma_p = K_p \gamma h \tag{9-10}$$

式中 σ_p——被动土压力（kPa）；
K_p——被动土压力系数；
γ——后背土的重度（kN/m³）；
h——后背土的高度（m）。

被动土压力系数与土的内摩擦角有关，其计算式如下

$$K_p = \tan^2\left(45° + \frac{\varphi}{2}\right) \tag{9-11}$$

土的主动和被动土压力系数值见表 9-1。

表 9-1 土的主动和被动土压力系数值

土 名 称	$\varphi(°)$	被动土压力系数 K_p	主动土压力系数 K_a	$\dfrac{K_p}{K_a}$
软土	10	1.42	0.70	2.03
黏土	20	2.04	0.49	4.16
砂黏土	25	2.46	0.41	6.00
粉土	27	2.66	0.38	7.00

（续）

土 名 称	$\varphi(°)$	被动土压力系数 K_p	主动土压力系数 K_a	$\dfrac{K_p}{K_a}$
砂土	30	3.00	0.33	9.09
砂砾土	35	3.69	0.27	13.69

在考虑后背土的土抗力时，按下式计算土的承载能力

$$R_c = K_r B H \left(h + \dfrac{H}{2} \right) \gamma K_p \tag{9-12}$$

式中　R_c——后背土的承载能力（kN）；

　　　B——后座墙的宽度（m）；

　　　H——后座墙的高度（m）；

　　　h——后座墙顶至地面的高度（m）；

　　　γ——土的重度（kN/m³）；

　　　K_p——被动土压力系数；

　　　K_r——后背的土抗力系数，查图 9-14 可得。

后背结构形式不同，使土受力状况也不一样，为了保证后背的安全，根据不同的后背形式，采用不同的土抗力系数值。

1）管顶覆土浅。后背不需要打板桩，而背身直接接触土面，如图 9-15 所示。

2）管顶覆土深。后背打入钢板桩，顶力通过钢板桩传递，如图 9-16 所示。覆土高度值越小，土抗力系数 K_r 值就越小。有板桩支撑时，应考虑在板桩的联合作用下，土体上顶力分布范围扩大导致集中应力减少，因而土抗力系数 K_r 值增加。图 9-14 是土抗力系数曲线，它是在不同后背的板桩支承高度值 h 与后背高度 H 的比值下，相应的土抗力系数 K_r 值。

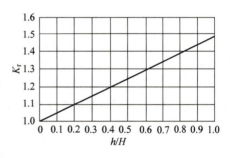

图 9-14　土抗力系数曲线

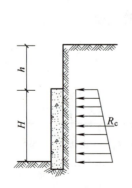

图 9-15　无板桩支承的后背

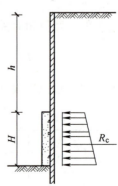

图 9-16　板桩后背

4. 管前人工挖土与运土

（1）挖土　顶进管节的方向和高程的控制，主要取决于挖土操作。工作面上挖土不仅

影响顶进效率，更重要的是影响质量控制。对工作面挖土操作的要求：根据工作面土质及地下水位高低来决定挖土的方法；必须在操作规程规定的范围内超挖；不得扰动管底地基土；及时顶进，及时测量，并将管前挖出的土及时运出管外。人工每次掘进深度，一般等于千斤顶的行程。土质松散或有流砂时，为了保证安全和便于施工，可设管檐或工具管（图9-17）。施工时，先将管檐或工具管顶入土中，工人在管檐或工具管内挖土。

（2）运土　从工作面挖下来的土，通过管内水平运输和工作坑的垂直提升送至地面。除保留一部分土方用作工作坑的回

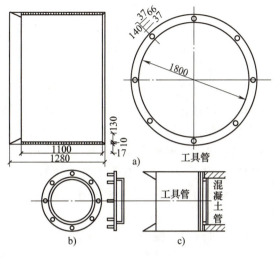

图 9-17　工具管

填外，其余都要运走弃掉。管内水平运输可用卷扬机牵引或电动、内燃的运土小车在管内进行有轨或无轨运土，也可用带式运输机运土。土运到工作坑后，由地面的卷扬机、门式起重机或其他垂直运输机械吊运到工作坑外运走。

9.2.2　机械掘进

顶管施工用人工挖土劳动强度大、工作效率低，而且操作环境恶劣，影响工人健康，管端机械掘进可避免以上缺点。

机械掘进与人工掘进的工作坑布置基本相同，不同处主要是管端挖土与运土。

机械挖土一般分为切削掘进-输送带连续输运土或车辆往复循环运土、切削掘进-螺旋输送机运土、水力掘进-泥浆输送等。

1. 挖掘机械

（1）伞式掘进机（图9-18）　伞式掘进机主要用于800mm以上大管内，是顶进机械中最常见的形式。掘进机由电动机通过减速机构直接带动主轴，主轴上装有切削盘或切削臂，根据不同土质安装不同。

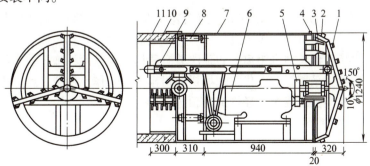

图 9-18　上海 ϕ1050mm 伞式掘进机
1—刀齿　2—刀架　3—刮泥板　4—超挖齿　5—齿轮变速器　6—电动机
7—工具管　8—千斤顶　9—带运输机　10—支撑环　11—顶进管

形式的刀齿于盘面或臂杆上,由主轴带动刀盘或刀臂旋转切土,再由提升环的铲斗,将土铲起、提升、倾卸于带运输机上运走。典型的伞式掘进机的结构一般由工具管、切削机构、驱动机构、动力设施、装载机构及校正机构组成。伞式挖掘机适合于黏土、亚黏土、亚砂土和砂土中钻进,不适合弱土层或含水土层内钻进。

(2) 螺旋掘进机(图 9-19) 螺旋掘进机主要用于管径小于 800mm 的顶管。管按设计方向和坡度放在导向架上,管前由旋转切削式钻头切土,并由螺旋输送机运土。螺旋式水平钻机安装方便,但是顶进过程中易产生较大的下沉误差。而且误差产生后不易纠正,故适用于短距离顶进;一般最大顶进长度为 70~80m。

800mm 以下的小口径钢管顶进方法有很多种,如真空法顶进。这种方法适用于直径为 200~300mm 管在松散土层内的顶进,如松散砂土、砂黏土、淤泥土、软黏土等,顶距一般为 20~30m。

(3)"机械手"掘进机(图 9-20)"机械手"掘进机的特点是弧形刀臂以垂直于管轴心的横轴为轴,作前后旋转,在工作面上切削。挖成的工作面为半球形,由于运动是前后旋转,不会因挖掘而造成工具管旋转,同时靠刀架高速旋转切削的离心力将土抛出离工作面较远处,便于土的管内输出。该机械构造简单、安装维修方便,便于转向,挖掘效率高,适用于黏性土。

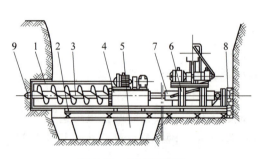

图 9-19 螺旋掘进机
1—管节 2—导轨机架 3—螺旋输送器
4—传动机构 5—土斗 6—液压机构
7—千斤顶 8—后背 9—钻头

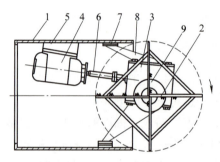

图 9-20 "机械手"掘进机
1—工具管 2—刀臂 3—减速器 4—电动机
5—机座 6—传动轴 7—底架
8—支承翼板 9—锥形筒架

2. 盾顶法

如图 9-21 所示,盾顶法就是在首节管前端装设盾头(图 9-22),盾头内部安装许多台盾头千斤顶,由盾头千斤顶负担盾头顶进工作,克服迎面阻力,并承担校正功能。后面管节靠主压千斤顶顶进,从而延长顶进距离。盾顶法兼有盾构和顶管两种施工技术的特点。与盾构施工的区别是,盾顶法采用管节以代替现场拼装衬砌块的工作,使施工程序简化。

盾顶法适合于密实土层或大直径管道的顶进。

3. 水力掘进(图 9-23)

水力掘进是利用高压水枪射流将切入工作管管口的土冲碎,水和土混合成泥浆状态输送出工作坑。

水力掘进的特点是机械化水平较高、施工进度快、工程造价低,适合于在高地下水位的弱土层、流砂层或穿越水下(河底、海底)饱和土层。

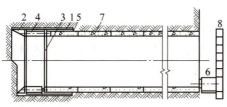

图 9-21 盾顶法
1—盾壳 2—刃脚 3—环梁 4—千斤顶
5—密封 6—主压千斤顶 7—管节 8—后背

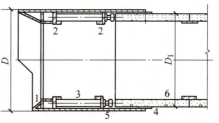

图 9-22 盾头
1—刃脚 2—支撑环 3—千斤顶
4—盾尾密封 5—盾尾 6—顶入管

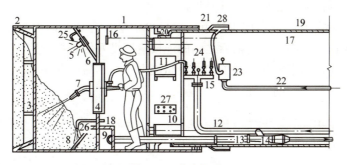

图 9-23 水力掘进
1—工具管 2—刃脚 3—隔板 4—密封门 5—灯 6—观察窗 7—水枪 8—粗栅 9—细栅
10—校正千斤顶 11—液压泵 12—供水管 13—输浆管 14—水力吸泥机 15—分配阀
16—激光接收靶 17—激光束 18—清理箱 19—工作管 20—止水胶带 21—止水胶圈 22—泥浆管
23—分浆罐 24—压力表 25—冲洗喷头 26—冲刷喷头 27—信号台 28—泥浆孔

水力掘进法仅限于钢管，因钢管焊接口密封性好。另外，水力破土和水力运土时的泥浆排放有污染河道、造成淤泥沉积的问题，因而限制了其使用范围。

9.2.3 管节顶进时的连接

顶进时的管节连接分为永久性连接和临时性连接。钢管采取永久性的焊接。永久性连接顶进过程中，管子的整体顶进长度越长，管道位置偏移越小；一旦产生顶进位置误差积累，校正较困难。所以，整体焊接钢管的开始顶进阶段，应随时进行测量，避免积累误差。

钢筋混凝土管通常采用钢板卷制的整体式内套环临时连接，在水平直径以上的套环与管壁间楔入木楔，如图 9-24 所示。两管间设置柔性材料，如油麻、油毡，以防止管端顶裂。

由于临时接口的非密封性，故不能用于未降水的高地下水位的含水层内顶进，顶进工作完毕

 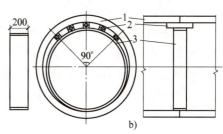

图 9-24 钢内套环临时连接
a）内涨圈 b）内涨圈支设
1—管子 2—木楔 3—内涨圈

后,拆除内套环,再进行永久性接口连接。

9.2.4 延长顶进技术

在最佳施工条件下,普通顶管法的一次顶进长度为百米左右。当敷设长距离管线时,为了减少工作坑,加快施工进度,可采取延长顶进技术。

延长顶进技术可分为中继间顶进、泥浆套顶进和蜡覆顶进。

1. 中继间顶进

中继间是在顶进管段中间设置的接力顶进工作间,此工作间内安装中继千斤顶,担负中继间之前的管段顶进。中继间千斤顶推进前面管段后,主压千斤顶再推进中继间后面的管段。此种分段接力顶进方法,称为中继间顶进。

图 9-25 所示为一类中继间,施工结束后,拆除中继千斤顶,而中继间钢外套环留在坑道内。在含水土层内,中继间与管前后之间的连接应有良好的密封。另一类中继间如图 9-26 所示,施工完毕时,拆除中继间千斤顶和中继间接力环,然后中继间将前段管顶进,弥补前中继间千斤顶拆除后所留下的空隙。

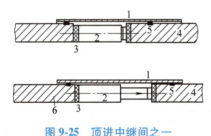

图 9-25 顶进中继间之一

1—中继间外套 2—中继千斤顶
3—垫料 4—前管 5—密封环 6—后管

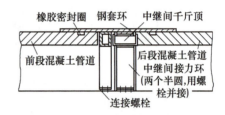

图 9-26 顶进中继间之二

中继间的特点是顶力大为减少,操作更机动;可按顶力大小自由选择,分段接力顶进;也存在设备较复杂、加工成本高、操作不便、工效降低等不足。

2. 泥浆套顶进

在管壁与坑壁间注入触变泥浆,形成泥浆套,可减少管壁与土壁之间的摩擦阻力,一次顶进长度可较非泥浆套顶进增加 2~3 倍。长距离顶管时,经常采用中继间-泥浆套顶进。

触变泥浆的要求是泥浆在输送和灌注过程中具有流动性、可泵性和一定的承载力,经过一定的固结时间,产生强度。

触变泥浆主要组成是膨润土和水。膨润土是粒径小于 $2\mu m$,主要矿物成分是 Si—Al—Si(硅—铝—硅)的微晶高岭土。膨润土的密度为 $830\sim1130 kg/m^3$。

对膨润土的要求为:①膨润倍数一般要大于 6,膨润倍数越大,造浆率越大,制浆成本越低;②要有稳定的胶质价,保证泥浆有一定的稠度,不致因重力作用而使颗粒沉淀。

造浆用水除对硬度有要求外,并无其他特殊要求,用自来水即可。

为提高泥浆的某些性能而需掺入各种泥浆处理剂。常用的处理剂如下:

1)碳酸钠。碳酸钠可提高泥浆的稠度,但泥浆对碱的敏感性很强,加入量的多少,应事先做模拟试验确定,一般为膨润土质量的 2%~4%。

2)羟甲纤维素。羟甲纤维素能提高泥浆的稳定性,防止细土粒相互吸附而凝聚。掺入量为膨润土质量的 2%~3%。

3）腐殖酸盐。腐殖酸盐是一种降低泥浆黏度和静切力的外掺剂。掺入量占膨润土质量的 1%~2%。

4）铁铬木质素磺酸盐的作用与腐殖酸盐相同。

在铁路或重要建筑物下顶进时，地面不允许产生沉降，需要采取自凝泥浆。自凝泥浆除具有良好的润滑性和造壁性外，还应具有后期固化后有一定强度并达到加大承载效果的性能。

自凝泥浆的外掺剂主要有：

1）氢氧化钙与膨润土中的二氧化硅起化学作用生成组成水泥主要成分的硅酸三钙，经过水化作用而固结，固结强度可达 0.5~0.6MPa。氢氧化钙用量为膨润土质量的 20%。

2）工业六糖是一种缓凝剂，掺入量为膨润土质量的 1%。在 20℃ 时，可使泥浆在 1~1.5 个月内不致凝固。

3）松香酸钠。泥浆内掺入 1%膨润土质量的松香酸钠可提高泥浆的流动性。

目前自凝泥浆发展多种多样，应根据施工情况、材料来源拌制相应的自凝泥浆。

在不同的土质和施工条件下，泥浆的配合比是不同的。在不同土层条件下采用的触变泥浆配合比见表 9-2。

表 9-2　触变泥浆配合比

土层条件	膨润土/kg	水/kg	碱/kg	备注
砂黏土，有地下水	23	77	0.69	水下顶进，泥浆拌制后，立即泵送灌浆
砂黏土	20	80	0.8	泥浆拌制后，静止 24h 才使用
砂黏土	25	75	1.0	泥浆拌制后，静止 24h 才使用
砂黏土	18	82	0.86	泥浆拌制后，静止 24h 才使用

触变泥浆在泥浆拌制机内采取机械或压缩空气拌制；拌制均匀后的泥浆储于泥浆池；经泵加压，通过输浆管输送到前工具管的泥浆封闭环，经由封闭环上开设的注浆孔注入坑壁与管壁间孔隙，形成泥浆套，如图 9-27 所示。

泥浆注入压力根据输送距离而定，一般采用 0.1~0.15MPa 泵压。输浆管路采用 DN50~DN70 的钢管，每节长度与顶进管节长度相等或为顶进管长的两倍。管路采取法兰连接。

输浆管前的工具管应有良好的密封，防止泥浆从管前端漏出（图 9-28）。

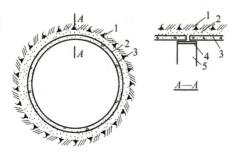

图 9-27　顶管的泥浆套
1—土壁　2—泥浆套　3—混凝土管　4—内涨圈　5—填料

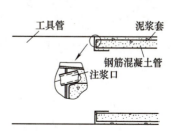

图 9-28　注浆工具管

泥浆通过管前端和沿程的灌浆孔灌注。灌注泥浆分为灌浆和补浆两种，如图9-29所示。

为防止灌浆后泥浆自刃脚处溢入管内，一般离刃脚4~5m处设灌浆罐，由罐向管外壁间隙处灌注泥浆，要保证整个管线周壁均为泥浆层所包围。为了弥补第一个灌浆罐灌浆的不足并补充流失的泥浆量，还要在距离灌浆罐15~20m处设置

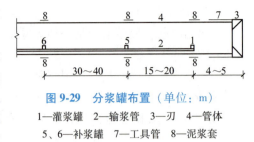

图9-29 分浆罐布置（单位：m）

1—灌浆罐 2—输浆管 3—刃 4—管体
5、6—补浆罐 7—工具管 8—泥浆套

第一个补浆罐，此后每隔30~40m设置补浆罐，以保证泥浆充满管外壁。

为了在管外壁形成泥浆层，管前挖土直径要大于顶节管节的外径，以便灌注泥浆。泥浆套的厚度由工具管的尺寸而定，一般厚度为15~20mm。

3. 蜡覆顶进

蜡覆顶进也是延长顶距技术之一。蜡覆是用喷灯在管外壁熔蜡覆盖。蜡覆既减少了管顶进中的摩擦力，又提高了管表面的平整度。该方法一般可减少20%的摩擦阻力，且设备简单，操作方便。但熔蜡散布不均匀时，会导致新的"粗糙"，减阻效果降低。

9.2.5 顶管测量和校正

顶管施工时，为了使管节按规定的方向前进，在顶进前要求按设计的高程和方向精确地安装导轨、修筑后背及布置顶铁。这些工作要通过测量来保证规定的精度。

在顶进过程中必须不断观测管节前进的轨迹，检查首节管是否符合设计规定的位置。

当发现前端管节前进的方向或高程偏离原设计位置后，就要及时采取措施，迫使管节恢复原位后再继续顶进。这种操作过程称为管道校正。

1. 顶管测量

（1）普通测量 普通测量分为中心水平测量和高程测量。中心水平测量是用经纬仪测量或垂线检查。高程测量是用水准仪在工作坑内测量。上述方法测量并不准确。由于观察所需时间长，影响施工进度，测量是定时间隔进行，易造成误差累积，目前已很少使用。

（2）激光测量 激光测量是采用激光经纬仪和激光水准仪进行顶管中心和高程测量的先进测量方法，属于目前顶管施工中广泛应用的测量方法。

2. 顶管校正

对于顶管敷设的重力流管道，中心水平允许误差在±30mm，高程误差在+10mm和-20mm，超过允许误差值，就必须校正管道位置。

产生顶管误差的原因很多，分为主观原因和客观原因两种。主观原因是施工准备工作中设备加工、安装、操作不当产生的误差。其中，由于管前端坑道开挖形状不正确是管道误差产生的重要原因。客观原因是土层内土质的不同所造成的。例如，在坚实土内顶进时，管节容易产生向上误差；反之，在松散土层顶进时，又易出现向下误差。一般情况下，主观原因在事先加以重视，并采取严格的检查措施，是完全可以防止的。事先无法预知的客观原因，应在顶进前作好地质分析，多估计一些可能出现的土层变化，并准备好相应采取的措施。

（1）普通校正法 分为挖土校正和强制校正。

1）挖土校正。采用在不同部位增减挖土量的方法，以达到校正的目的，即管偏向一侧，则该侧少挖些土，另一侧多挖些土，顶进时管就偏向空隙大的一侧而使误差校正。这种

方法消除误差的效果比较缓慢，适用于误差值不大于 10mm 的范围。挖土校正多用于土质较好的黏性土，或用于地下水位以上的砂土中。

2）强制校正。为了强制管向正确方向偏移，可支设斜撑校正，如图 9-30 所示。下陷的管段可用图 9-31 所示方法校正。错口的管端可用图 9-32 所示方法校正。

图 9-30 斜撑校正

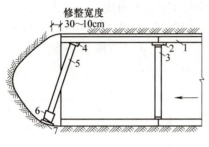

图 9-31 下陷校正
1—管子 2—木楔 3—内涨圈 4—楔子
5—支柱 6—校正千斤顶 7—垫板

图 9-32 错口纠正
1—管子 2—楔子 3—立柱
4—校正千斤顶

如果需要消除永久性高程误差，可采取如图 9-33 所示方法。在管道的弯折段和正常段之间用千斤顶顶离 20~30cm 距离，并用硬木撑住。前段用普通校正法将首节管校正到正确位置，后段管经过前段弯折处时，采用多挖土或卵石填高的方法把管节调整至正确位置后再顶进。

（2）工具管校正　校正工具管是顶管施工的一项专用设备。根据不同管径采用不同直径的校正工具管。校正工具管主要由刃脚、工具管、校正千斤顶、后管等部分组成，如图 9-34 所示。

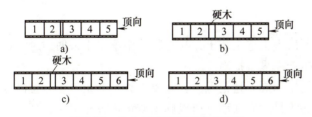

图 9-33 永久性高程误差消除方法

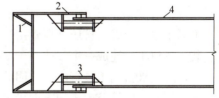

图 9-34 校正工具管设备组成
1—刃脚 2—工具管 3—校正千斤顶 4—后管

校正千斤顶按管内周向均匀布设，一端与工具管连接，另一端与后管连接。工具管与后管之间留有 10~15mm 的间隙。

当发现首节工具管位置误差时，起动各方向千斤顶的伸缩，调整工具管刃脚的走向，从而达到校正的目的。

9.2.6　掘进顶管的内接口

管顶进完毕，将临时连接拆除，进行内接口。接口方法根据现场施工条件、管道使用要求、管口形式等选择。

平接口是钢筋混凝土管最常用的接口形式。平接口的连接方法较多。图 9-35 所示为平口钢筋混凝土管油麻石棉水泥内接口。施工时，在内涨圈连接前把麻辫填入两管口之间。顶进完毕，拆除内涨圈，在管口缝隙处填打石棉水泥或填塞膨胀水泥砂浆。这种内接口防渗性较好。还可采取油毡垫接口。此种接口方法简单，施工方便，用于无地下水处。油毡垫可以使顶力均匀分布到管节端面上。一般采用 3~4 层油毡垫于管节间，在顶进中越压越紧。顶管完毕后在两管间用水泥砂浆钩内缝。

企口钢筋混凝土管的接口有油麻石棉水泥或膨胀水泥内接口，如图 9-36a 所示，管壁外侧油毡为缓压层。还有一种聚氯乙烯胶泥膨胀水泥砂浆内接口。这种接口的抗渗性优于油麻石棉水泥或膨胀水泥接口，如图 9-36b 所示。此外，还可采取麻辫沥青冷油膏接口。该接口施工方便，管接口具有一定的柔性，利于顶进中校正方向和高程，密封效果较好。

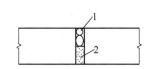

图 9-35 平口钢筋混凝土管油麻石棉水泥内接口

1—麻辫或塑料圈或绑扎绳　2—石棉水泥

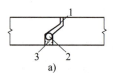 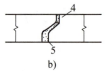

图 9-36 企口钢筋混凝土管内接口

1—油毡　2—油麻　3—石棉水泥或膨胀水泥砂浆
4—聚氯乙烯胶泥　5—膨胀水泥砂浆

9.3 挤压土顶管

挤压土顶管一般分为两种：出土挤压顶管和不出土挤压顶管。

9.3.1 挤压土顶管的优点及适用条件

1. 挤压土顶管的优点

不同于普通顶管，挤压土顶管由于不用人工挖土装土，甚至顶管中不出土，使顶进、挖土、装土三道工序连成一个整体，劳动生产率显著提高。

因为土是被挤到工具管内的，因此管壁四周无超挖现象，只要工具管开始入土时将高程和方向控制好，则管节前进的方向稳定，不易左右摆动，所以施工质量比较稳定。

采用挤压土顶管还有设备简单、操作简易的优点，故易于推广。

2. 挤压土顶管的适用条件

挤压土顶管技术的应用，主要取决于土质，其次为覆土深度、顶进距离、施工环境等。

（1）土质条件　含水量较大的黏性土、各种软土、淤泥，由于孔隙较大又具有可塑性，故适于挤压土顶管。

（2）覆土深度　覆土深度最少应保证为顶入管道直径的 2.5 倍。覆土过浅可能造成地面变形隆起。

（3）顶进距离　挤压土时在同样条件下比掘进顶管方法顶力要大些。因此，顶进距离不宜过长。

（4）施工环境　挤压土顶管技术的应用受地面建筑物及地下埋设物的影响。一般距地下构筑物或埋设物的最小间距不小于 1.5m，且不能用于穿越重要的地面建筑物。

9.3.2　出土挤压顶管

出土挤压顶管适用于大口径管的顶进。

1. 挤压土顶管设备

主要设备为带有挤压口的工具管，此外是割土和运土工具。

（1）工具管　挤压工具管与机械掘进所使用的工具管外形结构大致相同，不同者为挤压工具管内部设有挤压口，如图 9-37 所示。工具管切口直径大于挤压口直径，两者呈偏心布置。工具管切口中心与挤压口中心的间距 δ 如图 9-38 所示。偏心距增大，使被挤压土柱与管底的间距增大，便于土柱装载。所以，合理而正确地确定挤压口的尺寸是采用出土挤压顶管的关键。

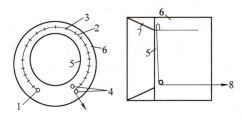

图 9-37　挤压工具管
1—钢丝绳固定点　2—钢丝绳　3—R 形卡子
4—定滑轮　5—挤压口　6—工具管
7—刃角　8—钢丝绳与卷扬机连接

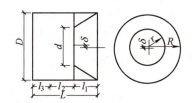

图 9-38　挤压切土工具管尺寸

挤压口的尺寸与土的物理力学性质、工具管管径及顶进速度有关。挤压口的开口用开口率表示，其值等于挤压口断面面积与工具管切口断面面积的比值。挤压口的开口率 η 计算式如下

$$\eta = \frac{r^2}{R^2} \tag{9-13}$$

式中　r——挤压口的半径（mm）；

R——工具管的切口半径（mm）。

挤压口的开口率一般取 50%，当管径较大（>DN2000）时，开口率可在 50%以下。

为了校正顶进位置，可在工具管内设置千斤顶。因此，工具管由三部分组成为切土渐缩部分 l_1、卸土部分 l_2、校正千斤顶部分 l_3。

工具管的机动系数 R 为

$$R = \frac{l_1 + l_2 + l_3}{D} = \frac{L}{D} \tag{9-14}$$

为了保证校正的灵活性，应正确确定机动系数 R。l_1 取决于土的压缩性和切口渐缩段斜板的机械强度；l_2 取决于挤压口直径、土密度和运土斗车荷重；l_3 取决于校正千斤顶的长度。综合考虑这些因素，就可确定工具管的尺寸。

工具管一般用 10~20mm 厚的钢板卷焊而成。要求工具管的椭圆度不大于 3mm，挤压口

的椭圆度不大于 1mm，挤压口中心位置的公差不大于 3mm。其圆心必须落于工具管断面的纵轴线上。刃脚必须保持一定的刚度。焊接刃脚时坡口一定要用砂轮打光。

（2）割土工具 切割的方法较为简单。如图 9-37 所示，先用 R 形的卡子将钢丝绳固定在挤压口的里面，沿着挤压口围成将近一圈。挤压口下端将钢丝头固定，并在刃角后面 50mm 的地方沿着挤压口将钢丝绳固定，每隔 200mm 左右夹上一个卡子。钢丝绳另一端靠两个直径 80mm 的定滑轮，将钢丝绳拉到卷扬机上缠好。当卷扬机卷紧钢丝绳时，钢丝绳的固定端不动，绳由上端向下将挤压在工具管内的土柱割断。

（3）运土工具 挤压成型的土柱经割断后，落于特制的弧形运土斗车输送至工作坑，然后用地面起重设备将斗车吊出工作坑运走。

2. 挤压工艺

施工顺序：安管→顶进→输土→测量。

1）安管与普通顶管法施工相同。

2）顶进。顶进前的准备工作与普通顶管法施工基本相同，只是增加了一项斗车的固定工作。应事先将割土的钢丝绳用卡子夹好，固定在挤压口周围，将斗车推送到挤压口的前面对好挤压口，再将斗车两侧的螺杆与工具管上的螺杆连接，插上销钉，紧固螺栓，将车身固定。将槽钢式钢轨铺至管外即可顶进。顶进时应连续顶进，直到土柱装满斗车为止。顶力中心布置在 2D/5 处，较一般顶管法（D/4～D/5）稍高，以防止工具管抬头。顶进完毕，即可开动工作坑内的卷扬机，牵引钢丝绳将土柱割断装于斗车。

3）输土斗车装满土后，松开紧固螺栓，拔出插销使斗车与工具管分离，再将钢丝绳挂在斗车的牵引环上，即可开动卷扬机将斗车拉到工作坑，再由地面起重设备将斗车吊至地面。

4）测量采用激光测量导向，能保证上下左右的误差在 10～20mm 以内，方向控制稳定。

9.3.3 不出土挤压顶管

不出土挤压顶管，大多在小口径管顶进时采用。顶管时，利用千斤顶将管子直接顶入土内，管周围的土被挤密。采用不出土挤压顶管的条件，主要取决于土质，最好是天然含水量的黏性土，其次是粉土；砂砾土则不能顶进。管材以钢管为主，也可用于铸铁管。管径一般要小于 300mm，管径越小效果越好。

不出土挤压顶管的主要设备是挤密土层的管尖和挤压切土的管帽，如图 9-39 所示。

在管节最前端装上管尖，如图 9-39a 所示，顶进时，土不能挤入管内。在管节最前端装上管帽，如图 9-39b 所示，顶进时，管前端土被挤入管帽内，当挤进长度到 4～6 倍管径时，由于土与管壁间的摩阻力超过了挤压力，土就不再挤入管帽内，而在管前形成坚硬的土塞。继续顶进时以坚硬的土塞为顶尖，管前进时土顶尖挤压前面的土，土沿管壁挤入邻近土的空隙内，使管壁周围形成密实挤压层、挤压层和原状土层三种密实度不同的土层。

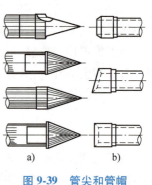

a) b)

图 9-39 管尖和管帽

a）管尖 b）管帽

9.4 水平定向钻拖拉管

水平定向钻拖拉管依靠导向工作坑的水平定向钻机驱动钻头的钻杆，按照经测量确定的方向，绕过地下障碍物、避开地面建筑物，每次换上大一级的钻头，向前方接收工作坑钻孔、扩孔、清孔，最后将管道拉入孔内。这种不开槽施工方法称为水平定向钻拖拉管。主要设备为水平定向钻机（图9-40）。

图 9-40　水平定向钻机

9.4.1 设计与施工主要依据

水平定向钻拖拉管设计与施工的主要依据如下：
1）施工图、施工组织设计及水平定向钻拖拉管施工安全专项设计。
2）《水平定向钻法管道穿越工程技术规程》（CECS 382—2014）。
3）《给水排水管道工程施工及验收规范》（GB 50268—2008）。
4）其他国家现行颁布的相关规范、标准及规程、手册等。

水平定向钻拖拉管非开挖采用的管道以中小管径为主，常用的管材为高密度聚乙烯（HDPE）管和钢管。当采用HDPE管时，管径为DN100~DN1000，电熔连接；当采用钢管时，管径为DN100~DN1500，焊接。

9.4.2 水平定向钻施工场地布置

PE管、钢管水平定向钻穿越部位，在管道的起点设置一个工作坑，在管道的终点设置一个接收坑，并在管道发送一端布置泥浆制作系统及管道发送系统。

水平定向钻施工场地布置如图9-41所示。

9.4.3 高密度聚乙烯管、钢管施工工艺流程

高密度聚乙烯管、钢管施工工艺流程如下：测量放线→修筑便道、场地平整、铺垫→泥浆配制→钻导向孔→回拖扩孔→管道热熔连接或钢管焊接→管道回拖→竣工验收→场地恢复。

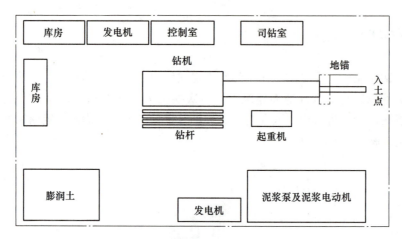

图 9-41 水平定向钻施工场地布置图

1. 测量放线

1）根据施工图要求的入土点、出土点坐标放出钻机安装位置线，入土点、出土点位置放线时左右偏差不超过 20cm，沿管轴线方向误差不超过 40cm，并做出明显标记。

2）从出土点到回拖管线路必须保持直线。

2. 工作坑开挖

工作坑开挖前要认真调查了解地上地下障碍物，以便开挖工作坑时采取妥善加固保护措施。

工作坑或接收坑开挖的深度依据管道高程、所用扩孔钻机尺寸，以及混凝土垫层的厚度计算确定，施工时用水准仪或全站仪测量控制。

3. 钻机就位

由拖车头牵引钻机进入工作场，根据穿越中心线及入土角，调整钻机就位，钻机就位后，控向室相应人员就位。

钻孔机安装在工作坑旁边，管道轴线可根据设计图及现场条件进行桩位放线确定，钻杆中心与管道轴线应一致。确定拉管机方位后，固定好钻孔机。此时根据现场测得的井位深度及钻孔机位置，确定钻杆的斜度，入土角不超过 150°。

钻机安装好后，试钻运转并检测运转后的机座轴线及坡度是否有变化，借以检查钻机安装的稳固性和固定可靠程度。钻机的安装质量和稳固性是成孔质量好坏的关键，因此必须认真细致地反复进行，直至符合要求后进入下道工序。

4. 泥浆系统

泥浆系统主要由回收循环罐、储浆配浆罐、砂泵、泥浆除砂清洁器、泥浆除泥器、卧式沉降离心机、搅拌器、射流剪切混浆等装置组成，为钻机设备提供满足要求的泥浆。

按工作流程顺序和使用说明书，连接泥浆设备之间管路、走道、护栏、电源线等。

进行设备全面检查，防止运行过程出现问题，检查完成后逐个进行单机试运行。用清水进行泥浆系统整体联合试运，并调试直至正常。

（1）泥浆配置 搭设膨润土棚。棚内地面要高出室外地面 0.2m，并铺上防湿塑料布或橡胶垫。

膨润土用量主要根据管径、穿越长度及地质情况确定，并准备足够的余量。泥浆配置人员应对上述情况详细了解和分析。

先对配置泥浆的用水进行选择和化验，水采用没有污染的清水，并化验水的 pH 值，以便确定添加剂的用量。对于黏土、粉质黏土的普通土质，在水质合格的情况下直接用一级钻井膨润土，只有当地质及水质不良时才使用添加剂。合格的泥浆标准：密度为 $1.02\sim1.05\text{g/cm}^3$，含沙量 ≤1%，pH=7~10；失水率<15%。

泥浆在循环过程中因失水，携带钻屑而变稠，随时需要过滤及稀释。为此要对泥浆黏度用马式漏斗进行测定，一般每两小时测一次。遇有复杂地质和异常情况，随时测定。地质较好的位置，可减少测定次数，测定结果做好记录。

（2）泥浆的处理　首先通过泥浆回收循环系统装置对泥浆池中的泥浆进行回收处理，达到节约泥浆材料、降低穿越成本、减少废弃泥浆量的目的。穿越完成后，对无法回收的泥浆用重力沉降法进行沉淀，晒干水分并将剩余的泥浆用泥浆罐车运到指定地点进行深埋处理。

5. 导向孔钻进

导向孔钻进时钻具头部只安装略大于钻杆外径尺寸 4cm 的矛式钻头，对正既定孔位，检测对正误差达到规范要求，即可开动钻机钻进导向孔。钻进时人力扳拉推进持力均匀，匀速前进，并根据推进阻力的大小，判定地层内是否有硬物或土层的变化，以确定注水机给水压力和给水量。钻进时，当含水较大地层为砂层或粉质砂黏土，不注水钻进，当地层较硬或无地下水时，提高注水压力。注水主要是起润滑和冷却钻具，减少钻进阻力作用。

当遇有硬质障碍物时缓慢持力给进，当不能钻穿通过时，记录钻具长度，确定障碍物的具体位置。如果地面条件允许，可从地面下挖探洞人工下去处理。地面条件不允许时，整体偏移钻孔轴线。一般单个的硬物通过持续的压力注水钻进和搅磨即可通过，此时给进力应均匀，不可强推进，防止钻孔偏移。障碍物的位置在钻进过程中应详细记录。

每个钻进班组做台班记录，详细记录钻进长度、轴线偏差、机座校核、土质软硬、障碍物、作业人员等情况。钻进按上坡方向进行，以利排水和最后出土，并有利于保证钻孔质量。先导孔钻进示意如图 9-42 所示。

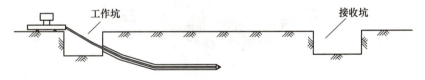

图 9-42　先导孔钻进示意

导向钻进是非开挖定向钻进敷管的关键环节。导向钻按设计的深度、标高，随时监控，适时调整。钻进中采用轻压、慢转，注意控制钻头温度，切不可使探头过热。图 9-43 所示为现场水平定向钻机钻孔。

6. 扩孔

导向孔钻进至接收坑，经测量检验，偏差在允许范围内时，卸下矛式钻头换装鱼尾式或三叉式扩孔钻头，开动回拉钻机扩孔。扩孔时人工给进均匀，匀速回拉。同时注水机连续注适量水，通过钻具搅拌孔内泥土造泥浆，用以保护成孔孔壁，保持围岩稳定，同时起到润滑作用。根据现场地质情况，采用刮刀式扩孔器。扩孔器尺寸为敷设管径的 1.2~1.5 倍，这

图 9-43 现场水平定向钻机钻孔

样既能够保持泥浆流动畅通，又能保证管线被安全、顺利地拖入孔中。扩孔装置与扩孔头如图 9-44 所示。

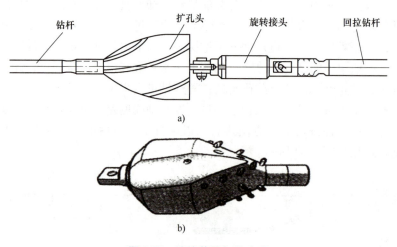

图 9-44 扩孔装置与扩孔头
a）扩孔装置　b）扩孔头

扩孔过程中，当地层土质较软时宜快速给进回扩，当地层土质较硬时应匀速缓慢进行。回扩孔钻进示意如图 9-45 所示。

施工过程中，注意地下水位的变化，钻进施工时是否正常；注意土质变化及拉管机的压力，出现异常及时采取措施。

在每级扩孔过程中，为防止扩孔偏离轨迹，应采用回拖扩孔。扩孔时为保证管道可以顺利回拖，应使钻孔直径达到管径的 1.3 倍以上，并用泥浆护壁，防止钻孔坍塌，保证管壁不被土体损坏。

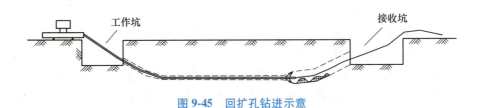

图 9-45　回扩孔钻进示意

7. 清孔

回扩钻孔时，在钻头尾部配装拉链（杆），钻孔回扩到达工作坑时，卸下扩孔钻头，在拉链（杆）一端换装拉泥盘，进行拉泥成孔工作。此项工序主要是拉运出扩孔搅碎的孔内土，形成光滑圆顺的安管通道。拉泥时，首次拉泥采用环形盘，反复来回拖拉后，如果阻力减小，则在拉泥盘上加装横挡，再次入孔拉泥，逐次加封横挡，直至拉泥盘全封闭，并能轻松顺利拉出为止。

当地层土质较硬，以黏质土为主时，先采用环形盘较窄的拉泥盘拖拉，使拽拉阻力变小，拉泥盘顺利拉出后，再换上环形盘较宽的拉泥盘拖拉钻孔。拉泥盘环形盘的大小及加装横挡封闭的选择，根据地层土质确定。最终成形的孔道内壁光滑圆顺，拖孔器拉泥清孔工艺如图 9-46 所示。

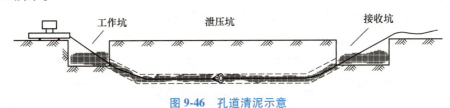

图 9-46　孔道清泥示意

8. 管道焊接

PE 管采用热熔连接，钢管采用焊接。管道接口质量直接影响拉管施工的成功进行，因此要严格按以下操作步骤执行。

（1）对口　将塑料管或管件放入夹具内夹牢，用刷子和棉纱（布块）将管口的氧化层、油污、尘埃清除干净。

将两管端的接口对正，对口间隙不得超过 0.5mm，用卡尺检查两对口的端面是否平行，必须保证两连接管接口时的两个端面完全重合，不得有缝隙。同时调整好对口的两连接管间的同心度，其误差小于管壁厚的 10%。对口达到要求后，将夹具夹紧。

（2）加热接口　用热平板模加热两个管口，将加热温度及加热压力调至需要位置。对接焊的焊接温度为 200~240℃，最佳温度为 210±10℃。经加热后的两个管口熔化，当加热至熔融状态即完成了吸热过程。焊接时注意以下要点：

热熔连接加热时间和加热温度符合热熔连接工具生产厂和管材、管件生产厂的规定。

当指示灯亮时，最好等 10min 再使用，以使整个加热板温度均匀。

热熔连接保压冷却时间，不得移动连接件或连接件上不得施加任何外力。

热熔对接连接，两管段各伸出卡具一定的自由长度，校对连接件，使其在同一轴线上，错边不大于壁厚的 10%。

温度适宜的加热板置于机架上，闭合卡具，并设系统的压力。达到吸热时间后，迅速打开卡具,取下加热板。避免与熔融的端面发生碰撞。

迅速闭合卡具,并在规定时间内,匀速地将压力调节到工作压力,同时按下冷却时间按钮。达到冷却时间后,再按一次冷却时间按钮,将压力降为零,打开卡具,取下焊好的管子。

卸管前将压力降至零,若移动焊机,应拆下液压软管,并做好接头防尘工作。

(3) 冷却接口 接口完成后,在卡具上稳住对口,让其自然冷却,冷却时间确定为1.15~1.33×壁厚(mm)min,自然冷却后须将其放至地上进行再冷却,之后方可进行另一端对口的组对和热熔接口。打开夹具后卸除卡具,对熔融接合口的外观进行检查,对口热熔环向高度、宽度成形均匀、美观,其高度、宽度应适宜。合格的焊缝应有两翻边,焊道翻卷的管外圆周上,两翻边的形状、大小均匀一致,无气孔、鼓泡和裂纹,两翻边之间的缝隙的根部不低于所焊管子的表面。

钢管焊接见本书第7.5节管道连接。

9. 回拖拉管

PE管电熔连接、钢管焊接,经管道强度检验合格后,即可进入拉管施工。首先用现场制作的"PE管封套"将管头密封,然后在管头后端接上回扩头,管后接上分动器进行接管,将管子回接到工作坑后,卸下回扩头、分动器、取出剩余钻杆,堵上封堵头。

施工时,拉管机操作人员根据设备数据均匀平稳地牵引管道,切不可生拉硬拽。图9-47所示为管道拖拉安装示意。图9-48所示为现场管道拖拉图。

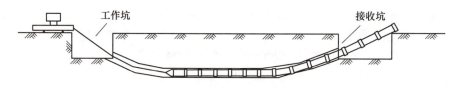

图9-47 管道拖拉安装示意

10. 设备撤场

所有作业完成后,系统拆除连接,设备撤场。按照钻机、泥浆系统、动力系统、机具、钢板桩等顺序依次撤离施工现场。

11. 竣工验收

(1) 验收程序 水平定向钻施工完成后,应由项目部总工程师组织技术质量部、工程管理部、安全环保部及其他相关部门负责人进行验收,自检合格后报现场总监组织施工单位、监理单位、设计单位、建设单位项目负责人参加验收。

(2) 验收标准 水平定向钻施工图、《水平定向钻法管道穿越工程技术规程》(CECS 382—2014)、《给水排水管道工程施工及验收规范》(GB 50268—2008) 进行验收。

(3) 验收内容

图9-48 现场管道拖拉图

水平定向钻法管道穿越工程阶段验收及竣工验收内容见表9-3。

表 9-3　水平定向钻法管道穿越工程阶段验收及竣工验收内容

序号	项目	内容	检查方法
1	出入点、泥浆池	1. 深度、坡度 2. 位置	检查施工方案
2	先导孔钻进、扩孔	1. 导向是否偏离设计位置和深度 2. 导向记录、回扩记录是否齐全、真实、可靠	检查施工方案，检查相关施工记录
3	管道回拖	1. 管道回拖力、扭矩有无突升或突降现象 2. 回拖管道时和回拖后的管道检查	观察；检查施工方案，检查回拖记录
4	管道、防腐层等工程材料	是否符合国家相关标准的规定和设计要求	检查产品质量保证资料，检查产品进场验收记录
5	管道连接	管道焊接、钢管外防腐层（包括焊口补口）的质量	管节及接口全数观察
		钢管接口焊接、塑料管接口熔焊是否符合设计要求	接口逐个观察，检查焊接检验报告
6	管道回拖后线形	1. 是否平顺，有无突变、变形现象 2. 实际曲率半径是否符合设计要求	观察；检查先导孔钻进、扩孔、回拖施工记录、探测记录
7	管道功能性试验	试验结果是否满足设计要求	检查管道功能性试验报告
8	检查井或人（手）孔	1. 砌体质量及墙面处理质量 2. 混凝土浇筑质量 3. 管道入口外侧填充质量 4. 结合部位质量 5. 通道内可见部分的质量，包括四壁、基础表面、软件安装、管道窗口处理等 6. 圈口安装质量、位置、高程	观察

管道回拖后需要对实际轨迹测量限差，满足表9-4要求。

表 9-4　管道实际轨迹测量限差　　　　　　　　　　（单位：m）

水平限差	$\pm(0.1+0.5H)$
垂向限差	$\pm(0.1+0.5H)$

12. 泥浆处理、地貌恢复

拖拉管施工过程中及时将泥浆用泥浆罐车进行转运或拖运到当地环境保护部门指定的泥浆填埋场。

13. 土方回填

工作坑及时进行回填，不得含砾石、垃圾。泥浆过滤后，用泥浆车外运。

9.5 盾构施工

盾构法广泛应用于地铁、水下隧道、水工隧洞、城市地下综合管廊、地下给水排水管沟及地下隧道的修建工程。

1. 施工原理

盾构隧道施工法是指使用盾构机（图 9-49），一边控制开挖面及周围土体不发生坍塌失稳，一边进行隧道掘进、出渣，并在机内拼装管片形成衬砌、实施壁后注浆，从而不扰动周围土体而修筑隧道的方法。盾构机的所谓"盾"是指保持开挖面稳定性的刀盘和压力舱、支护周围土体的盾构钢壳（图 9-50），所谓"构"是指构成隧道衬砌的管片和壁后注浆体（图 9-51）。

图 9-49　盾构机

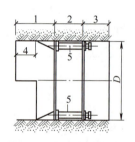

图 9-50　盾构构造示意图
1—切削环　2—支承环　3—衬砌环　4—盾檐
5—千斤顶　D—盾构直径

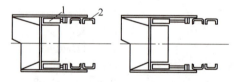

图 9-51　盾构施工过程示意图
1—盾构千斤顶　2—砌块

盾构法的特点如下：

1）安全开挖和衬砌，掘进速度快。

2）盾构的推进、出土、拼装衬砌等全过程可实现自动化作业，施工劳动强度低。

3）不影响地面交通与设施，同时不影响地下管线等设施。

4）穿越河道时不影响航运，施工中不受季节、风雨等气候条件影响，施工中没有噪声和扰动。

5）在松软含水地层中修建埋深较大的长隧道往往具有技术和经济方面的优越性。

2. 盾构基本分类

盾构机根据工作原理一般分为手掘式盾构、挤压式盾构、半机械式盾构（局部气压、全局气压）和机械式盾构（开胸式切削盾构、气压式盾构、泥水加压盾构、土压平衡盾构、混合型盾构、异型盾构）。

泥水加压式盾构机是通过加压泥水或泥浆（通常为膨润土悬浮液）来稳定开挖面，其刀盘后面有一个密封隔板，与开挖面之间形成泥水室，里面充满了泥浆，开挖土料与泥浆混合由泥浆泵输送到洞外分离厂，经分离后泥浆重复使用。土压平衡式盾构机是把土料（必要时添加泡沫等对土壤进行改良）作为稳定开挖面的介质，刀盘后隔板与开挖面之间形成泥土室，刀盘旋转开挖使泥土料增加，再由螺旋输料器旋转将土料运出，泥土室内土压可由刀盘旋转开挖速度和螺旋输出料器出土量（旋转速度）进行调节。

根据盾构机不同的分类，盾构开挖方法可分为敞开式、机械切削式、网格式和挤压式等。为了减少盾构施工对地层的扰动，可先借助千斤顶驱动盾构使其切口贯入土层，然后在切口内进行土体开挖与运输。

（1）敞开式　手掘式及半机械式盾构均为半敞开式开挖，这种方法适用于地质条件较好、开挖面在掘进中能维持稳定或在有辅助措施时能维持稳定的情况。敞开式开挖一般是从顶部开始逐层向下挖掘。若土层较差，还可借用千斤顶加撑板对开挖面进行临时支撑。采用敞开式开挖处理孤立障碍物、纠偏、超挖均比其他方式容易。为尽量减少对地层的扰动，要适当控制超挖量与暴露时间。

（2）机械切削式　指与盾构直径相仿的全断面旋转切削刀盘开挖方式。根据地质条件的好坏，大刀盘可分为刀架间无封板及有封板两种。刀架间无封板适用于土质较好的条件。大刀盘开挖方式，在弯道施工或纠偏时不如敞开式开挖便于超挖。此外，清除障碍物也不如敞开式开挖。使用大刀盘的盾构，机械构造复杂，消耗动力较大。目前国内外较先进的泥水加压盾构、土压平衡盾构，均采用这种开挖方式。

（3）网格式　采用网格式开挖，开挖面由网格梁与格板分成许多格子。开挖面的支撑作用是由土的黏聚力和网格厚度范围内的阻力而产生的。当盾构推进时，土体就从格子里挤出来。根据土的性质，调节网格的开孔面积。采用网格式开挖时，在所有千斤顶缩回后，会产生较大的盾构后退现象，导致地表沉降，因此，在施工时务必采取有效措施，防止盾构后退。

（4）挤压式　挤压式开挖可分为全挤压式和局部挤压式。挤压式开挖由于不出土或只部分出土，对地层有较大的扰动，在施工轴线时，应尽量避开地面建筑物。局部挤压式施工时，要精心控制出土量，以减少和控制地表变形。全挤压式施工时，盾构把四周一定范围内的土体挤密实。

3. 盾构施工技术

盾构施工阶段主要包括以下几个技术环节：

（1）土体开挖与开挖面支护　土压平衡式盾构施工过程中，通过切削刀盘的切削前方土体。挖土量的多少由刀盘的转速、切削扭矩及千斤顶推力决定，排土量的多少则是通过螺旋排土器的转速来调节。因为土压平衡式盾构机是借助土压舱内土体压力来平衡开挖面土水压力的，为使土压舱压力波动较小，施工中要经常调节螺旋排土器的转速和千斤顶的推进速度，来保持挖土量和排土量平衡。

（2）盾构推进与衬砌拼装　盾构依靠千斤顶推力作用向前推进。盾构推进过程中需要克服开挖面土体压力、摩擦阻力和内部机械设备阻力，盾构的总推力必须根据各种阻力的总和及其所需要的富余量决定。推力过大会使正面土体因挤压而前移和隆起，而推力过小又影响推进速度。千斤顶推动盾构前进后，依次收缩千斤顶在盾构内部拼装衬砌。

（3）盾尾脱空与壁后注浆　千斤顶推动盾构机向前推进时，使得本来位于盾构壳内部的拼装衬砌脱出盾壳的保护，在衬砌外围产生建筑空隙（其体积等于盾壳对应圆筒体积与盾尾操作空间体积之和），引起较大地层损失。如果不采取补救措施，则会引起很大的地层位移和地面沉降。

壁后注浆是对盾尾形成的施工空隙进行填充注浆，以减小由于盾尾空隙产生的地基应力释放和地层变形，这是盾构施工的重要环节之一。壁后注浆是通过在盾构壳上设置注浆管，在空隙生成的同时进行注浆的（同步注浆方式）或通过管片上预留的注浆孔进行注浆的（或及时注浆方式），其中同步注浆更有利于地基沉降的控制。盾构机的基本工作原理就是一个圆柱体的钢组件沿隧洞轴线边向前推进边对土壤进行挖掘。该圆柱体组件的壳体即护盾，它对挖掘出的还未衬砌的隧洞段起着临时支撑作用，承受周围土层的压力，有时还承受地下水压，以及将地下水挡在外面。挖掘、排土、衬砌等作业在护盾的掩护下进行。

4. 地质超前预报

对盾构隧道的地质超前预报非常重要，若遇到不良地质体，不及时进行掘进参数的调整和变更则很容易受困，发生卡机、姿态失控等事故，甚至是盾构机报废。但盾构隧道不同于普通钻爆式隧道，盾构机上有很多精密仪器、仪表，不适合使用炸药作为震源来进行勘探预报，另外盾构机盾头部分完全覆盖掌子面，不适合需要占用掌子面来进行勘探预报。因此，通常使用弹性波法 TST 隧道地质超前预报系统匹配电火花震源进行断层带、岩性接触带、软弱夹层、溶洞、采空区、坍塌、冒顶、突泥、岩爆、瓦斯等地质灾害的预报，使用 CFC 复频电导技术对 TBM 掘进隧道掌子面前方含水位置和含水量进行预报。

盾构机适合于任何土层施工，只要安装不同的掘进机械，就可以在岩层、砂卵石层、密实砂层、黏土层、流砂层和淤泥层中掘进。

盾构机的断面根据需要，可以为任何形状，如圆形、矩形、马蹄形、椭圆形等，采用最多的是圆形断面。

复习思考题

1. 试述地下给水排水管道不开槽施工的特点及适用范围。
2. 地下给水排水管道不开槽施工的方法有哪几种？各有何特点？
3. 人工掘进顶管的工作坑如何选择？
4. 人工掘进顶管工作坑分为几种？各适合什么条件？
5. 试述掘进顶管工作坑的施工方法。
6. 掘进顶管常用哪些工作坑基础？各适合哪些场合？
7. 掘进顶管工作坑内导轨的作用是什么？如何选择？
8. 简述掘进顶管后座墙的要求和形式。
9. 人工掘进顶管时，对管前挖土有何要求？
10. 掘进顶管时，有哪些挖土与运土方式？各自特点是什么？
11. 试述延长顶管方法与特点。
12. 掘进顶管中，管道测量的目的是什么？有哪些测量方法？其特点是什么？
13. 掘进顶管的质量要求有哪些？
14. 掘进顶管施工中，出现管道误差的原因是什么？如何防止？
15. 掘进顶管中，若出现管道误差，可采取哪些方法进行校正？

16. 掘进顶管常采取哪些内接口？各适合什么条件？
17. 试述挤密土顶管的特点及其适用条件。
18. 出土挤压顶管施工的特点及其适用条件是什么？
19. 简述不出土挤压施工的特点及其适用条件。
20. 试述水平定向钻拖拉管施工的特点及其适用条件。
21. 盾构法施工的特点是什么？适用于哪些场合？

第 10 章
给水排水管网修复工程

给水排水管道经过一定年限的运行，可能会产生给水管道管内结垢、接口漏（渗）等问题，不仅浪费宝贵的水资源，而且可能造成地面塌陷等严重问题；污水管道接口渗漏、脱落，造成地下水渗入，稀释了污水厂进水水质浓度，造成污水厂运行困难；雨水管道管内淤积树根等杂物，使得管道断面缩小，排水不畅，甚至通过检查井溢出地面，污染环境。因此，需要对产生问题的给水排水管道进行修复，恢复原有功能。

10.1 现状给水排水管涵检测与评估

10.1.1 检测与评估的目的

检测、评估的目的主要是确定现状给水排水管涵的结构性缺陷及功能性缺陷，为实际施工中改造范围的确定提供依据。

结构性缺陷（图10-1）是指管涵结构本体遭受损伤，影响强度、刚度和使用寿命的缺陷，包括破裂、变形、腐蚀、错口、起伏、脱节、接口材料脱落、支管暗接、异物穿入、渗漏等。

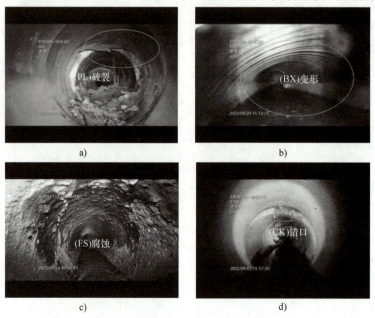

图 10-1 典型结构性缺陷管道照片
a）破裂 b）变形 c）腐蚀 d）错口

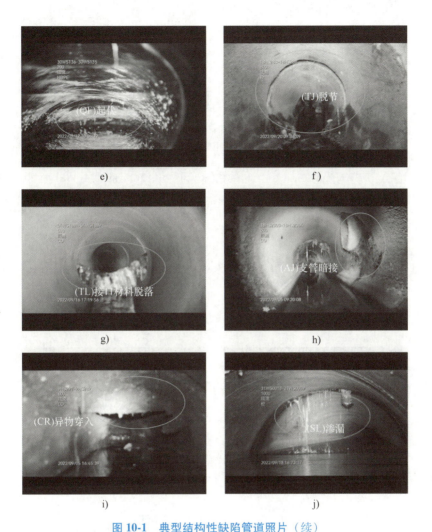

图 10-1 典型结构性缺陷管道照片（续）
e）起伏 f）脱节 g）接口材料脱落 h）支管暗接 i）异物穿入 j）渗漏

功能性缺陷（图 10-2）是指导致管涵过水断面发生变化，影响畅通性能的缺陷，包括沉积、结垢、障碍物、残墙、坝根、树根、浮渣等。

10.1.2 检测与评估流程

检测单位应按照要求，收集待检测管道区域内的相关资料，组织技术人员进行现场踏勘，掌握现场情况，制订检测方案，做好检测准备工作。

管道检测评估应按下列基本程序进行：

（1）现场踏勘

1）查看待检测管涵区域内的地物、地貌、交通状况等周边环境条件。

2）检查管涵口的水位、淤积和检查井内构造等情况。

3）核对检查井位置、管涵埋深、管径、管材等资料。

（2）检测前的准备 检查前应收集如下资料：

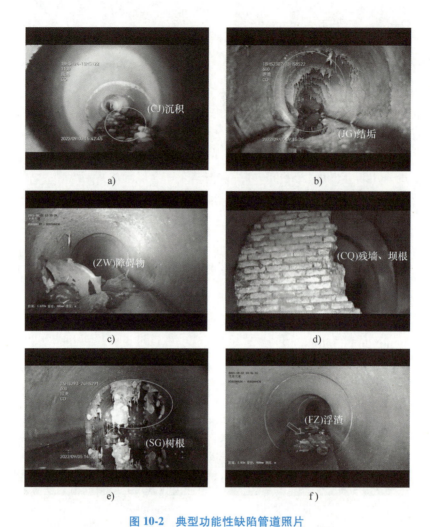

图 10-2 典型功能性缺陷管道照片

a）沉积　b）结垢　c）障碍物　d）残墙、坝根　e）树根　f）浮渣

1）已有的排水管线图等技术资料。
2）管涵检测的历史资料。
3）待检测管涵区域内相关的管线资料。
4）待检测管涵区域内的工程地质、水文地质资料。
5）评估所需的其他相关资料。

（3）现场检测　现场检测应包括如下内容：

1）检测的任务、目的、范围和工期。
2）待检测管涵的概况。
3）检测方法的选择及实施过程的控制。
4）作业质量、健康、安全、交通组织、环保等保证体系与具体措施。
5）可能存在的问题及对策。
6）工作量估算及工作进度计划。
7）人员组织、设备、材料计划。

8)拟提交的成果资料。

(4)现场检测程序　现场检测程序应符合如下规定:

1)检测前应根据要求对管涵进行预处理。

2)检查仪器设备。

3)进行管涵检测与初步判读。

4)检测完成后应及时清理现场、保养设备。

5)现场检测要求:现场检测中的操作要求、技术参数要求等参照有关国家标准、地方标准及行业标准执行。

6)现场作业的安全:排水管涵检测时的现场作业应符合现行行业标准《城镇排水管道维护安全技术规程》(CJJ 6—2009)的有关规定。现场使用的检测设备,其安全性应符合现行国家标准《爆炸性环境　第1部分:设备　通用要求》(GB/T 3836.1—2021)的有关规定。现场检测人员的数量不得少于2人。

(5)内业资料整理、缺陷判读、管道评估　根据现场作业收集数据进行资料整理与缺陷判读,确定缺陷数量、等级、类型,并以此进行管道评估。

(6)编写检测报告　编写检测报告,明确管道缺陷情况,提供管道修复建议。

10.1.3　排水管涵检测方法

城市排水管道检测对整个城市的排水效果有直接影响,为了保证城市排水管道能够实现顺利排水,需要采取科学方法进行检测。

1. 传统检测方法

传统检测主要是指通过目测或简单工具对排水管道进行检测。它具有简便快捷和成本低的特点,广泛应用于一般性的巡视和普查工作,是城市管道养护企业的常用方法。该方法由于受检查人员自身职业技术素质的制约,检查结果往往带有一定的主观判断性,主要包括以下几类:

(1)直接目测　直接目测一般分为巡视、开井目测与人员进入管道内目测三种。巡视是检查人员通过观察检查井井盖或雨水箅周围的表象来判断设施的完好程度,如井盖是否缺损、是否出现塌陷等。开井目测是通过打开井盖观察窨井内部沉泥、水位、水质等情况来判断管道运行状况。在确保安全的情况下,大型管道可以在断水或降低水位后采用人员进入管道的方法进行检查,进入管内检查具有最高的可信度,为了避免仅凭记忆造成的信息遗漏,同时便于资料的分析与保存,人员进入管内检查应采用录像或摄影的方式。进入管道内目测人员必须具备必要的管道检查判读知识和经验,熟练掌握各种病害的表象,对病害的描述既要定性,又要定量。图10-3为常用人工开盖器具。

(2)反光镜目测　反光镜目测是指通过反光镜把日光折射到管道内,检查管道的堵塞、错位等情况。反光镜主要由镜片、可伸缩的探杆和镜架组成。在光线充足的情况下,反光镜检查可检测到检查井井口附近数米范围内的排水管道。检测范围具有一定的局限性,在管道埋深较深或水位较高时不适用。

(3)潜水检测　对于水位很高,断水和封堵有困难的大型管道,包括倒虹管和排放口,可采用潜水员进入管内的检测方法。潜水员通过手摸管道内壁来判断管道是否有错位、破裂等病害。

图 10-3 常用人工开盖器具

a）杠杆开盖器　b）千斤顶开盖器　c）三轮式液压杆开盖器　d）杠杆式液压杆开盖器

（4）量泥杆检测　将量泥杆（测量花杆或竹竿）插入井底后缓慢提出至地面，以附着在竿上的污泥高度作为管道积泥深度，该方法操作简单，可用于较干硬的污泥，属于精确的定量检查。在污泥稀薄且水位较高的管道中，会因为污泥痕迹流失而给检查带来困难。

（5）量泥斗检测（图10-4）　量泥斗测泥深是通过检测管口或井内的积泥和积沙厚度，来判断管道排水功能状况的一种检测方法。量泥斗可比较准确地判断所测位置的积泥深度，但仅能伸入管口30~50cm，检测范围有限，对于管道内部是否存在堵塞、积泥，以及积泥程度都无从判断，是一种粗略的管道功能性检测方法。

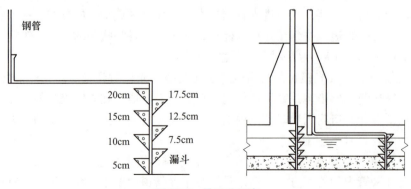

图 10-4 量泥斗示意

(6) 通沟牛检测（图 10-5） 通沟牛多用于管道疏通养护，在检测设备较简陋的情况下，也可用来初步判断管道通畅程度、是否存在塌陷等严重的结构损坏。其主要设备包括绞车、滑轮架和通沟牛。用于检查管道时，通过更换不同尺寸的通沟牛，在管道内来回移动的通畅程度来判断淤泥量、管道存在的变形或其他严重的结构缺陷。

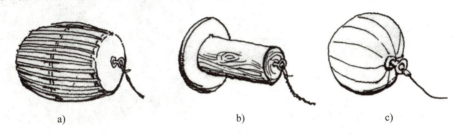

图 10-5 通沟牛示意
a) 竹片牛 b) 木桶牛 c) 铁球

传统检测方法操作简单、方便，在条件受到限制的情况下可起到一定的作用，但具有一定的盲目性和主观性，对管道内部情况多为推测，检查结果准确率很低，且部分检测方法仅能检查窨井与管口小范围内的排水设施，无法对管道内部状况进行准确、详细的检测及评估，无法满足现代数字市政管理的要求。

2. 现代检测方法

针对传统检测技术的不足，带有视频采集的机器人代替肉眼，进入管道检查，就成了管道检测的主流趋势。当前常见的排水管道检测方法主要包括：CCTV 检测、声呐检测、潜望镜检测等。

（1）闭路电视检测（Closed Camera TV Inspection） 简称 CCTV 检测。在 20 世纪 50 年代，闭路电视技术逐步被应用于管道的摄像检查中，解决了人工检测的局限性问题，更为客观地反映管道的运行状况，也改善了城市排水管道检测作业人员的工作环境。CCTV 检测原理如同"胃镜"，即带有摄像与灯光功能的爬行器在管道内爬行，同时为管道摄像，诊断管道使用状态。为了获得清晰的图像，CCTV 检测设备由摄像、照明、爬行器、线缆、显示器和控制系统等部件组成，通过自动爬行驱动进入下水管道内部，拍摄并录制管道内部的质量状况，灯光亮度可以调节，摄像头可随意旋转，同时支架高度也可在一定范围内调节。为配合检测还需进行必要的管道临时封堵、管道疏通清洗、抽水降水等配合工作。

经过技术改良，目前 CCTV 检测系统的整体防水、防压问题已经解决，但镜头在水中的拍摄会失真或不准确，因此进行检测前，要求管道清洗干净，水位尽量降低（不超过管径的 1/3），以保证检测的效果。因检测系统多数情况下需在无水或少水的环境下进行，而国内许多城市，特别是海拔较低的城市管道内水位较高，限制了 CCTV 检测技术的应用。

图 10-6 为 CCTV 检测流程及检测仪器。

（2）电子潜望镜检测（QV 检测） 电子潜望镜是一种将反光镜和闭路电视检测结合在一起的检测工具，主要由控制器、显示器、连接电缆、摄像镜头和灯光系统、伸缩杆等组成。通过可调节长度的伸缩杆将高放大倍数的摄像机伸入检查井后，高质量的聚光、散光灯配合镜头高倍变焦的能力，得到一定距离内的排水管内较为清晰的影像资料。电子潜望镜检测图像清晰度不及带爬行器进入管内检查的 CCTV，但远胜于反光镜，且有些电子潜望镜设

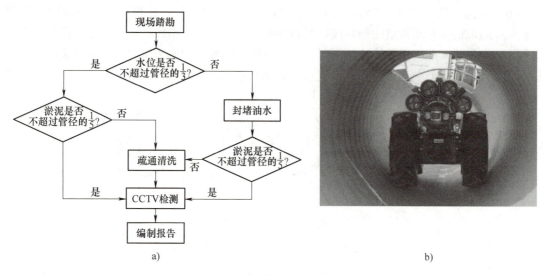

图 10-6 CCTV 检测流程及检测仪器
a）检测流程 b）检测仪器

备除了能够视频录像截图外，还能够通过变焦或其他技术对管道中缺陷的距离进行测量。同时，该方法还可以和充气式封堵气囊配合使用，在进行封堵后，对下游管道进行检测，能迅速测得管道的较大结构性问题。与传统的检测方法相比，电子潜望镜检测方法杜绝了人员进入管道可能发生的人身伤亡事故。

电子潜望镜检测主要用来检查管道是否存在严重淤积、堵塞或变形、坍塌、渗漏、树根侵入等较大结构性问题。但由于设备本身的局限，无法像 CCTV 检测设备可以进入管道内检测，只能在窨井内管口位置进行摄像，同样存在镜头在水中拍摄失真或不准确的问题，因此进行检测前，要求管道清洗干净，水位尽量降低（不超过管径的 1/2），以保证检测的效果。

图 10-7 所示为 QV 检测仪器及检测示意。

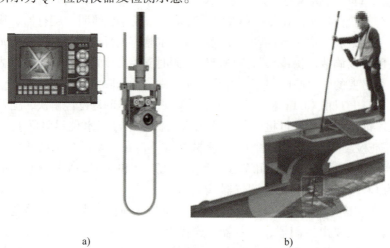

图 10-7 QV 检测仪器及检测示意
a）检测仪器 b）检测示意

(3) 声呐检测 声呐检测是采用声波技术对管道等设施内水下物体进行探测和定位的检测方法。利用声波可以通过水传播，遇固体反射的原理，声呐头向管壁发出声呐信号，同时接收反射信号，系统通过颜色区分声呐信号的强弱，从而分辨出不同介质的轮廓，模拟成管道内部的断面图，通过断面图查明管道内部状况。声呐检测信号必须在水下才能传播，所以它主要用于在管道内有水的条件，检查管道的功能性缺陷及严重的结构性缺陷。它解决了排水管道在半管水情况下，无法采取常规检测的问题。声呐检测可提供管道过水剖面淤泥沉积、垃圾堵塞、管道变形、偏移错位等精确具体的数据图像信息。图 10-8 为声呐检测流程。

声呐主要用于排水管道的功能性检测，主要检测缺陷类型如沉积、结垢、坝头等。其具有以下优势：

1) 能够量化积泥量，精确度达到毫米量级。
2) 能够提供矢量图，运用专用软件，图片资料内置距离测量功能。
3) 不需要断水作业。在我国东南沿海、江南等地区地下水位高，多数为高水位运行的排水系统中，声呐检测能够不断水检查养护情况，节省检测费用。图 10-9 为声呐检测仪器及检测结果。

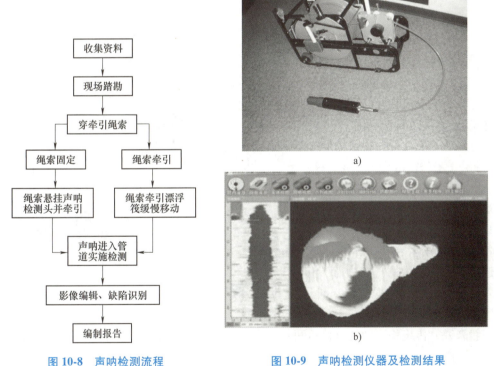

图 10-8 声呐检测流程

图 10-9 声呐检测仪器及检测结果
a) 检测仪器 b) 检测结果

3. 其他检测方法

（1）激光检测（图 10-10） 激光检测的工作原理是利用激光发射器，在管道中发射出垂直于管道的激光圆环，通过 CCTV 检测系统采集管道各个距离值的圆环，获得完整管道激光圆环检测的视频数据，再利用激光处理软件完成对不同距离下各个激光圆环的提取，得出数据结果，形成三维模型，模拟管道内壁详细情况，从而对检测管道进行分析评估。

（2）电法测漏仪检测（图10-11）　电法测漏仪主要包括主机、电缆盘和探头三个部分。检测原理：非金属管道内壁对电流表现为高阻抗特性，管道内的水和大地表现为低阻抗，利用两个电极与大地之间构成的回路，当检测探头在管道内匀速前进时，在管壁完好状态下，两接地电极之间的电流很小；若管壁破损，由于水和大地为低阻抗介质，则会导致两电极之间电流增加，以此来判断管道泄漏的位置。电法测漏仪检测要求管内被检测的部分必须充满水，被检测管道材质应为非金属或者包有绝缘材料的金属管道，但检测结果仅可作为管道检测的初步判别依据。

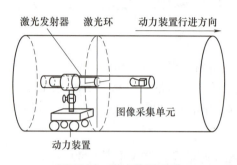

图10-10　激光检测原理

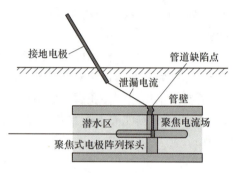

图10-11　电法测漏仪检测原理

（3）闭气试验检测（图10-12）

闭气试验检测技术通过测量封闭管道的空气漏损率来检验管道或者接头是否有漏损，可以通过空气漏损率表明管道或者接头是否有漏损，还可以检测已安装的下水管道的工程质量，并保证其处于最佳初始状态。但是不能用于检测整个管网系统的漏损情况，以及不能用于量化漏损量。

4. 检测方法选择

各种检测技术在排水管道调查、建设、养护、维修等各方面发挥不同的作用，需要根据需要判断及选用。

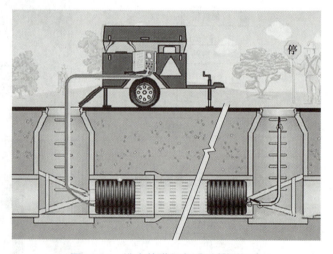

图10-12　排水管道闭气试验检测示意

一般来说，传统检测中的直接目测、反光镜检测适用于管道日常养护、管道维修的初期调查、管道断水后人工进入管道的质量检查，人工目测虽然偏主观且需要一定经验，但对一些严重、特殊的管道损坏情况的掌握往往能抓住重点，是不可替代的检测方法。

量泥杆检测、量泥斗检测、声呐检测是养护作业中判断检查井、管道积泥的手段，量泥杆检测、量泥斗检测检测非连续，只能在检查井取样，声呐检测可以在管道内连续检测，数据较为精确。声呐检测技术除测量积泥深度外，还可以测量水面以下构筑物、管道的结构外形、连通情况。通沟牛检测原多用于管道养护，现较多用于管道最大内径的判断。

闭路电视检测技术广泛用于日常养护、管道功能性、结构性检测、管道质量检测，检测方面较为全面，可发现大多数管道的功能性、结构性问题。

激光检测、电法测漏仪检测、闭气试验检测目前使用相对较少。表 10-1 为检测方法适用表。

表 10-1 检测方法适用表

检测方法	检测目的与指标	适用性
直接目测	功能性检查，检查井井壁及管口表观概况	（1）检查井与管口小范围内的及大口径管道内部功能性、结构性情况 （2）人员进入排水管道内部检查时，管径不得小于 0.8m，水深不得大于 0.5m，充满度不得大于 50%
反光镜目测	功能性检查，检查井井壁及管口表观概况	管内无水，仅能检查管道顺直和垃圾堆集情况
潜水检测	功能性、结构性检查，结构性损坏中的各项指标	（1）≥1200mm 直径无法断水管道，管内流速不得大于 0.5m/s （2）检查井的功能性、结构性情况调查
量泥杆检测	功能性检查，积泥深度	用于检查井底或距离管口 500mm 以内管道内软性积泥量测
量泥斗检测	功能性检查，积泥深度	用于检查井底或距离管口 500mm 以内管道内软性积泥量测
通沟牛检测	功能性检查，最大内径	（1）多用于管道疏通养护 （2）对管道内部情况多为推测
声呐检测	功能性、结构性检查，积泥深度	（1）管道内水深应大于 300mm，不需断水 （2）声呐轮廓图不作为结构性缺陷的最终评判依据
电子潜望镜检测	功能性、结构性检查，裂缝宽度	（1）管道结构裂缝检测、强度分析 （2）管内水位不宜大于管径的 1/2，管段长度不宜大于 50m （3）适用于管径为 150~1500mm 的管道
闭路电视检测	功能性、结构性检查、质量控制，结构损坏中的各项指标	（1）250mm 及以上管道的功能性、结构性状况判断 （2）管道内水位不大于管道直径的 1/3
激光检测	功能性检查	激光检测系统对管道的材质没有要求，金属与非金属均可检测，且可对管道变形进行量化分析
电法测漏仪检测	结构性检查	电法测漏仪检测要求管内被检测的部分必须充满水，被检测管道材质应为非金属或者包有绝缘材料的金属管道
闭气试验检测	功能性、结构性检查、质量控制，渗漏程度	管塞与管道接触面需清洁并保持干燥，对管道气密性要求较高

10.1.4 排水管涵评估

根据管道检测结果进行评估，为排水管涵修复提供方案。管涵缺陷分级见表 10-2。

表 10-2 管涵缺陷分级

缺陷等级	I	II	III	IV
结构性缺陷程度	轻微缺陷	中等缺陷	严重缺陷	重大缺陷
功能性缺陷程度	轻微缺陷	中等缺陷	严重缺陷	重大缺陷

结构性缺陷的名称、代码、等级划分符合表 10-3 中的规定。

表 10-3　管涵结构性缺陷等级划分

缺陷名称	缺陷代码	定义	缺陷等级	缺陷描述	分值
破裂	PL	管道的外部压力超过自身的承受力致使管子发生破裂。其形式有纵向、环向和复合3种	Ⅰ	裂痕——当下列一个或多个情况存在时： （1）在管壁上可见细裂痕 （2）在管壁上由细裂缝处冒出少量沉积物 （3）轻度剥落	0.5
			Ⅱ	裂口——破裂处已形成明显间隙，但管道的形状未受影响且破裂无脱落	2
			Ⅲ	破碎——管壁破裂或脱落处所剩碎片的环向覆盖范围不大于60°弧长	5
			Ⅳ	坍塌——当下列一个或多个情况存在时：①管道材料裂痕、裂口或破碎处边缘环向覆盖范围大于60°弧长；②管壁材料发生脱落的环向范围大于60°弧长	10
变形	BX	管道受外力挤压造成形状变异	Ⅰ	变形不大于管道直径的5%	1
			Ⅱ	变形为管道直径的5%～15%	2
			Ⅲ	变形为管道直径的15%～25%	5
			Ⅳ	变形大于管道直径的25%	10
腐蚀	FS	管道内壁受侵蚀而流失或剥落，出现麻面或露出钢筋	Ⅰ	轻度腐蚀——表面轻微剥落，管壁出现凹凸面	0.5
			Ⅱ	中度腐蚀——表面剥落显露骨料或钢筋	2
			Ⅲ	重度腐蚀——粗骨料或钢筋完全显露	5
错口	CK	同一接口的两个管口产生横向偏差，未处于管道的正确位置	Ⅰ	轻度错口——相接的两个管口偏差不大于管壁厚度的1/2	0.5
			Ⅱ	中度错口——相接的两个管口偏差为管壁厚度的1/2～1之间	2
			Ⅲ	重度错口——相接的两个管口偏差为管壁厚度的1～2倍之间	5
			Ⅳ	严重错口——相接的两个管口偏差为管壁厚度的2倍以上	10
起伏	QF	接口位置偏移，管道竖向位置发生变化，在低洼处形成洼水	Ⅰ	起伏高/管径≤20%	0.5
			Ⅱ	20%<起伏高/管径≤35%	2
			Ⅲ	35%<起伏高/管径≤50%	5
			Ⅳ	起伏高/管径>50%	10
脱节	TJ	两根管道的端部未充分接合或接口脱离	Ⅰ	轻度脱节——管道端部有少量泥土挤入	1
			Ⅱ	中度脱节——脱节距离不大于20mm	3
			Ⅲ	重度脱节——脱节距离为20～50mm	5
			Ⅳ	严重脱节——脱节距离为50mm以上	10

（续）

缺陷名称	缺陷代码	定义	缺陷等级	缺陷描述	分值
接口材料脱落	TL	橡胶圈、沥青、水泥等类似的接口材料进入管道	Ⅰ	接口材料在管道内水平方向中心线上部可见	1
			Ⅱ	接口材料在管道内水平方向中心线下部可见	3
支管暗接	AJ	支管未通过检查井直接侧向接入主管	Ⅰ	支管进入主管内的长度不大于主管直径的10%	0.5
			Ⅱ	支管进入主管内的长度在主管直径的10%～20%之间	2
			Ⅲ	支管进入主管内的长度大于主管直径的20%	5
异物穿入	CR	非管道系统附属设施的物体穿透管壁进入管内	Ⅰ	异物在管道内且占用过水断面面积不大于10%	0.5
			Ⅱ	异物在管道内且占用过水断面面积为10%～30%	2
			Ⅲ	异物在管道内且占用过水断面面积大于30%	5
渗漏	SL	管外的水流入管道	Ⅰ	滴漏——水持续从缺陷点滴出，沿管壁流动	0.5
			Ⅱ	线漏——水持续从缺陷点流出，并脱离管壁流动	2
			Ⅲ	涌漏——水从缺陷点涌出，涌漏水面的面积不大于管道断面的1/3	5
			Ⅳ	喷漏——水从缺陷点大量涌出或喷出，涌漏水面的面积大于管道断面的1/3	10

功能性缺陷的名称、代码、等级划分符合表10-4规定。

表10-4 管涵功能性缺陷等级划分

缺陷名称	缺陷代码	定义	缺陷等级	缺陷描述	分值
沉积	CJ	杂质在管道底部沉淀淤积	Ⅰ	沉积物厚度为管径的20%～30%	0.5
			Ⅱ	沉积物厚度为管径的30%～40%	2
			Ⅲ	沉积物厚度为管径的40%～50%	5
			Ⅳ	沉积物厚度大于管径的50%	10
结垢	JG	管道内壁上的附着物	Ⅰ	硬质结垢造成的过水断面损失不大于15% 软质结垢造成的过水断面损失在15%～25%之间	0.5
			Ⅱ	硬质结垢造成的过水断面损失在15%～5%之间 软质结垢造成的过水断面损失在25%～50%之间	2
			Ⅲ	硬质结垢造成的过水断面损失在25%～50%之间 软质结垢造成的过水断面损失在50%～80%之间	5
			Ⅳ	硬质结垢造成的过水断面损失大于50% 软质结垢造成的过水断面损失大于80%	10

（续）

缺陷名称	缺陷代码	定义	缺陷等级	缺陷描述	分值
障碍物	ZW	管道内影响过流的阻挡物	I	过水断面损失不大于15%	0.1
			II	过水断面损失在15%~25%之间	2
			III	过水断面损失在25%~50%之间	5
			IV	过水断面损失大于50%	10
残墙、坝根	CQ	管道闭水试验时砌筑的临时砖墙封堵，试验后未拆除或拆除不彻底的遗留物	I	过水断面损失不大于15%	1
			II	过水断面损失在15%~25%之间	3
			III	过水断面损失在25%~50%之间	5
			IV	过水断面损失大于50%	10
树根	SG	单根树根或是树根群自然生长进管道	I	过水断面损失不大于15%	0.5
			II	过水断面损失在15%~25%之间	2
			III	过水断面损失在25%~50%之间	5
			IV	过水断面损失大于50%	10
浮渣	FZ	管道内水面上的漂浮物（该缺陷需计入检测记录表，不参与计算）	I	零星的漂浮物，漂浮物占水面面积不大于30%	—
			II	较多的漂浮物，漂浮物占水面面积为30%~60%	—
			III	大量的漂浮物，漂浮物占水面面积大于60%	—

1. 结构性状况评估

（1）管段损坏状况参数的计算　管段损坏状况参数是缺陷分值的计算结果，S 是管段各缺陷分值的算术平均值，S_{max} 是管段各缺陷分值中的最高分值。

$$S = \frac{1}{n}\Big(\sum_{i_1=1}^{n_1} P_{i_1} + \alpha \sum_{i_2=1}^{n_2} P_{i_2}\Big) \quad (10\text{-}1)$$

$$S_{max} = \max\{P_i\} \quad (10\text{-}2)$$

$$n = n_1 + n_2 \quad (10\text{-}3)$$

式中　n——管段的结构性缺陷数量；

　　　n_1——纵向净距大于1.5m的缺陷数量；

　　　n_2——纵向净距大于1.0m且不大于1.5m的缺陷数量；

　　　P_{i_1}——纵向净距大于1.5m的缺陷分值，按表10-3取值；

　　　P_{i_2}——纵向净距大于1.0m且不大于1.5m的缺陷分值，按表10-3取值；

　　　α——结构性缺陷影响系数，与缺陷间距有关。当缺陷的纵向净距大于1.0m且不大于1.5m时，$\alpha=1.1$。

（2）管段结构性缺陷参数的计算　管段结构性缺陷参数 F 的确定是比较管段损坏状况参数取大值得出的。依据排水管道缺陷的开关效应原理，一处受阻，全线不通。因此，管段的损坏状况等级取决于该管段中最严重的缺陷。

当 $S_{max} \geq S$ 时，$F = S_{max}$

当 $S_{max} < S$ 时，$F = S$

式中　F——管段结构性缺陷参数；

$S_{\max}$——管段损坏状况参数,管段结构性缺陷中损坏最严重处的分值;

S——管段损坏状况参数,按缺陷点数计算的平均分值。

(3) 结构性缺陷密度的计算　当管段存在结构性缺陷时,结构性缺陷密度应按式(10-4)计算

$$S_\mathrm{M} = \frac{1}{SL}\Big(\sum_{i_1=1}^{n_1} P_{i_1} L_{i_1} + \alpha \sum_{i_2=1}^{n_2} P_{i_2} L_{i_2}\Big) \tag{10-4}$$

式中　S_M——管段结构性缺陷密度;

L——管段长度(m);

L_{i_1}——纵向净距大于1.5m的结构性缺陷长度(m);

L_{i_2}——纵向净距大于1.0m且不大于1.5m的结构性缺陷长度(m)。

管段结构性缺陷密度是基于管段缺陷平均值 S 时,对应 S 的缺陷总长度占管段长度的比值。该缺陷总长度是计算值,并不是管段的实际缺陷长度。缺陷密度值越大,表示该管段的缺陷数量越多。

(4) 管段结构性缺陷评估　在进行管段的结构性缺陷评估时应确定缺陷等级,结构性缺陷参数 F 是比较了管段缺陷最高分和平均分后的缺陷分值,该参数的等级与缺陷分值对应的等级一致。管段的结构性缺陷等级仅是管体结构本身的病害状况,没有结合外界环境的影响因素。管段结构性缺陷类型是对管段评估,给予局部缺陷还是整体缺陷进行综合性定义。

管段结构性缺陷等级的确定应符合表10-5中的规定。管段结构性缺陷类型评估可按表10-6确定。

表10-5　管段结构性缺陷等级评定对照

等级	缺陷参数 F	损坏状况描述	等级	缺陷参数 F
Ⅰ	$F \leqslant 1$	无或有轻微缺陷,结构状况基本不受影响,但具有潜在变坏的可能	Ⅰ	$F \leqslant 1$
Ⅱ	$1 < F \leqslant 3$	管段缺陷明显超过一级,具有变坏的趋势	Ⅱ	$1 < F \leqslant 3$
Ⅲ	$3 < F \leqslant 6$	管段缺陷严重,结构状况受到影响	Ⅲ	$3 < F \leqslant 6$

表10-6　管段结构性缺陷类型评估参考

缺陷密度 S_M	<0.1	0.1~0.5	>0.5
管段结构性缺陷类型	局部缺陷	部分或整体缺陷	整体缺陷

(5) 管段修复指数的计算　管段的修复指数是在确定管段本体结构缺陷等级后,综合管道重要性与环境因素,表示管段修复紧迫性的指标。管道只要有缺陷,就需要修复。但是如果需要修复的管道多,在修复力量有限、修复队伍任务繁重的情况下,制订管道的修复计划就应该根据缺陷的严重程度和缺陷对周围的影响程度,评判缺陷的轻重缓急制订修复计划。修复指数是制订修复计划的依据。管段修复指数应按式(10-5)计算

$$\mathrm{RI} = 0.7F + 0.1K + 0.05E + 0.15T \tag{10-5}$$

式中　RI——管段修复指数;

K——地区重要性参数,可按表10-7中的规定确定;

E——管道重要性参数,可按表10-8中的规定确定;

T——土质影响参数,可按表10-9中的规定确定。

根据修复指数确定修复等级,等级越高,紧迫性越大。管段的修复等级应按表10-10中的规定确定。

表10-7 地区重要性参数 K

地区类别	K 值
中心商业、附近具有甲类民用建筑工程的区域	10
交通干道、附近具有乙类民用建筑工程的区域	6
其他行车道路、附近具有丙类民用建筑工程的区域	3
所有其他区域或 $F<4$ 时	0

表10-8 管道重要性参数 E

管径 D	E 值
$D>1500$mm	10
1000mm$<D\leq1500$mm	6
600mm$\leq D\leq1000$mm	3
$D<600$mm 或 $F<4$	0

表10-9 土质影响参数 T

土质	一般土层或 $F=0$	粉砂层	湿陷性黄土			膨胀土			淤泥类土		红黏土
			Ⅳ级	Ⅲ级	Ⅰ、Ⅱ级	强	中	弱	淤泥	淤泥质土	
T值	0	10	10	8	6	10	8	6	10	8	8

表10-10 管段的修复等级

等级	修复指数 RI	修复建议及说明
Ⅰ	RI≤1	结构条件基本完好,不修复
Ⅱ	1<RI≤4	结构在短期内不会发生破坏现象,但应做修复计划
Ⅲ	4<RI≤7	结构在短期内可能会发生破坏,应尽快修复
Ⅳ	RI>7	结构已经发生或即将发生破坏,应立即修复

2. 功能性状况评估

(1)管段运行状况参数的计算 管段的运行状况参数与损坏状况参数的计算公式相似,将式中功能性缺陷数量代入管段的功能性缺陷数量即可。

(2)管段功能性缺陷参数的计算 管段的功能性缺陷参数 G 与结构性缺陷参数 F 的计算公式相似,比较管段运行状况参数取大值。

(3)功能性缺陷密度的计算 管段的功能性缺陷密度 Y_M 与结构性缺陷密度 S_M 的计算公式相似,密度值越大,缺陷数量越多。

(4)管段功能性缺陷评估 管段功能性缺陷等级的评定应符合表10-11中的规定。管段功能性缺陷类型评估可按表 10-12 确定。

表 10-11 管段功能性缺陷等级评定对照

等级	缺陷参数 G	损坏状况描述
Ⅰ	$G\leqslant 1$	无或有轻微影响,管道运行基本不受影响
Ⅱ	$1<G\leqslant 3$	管道过流有一定的受阻,运行受影响不大
Ⅲ	$3<G\leqslant 6$	管道过流受阻比较严重,运行受到明显影响
Ⅳ	$G>6$	管道过流受阻很严重,即将或已经导致运行瘫痪

表 10-12 管段功能性缺陷类型评估参考

缺陷密度 Y_M	<0.1	0.1~0.5	>0.5
管段功能性缺陷类型	局部缺陷	部分或整体缺陷	整体缺陷

(5) 管段养护指数的计算　管段的养护指数是在确定管段功能性缺陷等级后,综合管道重要性与环境因素,表示管段养护紧迫性的指标。如果管道存在缺陷,且需要养护的管道多,在养护力量有限、养护队伍任务繁重的情况下,制订管道的养护计划就应该根据缺陷发生后对服务区域内的影响程度,评判缺陷的轻重缓急制定养护计划。管道功能性缺陷仅涉及管道内部运行状况的受影响程度,与管道埋设的土质条件无关。管段养护指数应按式(10-6)计算

$$MI = 0.8G + 0.15K + 0.05E \tag{10-6}$$

式中　MI——管段养护指数;
　　　K——地区重要性参数,可按表 10-7 中的规定确定;
　　　E——管道重要性参数,可按表 10-8 中的规定确定;

根据养护指数确定养护等级,等级越高,紧迫性越大。管段的养护等级应按表 10-13 中的规定确定。

表 10-13 管段养护等级划分

等级	养护指数 MI	养护建议及说明
Ⅰ	$MI\leqslant 1$	没有明显需要处理的缺陷
Ⅱ	$1<MI\leqslant 4$	没有立即进行处理的必要,但宜安排处理计划
Ⅲ	$4<MI\leqslant 7$	根据基础数据进行全面的考虑,应尽快处理
Ⅳ	$MI>7$	输水功能受到严重影响,应立即进行处理

10.2　施工导流

现状排水管道清淤和修复施工过程中,基于堵水、堵气和防止有害气体进入作业管道的要求,需要进行管道封堵,考虑转运及施工周期因素,现场采用气囊封堵的方式。为保证气囊封堵时气压安全及上游水正常排除,清淤及管道修复过程需进行管道临时导流作业。图10-13 所示为管道封堵修复及临时排水示意。

施工顺序如下:

1) 封堵施工。选择3个检查井段为一个施工段（长度约为120m，施工段不宜过长，否则当天无法完成，存在较大安全隐患且不利于有毒有害气体的排出。先进行上游封堵，封堵完成后待水排放完毕进行下游封堵。管道端头采用专用气囊封堵，封堵作业前先检测气囊是否完好、封堵管口打磨是否平整、无毛刺。合格后采用电动空气压缩机充气。气囊充气，现场由3名专业技术人员进行气囊封堵施工，一人井内气囊封堵作业、一人井口安全观察、一人井上鼓风机加压。气囊封堵完成后观测15min无变形后进行下道工序。在管道清淤和修复施工过程中，安排专人观察压力表，监测压力并形成书面记录，压力值控制在要求范围内，保证作业人员安全。

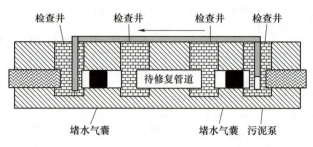

图10-13　管道封堵修复及临时排水示意

2) 管道导流。为保证污水管道正常使用及防止上游水压力过大，需将上游检查井的水导入下游检查井内，保证污水管道整体正常运行。现场采用污水泵进行抽水，临时桥接排水管道采用排水软管，排放距离为施工段距离（3个检查井长度约为120m），污水抽水泵端头加装膜过滤装置，排水软管与检查井部分通常采用支架临时固定。

10.3　现状管线保护及迁改

管线迁改应尽可能降低管线迁改费用、减少管线迁改对居民生活及城市环境的影响，同时，改造后的管线应满足城市远期发展要求，不能因为外在因素而降低市政管线的规格及安全性。

本着安全、经济、节约工期、尽可能减少社会影响的原则，提倡采用迁改和保护相结合的方案，保证工程建设当中管线迁改工作高效、有序推进。

1. 管线迁改前期准备

在管线迁改方案制订前，需要设计人员根据现场踏勘、物探资料、产权单位及相关规划建设单位走访等，多方收集现状及规划管线资料，了解清楚现状管线规格、管材、管位、标高、管线预留接口、权属单位等情况，本着尽量利用现状管线、减少二次/多次迁改的原则，结合规划进行管线综合横断面设计、管线迁改及保护方案编制。

设计单位完成初步的管线迁改及保护方案后，由建设单位组织各相关方召开管线协调会。协调会上，设计单位介绍现状及规划管线情况、管线综合标准横断面布置、需要迁改和保护的管线段落、管线迁改及保护方案，道路关键时间节点安排等信息。会后各家产权单位就设计单位了解的信息匹配度进行核对，并针对现状及规划管线情况、管线迁改及保护方案提出意见，与设计单位一起再次进行现场踏勘，进一步优化管线迁改方案。

2. 管线迁改的基本原则

管线迁改的基本原则如下：

1) 道路选线时应充分结合现状管网情况，尽量避开一些等级较高、迁改费用较大、改线周期较长、管道改线会影响其工艺运行的重要管线，如大管径输水管、石油管、天然气管道、高压电缆、军用光缆等管线。

2）管线迁改工作应本着尽可能利用现状管线的原则，施工时考虑对现状管线进行保护，当无条件必须要进行迁改时，应合理选择迁改时序，尽可能一次性迁改到位，减少二次甚至多次迁改的可能。

3）地下管道存在竖向冲突时，遵循小管让大管、压力管道让重力管道、易弯曲管道让不易弯曲管道、临时性迁改管线让永久性管道的原则进行避让。施工时，遵循先干管、后支管，先大管、后小管，先深后浅的原则分区分段施工。

4）改建后的管道应注意与沿线小区、单位、商户等现状管道的衔接，同时考虑为规划地块预留接口。设计时，应将预留支管引出至道路红线2~3m，以免将来地块管线接入时反复破坏路面，增加工程实施难度，影响市容。

5）对于含多种输油、输气管线等专业管线较多、区域情况复杂，施工周期较长的项目，建议组织召开专项评审会，确保各类工程管线间距及保护方案符合国家相关法律法规的强制性要求。

3. 管线迁改方案

市政管线通常采用管线的改迁方案主要有绕迁、悬吊保护（图10-14）和盖板加固保护（图10-15）等几种措施。

1）当管线与各类墩柱、地下工程的地面建筑物存在冲突，无法进行竖向绕行避让时，考虑永久性迁改。

2）若管线位于基坑开挖范围内，影响机械设备操作时，建议采用临时绕迁的方案，待主体工程施工完成以后，对原有管道进行恢复。

3）对于横跨基坑的管线，由于工期、造价或迁改难度的影响不能绕迁的，通常可采用悬吊保护的方案对管线进行保护。塑料管或球墨铸铁承插接口压力管，由于管道悬空时管材易破坏，稳定性较差等因素，建议更换为钢管后再进行保护。

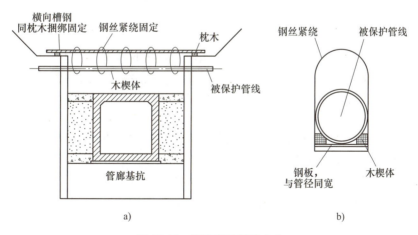

图10-14 管道悬吊保护方案
a）平面图 b）断面图

4）当管线覆土较小，不满足行车荷载要求时，如针对施工便道下地下管线覆土不足的问题，应采用钢筋混凝土盖板（图10-15）、注浆加固、混凝土包封等保护方案。

5）当桥墩或其他构筑物施工距离现状管线较近、可能影响到管线运行时，可采用垂直支护的方式对现状管线进行保护。

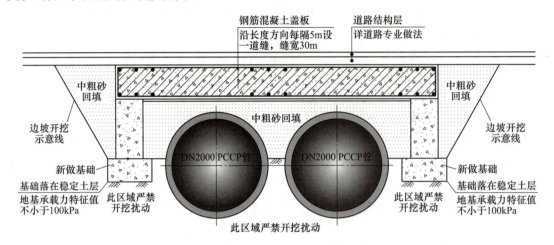

图 10-15　钢筋混凝土盖板保护方案

雨水管线仅在雨天运行，非雨天时管内无水，因此迁改工作尽量在旱季或晴天进行。在雨期施工时，可对现状雨水管采用绕迁或保护的方案。

污水管内一直存在污水，因此对于小管径污水管，建议采用潜水泵临时从迁改管线上游检查井抽吸污水至下游检查井，待迁改完成后恢复重力流排水，以保证周边的排水及污水能够被输送到污水处理厂；对于大管径污水管，可采用绕迁或保护的方案。

由于排水管线为重力流管线，因此排水管线的迁改尤其要注意上、下游接入点的标高，核查竖向能否衔接；管线迁改完成后，需要对废除管线端部采用堵头或者 30cm 厚 C30 混凝土封堵，以确保排水管线运行过程中无漏水现象。拆除现状需废弃的检查井井盖及其井座，采用素土回填至路基底部。施工现场发现有出户支管与需废除的现状管衔接的，应就近与新建干管接驳。

对于输水管、燃气管、石油管等重要性及危险性较高的管线，尤其是压力等级较高的这类管线，往往迁改及补偿费用大、迁改周期长、管道改线会影响其工艺运行等，在方案阶段就要考虑避让，将道路用地边线调整至输油、输气管道允许的安全距离以外，尽量避免管道改线。

若确实无法避让，应首先考虑对其进行保护，根据现状管线与道路的不同位置关系提出不同的保护方案。对新建道路与现状管线交叉的情况，往往通过加铺钢筋混凝土盖板涵、钢板等措施进行保护。并且，在管线上方一定范围内不能种植大球茎的乔木。对管线与其他构筑物桩基间距不满足规范要求的情况，应在桩基处采用钢板桩，灌注桩等垂直支护方案对现状管线进行加固保护，并采取相应的防护措施，防止振动和碾压对管道造成伤害。图 10-16 所示为管道盖板涵保护方案。

随着城市市政化建设水平的提高，电力、通信设施越来越强调隐蔽性、无杆化，以减少其对城市环境的影响。电网、通信运营商往往以道路升级改造为契机，完善电力、通信管网建设，并将沿途缆线优化整合迁改入地。

电力、通信缆线迁改工程通常采用以下方案：首先，将现状电缆临时迁改至道路红线

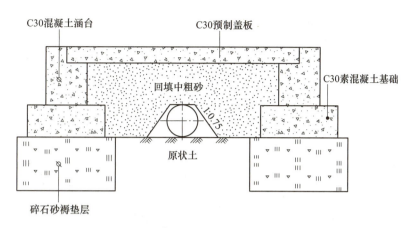

图 10-16 管道盖板涵保护方案

外（通常新建临时杆路架空敷设），待道路电力、通信管道建成后再将临时杆路上的缆线逐条迁入管道中。对于架空敷设的过路电力电缆、通信电缆，在迁改期间一般采用升杆处理的方法提高缆线高度，避免施工过程中因大型机械操作而破坏缆线。

通信管线迁改往往涉及多家运营商，原则上临时迁改线路应进行统一规划设计、实现共建共享。临时杆路由一家单位负责建设或者根据道路改造长度由不同运营商分段承建，并且设置不同吊线附挂各家缆线。当缆线较多时，应考虑临时杆路的负荷情况，必要时进行负荷计算，采取加固措施，确保通信杆路安全可靠。

管线迁改前，尤其要关注道路沿线是否有军用光缆。如项目建设范围内存在军用光缆，需提前介入，尽快梳理现状军用光缆的平面位置及高程，各专业在方案阶段统筹考虑，能保护的尽量保护，尽量避免军用光缆的迁改。同时，尽快与相关部门取得联系，沟通迁改和保护方案，未经相关部门同意，任何人不得擅自破坏军用光缆。

城市地下管网布置错综复杂，现场施工过程中的不可预见风险较多，因此，在管线迁改过程中，应由管线产权单位派专人到场进行指导，并设置明显的地面标识以提示管道位置。此外，施工前还应针对施工过程中可能发生的管道破损、燃气泄漏等突发情况，制定相应的应急预案，以保证管线迁改有效、安全进行。

10.4 开挖与非开挖修复方式的选择

目前常用的管涵修复方法可分为开挖修复和非开挖修复两种类型。

开挖修复作为传统的修复工艺，修复原理比较简单，主要的施工过程就是开挖路面、更换管涵或井室、回填及恢复路面；而非开挖修复即在现状管涵和井室内进行修复。

选择开挖修复，还是选择非开挖修复，取决于如下因素：

1）缺陷类型及等级、管材及管径。
2）价格因素。
3）施工周期和质量安全可靠性。
4）施工工艺对环境的要求。
5）施工对周围环境及社会的影响。

开挖与非开挖修复方式选择原则见表 10-14。

表 10-14 开挖与非开挖修复方式选择原则

序号	缺陷类别		修复措施			
			Ⅰ级	Ⅱ级	Ⅲ级	Ⅳ级
1	功能性缺陷	沉积（CJ）结垢（JG）、障碍物（ZW）、残墙、坝根	非开挖修复			
2	结构性缺陷	变形（BX）	雨水不修复；污水非开挖修复		优先采用开挖修复	
3		腐蚀（FS）	雨水不修复；污水非开挖修复		非开挖修复	
4		起伏（QF）	雨水不修复；污水非开挖修复		优先采用开挖修复	
5		支管暗接（A）	开挖或非开挖修复（优先采用开挖修复，下阶段根据探测资料明确穿入管线的类型细化设计，若是同属性管涵，则清除影响主管涵断面的部分，再对接入端四周进行化学注浆土体固化；若是不同属性管涵，则需相关权属部门进行管线迁改或雨污混错接改造）			
6		异物穿入（CR）	开挖或非开挖修复（优先采用开挖修复，下阶段根据探测资料明确穿入的类型细化设计，若是同属性管涵，则根据区域系统确定管涵能否断开接入主管涵；若是不同属性管涵，则需相关权属部门进行管线迁改；若是其他可清除异物，则直接清除再局部修复）			
7		错口（CK）	非开挖修复		优先采用开挖修复	
8		破裂（PL）	非开挖修复		优先采用开挖修复	
9		渗漏（SL）	非开挖修复			
10		脱节（TJ）	非开挖修复			
11		接口材料脱落（TL）	非开挖修复			

10.5 非开挖修复预处理

非开挖修复更新工程施工前，应对原有管道进行预处理，并且应符合下列规定：

1）预处理后的原有管道内应无沉积物、垃圾及其他障碍物，不应有影响施工的积水；当采用原位固化法和点状原位固化法进行管道整体或局部修复时，原有管道内不应有渗水现象。

2）管道内表面应洁净，应无影响衬入的附着物、尖锐毛刺、凸起现象。

3）当采用碎（裂）管法时，可不对原有管道内表面进行处理，但原有管道内应有牵引拉杆或钢丝绳穿过的通道。

4）当采用局部修复法时，原有管道待修复部位及其前后 500mm 范围内管道内表面应洁净，无附着物、尖锐毛刺和凸起。

施工现场根据施工方案规划用地大小、范围，进行交通疏解及围挡封闭，作为主施工场地。在车流方向提前设置安全锥桶及警戒线，在现场围挡设置施工安全铭牌。

施工点主要处于现有市政道路上,无须修建施工道路,交通疏解围闭范围两端。现场实行全封闭施工,施工时,安排专人在交通疏解区域指挥车辆通行,作业人员需按照规定着装工作服,着反光背心,佩戴安全帽。对于局部因管涵修复作业破坏的路面,应在完成该段管涵的修复工作后及时按原样恢复。

因非开挖修复一般施工点分散,且施工工期较短,不便接入城市供电网络。现场施工用电配置2台20kW柴油发电机进行供电。施工临时电执行《施工现场临时用电安全技术规范》(JGJ 46—2005)之各项要求,采用"三相五线制""TN—S系统"的临时施工用电线路。

为达到保护环境、防止污染的目的,对施工中产生的污水作集中处理,并对生活及生产垃圾集中堆放,外运处理,最大限度地保证施工区域自然环境不被破坏。

现场将根据各个工作井内渗水情况,配备相应数量的水泵和配套抽水车,进行工作井内的排水。

为了保证施工及人员安全,施工人员下井前需要对管线进行强制通风,在管涵两端井口分别架设送风机和吸风机,保持管涵内部送风通畅。施工人员下井前必须进行气体检测,气体检测人员必须经过专项技术培训,并采用专用空气检测仪。

气体检测时,应先搅动作业井内泥水,使气体充分释放,保证测定井内气体实际浓度。直到管涵内有害气体达到安全限值内方可进行井下作业。经过高强度持续性鼓风后,对管下进行毒气检测,气体浓度复核至安全值以下标准方可进行下井作业。空气含氧量在19.5%~23.5%;硫化氢含量小于$10mg/m^3$或小于6.6ppm;一氧化碳含量小于$20mg/m^3$或小于16ppm;甲烷等可燃气体含量小于0.5%(前述含量均为体积分数)。气体指标达标后,放入活体小型动物进入管涵半个小时后取出查看动物生命状态,以确保能否安全进入管涵内部。同时,现场需配备必要的安全设备,如气体检测仪、消防空气呼吸器、消防自救呼吸器、柴油发电机、电动送风长管呼吸器、无油静音空气压缩机、救援三脚架、灭火器、救援绳索、应急药箱等。图10-17为气体检测方法示意。

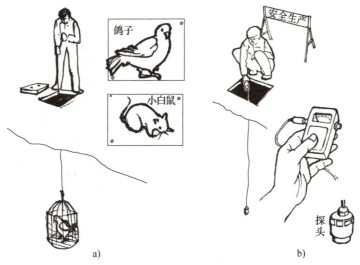

图10-17 气体检测方法示意

a) 动物检测 b) 仪器检测

作业照明与通信要求如下:
1) 作业现场照明应使用便携式防爆灯,照明设备应符合现行国家标准《爆炸性环境 第14部分:场所分类爆炸性气体环境》(GB 3836.14—2014) 的相关规定。
2) 井下作业面上的照度不宜小于 50lx。
3) 作业现场宜采用专用通信设备。
4) 井上和井下作业人员应事先规定明确的联系方式。

为保证施工期间管涵内无水,修复施工期间,应对管段进行封堵。

1) 气囊封堵一般适用于 1000mm 及以下管径。采用气囊充气堵塞时,应随时检查气囊的气压,当气压降低时应及时充气,结束施工后应及时拆除封堵。图 10-18 所示为气囊封堵。

 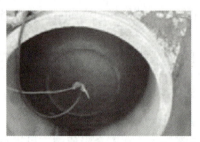

图 10-18 气囊封堵示意图

气囊的主要参数见表 10-15。

表 10-15 气囊的主要参数

工作空间范围/mm	长度/mm	重量/kg	直径/mm	工作压力/bar	承压水头/m						
					DN500	DN600	DN800	DN1000	DN1200	DN1350	DN1500
300~600	630	6.8	272	3	10.7	11.1	12	12.4	一般采用砖砌体封堵		
500~800	1150	19.5	472	2.5	18.3	14.1	10.5	10.5			

2) 砌体封堵(图 10-19)仍是目前大中型管涵常用的一种封堵方法。它适用于不同管径,各种断面形状的管涵,使用也相对安全。

封堵的墙体材料一般选灰渣砖和砌块,在大管涵中采用砌块封堵速度更快,且更加安全。封堵管涵的墙体厚度应按须承受的最大推力设置。通常在砌墙时要预先埋入 1~2 个短管用于临时排水,以降低上游水位,待墙体达到使用强度后再将预留管封闭。同样,拆除墙体时也应先除去预留管内的封堵,先降低水位,再动手拆除墙体。封堵和拆除大型管涵墙体堵头是一项既困难又危险的工作,必须要做好安全工作。

图 10-19 砖砌体封堵示意图

为了提高排水管涵内部施工作业安全与质量,施工前必须降低管内水位(非开挖修复工作要求管涵内无任何积水），当管内水位不满足施工要求时，需要采用临时泵排或临时管排等方法配合降低管内水位。

为方便安装与拆卸移位，选择轻便的消防水带作为临时排水管道，连接方式采用法兰连接或者卡箍连接，在每根临时管涵下部安装两对滚轮，方便在各检测单元间移动临时管道，并配备一定数量消防软管与硬管组合使用；大管径临时排水应参考以上方案，做到使用快捷、方便。

根据检测管涵水流量安装潜污泵，并配备备用潜污泵，以防止正在使用的潜污泵出现故障或者水流量突然增大。在抽水过程中，安排专人负责操作水泵，根据管涵内水位启动或停止水泵。

当常规水泵临排无法满足排水需求时，配备 2 套移动泵站，应对大型、特大型排水需求。

对于树根、硬质沉积、混凝土固结物、残墙、坝根、管涵接口材料脱落、异物穿入、支管暗接等，应根据实际情况采用人工、铣刀机器人等清理方法。其中，以下几点情况需要单独考虑：

1）对于残墙、坝根，应向水务部门核实其用途、能否清除。

2）对于支管暗接，若是同属性管涵，则清除影响主管涵断面的部分；若是不同属性管涵，则需相关权属部门进行管线迁改。

3）对于异物穿入，若是同属性管涵，则根据区域系统确定管涵能否断开接入主管涵；若是不同属性管涵，则需相关权属部门进行管线迁改；若是其他可清除异物，则直接清除。

为保证非开挖修复处理效果，需要进行管涵清淤疏浚。清淤、疏浚方法详见本书 10.8 节排水管道箱涵冲洗与维护。

10.6 非开挖修复

10.6.1 非开挖修复工艺

随着时代的发展，非开挖修复方法已逐渐更新，目前市场上常用的管涵非开挖修复技术主要有以下几种方法：紫外光原位固化法、热塑成型法、管涵垫衬法、螺旋缠绕法、水泥基材料喷筑法、不锈钢快速锁法、点状原位固化法和化学注浆土体固化等。

1. 紫外光原位固化法（图 10-20~图 10-22）

紫外光原位固化法（CIPP）是将一定厚度的浸渍好光固化树脂的玻璃纤维软管拉入待修的旧管涵中，然后将其充气扩张紧贴原有管涵并使用紫外线加热固化定型，形成一层坚固的"管中管"结构（玻璃钢管），从而使已发生破损的或失去使用功能的地下管涵在原位得到修复。

紫外光原位固化法具有以下特点：①没有开挖量，施工速度快；②管涵的过流断面损失很小，且没有接头、表面光滑，流动性好；③几乎适用于任何断面形状的管涵；④使用寿命长，可达 30~50 年等。近年来，已成为国内管涵非开挖修复的新宠。

该技术适用于 DN200~DN1500 排水管涵的整体修复。

（1）施工流程

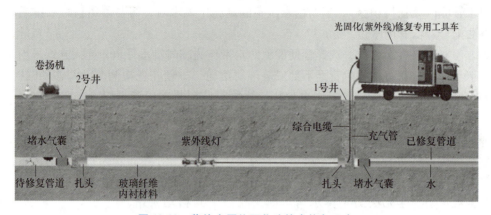

图 10-20　紫外光原位固化法技术修复示意

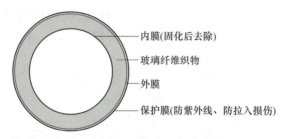

图 10-21　紫外光原位固化法内衬管结构

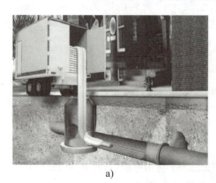
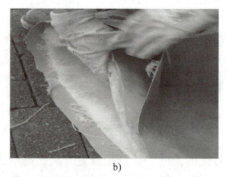

a)　　　　　　　　　　　　　　b)

图 10-22　紫外光原位固化法技术
a) 拉入过程　b) 软管

1) 软管拉入（图 10-23）。拉入软管之前应在原有管涵内铺设垫膜，垫膜应置于原有管涵底部，并应覆盖大于 1/3 的管涵周长，铺设垫膜的目的是减少软管拉入过程中的摩擦力和避免对软管的划伤。垫膜拉入后应在井底固定并安装导向滑轮。

软管拉入时应沿管底的垫膜将浸渍树脂的软管平稳、平整、缓慢地拉入原有管涵，拉入速度不得大于 5m/min。

2) 捆绑扎头（图 10-24）。软管拉入管涵后，在软管端口用扎带捆绑扎头，选用的扎头应比管涵直径略小，检查井井口较小时，可采用可拆开组装的扎头下入检查井后进行组装。每个扎头上应捆绑至少三条扎带。特殊情况下，可以在地面将扎头捆绑好后，再进入原有管涵。

图 10-23 紫外光原位固化法技术

a) 拉入垫膜 b) 软管拉入

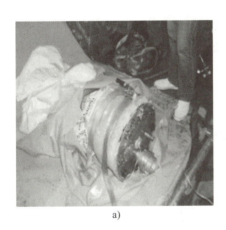
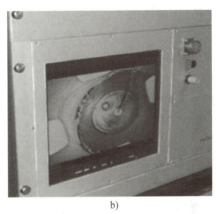

图 10-24 紫外光原位固化法技术

a) 扎头捆绑 b) 软管充气膨胀

3) 软管充气扩张及固化定型 (图 10-25)。待扎头捆绑后,将灯架放入软管内,继续加压至工作压力,然后依次打开紫外光灯。以规定的速度回拉灯架,软管在紫外光灯的作用下逐渐固化。固化过程中内衬管内部应保持压力使内衬管与原有管涵贴紧。

4) 卸掉扎头、端口处理。软管固化完成后,缓慢释放管涵内的压力,待管涵内压力降到周围压力后,卸掉扎头,取出灯架。采用专用工具切除内衬管端口的缩径部位,使得内衬管端口与原有管涵端口平齐。

(2) 工艺特点

1) 施工时间短。现场施工从准备、内衬、加压、固化一般只需约 8h,可以十分方便地解决施工时的临时排水问题。

2) 设备占地面积小。该工法只需小型紫外线照射灯和小型空气压缩机,施工时占用道路面积小、噪声低,对道路交通造成的影响不大。

3) 内衬管耐久实用。采用玻璃纤维和不饱和树脂作为内衬修复材料,具有耐腐蚀、耐磨损的优点,材料强度大,耐久性根据设计要求最高可达 50 年,对管的地下水渗入问题解

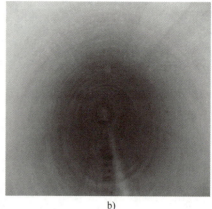

图 10-25 紫外光原位固化法技术
a) 固化过程 b) 固化过程

决彻底。管的断面面积损失小、表面光滑，提高了管涵的水流通行能力。

4) 保护环境，节省资源。修复工作不需做任何开挖，只是利用原有检查井作为物料的拉入孔，不开挖路面，不产生垃圾，不堵塞交通，使管涵修复施工的形象大为改观，总体社会效益和经济效益较好。

2. 热塑成型法

在待修管涵的内部，以原管涵为模子，依次采用内衬管预热、内衬管拖入、内衬管蒸汽加热固化、冷却、端口处理等工艺新建一条管涵，从而达到修复的目的。

（1）施工流程（图 10-26~图 10-30）

施工流程：衬管拖入→端口插入塞堵→衬管热塑成型→端口处理。

图 10-26 衬管拖入

（2）工艺特点

1) 热塑成型管涵修复技术的最大特点是高度的工厂预制生产。和传统通过开挖方式埋设的管涵相似，衬管的各项性能，包括材料力学参数，化学抗腐蚀参数，管壁厚度等都是在严格控制的工厂流水线上决定的。现场安装只是通过热量和压力对生产出的管材进行形状上的改变（使其紧贴于待修管涵的内壁），而不造成任何材料形态变化，不改变管材的力学参数，从而大大提高非开挖管涵修复的工程质量。

2) 适用于管径 DN200~DN1200 的管涵修复，管涵的形状可为圆形、椭圆形、马蹄形、梨形等。

图 10-27　端口插入塞堵

图 10-28　衬管热塑成型

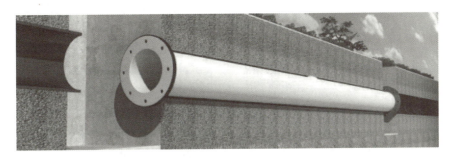

图 10-29　端口处理

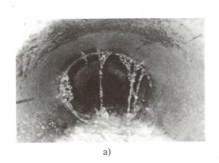
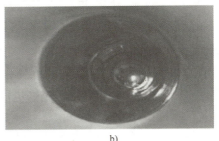

a)　　　　　　　　　　　　b)

图 10-30　管涵修复前后对比

a）修复前　b）修复后

3）现场安装设备简单，速度快，现场技术要求低。

4) 如现场安装过程中出现问题或安装后的检测发现质量问题，衬管可以通过加热的方式抽出，大大降低工程风险和成本。

5) 由高分子材料制成，耐蚀性能远高于其他金属类和水泥类管材，适用于常规污水管道的修复。

3. 管涵垫衬法

采用垫衬法进行防渗加固处理时，先对管涵内部进行清理，将速格垫预制的内衬垫用机械设备牵引入管涵，然后注水将衬垫撑起。采用高微浆 SG100 将速格垫与管涵之间空隙填充。高微浆 SG100 料固化后，速格垫与管涵内壁锚固在一起，形成内衬结构，起到防渗维护作用。

速格垫厚度一般取 2.0mm，灌浆层厚度为 13~15mm，因施工误差，一般控制在 20mm 之内。速格垫及灌浆层厚度应根据具体的管涵尺寸、缺陷类型、缺陷大小范围来设计不同管段的厚度。管涵内衬施工完成后，管径减小 30~40mm，符合《城镇排水管道非开挖修复更新工程技术规程》（CJJ/T 210—2014）的规定：内衬管的外径与原管内径减少量不宜大于管涵内径的 10%，且减少量不应大于 50mm。

采用垫衬法，可对管涵各类缺陷进行全面修复，包括渗漏、裂缝、破裂、脱节、腐蚀等。

(1) 施工流程（图 10-31） 施工准备→管涵清理→速格垫铺设安装→速格垫固定密封→速格垫内注水支撑→灌浆施工→质量检查。

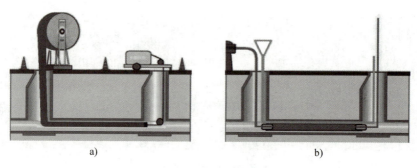

图 10-31 管涵垫衬法施工流程
a) 速格垫安装示意 b) 注水灌浆施工示意

施工流程如下：

1) 布置施工用地，材料进场。安置施工用水用电等设施设备；对管涵内泥砂等杂物进行清理。

2) 用卷扬机将速格垫拉进管涵，速格垫根据实际情况提前预制焊接成型，速格垫焊接应通过测量及计算确定尺寸、长度。

3) 衬垫内衬采用卷筒形式包装运输，施工前采用钢架支撑，钢支架应搭设牢固，支架滚轮应坚固、光滑。

4) 牵引衬垫前，先用无纺布类材料将衬垫进行包裹保护，用钢丝将包裹衬垫绑扎，牵引时钢丝绳与绑扎的钢丝连接，不得与内衬连接。牵引速度不超过 0.2m/s，进入管涵的内衬应尽量保持平整，不可扭曲，牵拉操作一次完成，不可中途停止。

5）速格垫铺设后，两端应使用法兰盘进行封口，也可采用压条和堵漏材料等其他方式进行封口。封口完成后，气囊两端应用挡板将其固定，同时安装灌浆管，气囊内应充满水，将衬垫内衬管支撑成满管，且气囊内的压力应保持恒定。

6）注水压力将管涵封闭后在衬垫内注入水并控制注水高度，水位高度至少控制在7.5m以上（高度的起始位置为上游顶部管口），利用水的重力和压力将衬垫支撑，使其填满整个管涵，然后进行灌浆。

7）灌浆前，管涵内壁应保持湿润状态，便于灌浆料的流动。灌浆平台控制高度根据管涵长度确定，长度在50m以内的管涵，灌浆平台高度为5m；超过50m，管涵每增加10m，灌浆平台相应增加1m。然后制备浆料，从灌浆孔注入浆液。闭浆时，闭浆管高度比上游管涵口顶部高出1.5m，待闭浆管出浆即可。

8）灌浆完成后，堵头的拆除时间应根据现场灌浆料试块的凝固时间确定。试块与内衬管应处于相同环境下，试块固化后的强度不足以承受地下水压力时不能拆除堵头。

9）拆除堵头后，应进行端部处理，灌浆管、排气管等管件端部切口应平整。

（2）工艺特点

1）速格垫是一种高分子树脂材料，性能稳定，经科学配制，即使在特别恶劣的环境下，也能保证产品安全持久的密封性能。

2）突出的耐蚀性与优良的耐磨性能，使用寿命长。

3）良好的抗撕裂性能与良好的抗热变形性能，能够适应二次变形。

4）优良的抗压性能与高密度防渗透性能，防渗效果显著。

5）内衬表面光滑，粗糙系数小，可提高输水能力。

图10-32所示为管涵垫衬法修复前后对比。

a) b)

图10-32 管涵垫衬法修复前后对比

a）修复前 b）修复后

4. 螺旋缠绕法（图10-33、图10-34）

长距离、高强度、可带水作业内衬修复技术是一种快速、安全、可靠的完全非开挖修复技术，该工艺的主要材料是专用PVC-U型材，主要原理是通过放置在检查井内的专用缠绕机，将一条在工厂预制成型的带状聚氯乙烯型材通过专用的缠绕机，在原有的管涵内螺旋旋转缠绕成一条固定口径

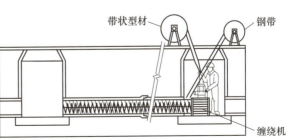

图10-33 螺旋缠绕法工艺简图

的连续无缝结构性防水新管,并在新管与旧管之间的空隙灌入水泥砂浆。

a)

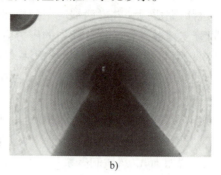
b)

图 10-34 螺旋缠绕法修复前后对比
a) 修复前 b) 修复后

(1) 施工流程 施工主要分为三个阶段,第一阶段为施工前准备工作,旧管涵清洗及缠绕机具就位等;第二阶段为缠绕,将带状的 PVC 型材和压制成环的钢带送入检查井内的专用缠绕机,由缠绕机按照螺旋缠绕的方式将型材和钢带压制成管并向前推进,直到到达下一个检查井;第三阶段为注浆,到达下一个检查井后,在新旧管涵间隙内进行注浆,浆液可根据需要进行配置,一般为填充浆,也可配置相应强度的浆液来进一步增加新管的强度。

(2) 工艺特点
1) 强度高,口径大。
2) 对原管壁的清理要求低。
3) 可带水作业。
4) 一次性施工距离长。
5) 施工迅速。
6) 施工可以中断,机动灵活。
7) 施工占地小、安全性好。
8) 寿命长,专用 PVC-U 型材,耐蚀和耐磨性好,使用寿命达到 50 年以上。
9) 过水能力好,新管粗糙系数为 0.010,内壁光滑、平整,保证了管涵的过水能力。

5. 水泥基材料喷筑法

水泥基材料喷筑法主要采用离心浇筑方式在管涵内壁形成一个坚固的高性能复合砂浆内衬管。该工艺被广泛应用于铸铁排水管、混凝土排水管、泵站、检查井、污水处理厂等结构的防腐保护,以及各种现役污水管网结构的防腐修复。

水泥基材料喷筑技术是将预先配制好的高性能复合砂浆泵送到位于管涵中轴线上由压缩空气驱动的高速旋转喷涂器上,浆料在高速旋转离心作用下均匀甩涂到管涵壁上,同时通过专用绞车牵拉喷涂器沿管涵匀速滑行,在管壁形成厚度均匀、连续的内衬,每层浇筑厚度通常控制在 1cm 左右,推荐保护层厚度一般至少为 2cm,腐蚀比较严重的区域可以酌情增加到 3~5cm,当设计的内衬厚度较大时,可分多层浇筑施工,在前一层砂浆终凝后再进行下一层的浇筑。

(1) 施工流程 (图 10-35~图 10-39)
1) 管涵清理:彻底清除管涵内的淤积物,采用高压水清除管壁上的浮泥、松散腐蚀层等；清除管内全部碎屑物，混凝土管涵在内衬修复前，应保持表面潮湿。

2）管涵预处理：对管壁上的所有接口、沟缝、破洞等进行密封和填充，将管壁凸起物去除，使管涵内壁平整。

图 10-35　水泥基材料喷筑法施工
a）管涵高压清洗　b）管涵预处理

3）旋喷器就位：管涵预处理后，将离心浇筑专用的旋喷器安置到待修复管段尾端（牵引端对面），连接好料管、气管及牵引钢绳，调节喷涂器高度使之大致处于管涵中轴线高度，在管口进行试浇筑以确定各项参数正常。

4）内衬浇筑：根据管涵直径、单次浇筑厚度及输浆泵的排量确定牵引速度，确保内衬厚度均匀。需要进行多层浇筑时，须在前一层终凝后进行下一层的浇筑。在浇筑过程中，若出现供料不及时，可在原地暂停施工，待恢复供料后重新启动喷涂设备。若在某个修复段内有管径变化，或局部需要改变内衬厚度，可通过降低牵引速度或增加浇筑层数来达到浇筑要求。

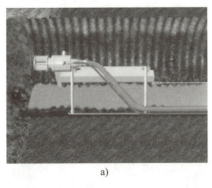
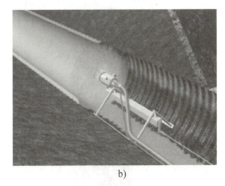

图 10-36　水泥基材料喷筑法施工
a）旋喷器安装　b）离心浇铸

（2）工艺特点

1）结构性修复，适用于直径 300～3000mm 的管涵。

2）全自动旋转离心浇筑，涂层均匀、致密，厚度可调。

3）内衬材料可在潮湿基体表面浇筑，强度高、耐久性好，管涵断面损失小。

4）内衬与混凝土、砖石砌体等牢固粘接，对基底上的缺陷、孔洞、裂缝等有填充和修补作用,使既有结构得到加强。

5)内衬厚度可自由调节,管涵变径、转弯、台阶、错位等问题均不影响内衬的整体性。

6)一段修复距离可达200m,不同施工段的内衬可以无缝连接。

7)对于破坏严重的大直径管涵,可在内衬层间添加钢筋网或其他增强材料,以实现更高的结构强度。

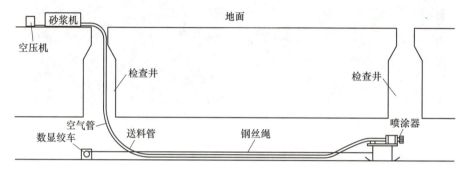

图10-37 水泥基材料喷筑现场示意

 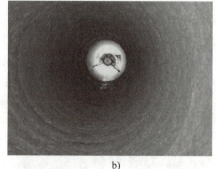

a) b)

图10-38 圆形水泥基材料喷筑
a)喷筑过程 b)喷筑效果

a) b)

图10-39 非圆形管人工喷涂水泥基材料喷筑
a)喷筑前准备 b)喷筑过程

6. 不锈钢快速锁法

(1) 小型管涵局部修复（图 10-40、图 10-41） 专用"快速锁-S"由冲压加工成形的高品质不锈钢套环、专用锁紧机构和 EPDM 橡胶圈三部分组成。管涵修复施工时，在管涵机器人的辅助下，将携带"快速锁-S"的专用修补气囊定位到待修复部位，然后充气，使气囊膨胀并将快速锁撑开紧贴管涵修复部位，气囊泄气脱开，完成修复过程。

相比于传统局部修复工艺，"快速锁-S"可适用于任何材质的排水管涵及一定压力的给水管涵的局部修复，修复过程无须断水，操作简单，修复效率高。此外，对于缺陷沿管涵轴向方向长度较大的缺陷，可将若干个"快速锁-S"连续搭接安装，理论上可无限延长。

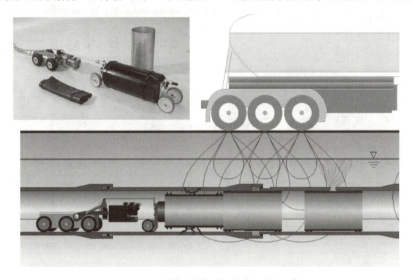

图 10-40 "快速锁-S"修复工艺示意

a) b)

图 10-41 "快速锁-S"安装
a) 安装过程 b) 安装完成效果

(2) 大直径管涵局部修复（图 10-42～图 10-44） "快速锁-X"由数控加工的高品质不锈钢环片、专用锁紧螺栓和 EPDM 橡胶圈三部分组成。管涵修复施工时，工人进入待修复管涵部位，将 EPDM 橡胶圈套在环片外面，采用专用安装工具将环片安装到待修复部位，并将橡胶圈与管壁完全压紧,实现管涵防渗作用。

相比于传统局部修复工艺,"快速锁-X"可适用于任何材质的排水管涵的局部修复,根据管径大小,不锈钢环片有2~3片,修复过程无须断水,操作简单,修复效率高。此外,对于沿管涵轴向方向长度较大缺陷,可将若干个"快速锁-X"连续搭接安装,理论上可无限延长。

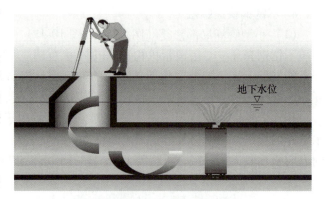

图 10-42 "快速锁-X"施工示意

a)   b)

图 10-43 "快速锁-X"施工
a)组成部分 b)安装过程

 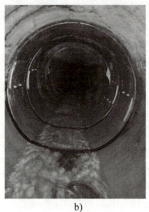

a)   b)

图 10-44 管涵"快速锁-X"修复前后对比
a)修复前 b)修复后

7. 点状原位固化法(图 10-45)

(1)管涵预处理措施 管涵检测:堵水完成后对缺陷等较大的管段用 CCTV 重新检测,对管涵内部缺陷位置及范围进行复查。

管涵漏水处理：对于漏水较小时可直接进行内衬修复，较大漏水时应用管外高分子材料加固处理，对其进行封堵。

管涵预处理的质量要求：管涵清淤，预处理后应使管内部畅通，没有尖锐突出物，淤泥沉积及水涌入现象。

（2）修复对象　适用于管涵轻微渗漏、脱节、裂缝、破裂等情况，主要用于小管径管涵。

（3）施工流程（图10-46～图10-48）　管涵清理完成后，确定缺陷具体位置及情况。根据现场情况确定内衬宽度。

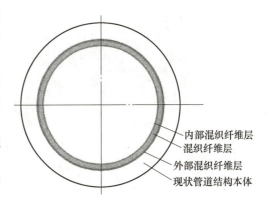

图 10-45　点状原位固化法修复结构

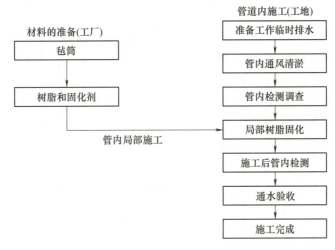

图 10-46　施工流程

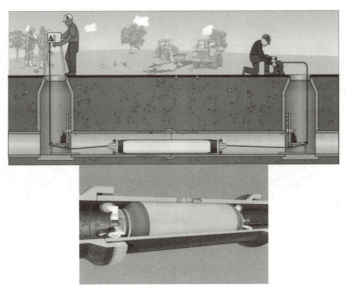

图 10-47　点状原位固化法施工示意

a)　　　　　　　　　　　　　　b)

图 10-48　点状原位固化法施工过程

a) 毡布的裁剪　b) 树脂浸透

纤维毡布裁剪（图 10-48a）：根据修复管涵情况，现场剪裁一定尺寸的玻璃纤维毡布。剪裁长度约为气囊直径的 3.5 倍，以保证毡布在气囊上部分重叠；毡布的剪裁宽度应使其前后均超出管涵缺陷 200mm 以上，以保证毡布能与母管紧贴。

树脂固化剂混合：根据修复管涵情况，按照供货商要求的配方比例配制一定量的树脂和固化剂混合液，并用搅拌装置混匀，使混合液均色无泡沫。记录混合湿度，同时，施工现场每批树脂混合液应保留一份样本，并进行检测并记录其固化性能。

树脂浸透（图 10-48b）：使用适当的抹刀将树脂混合液均匀涂抹于玻璃纤维毡布上。通过折叠使毡布厚度达到设计值，并在此过程中将树脂涂覆于新的表面之上。为避免挟带空气，应使用滚筒将树脂压入毡布之中。

毡筒定位安装（图 10-49）：经树脂浸透的毡筒通过气囊进行安装。为使施工时气囊与管涵之间形成一层隔离层，应使用聚乙烯（PE）保护膜捆扎气囊，再将毡筒捆绑于气囊之上，并防止其滑动或掉下。运用修补器气囊送入修复管段时，为防止毡筒接触管涵内壁，应连接空气管。

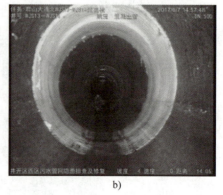

a)　　　　　　　　　　　　　　b)

图 10-49　点状原位固化法施工过程

a) 毡布固定　b) 完成效果

气囊就位以后，使用空气压缩机加压使气囊膨胀，毡筒紧贴管壁。该气压需保持一定时间，直到浸渍树脂的毡布通过常温（或加热或光照）完全固化为止。

气囊退回，质量检查：待树脂固化后，释放修补器气囊压力，将其拖出管涵。记录固化时间和压力。管涵内衬表面光滑，无褶皱、脱皮，接口平滑、整洁，清除管内残余物后，通水验收。

（4）质量要求　树脂和辅料的配比为2：1。

要用和树脂相融合的玻璃纤维垫；量出树脂和固化剂，确保配合比的准确性。

修补器气囊压力应保持在1.8bar（1bar=100kPa）以上，使毡筒紧贴修复缺陷管壁。

确认管涵缺陷的宽度，确保剪裁玻璃纤维垫时超出200mm以上。

8. 化学注浆土体固化

化学注浆土体固化，在排水管涵非开挖修复中，常作为一种辅助修复方法，一般不能独立使用，通常与其他修复方法联合使用。土体注浆技术是较早应用的一种排水管涵堵漏的辅助修复技术，通过对排水管涵周围土体和接口部位、检查井底板和四周井壁注浆，形成隔水帷幕，防止渗漏。固化管涵和检查井周围土体，填充因水土流失造成的空洞，增加地基承载力和变形模量，封堵地下水进入管涵及检查井。

管涵注浆分为土体注浆和裂缝注浆，注浆选用化学注浆，化学注浆的材料主要是可遇水膨胀的高效聚氨酯。

按照注浆管的设置可分为管内向外钻孔注浆和地面向下钻孔注浆两种方式，通常管内向外钻孔注浆可以使管涵周围浆液分布更均匀且节省浆料，但此法对管径有一定的要求。

（1）适用范围

1）修复管涵为雨污排水管涵，管材不限。

2）800mm及以上管涵宜用管内向外钻孔注浆法；小于800mm管涵宜用地面向下钻孔注浆法。

3）适用于管涵结构性缺陷呈现为错位、脱节、渗漏，且接口错位不大于3cm的管涵，要求管涵基础结构基本稳定、管涵线形没有明显变化、管涵壁体坚实不酥化。

4）适用于管涵接口处在渗漏预兆期或临界状态时预防性修理。

5）适用于检查井井壁和拱圈的开裂渗水。

6）不适用于管涵基础断裂、管涵破裂、管涵脱节呈倒栽式状、管涵接口严重错位、管涵线形严重变形等结构性损坏的修理。

7）不适用于严重沉降、与管涵接口严重错位损坏的检查井。

（2）施工工艺（图10-50、图10-51）　布置施工用地，材料进场。安置施工用水用电等设施设备；人工进入管涵，对管内泥砂等杂物进行清理；在施工缝、渗漏缝内安装排水管，排水管即后序的灌浆管，管间距为300~500mm。并在灌浆管内安装注浆头，作灌浆止水止浆用。

如果漏水量较大，则减小排水管间距，并用快速固化堵漏材料，将所有缝隙进行临时性封堵。排水管降低管外渗水压力后，待封缝材料完全固化，进行灌浆施工，灌浆依次对各个灌浆管内进行灌注，且从位置低的向位置高的进行灌注。

灌浆完成后，缝隙处不再出现任何渗漏水现象，如滴水等。灌浆量应满足设计要求，达到0.1~0.3MPa压力后停止灌浆。在密封的同时，对管接口空洞部位填充加固管接口基础。

灌浆结束后，进行闭浆。待浆液完全固化后，拆除灌浆管，并磨平。

小管径从管外灌浆，大管径从管内灌浆。

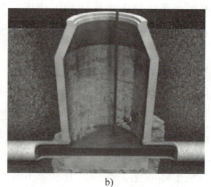

图 10-50　化学注浆土体固化施工

a）管外固化示意　b）检查井土体固化示意

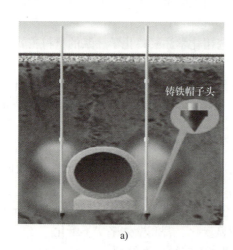
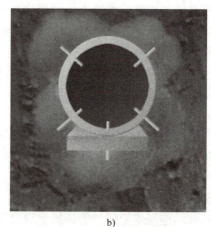

图 10-51　化学注浆土体固化施工

a）地面向下注浆　b）管内向外注浆

（3）工艺特点　浆液遇水后自行分散、乳化、发泡，立即进行化学反应，形成不透水的弹性胶状固结体，有良好的止水性能。

反应后形成的弹性胶状固结体有良好的延伸性、弹性及抗渗性、耐低温性，在水中永久保持原形。

与水混合后黏度小，可灌性好，固结体在水中浸泡对人体无害、无毒、无污染。

浆液遇水反应形成弹性固结体物质的同时，释放二氧化碳气体，借助气体压力，浆液可进一步压进结构的空隙，使多孔性结构或地层能完全充填密实，具有防止二次渗透的特点。

浆液的膨胀性好，包水量大，具有良好的亲水性和可灌性，同时浆液的黏度、固化速度可以根据需要进行调节。

与土粒黏合力大、形成高强度弹性固结体，防止地基变形、龟裂、崩坏，从而使地基得到补强。浆液的黏度、固化速度可以调节。注浆设备与工艺简单，投资费用少。

10.6.2 非开挖修复工艺选择

不同非开挖整体修复工艺及局部修复工艺对比见表 10-16 和表 10-17。

表 10-16 不同非开挖整体修复工艺对比

项目		紫外光原位固化法	螺旋缠绕法	热塑成型法	水泥基材料喷筑法	管涵垫衬法
适用管径/mm		200~1500	200~2600	200~1200	300~4000	300~2000
适用管材		所有	所有	所有	铁管、混凝土管	所有
修复目的		永久	永久	永久	永久	永久
适用缺陷类型	破裂	可以	可以	可以	可以	可以
	变形	可以	可以	可以	可以	可以
	错口	可以	可以	可以	可以	可以
	脱节	可以	可以	可以	可以	可以
	渗漏	可以	可以	可以	可以	可以
	腐蚀	可以	可以	可以	可以	可以
	接口材料脱落	可以	可以	可以	可以	可以
过流能力增加率		10%~15%	-5%~5%	10%~15%	0~10%	-5%~5%
交通影响		较小	一般	较小	较小	大
设备		只需一台 UV 固化车即可，占地面积小	需要一台缠绕机，专业材料堆放，以及 3 台缠绕车，占地面积一般	只需要一台专业作业车，占地面积小	只需一台专业作业车，占地面积小	灌浆机、配料机、焊机、空压机等，速格垫需要现场焊接，占地较大
对操作人员的要求		操作人员只需经过一定的培训就可以完成整个修复过程，UV 设备具有高度自动化、可视化	对工人的技术要求较高，操作人员需要经过专门的技术培训	操作人员只需经过一定的培训就可以完成整个修复过程	对工作人员要求低，在管涵内自动喷涂修复	对工人的技术要求较高，操作人员需要经过专门的技术培训
施工时间（每段管涵）		利用紫外线光进行加热固化，固化时间只需 3~5h 即可完成，固化完成后管涵可立即投入使用	新旧管涵之间需注浆处理，需等待浆体固化，才能正常使用，一般大于 12h，没有达到即修即用的程度	利用热气进行加热固化，固化时间只需 5h 即可完成，固化完成后管涵可立即投入使用	施工时间约 6~8h，满足在市区的工程施工时间安排，对交通影响时间短，修复完 12h 后可过水	施工流程烦琐，施工周期大于 24h，需要固化后才能拆除气囊膜，固化时间至少 24h

（续）

项目	紫外光原位固化法	螺旋缠绕法	热塑成型法	水泥基材料喷筑法	管涵垫衬法
材料	玻璃纤维内衬软管，采用不饱和聚酯树脂，它的耐热性较高，可达到120℃，且具有较高的拉伸、弯曲、伸缩等强度，弹性模量可达到12000MPa，抗拉强度设计达到95MPa，同时设计轴向无延伸率，以避免造成过度拉伸或破裂，工厂定制	非塑性聚氯乙烯，与用于生产普通雨污水管涵的聚氯乙烯材料基本相似，但是局限性只是用于大管径，本身没有强度，要注浆填补原管和新成型管的空隙，实用性不强，缠绕完要注浆，注浆固化时间较长	改性PVC管材，强度高，弹性模量可到达1600MPa，抗拉强度达40MPa	H70混凝土盾是一种灰浆材料，具有超高强度、涂抹性好、耐磨及耐蚀性好等特点；将材料与一定量的水充分拌和后，可形成一种适宜喷涂、浇筑、泵送或仅靠重力即可流入直径不小于6mm孔洞的膏状材料；该灰浆在不依赖特殊养护的条件下可迅速硬化	速格垫和灌浆料组成，但是局限性只是用于大管径，本身没有强度，要注浆填补原管和新成型管的空隙，实用性不强，缠绕完要注浆，注浆固化时间较长
过水能力	玻璃纤维树脂壁厚只需3~12mm，大大减少了过流面的损失，且材料内壁光滑，可改善过水能力	新旧管涵需注浆，过流面损失较大，降低过水能力	厚只需4~12mm，大大减少了过流面损失，且材料内壁光滑，可改善过水能力	与原管涵结合，过水断面减少但粗糙系数减小，可改善过水能力	新旧管涵需注浆，过流面损失较大，降低过水能力
安全性	施工固化过程全自动；可视，可实时观察管涵内的材料固化情况；可控，固化速度、固化温度全过程可控，安全可靠	施工过程注意是缠绕前进，施工安全相对可控	施工全过程可控，可反复加热成型	喷涂浇筑过程全自动；可视，可实时观察管涵内的材料硬化情况；安全可靠	速格垫焊接，夹层注浆，需专业操作人员，施工难度大。质量难以控制

表 10-17　不同非开挖局部修复工艺对比

项目	点状原位固化法	不锈钢快速锁法	水泥基材料喷筑法
适用管径/mm	300~1000	300~2000	300~4000
适用管材	所有	所有	铁管、混凝土管
修复目的	永久	永久	永久
优先适用缺陷类型	变形、腐蚀、错口、破裂、接口材料脱落	渗漏、脱节、破裂、接口材料脱落	破裂、变形、错口、脱节、渗漏、腐蚀、接口材料脱落

（续）

项目	点状原位固化法	不锈钢快速锁法	水泥基材料喷筑法
交通影响	较小	较小	较小
设备	需要一台小型修复车	需要一台小型修复车	需要一台小型修复车
人员要求	操作人员只需经过一定的培训就可以完成整个修复过程，设备具有高度自动化、可视化	操作人员要熟悉安装过程，对工人的技术要求较高，操作人员需要经过专门的技术培训	对工作人员要求低，在管涵内自动喷涂修复
作业时间	施工时间短，从树脂混合到完成局部内衬修复仅需3~4h	施工时间短，约1h就可以完成修复	施工时间短，约1h就可以完成修复，修复完12h后可过水
固化时间	树脂材料为环氧树脂基础上的多种混合材料，可在水中常温固化，固化时间1h	工厂预制	
材料	玻璃纤维、针状毛毡、树脂等	一层为紧贴管壁的耐腐蚀特种橡胶，另外一层为不锈钢胀环	H70混凝土盾是一种灰浆材料，具有超高强度、涂抹性好、耐磨及耐蚀性等特点；将材料与一定量的水充分拌和后，可形成一种适宜喷涂、浇筑、泵送或仅靠重力即可流入直径不小于6mm孔洞的膏状材料；该灰浆在不依赖特殊养护的条件下可迅速硬化
过水能力	对原管过水能力影响小	对原管过水能力影响小	对原管过水能力影响小
安全性	施工固化过程全自动；可视，可实时观察管涵内的材料固化情况；可控，固化速度、固化温度全过程可控，安全可靠	特种作业专业人员施工；施工简单，安全可靠	喷涂浇筑过程全自动；可视，可实时观察管涵内的材料硬化情况；安全可靠

10.6.3 非开挖修复验收标准

1. 非开挖修复管涵质量验收标准

城镇排水管涵非开挖修复更新工程的质量验收应符合现行国家标准《给水排水管道工程施工及验收规范》（GB 50268—2008）、《城镇排水管道非开挖修复更新工程技术规程》（CJJ/T 210—2014）和《城镇排水管道非开挖修复工程施工及验收规程》（T/CECS 717—2020）中的有关规定。

2. 力学性能检验

力学性能检测通常需要现场截取样品进行测试。一般实壁内衬管的修复技术才可以在端口切去样品，一般为弧形管片，其力学性能检测方法为三点弯曲力学性能检测；实壁内衬管修复也可采用紫外光固化以及热塑成型内衬法，其力学性能检测应采用三点弯曲试验检测。

水泥基喷筑材料的力学性能检测方法为试块抗折试验、试块抗压试验，功能性检测方法为试块抗渗试验及闭水试验的测试。试块的制取应在现场施工时采用现场搅拌后的材料制作。抗压强度、抗折强度测试方法参照《水泥胶砂强度检验方法（ISO法）》（GB/T 17671—2021）中的规定进行，抗渗性能参照《建筑砂浆基本性能试验方法标准》（JGJ/T 70—2009）中的规定进行，其测试结果应合格，并且需满足设计文件的要求。以上测试的取样频率应满足相应验收和检测标准。

点状原位固化法修复一般现场截取样品进行弯曲强度、弯曲模量、抗拉强度的力学性能测试，并通过CCTV视频检测判断其功能性。

具体检测要求及检测方法详见《城镇排水管道非开挖修复更新工程技术规程》（CJJ/T 210—2014）、《城镇排水管涵非开挖修复工程施工及验收规程》（T/CECS 717—2020）和《给水排水管道工程施工及验收规范》（GB 50268—2008）。

3. 闭水试验

对于整体修复的管段，内衬管安装完成、内衬管冷却到周围土体温度后，应进行闭水试验。根据《城镇排水管道非开挖修复更新工程技术规程》（CJJ/T 210—2014）、《城镇排水管道非开挖修复工程施工及验收规程》（T/CECS 717—2020）和《给水排水管道工程施工及验收规范》（GB 50268—2008）的要求进行闭水试验。实测渗水量应小于或等于按式（10-7）计算的允许渗水量：

$$Q_e = 0.0046 D_L \tag{10-7}$$

式中　Q_e——允许渗水量 [m³/(24h·km)]；
　　　D_L——试验管道内径（mm）。

CCTV视频检测在外观上应光洁、平整，无局部划伤、裂纹、磨损、孔洞、起泡、干斑、褶皱、拉伸变形和软弱带等影响管道结构、使用功能的损伤和缺陷；在功能上无明显湿渍、渗水，严禁滴漏、线漏等现象，并能通过第三方检测单位根据《城镇排水管道检测与评估技术规程》（CJJ 181—2012）进行的复检。

10.7　雨污混错接点改造

改混接是指将混接在雨水管道中的污水改接到污水管道中，将混接在污水管道中的雨水改接到雨水管道中，实现雨水、污水"各行其道"和"清污分流"。

10.7.1　混错接等级、类型判定

单个混接点混接程度可依据混接管管径确定混接等级，混接点混接程度分级标准见表10-18，单个混接点混接类型的判断标准见表10-19。

表 10-18　混接点混接程度分级标准

混接程度分级评价	接入管管径/mm
重度混接（3级）	≥600
中度混接（2级）	≥300 且 <600
轻度混接（1级）	<300

表 10-19　单个混接点混接类型的判断标准

序号	混接类型代码	混接调查情况说明
1	CYM	市政雨水管道接入市政污水管道
2	CWY	市政污水管道接入市政雨水管道
3	CHY	市政合流管道接入市政雨水管道
4	NYW	小区（单位）雨水管道接入市政污水管道
5	NWY	小区（单位）污水管道接入市政雨水管道
6	NHY	小区（单位）合流管道接入市政雨水管道
7	DWY	单一排水户（沿街商铺）污水接入市政雨水管道
8	DYW	单一排水户（沿街商铺）雨水接入市政污水管道

10.7.2　混错接改造方案

1. 污水混错接入雨水管道改造（图 10-52）

适用范围：市政污水管道接入市政雨水管道、小区（单位）污水管道接入市政雨水管道、单一排水户（沿街商铺）污水接入市政雨水管道。

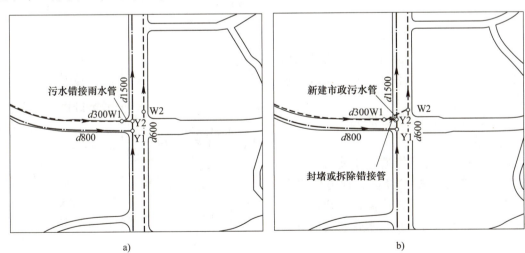

图 10-52　污水混错接雨水改造示意
a）改造前　b）改造后

技术路线：拆除或封堵错接管，新建污水管接入市政污水管道。
改造措施如下：

1）拆除或封堵错接的至市政雨水管网现状污水管。

2）新建错接处市政现状污水检查井至下游市政污水管网之间的污水管。

2. 雨水混错接入污水管道改造（图10-53）

适用范围：市政雨水管道接入市政污水管道、小区（单位）雨水管道接入市政污水管道、单一排水户（沿街商铺）雨水接入市政污水管道。

技术路线：拆除或封堵错接管，新建雨水管接入市政污水管道。

改造措施如下：

1）拆除或封堵错接至市政污水管网的市政现状雨水管。

2）新建错接处市政现状雨水检查井至下游市政雨水管网之间的雨水管。

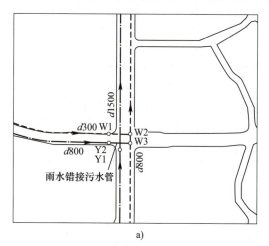
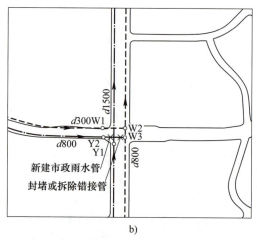

图10-53 分流制市政雨水混错接污水改造示意

a）改造前 b）改造后

3. 合流污水混错接雨水管道改造设计（图10-54）

适用范围：市政合流管道接入市政雨水管道、小区（单位）合流管道接入市政雨水管道。

技术路线：雨污分流改造。

改造措施如下：

1）复核现状合流管道过流能力、标高等情况，综合考虑技术经济、管道建设条件、拟接入下游分流管的距离标高建设条件等因素，新建污水管（或雨水管）完成分流改造。

2）将沿线新建污水管（或雨水管）附近地块的污水（或雨水）改接至该新建管道，并封堵或拆除原接入合流管的污水管（或雨水管）。

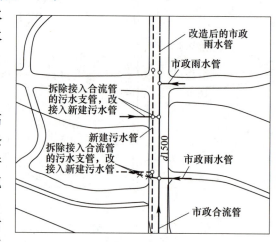

图10-54 合流制市政管道改造示意

3）污水管（或雨水管）建成后，将现状合流排水管改造雨水管（或污水管），就近接入下游分流制管网。

10.8 排水管道箱涵冲洗与维护

管涵清淤是指清除管道中的沉积物。管道中的沉积物是构成雨水排水口污染排放、合流排水口溢流污染物最主要的组成部分，及时将管道中的沉积物清除，还可改善污水输送水力条件。清管泥是污水收集系统维护管理的重要工作内容之一，是削减合流制溢流污染的重要措施，也是污水收集系统检测、治理、修复的前提。

10.8.1 管涵淤堵的原因

排水管涵中水流含有大量固体悬浮物，在这些物质中，相对密度大于1的固体物质，属于可沉降固体杂质，如大颗粒的泥沙、有机残渣、金属粉末等，其沉降速度与沉降量取决于固体颗粒的相对密度与粒径的大小、水流流速与流量的大小。流速小、流量大且相对密度与粒径均大的可沉降固体杂质，其沉降速度及沉降量也就大。同时，因为管涵中的流速实际上不能保持一个不变的理想自净流速或设计流速，加之管涵及其附属构筑物中存在着局部阻力变化，如管涵转向、管涵直径突然变大等，这些变化越大，局部阻力越大，局部水头损失也越大。因此，管涵污泥沉积淤堵是不可避免的。

排水管涵的淤堵成因一般有以下几种：

1）施工中清理不净，接口处有砂浆挤入下水道，造成下水道的沉淀和淤积，久而久之，就会发生堵塞。

2）建筑垃圾和生活垃圾等进入下水道，卡死管涵而造成堵塞。

3）道路路面和绿地中的泥沙随雨水排入雨水管涵。

4）绿化中一些植物的须根伸入管涵，以及菌类植物在管涵中的生长，久之形成堵塞。

10.8.2 管涵淤泥清理要求

我国《城镇排水管渠与泵站运行、维护及安全技术规程》（CJJ 68—2016）规定：管道允许积泥深度不得大于管径的1/5，否则就要及时清泥。据上海市专业排查，排水系统雨天溢流排入地表水体的总污染负荷中，管道淤泥贡献占60%～70%（以COD、BOD、SS计），表明管道淤泥是溢流污染的主要来源，及时清除管道淤泥是削减雨水和合流排水口溢流污染的重要措施，是提升水环境质量的有效手段。

当淤积超过或接近允许积泥深度时，应安排维护；当管道积泥最大深度达到表10-20中的数值时，应予以及时维护，并相应调整运维计划。

表 10-20 排水系统允许最大积泥深度

设施类别		最大积泥深度
排水管道		管径或渠净高度的1/5
检查井	有沉泥槽	管底以下 50mm
	无沉泥槽	管径的1/5

(续)

设施类别		最大积泥深度
雨水口	有沉泥槽	管底以下 50mm
	无沉泥槽	管底以上 50mm
排水口		管底或渠底以上 50mm

10.8.3 管涵清淤工艺

排水管渠清淤疏通可采用射水疏通、绞车疏通、推杆疏通、转杆疏通、水力疏通和人工铲挖等方式，各种管渠清淤疏通方法及适用范围，详见表 10-21 中的规定。

表 10-21 排水管渠疏通方法及适用范围

疏通方法	小型管	中型管	大型管	特大型管	倒虹管	压力管	盖饭沟
射水疏通	√	√	√	—	√	—	√
绞车疏通	√	√	√	—	√	—	√
推杆疏通	√	—	—	—	—	—	—
转杆疏通	√	—	—	—	—	—	—
水力疏通	√	√	√	√	√	√	√
人工铲挖、清掏	√	√	√	√	—	—	√

1. 射水疏通

采用高压射水清通管道的方法。用于排水管道疏通的射水装置称为射水车，其主要设备有储水罐、水泵和射水管。射水管长度一般都在 100m 以上，射水压力一般都能达到 0.15MPa。

图 10-55 所示为淤泥冲洗车工作示意。

2. 绞车疏通

绞车疏通是许多城市排水管道的主要疏通方法。其主要设备包括绞车、滑轮架和通沟牛（铁牛）。绞车可分为手动和机动两种。其主要原理为通沟牛在管道内来回移动，将积泥清理至检查井内，然后将积泥捞出。绞车适用于直径在 1m 以下的中小型管道的疏通，一次疏通长度不宜超过 50m。图 10-56 所示为绞车工作示意，图 10-57 所示为绞车分类和主要组成部分。

3. 推杆疏通和转杆疏通

推杆疏通就是用人力将竹片、钢条等工具推入管道内清除堵塞的疏通方法。转杆疏通就是采用旋转疏通杆的方式来清除管道堵塞的疏

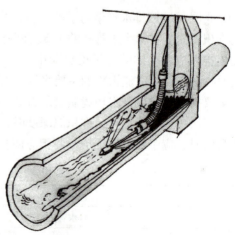

图 10-55 淤泥冲洗车工作示意

第 10 章 给水排水管网修复工程

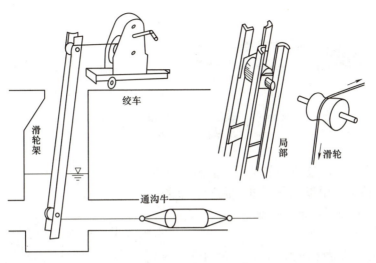

图 10-56 绞车工作示意

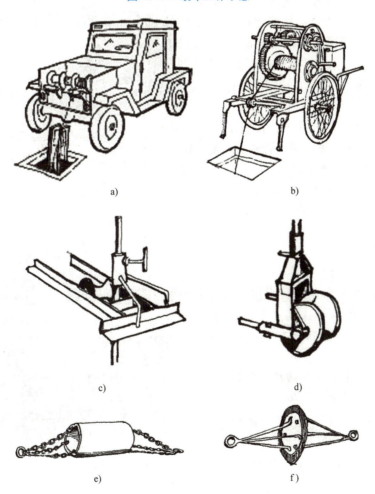

图 10-57 绞车分类和主要组成部分
a) 机动绞车 b) 手动绞车 c) 上滑轮 d) 下滑轮 e) 铁牛 f) 橡皮牛

图 10-57 绞车分类和主要组成部分（续）
g）链条牛 h）钢丝牛

通方法，又称为软轴疏通或弹簧疏通。转杆机配有不同功能的钻头，用以疏通树根、泥沙、布条等不同堵塞物，其效果比推杆疏通更好。

4. 水力疏通

水力疏通是利用管道内积蓄的污水疏通管道的方法，可适用于任何管径、任何形状的排水管道，只要上游管道内蓄水丰富，且下游管道排水通畅。水力疏通的做法是使管道下游的泵站停泵或在管道下游安装闸门关闸蓄水，待管道内积蓄的水达到一定高度时，多台泵一起开动或打开闸门，形成管道内水流的较大流速，使管道内蓄积的积泥与污水一起流入下游落底较深的窨井中，将污泥掏出运走。常用临时管塞有充气管塞、机械管塞、橡皮管塞等。图 10-58 所示为水力疏通示意。

水力疏通还可采用施放浮球或浮牛的水力疏通方法，其原理是，浮球随水流过管道时，球下过水断面突然缩小，从而加大球下水流速度，达到疏通管道的目的。

5. 人工铲挖、清掏

人工铲挖就是由作业人员直接进入管道内进行管道清理作业的方法，其主要适用于大型管道（管道直径不小于 800mm）的疏通作业（图 10-59）。

人工清掏是指利用人工或机械设备，将堵塞在下水道内的物质清除掉，以保持下水管道的通畅运行。图 10-60 为人工铲挖常用工具，图 10-61 所示为常用的清掏工具。

人工铲挖、清掏是最原始的清淤方法，具有简单、便宜等优点，但这种方法很容易带来感染、中毒等风险。

对于管道疏通方法的选择需考虑各种因

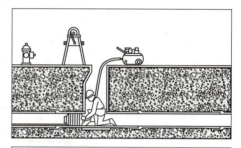
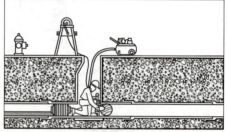
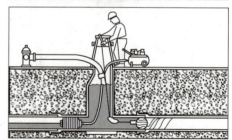

图 10-58 水力疏通示意

图 10-59 人工铲挖

第 10 章 给水排水管网修复工程

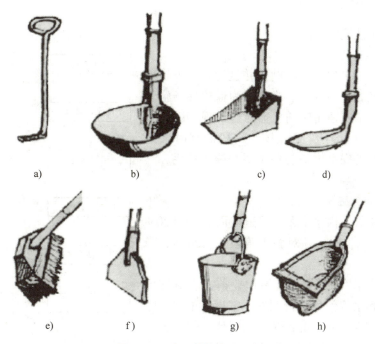

图 10-60 人工铲挖常用工具

a) 手钩 b) 污泥勺 c) 猫耳朵 d) 猫耳朵 e) 刷帚 f) 铲锹 g) 铅桶 h) 揽泥兜

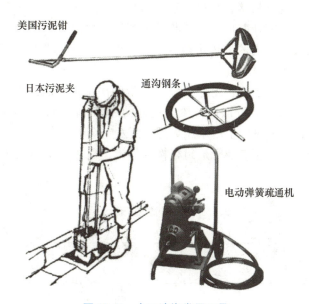

图 10-61 人工清掏常用工具

素，包括管径、管内的沉积深度以及沉积性质，还包括一些外部的环境等。排水管渠疏通方法及适用范围见表 10-21。

10.8.4 管涵清淤工艺流程

管渠清淤工艺流程如图 10-62 所示。

1. 施工现场查勘

养护人员对施工现场进行勘探并且记录，为施工准备工程计划及施工现场安全维护。为保障现场施工安全，在进行管道疏通施工前，需对施工现场进行全封闭的安全维护。由于施工现场为一般的临时性维护，因此所采用的安全维护装备主要为施工护栏、三角护锥以及警戒带等。

2. 管道封堵、降水

当计划施工管段内水位大于管道截面高度的 30% 时或高于 10cm 以上时，须对施工管段进行封堵、降水作业。

（1）封堵（图 10-63） 封堵作业前，应对施工管段运行情况和水流信息进行调查、掌握，根据实际管道情况和管道内水流强度，避免因封堵时间过长后造成上游积水产生的水压对下游施工人员造成一定威胁，因此封堵的距离根据实际状况进行，依据先上游、交汇井各个入水口进行封堵，封堵之前应将所要施工的路段范围内的井盖打开并放置围护栏或醒目的标记，用气体检测仪器对井内的气体进行检测，确保无有毒气体后方可进行下井封堵。

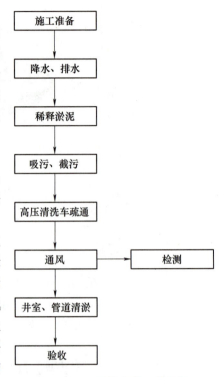

图 10-62 管渠清淤工艺流程

橡胶气囊辅助封堵：由于管线内存在较多支管的出水口，因此在潜水封堵段内（在施工的管段）对出口流量大的支管加以橡胶气囊辅助封堵，便于施工顺利开展。封堵后的上游水位派专人进行控制，避免因上游水压力过大而发生险情。

橡胶气囊辅助封堵是使用专业管道封堵橡胶气囊，通过充气膨胀从而达到封堵的目的，具有方便、快捷的特点。

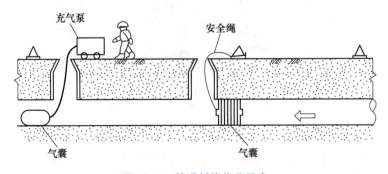

图 10-63 管道封堵作业示意

（2）降水（图 10-64） 降水作业主要实现施工管段内降水作业和上游管网减压降水作

业两个目的。

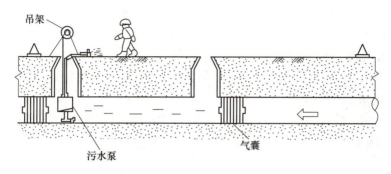

图 10-64　管道降水作业示意

1) 施工管段内降水作业。当封堵作业完成后，应及时对施工管段内水位进行排降，使用潜水污泥泵，将施工管段内的水排到封堵隔离的下游管道中。

2) 上游管网减压降水作业。因管道处于使用中，封堵施工隔断了污水管网的上下游的联系，使上游的污水无法排到下游，长时间的隔断将使上游水量囤积，为避免施工过程中对管网使用的影响，须对上游管网进行降水作业。使用大功率污泥泵，跨过施工管段，将上下游连接起来，将上游污水排到下游管网中。

3. 窨井清捞

将窨井内的垃圾和石头等杂物捞出外运。

4. 管道清洗疏通

使用高压射水车，通过高压射水的强大压力，利用高压射水头在管道内来回移动，使高压水流不断冲洗管壁，将管道内部的淤泥清理至检查井内，从而达到彻底清理管壁的效果，确保清洗后管壁无残留物。另外，管道堵点在清洗后应达到水流畅通。对于管道堵塞严重的点，必要时配合绞车或人工疏通进行。由于一些大型管道（包括特大型管道）的管径较大，因此高压射水疏通堵点达不到预期的效果，应采用绞车疏通方式进行。在管道两端分别设置绞车，管道内放置通沟牛，通过绞车在管道两段来回牵引通沟牛，将管道内的淤泥分别清理至管道两端的检查井内，管道内淤泥基本清理完成后，再使用高压射水车将管道内壁清洗干净。高压射水疏通示意如图 10-65 所示。

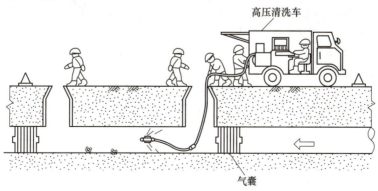

图 10-65　高压射水疏通示意

5. 结垢清除

由于厨卫生活污水的排放，在污水管道内易形成致密的结垢层，采用常规普通高压清洗和疏通很难有效清除。

对于小管径管道，采用比目鱼型和推土机型喷头、振动喷头等多种喷头进行处理；对于大管径管道，除采用多种喷头进行清除外，必要时需要工人下井进行处理。

6. 井下作业安全

井口安全员通过检查井不间断送风，通风后，将有害气体探测仪用绳系好，放到井底10min后，提上来观察各种有害气体的数值，达不到要求，施工人员坚决不能下井。

7. 淤泥外运

当管道清洗完成，检查井内气体符合安全要求后，由施工人员佩戴自供气式呼吸面具进入检查井，先使用高压射水对检查井井壁进行仔细清洗，然后将检查井内原有的及由排水管道内清理出的垃圾、淤泥等杂物捞出，确保检查井干净、见底、无残留物。所有淤泥垃圾必须装袋并转运至建设方指定的淤泥堆放地点。图10-66所示为常用淤泥运输车辆。

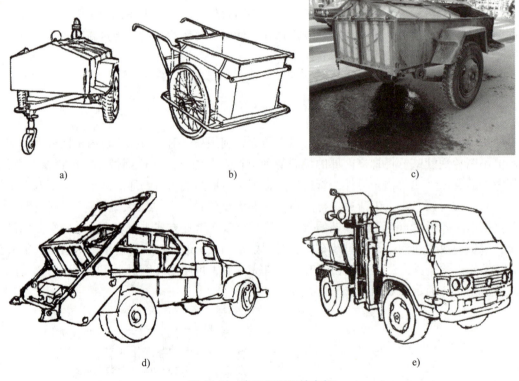

图10-66 常用污泥运输车辆

a) 污泥拖斗 b) 清捞车 c) 污泥拖斗实例 d) 污泥集装箱 e) 污泥运输车

8. 拆封通水

管道疏通完成后，将管道封堵拆除，保持水流畅通。

根据日常管道排水要求及《城镇排水管渠与泵站运行、维护及安全技术规程》（CJJ 68—2016）中对污水管道养护的标准要求，排水管网疏通的标准为：管道畅通无阻，每次清淤疏通后管内积淤深度不得大于管径的1/5；窨井内无硬块杂物，井内四壁清洁；窨井盖框平稳不动摇、无缺损、无安全隐患、无渗漏。

10.8.5 管涵清淤质量标准

各类排水管道、设施经过清淤维护作业后，应满足表10-22中的清掏维护质量标准。

表10-22 排水管道及附属设施疏通清掏维护质量标准

检查项目	检查方法	质量要求
残余污泥	绞车检查	第一遍绞车检查，铁牛内厚泥不应超过铁牛直径的1/2；管道长度按40m计，超过或不足40m按比例增减
	电视检测	疏通后积泥深度不应超过管径或渠净高的1/8
	声呐检测	疏通后积泥深度不应超过管径或渠净高的1/8
检查井及附属构筑物、排水口	目视、花杆和泥量泥斗检查	井壁清洁无结垢；井底不应有硬块，不得有积泥
工作现场	目视检查	工作现场污泥、硬块不落地；作业面冲洗干净

10.8.6 淤泥处理

管涵清淤会产生大量的淤泥，因此必须进行妥善处理，以免造成环境二次污染。

施工前应由业主委托有资质的第三方淤泥泥质检测单位对本工程范围内的现状排水管涵内的淤泥进行检测，并对处理后的淤泥泥质进行检测。检测结果可作为淤泥处理及处置方案的依据。

常用的淤泥处理方法有自然干化、脱水固结一体化处理、淤泥固化处理和真空预压法等。

（1）自然干化（图10-67） 自然干化属于传统的处置方式：选择农用地或者鱼塘，清淤产生的泥浆通过泥浆车运输倾倒在该地块上，自然干化后的泥土，通过自然的翻晒干化后进行外运，但泥土自然干化时间较长，干化效果容易受天气影响。

图10-67 淤泥自然干化堆场

（2）脱水固结一体化处理 淤泥脱水固结一体化处理工艺系统主要包括旋流筛分系统、絮凝浓缩系统、脱水固化系统三部分。图10-68所示为淤泥脱水固结一体化处理工艺流程。

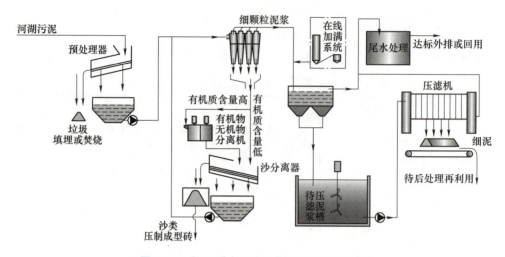

图 10-68　污泥脱水固结一体化处理工艺流程

（3）淤泥固化处理（图 10-69）　淤泥固化处理是将疏浚淤泥经过浓缩沉淀后，输送至围堰内，然后在淤泥中添加适量淤泥固化剂，使淤泥含水率快速降低，抗压强度增加。

（4）真空预压法　真空预压法是在需要加固的软土地基表面先铺设砂垫层，然后埋设垂直排水管涵，再用不透气的封闭膜使其与大气隔绝，密封膜端部进行埋压处理，通过砂垫层内埋设的吸水管涵，使用真空泵或其他真空手段抽真空，使其形成膜下负压，增加地基的有效应力。表 10-23 为常用淤泥处理方案。

图 10-69　淤泥固化处理施工现场

表 10-23　常用淤泥处理方案

序号	方案	优点	缺　　点
1	自然干化	经济，施工简便	占地面积最大，处理周期最长，对环境具有较大影响
2	脱水固结一体化	效率较高，污染小	占地面积较小，处理费用较高，电耗最大，处理周期较短
3	淤泥固化处理	效率较高，环保	占地面积最小，处理费用最高，处理周期较短
4	真空预压法	经济，技术成熟	占地面积较大，处理周期较长

10.8.7　管涵污泥最终处置

目前较为合适的处置方式基本上归为四类：卫生填埋、土地利用、建材利用、焚烧处理（表 10-24）。

表 10-24 污泥处置方式

处理方式	优点	缺点
卫生填埋	1. 利用填埋厂设施 2. 减小了环境污染	1. 填埋处理费用较高 2. 污泥中资源化成分未有效利用
土地利用	1. 实现污泥资源化 2. 投资运行费较低	1. 堆肥占地面积大 2. 产品作农肥和园林肥料受季节限制、产品慎进食物链 3. 堆肥所需的膨松调理剂来源受限
建材利用	1. 实现污泥资源化 2. 投资运行费用较低	1. 对地下水有影响 2. 受路基填料需求的影响较大
焚烧处理	1. 最彻底的减量化 2. 利用电厂的除尘和尾气处理设备，无须再建相应的设施	1. 需建干化系统、运行费用高，运行费 250 元/t； 2. 对电厂原焚烧系统有影响

复习思考题

1. 管道缺陷主要分为哪两类？具体缺陷类型有哪些？
2. 排水管涵检测的常用方法有哪些？
3. 如何根据排水管涵检测结果判断是否需要进行修复或养护？
4. 排水管涵修复如何判断采用开挖修复或非开挖修复？
5. 非开挖修复的预处理工作包含哪些方面内容？
6. 非开挖修复的常用工艺有哪些？
7. 雨污混错接的类型有哪几种？如何划分混错接等级？
8. 管涵清淤的常用工艺有哪些？主要工序流程包括什么？

第 11 章
湖泊渠道清淤施工

11.1 内源污染控制概述

11.1.1 底泥内源污染的产生

湖库水体的污染主要分为外源污染和内源污染（图 11-1）。

外源污染是指外来污染物质的输入，包括面源污染和点源污染。面源污染是指农田退水、水产养殖、地面径流等带来的污染；点源污染是指人类活动产生的生活污水和工农业废水，通过排水管道收集直接汇入湖库造成的污染。外源污染如果从源头上进行管控，可以消减污染物的输入量。对于污染程度较轻的湖库，通过控制外源污染，短期内可使水质得到明显改善。

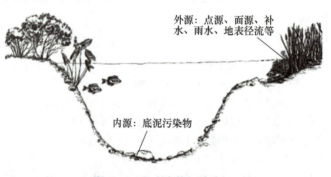

图 11-1 湖库水体污染来源

水体的内源污染，也称为内源负荷（图 11-2），主要是指污染物质进入水体后，通过各种物理、化学和生物作用，逐渐沉降至水体底层的沉积物中，当污染物质积累到一定体量后，水体环境发生一定改变时，污染物质从沉积物中释放出来，重新进入水体的污染现象。内源污染是由于湖库沉积物中重金属及有机污染物长年累月沉淀积累形成的，且堆积在水体

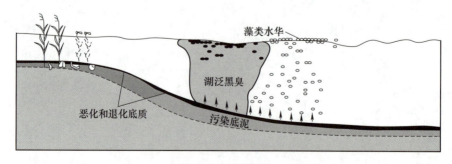

图 11-2 底泥污染

底部已经成为湖库沉积物的重要组成部分。沉积物对外源污染物质的接纳有一个从汇到源的转化过程，即随着外源污染的不断累积，沉积物中的污染物质开始向水体释放，即使切断了外源污染，内源污染也会持续很长一段时间，在此期间水质很难得到改善。

底泥是河湖生态系统的重要组成部分，也是水中有机物、氮、磷等营养物质的重要储存场所。河道底泥具有明显的分层结构：表层黑色浮泥层，是最易污染水体的部分，也被称为污染层；中间层含大量植物根系及茎叶等残骸，也称过渡层，其有机污染物严重，有明显的臭味；下层为原始沉积层，污染相对较少，也称本定层。河道底泥中长期存在的污染物不仅对水生生物造成影响，还能通过不断富集，造成水体富营养化。

总的来说，湖泊渠道底泥污染可以分为三大类：有机物污染、营养元素污染、重金属污染。

1. 底泥有机物污染

随着工业的发展，人工合成的有机物越来越多，相应的有机污染成为越发严重的环境问题。由于很多工业废水和生活污水中含有大量的溶解性有机物质，部分工业废水甚至含有多环芳烃、多氯联苯、有机磷化合物等多种持久性难降解有机污染物。底泥中的有机污染物不止一种，各种有机污染物之间的相互关系给环境治理增加了难度。

2. 底泥营养元素污染

氮、磷的释放是引起水体富营养化的重要因素，由于农药化肥的大量使用，过量的氮、磷元素进入水体，虽然有一部分会被水生植物吸收，但是大部分氮、磷元素沉淀富集在河道底泥中，当河道体系的环境条件发生改变时，氮、磷会重新从底泥中释放出来，从而加剧水体富营养化进程。

3. 底泥重金属污染

重金属由于在低浓度下仍具有毒性、持久性以及生物累积性等，因此被认为是具有潜在危害的污染物之一。近年来，越来越多的重金属由于人为或者自然因素被释放到水环境中，并在底泥中不断累积，在适宜的条件下，这些沉积物中的重金属将通过溶解、吸附与解析和氧化还原等过程释放到水体中，水体将会产生二次污染。

11.1.2 内源污染治理技术概述

1. 物理修复技术

（1）底泥疏浚　底泥疏浚是湖泊水质改善工程的有效措施。在底质污染严重的湖泊区域，底泥疏浚工程的实施大大减少了内源污染物的释放，为消除湖泊水体富营养化、有效地阻止沉积物内源营养向水体的释放奠定了基础。短期内可实现水质指标的较大改善。图11-3为底泥疏浚施工现场。

底泥疏浚的面积越大、深度越深，效果越佳。但底泥疏浚的费用非常高。因此，应该根据湖泊底泥污染程度、淤积厚度，结合其他生态处理措施，合理确定底泥疏浚范围和疏浚厚度。

（2）曝气技术（表11-1、图11-4）　曝气技术是指人工向水体充入空气、氧气或臭氧，加速水体从厌氧、缺氧状态迅速恢复到好氧状态。曝气的作用主要有3方面：①提高水体或底泥溶解氧（DO）含量，抑制厌氧微生物分解和藻类的生长；②改善水体和底泥氧化还原环境；③增加水体扰动，促进底泥中氨氮向水体扩散，促进底泥微生物数量和多样性的增

图 11-3　底泥疏浚施工现场

加。曝气设备、曝气量、曝气深度等条件可直接影响水体中 DO 浓度和缺氧微环境分布，进而影响污染物的降解及去除。

表 11-1　曝气技术

曝气技术	机理	特点	适用性
鼓风曝气	在河流、湖泊等污染水体岸边或水体表面设置一个固定的鼓风机房，利用管道将空气引入设置在污染水体底部的曝气扩散系统，空气中的氧气在气泡上升过程中与水体接触，溶于水中	操作较简单，设备不复杂，自动化程度较高；中大孔扩散设备氧利用率低；微孔曝气设备易堵塞；曝气膜片易撕裂	郊区不通航河道
扬水曝气	以压缩空气为动力，并经过空气释放器将压缩空气连续地通入曝气器下部，从而对下层厌氧水体充氧	能充分混合上下水层	水深大于10m；溶解氧小于 $1\sim 2mg/L$ 的缺氧状态
推流曝气	通过叶轮、潜水泵等不断推动受控流体前进，在进行局部造流、加快水体流动的同时，保持河湖有充足的溶解氧	增加水体流速，有效抑制藻类暴发；影响航运，在水面产生泡沫影响水体景观效应	不通航河道
微纳米曝气	由气泡发生装置、微纳米曝气头和连接管件共同作用产生微纳米气泡，不断向水中补充活性氧	具有大比表面积和更长的停留时间，氧传质效率高，充氧效果好、能耗较低	不通航河道

（3）底泥原位洗脱技术　原位物理洗脱技术是通过对表层底泥进行物理扰动来混合表层沉积物与上覆水，使部分污染物进入水相，形成洗脱液，再将洗脱液分离并进一步净化，从而达到降低沉积物中污染物浓度、改善底质生境的目的。该技术具有原位操作、工艺简单、不向水体投入添加剂、处理量大、二次废物少、能耗低、生态干扰小、污染物去除率高等优点。在实际应用中，可与疏浚进行类比选择。

（4）原位覆盖技术　原位覆盖是指采用一层或多层材料通过覆盖方式将底泥与上覆水分隔开，阻止污染物质进入上覆水体。根据相关工程经验，通常覆盖层的厚度为 0.1～

图 11-4 常用曝气技术

a) 鼓风曝气 b) 扬水曝气 c) 推流曝气 d) 微纳米曝气

0.3m。原位覆盖技术的主要功能为：①将上覆水体与污染底泥进行物理上的阻隔；②增加下部污染底泥的稳定性，减少迁移和悬浮；③通过吸附作用，削减污染物。但底泥原位覆盖大面积铺设时投入成本高，且覆盖层会减少水体库容，不适用于浅水湖泊。

2. 化学修复技术（图 11-5）

化学修复技术是将污染底泥与化学药剂进行混合，捕获底泥中的污染物或者通过化学药剂与底泥中的污染物产生化学反应，减少底泥中污染物向水体的释放。根据去除对象的不同，化学修复技术分为营养盐固定化制剂、重金属固定化制剂、除藻剂等。对于重金属超标的底泥，可以采用钝化处理技术。目前国际上常用的钝化剂有钙盐、铁盐和铝盐。

图 11-5 加入化学药剂处理底泥

3. 生物修复技术

（1）微生物修复技术（图 11-6、图 11-7）

微生物修复技术是通过投加高效能的微生物菌剂，加速污染物的降解转化，同时对水环境中土著微生物有一定的促生和加强作用。投加微生物菌剂分为两类：一是直接向受污染河道投加微生物菌剂或酶制剂；二是投加微生物促生剂，促进水体中土著微生物生长。

微生物常是游离态和悬浮态，菌种易流失。固定化微生物技术是运用化学或物理手段将

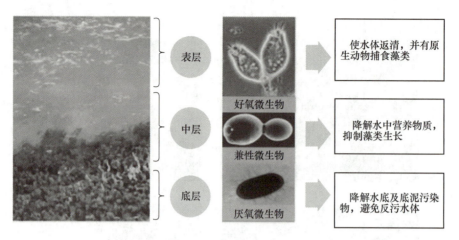

图 11-6　底泥微生物修复

游离性的微生物细胞、动植物细胞、细胞器或酶限制或定位在限定的空间范围内,使其不易悬浮于水且保留其固有的生物活性,并能被重复和连续利用的现代生物工程技术,可防止细菌丢失,并增强其降解能力。

(2) 水生植物修复技术(图 11-8)　水生植物修复技术是利用特定的水生植物(浮水植物、沉水植物及挺水植物)对水体中的污染物质进行吸收、富集、降解、转移的方法技术。沉水植物是水生环境的重要组成部分,与其他类别的水生植物相比,沉水植物

图 11-7　底泥微生物修复药剂投加

可以同时去除底泥和水体中的污染物,是水环境中重要的污染净化体。需要注意的是,光照是影响沉水植物生长的重要因素,恢复沉水植物工程中,需考虑光照是否满足沉水植物正常生长需求。

a)

图 11-8　水生植物修复技术
a) 浮水植物

图 11-8 水生植物修复技术（续）
b）沉水植物　c）挺水植物

4. 复合修复技术

实际水体污染及施工环境复杂，使用单一的处理技术去除效果或使用环境所限很难达到预期效果，可以集成或综合处理技术，主要是物理、化学及生物技术之间的组合。

5. 内源污染治理技术对比（表 11-2）

在各项内源污染治理技术中，物理技术较为成熟，但多数成本高，对季节和周边环境要求高；化学技术存在二次污染风险；生物法低成本、无二次污染，但其实际治理效果及效率仍有待进一步研究，且需要与多种技术结合起来实施。

表 11-2　内源污染治理技术对比

治理技术	优点	缺点	适用性
疏浚	清除潜在的内污染源，改善水体环境质量	施工中底泥再次悬浮污染；破坏底栖生物的生存环境，影响水生态系统的恢复；疏挖的底泥不妥善处理，存在二次污染风险；底泥后处置量大且成本高	一般用于前处理，污染底泥淤积严重，影响行洪；重金属污染严重或积累了大量的持久性有机污染物
原位覆盖	在短期内有效控制污染物释放；省去后续淤泥处理的成本	抬高河床；在流速较快的水体中或者水位涨落频繁的河道中，覆盖层容易受到破坏，影响治理效果	适用于轻度污染水体；不宜用在浅水或者对水深有要求的水域、淤积情况严重的水体中；不宜用于有修建桥墩、敷设管道需要的水体
原位洗脱	去除底泥表层污染；生态干扰小，污染物去除率高；产生污染物量少	对重金属去除效率低；作业深度较浅，对污染深度厚的底泥去除效果一般	不适用于重金属污染严重或污染底泥淤积严重水体
曝气	设备简单；见效快；适应性广；不危害水生生态	耗能高；单一技术使用易引起河道底泥的扰动，造成二次污染；易加快臭气的挥发，影响居民正常生活	与其他技术组合实施的条件下，多数为不通航水体
化学修复	见效快	使用成本高，效果不持久，易造成水体二次污染；仅能治理表层底泥	难降解物质的去除；适于在相对封闭、静止的污染水体及应急治理

(续)

治理技术	优点	缺点	适用性
微生物修复	生态环保	修复时间长；抗冲击能力差，菌种易流失；实际运用效果不乐观	适于在相对封闭、静止的污染水体
水生植物修复	投资和运行成本相对较低；改善生态景观	修复周期较长，见效慢，效果易受季节气候变化影响；需维护，防止水生植物生长过旺抑制其他生物生长及其死亡后未及时打捞，造成二次污染	适用于透明度较高的水体

11.2 疏浚范围及规模的确定

11.2.1 疏浚的判断标准

目前，底泥疏浚是内源污染控制最直接、有效的措施。

湖泊是否疏浚的问题一般是由水体生态服务功能的逐步降低或丧失被提出的。因此，底泥是否已对水质产生污染或已对生物产生生态风险，往往作为疏浚必要性的主要判据。只有确定底泥对湖泊水体具有实质性污染或生态风险后，疏浚项目方可列入实施计划。例如，在富营养化水体的藻类堆积区、有外源排入的河口湖湾以及城市黑臭段水体，底泥往往是春夏时段的主要污染源，氮、磷的释放通量有时可高达 $100mg/(m^2 \cdot d)$ 和 $10mg/(m^2 \cdot d)$。在必要性分析阶段，除涉及对底泥的污染物含量分析外，底泥内源负荷大小、底泥潜在的生态风险等是需要重点获取的信息，这其中包括污染湖泊拟疏浚底泥的内源污染贡献量，及其在总污染负荷中的贡献，以及生物体在该底泥环境中的生态风险程度等。多年来，应用于我国湖泊的底泥疏浚针对的水环境问题主要有：水体富营养化、底泥潜在生态危害风险、湖泊水体黑臭。

图 11-9 所示为湖泊疏浚项目流程。

富营养化是最常见的湖泊污染类型，也是国内外环保疏浚最需要解决的水环境问题。早期确定疏浚的必要性，主要依据的是底泥中目标污染物含量。但是，不同流域其自然和人类活动的历史、类型和程度，以及受环境影响的生物种类差异大，使得包括我国在内的绝大多数国家尚未能建立起湖泊沉积物的质量标准，参考其他标准（如土壤、农用污泥等）则缺乏借用依据。因此，从底泥中污染物含量，尚难以定量判断底泥的污染程度和生态风险。虽然底泥污染物含量越高其污染风险等级可能越大，但关于底泥中污染物含量与其对水体污染影响程度的定量关系，往往难以得到研究结论的支持。因此目前在富营养化湖泊的疏浚必要性决策中，底泥中氮、磷等营养物含量往往仅作为重要参考。

11.2.2 清淤范围的确定

疏浚范围确定实际包含在哪疏浚和疏浚多大两个问题。

一般认为，回答在哪疏浚的问题需要了解湖泊污染源和污染物分布特征，结合历史信息

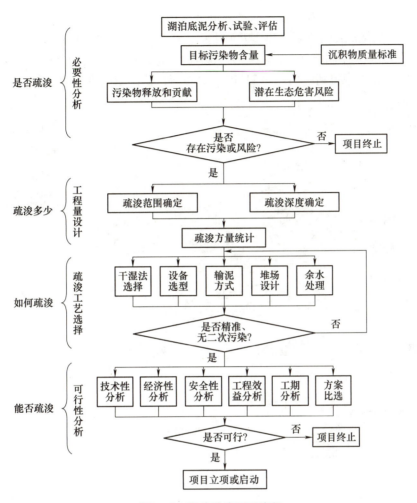

图 11-9 湖泊疏浚项目流程

的定性分析做出经验判断。从易受人类活动影响而言，湖泊的受污染底泥一般分布在入湖河口、湖岸区及相对封闭的湖湾，这些位置是湖泊环保疏浚常见的关注区域。但就保护水源地而言，还考虑将疏浚区放在水厂取水口附近。对于控制湖泊的环保疏浚，由于黑水团具有移动性，出现黑臭的水域不一定是湖泛的原发地，甚至有些区域湖底没有明显的软性底泥，这就需要了解湖底的底泥分布、流场特征等情况。另外，高等水生植物繁茂区、鱼类繁育区、底栖生物富集区等生态良好区，以及水工设施附近无底泥区等，在疏浚范围判定时还应予以排除。

疏浚多大需要回答的是疏浚范围或面积的问题。网格层次法是一种疏浚范围确定方法，它以氮磷静态释放、重金属生态风险指数（RI）、氮磷有机质、活性磷、氧化还原电位等 9 个底泥物化属性参数为主要考虑因素，同时考虑水质和生态特征共 17 个指标，将拟疏浚的湖泊或湖区划分为若干单元网格，把插值后的单元格中底泥水质和生态特征属性数据，依据 9 级标准分级和无量纲化处理，在层次分析法和专家打分的基础上计算出各级指标权重，再将数学方法获得的具有同一类别的疏浚综合评估值的网格单元进行面积归并，按综合评估值高低将湖泊划分出推荐疏浚区、规划治理区、规划保留区和规划保护区 4 类范围。该方法支持了太湖疏浚决策，其中推荐疏浚区和规划治理区中的部分区域，在 2007 年后太湖开展的环保疏浚中得到实施。还有学者在以上基础上引入了决策支持度指数的概念，将底泥、水质和生态特征的关键性控制指标减到 14 项，底泥权重的赋值增加到 70%，在浙江省沃洲湖（长诏水库）疏浚中得到应用。图 11-10 为网格层次法湖泊疏浚范围确定示意。

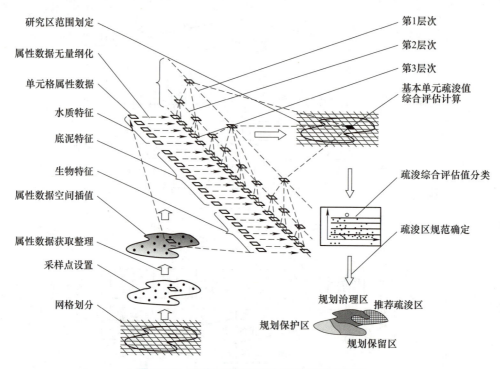

图 11-10　网格层次法湖泊疏浚范围确定示意

11.2.3　清淤深度的确定

疏浚深度的确定是环保疏浚工程实施过程中所面临的重要问题。湖泊底泥一般由三部分组成，自上而下依次为污染层、过渡层和本定层。对于底泥中的氮、磷分布情况，普遍认为底泥中总氮、总磷的浓度自上而下依次降低，而对水质富营养化起直接作用的氨氮和可溶性磷的浓度却是自上而下依次增高。环保疏浚主要是挖走污染层和部分过渡层的沉积物。若疏浚深度控制不当，就会导致深层的污染物释放进入水体，有可能打破原有湖水底质和水中氮、磷溶解释放平衡，使底泥中氮、磷的向水中释放速率成倍增加，从而引起疏浚后水体氮、磷浓度高于疏浚前的浓度，甚至会改变水中氮、磷的比例。湖泊底泥最佳疏浚深度的确定基于以下因素：

1）湖区不同部位底泥营养盐含量垂直分布特征。从沉积相序规律看，通常湖泊底泥受自然和人类活动影响而含有较丰富的氮、磷和有机质等营养物，其中受近代工业污染和人类活动影响较大的表层底泥污染较为严重，大多表现为污染物含量随深度增加而下降。湖泊底泥中 TOC、TN、TP 等营养物质也具有明显的表层含量较高、下层含量较低的垂向梯度变化特征。

2) 疏浚后底泥营养物向水体的再次释放。不同深度底泥样品释放的总氮、总磷的浓度随时间变化有一定的规律可供遵循。

3) 按照目前对湖泊沉积物的研究，沉积物的淤积速率一般在 0.3~0.7mm/a，如果按最大每年沉积 0.7mm/a 计算，当疏浚深度为 30~40cm 时，相当于疏浚 50 年的淤积物。

以武汉南湖底泥疏浚为例，南湖底泥情况如下：

第一层为污染层，最大厚度为 22cm，整个湖区底质层变化不大，平均厚度为 17cm。化学分析评价该层为重污染层。

第二层为过渡层，最大厚度为 35cm，该层厚度变化仍然不大。厚度为 20~34cm；化学分析评价该层为轻度污染层。

第三层为正常湖泊沉积层。

湖泊底质主要污染物为 TN、TP。其分布主要在底质上层和中层，表明为近代污染。虽然底质中层的 TN、TP 和有机质含量也较高，但是该层位 As、Cd、Hg 的含量与下层基本一致。单就湖泊内源污染去除而言，内湖浅水湖泊底泥疏浚平均深度控制在 30cm 左右为宜，这样即保证了主要污染物可被去除，又可防止清淤深度过深、破坏水体生态系统，同时节省清淤成本。

11.3 清淤疏浚工程施工

湖泊清淤可分为两种：环保清淤和工程清淤。环保清淤也称为生态清淤，是一种旨在清除河流、湖泊等水体中的污染底泥并为水生生态系统恢复创造条件的清淤方法，这种清淤方法需要与河道、湖泊的整治方案相协调，使清淤对周围环境和水体影响最小；工程清淤则主要是为了某种工程的需要，如疏通航道、增大湖泊库容、扩建港口等，而采用的一种清淤方法。

环保清淤的显著特点是薄层、精确、局部疏浚和严格的环保工艺控制要求，在清淤过程中要注重生物多样性和物种保护，清淤后的基底应为后续生物修复创造条件。

国内外用于湖泊、渠道底泥疏挖的方法很多，从采用人力角度，可分为人工开挖、机械开挖和半人工半机械开挖；从水体是否排水角度，可分为排水干滩施工、水下疏挖施工等。

1) 排水干滩与铲运机清淤：铲运机适用于水量较小、水深较浅的水域。施工的主要流程为采用施工围堰分期导流、泵抽或重力排水等适合项目现场的方式，将水域内的水基本排干，然后进行一定时间的晾晒，晾晒时间一般不超过一周，之后根据现场淤泥的实际情况可选择专用淤泥铲运机进行清淤作业，将淤泥清除并归堆于岸坡边缘，这种机械施工适用于淤泥泥性较好的情况，或者采用水力冲挖的方式进行清淤，即采用高压水枪对底泥进行冲挖，冲挖下来形成的泥浆被固定在浮桶上的泥浆泵提升至淤泥堆放点。图 11-11 为排水干滩与铲运机配合水陆挖机施工作业。

2) 水下疏挖：水下机械挖泥施工，具有高效、简单、施工灵活等特点，在大、中、小型湖泊，采矿和远洋，近海及港口中得到广泛应用，并发展出各式各样的专业挖泥设备和船舶。从挖掘机具的不同，大致可分为绞吸式挖泥船、吸扬式挖泥船、耙吸式挖泥船、斗轮式挖泥船、泵斗式挖泥船、气动泵挖泥船、链斗式挖泥船、抓斗式挖泥船、正铲挖泥船、反铲

图 11-11　排水干滩与铲运机配合水陆挖机施工作业

式挖泥船等，其中前 7 种安装了各式泥泵用于吸泥和排送；后 3 种安装了各种泥斗用于抓泥或挖泥。表 11-3 为国内外常用的水下挖泥的船舶和设备性能特点比较。图 11-12 为常见挖泥船疏浚施工作业。

表 11-3　国内外常用的水下挖泥的船舶和设备性能特点比较

疏挖设备	性能特点比较
绞吸式挖泥船	（1）对泥浆适应性较好，排距远，且可直接串接泵站进行远距离输送，在生产率及排距的选择上也较灵活，工作效率较高，能耗和成本较低 （2）在输送过程中，采用管道输送，不会使淤泥散落造成污染 （3）由于采用绞刀头机械底泥切削工作，对周围底泥的扰动会在一定范围内产生二次污染 （4）当清淤区生活垃圾等含量较大时，易被杂质堵口
耙吸式挖泥船	（1）目前国内最小耙吸式挖泥船为 500m^3，满载吃水一般均在 3m 以上，难以在浅水水域施工 （2）耙吸式挖泥船为整体船，运输困难 （3）施工中，低浓度泥浆将溢流回水体中，船舶航行时螺旋桨会搅起底泥，造成污染 （4）边走边挖，不适合要求疏挖区长度短的区域施工，挖泥平面控制精度差
斗式挖泥船	（1）能挖掘较硬密的土质，直接开挖原状土，不破坏底泥性状，挖掘效率高 （2）不适合松软淤泥的开挖，易漏泥，易造成污染，需采取防扩散措施 （3）清理厚度较薄的底泥时，效率将大幅降低 （4）辅助船舶较多，施工易受干扰
吸扬式挖泥船	（1）适于吸挖含水量较高的淤泥，对于稍密实或稍黏性的淤泥难以吸动。需加高压喷水装置使泥土松动，这将使污染淤泥发生较大范围的悬浮扩散，造成污染 （2）此类船型为早期的清淤工程船舶，船舶陈旧，性能较差，属于淘汰船型

图 11-12 常见挖泥船疏浚施工作业
a）绞吸式挖泥船　b）耙吸式挖泥船　c）斗式挖泥船

11.4　疏浚淤泥处理

11.4.1　处理原则

污泥的处理处置与其他固体废弃物的处理处置一样，都应遵循无害化、节能减排及资源利用的要求。

1）无害化处理原则：参照《城镇污水处理厂污染物排放标准》（GB 18918—2002）的要求，实现污泥的稳定化、减量化与无害化，彻底解决污泥的二次污染问题，满足处理处置过程的无害化环境要求。

2）节能减排原则：要始终坚持节能减排的原则，注意减少污泥处理过程的能源消耗与资源消耗，避免投资过大，运行成本过高，避免污泥处理过程的污染转移和二次污染。

3）资源利用原则：污泥中含有丰富的有机物和 N、P、K 等营养元素及 Ca、Mg、Cu、Zn、Fe 等植物必需的微量元素，将其回用于土地作为植物的肥料，能够改良土壤结构，增加土壤肥力，促进作物的生长；同时污泥热值较高，只要控制好含水率，污泥不需要添加辅助燃料能燃烧，可作为非常规能源使用。例如，污泥干燥后可以直接当燃料，或发酵产生沼气以便使用等。根据城市的工业结构和布局、城市性质的不同，污泥中重金属及营养成分的种类和含量也略有差异。结合污泥特点，可以对污泥进行充分的资源化利用。

11.4.2 常用淤泥处理方案

淤泥的处理过程包括污泥的处理和最终处置两个过程。在选择淤泥处理工艺之前，须首先确定处理后的淤泥含水率及最终处置的方法。淤泥处理的主要方法包括自然脱水干燥法、真空预压脱水法、土工管袋脱水法、机械脱水法、搅拌固结法等。

1. 自然脱水干燥法

自然脱水干燥法有自然暴晒、人工翻晒、底面脱水、堑壕挖掘等几种方式。此类方法属于利用太阳光能、空气对流对淤泥进行自然脱水、干燥，或利用淤泥自重压密，促使含水率下降的工法。

2. 真空预压脱水法（图11-13）

真空预压脱水法是通过在处理池中敷设防渗膜、真空管道、沙滤层和土工布等设施，对排入处理池中的淤泥进行覆膜、抽真空，营造有利于淤泥脱水的环境，利用真空压力和淤泥自重对淤泥进行脱水处理的方法。

图 11-13　真空预压脱水法

3. 土工管袋脱水法（图11-14）

土工管袋处理工法是把高含水率的淤泥或泥浆排入土工管袋中，利用土工管袋的透水性，对淤泥进行压密搁置，促进脱水，再将其作为填土进行填埋或利用的工法。

4. 机械脱水法（图11-15）

淤泥机械脱水使用的设备主要有离心脱水机、带式压滤机和板框压滤机等。

1) 离心脱水机是利用离心分离原理，通过转鼓和螺旋的高速旋转产生强大的离心力，推动含水淤泥中固相物质运动，完成淤泥的沉降、过滤和脱水。

图 11-14　土工管袋脱水法

2) 带式压滤机是利用张紧的滤带与辐轴之间的剪切力对淤泥进行挤压搓揉的方式，强制将淤泥中的水分挤出。

3) 板框压滤机是利用进料泵及板框的压力对淤泥进行挤压，强制将淤泥中的水分挤出。

5. 搅拌固结法

搅拌固结法采用在淤泥中加入固化材料，对淤泥进行固化、改性，形成有一定工程力学

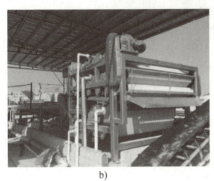

图 11-15 常见的淤泥脱水机器
a) 离心脱水机 b) 带式压滤机 c) 板框压滤机

强度、可供利用的淤泥改性土,同时可将污染土固结、封闭,形成一层隔离膜,避免发生有害物质交换而污染周边环境。

根据淤泥固结时是否采取了脱水处理措施,搅拌固结法可分为原位固结和脱水固结一体化处理两大类,其差异的核心在于是否对淤泥中的水分进行了减量化处理。

(1) 原位固结 淤泥搅拌固结处理是直接在开挖淤泥或经过自然沉淀的疏浚泥浆中加入固结剂,对淤泥进行搅拌、改性,并将处理后的高含水淤泥进行堆放、存储的方法。

(2) 脱水固结一体化处理 淤泥脱水固结一体化处理是根据城市河道、湖泊高有机质含量、极细颗粒淤泥泥浆的特点,加入聚沉剂及固化剂结合的复合材料对泥浆进行调理的工艺要求,即将泥水分离处理。

11.4.3 常用处理方案工艺流程

目前较为常用的淤泥处理方案主要有:原位固结、土工管袋脱水、脱水固结一体化等方法。

1. 原位固结

原位固结是向淤泥中添加固化材料,通过晾晒、排水、搅拌混合、养护、碾压密实,使淤泥、水、固化材料之间发生一系列的水解和水化反应,使得松软无强度的淤泥变成具备一定力学性能的回填土料。原位固结如图 11-16 所示。

图 11-16 原位固结
a）布料 b）搅拌混合 c）淤泥产品

该法所有工序都在围堰沟槽内完成。所使用的淤泥改性材料是 HAS 土壤固化剂，该材料能显著改善和提高淤泥性能，使之具有相对强度高、收缩量少、颗粒间孔隙小、压实度高等工程特性，遇水不会出现二次泥化现象。

主要施工步骤如下：

（1）修筑便道　清除河（湖）堤上的杂物，平整便道，便于渣土运输车辆通行及现场清淤等设备进出场。

（2）清污、堆泥沥水　根据设计的清淤范围，以约长、宽各为 150m 作为一个作业区，采用专用清淤设备将污染的淤泥清理出来，并堆成堆，便于沥水。

（3）尾水处理　在现场收集堆泥沥水产生的尾水，经检测若超过《地表水环境质量标准》（GB 3838—2002）四级标准的浓度限值，则需要经过处理，若不超过其限制浓度，可进行直接排放。

（4）摊泥、布料、拌和　在每个施工单元内，待淤泥沥水后没有明水，将淤泥摊在作业面上，按照设计的配合比例，将 HAS 土壤固化剂均匀布在淤泥上，并拌和 3 次，每次将底部素土翻起，但又不翻松下承层。现场应注意淤泥的含水量，以混合料颜色均匀一致，没有灰条、灰团和花面为准。

（5）护坡回填施工　在选定的填埋区域内，将处理好的淤泥转运进来，分层回填、碾压，压实厚度控制在 20cm/层。

严格按照施工工艺和相关土方回填规范进行回填施工。下层填筑经检测，相关设计指标符合要求后方可填筑上层。

（6）回填封面处理　处理后的渣土填筑完毕后，在填埋场顶面铺填一层厚度为 0.5m 的素土。

2. 土工管袋脱水（图 11-17）

土工管袋是一种由聚丙烯纱线编织而成的具有过滤结构的管状土工袋。土工管袋脱水法是在水下疏浚的过程中将高分子絮凝剂（PAM）按一定比例剂量投入到淤泥泥浆中，充分混合后充填到土工管袋中，经重力压滤脱水固结，以达到减少淤泥体积的效果。

土工管袋脱水步骤分为 3 个阶段：充填、脱水及固化阶段。

（1）充填　通过吸泥船将淤泥泵送至淤泥处理场的土工管袋中，同时投加 PAM 和稳定剂促进固体颗粒固结。

（2）脱水　渗出水从土工管袋中排出，其脱水动力来自于土工管袋材质所具有的过滤结构和袋内液体压力。经脱水后，超过99%的固体颗粒被存留在土工管袋中，渗出水可以进行收集并再次在系统中循环利用。

（3）固化　存留在管袋中的固体颗粒填满后，可将土工管袋及其填充物送至相关消纳单位处置。

 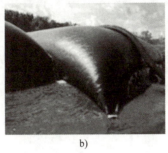 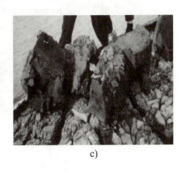

图 11-17　土工管袋脱水
a）充填　b）脱水　c）固化

3. 脱水固结一体化（图 11-18、图 11-19）

淤泥脱水固结处理系统工艺流程：通过吸泥船将疏浚泥浆经过管道输送至沉淀池，经过格栅机拦污和重力沉淀后，自流入调节池，泥浆在调节池完成浓度调理后，再泵送至均化池，在输送管道中投加固化剂，泥浆在均化池均化后泵送至板框压滤机进行泥水分离，形成泥饼，泥饼采用自卸式密闭槽车输送至消纳单位。调节池、均化池、沉淀池的上清液及淤泥脱水的滤出液经过泵送至尾水反应沉淀池反应达标后排入受纳水体。

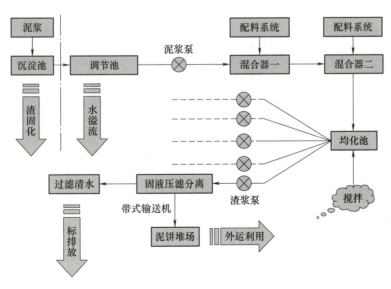

图 11-18　脱水、固结工艺流程示意

图 11-19 脱水固结示意图

a) 绞吸船　b) 调节池　c) 均化池　d) 压滤脱水　e) 脱水泥饼

表 11-4 为三种淤泥处理方式经济技术比较。

表 11-4　三种淤泥处理方式经济技术比较

处理方法		原位固结（干塘法）	土工管袋脱水	脱水固结一体化
环境影响	气体方面	（1）投加粉状药剂，围堰区内搅拌混合，易形成扬尘，影响周边环境；遇降雨可能影响水体水质 （2）干塘后，表层淤泥臭味较大	泥水混合作业，臭味较小	泥水混合作业，臭味较小
	水体方面	尾水量较少，直排对水体影响相对较小	带水作业，尾水量较大，直排对水体影响较大	带水作业，尾水量较大，直排对水体影响较大
	噪声方面	施工区域噪声量相对较小	施工区域噪声量相对较小	施工区域噪声量相对较大
	固废方面	处理后淤泥产品含水率一般为50%~60%且遇水易泥化，外运消纳受限	处理后淤泥产品含水率一般为40%~50%	处理后淤泥产品含水率一般<40%
经济指标		120.73 元/t	134.00 元/t	150.00 元/t
工程实施	处理场地	无须另设淤泥处理场地	需另设淤泥处理场，且处理场面积大	需另设淤泥处理场，且处理场面积较大
	施工进度	（1）需先将围堰全部实施完后并排出堰内湖水后进行初次晾晒脱水，脱水完成再投药固化进行二次晾晒，二次晾晒完成后才能外运，工期较长 （2）投药搅拌机单位时间内处理能力有限	土工管袋压滤时间较长	（1）施工周期相对较短 （2）因处理场内的成品淤泥堆场相对较小，若淤泥产品消纳受限无法运出，将使堆场无法放下

（续）

处理方法		原位固结（干塘法）	土工管袋脱水	脱水固结一体化
工程实施	外部环境的影响	阴天处理效果较差，雨、雪对施工影响较大	受外部环境影响较小	受外部环境影响较小
	施工难易程度	清淤深度较难准确控制	尾水处理量较大，尾水需进行处理后达标排放，处理标准要求高	尾水处理量较大，尾水需进行处理后达标排放，处理标准要求高
	处理效果	采用搅拌机混合，较难保证固化剂与淤泥混合均匀，淤泥处理产品含水率高，遇水易泥化，不稳定	重力挤压，淤泥处理产品含水率相对较低	机械挤压，处理产品含水率较低，产品遇水不易泥化，产品较稳定

11.5　疏浚淤泥处置

疏浚淤泥（泥饼）的最终处置方法有填埋、焚烧、综合利用等多种方式，综合利用一般以农田和林草地利用和建材利用为主。

1. 填埋（图 11-20）

处理后淤泥（泥饼）填埋是目前国内外常采用的方式。其优点是投资少、容量大、见效快。处理后的淤泥（泥饼）有机物含量降低，总体积减小，性能稳定，可以直接送到生活垃圾填埋场，可作为填埋场的每天覆土及最终覆土；也可以设置专用的填埋场（城市洼地），根据底泥的含水率及力学特性等因素进行专门填埋。

图 11-20　淤泥填埋

2. 焚烧（图 11-21）

湿污泥干化后直接焚烧应用较为普遍。以焚烧为核心的污泥处理方法是最彻底的污泥处理方法，它能使有机物全部碳化，杀死病原体，可最大限度地减少污泥体积；其缺点在于焚烧的设备投资大（焚烧炉相当大的折旧影响）、能源及操作费用都很昂贵，处理费用高，易产生大气污染问题，而且污泥中的有用成分（TN、TP）未得到充分利用。

图 11-21　淤泥焚烧

3. 综合利用

（1）农田和林草地利用（图11-22）对底泥重金属含量进行检测，如果重金属含量达标，那么疏浚后的底泥就可以作为肥料利用，如用于城市绿化、林地草地、农业生产和蔬菜大棚等。未经污染的底泥有着良好的肥力，传统农村水稻育苗一般都使用鱼塘底泥。疏浚底泥自身含有腐殖质胶体，不仅养分充足，还能够让土壤形成团粒结构，更好地保墒保肥。疏浚底泥含有大量的有机质，

图11-22　污泥堆肥

能够代替传统化学肥料。在应用于林草地时，还可以将污染物和重金属固定在植物中，有利于控制污染。

底泥和无机肥混合施用，其肥力高于马粪等有机肥料。在成本方面，底泥肥料也低于有机肥，经济效益较好。在农业生产中，加入疏浚底泥有利于粮食和蔬菜作物的生长，如果施用量适当，Cu、Zn含量不会超过国家标准。底泥投放于农地比堆放污染要小，是理想的利用方向。

（2）湿地建设和土壤修复　我国人工湿地建设步伐加快，很多地方也通过人造湿地的方式改善生态环境，而底泥就是重要的原料。例如，在人工湖建设中，将底泥沉积到湿地人工湖中，既实现了净化水体的目的，又实现了资源利用。

底泥也可以用于修复受扰动的土地，如肥力严重退化、地表严重破坏、废弃土坑、工业区等的土地。这些土地已经丧失土壤的营养，加入底泥之后能够大大提高其养分，恢复改善生态环境。此外，在垃圾填埋时也可以利用底泥，满足垃圾场的防渗要求，降低污染。在底泥中，混入灰分和石灰石，能够用于矿场回填，防污效果明显。

（3）填方材料　固化处理后的疏浚底泥（泥饼）成为填方材料，可代替砂石和土料进行使用。与一般的土料相比，固化土具有不产生固结沉降、强度高、透水性小等优点，除可以免去碾压、地基处理施工外，有时还可达到普通土砂达不到的工程效果，可用于以下工程：

筑堤或堤防加固工程：疏浚底泥固化后具有强度高、透水性小的特点，可以成为良好的筑堤材料，将其用于筑造江湖堤防，可满足边坡稳定、防渗和防冲刷的要求。结合江河、湖泊的堤防加固工程，将疏浚底泥进行固化处理作为培土对堤防进行加高，加宽可提高堤防的抗洪能力。

道路工程的路基、填方工程：使用经过固化处理的疏浚底泥可以完全满足工程的要求。而且，所得到的路基强度较高，可防止边坡失稳，不均匀沉降和雨水冲刷方面。

淤泥作为填方材料时，河底疏浚淤泥需要采用专门固结干化设备进行固结干化处理。

（4）建筑材料利用　诸多工业化利用途径中，河道底泥制造建筑材料的资源化利用，具有显著的优势：建材行业的原料需求量非常大，能够及时消纳清淤产生的大量底泥；固体废料的建材资源化往往不需进行大的固定资产投资，经济效益非常显著。表11-5为污泥处置方式对比。

表 11-5　污泥处置方式对比

序号	处置方式	优点	缺点
1	填埋	技术成熟；简单、易行、成本低，污泥又不需要高度脱水，适应性强	填埋渗滤液易污染地下水；产生气体易爆炸；不能最终避免环境污染，而只是延缓了产生时间
2	焚烧	以焚烧为核心，是最彻底的污泥处理方法，它能使有机物全部碳化，杀死病原体，可最大限度地减少污泥体积	投资和操作费用较高；焚烧过程中产生飞灰、炉渣和烟气对环境影响大；污泥中的有用成分（TN、TP）未得到充分利用
3	农田和林草地利用	投资少、能耗低、运行费用低、有机部分可转化成土壤改良剂成分	污泥农用存在一定的隐患与风险；我国关于污泥农用风险的研究体系尚不健全
4	其他	主要作为建筑材料的原料予以利用；有条件的地区可积极推广污泥建筑材料综合利用	处置成本相对较高

复习思考题

1. 简述底泥内源污染产生的过程及污染类型。
2. 底泥内源污染治理的常用技术有哪些？
3. 底泥疏浚的判断标准有哪些？
4. 底泥清淤范围和深度如何确定？
5. 比较常用的水下挖泥的船舶和设备的性能特点。
6. 疏浚淤泥的常用处理方案有哪些？
7. 疏浚淤泥的常用处置方案有哪些？

第 12 章
建筑给水排水管道及卫生设备施工

建筑给水排水管道及卫生设备的施工主要是在土建主体工程完成后，内外装饰工程施工前进行。为了保证施工质量，加快施工进度，施工前应熟悉和会审施工图及制定各种施工计划，编制施工组织设计。同时，在土建施工过程中应积极配合土建工程进行各种孔洞预留、金属结构预埋的施工准备工作，为后期的管道及卫生设备的安装做好施工准备。

12.1 施工准备及配合土建施工

12.1.1 施工准备

建筑给水排水工程设计与施工的主要依据：

1) 施工图、施工组织设计。
2) 《国家建筑标准设计图集》S1、S2、S3、S4、07S906。
3) 《建筑给水排水设计标准》（GB 50015—2019）。
4) 《建筑设计防火规范》（2018 年版）（GB 50016—2014）。
5) 《自动喷水灭火系统设计规范》（GB 50084—2017）。
6) 《消防设施通用规范》（GB 55036—2022）。
7) 《固定消防炮灭火系统设计规范》（GB 50338—2003）。
8) 《气体灭火系统设计规范》（GB 50370—2005）。
9) 《水喷雾灭火系统技术规范》（GB 50219—2014）。
10) 《建筑灭火器配置设计规范》（GB 50140—2005）。
11) 《给水排水管道工程施工及验收规范》（GB 50268—2008）。
12) 《建筑给水排水及采暖工程施工质量验收规范》（GB 50242—2002）。

施工图包括给水排水管道平面图、剖面图、给水排水系统图、施工大样图及施工设计总说明等。熟悉施工图的过程中，必须了解室内给水排水管道连接情况，包括室外给水排水管道走向、给水引入管和排水出户管的具体位置、相互关系、管道连接标高，水表井、阀门井和检查井等的具体位置以及管道穿越建筑物基础的具体做法；弄清室内给水排水管道的布置，包括管道的走向、管径、标高、坡度、位置及管道与卫生器具或生产设备的连接方式；了解室内给水排水管道所用管材、配件、支架的材质和型号、规格、数量及施工要求；了解建筑的结构、楼层标高、管井、门窗、洞、槽的具体位置等。

在熟悉施工图后，应进行图样会审。施工方应根据图样提出施工中会出现的技术问题，由设计人员向施工技术人员进行技术交底，说明设计意图、设计思想和施工质量要求等，并及时解决施工方提出的技术问题。通过图样会审，施工人员应了解建筑结构及其特点、生产工艺流程、生产工艺对给水排水工程的要求，管道及设备布置要求，相关加工件及特殊材料要求等。

施工前应根据施工需要进行调查研究，充分掌握以下情况和资料：
1）现场地形及现有建筑物和构筑物的情况。
2）工程地质与水文地质资料。
3）气象资料。
4）工程用地、交通运输及排水条件。
5）施工供水、供电条件。
6）工程材料和施工机械供应条件。
7）结合工程特点和现场条件的其他情况和资料等。

施工班组应根据施工组织设计的要求，做好材料、机具、现场临时设施及技术上的准备，必要时应到现场根据施工图进行实地测绘，画出管道预制加工草图。管道加工草图一般采用轴测图形式，在图样上要详细标注管道中心线间距、各管配件间管径、标高、阀门位置、设备接口位置、连接方法，同时画出墙、梁、柱等的位置。根据管道加工草图可以在管道预制场或施工现场进行预制加工。

12.1.2 配合土建施工

建筑给水排水管道施工与土建施工关系密切，尤其是高层建筑给水排水管道的施工，配合土建施工的工作尤为重要。对于一般的多层建筑的砖墙，可以采用冲击电钻、开孔器等机具进行现场打孔、穿墙的施工。但钢筋混凝土结构的墙、梁、柱、楼板是不允许手工穿墙打洞的，而是在土建钢筋混凝土施工阶段就进行孔洞的预留或预埋件的预埋等配合施工工作。

1. 现场预留孔洞法

这种施工方法可避免土建与安装施工的交叉作业或由于安装工程面窄等因素造成窝工的现象，是建筑给水排水管道工程施工常用的一种方法。

为了保证预留孔洞的正确，在土建施工开始时，安装单位应派专人按照设计图将管道及设备的位置、标高尺寸的要求，配合土建预留孔洞。土建在砌筑、浇筑基础时，可以按表12-1中给出的尺寸预留孔洞。土建浇筑剪力墙、现浇楼板之前，对于较大孔洞的预留应采用预制好的钢制模盒固定在钢筋网上；对于较小的孔洞一般可用短圆木或竹筒牢牢固定在楼板上。预埋的金属件应采用电焊点焊在钢筋网上的方式固定在图样所规定的位置上。无论采用何种方式预留预埋，均须固定牢靠，以防浇捣混凝土时移动错位，保证孔洞大小、平面位置及设置标高的正确。立管穿楼板预留孔洞尺寸可按表12-1中的规定进行预留。

表 12-1 预留孔洞尺寸

管道名称	穿楼板	穿屋面	穿（内）墙	备注
PVC-U 管	孔洞大于管外径 50～100mm	—	孔洞大于管外径 50～100mm	
PVC-C 管	套管内径比管外径大 50mm	—	套管内径比管外径大 50mm	为热水管
PP-R 管	—	—	孔洞比管外径大 50mm	
交联聚乙烯（PEX）管	孔洞宜大于管外径 70mm，套管内径不宜大于管外径 50mm	孔洞宜大于管外径 70mm，套管内径不宜大于管外径 50mm	孔洞宜大于管外径 70mm，套管内径不宜大于管外径 50mm	
铝塑复合（PAP）管	孔洞或套管的内径比管外径大 30～40mm	孔洞或套管的内径比管外径大 30～40mm	孔洞或套管的内径比管外径大 30～40mm	
钢管	孔洞比管外径大 50～100mm		孔洞比管外径大 50～100mm	
薄壁不锈钢管	（可用塑料套管）	（须用金属套管）	孔洞比管外径大 50～100mm	
钢塑复合管	孔洞尺寸为管道外径加 40mm	孔洞尺寸为管道外径	—	

2. 现场打洞法

这种施工方法的优点是便于管道工程的全面施工，在避免了与土建施工交叉作业的同时，运用优良的打洞机具，如冲击电钻、电锤、钻孔器、錾子等工具，使打洞既快又准，是一般建筑给水排水管道施工的常用方法。须注意的是，在现场打洞时，应控制力度，严禁使用大锤击打，防止破坏建筑结构。

施工现场是采取管道预埋、孔洞预留或现场打洞一般受建筑结构要求、土建施工进度、工期、安装机具配置、施工技术水平等影响。施工时，可视具体情况，决定以哪种方式为主。实际上，建筑给水排水管道施工常常是 3 种方法兼而有之。

3. 预埋管件法

（1）预埋穿墙防水套管　管道在穿越剪力墙时，为保证墙面不漏水，应预埋防水套管。套管的管径较穿越的管道大 1～2 号。刚性防水套管在浇筑混凝土之前就点焊在钢筋网上，两端应与墙面平齐，套管内塞入纸团或碎布等物，在浇筑混凝土时应有专人配合监督，看套管是否移位。刚性防水套管的形式如图 12-1 所示。

Ⅰ 型及 Ⅱ 型防水套管适用于铸铁管，也适用于非金属管，但应根据采用管材的管壁厚度修正有关尺寸。Ⅰ 型及 Ⅱ 型防水套管穿墙处的墙壁，遇非混凝土墙壁时，应改用混凝土墙壁，其浇筑混凝土范围：Ⅰ 型套管应比铸铁套管管外径大 300mm，Ⅱ 型套管应比翼环直径（D_4）大 200mm，而且必须将套管一次性浇固于墙内。套管内的填料应紧密捣实。

Ⅰ 型和 Ⅱ 型防水套管处的混凝土墙厚，应不小于 200mm，否则应在墙壁一边或两边加厚，加厚部分的直径，Ⅰ 型应比铸铁套管外径大 300mm，Ⅱ 型应比翼环直径（D_4）大 200mm。

Ⅲ 型及 Ⅳ 型翼环防水套管适用于钢管。Ⅲ 型及 Ⅳ 型防水套管穿墙处的墙壁，遇非混凝土

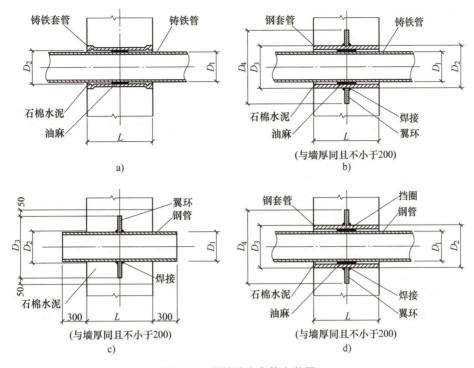

图 12-1 刚性防水套管安装图

a) Ⅰ型刚性防水套管 b) Ⅱ型刚性防水套管 c) Ⅲ型刚性防水套管 d) Ⅳ型刚性防水套管

墙壁时,应改用混凝土墙壁,其浇筑混凝土范围应比翼环直径(D_4)大200mm,而且必须将套管一次性浇固于墙内。套管内的填料应紧密捣实。

Ⅲ型及Ⅳ型翼环防水套管处的混凝土墙厚,应不小于200mm,否则应在墙壁一边或两边加厚,加厚部分的直径,应比翼环直径(D_4)大200mm。

Ⅰ、Ⅱ、Ⅲ、Ⅳ型防水套管的尺寸参数详见表12-2。

表12-2 防水套管的尺寸参数

公称直径	DN25	DN32	DN40	DN50	DN70	DN80	DN100	DN125	DN150	DN200	DN250	DN300	DN350	DN400	DN450	DN500	DN600
Ⅰ型套管尺寸																	
D_1						93	118	143	169	220	271.6	322.8	374	425.6	476.8	528	630.8
D_2						113	138	163	189	240	294	345	396	448	499	552	655
L/mm						300	300	300	300	300	300	350	350	350	350	350	400
Ⅱ型套管尺寸																	
D_1				60		93	118	143	169	220	271.6	322.8	374	425.6	476.8	528	630.8
D_2				114		140	168	194	219	273	325	377	426	480	530	579	681
D_3				115		141	169	195	220	274	326	378	427	481	531	580	682
D_4				225		251	289	315	340	394	446	498	567	621	671	720	822

续表

公称直径	DN25	DN32	DN40	DN50	DN70	DN80	DN100	DN125	DN150	DN200	DN250	DN300	DN350	DN400	DN450	DN500	DN600
Ⅲ型套管尺寸																	
D_1	33.5	38	50	60	73	89	108	133	159	219	273	325	377	426	480	530	630
D_2	35	39	51	61	74	90	109	134	160	220	274	326	378	427	481	531	631
D_3	95	99	111	121	134	150	209	234	260	320	374	476	528	577	631	681	831
Ⅳ型套管尺寸																	
D_1				60		89	108	133	159	219	273	325	377	426	480	530	630
D_2				114		140	159	180	203	273	325	377	426	480	530	579	681
D_3				115		141	160	181	204	274	326	378	427	481	531	580	682
D_4				225		251	280	301	324	394	446	498	567	621	671	720	822

（2）预埋穿楼板套管　管道穿越普通砖墙及无防水要求的楼板时，可采用普通钢制套管。套管的管径较穿越的管道大1~2号，穿墙套管与墙面平齐，穿楼板套管上端应高出地面20mm，下端与顶棚平齐，以防地面积水顺套管流入下层。套管与管道间的缝隙均应按设计要求做填料严密处理。

（3）预埋件　施工中应根据施工图确定设备的准确位置，并在设备固定的基础、梁或柱子内预埋钢板或螺母，将预埋的钢板或螺母在浇筑混凝土之前就点焊在钢筋网上，一次性浇固于混凝土结构内，以便后期设备安装时进行设备的固定。

12.2　给水系统施工

给水系统如图12-2所示。室内给水管道所用的管材、配件、阀门等应根据施工图的规定选用。建筑给水管道安装顺序：引入管→干管→立管→支管→水压试验合格→卫生器具或用水设备或配水器具→竣工验收。

12.2.1　引入管的安装

引入管安装时，应尽量与建筑外墙轴线垂直，这样穿过基础或外墙的管段最短。引入管的安装大多为埋地敷设，埋设深度应满足设计要求，如果设计无要求，需根据当地土壤冰冻深度及地面载荷情况，参照室外排水接管点的埋深而定。建筑物给水引入管道上应设置水表节点及水表、阀门井。

引入管穿过承重墙或基础时，必须注意对管道的保护，防止基础下沉而破坏管道。引入管的安装宜采取管道预埋或预留孔洞的方法。引入管敷设在预留孔洞内或直接进行引入管预埋，均要保证管顶距孔洞壁的距离不小于100mm。预留孔与管道间空隙用黏土填实，两端用M5水泥砂浆封口。图12-3为引入管穿墙基础；图12-4为引入管由基础下部进入室内做法。当引入管穿越地下室外墙时，应采取防水措施，其做法见图12-5。

引入管上设有阀门或水表时，应与引入管同时安装，并做好防护设施，以防损坏。

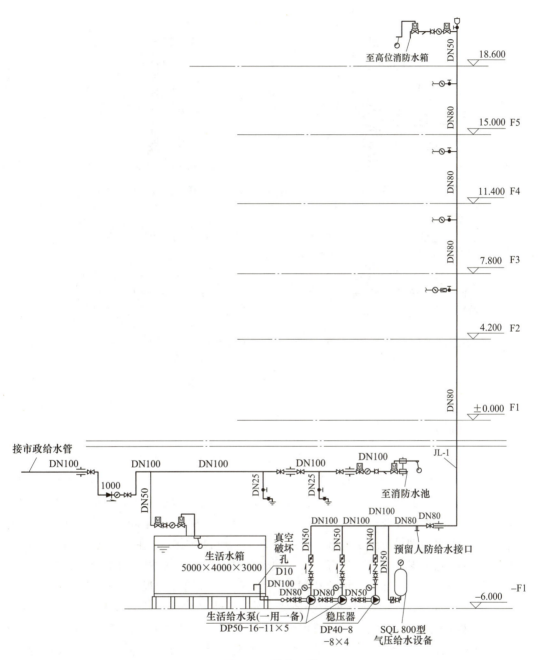

图 12-2 给水系统

引入管敷设时，为便于维修时将室内系统中的水放空，其坡度应不小于 0.003，坡向室外泄水装置。

当有两条引入管在同一处引入时，管道之间净距应不小于 0.1m，以便安装和维修。当引入管与排水管平行敷设时，两管的水平净距离不得小于 1.0m。当引入管与排水管交叉敷设时，引入管应敷设在排水管的上方，且垂直净距离不得小于 0.15m。

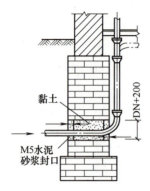 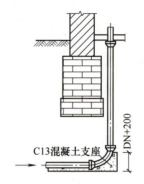

图 12-3　引入管穿墙基础　　图 12-4　引入管由基础下部进入室内大样图

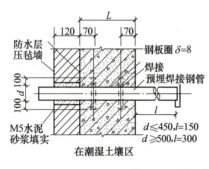 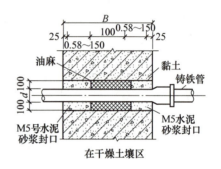

图 12-5　引入管穿地下室墙壁做法

12.2.2　建筑给水管道的安装

建筑给水排水管材选择见本书第 6.2 节管材及其应用的有关内容。

建筑给水管道的安装方法有直接施工和预制化施工两种。直接施工是在已建建筑物中直接实测管道、设备安装尺寸，按部就班进行施工的方法。这种施工方法较落后，施工进度较慢。但由于土建结构尺寸要求不甚严格，安装时宜在现场根据不同部位实际尺寸测量下料，对建筑物主体工程用砌筑法施工时常采用这种方法。预制化施工是在现场安装之前，按建筑内部给水系统的施工安装图和土建有关尺寸预先下料、加工，部件组合的施工方法。这种方法要求土建结构施工尺寸准确，预留孔洞及预埋套管、金属件的尺寸、位置无误（为此现在采用机械钻孔而不必留孔）。这种方法还要求施工安装人员下料、加工技术水平高，准备工作充分。这种方法可提高施工的机械化程度和加快现场安装速度，保证施工质量，是一种比较先进的施工法。随着建筑物主体工程采用预制化、装配化施工以及匣子式卫生间等的推广使用，给水排水系统实行预制化施工会越来越普遍。

这两种施工方法都需进行测线，只不过前者是现场测线，后者是按图测线。给水设计图只给出了管道和卫生器具的大致平面位置，所以测线时必须有一定的施工经验，除了熟悉图样外，还必须了解给水工程的施工及验收规范、有关操作规程等，才能使下料尺寸准确，安装后符合质量标准的要求。

测量计量尺寸时经常要涉及下列几个尺寸概念：

（1）建筑长度　管道系统中两零件或设备中心之间（轴）的尺寸，如两立管之间的中心距离，管段零件与零件之间的距离等，如图12-6所示。

（2）安装长度　零件或设备之间管子的有效长度。安装长度等于建筑长度减去管子零件或接头装配后占去的长度，如图12-7所示。

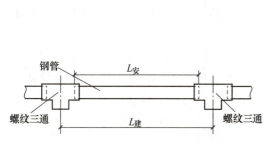

图12-6　建筑长度$L_{建}$与安装长度$L_{安}$
（管螺纹连接）

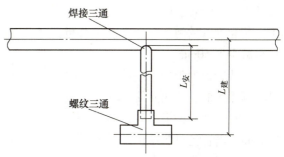

图12-7　建筑长度$L_{建}$与安装长度$L_{安}$
（有焊接时）

（3）加工长度　管子所需实际下料尺寸。对于直管段，加工长度就等于安装长度。对于有弯曲管段，加工长度不等于安装长度，下料时要考虑煨弯的加工要求来确定加工长度。法兰连接时确定加工长度应注意减去垫片的厚度。

安装管子主要要解决切断与连接、调直与弯曲两对矛盾。将管子按加工长度下料，通过加工连接成符合建筑长度要求的管路系统。

测线计量尺寸首先要选择基准，基准选择正确，配管才能准确。建筑内部排水管道安装所用的基准为水平线、水平面和垂直线垂直面。水平面的高度除可借助土建结构，如地坪标高、窗台标高外，还须用钢卷尺和水平尺，要求高时用水准仪测定。角度测量可用直角尺，要求高时用经纬仪。垂直线一般用细线（绳）或尼龙丝及重锤吊线，放水平线时用细白线（绳）拉直即可。安装时应弄清管道、卫生器具或设备与建筑物的墙、地面的距离及竣工后的地坪标高等，保证竣工时这些尺寸全面符合质量要求。例如，墙面未抹灰就安装管道时则应留出抹灰厚度。

通过实测确定管道的建筑长度，可以用计算法和比量法确定安装长度。根据管配件、阀门的外形尺寸和装入管配件、阀门内螺纹长度，计算出管段的安装长度，此为计算法。比量下料法是在施工现场按测得的管道建筑长度，用实物管配件或阀门比量的方法直接在管子上确定加工长度，作好记号后进行下料。

室内给水管道的安装，根据建筑物的结构形式、使用性质和管道工作情况，可分为明装和暗装两种形式。

明装管道在安装形式上，又可分为给水干管、立管及支管均为明装，以及给水干管、立管及支管部分明装两种。暗装管道就是给水管道在建筑物内部隐蔽敷设。在安装形式上，常将暗装管道分为全部管道暗装和供水干管、立管及支管部分暗装两种。

1. 给水干管安装

明装管道的给水干管安装位置一般在建筑物的地下室顶板下或建筑物的顶层顶棚下。给水干管安装之前应将管道支架安装好。管道支架必须装设在规定的标高上，一排支架的高度、形式、离墙距离应一致。为减少高空作业，管径较大的架空敷设管道应在地面上进行组装，将分支管上的三通、四通、弯头、阀门等装配好，经检查尺寸无误，即可进行吊装。吊装时，吊点分布要合理，尽量不使管子过分弯曲。在吊装中，要注意安全操作。各段管子起吊安装在支架上后，立即用螺栓固定好，以防坠落。

架空敷设的给水干管应尽量沿墙、柱子敷设，大管径管子安装在里面，小管径管子安装在外面，同时管道应避开门窗的开闭。干管与墙、柱、梁、设备及另一条干管之间应留有便于安装和维修的间距，通常管道外壁距墙面不小于 100mm，管道与梁、柱及设备之间的距离可减少到 50mm。

暗装管道的干管一般设在设备层、地沟或建筑物的顶棚里，或直接敷设于地面下。当敷设在顶棚里时，应考虑冬季的防冻措施（保温）；当敷设在地沟内，不允许直接敷设在沟底，应敷设在支架上。管道表面距沟壁和沟底的净距离：当管径≤DN32 时，一般不小于 100mm；当管径>DN32 时，一般不小于 150mm，以便于施工与维修；直接埋地的金属管道应进行防腐处理。

2. 给水立管安装

给水立管安装之前，应根据设计图弄清各分支管之间的距离、标高、管径和方向，应注意安装支管的预留口（甩口）位置，确保支管方向坡度的准确性。明装管道立管一般设在房间的墙角或沿墙、梁、柱敷设。立管外壁至墙面净距：当管径≤DN32 时，应为 25~35mm；当管径>DN32 时，应为 30~50mm。明装立管应垂直，其偏差每米不得超过±2mm；高度超过 5m 时，总偏差不得超过±8mm。

给水立管管卡安装，层高小于或等于 5m，每层须安装 1 个；层高大于 5m，每层不得少于 2 个。管卡安装高度，距地面为 1.5~1.8m，2 个以上管卡可匀称安装。

立管穿楼板应加钢制套管（也可用钢管制作），套管直径应大于立管 1~2 号，如立管管径为 32mm，套管直径则为 40mm 或 50mm，套管可采取预留或现场打洞安装，安装时，套管底部与楼板底部齐平，顶部高出楼板地面 10~20mm，立管的接口，不允许设在套管内，以免维修困难。

如果给水立管出地坪设阀门时，阀门应设在距地坪 0.5m 以上，并应安装可拆卸的连接件（如活接头或法兰），以便于操作和维修。

暗装管道的立管，一般设在管道井内或管槽内，采用型钢支架或管卡固定，以防松动。设在管槽内的立管安装一定要在墙壁抹灰前完成，并应进行水压试验，检查其严密性。各种阀门及管道活接件不得埋入墙内，设在管槽内的阀门，应设便于操作和维修的检查门。

3. 横支管的安装

横支管的管径较小，一般可集中预制、现场安装。明装横支管，一般沿墙敷设，并设有 0.002~0.005 的坡度坡向泄水装置。横支管安装时，要注意管子的平直度，明装横支管绕过梁、柱时，各平行管上的弧形弯曲部分应平行。水平横管不应有明显的弯曲现象，其弯曲的允许偏差为：管径≤DN100，每 10m 为±10mm。

冷、热水管上下平行安装，热水管应在冷水管上面；垂直并行安装时，热水管应安装在冷水管左侧，其管中心距为 80mm，在卫生器具上，安装冷、热水水嘴时，热水水嘴应装在左侧。横支管一般采用管卡固定，固定点一般设在配水点附近及管道转弯附近。

暗装的横支管敷设在预留或现场剔凿的墙槽内，应按卫生器具接口的位置预留好管口，并应加临时管堵。

12.2.3 建筑热水管道安装

热水供应管道的管材可采用不锈钢管（螺纹、卡箍及法兰连接）。宾馆、饭店、高级住宅、别墅等建筑宜采用铜管，承插口钎焊连接。

热水供应系统按照干管在建筑内布置位置有下行上给和上行下给两种方式。热水干管根据所选定的方式可以敷设在室内管沟、地下室顶部、建筑物顶棚内或设备层内。一般建筑物的热水管道敷设在预留沟槽、管井内。

管道穿过墙壁和楼板，应设置钢制套管。安装在楼板内的套管，其顶部应高出地面20mm，底部应与楼板地面相平；安装在墙壁内的套管，其两端应与饰面相平。所有横支管应有与水流相反的坡度，便于泄水和排气，坡度一般为0.003，不得小于0.002。

横干管直线段应设置足够的伸缩器。上行式配水横干管的最高点应设置排气装置、管网最低点设置泄水阀门或丝堵，以便泄空管网存水。对下行上给全循环管网，为了防止配水管网中分离出的气体被带回循环管，应将每根立管的循环管始端都接到其相应配水立管最高点以下0.5m处。

一般干管与墙距离远，立管与墙距离近，为了避免热伸长所产生的应力破坏管道，两者连接点常用如图12-8所示的连接方法。当楼层较多时，这样的连接方法还可改善立管热胀冷缩的性能。

为了减少散热，热水系统的配水干管、水加热器、贮水罐等一般要进行保温。保温所使用绝热材料及施工方法见本书第15.3节管道及设备保温的有关内容。热水管道的安装顺序，明装、暗装敷设要求，质量标准等与给水管道安装类似，可参照执行。

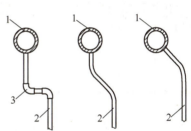

图 12-8　干管与立管离墙距离不同的连接方法

1—干管　2—立管　3—螺纹弯头

12.2.4 生活水泵房（水箱、水泵）

生活水箱是发生二次供水污染的关键设备。为保证供水水质，水箱必须采用食品级不锈钢材料，形状通常为矩形。生活水箱容积大于 $50m^3$ 时，宜分为容积基本相等的两格，并能独立工作。水箱应配置外置式消毒装置。而且需要定期进行水箱的清洗消毒。

生活给水系统加压水泵的选择：

1）选用低噪声离心式水泵。设置备用泵，当某台水泵发生故障时，备用泵能立即投入运行，保证供水安全。

2）采用变频调速水泵，取消高位水箱，有利于节能；泵房内配置小容积气压罐，停泵时，仍然可以安全供水，还有防止水锤作用。

3）选择特性曲线为随流量增大扬程逐渐下降的水泵。

4）选择效率高的泵型，且管网特性曲线所要求的水泵工作点，应位于水泵效率曲线的高效区内。

水泵的安装见本书第14.1节常用设备的安装有关内容。

12.2.5　二次供水

市政管网水压一般为 0.15~0.2MPa，仅满足民用建筑 1~2 层给水压力。因此，超过 3 层的建筑给水，应设置二次供水设施。二次供水常常采用叠压给水方式（管道泵直接从市政给水管网抽水——该法需经当地供水部门同意）及水箱-变频水泵供水方式。

供水管道应选用耐腐蚀和安装连接方便可靠的管材。管道可采用钢塑管、不锈钢管和球墨铸铁给水管等。阀门和配件的工作压力应大于或等于其所在管段的管道系统的工作压力，材质应耐腐蚀，经久耐用。阀门和配件应根据管径大小和所承受的压力等级及使用温度，采用全铜、全不锈钢、铁壳铜芯阀门、陶瓷阀芯阀门等。

12.3　建筑消防系统施工

12.3.1　民用建筑分类

民用建筑根据其建筑高度和层数可分为单、多层民用建筑和高层民用建筑。高层民用建筑根据其建筑高度、使用功能和楼层的建筑面积可分为一类和二类。民用建筑的分类见表12-3。

表 12-3　民用建筑的分类

名称	高层民用建筑		单、多层民用建筑
	一类	二类	
住宅建筑	建筑高度大于 54m 的住宅建筑（包括设置商业服务网点的住宅建筑）	建筑高度大于 27m，但不大于 54m 的住宅建筑（包括设置商业服务网点的住宅建筑）	建筑高度不大于 27m 的住宅建筑（包括设置商业服务网点的住宅建筑）
公共建筑	1. 建筑高度大于 50m 的公共建筑 2. 建筑高度 24m 以上部分任一楼层建筑面积大于 1000m² 的商店、展览、电信、邮政、财贸金融建筑和其他多种功能组合的建筑 3. 医疗建筑、重要公共建筑、独立建造的老年人照料设施 4. 省级及以上的广播电视和防灾指挥调度建筑、网局级和省级电力调度建筑 5. 藏书超过 100 万册的图书馆、书库	除一类高层公共建筑外其他高层公共建筑	1. 建筑高度大于 24m 的单层公共建筑 2. 建筑高度不大于 24m 的其他公共建筑

注：1. 表中未列入的建筑，其类别应根据本表类比确定。
　　2. 除以上规范另有规定外，宿舍、公寓等非住宅类居住建筑的防火要求，应符合有关公共建筑的规定。
　　3. 除以上规范另有规定外，裙房的防火要求应符合有关高层民用建筑的规定。

12.3.2　厂房和仓库

同一座厂房或厂房的在一防火分区内有不同火灾危险性生产时，厂房或防火分区内的生产火灾危险性类别应按火灾危险性较大的部分确定；当生产过程中使用或产生易燃、可燃物的量较少，不足以构成爆炸或火灾危险时，可按实际情况确定；当符合下述条件之一时，可按火灾危险性较小的部分确定：

1）火灾危险性较大的生产部分占本层或本防火分区建筑面积的比例小于5%或丁、戊类厂房内的油漆工段小于10%，且发生火灾事故时不足以蔓延至其他部位或火灾危险性较大的生产部分采取了有效的防火措施。

2）丁、戊类厂房内的油漆工段，当采用封闭喷漆工艺，封闭喷漆空间内保持负压、油漆工段设置可燃气体探测报警系统或自动抑爆系统，且油漆工段占所在防火分区建筑面积的比例不大于20%。

生产火灾危险性分类见表12-4。

表12-4　生产火灾危险性分类

生产火灾危险性类别	使用或产生下列物质生产的火灾危险性特征
甲	1. 闪点小于28℃的液体 2. 爆炸下限小于10%的气体 3. 常温下能自行分解或在空气中氧化能导致迅速自燃或爆炸的物质 4. 常温下受到水或空气中水蒸气的作用，能产生可燃气体并引起燃烧或爆炸的物质 5. 遇酸、受热、撞击、摩擦、催化，以及遇有机物或硫黄等易燃的无机物，极易引起燃烧或爆炸的强氧化剂 6. 受撞击摩擦或与氧化剂、有机物接触时能引起燃烧或爆炸的物质 7. 在密闭设备内操作温度不小于物质本身自燃点的生产
乙	1. 闪点不小于28℃，但小于60℃的液体 2. 爆炸下限不小于10%的气体 3. 不属于甲类的氧化剂 4. 不属于甲类的易燃固体 5. 助燃气体 6. 能与空气形成爆炸性混合物的浮游状态的粉尘、纤维、闪点不小于60℃的液体雾滴
丙	1. 闪点不小于60℃的液体 2. 可燃固体
丁	1. 对不燃烧物质进行加工，并在高温或融化状态下经常产生强辐射热、火花或火焰的生产 2. 利用气体、液体、固体作为燃料或将气体、液体进行燃烧作其他用的各种生产 3. 常温下使用或加工难燃烧物质的生产
戊	常温下使用或加工不燃烧物质的生产

建筑消防给水系统按功能上的差异可分为消火栓消防系统、自动喷淋灭火系统、大空间智能型主动喷水灭火系统、消防炮等。

建筑消防给水管道的管材采用热镀锌钢管，螺纹、卡箍或法兰连接。管径≤DN50为螺纹连接，管径>DN75时，采用卡箍或法兰连接。

12.3.3　消火栓消防系统

1. 消火栓消防系统设置规定

按照我国《建筑设计防火规范（2018年版）》（GB 50016—2014）的规定，下列建筑物应设置消火栓给水系统：

1）建筑占地面积大于 300m³ 的厂房和仓库。

2）高层公共建筑和建筑高度大于 27m 的住宅建筑（建筑高度不大于 27m 的住宅建筑，设置室内消火栓系统确有困难时，可只设置干式消防竖管和不带消火栓箱的 DN65 的室内消火栓）。

3）体积大于 5000m³ 的车站、码头、机场的候车（船、机）建筑、展览建筑、商店建筑、旅馆建筑、医疗建筑、老年人照料设施和图书馆建筑等单、多层建筑。

4）特等、甲等剧场，超过 800 个座位的其他等级的剧场和电影院等，以及超过 1200 个座位的礼堂、体育馆等单、多层建筑。

5）建筑高度大于 15m 或体积大于 10000m³ 的办公建筑、教学建筑和其他单、多层民用建筑。

国家级文物保护单位的重点砖木或木结构的古建筑，宜设置室内消火栓。

人员密集的公共建筑、建筑高度大于 100m 的建筑和建筑面积大于 200m² 的商业服务网点应设置消防软盘卷盘或轻便消防水龙。高层住宅建筑的户内宜配置轻便消防水龙。

下列建筑物或场所可不设消火栓给水系统，但宜设置消防软管卷盘或轻便消防水龙：

1）耐火等级为一、二级且可燃物较少的单、多层丁、戊类厂房（仓房）。

2）耐火等级为三、四级且建筑体积不大于 3000m³ 的丁类厂房；耐火等级为三、四级且建筑体积不大于 5000m³ 的戊类厂房（仓房）。

3）粮食仓库、金库、远离城镇且无人值班的独立建筑。

4）存有与水接触能引起燃烧爆炸的物品的建筑。

5）室内无生产、生活给水管道，室外消防用水取自贮水池且建筑体积不大于 5000m³ 的其他建筑。

2. 消火栓消防系统安装

消火栓消防系统如图 12-9 所示。

消火栓消防系统由水枪、水带、消火栓、消防管道等组成。水枪、水带、消火栓一般设在便于取用的消火栓箱内。消防箱由铝合金、碳钢或木质材料制作，其尺寸应符合国家标准的要求。消火栓消防管道由消防立管及接消火栓的短支管组成。进户管穿墙或地下室，应设置防水钢套管，消防立管安装在多层建筑楼梯夹角处；高层建筑安装在管道井内。消防立管的安装应注意短支管的预留口位置，要保证短支管的方向准确。而短支管的位置和方向与消火栓有关。即安装室内消火栓，栓口应正面朝外，轴线与墙面呈 90°角，栓口中心距

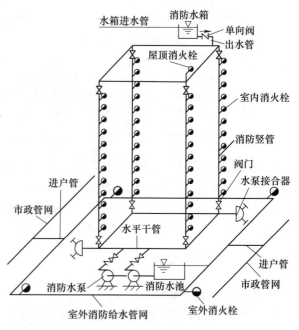

图 12-9 消火栓消防系统

地面为 1.1m，允许偏差为 ±20mm。阀门距离消防箱侧面为 140mm，距离箱后内表面为 100mm，允许偏差为 ±5mm。安装应牢固、平正。消火栓箱通常采用暗装；箱体安装的垂直度允许偏差为 3mm。安装消火栓水龙带，水龙带与水枪和快速接头连接后，应根据箱内构造将水龙带挂在箱内的挂钉或水龙带盘上，以便有火警时能迅速启动。

室内消火栓系统应在立管顶部设置带有压力表的试验消火栓。消火栓系统最高点应设置自动排气阀。

室内消火栓安装见国家建筑标准设计图集 S2《给水排水标准图集》中的 04S202 室内消火栓安装。消防专用设备选用及安装见 99(03)S203《消防水泵接合器安装》。

12.3.4 自动喷淋灭火系统

1. 自动喷淋灭火系统设置

按照是否充水，自动喷淋灭火系统分为干式系统与湿式系统。

民用建筑和厂房高大空间场所采用湿式系统的设计基本参数不应低于表 12-5 中的规定。

表 12-5 民用建筑和厂房高大空间场所采用湿式系统的设计基本参数

适用场所		最大净空高度 h/m	喷水强度/ $[L/(min \cdot m^2)]$	作用面积 $/m^2$	喷头间距 S/m
民用建筑	中庭、体育馆、航站楼等	$8<h \leq 12$	12	160	$1.8 \leq S \leq 3.0$
		$12<h \leq 18$	15		
	影剧院、音乐厅、会展中心等	$8<h \leq 12$	15		
		$12<h \leq 18$	20		
厂房	制衣制鞋、玩具、木器、电子生产车间等	$8<h \leq 12$	15		
	棉纺厂、麻纺厂、泡沫塑料生产车间等		20		

注：表中未列入的场所，应根据本表规定场所的火灾危险性类比确定。

自动喷水灭火消防系统由洒水喷头、水流报警装置（水流指示器或压力开关）等组件，以及管道、供水设施组成，如图 12-9 所示。自动喷水装置是一种能自动作用喷水灭火，同时发出火警信号的消防设备。这种装置多设在火灾危险性较大，且火蔓延很快的场合。

自动喷水灭火系统的控制信号阀（如报警阀、水流指示器）前应安装阀门，阀门应有明显的启闭显示。在报警阀后的自动喷水管道上不应安装其他用水设备（如消火栓、水嘴等）。

湿式系统（图 12-10）由闭式洒水喷头、水流指示器、湿式报警阀组、配水干管及支管和供水设施等组成，准工作状态时管道内始终充满水并保持一定压力。湿式系统具有以下特点与功能：

1）与其他自动喷水灭火系统相比，结构相对简单，系统平时由消防水箱、稳压泵或气压给水设备等稳压设施维持管道内水的压力。发生火灾时，由闭式洒水喷头探测火灾，水流指示器报告起火区域，消防水箱出水管上的流量开关、消防水泵出水管上的压力开关或报警阀组的压力开关输出启动消防水泵信号，完成系统的启动。系统启动后，由消防水泵向开放的喷头供水，开放的喷头将供水按不低于设计规定的喷水强度均匀喷洒，实施灭火。为了保

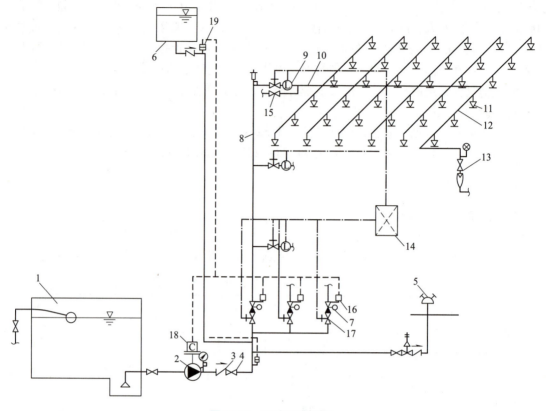

图 12-10 湿式系统示意

1—消防水池　2—消防水泵　3—止回阀　4—闸阀　5—消防水泵接合器　6—高位消防水箱
7—湿式报警阀组　8—配水干管　9—水流指示器　10—配水管　11—闭式洒水喷头　12—配水支管
13—末端试水装置　14—报警控制器　15—泄水阀　16—压力开关　17—信号阀　18—水泵控制柜　19—流量开关

证扑救初期火灾的效果,喷头开放后要求在持续喷水时间内连续喷水。

2) 湿式系统适合在温度不低于 4℃ 且不高于 70℃ 的环境中使用,因此绝大多数的常温场所采用此类系统。经常低于 4℃ 的场所有使管内充水冰冻的危险,高于 70℃ 的场所管内充水汽化的加剧有破坏管道的危险。

环境温度不适合采用湿式系统的场所,可以采用能够避免充水结冰和高温加剧汽化的干式系统或预作用系统。

干式系统由闭式洒水喷头、配水管道、充气设备、干式报警阀组、报警装置和供水设施等组成(图 12-11),在准工作状态时,干式报警阀前(水源侧)的管道内充以压力水,干式报警阀后(系统侧)的管道内充有压气体,报警阀处于关闭状态。发生火灾时,闭式喷头受热动作,喷头开启,管道中的有压气体从喷头喷出,干式报警阀系统侧压力下降,造成干式报警阀水源侧压力大于系统侧压力,干式报警阀被自动打开,压力水进入供水管道,将剩余压缩空气从系统立管顶端或横干管最高处的排气阀或已打开的喷头处喷出,然后喷水灭火。在干式报警阀被打开的同时,通向水力警铃和压力开关的通道也被打开,水流冲击水力警铃和压力开关,压力开关直接自动启动消防水泵供水。

干式系统与湿式系统的区别在于干式系统采用干式报警阀组,准工作状态时配水管道内

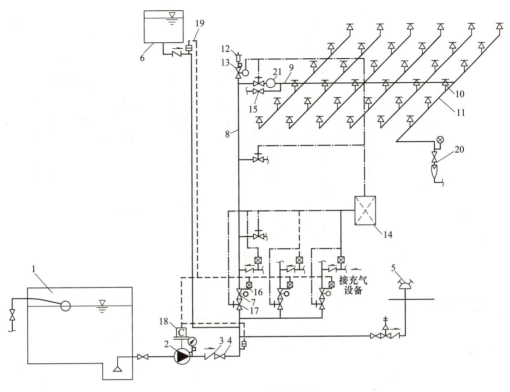

图 12-11 干式系统示意

1—消防水池 2—消防水泵 3—止回阀 4—闸阀 5—消防水泵接合器 6—高位消防水箱 7—干式报警阀组 8—配水干管 9—配水管 10—闭式洒水喷头 11—配水支管 12—排气阀 13—电动阀 14—报警控制器 15—泄水阀 16—压力开关 17—信号阀 18—水泵控制柜 19—流量开关 20—末端试水装置 21—水流指示器

充以压缩空气等有压气体。为保持气压，需要配套设置补气设施。干式系统配水管道中维持的气压，根据干式报警阀入口前管道需要维持的水压、结合干式报警阀的工作性能确定。

闭式喷头开放后，配水管道有一个排气充水的过程。系统开始喷水的时间将因排气充水过程而产生滞后，因此削弱了系统的灭火能力，这一点是干式系统的固有缺陷。

雨淋系统（图 12-12）采用开式洒水喷头、雨淋报警阀组，由配套使用的火灾自动报警系统或传动管联动雨淋报警阀，由雨淋报警阀控制其配水管道上的全部喷头同时喷水（可以做冷喷试验的雨淋系统应设末端试水装置）。

2. 自动喷淋灭火系统安装

自动喷水管网所用管材，可采用热镀锌钢管、钢塑管，采用沟槽式连接件（卡箍）、螺纹或法兰连接，管道安装采用配套的支架、吊架。水平安装横管坡度不小于 0.002，充气系统和分支管的坡度，应不小于 0.004，坡向配水立管，以便泄空检修。不同管径的连接应避免采用补心，而应采用异径管（大小头），在弯头上不得采用补心，在三通上至多用一个补心，四通上至多用两个补心。

安装自动喷水消防装置时应不妨碍喷头喷水效果。当设计无要求时，应符合下列规定：吊架与喷头的距离，应不小于 300mm；距末端喷头的距离不大于 750mm；吊架应设在相邻喷头间的管段上，当相邻喷头间距不大于 3.6m 时，可设一个，相邻喷头间距小于 1.8m 时，

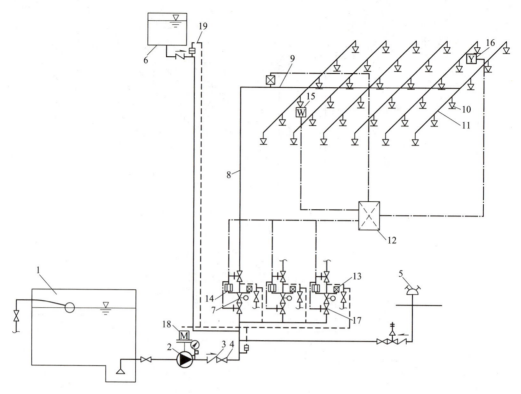

图 12-12 电动启动雨淋系统示意图

1—消防水池　2—消防水泵　3—止回阀　4—闸阀　5—消防水泵接合器　6—高位消防水箱　7—雨淋报警阀组
8—配水干管　9—配水管　10—开式洒水喷头　11—配水支管　12—报警控制器　13—压力开关　14—电磁阀
15—感温探测器　16—感烟探测器　17—信号阀　18—水泵控制柜　19—流量开关

允许隔段设置。在自动喷水消防系统的控制信号阀门前后，应设阀门。在其他面管网上不应安装其他用水设备。

自动喷淋灭火系统立管顶部设置自动排气阀，横管端部设置试水装置，试验水排入空气隔断漏斗，漏斗以短管与排水管相接，排水管应设置升顶通气管。

12.3.5 大空间智能型主动喷水灭火系统

医院门诊楼、购物中心等建筑中庭空间高度超过 12m，属于高大空间。采用自动喷淋系统无法满足灭火需求。因此，采用大空间智能型主动喷水灭火系统。智能主动灭火装置是综合应用现代电子技术、自动化技术和计算机技术的智能控制器，进行火源自动监测，控制喷淋灭火的新一代智能主动灭火装置。

图 12-13 为大空间智能型主动喷水灭火消防炮。

表 12-6 为标准型大空间智能灭火装置喷头消防炮间距及喷头与边墙的间距。

图 12-13 大空间智能型主动喷水灭火消防炮

表 12-6　标准型大空间智能灭火装置喷头间距及喷头与边墙的间距

布置方式	危险等级		喷头间距/m		喷头与边墙的间距/m	
			a	b	a/2	b/2
矩形布置或方形布置	轻危险级		8.4	8.4	4.2	4.2
			8.0	8.8	4.0	4.4
			7.0	9.6	3.5	4.8
			6.0	10.4	3.0	5.2
			5.0	10.8	2.5	5.4
			4.0	11.2	2.0	5.6
			3.0	11.6	1.5	5.8
	中危险级	Ⅰ级	7.0	7.0	3.5	3.5
			6.0	8.2	3.0	4.1
			5.0	10.0	2.5	5.0
			4.0	11.3	2.0	5.65
			3.0	11.6	1.5	5.8
		Ⅱ级	6.0	6.0	3.0	3.0
			5.0	7.5	2.5	3.75
			4.0	9.2	2.0	4.6
			3.0	11.6	1.5	5.8
	严重危险级	Ⅰ级	5.0	5.0	2.5	2.5
			4.0	6.2	2.0	3.1
			3.0	8.2	1.5	4.1
		Ⅱ级	4.2	4.2	2.1	2.1
			3.0	6.2	1.5	3.1

喷头间距及喷头与边墙的间距如图 12-14 所示。

当喷头间或喷头与边墙的距离刚好处于两行数值之间时，可采用内插法计算。

自动喷水灭火系统水平设置的管道宜有不小于 0.2% 坡度坡向泄水阀。

大空间智能型主动喷水灭火系统选用：

1) 设计时选用的红外探测组件不但应具有探测高温物体能力，还要具备判定是否为明火的能力。

2) 系统设计流量应保证在保护范围内，设计同时开放的喷头、水炮在规定持续喷水时间内持续喷水。

3) 大空间智能型灭火装置的系统持续喷水灭火时间不应低于 1h。

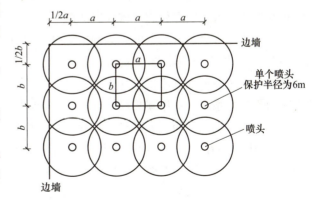

图 12-14　喷头间距及喷头与边墙的间距示意

4）在布置喷头、水炮时，应避免其喷出的水滴、水柱等在到达火源的过程中受到障碍物的阻挡。

5）大空间智能型灭火装置的喷头及高空水炮既可安装在天花板下，也可悬空安装或在边墙安装。

6）当混合采用两种或两种以上的喷头或高空水炮时，如合用一组供水设施，则应在供水管路的水流指示器前将供水管道分开设置及复核是否要设置减压装置。

大空间智能型主动喷水灭火系统施工安装：

1）探测器上端应固定在支架上。

2）探测器的探测敏感元件周围不能有遮挡物，以免影响视角。

3）喷水头与管道采用螺纹连接，管径为DN40。

4）喷水头与管道连接不得有泄漏现象。

12.3.6　消防炮

消防炮是远距离扑救火灾的重要消防设备。它按系统启动方式分为远控和手动消防炮灭火系统；按应用方式分为移动式和固定式消防炮灭火系统。其中，固定消防炮灭火系统按喷射介质不同，分为水炮系统、泡沫炮系统和干粉炮系统三种类型。

（1）水炮系统　水炮系统是指喷射水灭火剂的固定消防炮系统。水炮系统由水源、消防泵组、消防水炮、管路、阀门、动力源和控制装置等组成。水炮系统适用于一般固体可燃物火灾场所，不得用于扑救遇水发生化学反应而引起燃烧、爆炸等物质的火灾。

（2）泡沫炮系统　泡沫炮系统是指喷射泡沫灭火剂的固定消防炮系统。泡沫炮系统主要由水源、泡沫液罐、消防泵组、泡沫比例混合装置、管道、阀门、泡沫炮、动力源和控制装置等组成。泡沫炮系统适用于甲、乙、丙类液体火灾、固体可燃物火灾场所，不得用于扑救遇水发生化学反应而引起燃烧、爆炸等物质的火灾。

（3）干粉炮系统　干粉炮系统是指喷射干粉灭火剂的固定消防炮系统。干粉炮系统主要由干粉罐、氮气瓶组、管道、阀门、干粉炮、动力源和控制装置等组成。干粉炮系统适用于液化石油气、天然气等可燃气体火灾场所。

固定消防炮灭火系统选用的灭火剂应能扑灭被保护场所和被保护物有可能发生的火灾。例如，对A类火灾，若配置干粉炮系统，只能选用磷酸铵盐等ABC类干粉灭火剂，这是因为磷酸铵盐等干粉灭火剂不仅能扑灭BC类火灾，而且能有效地扑灭A类火灾；扑救B、C类火灾的干粉炮系统可选用碳酸氢钠等B、C类干粉灭火剂和磷酸铵盐干粉灭火剂，两者均可使用。碳酸氢钠等干粉灭火剂只能扑灭B、C类火灾，不能有效地扑灭A类火灾。

1）国内外扑救甲、乙、丙类液体火灾最常用的是消防泡沫炮系统，其灭火效果较好，亦较为经济。消防泡沫炮系统也适用于扑救固体可燃物质火灾。泡沫灭火剂的选择在国家标准《泡沫灭火系统技术标准》（GB 50151—2021）中已有明确的规定。

2）扑救液化石油气和液化天然气的生产、储运、使用装置或场所的火灾，通常选用干粉炮系统，可迅速、有效地扑灭一般的气体火灾。

3）在生产、储运、使用木材、纸张、棉花及其制品等一般固体可燃物质的场所，其可能发生的火灾基本属于 A 类火灾，通常选用水炮系统进行灭火。

4）以水和泡沫作为灭火介质的消防设备，当被误用于扑救某些特种危险品或设备火灾时，有可能发生化学反应从而引起燃烧或爆炸。因此，在消防炮灭火系统选型时应特别注意。

在具有爆炸危险性的场所，可能产生大量有毒气体的场所，燃烧猛烈并产生强辐射热可能威胁人身安全的场所，容易造成火灾蔓延面积大且损失严重的场所，高度超过 8m 且火灾危险性较大的室内场所，发生火灾时消防人员难以及时接近或撤离固定消防炮位的场所等，若选用远控炮系统既能及时、有效地扑灭火灾，又可保障灭火人员的自身安全。当然，在上述场所之外的下列场所，如火灾规模较小的场所、无爆炸危险性的场所、热辐射强度较小不易威胁人身安全的场所、高度低于 8m 且火灾危险性较小的场所、消防人员容易接近且能及时到达或撤离固定消防炮位的场所等，选用手动炮系统是可行的。

标准型自动扫描射水高空消防水炮灭火装置的布置间距及消防水炮与边墙的距离不应超过表 12-7 中的规定。

图 12-15 为消防水炮。图 12-16 为消防泡沫炮。

图 12-15 消防水炮

图 12-16 消防泡沫炮

表 12-7 标准型自动扫描射水高空消防水炮的布置间距及消防水炮与边墙的距离

布置方式	水炮间距/m		水炮与边墙的距离/m	
	a	b	a/2	b/2
矩形布置或方形布置	28.2	28.2	14.1	14.1
	25.0	31.0	12.5	15.5
	20.0	34.0	10.0	17.0

标准型自动扫描射水高空消防水炮的水炮布置间距不宜小于 10m。

高空消防水炮应平行或低于天花、梁底、屋架和风管底设置。

管道的直径应根据水力计算的规定计算确定。配水管道的布置应使配水管入口的压力接近均衡。各种配置不同灭火装置系统的配水管水平管道入口处的压力上限值应符合表 12-8

中的规定。

表 12-8　各种配置不同灭火装置系统的配水管水平管道入口处的压力上限值

灭火装置	型号	喷头处的标准工作压力/MPa	配水管入口处的压力上限值/MPa
大空间智能灭火装置	标准型	0.25	0.6
自动扫描射水灭火装置	标准型	0.15	0.5
自动扫描射水高空水炮灭火装置	标准型	0.6	1.0

当配水管水平管道入口处的压力超过表 12-8 中的限定值时，应设置减压装置，或采取其他减压措施。

在工程设计中，考虑到室外布置的水炮的射程可能会受到风向、风力等因素的影响，因此，应按产品射程指标值的 90% 折算其设计射程。另外，在工程设计中，由于动力配套能力、管路附件、炮塔高度等各种因素的影响，水炮的实际工作压力有可能不同于产品的额定工作压力，此时水炮的设计流量与实际射程都会相应变化。其中，流量变化与压力变化的平方根成正比。

自动喷水与水喷雾灭火设施安装见国家建筑标准设计图集 S2《给水排水标准图集》中的 04S206 自动喷水与水喷雾灭火设施安装。

12.4　灭火器设置

灭火器的作用为扑灭初期火灾，阻止火势蔓延，保护人员生命和财产安全。灭火器通常体积小巧，质量轻，易于携带，可以方便地设置在各种场所，提供紧急灭火的能力。根据不同的火灾类型，可以选择不同种类的灭火器。例如 ABC 干粉灭火器适用于固体物质火灾，二氧化碳灭火器适用于电气火灾等。

灭火器配置场所的火灾种类应根据该场所内的物质及其燃烧特性进行分类。

灭火器配置场所的火灾种类可划分为以下五类：

A 类火灾：固体物质火灾。

B 类火灾：液体火灾或可熔化固体物质火灾。

C 类火灾：气体火灾。

D 类火灾：金属火灾。

E 类火灾（带电火灾）：物体带电燃烧的火灾。

在同一灭火器配置场所，当选用两种或两种以上类型灭火器时，应采用灭火剂相容的灭火器。

A 类火灾场所应选择水型灭火器、磷酸铵盐干粉灭火器、泡沫灭火器或卤代烷灭火器。

B 类火灾场所应选择泡沫灭火器、碳酸氢钠干粉灭火器、磷酸铵盐干粉灭火器、二氧化碳灭火器、灭 B 类火灾的水型灭火器或卤代烷灭火器。

极性溶剂的 B 类火灾场所应选择 B 类火灾的抗溶性灭火器。

C 类火灾场所应选择磷酸铵盐干粉灭火器、碳酸氢钠干粉灭火器、二氧化碳灭火器或卤代烷灭火器。

D 类火灾场所应选择扑灭金属火灾的专用灭火器。

E 类火灾场所应选择磷酸铵盐干粉灭火器、碳酸氢钠干粉灭火器、卤代烷灭火器或二氧化碳灭火器，但不得选用装有金属喇叭喷筒的二氧化碳灭火器。

灭火器应设置在位置明显和便于取用的地点，且不得影响安全疏散。

对有视线障碍的灭火器设置点，应设置指示其位置的发光标志。

灭火器的摆放应稳固，其铭牌应朝外。手提式灭火器宜设置在灭火器箱内或挂钩、托架上，其顶部距离地面高度不应大于 1.50m；底部距离地面高度不宜小于 0.08m。灭火器箱不得上锁。

灭火器不宜设置在潮湿或强腐蚀性的地点。当必须设置时，应有相应的保护措施。

灭火器设置在室外时，应有相应的保护措施。灭火器不得设置在超出其使用温度范围的地点。

设置在 A 类火灾场所的灭火器，其最大保护距离应符合表 12-9 中的规定。

表 12-9　A 类火灾场所的灭火器最大保护距离　　　　　　　　（单位：m）

危险等级	灭火器形式	
	手提式灭火器	推车式灭火器
严重危险级	15	30
中危险级	20	40
轻危险级	25	50

设置在 B、C 类火灾场所的灭火器，其最大保护距离应符合表 12-10 中的规定。

表 12-10　B、C 类火灾场所的灭火器最大保护距离　　　　　（单位：m）

危险等级	灭火器形式	
	手提式灭火器	推车式灭火器
严重危险级	9	18
中危险级	12	24
轻危险级	15	30

D 类火灾场所的灭火器，其最大保护距离应根据具体情况研究确定。

E 类火灾场所的灭火器，其最大保护距离不应低于该场所内 A 类或 B 类火灾的规定。

一个计算单元内配置的灭火器数量不得少于 2 具。每个设置点的灭火器数量不宜多于 5 具。当住宅楼每层的公共部位建筑面积超过 100m² 时，应配置 1 具 1A 的手提式灭火器；每增加 100m² 时，增配 1 具 1A 的手提式灭火器。

A 类火灾场所灭火器的最低配置基准应符合表 12-11 中的规定。

表 12-11　A 类火灾场所灭火器的最低配置基准

危险等级	严重危险级	中危险级	轻危险级
单具灭火器最小配置灭火级别	3A	2A	1A
单位灭火级别最大保护面积/(m^2/A)	50	75	100

B、C 类火灾场所灭火器的最低配置基准应符合表 12-12 中的规定。

表 12-12　B、C 类火灾场所灭火器的最低配置基准

危险等级	严重危险级	中危险级	轻危险级
单具灭火器最小配置灭火级别	89B	55B	21B
单位灭火级别最大保护面积/(m^2/B)	0.5	1.0	1.5

D 类火灾场所的灭火器最低配置基准应根据金属的种类、物态及其特性等研究确定。

E 类火灾场所的灭火器最低配置基准不应低于该场所内 A 类（或 B 类）火灾的规定。

手提式灭火器和推车式灭火器的产品质量应当分别符合现行国家标准《手提式灭火器　第 1 部分：性能和结构要求》(GB 4351.1—2005)、《手提式灭火器　第 2 部分：手提式二氧化碳灭火器钢质无缝瓶体的要求》(GB 4351.2—2005) 和《推车式灭火器》(GB 8109—2005) 的规定。

手提式灭火器通常要设置在灭火器箱内或挂钩、托架上，这不仅对于手提式灭火器本身的保护有一定的益处，可以防止灭火器被水浸渍、受潮、生锈，而且灭火器也不易被随意挪动或碰翻。灭火器放置在灭火器箱内，还可以防止日晒、雨淋等环境条件对灭火器的不利影响。

对于地面铺设大理石、地板或地毯，环境干燥、洁净的建筑场所，可以将手提式灭火器直接放置在地面上。例如洁净厂房、计算机房、通信机房和宾馆等灭火器配置场所。根据现行国家标准《建筑灭火器配置设计规范》(GB 50140—2005) 的要求，手提式灭火器顶部离地面高度不应大于 1.50m，底部离地面高度不宜小于 0.08m。因此，嵌墙式灭火器箱、挂钩、托架的安装高度应当保证设置在灭火器箱内或挂钩、托架上的手提式灭火器都能符合这些要求。

推车式灭火器的总质量较大，并且是通过移动机构来拉动或推动的。当其设置在斜坡上时容易发生自行滑动。另外，当其设置在台阶上时，不便于移动和操作。因此，推车式灭火器要设置在平坦场地，不能设置在台阶上。

推车式灭火器的设置方式应当保证：在没有外力作用下，灭火器不得自行滑动，避免其可能突然滑动或翻倒，造成灭火器损坏或伤人事故。

推车式灭火器的设置和防止自行滑动的固定措施等均不得影响其操作使用和正常行驶、移动。因此，推车式灭火器不能采用绳索、钢丝或锁链等进行捆扎、固定，可用木块等卡住轮子，防止自行滑动。当使用时，能方便地拆除、撤去这些固定措施，不影响推车式灭火器的正常操作和行驶。

12.5　消防泵房（消防水池、消防水箱）施工

消防水池的设置应符合下列规定：

1）消防水池的有效容积应满足在火灾延续时间内室内消防用水总量的要求；火灾延续时间应符合下列规定：

①建筑面积小于 3000m² 的单建掘开式、坑道、地道人防工程消火栓灭火系统火灾延续时间应按 1h 计算。

②建筑面积大于或等于 3000m² 的单建掘开式、坑道、地道人防工程消火栓灭火系统火灾延续时间应按 2h 计算；改建人防工程有困难时，可按 1h 计算。

③防空地下室消火栓灭火系统的火灾延续时间应与地面工程一致。

④自动喷水灭火系统火灾延续时间应符合国家标准《自动喷水灭火系统设计规范》（GB 50084—2017）的有关规定。

2）消防水池的补水量应经计算确定，补水管的设计流速不宜大于 2.5m/s；在火灾情况下能保证连续向消防水池补水时，消防水池的容积可减去火灾延续时间内补充的水量。

3）消防水池的补水时间不应大于 48h。

4）消防用水与其他用水合用的水池，应有确保消防用水量的措施。

5）消防水池可设置在人防工程内，也可设置在人防工程外，严寒和寒冷地区的室外消防水池应有防冻措施。

6）容积大于 500m³ 的消防水池，应分成两个能独立使用的消防水池。

消防水池有效容积的计算应符合下列规定：

1）当市政给水管网能保证室外消防给水设计流量时，消防水池的有效容积应满足在火灾延续时间内室内消防用水量的要求（图 12-17a）。

2）当市政给水管网不能保证室外消防给水设计流量时，消防水池的有效容积应满足火灾延续时间内室内消防用水量和室外消防用水量不足部分之和的要求（图 12-17b）。

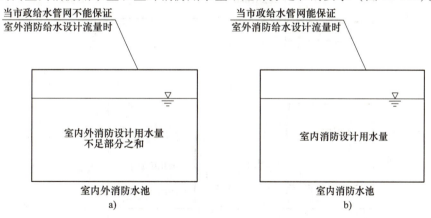

图 12-17　消防水池示意

当消防水池采用两路消防供水且在火灾情况下连续补水能满足消防要求时，消防水池的有效容积（图 12-18）应根据计算确定，但不应小于 100m³。当仅设有消火栓系统时，有效容积不应小于 50m³。

消防用水与生产、生活用水合并时，为防止消防用水被生产、生活用水所占用，要求有可靠的技术设施（例如生产、生活用水的出水管设在消防水面之上）保证消防用水不作他用，如图 12-19 所示。

消防水池的技术要求：消防水池出水管的设计能满足有效容积被全部利用是提高消防水池有效利用率，减少死水区，实现节地的要求；消防水池（箱）的有效水深是设计最高水位至消防水池（箱）最低有效水位之间的距离。消防水池（箱）最低有效水位是消防水泵吸水喇叭口或出水管喇叭口以上 0.6m 水位，当消防水泵吸水管或消防水箱出水管上设置防止旋流器时，最低有效水位为防止旋流器顶部以上 0.2m，如图 12-20 所示。

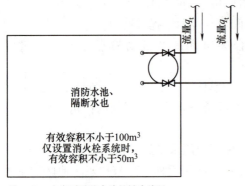

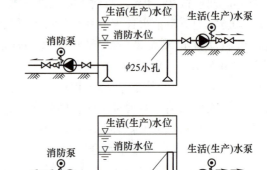

图 12-18　消防水池采用两路消防供水时有效容积示意图

图 12-19　合用水池保证消防用水不作他用的技术措施

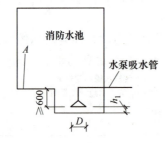

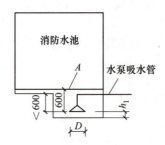

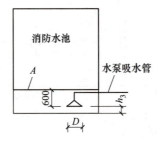

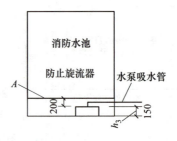

图 12-20　消防水池最低水位

D—吸水管喇叭口直径　h_1—喇叭口底到吸水井底的距离　h_3—喇叭口底到池底的距离

消防水池设置各种水位的目的是保证消防水池不因放空或漏水而造成有效灭火水源不足；消防水池溢流和排水采用间接排水的目的是防止污水倒灌污染消防水池内的水。

消防水泵宜根据可靠性、安装场所、消防水源、消防给水设计流量和扬程等综合因素确定水泵的形式，水泵驱动器宜采用电动机或柴油机直接传动，消防水泵不应采用双电动机或基于柴油机等组成的双动力驱动水泵。

单台消防水泵的最小额定流量不应小于 10L/s，最大额定流量不宜大于 320L/s。

消防水泵的选择和应用应符合下列规定：

1）消防水泵的性能应满足消防给水系统所需流量和压力的要求。

2）消防水泵所配驱动器的功率应满足所选水泵流量扬程性能曲线上任何一点运行所需功率的要求。

3）当采用电动机驱动的消防水泵时，应选择电动机干式安装的消防水泵。

4）流量扬程性能曲线应为无驼峰、无拐点的光滑曲线，零流量时的压力不应大于设计工作压力的 140%，且宜大于设计工作压力的 120%。

5）当出流量为设计流量的 150% 时，其出口压力不应低于设计工作压力的 65%。

6）泵轴的密封方式和材料应满足消防水泵在低流量时运转的要求。

7）消防给水同一泵组的消防水泵型号宜一致，且工作泵不宜超过 3 台。

8）多台消防水泵并联时，应校核流量叠加对消防水泵出口压力的影响。

离心式消防水泵吸水管、出水管和阀门等，应符合下列规定：

1）一组消防水泵，吸水管不应少于两条，当其中一条损坏或检修时，其余吸水管应仍能通过全部消防给水设计流量。

2）消防水泵吸水管布置应避免形成气囊。

3）一组消防水泵应设不少于两条的输水干管与消防给水环状管网连接，当其中一条输水管检修时，其余输水管应仍能供应全部消防给水设计流量。

4）消防水泵吸水口的淹没深度应满足消防水泵在最低水位运行安全的要求，吸水管喇叭口在消防水池最低有效水位下的淹没深度应根据吸水管喇叭口的水流速度和水力条件确定，但不应小于 600mm。当采用旋流防止器时，淹没深度不应小于 200mm。

5）消防水泵的吸水管上应设置明杆闸阀或带自锁装置的蝶阀，但当设置暗杆阀门时应设有开启刻度和标志；当管径超过 DN300 时，宜设置电动阀门。

6）消防水泵的出水管上应设止回阀、明杆闸阀；当采用蝶阀时，应带有自锁装置；当管径大于 DN300 时，宜设置电动阀门。

7）消防水泵吸水管的直径小于 DN250 时，其流速宜为 1.0~1.2m/s；直径大于 DN250 时，流速宜为 1.2~1.6m/s。

8）消防水泵出水管的直径小于 DN250 时，其流速宜为 1.5~2.0m/s；直径大于 DN250 时，流速宜为 2.0~2.5m/s。

9）吸水井的布置应满足井内水流顺畅、流速均匀、不产生涡旋的要求，并应便于安装施工。

10）消防水泵的吸水管、出水管道穿越外墙时，应采用防水套管；消防给水管穿过墙体或楼板时应加设套管，套管长度不应小于墙体厚度，或应高出楼面或地面 50mm；套管与管道的间隙应采用不燃材料填塞，管道的接口不应位于套管内。

11）消防水泵的吸水管穿越消防水池时，应采用柔性套管；采用刚性防水套管时应在水泵吸水管上设置柔性接头，且管径不应大于 DN150。

消防泵房应设置 C20 混凝土防止水淹门槛，高度为 200mm。

12.6 排水系统施工

建筑内部排水系统一般可分为生活污水排水系统、工业废水排水系统；雨、雪水排水系统3类。生活污水排水系统，是指排除人们日常生活中的盥洗、洗涤污水和粪便污水的排水系统，是一种最广泛使用的建筑内部排水系统。排水系统如图12-21所示。

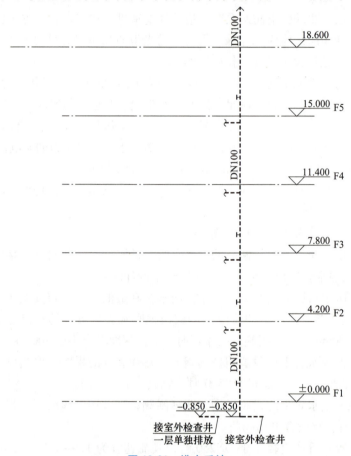

图 12-21　排水系统

12.6.1　生活污水排水系统组成

生活污水排水系统一般由卫生器具排水管、排水支管（横管）、排水立管、排出管（出户管）、通气管和辅助通气管及清通设备等组成。生活污水排水系统按敷设方式，分为明装和暗装两种。生活污水排水系统的组成如图12-22所示。

（1）卫生器具排水管　卫生器具排水管是指连接卫生器具和排水支管（横管）之间的短管，除坐式大便器外，通常都设了存水弯。卫生器具一般穿楼板安装。

（2）排水支管（横管）　排水支管（横管）是连接卫生器具排水管和排水立管的一段管道。在建筑物底层，它通常埋地敷设，也可以敷设在地沟、地下室地面上或顶板下。在其他各层，排水支管明装悬吊在楼板下或沿墙敷设在地面上；暗装设在吊顶内或沿墙敷设在地面管槽内。

（3）排水立管　排水立管的作用是将各层排水支管的污水收集并排至排出管。排水立管明装时沿墙、柱敷设，宜设在墙角；暗装可敷设在管井或管槽内。

（4）排出管（出户管）　排出管是排水立管与室外第一座检查井之间的连接管道。它的作用是接受一根或几根排水立管的污水并排至室外排水管网的检查井中去。它通常埋设在地下，也可以敷设在地下室天花板下或地面上，还可以敷设在地沟里。

（5）通气管和辅助通气管　通气管是指最高层卫生器具以上并延伸至屋顶以上的一段立管。例如，当建筑物层数较多或者在同一排支管（横管）上的卫生器具较多时，应设置辅助通气管和辅助通气立管，如图12-23所示。通气管或辅助通气管的作用是使室内外排水管道与大气相通，使排水管道中的臭气和有害气体排至大气中，还能防止存水弯中的水封被破坏，保证排水管道中的水流畅通。

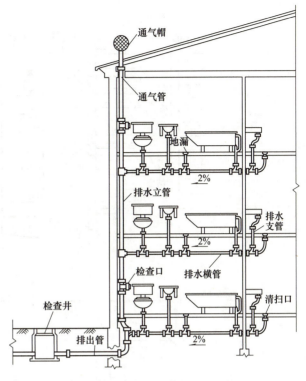

图12-22　生活污水排水系统的组成

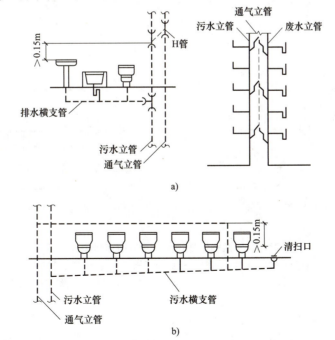

图12-23　几种通气管与污水立管典型连接模式

a）H管与通气管和排水管的连接模式　b）环形通气管与排水管的连接模式

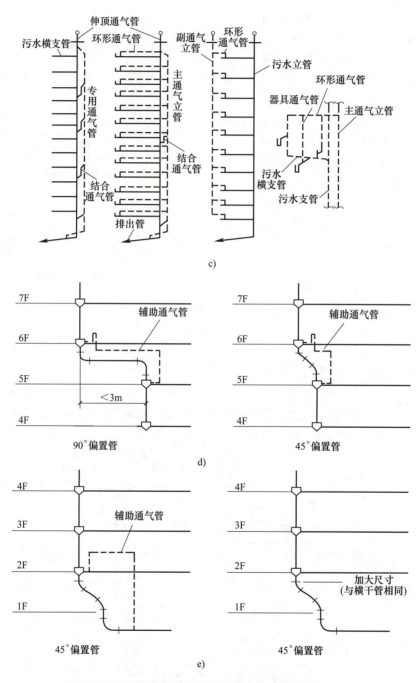

图 12-23 几种通气管与污水立管典型连接模式（续）
c) 专用通气管、通气管、通气支管、器具通气管与排水管的连接模式
d) 偏置管设置辅助通气管模式　e) 最底层的偏置管设置辅助通气管模式

（6）清通设备　清通设备是指检查口（用于清通排水立管）、清扫口（用于清通排水支管）和检查井等。清通设备用于清通排水管道，保证水流畅通，是排水系统中不可缺少的部分。

另外，当建筑物有地下室，污水不能自流排除时，应设置污水提升泵，将污水提升排除；若污水需进行处理，还应设局部污水处理设施，如化粪池、消毒池等。

阳台洗衣机应设置专用地漏，专用排水立管排入污水排水系统。

12.6.2 室内排水铸铁管安装

室内排水管的安装一般先安装排出管，然后安装排出立管和排水支管，最后安装卫生器具。

1. 排出管安装

排出管的安装宜采取排出管预埋或预留孔洞方式。当土建砌筑基础时，将排出管按设计坡度，承口朝来水方向敷设，安装时一般按标准坡度，但不应小于最小坡度，坡向检查井。排水管道标准坡度和最小坡度见表12-13。为了减少管道的局部阻力和防止污物堵塞管道，排水管道的横管与横管、横管与立管的连接应采用45°三通或45°四通和90°斜三通或90°斜四通。预埋的管道接口处应进行临时封堵，防止堵塞。

表 12-13 排水管道标准坡度和最小坡度

管径 /mm	生活污水		工业污水		雨水
	标准坡度	最小坡度	标准坡度	最小坡度	最小坡度
50	0.035	0.025	0.035	0.030	0.020
75	0.025	0.015	0.025	0.020	0.015
100	0.020	0.012	0.020	0.012	0.003
125	0.015	0.010	0.015	0.010	0.006
150	0.010	0.007	0.010	0.006	0.005
200	0.008	0.005	0.007	0.004	0.004

排水管道穿越地下室外墙时，为防止外侧水渗入必须采取可靠的防水措施，应按设计要求设置防水套管，未注明防水套管类型时，铸铁排水管穿越地下室外墙一般设置柔性防水套管，塑料排水管穿地下室外墙一般设置刚性防水套管。具体做法可根据穿越部位管道材质参照国家现行有关标准和图集，铸铁排水管穿地下室外墙可参照图集04S409《建筑排水用柔性接口铸铁管安装》第17页做法，塑料排水管穿地下室外墙可参照图集10S406《建筑排水塑料管道安装》第39页做法。

管道穿越房屋基础应该按图12-24所示做防水处理。排水管道穿过地下室外墙或地下构筑物的墙壁处，应设刚性或柔性防水套管。防水套管的制作与安装如图12-1a～d所示。

排出管的埋深：在素土夯实等地面，应满足排水铸铁管管顶至地面的最小覆土厚度0.7m；在水泥等路面下，最小覆土厚度不小于0.4m。

2. 排水立管安装

排水立管在施工前应检查楼板预留孔洞的位置和大小是否正确，未预留或留的位置不对，应重新打孔。孔洞尺寸见表12-1。

立管通常沿墙角安装，立管中心距墙面的距离应以不影响美观，便于接口操作为原则。一般立管管径为DN50～DN75时，距离墙110mm左右；管径为DN100时，距离墙140mm；管径为DN150时，距离墙180mm左右。

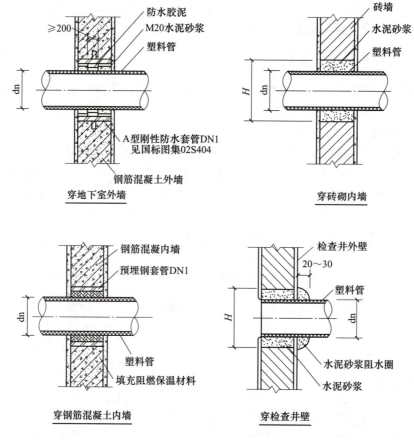

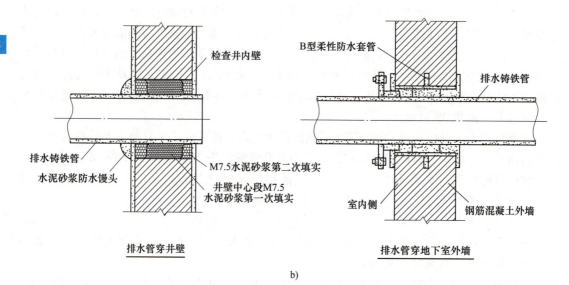

图 12-24　排水塑料和铸铁管穿墙基础示意
a）排水塑料管穿墙基础示意　b）排水铸铁管穿墙基础示意

排水立管安装宜采取预制组装法，即先实测建筑物层高，以确定立管加工长度，然后进行立管上管件预制，最后分楼层由下而上组装。排水立管预制时，应注意下列管件所在的位置：

（1）检查口设置及标高　排水立管上连接排水横支管的楼层应设检查口，且在建筑物底层必须设置。检查口中心高度距操作地面的距离宜为1m，并应高于该层卫生器具上边缘0.15m。当排水立管设有H管时，检查口应设置在H管件的上边。

（2）三通或四通设置及标高　排水立管上有排水支管（横管）接入时，须设置三通或四通管件。当支管沿楼层地面安装时，三通或四通口中心至地面距离一般为100mm左右；当支管悬吊在楼板下时，三通或四通口中心至楼板地面距离为350～400mm。若此间距太小不利于接口操作；间距太大，影响美观，且浪费管材。

立管在分层组装时，必须注意立管上检查口盖板向外，开口方向与墙面成45°夹角；设在管槽内立管检查口处应设检修门，以便立管清通，还应注意三通口或四通口的方向要准确。

立管必须垂直安装，安装时可用线锤校验检查，达到要求后再接口。立管的底部弯管处应设砖支墩或混凝土支墩。

伸顶通气管高出屋面不得小于0.3m，并且应大于最大积雪厚度。经常有人活动的平屋顶，伸顶通气管应高出屋面2m。通气口上应做网罩，以防落入杂物。伸顶通气管伸出屋面应做防水处理，其做法如图12-25所示。

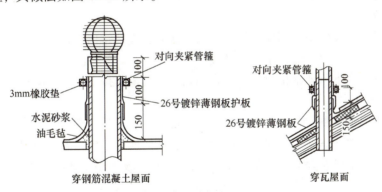

图12-25　通气管伸出屋面做法

3. 排水支管（横管）安装

立管安装后，应按卫生器具的位置和管道规定的坡度敷设排水支管。排水支管通常采取加工场预制或现场地面组装预制，然后现场吊装连接的方法。排水支管预制过程主要有测线、下料切断、连接养护等工序。

测线主要依据卫生器具、地漏、清通设备和立管的平面位置，对照现场建筑物的尺寸，确定各卫生器具排水口、地漏接口和清通设备的确切位置，实测出排水支管的建筑长度，再根据立管预留的三通或四通高度与各卫生器具排水口的标准高度，并考虑坡度因素求得各卫生器具排水管的建筑高度。

在实测和计算卫生器具排水管的建筑高度时，必须准确地掌握土建施工的各楼层地坪线标高和楼板实际厚度，根据卫生器具的实际构造尺寸和国标大样图准确地确定其建筑尺寸。

测线工作完成后，即可进行下料，下料关键在于计算是否正确。计算下料先要弄清楚管材、管件的构造尺寸，再按测线所得的建筑尺寸进行计算。

排水支管连接时要算好坡度，接口要直，排水支管组装完毕后，应小心靠墙或贴地坪放置，不得绊脚，接口湿养时间不少于48h。

排水支管吊装前，应先设置支管吊架，吊装时应不少于两个吊点，以便吊装时使管段保持水平状态，卫生器具排水管穿过楼板调整好，待整体到位后将支管末端插入立管三通或四通内，用吊架吊好，采取水平尺测量并调整吊杆顶端螺母以满足支管所需坡度。最后进行立管与支管接口，并进行养护。在养护期，吊装的绳索若要拆除，则应用不小于两处吊点的粗钢丝固定支管。

伸出楼板的卫生器具排水管，应进行有效的临时封堵，以防施工中杂物落入堵塞管道。

同层排水，即卫生间采取降板（比室内地坪低）200~500mm，使排水横管敷设在本层，一是美观，二是便于维修。同层排水施工见国家建筑标准图集《居住建筑卫生间同层排水系统安装》19S306。

12.6.3 室内硬聚氯乙烯排水管安装

硬聚氯乙烯排水管具有质量轻、价格低、阻力小、排水量大、表面光滑美观、耐腐蚀、不易堵塞、安装维修方便等优点，世界发达国家在建筑排水系统中大量使用。我国在建筑排水系统中应用硬聚氯乙烯管开始于20世纪80年代初，经过多年的推广使用，逐渐取代了传统的铸铁排水管。

硬聚氯乙烯排水管的安装顺序与排水铸铁管相同，先装排出管，后装立管、支管，然后安装卫生器具。管道接口一般为承插式粘接。

硬聚氯乙烯排水管承插粘接时应用黏合剂粘牢。其操作按下列要求进行。

1. 下料及坡口

下料长度应根据实测结合各连接件的尺寸确定。切管工具宜选用细锯齿、割刀和割管机等机具。断口应平整并垂直于轴线，断面处不得有任何变形。插口处坡口可用中号板锉锉成15°~30°。坡口厚度宜为管壁厚度的1/3~1/2，长度一般不小于3mm。坡后应将残屑清理干净。

2. 清理粘接面

管材或管件在粘接前应用棉丝或软干布将承口内侧和插口外侧擦拭干净，使被粘接面保持清洁，无尘砂与水迹。当表面沾有油污时，可用棉纱蘸丙酮等清洁剂清除。

3. 管端插入承口深度

配管时应该将管材与管件承口试插一次，在其表面画出标记，管端插入承口的深度不得小于表12-14中的规定。

表12-14 管端插入管件承口深度

序号	外径/mm	管端插入承口深度/mm	序号	外径/mm	管端插入承口深度/mm
1	40	25	4	110	50
2	50	25	5	160	60
3	75	40			

4. 黏合剂涂刷

用毛刷牙蘸粘接涂刷粘接承口内侧及粘接插口外侧时，应轴向涂刷，动作要快，涂抹均匀且涂刷的黏合剂应适量，不得漏涂或涂抹过厚。应先涂承口，后涂插口。

5. 承插接口的连接

承插口涂刷黏合剂后，应立即找正方向将管子插入承口，使其准直，再加挤压。应使管端插入深度符合所画标记，并保证承插接口的直度和接口位置正确，还应保持静待 2~3min，防止接口滑脱。

6. 承插接口的养护

承插接口连接完毕后，应将挤出的黏合剂用棉纱或干布蘸清洁剂擦拭干净。根据黏合剂的性能和气候条件静止至接口固化为止。冬期施工固化时间应适当延长。

7. 排出管安装

由于硬聚氯乙烯管抗冲击能力低，埋地敷设的排出管道宜分成两段施工。第一段先做 ±0.000m 以下的室内部分，至伸出墙体为止。待土建施工结束后，再敷设第二段，从外墙接入检查井。排出管穿墙、基础预留孔洞尺寸见表 12-1。穿地下室墙或地下构筑物的墙壁处，应做防水处理。埋地敷设的管材为硬聚氯乙烯排水管时，应做 100~150mm 厚的砂垫层基础。回填时，应先填 100mm 左右的中、细砂层，然后回填挖填土。排出管如采用排水铸铁管，底层硬聚氯乙烯排水立管插入排水铸铁管件（45°弯头）承口前，应先用砂纸打毛，插入后用麻丝填嵌均匀，以石棉水泥捻口，不得采用水泥砂浆，操作时应注意防止塑料管变形。

8. 立管的安装

立管安装前，应按设计要求设置固定支架或支承件，再进行立管的吊装。立管安装时，一般先将管段吊正，应注意三通口或四通口的朝向应正确。硬聚氯乙烯排水管的线膨胀系数为 6×10^{-5}~8×10^{-5}m/(m·℃)，约为排水铸铁管的 6~8 倍，应按设计要求设置伸缩节。伸缩节安装时，应注意将管端插口要平直插入伸缩节承口橡胶圈中，用力应均衡，不可摇挤，避免顶歪橡胶圈而造成漏水。安装完毕后，即可将立管固定。

立管穿楼板预留孔洞或打洞尺寸见表 12-1。立管穿越楼板比较容易漏水。若立管穿越楼板是非固定的，应在楼板中埋设钢制防水套管（套管管径比立管管径大 1~2 号），套管高于地坪面 10~15mm，套管与立管之间的缝隙用油麻或沥青玛蹄脂填实。当立管穿越楼板或屋面处固定时，应用不低于楼板强度等级的细石混凝土填实，立管周围应做出高于原地坪 10~20mm 的阻水圈，防止接合部位发生渗水漏水现象。也可采用橡胶圈止水，圈壁厚度为 4mm，高度为 10mm，套在立管上，设于楼层内，再浇捣细石混凝土，立管周围抹成高出楼面 10~15mm 的防水坡。还可采用硬聚氯乙烯环，环与立管粘接，安装方法同橡胶圈，但价格比橡胶圈便宜。

立管上的伸缩节应设置在靠近支管处，使支管在立管连接处位移几乎等于零。管端插入伸缩节处预留的间隙应为夏季 5~10mm；冬季 15~20mm。

通气管穿出屋面时，应与屋面工程配合好，特别应处理好屋面和管道接触处的防水。通气管的支架安装间距同排水管。

伸顶通气管高出屋面不得小于 0.30m，并且应大于最大积雪厚度。管口应加风帽或铅丝球。在经常有人停留的屋面上，伸顶通气管应高出屋面 2m，并根据防雷要求设防雷装置。通气管可采用塑料管、铸铁管、钢管及石棉水泥管。伸顶通气管穿屋面应做防水处理。通气管也可以采用排水铸铁管，接口采取麻-石棉水泥捻口。

辅助通气管和污水管的连接，应符合设计或有关规范的规定。

1) 器具通气管应设在存水弯出口端。环形通气管应在排水横支管上最始端的两个卫生器具之间接出，且接出点应在排水支管中心线以上与排水支管垂直或与垂直中心线呈 45°角。

2) 通气横支管应在本层最高卫生器具的上边缘以上不少于 0.15m 处，按不小于 0.01 的上升坡度与通气立管相连。

3) 专用通气立管和主通气立管的上端可在最高层卫生器具上边缘以上不小于 0.15m 或检查口以上与排水立管通气部分以斜三通连接。下端应在最低污水横支管以下与污水立管以斜三通连接。

4) 结合通气管下端宜在污水横支管以下与污水立管以斜三通连接；上端可在卫生器具上边缘以上不小于 0.15m 处与通气立管以斜三通连接。

9. 支管的安装

支管安装前，应预埋吊架。支管安装时，应按设计要求设置伸缩节，伸缩节的承口应朝向来水方向，安装时应根据季节情况，预埋膨胀间隙。支管的安装坡度应符合设计要求。

硬聚氯乙烯排水管安装必须保证立管垂直度，排出管、支管弯曲度要求。立管垂直度允许偏差为每米±3mm；排出管、支管弯曲度允许偏差为每米±2mm；三通或四通口标高允许偏差为±10mm。

（1）硬聚氯乙烯排水管螺纹连接　硬聚氯乙烯排水管螺纹连接常用于需经常拆卸的地方。与粘接相比，成本较高，施工要求较高。在建筑排水工程中的应用不及粘接普遍。

螺纹连接硬聚氯乙烯排水管指尖指管件的管端带用牙螺纹与塑料垫圈和橡胶密封的螺母相连接的管道。

1) 螺纹连接材料。管件必须使用注塑管件。塑料垫圈应采用与管材不同性质的塑料如聚乙烯等制成。橡胶密封圈须采用耐油、耐酸和耐碱的橡胶制成。

2) 螺纹连接施工。首先应清除材料上的油污与杂物，使接口处保持洁净。然后将管材与管件的接口试插一次，使插入处留有 5~7mm 的膨胀间隙，插入深度确定后，应在管材表面画出标记。

安装时，先在管端依次套上螺母、垫圈和胶圈，然后插入管件。用手拧紧螺母，并用链条扳手或专用扳手加以拧紧。用力应适量，以防止胀裂螺母。拧紧螺母时应使螺纹外露 2~3 扣。橡胶密封圈的位置应平整妥帖，使塑料垫圈四周均能压实。

（2）塑料管道的施工安全　塑料管道粘接所使用的清洁剂和黏合剂等属于易燃品，其存放、使用过程中，必须远离火源、热源和电源，室内严禁明火。管道粘接场所，禁止明火和吸烟，通风必须良好。集中操作预制场所，还应设置排风设施。管道粘接时，操作人员应站在上风处并应佩戴防护手套、防护眼镜和口罩等，避免皮肤与眼睛同黏合剂接触。冬期施工，应采取防寒防冻措施。操作场所应保持空气流通，不得密闭。黏合剂和清洁剂易挥发，装黏合剂和清洁剂的瓶盖应随用随开,不用时应立即盖紧,严禁非操作人员使用。

10. 检查清堵装置安装

建筑物内排水管道的检查清堵装置主要有检查口和清扫口。检查口和清扫口的安装位置应符合设计要求,并应满足使用的需要。

(1) 检查口　立管检查口安装高度由地面至检查口中心一般为1m,允许偏差±20mm,并应高于该层卫生器具上边缘0.15m。安装检查口时其朝向应便于检修。暗装立管的检查口处,应设检修门。污水横管上安装检查口时应使盲板在排水管中心线以上部位。

(2) 清扫口　清扫口是连接在污水横管上作清堵或检查用的装置。一般将清扫口安装在地面上,并使清扫口与地面相平,这种清扫口叫地面清扫口。地面清扫口与管道垂直的墙面不得小于200mm;当污水管在楼板下悬吊敷设时,也可在污水管起点的管端设置堵头代替清扫口,堵头距离与管道相垂直的墙面不得小于400mm,如图12-26所示。

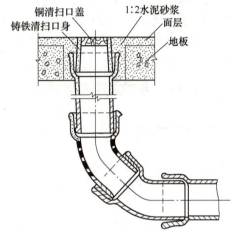

图12-26　地面清扫口

12.6.4　雨水管道安装

(1) 雨水斗安装　雨水斗规格、型号及位置应符合设计要求,雨水斗与屋面连接处必须做好防水,如图12-27所示。

(2) 悬吊管安装　悬吊管应沿墙、梁或柱悬吊安装,并应用管架固定牢,管架间距同排水管道。悬吊管敷设坡度应符合设计要求且不得小于0.005。悬吊管长度超过15m应安装检查口,检查口间距不得大于20m,位置宜靠近墙或柱。悬吊管与立管连接宜用两个45°弯头或90°斜三通。悬吊管一般为明装,暗装在吊顶、阁楼内时应有防结露措施。

(3) 立管安装　立管常沿墙、柱明装或暗装于墙槽、管井中。立管上应安装检查口,检查

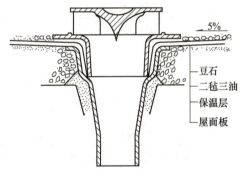

图12-27　雨水斗安装

口距地面高度应为1.0m。立管下端宜用两个45°弯头或大曲率半径的90°弯头接入排出管。管架间距同排水立管。

(4) 排出管安装　雨水排出管上不能有其他任何排水管接入,排出管穿越基础,地下室外墙应预留孔洞或防水套管,安装要求同生活排出管。埋地管的覆土厚度同生活排水管,敷设坡度应符合设计要求或有关规范的要求。

建筑排水塑料管道安装见国家建筑标准设计图集S4《给水排水标准图集》中的10S406《建筑排水塑料管道安装》。

12.7 卫生设备施工

12.7.1 卫生器具的安装

卫生器具一般在土建内粉刷工作基本完工，建筑内部给水排水管道敷设完毕后进行安装，安装前应熟悉施工图和国家建筑标准设计图集09S304《卫生设备安装》。做到所有卫生器具的安装尺寸符合国家标准及施工图的要求。

卫生器具的安装顺序：首先进行卫生器具排水管的安装，然后进行卫生器具落位安装，最后进行进水管和排水管与卫生器具的连接。

卫生器具的排水管管径选择和安装最小坡度如设计无要求应符合表12-15中的规定。

表 12-15 连接卫生器具的排水管管径和最小坡度

项次	卫生器具名称	排水管管径/mm	管道的最小坡度
1	污水盆（池）	50	0.025
2	单双格洗涤盆（池）	50	0.025
3	洗脸盆、洗手盆	32~50	0.020
4	浴盆	50	0.025
5	淋浴器	50	0.025
6	大便器	100	0.012
6	高、低水箱	100	0.012
6	自闭式冲洗阀	100	0.012
6	拉管式冲洗阀	100	0.012
7	小便器	40~50	0.025
7	手动冲洗阀	40~50	0.020
7	自动冲洗水箱	—	0.020
8	妇女卫生盆	40~50	0.020
9	饮水器	25~50	0.01~0.02

注：成组洗脸盆接至共用水封的排水管的坡度为0.01。

卫生器具落位安装前，应根据卫生器具的位置，进行支、托架的安装。支、托架的安装宜采用膨胀螺栓或预埋螺栓固定。如果用木螺钉固定，预埋的木砖采购做防腐处理（煤焦油浸泡）。支、托架的安装须平整、牢固，与卫生器具接触应紧密。

卫生器具的安装高度，如果设计无要求，应符合表12-16中的规定。

表 12-16 卫生器具的安装高度

序号	卫生器具名称		卫生器具安装高度/mm		备注
			居住和公共建筑	幼儿园	
1	污水盆（池）	架空式	800	800	自地面至器具上边缘
1	污水盆（池）	落地式	500	500	自地面至器具上边缘

（续）

序号	卫生器具名称		卫生器具安装高度/mm		备注
			居住和公共建筑	幼儿园	
2	洗涤盆（池）		800	800	自地面至器具上边缘
3	洗脸盆和洗手盆（有塞、无塞）		800	500	
4	盥洗槽		800	500	
5	浴盆		480	—	
6	蹲式大便器	高水箱	1800	1800	自台阶面至高水箱底
		低水箱	900	900	自台阶面至高水箱底
7	坐式大便器	高水箱	1800	1800	自台阶面至高水箱底
		低水箱 外露排出管式	510	—	自地面至低水箱底
		低水箱 虹吸喷射式	470	—	
8	小便器	立式	100	—	至受水部分上边缘
		挂式	600	450	至受水部分上边缘
9	小便槽		200	150	自台阶至台阶面
10	大便槽冲洗水箱		≥2000	—	自台阶至水箱底
11	妇女卫生盆		360	—	自地面至器具上边缘
12	化验盆		800	—	自地面至器具上边缘

卫生器具安装位置应正确。允许偏差：单独器具为10mm；成排器具为5mm。卫生器具安装时应平正、垂直，垂直度的允许偏差不得超过3mm，水平度的偏差不得超过2mm。

卫生器具的给水配件（水嘴、阀门等）安装，设计无高度要求时，应符合表12-17中的规定。装配镀铬配件时，不得使用管钳，不得已时应在管钳上衬垫软布，方口配件应使用活扳手，以免镀铬层破坏或影响美观及使用寿命。

表12-17　一般卫生器具的给水配件的安装高度　　　　　　　　　（单位：mm）

项次	卫生器具给水配件名称	给水配件中心距地面高度	冷、热水嘴距离
1	架空式污水盆（池）水嘴	1000	—
2	落地式污水盆（池）水嘴	800	—
3	洗涤盆（池）水嘴	1000	150
4	住宅集中给水水嘴	1000	—
5	洗手盆水嘴	1000	—
6	洗脸盆	1000	—
	水嘴（上配水）	1000	150
	冷热水管上下并行，其中热水水嘴	1100	—
	水嘴（下配水）	800	150
	角阀（下配水）	450	—
7	盥洗槽水嘴	1000	150
	冷热水管上下并行，其中热水水嘴	1100	150

（续）

项次	卫生器具给水配件名称	给水配件中心距地面高度	冷、热水嘴距离
8	浴盆水嘴（上配水）	670	
	冷热水管上下并行其中热水水嘴	770	
9	淋浴器	1100	
	截止阀	1150	95（成品）
	莲蓬头下沿	2100	—
10	蹲式大便器（从台阶面算起）	0	
	高水箱角阀及截止阀	2040	—
	低水箱角阀	800	—
	手动式自闭冲洗阀	550	—
	脚踏式自闭冲洗阀	240	—
	拉管式冲洗阀（从地面算起）	1600	—
	带防污助冲器阀门（从地面算起）	900	—
11	坐式大便器	720	
	高水箱角阀及截止阀	2040	—
	低水箱角阀	250	—
12	大便槽冲洗水箱截止阀（从台阶面算起）	不低于2000	—
13	立式小便器角阀	1130	—
14	挂式小便器角阀及截止阀	1050	—
15	小便槽多孔冲洗管	1300	—
16	化验室化验水嘴	1000	—
17	妇女卫生盆混合阀	360	—
18	饮水器喷嘴嘴口	1000	—

注：装设在幼儿园内的洗手盆、洗脸盆和盥洗槽水嘴中心离地面安装高度，应减小为700mm；其他卫生器具给水配件的安装高度，应按卫生器具的实际尺寸相应减少。

1. 大便器的安装

大便器分为蹲式大便器和坐式大便器两种。

（1）蹲式大便器安装　蹲式大便器本身不带存水弯，安装时需另加存水弯。存水弯有P型和S型两种，P型比S型的高度要低一些。所以，S型仅用于底层，P型既可用于底层又可用于其他楼层，这样可使支管（横管）的悬吊高度低一些。

蹲式大便器一般安装在地坪的台阶上，一个台阶高度为150mm；最多为两个台阶，高度为300mm。住宅蹲式大便器一般安装在卫生间现浇楼板凹坑低于层高不少于200m内。这样，就省去了台阶，便于居民使用。

蹲式大便器（低水箱）的安装顺序如下：

1）低水箱安装。先将水箱内的附件装配好，保证使用灵活。按水箱的位置，在墙上画出钻孔中心线，然后用膨胀螺栓加垫圈将水箱固定。

2）水箱浮球阀和冲洗管安装。将浮球阀加橡胶垫从水箱中穿出来，再加橡皮垫，用螺母紧固；然后将冲洗管加橡胶垫从水箱中穿出，再套上橡胶垫和铁制垫圈后用锁紧螺母紧固。注意用力适当，以免损坏水箱。

3）安装大便器。大便器出水口套进存水弯之前，须先将麻丝白灰（或油灰）涂在大便器出水口外面及存水弯承口内。然后用水平尺找平摆正，待大便器稳装定位后，将手伸入大便器出水口内，把挤出的白灰（或油灰）抹光。

4）冲洗管安装。冲洗水管（一般为 DN32 或 DN40 塑料管）与大便器进水口连接时，应涂上少许食用油，把胶皮碗套上，要套正、套实，然后用 14 号铜丝分别绑扎两道，不许压结在一条线上，两道铜丝拧扣要错位 60°左右。

5）水箱进水管安装。将预制好的塑料管（或铜管）一端用锁紧螺母固定在角阀上，另一端套上锁紧螺母，管端缠聚四氟乙烯生料带或铅油麻丝后，用锁紧螺母锁在浮球阀上。

6）大便器的最后稳装。大便器稳装后，立即用砖垫牢固，再以 1∶8 水泥焦砟或混凝土作底座。但胶皮碗周围应用干燥细砂填充，便于日后维修。最后配合土建单位在上面抹 10mm 厚的水泥粉面。

（2）坐式大便器安装（图 12-28） 坐式大便器按冲洗方式，分为低水箱冲洗和延时自闭式冲洗阀冲洗；按低水箱所处的位置，坐便器又分为分体式和连体式两种。下面简述分体

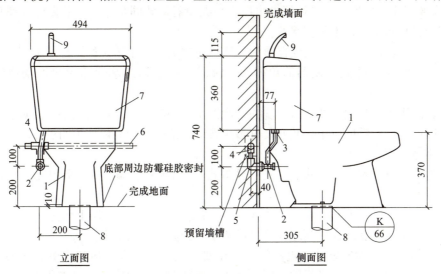

图 12-28 分体式节水（可洗手）坐便器安装

式低水箱坐便器的安装顺序。

1）低水箱安装。先在地面将水箱内的附件组装好，然后根据水箱的安装高度和水箱背部孔眼的实际尺寸，在墙上标出螺栓孔的位置，采用膨胀螺栓或预埋螺栓等方法将水箱固定在墙上。就位固定后的低水箱应横平竖直，稳固贴墙。

2）大便器稳定。大便器安装前，应先将大便器的排出口插入预先安装的DN100污水管口内，再将大便器底座孔眼的位置用笔（石笔）在光地坪上标记，移开大便器用冲击电钻打孔（不打穿地坪），然后将大便器用膨胀螺栓固定。固定时，用力要均匀，防止瓷质大便器底部破碎。

3）水箱与大便器连接管安装。水箱和大便器安装时，应保证水箱出水口和大便器进水口中心对正。连接管一般为90°铜管或90°塑料冲水管。安装时，先将水箱出水口与大便器进水口上的锁母卸下，然后在弯头两端缠生塑料带或铅油麻丝，一端插入低水箱出水口，另一端插入大便器进水口，将卸下的锁紧螺母分别锁紧两端，注意松紧要适度。

4）水箱进水管上角阀与水箱进水口处的连接常采用外包金属软管，这样能有效地满足角阀与低水箱管口不在同一垂直线上的安装需求。该软管两端为活接，安装十分方便。

5）大便器排出口安装。大便器排出口应与大便器稳装同步进行。其做法与蹲便器排出口安装相同，只是坐便器不须存水弯。

连体式大便器由于水箱与大便器连为一体，造型美观，整体性好，已成为当今高档坐便器主流。其安装比分体式大便器简单得多，仅需连接水箱进水管和大便器及稳装大便器即可。

此外，采用延时自闭式冲洗阀冲洗的坐便器及蹲便器具有所占空间小、美观、安装方便的特点，因而得到广泛的应用，其安装可参照设计施工图及产品使用说明进行。

2. 洗脸盆安装

洗脸盆有三种形式：墙架式、立式（柱脚式）、台板式。墙架式洗脸盆是一种低档洗脸盆，其安装顺序如下：

（1）托架安装　根据洗脸盆的位置和安装高度，画出托架在墙上固定的位置。使用冲击电钻打孔，采用膨胀螺栓或预埋螺栓将托架平直的固定在墙上。

（2）进水管及水嘴安装　将脸盆稳装在托架上，脸盆上水嘴垫胶皮垫后穿入脸盆的进水孔，然后加垫并用锁紧螺母紧固。应注意热水嘴装在脸盆左边，冷水嘴装在右边，并保证水嘴位置端正、稳固。水嘴装好后，接着将角阀的入口端与预留的给水口相连，另一端配短管（宜采用金属软管）与脸盆水嘴连接，并用锁紧螺母紧固。

（3）出水口安装　将存水弯锁紧螺母卸开，上端套在缠铅油麻丝或生塑料带的排水栓上，下端套上护口盘插入预留的排水管管口内，然后把存水弯锁紧螺母加胶皮垫找正紧固，最后把存水弯下端与预留的排水管口间的缝隙用铅油麻丝或防水油膏塞紧，盖好护口盘。

立式及台式洗脸盆属中高档洗脸盆（图12-29），其附件通常是镀铬件，安装时应注意不要损伤镀铬层。安装立式及台式洗脸盆可参见国标图集及产品安装要求，也可参照墙架式洗脸盆安装顺序进行。

3. 浴盆安装

浴盆一般为长方形，也有方形的。长方形浴盆有带腿和不带腿之分。按配水附件的不同，浴盆安装可分为冷热水水嘴、固定式淋浴器、混合水嘴软管淋浴器、移动式软管淋浴器浴盆安装。

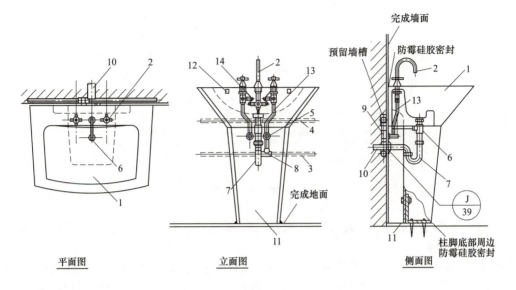

主要材料表

编号	名称	规格	材料	单位	数量
1	立柱式洗脸盆	8in水嘴用	陶瓷	个	1
2	8in双柄混合水嘴	DN15	铜镀铬	个	1
3	冷水管	按设计	按设计	m	—
4	热水管	按设计	按设计	m	—
5	角式截止阀	DN15	铜镀铬	个	2
6	提拉排水栓	DN32	铜镀铬	套	1
7	存水弯	DN32	铜镀铬	个	1
8	三通	按设计	按设计	个	2
9	内螺纹弯头	DN15	按设计	个	2
10	排水管	dn40	PVC-U	m	—
11	立柱	配套	陶瓷	个	1
12	挂钩、固定件等	配套	配套	套	1
13	进水软管	DN15	不锈钢	根	2
14	连接软管	配套	配套	根	2

图 12-29 双柄水嘴立柱式洗脸盆安装

冷热水水嘴浴盆是一种普通浴盆，如图 12-30 所示。它的安装顺序如下：

1）浴盆安装。浴盆安装在土建内粉刷完毕后才能进行。对于带腿的浴盆，应将腿上的螺钉卸下，将拔锁紧螺母插入浴盆底槽内，把腿扣在浴盆上，带好螺母，拧紧找平，不得有松动现象。不带腿的浴盆底部平稳搁在用水泥砖块砌成的两条墩子上，从地坪至浴盆上口边缘为 480mm，浴盆稍倾斜与排水口一侧，以利排水。浴盆四周用水平尺找正，不得歪斜。

2）配水嘴安装。配水水嘴高于浴盆面 100mm 左右，两个配水嘴的中心距为 15mm。

3）排水管路安装。安装时先将溢水弯头、三通等组装好，准确地量好各段长度，再下料，排水管横管坡度为 0.02。先把浴盆排水栓涂上白灰或油灰，垫上橡胶垫圈，由盆底穿出，用锁紧螺母锁紧，把多余的油灰抹平，再连上弯头、三通。溢水管的弯头也垫上橡胶垫圈，将花盖串在堵链的螺栓上，入弯头内，无松动即可，然后将溢水管插入三通内，用锁紧

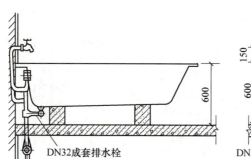
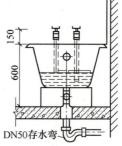

图 12-30 浴盆安装

螺母锁住。三通与存水弯连接处应配上一段短管，插入存水弯的承口内，缝隙用铅油麻丝或防水油膏填实抹平。

4）浴盆装饰。浴盆安装妥当后，由土建用砖块沿盆边砌平并贴瓷砖，在安装浴盆溢排水的一端，池壁墙应开一个 300mm×300mm 供维修使用的检查门。在最后铺瓷砖时，应注意浴盆边缘必须嵌进瓷砖 10~15mm，以免使用时渗水。

除以上介绍的几种卫生器具的安装外，还有大便槽、小便槽、小便器、洗涤盆、污水盆、化验盆、盥洗槽、淋浴器、妇女卫生盆及地漏等。施工时，可按设计要求及《国家建筑标准设计图集》99S304 要求安装。

12.7.2 给水设备安装

室内给水常用设备有水箱、水池、气压给水装置、换热器、水表等。

1. 水箱、水池的安装

高层建筑给水系统中，水箱是主要的给水设备。水箱按制作材料分有食品级不锈钢水箱及钢筋混凝土水箱等；按形状又可分为矩形、圆形和球形水箱。

钢筋混凝土水箱经久耐用，维护方便，但自重大，属于土建结构。

不锈钢水箱质轻，耐腐蚀，美观耐用，是水箱发展方向，一般为工厂化生产，现场安装。

钢筋混凝土水箱常为现浇结构，可直接设置在楼板或屋面上。

水箱的配管包括进水管、出水管、溢流管、泄水（排污）管及自动控制装置等。进水管上宜采用液压控制阀或自动控制阀。水箱上配管可按标准图集及产品安装要求安装。

钢筋混凝土水箱配管宜采取预埋防水套管或直接预埋管道的方法施工，应十分注意做好水箱的防水处理，以免渗漏而影响正常使用。

2. 气压给水装置的安装

气压给水装置的作用相当于高位水箱或水塔。它具有一次性投资省、施工安装期短、易于拆迁机动性好、管理方便及供水安全可靠的优点，但也存在水泵、空压机启动频繁，机械磨损快、运行费用高等缺点，适用于不宜设置水塔、水箱如隐蔽的国防工程、地震区的建筑及艺术性要求较高的建筑，以及需要局部进行加压的给水系统，如高层建筑消防等。

气压给水装置主要包括气压罐和水泵。气压罐一般为钢板制作，工厂化生产，其安装类似于水泵安装。气压罐安装基础为现浇混凝土，常采取二次灌浆法施工。

气压给水装置的安装顺序是：先安装气压罐、水泵，然后安装管路系统，最后进行试运行。

12.8 高层建筑给水排水系统施工

我国将 10 层及 10 层以上的居住建筑或建筑高度超过 24m 的其他民用建筑称为高层建筑。高层建筑给水排水管道工程与一般多层和低层建筑给水排水管道工程相比，虽然施工方法等方面是相同的，但由于高层建筑层数多、建筑高度大、建筑功能广、建筑结构复杂，以及所受外界条件影响，高层建筑给水排水管道工程安装具有独特性，概括如下：

1）高层建筑层数多、高度大，给水排水管道系统中静水压力很大，必须进行合理的竖向分区。要求管材及配件强度高，而且需增设加压设备（如水泵等）。

2）高层建筑给水排水设备使用人数多，瞬时给水流量和排水量大，如发生停水、漏水和排水管道堵塞，影响范围大。这些对高层建筑管道安装提出了更高要求。

3）高层建筑的功能复杂，失火可能性大；火灾蔓延迅速，疏散扑救困难，失火后果严重，故对消防给水有很严格要求。除一般的消火栓系统外，高层建筑普遍设置自动喷水灭火系统、水幕系统及气体消防系统，如二氧化碳灭火系统等。

4）高层建筑对防噪声、防震等要求高，因此对设备的安装、管道支架、管材、管道接口等要求十分严格。

高层建筑生活给水系统一般采用竖向分区并联给水，一般按层数分为上、中、下 3 个区或上、下 2 个区；超高层除上中下分区外，还须在设备层设置中部水箱，采用垂直串连给水，以满足高层上部的水压要求。

12.8.1 管道的暗装及预制

高层建筑给水排水设备标准高，卫生器具及管道材料品种规格多，施工工作量大，施工难度大，因此管道工程施工要求有别于一般多层建筑，简述如下。

1. 管井内管道安装

高层建筑中，给水排水管道数量多，而且较长。管道中有生活水管、消防给水管、废水排水管、污水排水管、通气管、雨水管、热水管、回水管和中水道管等，再加上供热制冷管道等，总计有十多种。这些管道的立管普遍采用管井内敷设，各种立管依靠托架、支架、管卡被竖向固定在管井内，并且每层与支管（横管）相接。由于高层建筑的管道种类较多，各种立管分出的支管数量多，管井的断面必须保证管道的安装和维修工作方便。断面尺寸不小于 800mm×1000mm。管井内应待管道安装完毕后，用楼板封闭作为检修平台，并在走廊上设检修门，供维修人员进出管井维修之用。

管井内管道安装施工，各种管道系统自下而上按顺序安装，必须注意立管上分支管（甩口）的高度、方向应准确，以利于支管的连接。各种管道的安装顺序为先大后小。如果发生安装矛盾，通常小管让大管、压力管让重力流管。即先装污水（废）水及雨水管，后安装给水、热水等管道。

由于管井内空间有限，且为高空作业，施工时必须在管井内搭设临时安装平台，以利于安装，并且应解决好立管安装管道的垂直吊装问题。

管道井管道安装光线较暗，应配置安全照明灯具，还应设置必要的安全网、护栏、告示牌等安全装置，杜绝人员伤亡事故。

2. 设备层、吊顶内管道安装

高层建筑内设备数量较多，支管种类不少，为了集中装置水泵、水箱、给水排水等设备及管道，在高层建筑内每隔数十层（分区）设置设备层。设备层的层高一般比标准层低，但要保证安装和维修便利的必要高度。

除设备层布置各种排水横管、支管外，连接在立管上的支管通常设置在吊顶、墙槽内，以求美观。

3. 管道预制、现场装配

高层建筑层数多，管道安装工程工作量大，而各房间卫生器具的布置和管道的管材、管径、接口方式、走向等基本一致，为加快施工进度，确保工程质量，高层建筑的管道一般是在预制场加工，现场装配的。预制均可选择施工现场的临时设施（工棚），也可利用建筑物底层或地下室作为预制工作场所。在预制加工场内通常应配备切管机、弯管机、套丝机、翻边机、各类焊接设备、除锈喷漆机、试压泵等。它也是各种管材及配件的临时堆放场地。预制场地要有临时照明、通风设施，统一规划，便于材料进出及管道预制加工。

管道预制加工的范围包括管井内各种立管，吊顶、墙槽内各类干管及支管，标准层卫生间、厨房的配管，设备层泵、水箱等设备的配管等。

进行管道预制加工前，必须深入现场实测以取得实际安装尺寸，然后绘制管道加工图，据此进行管道预制加工。预制立管和干管的长度应考虑到安装的便利与可能性。卫生间、厨房内卫生设备的稳装及其配管的安装尺寸一定要准确。通常可在标准层先安装一个样板间，并以此作为配管预制、安装施工的标准，十分有利于加快工程进度和确保工程质量。

近年来，我国的高层建筑发展很快，设计趋向定型化、标准化、大型砌块、大型板壁、预制空心楼板等不断出现，使得建筑给水排水管道工程向装配式方向发展，突出表现在下面几个方面：

1）盒子（匣子）卫生间。整个卫生间的卫生器具、管道及其附属设施安装于布置合理的卫生间内，卫生间的壁板采用塑料板、石膏板、石棉板等轻质材质制成，以减轻吊装质量。盒子卫生间在构件厂中预制，用车辆运抵现场吊装。

2）管道砌块。将管道设置于混凝土砌块中，供工地装配之用。

3）管道壁板。将管道装设于混凝土壁板中，供在现场连接排水支（横）管用。管道砌块和管道壁板均在构件厂中预制。

4）装配式管道安装。将楼层、管井内给水排水立管、支管在管道制造厂预制装配好，用车辆运到施工现场进行装配。

建筑给水排水管道工程的装配式施工在发达国家应用较广，在我国正处于试验、推广之中。

12.8.2 给水系统安装

图 12-31 所示为高层建筑给水系统原理示意图。

（1）高层建筑给水采取分区供水方

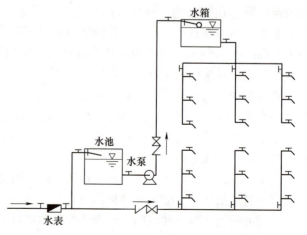

图 12-31 高层建筑给水系统原理示意图

式 竖向分区应根据使用要求、材料设备性能、维修管理等条件，合理确定分区水压。分区静水水压不大于0.45MPa，当设有集中热水系统时，分区静水水压不大于0.55MPa。住宅入户管供水压力不应大于0.35MPa，非住宅类居住建筑入户管供水压力不宜大于0.35MPa。生活给水系统用水点处供水压力不宜大于0.2MPa。高层建筑给水排水在竖向分区时，为了节约能源和投资，首先要考虑充分利用室外给水管网的压力，尽可能多地向下面几层供水。

竖向分区给水方式常用并联给水方式、分区减压给水方式及串联给水方式3种。不管采取哪一种给水方式，都需要设置水泵、水池等设备（存在无水箱供水方式，例如气压给水设备给水方式）。

(2) 给水管道安装　高层建筑由于用水量大，通常需要设置水池。水池为不锈钢水池或钢筋混凝土水池。水池的进水管即高层建筑的进户管通常选择球墨铸铁管，胶圈接口。高层建筑底下几层为市政管网直接给水方式，其安装与低层或多层建筑给水系统相同。

高层建筑给水系统安装，一般可先预埋水池进水管及进户管，然后安装水泵、气压罐等设备，再安装立管、支管，最后安装卫生器具。

高层建筑给水用管材一般立管、干管采取塑钢管，双热熔、卡箍、螺纹及法兰连接；不锈钢管用法兰连接。支管（横管）可采用聚丙烯管、聚丁烯管），热熔连接；铝塑管采用卡套式或扣压式接口；铜管钎焊连接。

立管安装在管道井里，安装一般采用预制方法。安装立管时，应在每层都要设管道支架，管道支架用各种型钢（槽钢、角钢等）制作，应注意管道支架应牢固可靠，以防止管道下沉和脱位。高层建筑的给水水平干管均敷设在设备层（技术层）或吊顶内。吊顶的高度一般为0.6~0.8m。安装时，应采取支架、吊架或托架固定牢靠。应注意技术层及吊顶内各种管线的综合，宜共用托架、支架。吊顶内的管道经试压后，方能进行吊顶装饰施工工作。

支管（横管）的安装与低层和多层建筑安装方法类似，但安装方式为暗装于吊顶内或墙槽内。

12.8.3　热水系统安装

图12-32所示为高层建筑热水系统原理。

高层建筑热水系统的分区应与给水系统的分区一致。各分压的水加热器、贮水器的进水均应由同区的给水系统供应。

热水系统主要由加热器与贮存设备、管路系统等组成。加热及贮水设备有锅炉、水加热器、膨胀水箱等。安装时，可根据设计要求及有关施工验收规范进行。热水管系统所用管材有不锈钢管、铜管等。建筑标准要求高的宾馆楼宇热水供给管网中，通常采用PP-R管、不锈钢管、铜管等耐热、耐腐蚀的管材。

在管道及管件的安装过程中，许多安装工艺和要求与钢塑管的安装相类似，如管道的预制、管道检查、管道埋地要求等。热水系统管网配水干管和立管应设置排气装置，系统最低点设置泄水装置。

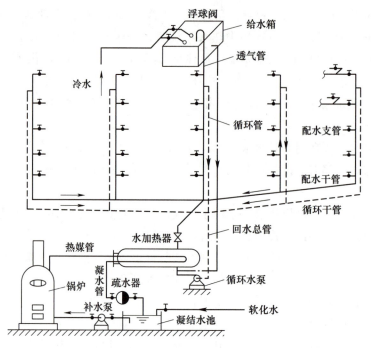

图 12-32 高层建筑热水系统原理

1. 热膨胀及伸缩节设置

热水管管网的膨胀量大，因管道本身抵抗热膨胀力不足时，管道会产生相应的膨胀破坏，因此应根据计算，每隔一定的距离设置管道伸缩节，保证管道在热状态下的稳定和安全工作。在管道安装时，应根据设计要求，尽可能利用管道弯曲的自然补偿作用，当管内热水温度不超过 80℃ 时，如管线不长且支吊架点配置合理时，管道长度的热膨胀量可由自身的弹性给予补偿而不必设伸缩节。

管网的热膨胀量计算公式为

$$\Delta l = \xi \Delta t L \tag{12-1}$$

式中　Δl——热膨胀量（mm）；
　　　ξ——管线的膨胀系数 [mm/(m·℃)]；
　　　Δt——铜管的增温值（℃）；
　　　L——管段长度（m）。

2. 管道支、吊架

不锈钢管、铜管、PP-R 管的安装，仍然需要支、吊架固定。铜管支、吊架的最大允许间距主要考虑铜管在受垂直荷载下，仍应满足其强度和刚度计算要求。在强度方面，要求铜管管道在自重、热水负荷等荷载下，产生的弯曲应力和轴向拉力不得超过管材拉伸时的允许应力。显然，间距越大，应力也越大，当超过一定数值时，管材会被拉坏。在刚度方面，要求在自重、热水负荷下，产生的应力变形不得超过允许的数值。过大的变形会造成管道"塌腰"现象，从而影响管道的坡度和坡向。铜管采取承插口焊接连接时，支、吊架最大允许间距见表 12-18。较小管径铜管的安装，宜采用导向槽，采用支、吊架是不经济的。

表 12-18　铜管采取承插口焊接连接时支、吊架最大允许间距

公称通径	（外径/mm）×（壁厚/mm）	铜管单位长度质量/（kg/m）	充满水时单位长度质量/（kg/m）	最大允许间距/m	
				保温管	不保温管
DN15	19×1.5	0.73	0.936	2	2.5
DN20	22×1.5	0.861	0.144	2.5	3
DN25	28×1.5	1.113	1.604	2.5	3.25
DN32	35×1.5	1.4	2.204	2.5	4
DN40	44×2	2.350	3.600	3	4.5
DN50	55×2	2.960	5.00	3	5
DN65	70×2.5	4.720	8.037	4	66
DN80	85×2.5	5.770	10.790	4	6
DN100	105×2.5	7.170	12.199	4.5	6.5
DN125	133×2.5	9.140	22.000	6	7
DN150	159×3	13.12	31.500	7	8
DN200	219×4	24.08	59.000	7	9.5

当有波纹管伸缩节时，导向支架的间距计算与一般支吊架间距设置有所不同，这时管网固定支架承受较大的载荷，容易引起管道失稳，因此必须减小导向支架的间距，防止管道变形损坏。

3. 管道的安装

管道的安装顺序：干管→立管→支管（横管）。不同管材的管道连接方法不尽相同，分别为铜管采取承插焊接，PP-R 管采取承插热熔连接。

（1）干管的安装　高层建筑管道安装一般为暗装。干管一般设在设备层（技术层）、地沟或吊顶内。安装在设备层或吊顶内的干管应先确定干管的标高、位置、坡度等，按照固定支架、吊架的最大允许间距安装支架或吊架。管道的下料长度及连接前的准备工作一般在加工现场完成。管子与管件的组装尽可能在加工现场或施工现场地面先连接好，组装长度以吊架及连接方便为宜。管道起吊时，应轻轻落在支架上，用支吊架上的管卡固定牢靠，防止滚落。用法兰连接的管子，起吊后，应用螺栓上紧固定。

干管安装后，还要校直，并保证不小于 0.003 的坡度坡向泄水装置。

（2）立管安装　高层建筑立管通常敷设在管道井内。承插口连接的管道占用空间较小，可先安装直径较大的管道，如排水管，后安装热水管。每一段管道与管件的安装长度要与楼层标高相适应，一般采取现场测长，管道预制编号，一定长度现场连接组装的方法。预制连接时，应注意三通、四通口的标高、方向应正确。热水供应立管必须设波纹膨胀节，以补偿管道的热伸长量。波纹管膨胀节应设置在楼板附近，如图 12-33 所示。

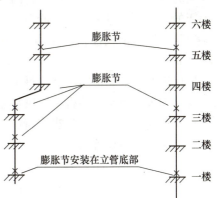

图 12-33　膨胀节的固定示意图

(3) 支管（横管）安装　高层建筑横管通常敷设在吊顶或墙槽内。一般采取预制组装好，然后现场连接并固定。支管的安装必须在卫生器具安装定位后才能进行。安装方法与干管相同。

热水供应管道的在穿墙、穿楼板时，应设钢套管，并在管道与套管之间设置柔性材料（如毛毡），柔性材料应填实。

设于室外、管井、吊顶、管沟、管廊等处的热水供应管道必须保温，保温材料及施工方法见本书第 15.3 节有关内容。

12.8.4　消防给水系统安装

高层建筑面积较大，房间多，内部功能复杂，来往人员频繁，这给控制火灾造成一定困难。建筑物内有楼梯井、电梯井、管道井、电缆井、垃圾井及通风空调等，一旦发生火灾，这些竖井和管道成为火势迅速蔓延的途径。由于高层建筑高度远远超过消防车直接扑灭火灾的最大建筑高度（垂直高度为 24m），这就只能立足于室内自救。因此，高层建筑消防给水施工应保证质量，以满足室内自救这一要求。

高层建筑常用的消防系统有消火栓给水系统、气体灭火系统、自动喷水灭火系统及水幕消防系统等。以下对前 3 种进行简要介绍

1. 消火栓给水系统

建筑高度不超过 50m 或消防水压不超过 80m 水柱的高层建筑，消防给水管网不进行分区，整个建筑物组成一个消防给水系统。发生火灾时，通过高压消防泵或消防车水泵向系统供水灭火。为便于灭火时进行水枪操作，在消防立管下部动水压超过 $50mH_2O$ 的消火栓处，需增设减压设施，如设减压孔板。

当建筑高度超过 50m 或消防水压超过 $80mH_2O$ 的高层建筑，室内消防给水系统应分区供水，并按各分区组成本区独立的消防给水系统。

室内消防给水系统必须与生活、生产给水体统分开设置，自成一个独立系统。消防给水管道在平面和立面上布置成环状，环状管网的进水管不应少于两条，当其中一条进水管关闭时，其余进水管应仍能保证全部室内消防用水量，并宜从建筑物的不同方向接入。消防立管直径应按设计计算确定，但不得小于 DN100。消防立管安装间距最大不宜大于 30m。为了保证灭火时供水安全，在消防给水管网上设置一定数量的阀门，阀门布置原则应保证管道检修时关闭的立管不超过一条，一般在分水点处以管道数 $n-1$ 的原则设置。消火栓布置原则与多层建筑相同。消火栓口径应为 65mm，配备的水带长度不超过 25m，水枪喷嘴口径不小于 19mm。

为保证及时启动消防水泵，每个消火栓处均应设置消防水泵按钮。在屋顶应设检查用消火栓及压力表，供平时检查系统供水能力之用。

目前在高级宾馆、一类建筑商业楼、展览馆、综合楼等防火等级为中等危险级 I 及以上的高层建筑中，应设置消防卷盘，与消火栓配合使用，如图 12-34 所示。消防卷盘的栓口直径宜为 25mm，配备的胶带内径不小于 19mm，水枪喷嘴口径不小于 6mm，消防卷盘的间距应保证有一股水流能达到室内地面任何部位。消防卷盘卷在金属圆盘上，圆盘固定在箱内的轴上，可以旋转从箱中拉出，使用比较灵活方便。

高层建筑消防给水系统均应设置水泵接合器，以便消防车水泵向系统供水。水泵接合器

应设置在消防车使用方便的地点，其周围 15～40m 内应设有室外消火栓或消防水池，以供消防车抽水之用。水泵接合器有地上式、地下式和墙壁式 3 种，如图 12-35 所示。水泵接合器与室内管网连接管上应设阀门、止回阀和安全阀。

高层建筑消防给水必须设消防水泵或者气压罐。泵站内设有两台或两台以上消防泵时，每台泵应单独与管网连接，不允许将消防泵共用一条总出水管，然后与室内管网连接。

2. 气体灭火系统

近年来，以高层建筑形象出现的邮政、电信楼、广播电视楼、电力调度楼、展览楼、科研档案馆、博物馆等层出不穷，对非水消防设备的需求越来越多，即便是普通高层民用建筑，由于存在柴油发电机房，变配电室，燃油、燃气锅炉房等，需设置气体、气溶胶等其他灭火系统或灭火设备。

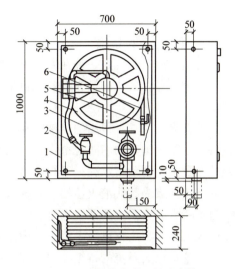

图 12-34 自救式小口径消火栓
1—消火栓箱　2—SNA25 消火栓　3—SN65 消火栓
4—卷盘　5—小口径水枪　6—输水软管

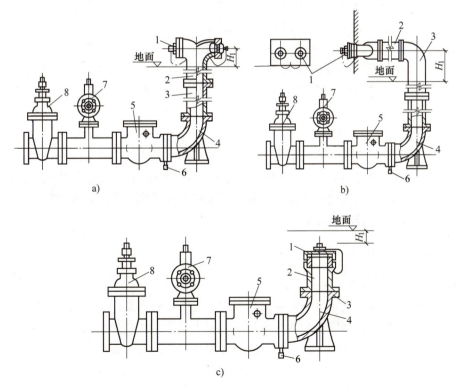

图 12-35 水泵接合器
a) 地上式　b) 地下式　c) 墙壁式
1—消防接口　2—水泵接合器本体　3—法兰接口　4—弯管　5—止回阀　6—泄水阀　7—安全阀　8—闸阀

在计算机房、配电间等不能采取以水为介质的灭火系统时，可选择 CO_2、七氟丙烷等气体灭火系统。

3. 自动喷水灭火系统

自动喷水灭火系统是一种在发生火灾时，能自动喷水灭火并同时发出火警信号的灭火系统，是当今世界上公认的最为有效的自救灭火设施，也是应用最广泛、用量最大的自动灭火系统。

这种灭火系统具有很高的灵敏度和灭火成功率，是扑灭建筑初期火灾非常有效的一种灭火设备。在发达国家的消防规范中，要求所有应该设置灭火设备的建筑都采用自动喷水灭火系统；在我国，自动喷水灭火系统已经开始在工业建筑、公共建筑、住宅建筑建设中广泛应用，并有逐渐成为替代消火栓给水系统作为主要灭火手段的趋势。

自动喷水灭火系统的系统选型、喷水强度、作用面积、持续喷水时间等参数，应与防护对象的火灾特性、火灾危险等级、室内净空高度及储物高度等相适应。

自动喷水灭火系统的持续喷水时间应符合下列规定：

1）用于灭火时，应大于或等于 1.0h，对于局部应用系统，应大于或等于 0.5h。

2）用于防护冷却时，应大于或等于设计所需防火冷却时间。

3）用于防火分隔时，应大于或等于防火分隔处的设计耐火时间。

洒水喷头应符合下列规定：

1）喷头间距应满足有效喷水和使可燃物或保护对象被全部覆盖的要求。

2）喷头周围不应有遮挡或影响洒水效果的障碍物。

3）系统水力计算最不利点处喷头的工作压力应大于或等于 0.05MPa。

4）腐蚀性场所和易必生粉集、纤维等的场所内的喷头，应采取防止喷头堵塞的措施。

5）建筑高度大于 100m 的公共建筑，其高层主体内设置的自动喷水灭火系统应采用快速响应喷头。

6）局部应用系统应采用快速响应喷头。

每个报警阀组控制的供水管网水力计算最不利点洒水喷头处应设置末端试水装置，其他防火分区、楼层均应设置 DN25 的试水阀。末端试水装置应具有压力显示功能，并应设置相应的排水设施。自动喷水灭火系统环状供水管网及报警阀进出口采用的控制阀，应为信号阀或具有确保阀位处于常开状态的措施。

12.8.5 排水系统安装

图 12-36 所示为高层排水系统原理。

高层建筑排水，按其性质可分为生活污水和室内雨水两大类。生活污水一般又分为粪便污水和洗涤废水两种。高层建筑生活污水和室内雨水应分别设置排水系统。生活污水排水系统按排水方式分为分流制和合流制两类系统。分流制就是粪便污水与洗涤废水分别设置管道排出；合流制是使粪便污水与洗涤废水合流通过同一根立管排出。为节约用水，我国不少城市对高层建筑要求设置中水道，而洗涤废水是中水处理的主要水源。因此，高层建筑通常采取分流制。只有在层数少、立管负荷不大的高层建筑（如住宅、办公楼）才考虑采用合流制排水系统。

按系统组成特点，生活污水排水系统分为普通排水系统和新型排水系统（特殊单立管排水系统）两类。普通排水系统由管道组成排水和通气系统，它又包括二管制和三管制两种。二管制是用一根污（废）水管与一根专用通气管组成的排水系统；三管制是由一根粪便污水立管、一根洗涤废水立管与一根专用通气管组成的排水系统。当前国内外高级旅馆、饭店大多采用三管制排水系统。新型排水系统是取消专门通气管系的单立管系统，即由一根污（废）水立管与节点组合配件组成的单立管排水系统。

12.8.6 新型排水系统（特殊单立管排水系统）

苏维脱排水系统是一种新型排水系统，它采用一种叫作混合器的配件代替排水三通，在立管底部设置气体分离接头配件代替排水弯头，从而可取消通气立管。苏维脱排水系统的优点是能减小立管内部气压波动，降低管内正负压绝对值，保证排水系统工况良好。

新型排水系统由于采用了特殊配件，取消了通气立管，因此能在保证排水系统中良好的水力工况的前提下，简化排水管道系统，降低造价，因此很值得在多层或高层建筑排水系统中推广应用。

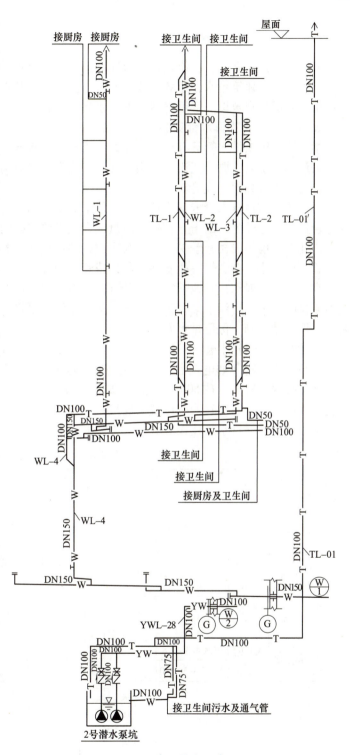

图 12-36　高层排水系统原理

建筑特殊单立管排水系统施工见国家建筑标准设计图集 10SS410《建筑特殊单立管排水系统安装》。

12.8.7 排水系统的安装特点及其要求

高层建筑排水立管长、流量大、流速高，因此要求管道安装要牢固，防止管道漏水、位移和下沉。高层建筑排水管道的布置与安装与多层建筑基本相同，通常不分区设置，立管自底层至最高层贯穿敷设。管道材料强度要求高，一般采用排水铸铁管或硬聚氯乙烯排水管。

1. 柔性接口铸铁排水管安装

柔性接口铸铁排水管具有防火性能好、承压高、水流噪声低、接口不易渗漏、耐温、对管道敷设的环境条件要求宽松、使用寿命长等优点，在对高层建筑排水管道要求有曲挠、抗震、快速施工等方面有优势。

柔性接口铸铁排水管卡箍连接，但在最下面几层的转弯处和受压处应采用青铅接口。排水立管设在管道井内，由于立管长、质量大，应设置牢固的支、托架，使上部管道的重力通过支、托架由墙体或楼板承受。立管与出户管的连接底部若埋地敷设，应设混凝土支墩，防止立管下沉。排水横支管一般安装在吊顶或管槽内。

高层建筑一般都建有地下室，有的深入地面下 2~3 层或更深，地下室的污水常不能以重力流排除。因此，污水集中于污水池，然后用污水泵将污水抽升至室外排水管道中。污水泵应采取自动控制，保证排水安全。

柔性接口铸铁排水管在下列情况下不能采取石棉水泥或膨胀水泥接口，而应采取柔性接口：①高耸构筑物（如电视塔）和建筑高度超过 100m 的超高层建筑物；②在地震设防在八度地区，排水立管高度在 50m 以上时，则应在立管上每隔二层设置柔性接口；在地震设防九度的地区，立管和横管均应设置柔性接口。

柔性接口铸铁排水管连接形式见表 12-19。

表 12-19 柔性接口铸铁排水管连接形式

接口名称	型号	配管类型	标准壁厚 T/mm 管材	标准壁厚 T/mm 管件	适用场所	连接方式	结构特点
法兰机械式	A 型	A 型直管	A 级 4.5~6.0		宜隐蔽暗敷，可埋地敷设	管材、管件均为法兰承插接口	壁厚较大；接口强度高，密封性、耐弯曲和耐振动性能好；可拆装。质量大，直管套裁后有损耗；有承口，径向大，占用空间大
法兰机械式	A 型	A 型直管	B 级 5.5~7.0		宜隐蔽暗敷，可埋地敷设	管材、管件均为法兰承插接口	
法兰机械式	RC 型	RC 型直管	4.5~6.0	4.5~6.0	宜隐蔽暗敷，可埋地敷设	管材、管件均为法兰承插接口	
法兰机械式	B 型	W 型直管	4.3~5.8	4.5~6.0	宜隐蔽暗敷，可埋地敷设	管件两端为法兰承口，管材为直管	除壁厚适中，直管可套裁，其他特点与 A 型、RC 型相同。有承口，径向大，占用空间大；不能顺水承插
法兰机械式	RC1 型	C 型直管	A 级 4.3~5.8 A1 级 3.5~5.0	4.5~6.0	宜隐蔽暗敷，可埋地敷设	管件两端为法兰承口，管材为直管	
卡箍式	W 型	W 型直管	4.3~5.8	A 级 4.5~6.0	管道若明敷，观感好	管材、管件两端均为平口	壁厚适中；接口结构简单，拆装维修便捷，劳动强度低；直管可套裁；密封性、耐弯曲和剪切性能低些。对支（吊）架、支墩安装要求高
卡箍式	W 型	W 型直管	4.3~5.8	B 级 5.0~6.0	管道若明敷，观感好	管材、管件两端均为平口	
卡箍式	W1 型	W1 型直管	3.5~5.0	4.2~6.0	管道若明敷，观感好	管材、管件两端均为平口	除壁厚薄，其他特点与 W 型相同。管道材质和内壁防腐、支（吊）架和支墩、接口安装扭力矩要求高

建筑排水用柔性接口铸铁管按照见国家建筑标准设计图集 S4（三）《给水排水标准图集》中的 04S409 建筑排水用柔性接口铸铁管安装。

2. 硬聚氯乙烯排水管安装

硬聚氯乙烯排水管由于耐蚀性好、质量小、安装施工方便等优点，逐渐取代了传统的排水铸铁管。此种排水管主要应用于 7~8 层以下的民用建筑，在高层建筑排水系统中使用还不多。

硬聚氯乙烯塑料管用于高层建筑排水系统，应解决好以下主要技术问题：

（1）管道的支架　高层建筑立管通常敷设在管井内，由于立管高度大，每层都设一个固定支架和两个滑动支架（多层建筑只需一个滑动支架）。立管的底部弯头处受压力较大，应设牢固的混凝土支墩。立管在管井中的布置尽量靠近端部，以便于固定，如图 12-37 所示。悬吊管承接立管处也应做牢固的附加固定支架，如图 12-38 所示。

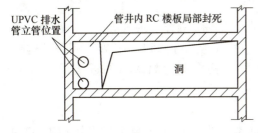

图 12-37　PVC-U 排水立管在管井中的布置

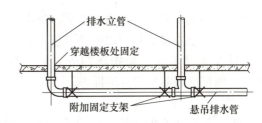

图 12-38　悬吊排水管承接立管处的附加固定支架

（2）立管消能　由于硬聚氯乙烯排水管内壁光滑，排水速度快，为减少立管内水流冲击力，保护卫生器具的水封，可采取如图 12-39 所示的消能装置。这种消能装置按通用管件组合，施工安装方便、价格低，每隔六层可设一组，支架固定消能效率可达 42%~53%。

（3）管件的质量要求　由于硬聚氯乙烯排水管采用双螺杆挤压成型，管件采用注塑成型，因此这种管件的耐压能力低于管材。在高层建筑排水系统中，应采用玻璃钢增强复合管件或立管底部等关键管件处用环氧树脂玻璃钢五层做法进行处理。

（4）提高管道的防火性能　因硬聚氯乙烯排水管的防火性能低于排水铸铁管，所以安装在高层建筑管井内的硬聚氯乙烯排水管具备阻燃防火性能，而且要求管井中每三层中有一层楼板必须封死，避免火势沿管井向上蔓延。

为提高硬聚氯乙烯排水管的防火性能，普遍采用如图 12-40 所示的加强型硬聚氯乙烯排水管，较好地解决了火灾时出现孔洞的隐患，还可降低管内的水流噪声。

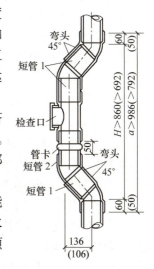

图 12-39　DN150 排水立管消能装置

12.8.8　人防地下室给水排水系统安装

高层建筑地下室往往与防空地下室合用。其给水排水设计应能满足与工程类别及抗力级别相应的战时防护要求和满足平时给水排水使用功能要求。

防空地下室的给水水源，平时可采用市政给水管网供给；战时市政管网易受破坏染毒，对于室内有人员停留的工程（如专业队队员掩蔽部、人员掩蔽工程和人防物资库），应在工程的清洁区设置水箱，储存人员所需的饮用水、生活用水及洗消用水。在战时需长时间坚持工作的工程（如固定电站等），应设置内部备用井（管井），但需要配置水处理设备。

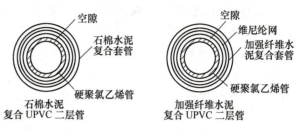

图 12-40　加强型硬聚氯乙烯排水管

与防空地下室无关的管道不宜穿过人防围护结构；上部建筑的生活污水管、雨水管、燃气管等不得进入防空地下室；专供上部建筑使用的设备房间和有关管道宜设在防空地下室的防护密闭区之外。

进出防空地下室围护结构的给水、热水、消防、供油、排水、通气等管道，在穿过防空地下室顶板、临空墙和门框墙时，其管道的公称直径不宜大于150mm；在穿围护结构处均应设置防护密闭套管。防护阀门安装时人防围护结构内侧距离阀门的近端面不宜大于200mm；阀门应有明显的启闭标志。

1. 给水

平时生活饮用水的水质、应符合现行国家标准《生活饮用水卫生标准》（GB 5749—2022）的要求；战时生活饮用水的水质，应符合《人民防空地下室设计规范（2023年版）》（GB 50038—2005）的要求。

给水系统的选择：

1）室外市政管网引入管及贮水池（箱）的给水系统，可利用室外的压力直接供应内部系统。

2）平时用室外市政管网引入管，并设有内部水源作为备用水源的给水系统，由管井（或大口井）水泵、贮水池（箱）组成的给水系统。

3）防空地下室内设人员淋浴洗消有连续供水要求的工程（专业队队员掩蔽部、一等人员掩蔽所），贮水箱间内宜设气压自动供水装置（或变频自动供水装置）；其他工程为保证染毒部冲洗时水量和水压的需要，可设一台管道泵且手动控制。

防空地下室给水管道的材料，室外部分≥DN75可采用给水球墨铸铁管；<DN75可采用钢塑复合管。穿过人防围护结构的给水管道应采用钢塑复合管，防护阀门以后的给水管道可采用符合现行有关规范、产品标准要求及当地主管部门规定的管材（如不锈钢管、铜管等金属管材和其他塑料管材）。

进入防空地下室给水管的敷设，应符合下述要求：

1）防空地下室内部的给水管道，根据平时装修要求及结构情况，可设于吊顶内、管沟内或沿墙明设。给水管道不应穿过通信、变配电设备房间。

2）对于可能产生结露的给水管道，应根据使用要求，采取相应的防结露措施。

3）防空地下室的给水管道，当从出入口引入时，应在防护密闭门与密闭门之间的第一防毒通道内设置防护阀门。

4）给水管道穿越围护结构或顶板时，应在围护结构或顶板的内侧设置防护阀门，防护阀门边缘距墙面或顶板内侧的距离不宜大于200mm（此间距仅为紧固法兰的操作需要），并应设在便于操作处。

5）管道穿越防护单元间隔墙和上下防护单元间楼板时，应在防护单元隔墙两侧和防护密闭楼板下侧的管道上设置防护阀门。若因平时使用要求不允许设置阀门时，可在该位置设置法兰短管，在15d转换时限内转换为防护阀门（详见国家建筑标准设计图集07FS02《防空地下室给水排水设施安装》第13页）。

6）管径不大于DN150的管道穿过防空地下室外墙、顶板、密闭隔墙及防护单元之间的防护密闭隔墙，以及穿过乙类防空地下室临空墙或穿过核5级、核6级、核6B级的甲类防空地下室临空墙时，应在其穿墙（穿板）处设刚性防水套管。

7）管径大于DN150的管道穿过人防围护结构，或管径不大于DN150的管道穿过核4级、核4B级的甲类防空地下室临空墙时，应在其穿墙（穿板）处设外侧加防护挡板的刚性防水套管（详见国家建筑标准设计图集07FS02第13~19页）。

2. 排水

防空地下室的排水种类包括生活污水、设备用废水、洗消废水等。防空地下空的排水可采用自流排水方式和水泵排水方式。平原地区城市的防空地下室一般低于室外地面，应采用水泵排水。人员生活污水经室内各种卫生器具排水管道汇集至污水集水池，由潜污泵或立式污水泵提升排出室外。无可靠电源时，需增设人工手摇泵。

污水集水池的通气管设置要求如下：

1）收集平时生活污水的集水池应设通气管，并接至室外、排风扩散室或排风竖井内。

2）收集战时生活污水的集水池，通气管可在平时安装完毕，也可在临战时增设接至厕所排风管的通气管。

3）通气管的管径不宜小于污水泵出水管的管径，且不得小于75mm。

4）通气管在穿过人防围护结构时，该段通气管应采用热镀锌钢管，并应在人防围护结构内侧设置公称压力不小于1.0MPa的铜芯闸阀。

排水管道的管材优先选用给水球墨铸铁管，胶圈接口。压力排水管和有防爆要求的排水管采用钢管，也可采用钢塑复合管。

排水管道附件的设置如下：

1）水封装置。为防止臭气和有害气体溢出，所有的卫生器具（坐便器除外）和用水设备的下部，均应设存水弯和水封装置，水封深度不得小于50mm。除带水封地漏外，其他器具的存水弯尽量设于地面上、便于清掏。

2）清扫设备。排水立管上设检查口，横管的端部或在适当位置设置清扫口。

3）防爆地漏。在排水系统中防护区内部的地漏若通过管道与外部相通，为防冲击波进入内部，应采用防爆地漏。在防护区内部如果排水管道穿越密闭隔墙，与该管连接的地漏也应采用防爆地漏。

12.9 建筑小区给水排水施工

12.9.1 建筑小区给水

建筑小区给水管材采用球墨铸铁管，胶圈接口；钢丝网骨架聚乙烯复合管，电热熔连接；高密度聚乙烯管，电热熔连接。

室外给水管网应成环状布置。给水管道埋深：道路下为0.5m，绿化带为0.7m。

室外埋地给水管道不得影响建筑物基础，与建筑物及其他管线、构筑物的距离、位置应保证供水安全。

给水管道严禁穿过毒物污染区。通过腐蚀区域的给水管道应采取安全保护措施。生活饮用水给水系统应在用水管道和设备的下列部位设置倒流防止器：

1）从城镇给水管网不同管段接出两路及两路以上至小区或建筑物，且与城镇给水管网形成连通管网的引入管上。

2）从城镇给水管网直接抽水的生活供水加压设备进水管上。

3）利用城镇给水管网水压直接供水且小区引入管无防倒流设施时，向热水锅炉、热水机组、水加热器、气压水罐等有压容器或密闭容器注水的进水管上。

4）从小区或建筑物内生活饮用水管道系统上单独接出消防用水管道（不含接驳室外消火栓的给水短支管）时，在消防用水管道的起端。

5）从生活饮用水与消防用水合用贮水池（箱）中抽水的消防水泵出水管上。

生活饮用水管道供水至下列含有对健康有危害物质等有害有毒场所或设备时，应设置防止回流设施：

1）接贮存池（罐）、装置、设备等设施的连接管上。

2）化工剂罐区、化工车间、三级及三级以上的生物安全实验室除按1）设置外，还应在引入管上设置有空气间隙的水箱，设置位置应在防护区外。

生活饮用水管道直接接至下列用水管道或设施时，应在用水管道上设置真空破坏器，防止回流污染：

1）当游泳池、水上游乐池、按摩池、水景池、循环冷却水集水池等的充水或补水管道出口与溢流水位之间设有空气间隙但空气间隙小于出口管径2.5倍时，在充（补）水管上。

2）不含有化学药剂的绿地喷灌系统，当喷头采用地下式或自动升降式时，在管道起端。

3）消防（软管）卷盘、轻便消防水龙给水管道的连接处。

4）出口接软管的冲洗水嘴（阀）、补水水嘴与给水管道的连接处。

12.9.2　建筑小区排水系统

建筑小区排水采用分流制。隔油池与化粪池是小区常用的小型污水处理设施。

（1）隔油池　公共食堂、饮食业的食用油脂的污水排入下水道时，随着水温下降，污水挟带的油脂颗粒便开始凝固，并附着在管壁上，逐渐缩小管道断面，最后完全堵塞管道。例如，某大饭店曾发生油脂堵塞管道后污水从卫生器具处外溢的事故，不得不拆换管道。由此可见，设置除油池装置是十分必要的。

（2）化粪池　化粪池是一种简易污水处理设施。通常为砖砌或钢筋混凝土现浇，玻璃钢成品化粪池是发展方向。

城镇已建成城镇污水处理厂，小区的污水能排入污水处理厂服务区内的污水管道，小区内不应再设置污水处理设施。

建筑小区排水管道选择及施工见本书第6章及第8章有关内容。

12.9.3 管线交叉处理措施

对于新建管道与现状地下管线交叉处理等问题，采用以下三种方式进行处理：

1）新建管道严格执行《城市工程管线综合规划规范》（GB 50289—2016）及《室外排水设计标准》（GB 50014—2021）中关于管线间距控制的相关规定。现场如遇到现状地下管线及设施与图样不符，可依据现场情况对新建管线平面走线进行局部调整，满足敷设施工的要求。重大改线需通知设计单位，协商解决。

2）新建排水管道需跨越现状排水管道时，在交叉处新建结合井，以解决新建排水管道与现状排水管之间竖向交叉问题。

3）新建排水管道与现状给水、电信、电力、燃气等地下管线交叉时，根据《室外排水设计标准》（GB 50014—2021）应保持合理的垂直及水平距离，如不满足规范要求时，应对现状管线进行改迁，或结合实际情况对设计的排水管道进行改线。

4）按照《室外排水设计标准》（GB 50014—2021）中规定，污水管道、合流管道和生活给水管道相交时，应敷设在生活给水管道的下面或采取防护措施。

12.10 给水系统试压与排水系统闭水试验

建筑内部给水系统须通过水压试验对管道及其接口的强度和严密性进行检验。建筑内部暗装、埋地给水管道必须在工程隐蔽之前做水压试验，试验合格监理方签字认证后方可将管道覆土或封闭。

12.10.1 给水系统试压

1. 给水试验前的准备工作

（1）试压设备与装置　水压试验设备按所需动力装置分为手摇式试压泵与电动试压泵两种。若给水系统较小或局部给水管道试压，通常选择手摇式试压泵；若给水系统较大，通常选择电动试压泵。水压试验采用的压力表必须校验准确；阀门要启闭灵活，严密性好；保证有可靠的水源。

试验前，应将给水系统上各放水处（即连接水嘴、卫生器具上的配水点）采取临时封堵措施，系统上的进户管上的阀门应关闭，各立管、支管上阀门打开。在系统上的最高点装设排气阀（自动排气阀或手动排气阀），以便试压充水时排气。在系统的最低点设泄水阀，当试验结束后，便于泄空系统中水。

给水管道试压前，管道接口不得涂刷油漆和设置保温层，以便进行外观检查。

给水管道试压装置示意如图 12-41 所示。

（2）给水管道试验压力　建筑内部给水管道系统试验压力如设计无规定，按以下规定执行。

给水管道试验压力不应小于 0.6MPa。生活饮用水和生产、消防合用的管道，强度试验压力应为 1.5 倍的设计压力，但不应小于 0.60MPa 的水压进行试验。对使用消防水泵的给水系统，以消防泵的最大工作压力作为试验压力。

（3）水压试验的方法及步骤　对于多层建筑给水系统只进行一次试验；对于高层建筑

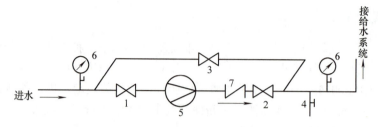

图 12-41　给水管道试压装置示意

1—试压泵进水阀　2—试压泵出水阀　3—旁通阀　4—泄水阀　5—试压泵　6—压力表　7—止回阀

给水系统，一般按分区、分系统进行水压试验。水压试验应有施工单位质量检查人员或技术人员、监理方、建设单位现场代表及有关人员到场，做好对水压试验的详细记录。各方面负责人签章，并作为竣工验收技术资料存档。

2. 水压试验的步骤

1) 将水压试验装置进水管接在自来水管（也可设置水箱或临时水池）上，出水管接入给水系统上（图 12-41）。试压泵、阀门等附件宜用活接头或法兰连接，便于拆卸。

2) 将 1、2、4 阀门关闭，打开阀门 3 和室内给水系统最高点排气阀，试压泵前后的压力表阀也要打开。当排气阀身外冒水时，立即关闭。然后关闭旁通阀 3。

3) 开启试压泵的进出水阀 1、2，启动试压泵向给水系统加压。加压泵加压应分阶段使压力升高，每达到一个分压阶段，应停止加压对管道进行检查，无问题时才能继续加压，一般应分 2~3 次使压力升至试验压力。

4) 金属管道系统将压力升至试验压力后，停止加压，在试验压力下观测 10min，压力降不得大于 0.02MPa，然后降至工作压力进行检查，应不渗不漏；塑料管给水系统应在试验压力下稳压 1h，压力降不得超过 0.05MPa，然后在工作压力的 1.15 倍状态下稳压 2h，压力降不得超过 0.03MPa，同时检查各连接处不得渗漏。通过以上检验视为合格。

5) 试压过程中，发现接口渗漏、管道砂眼、阀门等附件漏水等问题，应做好标记，将系统水泄空，进行维修后再次试压，直至合格。

6) 试压合格后，应将进水管与试压装置断开。开启泄水阀 4，将系统中的水放空，并拆除试压装置。

12.10.2　排水系统闭水试验

建筑内部排水管道为重力流管道，一般通过闭水（灌水）试验检查其严密性。

建筑内部暗装或埋地排水管道，应在隐蔽或覆土之前做闭水试验，其灌水高度应不低于底层地面高度。确认合格后方可进行回填土或进行隐蔽。

对生活和生产排水管道系统，管内灌水高度一般以层楼的高度为准；雨水管的灌水高度必须到每根立管最上部的雨水斗。

灌水试验先将封闭管段灌满水 15min 后液面会有所下降，再灌满延续 5min，观察管道各接口处不得有渗漏现象，且液面不再下降视为合格。

灌水试验时，除检查管道及其接口有无渗漏现象外，还应检查是否有堵塞现象，即通水试验。

排水系统灌水试验可采取排水管试漏胶囊，试验方法如图 12-42 所示。

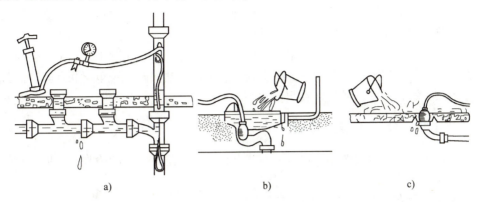

图 12-42　排水系统灌水试验方法
a）管道砂眼或接口漏水检查　b）大便器胶皮碗试漏　c）地漏与楼板封堵严密性试验

试验方法如下：

1）立管和支管（横管）砂眼或接口试漏。先将试漏胶囊从立管检查口处放至立管适当部位，然后用打气筒充气，从支管口灌水，如管道有砂眼或接口不良渗漏即可暴露。

2）大便器胶皮碗试验。胶囊在大便器下水口充气后，通过灌水试验如胶皮碗绑扎不严，水在接口处渗漏。

3）地漏、立管穿楼板试漏。打开地漏盖，胶囊在地漏内充气后可在地面做泼水试验，如地漏或立管封堵不好，即向下层渗漏。

整个闭水试验过程中，各有关方面负责人必须到现场，做好记录和签证，并作为工程竣工技术资料归档。

12.11　建筑给水排水工程竣工验收

12.11.1　给水排水管道质量检查

建筑给水排水系统除根据外观检查、水压试验及闭水（灌水）试验的结果进行验收外，还须对工程质量进行检查。

（1）对给水管道工程质量检查的主要内容

1）管道的平面位置、标高和坡度是否符合设计要求。

2）管道、支架和卫生器具安装是否牢固。

3）管道、阀件、水泵、水表等安装是否正确及有无渗漏现象。

（2）对排水管道工程质量检查的主要内容

1）管道的平面位置、标高、坡度、管材、管径是否达到设计要求。

2）立管、干管、支管及卫生器具位置是否正确，安装是否牢固。各接口是否美观整洁。

3）排水系统按给水系统的 1/3 配水点同时开放，检查各排水点是否畅通，接口有无渗漏。

4）管道油漆和保温是否符合设计要求。

给水排水管道工程质量一般先自查，不符合设计要求者，应及时返工，使之达到设计要求后再会同监理方、建设单位及有关人员进行给水排水工程验收。

给水排水工程应按分部、分项或单位工程验收。分部、分项工程由施工单位会同建设单位共同验收，单位工程则应由主管单位组织施工、设计、建设及有关单位联合验收。验收期间应做好记录、签署文件，最后立卷归档。

12.11.2 分部、分项工程的验收

分部、分项工程的验收根据工程施工的特点，可分为隐蔽工程的验收，分项工程验收和竣工验收。

1. 隐蔽工程验收

隐蔽工程是指地基、电气管线、供水供热管线等需要覆盖、掩盖的工程。在隐蔽前，应由施工单位组织建设单位及有关人员进行检查验收，并填写好隐蔽工程的检查记录，签署文件归档。

2. 分项工程验收

给水排水管道安装分项工程完工、交付使用时，应办理中间验收手续，做好检查记录，以明确使用保管责任。

3. 竣工验收

建筑给水排水管道工程竣工验收后，方可交付使用。竣工验收应重点检查工程质量是否达到设计要求及施工验收规范。对不符合设计要求和施工验收规范要求的地方，不得交付使用。可列出未完成进行整改或保修项目，整改、修好后达到设计要求和规范要求再交付使用。

12.11.3 分部、分项工程的验收资料

单位工程的竣工验收应在分部、分项工程验收的基础上进行，各分部、分项工程的质量均应符合设计要求和施工验收规范有关规定。验收时，施工单位应提供下列资料：

1）施工图、竣工图及设计变更文件。

2）设备、制品和主要材料的合格证或试验记录。

3）隐蔽工程验收记录和中间试验记录。

4）设备试运转记录。

5）水压试验记录。

6）管道消毒、冲洗记录。

7）闭水试验记录。

8）工程质量事故处理记录。

施工单位应如实反映情况，实事求是，不得伪造、修改及补办。资料必须经各级有关技术人员审定。上述资料由建设单位立卷归档，作为各项工程合理使用的凭证，工程维修、扩建时的依据。

工程竣工验收后，为了总结经验及积累工程施工资料，施工单位一般应保存下列技术资料：

1) 施工组织设计和施工经验总结。
2) 新技术、新工艺及新材料的施工方法及施工操作总结。
3) 重大质量事故情况，发生原因及处理结果记录。
4) 有关重要技术决定。
5) 施工日记及施工管理的经验总结。

复习思考题

1. 建筑给水排水管道及卫生器具施工准备工作有哪些？
2. 建筑给水排水管道及卫生器具施工应如何配合土建留洞、留槽？
3. 建筑给水管道常用哪些管材？各在什么场合使用？各采取哪些接口方式？
4. 试述建筑给水管道安装方法和安装顺序。
5. 什么是测线工作？何谓建筑长度、安装长度、加工长度？
6. 试述建筑给水管道引入管敷设方法和要求。
7. 建筑给水管道的敷设方式有哪几种？各适合于什么场合？
8. 试述给水干管、立管和支管的安装方法和要求。
9. 试述热水管道的安装方法和要求。
10. 建筑消防常用哪些管材？接口方式如何？
11. 简述建筑消火栓消防系统的安装方法与要求。
12. 试述建筑自动喷水灭火系统的安装方法与安装要求。
13. 建筑排水系统常用哪些管材？接口方式如何？
14. 试述建筑排水管道的安装顺序。
15. 简述排出管的敷设方式和要求。
16. 试述排水立管和横支管的安装方法和要求。
17. 试述排水铸铁管接口操作要点。
18. 简述 PVC-U 排水管粘接施工步骤与要求。
19. 试述卫生器具的安装顺序。
20. 卫生器具安装的质量要求是什么？
21. 试述高水箱蹲便器的安装顺序与要求。
22. 试述低水箱蹲便器的安装顺序与要求。
23. 洗脸盆有哪几种形式？如何安装？
24. 高层建筑给水排水管道安装有何特点？有哪些安装方法？
25. 高层建筑给水系统常用哪些管材？各自采取哪些接口方式？
26. 高层建筑给水立管安装特点是什么？有何要求？
27. 高层建筑排水系统常用哪些管材？其接口如何？
28. 钢管安装有何特点？安装时有何特殊要求？
29. 排水铸铁管用于超高层建筑排水有何特殊要求？
30. PVC-U 排水管用于高层建筑应解决哪些技术问题？
31. 水泵的安装方法有哪些？如何安装？
32. 水泵的进、出水管有哪些安装要求？
33. 建筑给水管道进行水压试验的目的是什么？
34. 建筑给水管道水压试验前应做哪些准备工作？
35. 建筑给水管道水压试验压力有何规定？

36. 如何选择水压试验设备？
37. 试述建筑给水系统水压试验的方法和步骤。
38. 简述建筑排水系统闭水试验的方法和要求。
39. 建筑给水排水管道工程质量检查的主要内容是什么？
40. 什么叫隐蔽工程？隐蔽工程如何进行验收？
41. 建筑给水排水管道工程竣工验收时，施工单位应向建设单位提供哪些资料？
42. 建筑给水排水管道竣工验收后，施工单位应保存哪些资料？

第 3 篇

给水排水设备的制作与安装

第 13 章
给水排水设备的制作

13.1 概述

为水工业服务的水工业制造业,世界年产值达数千亿美元,并呈逐年增长趋势。环保贸易将进入世界十大贸易领域之列,而水工业制造业在环保制造业中所占份额高达60%。

在水工业制造业中,属于净水用设备的有压滤器、除铁、除锰、除氟设备,一体化净水设备等;属于污水处理用设备的有小型电镀废水处理设备、整体式生活污水处理设备、海水淡化设备等。

在施工现场,常常根据需要加工管道及其零件,如大口径卷焊钢管,供水钢筋混凝土管连接用钢制三通、四通、异径管等,还有一些小型设备如钢板水箱等,也在现场制作。

各种管道、零件及设备的制作材料有金属和非金属两类。大多采用金属材料,最常用的为碳素钢。其他的金属材料有低合金钢、不锈钢等。常用的非金属材料有热塑性塑料。其他的非金属材料有热固性塑料、玻璃钢、耐蚀混凝土等。

金属管道及设备的成形一般采取焊接。非金属管道及容器一般采取模压成型、焊接、粘接。

随着水工业的发展,给水排水工程设备的种类越来越多,除通用设备(通用机械)外,还有很多属于给水排水工程专用设备。设备的安装必须严格按安装工艺要求进行,否则将影响整个水处理工艺,严重时可使整个水处理系统瘫痪。例如,曝气设备安装时,如果曝气头或穿孔管安装不水平,在同一水池中,会出现有的地方充氧过多而有的地方充氧不足的情况,从而影响生化处理效果;又如,水处理填料的安装过疏或过密均不符合工艺要求。因此,应十分重视设备的安装。

13.2 碳素钢管道与设备制作

大直径低压输送钢管一般采用钢板卷制的卷焊钢管,现场制作的为直缝卷焊钢管,螺旋缝卷焊钢管一般在加工厂用带形钢板制造。卷焊钢管单节管长一般为6~8m。管线中各种零件也用钢板卷制拼装焊接成形。

碳素钢容器按外形分为圆形、矩形、锥形等,以圆形和矩形最普遍;按密闭形式分为敞口和封闭两类;按容器内的压力分为有压和无压两类。有压容器按耐压高低,分为低压(0.5MPa以下)、中压和高压(0.5MPa以上)容器。

施工现场制作的碳素钢容器一般为无压或低压容器。中、高压碳素钢容器通常在容器制造厂生产。

矩形碳素钢容器一般由上底、下底和壁板3部分组成。此种容器下料、焊接比较容易。

圆形碳素钢容器一般由罐身、封头和罐顶3部分组成。它的制作方法为：先分别制作罐身、封头、罐底和接管法兰，然后将各部分焊接成形。

制作用钢材应满足设计及有关规范要求。

1. 下料成形

（1）管子和罐身的下料与成形　管子和罐身下料前，必须要在钢板上画线。画线是确定管子、罐身和零件在钢板上被切割或被加工的外形，内部切口的位置，罐身上开孔的位置，卷边的尺寸，弯曲的部位，机械切削或其他加工的界限。画线时，要考虑切割与机械加工的余量。管节、罐身画线时还要留出焊接接头所需的焊接余量。

制作管子和罐身，有用一块钢板卷成整圆的管子和罐身；也有卷成弧片，再由若干弧片拼焊成圆。

卷成整圆的钢板宽度 B 的计算式为

$$B = \pi(D + d) \tag{13-1}$$

式中　D——管子或罐身的内径（mm）；
　　　d——钢板厚度（mm）。

由若干弧片成圆，并采用 X 形焊缝的钢板宽度 B' 为

$$B' = \frac{B}{n} \tag{13-2}$$

式中　B——卷成管子或罐身钢板宽度（mm）；
　　　n——卷成管子或罐身的弧片数。

画线可在工作平台或平坦地面上进行。根据需要，也可在罐身或其他表面进行。一般是在钢板边缘画出基准线，然后从此线开始按设计尺寸逐渐画线。零件也应按平面展开图画线。为提高画线速度，对于小批量、同规格的管子或罐身可以采取在油毡或厚纸板上画线，剪成样板，再用此样板在钢板上画线。管子与罐身制作质量要求应符合设计或有关规范规定。

钢板毛料采用各种剪切机、切割机剪裁。但在施工现场，多采用氧乙炔气切割。氧乙炔气割面不平整，还需用砂轮机或风铲修整。毛料在卷圆前，应根据壁厚进行焊接坡口的加工。

毛料一般采用三辊对称式卷板机滚弯成圆（图13-1）。滚弯后的曲度取决于滚轴的相对位置、毛料的厚度和机械的性能。滚弯前，应调整滚轴之间的相对距离 H 和 B（图13-2），

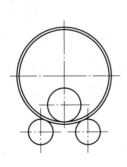

图 13-1　三辊对称式卷板机示意

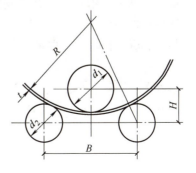

图 13-2　滚弯各项参数示意

但 H 值比 B 值容易调整，因此都以调整 H 来满足毛料滚弯的要求。可按滚轴直径，毛料厚度和卷圆直径，求出 H 值，如图 13-2 所示。但由于材料的回弹量难以精确确定，因此在实际卷圆中，都采用经验方法，逐次试滚调整 H 值，以达到所要求的卷圆半径。毛料也可在四辊卷板机上卷圆。

在三辊卷板机上卷圆，首尾两处滚不到而产生直线段。因此可采取弧形垫板消除直线段（图 13-3）。四辊卷板机卷圆时，毛料首尾两段都能滚到，不存在直线段的问题。

毛料卷圆后，可用弧形样板检查椭圆度，如图 13-4 所示。

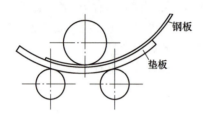

图 13-3　垫板消除直线段

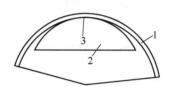

图 13-4　弧形样板检查椭圆度
1—拼件　2—样板　3—接触面

椭圆度校正方法是在卷板机上再滚弯若干次，也可在弧度误差处用氧乙炔气割枪加热校正。

三辊机上辊和四辊机侧倾斜安装后还可卷制大小头等锥形零件，但辊筒倾角要求均不大于 $10°\sim 12°$。

大直径管子或罐身卷圆后堆放及焊接时，为了防止变形，保证质量，可采取如图 13-5 所示的米字形活动支撑固定，还可用来校正弧度误差。

（2）封头制作　给水排水容器的封头，常见的有碟形和椭圆形，如图 13-6 所示，也有半圆形、锥形和平形。一般情况下，直径不大于 500mm 时采用平封头。

平封头可在现场采取氧乙炔气割得到；但非平封头则需委托容器制造厂加工。容器制造厂制造封

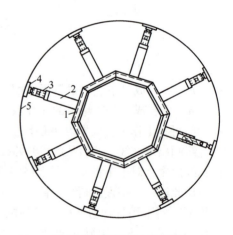

图 13-5　米字形活动支撑
1—箱形梁　2—管套　3—螺旋千斤顶
4—弧形衬板　5—钢管

头常采取热压成形，即采用胎具，平板毛料加热至 $700\sim 1200℃$，在不小于 1000t 的油压或水压压力机下压制成形。

现场进行封头和罐身拼接时，两者直径误差不应超过 ± 1.5mm，如图 13-7 所示。

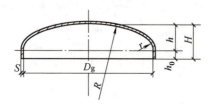

图 13-6　封头（碟形）

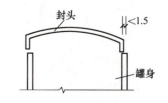

图 13-7　封头和罐身拼接允许误差

搭接接头的搭接长度，一般为3~5倍的焊件厚度（图13-8），用于焊接厚度在12mm以下的焊件，采用双面焊缝。

管零件的焊接常采用T形接头（图13-9）。这种接头的焊缝强度高，装配和加工方法简单。

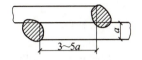

图13-8　搭接接头焊缝

图13-9　T形接头

罐脚采用钢管，三只罐脚呈120°焊于罐底。

容器的法兰接管口、窥视孔等，均可按有关规范制作。

2. 碳钢管道与容器的焊接

焊接的方法有焊条电弧焊、氧乙炔气焊、手工氩弧焊、埋弧焊和电阻焊等。施工现场常采取焊条电弧焊和氧乙炔气焊。

（1）焊条电弧焊　焊条电弧焊的电焊机分交流和直流两种，施工现场多采用交流电焊机。

1）焊接接头形式。根据焊件连接的位置不同，焊接接头分为对接接头、搭接接头、T形接头和角接接头。钢管的焊接采取对接接头。焊缝强度不应低于母材的强度，需有足够的焊接面积，并在焊件的厚度方向上焊透。因此，应根据焊件的不同厚度，选用不同的坡口形式。对接接头有I形坡口、V形坡口、X形坡口、单U形坡口和双U形坡口等，如图13-10所示。当焊接厚度≤6mm时，采取不开坡口的平接；大于6mm时，采用V形或X形坡口。当焊件厚度相等时，X形坡

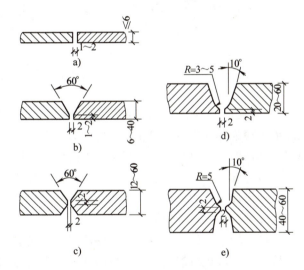

图13-10　对接接头
a）I形坡口　b）V形坡口　c）X形坡口
d）单U形坡口　e）双U形坡口

口的焊着金属约为V形坡口的1/2，焊件变形及产生的内应力也较小。单U形和双U形坡口的焊着金属较V形和X形坡口都小，但坡口加工困难。

搭接接头的搭接长度，一般为3~5倍的焊件厚度（图13-9），用于焊接厚度12mm以下的焊件，采用双面焊缝。管零件的焊接常采用T形接头（图13-10）。容器拼装焊接常采用角接接头（图13-11）。

开坡口方法有下列几种：①气割开坡口，在施工现场，对于较厚的焊件，采用气割坡口，但须用砂轮机或风铲修整不平整处；②手提砂轮机开坡口；③风动或电动的扁铲开坡口；④成批定型坡口，在加工厂用专用机床加工。

2）焊缝形式和焊接方法。焊缝形式有平焊、立焊、横焊、仰焊，如图13-12所示。平

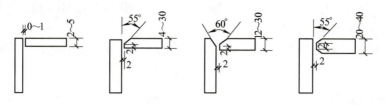

图 13-11 角接接头

焊操作方便，焊接质量易保证。立焊、横焊、仰焊操作困难，焊接质量较难保证。因此，凡是有条件采用平焊的，都应采用平焊接法。

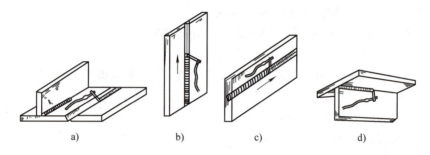

图 13-12 焊缝形式

a）平焊缝　b）立焊缝　c）横焊缝　d）仰焊缝

3）焊接应力与变形。管道或容器拼装焊接时，焊件上温度分布极不均匀，使金属的热胀冷缩表现为焊件扭曲、起翘，产生变形。焊接完毕，焊接金属在冷却时收缩，但附近的金属阻止其收缩，导致在焊缝处产生应力而变形。这种应力超过一定值时，焊缝金属会产生裂纹。焊接温度越高或者连续焊接长度越长，焊接应力就越大。防止焊接应力过大的方法，一是合理地设计焊缝的位置；二是从工艺上减少焊接应力。

分段焊接法可减少金属变形。这是因为焊接长度较短时，金属的升温和冷却都较快，产生的变形也较小。分段焊接法是一种常用的焊接法。例如，钢管焊接时，常将管口周长分成 3~4 段或更多段进行焊接，分段数随管径增大而增加。

大面积的容器底板焊接顺序如图 13-13 所示。圆筒体或管接口采取同时对称焊接可减少焊接应力，如图 13-14 所示。

反变形焊接法是减少焊接应力和变形的常用方法，即在焊接前，焊件按相反的变形进行拼装，焊后焊接应力互相抵消，从而达到减少变形的目的。

容器制造厂常采取焊件退火的应力消除法。退火温度为 500~600℃。退火时金属具有很大的塑性，焊接应力在塑性变形后完全消失。

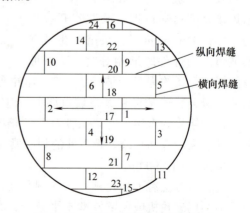

图 13-13 大面积容器底板焊接顺序

4）焊接缺陷及其检查方法。焊缝外观缺陷主要有焊缝尺寸不符合设计要求、咬边、焊瘤、弧坑、焊疤、焊缝裂纹、焊穿等；内部缺陷有未焊透、夹渣、气孔、裂纹等。焊接缺陷如图 13-15 所示。

焊接质量检查方法有：外观检查、严密性检查、X 或 γ 射线检查和超声波检查等。外观缺陷用肉眼或借助放大镜进行检查。在给水排水工程中，焊缝严密性检查是主要的检查项目。检查方法主要有水压试验和气压试验。对于无压容器，可只作满水试验，即将容器满水至设计高度，焊缝无渗漏为合格。

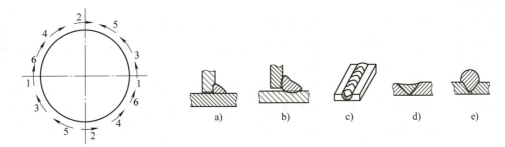

图 13-14　同时对称焊接

图 13-15　焊接缺陷
a）咬边　b）焊瘤　c）弧坑　d）焊缝下削　e）焊缝余高太大

水压试验是按容器工作状态检查，因此是基本的检查内容。水压试验压力：当工作压力小于 0.5MPa 时，为工作压力的 1.5 倍，但不得小于 0.2MPa；当工作压力大于 0.5MPa 时，为工作压力的 1.25 倍，但不得小于工作压力加 0.3MPa。容器在试验压力负荷下持续 5min，然后将压力降至工作压力，并在保持工作压力的情况下，对焊缝进行检查。若焊缝无破裂、不渗水、没有残余变形，则认为水压试验合格。

X 射线检查需用 X 射线探伤仪，常在室内使用。γ 射线检查需用 γ 射线探伤仪，具有操作简单、射线强度较小、携带方便和经济实用的优点，得到了广泛使用。

焊缝射线检查分为两种方式，一种是所有焊缝都检查，另一种是焊缝抽样检查。抽样数目按设计规定或有关规范。

（2）氧乙炔气焊　氧乙炔气焊简称气焊，是利用乙炔气和氧气混合燃烧后产生 3100～3300℃ 的高温，将接缝处的金属熔化，形成熔池而进行焊接，或在形成熔池后，向熔池内充填熔化焊丝进行焊接。由于这种焊接方法散热快、热量不集中，焊接温度不高，远不及电弧焊使用普遍，一般仅用于 6mm 以下薄钢板、DN40 以下钢管焊接，或用于切割金属材料，也可以用于焊接有色金属管道及容器。

焊接火焰是一种热源，用于加热、熔化焊件和填充金属并实行焊接作业。火焰的调节十分重要，它直接影响到焊接质量和焊接效率。

火焰可分为中性（正常）焰、氧化焰和碳化焰三种，如图 13-16 所示。不同的火焰有不同的火焰外形、化学性能和温度分布。中性焰的氧与乙炔的比值为 1∶1.2，它有三个不同的区域，即焰芯、内焰和外焰。焰芯呈尖锥形，色白而明亮，轮廓清楚；内焰呈蓝白色，杏核

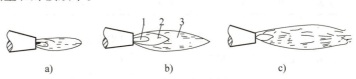

图 13-16　气焊的火焰
a）中性焰　b）氧化焰　c）碳化焰
1—焰芯　2—内焰　3—外焰

形;外焰就是最外层的火焰。它是一氧化碳和氢气与大气中的氧完全燃烧后生成的二氧化碳和水蒸气,具有氧化性。

气焊火焰内,正常焰时温度相差很大,焰芯顶端高达 3500℃,外焰末端一般为 1000℃。在焊接中,依靠改变焊嘴与焊件的距离和夹角,以控制焊接的温度。正常焰焰芯末端离工件 2~4mm,并且焊嘴垂直于工件时所得温度最高,若加大焰芯与工件的距离或减小焊嘴的夹角,所得温度则低。

中性焰适宜焊接黑色金属,也可焊接低合金钢和有色金属。

气焊操作可分为焊接方向从左向右的右焊法和焊接方向以右向左的左焊法。左焊法操作方便,易于掌握,是初焊者常用的方法。

起焊时,由于刚开始加热,工作温度一时上不去,焊枪倾角要大,并使焊枪在起焊点往复移动,使该处加热均匀;如两焊件厚度不同,则火焰可稍微偏向厚工件一侧,这样才能保证两侧温度平衡,熔化一致。当起焊点形成清晰的熔池时,即可添加表面无油污、除锈斑的焊丝,并保持速度均匀地向前移动。

在整个焊接过程中,需使熔池大小和形状保持一致,这样可得到整齐美观的细鱼鳞状焊缝。

13.3 塑料给水排水设备制作

碳素钢设备制作方便、强度高、造价低,但不耐蚀。采用耐蚀金属材料(如不锈钢、铜)制造设备又存在价格昂贵、加工困难的问题。采用非金属材料制作设备,具有易加工、造价低、耐腐蚀的优点,因而得到广泛应用。制作给水排水设备的非金属材料主要有热塑性塑料、玻璃钢、耐蚀混凝土。

在施工现场制作给排水设备的塑料有硬聚氯乙烯、聚氯乙烯、聚丙烯、聚乙烯、聚苯乙烯、聚甲醛、聚三氟氯乙烯、聚四氟乙烯等。这些塑料均属于热塑性塑料,主要成分为聚合类树脂。几种主要热塑性塑料的物理、力学性能见表 13-1。

表 13-1 热塑性塑料的物理、力学性能

性能		指 标					
		硬聚氯乙烯	聚氯乙烯	聚丙烯	聚乙烯	聚苯乙烯	聚甲醛
相对密度		1.35~1.45	1.1~1.35	0.9~0.91	0.9~0.96	1.05~1.07	1.42~1.43
伸长率	(%)	20~40	200~450	>200	60~150	48	15~25
抗拉强度	/MPa	35.0~50.0	10.0~24.0	30.0~39.0	>20.0	≥30.0	40.0~70.0

(1) 硬聚氯乙烯塑料的性能及加工 硬聚氯乙烯塑料的工作温度一般为 -10~50℃;无荷载使用温度可达 80~90℃,在 80℃以下,呈弹性变形,超过 80℃,呈高弹性状态;至 180℃,呈黏性流动状。热塑加压成型温度为 80~165℃,板材的压制温度是 165~175℃。在 220℃塑料汽化,而在 -30℃呈脆性。硬聚氯乙烯塑料线膨胀系数为 $(6~8)10^{-5}/℃$,是碳素钢的 5~6 倍,因此热胀冷缩现象非常显著。

硬聚氯乙烯塑料在日照、高温环境中极易老化。塑料的老化表现为变色、发软、变黏、变脆、粉化、龟裂、长霉,以及物理、化学、力学和介电性能明显下降。为防止塑料设备老

化,在使用过程中应尽量避免存在能使其老化的条件,如将塑料设备设置在室内,从露天移至地下。此外,根据塑料的使用条件,选择加入适当的稳定剂和防老剂的塑料作为制造设备的材料,同样可延缓塑料设备的老化。

硬聚氯乙烯在热塑范围内,温度越高,塑性越好。但加热到板材压制温度时,塑料分层。因此,成型加热温度应控制在 120~130℃。

硬聚氯乙烯板、管的机械加工性能优良,可采用木工、钳工、机工工具和专用塑料割刀进行锯、割、刨、削、凿、钻等加工。但是加工速度应控制,以防因高速加工而急剧升温,使其软化、分解。机械加工应避免在板、管面产生刻痕。刻痕会产生应力集中,使强度破坏频率增高。已产生的刻痕应打磨光洁。不宜在低于 15℃ 环境中加工,避免因材料脆性提高而发生断裂。

(2) 硬聚氯乙烯设备成型 硬聚氯乙烯塑料板下料画线与碳素钢设备相同,但应根据塑料性能预留冷收缩量和成型后再加工的余量。硬聚氯乙烯设备成型加热,应在电热烘箱或气热烘箱内进行。弯管、扩口等小件也可采用蒸汽、电热、甘油浴和明火加热,加热温度和加热时间根据试验确定。

板材加热后需在胎模内成型。由于木材传热系数低,因此常采用木胎模。塑料木胎模成型如图 13-17 所示。如果罐身是用弧形板拼装接成的,各种弧形板用阴、阳模或阳、阴模成型,如图 13-18 所示。

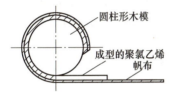

图 13-17 塑料木胎模成型

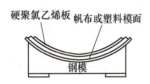

图 13-18 塑料弧形板成型

容器的封头,根据其尺寸和径深比,或用单板料成型,或分块组对拼接。单块板料成型模型如图 13-19 所示。板料画线下料所留加工余量不宜过大,以免产生压制叠皱。分块压制拼焊的大封头(图 13-20),拼制尺寸误差可用喷灯局部加热矫形修正。

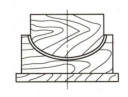

图 13-19 单块板料成型模型

图 13-20 拼接封头分块成型

(3) 硬聚氯乙烯管、板焊接与坡口 塑料焊接是大多数热塑性塑料最常用的加工方法。当被焊物件受到焊枪喷出的热空气加热至一定温度时,焊条和焊件表面就表现为塑性流动状态。此时在焊条上施加一定的压力,就可将焊件焊接牢固。塑料管管件制作和塑料设备的制作等常采用塑料焊接。

1) 焊接设备和焊条。热风焊枪是塑料焊接的专用工具,由电热丝、风管(钢管)、焊嘴等组成,如图 13-21 所示。塑料焊接温度为 190~220℃。

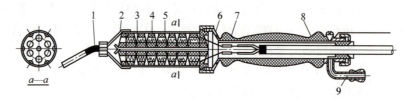

图 13-21 热风焊枪

1—焊嘴　2—连接罩　3—电热丝　4—绝缘体
5—枪体　6—连接口　7—钢管　8—把手　9—压缩空气管

塑料焊接时，空气由热风系统（图 13-22）送至焊枪内电阻丝，加热后由焊嘴喷射至焊件和焊条上。焊嘴的最佳热风温度为 210~240℃。焊接所用焊条由硬聚氯乙烯树脂制成。焊接用的焊条粗细应根据被焊材料来确定，但不宜使用直径大于 4mm 的单焊条进行焊接。若焊条过粗，焊枪喷出的热空气流在短时间内不能使焊条内外均匀受热，所以焊接后焊条内部会产生应力，从而引起收缩和龟裂，采用双焊条则可避免上述情况。采用双焊条还具有下述优点：①可以减少加热次数，从而减少由于热应力引起的强度降低；②双焊条的焊接工艺易掌握，焊缝表面波动少，排列整齐，焊缝紧密、强度高，速度快；③在焊缝根部应采用细的（2mm）单焊条，以保证焊条熔化填满焊缝间隙。

2) 塑料焊接坡口和焊接要求。塑料管、板焊接时，一般要求坡口。常用的坡口形式有两种：一是 V 形坡口，用于薄管壁或薄板；二是 X 形坡口，用于厚管壁或厚板。塑料焊接的搭接及焊缝形式如图 13-23 所示。

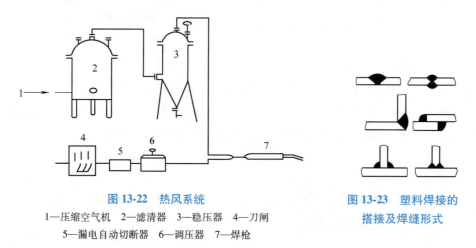

图 13-22　热风系统

1—压缩空气机　2—滤清器　3—稳压器　4—刀闸
5—漏电自动切断器　6—调压器　7—焊枪

图 13-23　塑料焊接的
搭接及焊缝形式

X 形坡口为两面焊接（双面焊），热应力分布比较均匀，强度较高；并且焊接同样厚度的材料，X 形坡口所需的焊条比 V 形坡口少。因此，在工艺允许的条件下，应尽可能采用 X 形坡口。

焊接时，焊条垂直于焊缝表面。如果角度大于 90°，则部分分力会使焊条拉伸，在再加热过程中，就会产生收缩应力，甚至断裂，影响焊接强度。有时为了适应各种施工条件，焊接时角度可适当改变，但不宜大于 100°。当角度小于 90°时，由于焊条过于靠近焊枪，焊条易被加热伸长，造成焊条分段同时软化，在所施压力的分力下易使焊条在焊缝中形成波纹，从而降低焊接强度，也容易造成渗漏。焊条位置如图 13-24 所示。焊接终了时，焊条应堆出坡口端面 10mm 左右，焊完全后再切去。焊接过程中须切断焊条时，应用刀将留在焊缝内的端头切成斜面。从切断处焊接的新焊条也必须切成斜口。焊缝局部或全部焊接完毕后，应让焊接件自然冷却，采用人工冷却（如用水）会造成焊条与母材不均匀收缩而裂开。

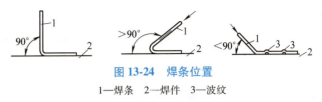

图 13-24　焊条位置

1—焊条　2—焊件　3—波纹

塑料焊接质量要求如下：①焊缝表面平整无凸瘤，切断面必须紧密均匀，无气孔与夹杂物；②焊接时，焊条与焊缝两侧应均匀受热，外观不得有弯曲、断裂、烧焦和宽窄不一等缺陷；③焊条与焊件熔化要良好；④焊缝的强度一般不能低于母材强度的 60%；⑤焊缝接头处必须错开 50mm 以上，以免影响强度。

(4) 塑料管、板的其他焊接方法　除热风加热焊外，塑料管还可采用摩擦焊和超声波焊；塑料板还可采用接触加热挤压焊接、高频电流加热焊接。

摩擦焊是两连接表面在一定压力下，做相对迅速旋转，产生摩擦热而使两接触面的塑料融熔，熔接后停止旋转，直至冷却固化。由于焊接速度快，塑料表面不易氧化，密封性可靠。摩擦焊主要应用于工程塑料（ABS）、聚丙烯醋酸酯类、聚苯乙烯等塑料管的连接。

超声波焊是通过换能器，将 50~60Hz 的输入电源变成 2×10^4Hz 左右的输出电源，并通过传振头将其转换为 2×10^4 次/s 左右的机械振动。由于直接接触表面的焊头摩擦生热，使连接表面熔化产生分子后结合。超声波焊具有焊接速度快、效率高、强度好、质量稳定、能源消耗低等优点。但它要求有专门的接头设计（图 13-25），材料和尺寸也都有一定要求，还需专用超声焊接设备和专

图 13-25　超声波焊焊件接头设计

用焊头。超声波焊一般只能焊同一种塑料管或板，不同塑料之间，只有当熔融温度相近（不超过 20℃），化学成分相差不大时，才能采取超声波焊。

(5) 圆形塑料容器的拼装与焊接　圆形塑料容器系由封头、筒身、筒底等组成，由各自成型塑料板拼装，然后焊接。各塑料板件成型后需用标准弧尺检查，弧形正负误差不大于 $0.1\%D$。两块弧形拼装时，对口错边不应大于板厚的 10%，且不大于 2mm。简单拼接时，两筒体不应产生过大轴向与径向的间隙。筒体轴向和径向误差、板和筒体的尺寸误差，可用焊枪或喷灯加热后纠正。

(6) 塑料容器的检查　塑料容器焊接成型后应检查质量，常用下列方法检查：

1) 焊缝外观检查。焊缝表面应清洁、平整，焊纹排列整齐而紧密，挤浆均匀，无焦灼现象。

2) 常压容器注水试验。对于常压容器，注满水，24h 内不渗漏为合格。

3) 压力容器试压。对于压力容器，在 1.5 倍工作压力的试验压力（水压试验）下，保持 5min 不渗漏为合格。

4) 电火花检查。在焊缝两侧同时移动电火花控制线和地线，根据漏电情况确定质量优劣。

5) 气压试验。向容器内打入有压空气，在焊缝外侧涂满肥皂水，根据漏气与否确定施

工质量。

一般焊缝外观检查是必须检查的内容。其他检查方法，可根据施工现场条件，任选一种进行。

13.4 玻璃钢设备制作

在热固性塑料内，掺入玻璃纤维等填料予以增强的复合材料称为玻璃钢。玻璃钢内的玻璃纤维和热固性塑料都没有改变它们原有的材料特性。根据热固性塑料的不同，常用的玻璃钢有环氧玻璃钢、不饱和聚酯玻璃钢、酚醛玻璃钢等。

玻璃钢的抗拉强度很高、耐热性好、化学稳定性和电绝缘性好，而且质量轻。玻璃纤维的抗拉强度远远超过大块玻璃的抗拉强度，直径越小，强度越高。直径为 4mm 的玻璃纤维抗拉强度为 3000~3800MPa。固化环氧树脂抗拉强度为 84~105MPa。固化聚酯抗拉强度为 40~70MPa。环氧玻璃钢的抗拉强度为 430~500MPa。聚酯玻璃钢的抗拉强度为 210~355MPa。因此，玻璃钢抗拉强度接近或超过碳素钢抗拉强度。高强度组分主要是玻璃纤维，当然也受树脂种类影响。玻璃钢的相对密度为 1.8~2.2，对酸、碱和各种无机物的耐蚀性能良好。

用玻璃钢制造的设备有各类容器、塔器、槽车、酸洗槽、反应罐、冷却塔、除尘设备、分离设备、水质净化设备、污水处理设备，以及管、阀、泵等。玻璃钢设备的制作和安装也较容易。

玻璃钢制造工艺很多，在玻璃钢设备制造厂，多采用机械成型工艺，常用制造方法有缠绕法、喷射法和换压法，对产品的固化处理常采用感应加热或红外加热。施工现场通常采取手糊成型工艺。玻璃钢手糊是在模具上一层树脂一层玻璃纤维顺次涂覆，排出空气，紧密黏结。手糊工艺不需要复杂的机械设备，不受容器的大小和形状限制，不需要很高的操作技术，可以在任意局部加强涂覆，因而成本较低。但手糊质量随操作水平而定，而且劳动条件差。手糊成型后，经过加热固化，成为玻璃钢设备。

1. 玻璃钢的组分材料及施工方法

（1）玻璃纤维　按制造工艺不同，玻璃纤维分为定长纤维和连续纤维两类。玻璃钢设备多采用连续纤维。连续纤维按化学组成分为有碱和无碱两种，一般采用金属锂、钠的质量分数小于1%的无碱纤维。无碱纤维的耐水性、力学性能、耐老化性、电绝缘性都较好，但价格高。根据在纺纱过程中是否退绕、加捻，玻璃纤维纱分有捻和无捻两种。有捻纱强度高，但树脂不易浸透。为了保证玻璃纤维的拉丝质量，拉丝时要浸润。浸润剂有石蜡乳剂、聚醋酸乙烯和其他浸润剂。采用石蜡乳剂，纤维的蜡覆阻碍了与树脂的黏结，所以，使用前应进行加热脱蜡。无捻纱一般用聚醋酸乙烯浸润。无捻粗纱织成的玻璃布称为无捻粗纱方格布，其抗冲击性、耐变形性都较好；树脂易浸透，增厚效果好；价格便宜。有捻玻璃布分平纹布、斜纹布、缎纹布等，后两种的致密、强度（除抗冲击强度）和柔性都较好。缎纹布的强度较斜纹布高，而斜纹布的强度又较平纹布高。玻璃布越厚，耐压强度越低，但抗冲击强度提高。用于手糊玻璃钢的玻璃布有无碱无捻粗纱方格布，还可用无碱有捻斜纹布、缎纹布。无捻粗纱和短切纤维填充容器死角。

玻璃钢设备手糊前，应对玻璃布进行剪裁。剪裁尺寸，应考虑由于玻璃布经纬方向的强度不同，玻璃布应纵横交替铺设，而且应保证两块玻璃布有不小于 50mm 的搭接宽度。如要求壁厚均匀，可采用对接。玻璃布剪裁时应使两层玻璃布的搭接缝、对接缝或其他粘接缝错开，剪裁尺寸应以便于操作为宜。

（2）树脂　树脂是制作玻璃钢设备的黏结剂。因此，应能配制成黏度适宜的黏液，而且应符合设备所需的防腐要求，有一定强度、无毒或低毒，价格要便宜。常用的树脂有环氧、酚醛、聚酯、有机硅等。环氧树脂耐蚀性好，与玻璃纤维的黏结力强，力学性能好，但价格较高。环氧树脂的品种很多，常用的为双酚A型环氧树脂。不饱和聚酯树脂的价格低，但强度和耐热性差，毒性较大。酚醛树脂价格也低，但需高温高压成型，现场手糊玻璃钢中很少采用。

（3）掺合剂　为了改变树脂某种性能，或为了降低成本，可在树脂内根据需要，掺入固化剂、稀释剂、增韧剂、触变剂、填料等。固化剂能缩短玻璃钢设备的固化时间，常用固化剂为乙二胺。稀释剂用于降低树脂黏度，便于操作，如环氧丙烷、丁基醚、甲苯、酒精等。树脂里加入增韧剂能增强玻璃钢设备的抗冲击性，常用的有邻苯二甲酸、二丁酯。掺入触变剂可减少树脂在操作时沿垂直面下坠流挂，常用的触变剂有二氧化硅、膨润土、聚氯乙烯粉。树脂内加入填料石棉、铝粉可提高抗冲击性；石英粉、铁粉、三氧化二铝可提高压缩强度；滑石粉、石膏粉可减少树脂固化收缩。

树脂黏结剂配合比应根据玻璃布种类及质量、腐蚀介质性质、所需玻璃钢性能、施工条件等进行不同配比试验，采用最佳配比。

环氧树脂黏结剂配比如下：

1）618号环氧树脂：乙二胺：二丁酯＝100：（6~8）：（10~15）。

2）618号环氧树脂：乙二胺：二丁酯：环氧丙烷：丁基醚＝100：（17~20）：10：5。

为了使黏结剂便于涂刷和渗入玻璃布，同时不流坠，黏结剂黏度应为 $0.5~1Pa·s$。为了保证黏结剂在涂刷过程中不胶凝，而在涂刷完毕后较快胶凝，应根据施工需要确定胶凝时间，一般为3~6h，经过试验由不同配比而定。

2. 玻璃钢设备的层间结构

玻璃钢设备一般由多层组成层间结构，从内至外分为内层、中间层、强度层和外层。内层为表面耐蚀层，由于与腐蚀介质接触，因而要求有一定的耐蚀性和致密性。内层玻璃钢中树脂含量较高，其质量分数为70%~80%，厚度较薄，约0.5~1mm。中间层又称中间防渗层，主要起防渗作用，玻璃钢中树脂的质量分数一般为50%~70%，厚度为2~2.5mm。玻璃钢设备主要由强度层承受外力，强度层的承载能力与玻璃钢中玻璃纤维含量有关，玻璃纤维的质量分数一般为50%~70%。外层由树脂胶液与填料组成，黏结玻璃纤维布。树脂的质量分数一般为80%~90%，厚度一般为1~2mm。

手糊玻璃钢设备层间结构见表13-2。

表13-2　手糊玻璃钢设备层间结构

玻璃钢名称	层间结构			
	内层	中间层	强度层	外层
环氧玻璃钢	环氧	环氧	环氧	环氧
环氧/聚酯玻璃钢	双酚A聚酯	双酚A聚酯	环氧	环氧
聚酯玻璃钢	双酚A聚酯	双酚A聚酯	聚酯	聚酯
环氧酚醛玻璃钢	酚醛	环氧酚醛	环氧	环氧

3. 模具和脱模剂

手糊玻璃钢容器必须在模具上成型。模具的材料有木、混凝土、石膏、聚氯乙烯等。模具材料应有足够的刚度，以承受玻璃钢的重量而不变形；不为树脂黏结剂腐蚀；不因热固化而变形、收缩、产生裂纹等；不影响树脂热固化。根据容器形状复杂程度，要求模具重复使用次数等因素选择模具材料。模具制造的形状和尺寸应该正确，构造应便于装模和脱模。环氧玻璃钢槽的木模具如图 13-26 所示。在容器模具上应留设法兰接管模，如 13-27 所示。

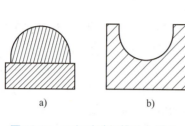

图 13-26 环氧玻璃钢槽的木模具
a) 阳模　b) 阴模

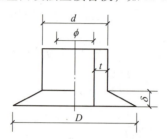

图 13-27 法兰接管模
D—接管底盘直径　ϕ—接管内径　t—接管管壁厚度
δ—接嘴根部底盘厚度　d—接嘴管外径

为了在玻璃钢固化后便于脱模，应在模具的工作面上涂刷脱模剂。脱模剂还可修正模具制作尺寸误差，并使玻璃钢表面平整光滑。

脱模剂有过氯乙烯溶液、聚乙烯醇溶液等溶液类，聚酯薄膜、聚氯乙烯薄膜等膜类和硅脂、变压器油等油脂类。其中以溶液类使用最广泛。聚乙烯醇溶液无毒且价廉，其配合比为，聚乙烯醇：乙醇：水 =（5~8）：（35~60）：（60~32）。

还可在脱模剂内掺入各种附加剂，以改善其使用性能。

4. 胶衣层和手糊操作

为了防止黏结剂固化收缩导致玻璃布纹凸出，应采用胶衣层改善玻璃钢设备内层表面平整度。胶衣层必须采用具有弹性的树脂，并与树脂黏结良好。

手糊玻璃钢操作时，先在模具表面用掺入填料的树脂涂刷一层类似于底漆的胶衣层，再在胶衣层上涂刷树脂，然后铺贴玻璃布，压平，防止产生皱褶，并排出气泡，使树脂渗入玻璃布。压平、驱赶气泡都应沿玻璃布的径向进行。

容器或设备的死角、凹陷处，采用图 13-28 所示方法填满，然后涂贴树脂和玻璃布。

手糊完毕后进行固化。一般在常温下固化。固化时间取决于树脂配方、固化温度和制品质量要求。固化后脱模，宜用木制或铜制工具起模，若需起重工具吊模，应垫设柔性材料，以防止损伤玻璃钢。

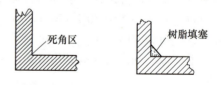

图 13-28 玻璃钢容器凹角填覆

5. 手糊玻璃钢设备操作环境及其卫生防护

手糊玻璃钢操作不宜露天进行，通常在固定的室内操作。由于玻璃钢所使用的材料有一定的低毒性，要求室内具有良好的采光通风设施，操作工人应配置必要的劳保用品。

玻璃钢成型过程中使用的材料，大多为易燃材料，燃烧后产生有毒有害烟尘，因此施工现场必须杜绝烟火，并配置消防器材。废弃的玻璃钢应妥善处理，不得就地焚烧，以免污染环境。

复习思考题

1. 试述管道与设备的制作材料及其制作方法。
2. 某施工现场需制作两只 3 号圆形钢板水箱，其尺寸为 $\Phi \times H = 2000\text{mm} \times 1700\text{mm}$，水箱采用 Q235 碳素钢板，水箱壁厚为 4mm，上顶（平封头）厚为 3mm，下底厚为 6mm。
   1) 试述水箱下料、加工方法、施工步骤。
   2) 求水箱板壁钢板的下料宽度以及上顶、下底下料的尺寸。
3. 试述碳素钢焊接应力产生的原因及其危害。
4. 减少碳素钢焊接应力的方法有哪些？
5. 试述电弧焊接的缺陷及其检查方法。
6. 碳素钢容器焊缝严密性检查有哪些方法？检查的要求是什么？
7. 试述碳素钢气焊的适用范围和焊接要求。
8. 试述硬聚氯乙烯成型的方法。
9. 塑料焊接的质量有哪些要求？
10. 试述塑料设备成型后的检查方法和要求。
11. 试述玻璃钢的性能和用途。
12. 试述构成玻璃钢的主要材料和性能。
13. 试述玻璃钢黏结剂的材料组成及其施工要求。
14. 试述手糊玻璃钢的层间结构及其施工方法。
15. 制作玻璃钢设备有哪些环境和卫生防护要求？

第 14 章
设备的安装与运行管理

随着水工业的发展，给水排水工程设备的种类越来越多，除常用设备外，还有很多是属于给水排水工程专用设备。根据设备的功能、给水排水工程系统组成和专业方向的不同，给水排水工程设备有多种不同的分类方法，但目前应用较多的还是按照设备原理、构造、功能等进行分类。给水排水工程设备按照主要功能分类如图 14-1 所示。

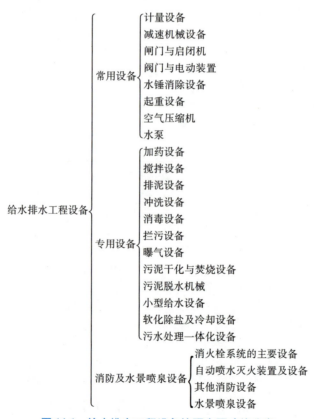

图 14-1 给水排水工程设备按照主要功能分类

14.1 常用设备的安装

14.1.1 设备安装的一般要求

水处理设备的安装必须严格按该设备安装工艺要求进行，否则将影响整个水处理工艺，严重时可使整个水处理系统瘫痪。例如，设备安装时，如果水泵安装不水平，会出现水泵运行噪声大的问题。严重时，水泵会脱离基础，造成设备事故；又如，风机的安装如果不符合安装工艺要求，则不仅设备噪声大，而且会降低风机的效率。

设备安装的一般注意事项如下：

（1）开箱 开箱逐台检查设备的外观，按照装箱单清点零件、部件、工具、附件、合格证和其他技术文件，检查是否有因运输途中受到振动而损坏、脱落、受潮等情况，并做详细记录。

（2）定位 设备在室内定位的基准线应以柱子的纵横中心线或墙的边缘为准，其允许偏差为10mm。设备定位基准面与定位基准线的允许偏差，一般应符合表14-1中的规定。

表14-1 设备定位基准面与定位基准线的允许偏差

项目	允许偏差/mm	
	平面位置	标高
与其他设备无机械上的联系	±10	+20 -10
与其他设备有机械上的联系	±2	±1

设备找平时，必须符合设备技术文件的规定，一般横向水平偏差为1mm/m，纵向水平偏差为0.5mm/m。设备不应跨越地坪的伸缩缝或沉降缝。

（3）地脚螺栓和灌浆 地脚螺栓上的油脂和污垢应清除干净。地脚螺栓离孔壁应大于15mm。其底端不应碰孔底，螺纹部分应涂油脂。地脚螺栓拧紧螺母后，螺栓头部必须露出螺母2~3个螺距。灌浆处的基础或地坪表面应凿毛，被油污染的混凝土应凿除，以保证灌浆质量。灌浆一般宜用细碎石混凝土（或水泥砂浆），其强度等级应比基础或地坪的混凝土强度等级至少高一级。灌浆时应捣固密实，并进行湿养护。

（4）清洗 设备上需要装配的零、部件应根据装配顺序清洗洁净，并涂以适当的润滑脂。加工面上如果有锈蚀或防锈漆，应进行除锈及清洗。各种管路也应清洗洁净并使之畅通。

（5）装配

1）过盈配合零件装配。装配前应测量孔和轴配合部分两端和中间的直径，每处在同一径向平面上互成90°位置上各测一次，得到平均实测过盈值。压装前，在配合面均需涂抹适宜的润滑油。压装时，必须与相关限位轴肩等靠紧，不准有窜动的可能。实心轴与不同孔压装时，允许在配合轴颈表面上磨制深度不大于0.5mm的弧形排气槽。

2）螺纹与销连接装配。螺纹连接件装配时，螺栓头、螺母与连接件接触紧密后，螺栓应露出螺母2~4螺距。不锈钢螺纹连接的螺纹部分应加涂润滑剂。用双螺母且不使用黏合剂防松时，应将薄螺母装在厚螺母下。设备上装配的定位销，销与销孔间的接触面积不应小于65%，销装入孔的深度应符合规定，并能顺利取出。销装入后，不应使销受剪力。

3）滑动轴承装配。同一传动中心上所有轴承中心应在一条直线上，即具有同轴性。轴承座必须紧密牢靠地固定在机体上，当机械运转时，轴承座不得与机体发生相对位移。轴瓦合缝处放置的垫片不应与轴接触，离轴瓦内径边缘一般不宜超过1mm。

4）滚动轴承装配。滚动轴承安装在对开式轴承座内时，轴承盖和轴承座的接合面间应无间隙，但轴承外圈两侧的瓦口处应留出一定的间隙。凡稀油润滑的轴承，不准加润滑脂；采用润滑脂润滑的轴承，装配后的轴承空腔内应注入相当于65%~80%空腔容积的清洁润滑脂。滚动轴承允许采用机油加热进行热装，油的温度不得超过100℃。

5）联轴器装配。各类联轴器的装配要求应符合有关联轴器标准的规定。各类联轴器的轴向（Δx）、径向（Δy）、角向（$\Delta \alpha$）许用补偿量见表14-2。

表14-2　联轴器的轴向、径向、角向许用补偿量

形式	许用补偿量/mm		
	Δx	Δy	$\Delta \alpha$
推销套筒联轴器		≤0.05	
刚性联轴器		≤0.03	
齿轮联轴器		0.4~6.3	≤30′
弹性联轴器		≤0.2	≤40′
柱销联轴器	0.5~3	≤0.2	30
NZ挠抓型联轴器		0.01（轴径+0.25）	≤40′

6）传动带、链条和齿轮装配。每对带轮或链轮装配时两轴的平行度不应大于0.5/1000；两轮的轮宽中央平面应在同一平面上（两轴平行），V带轮或链轮其偏移值不应超过1mm，平带不应超过1.5mm。链轮必须牢固地装在轴上，并且轴肩与链轮端面的间隙不大于0.10mm。链条与链轮啮合时，工作边必须拉紧。当链条与水平夹角不大于45°时，从动边的弛垂度应为两链轮中心距离的2%；大于45°时，弛垂度应为两轮中心距离的1%~1.5%。主动链轮和被动链轮中心线应重合，其偏移误差不得大于两链轮中心距的2/1000。

安装好的齿轮和蜗杆传动的啮合间隙应符合相应的标准或设备技术文件规定。对于可逆向传动的齿轮，两面均应检查。

7）密封件装配。各种密封毡圈、毡垫、石棉绳等密封件装配前必须浸透油。钢板纸用热水泡软。O形橡胶密封圈，用于固定密封时，预压量为橡胶圆条直径的25%；用于运动密封时，预压量为橡胶圆条直径的15%。装配V形、Y形、U形密封圈，其唇边应对着被密封介质的压力方向。压装油浸石棉盘根，第一圈和最后一圈宜压装干石棉盘根，防止油渗出，盘根圈的切口宜切成小于45°的剖口，相邻两圈的剖口应错开90°以上。

8）润滑和液压管路装配。各种管路应清洗洁净并畅通。并列或交叉的压力管路，其管子之间应有适当的间距，以防止振动干扰。弯管的弯曲半径应等于3倍管的外径。吸油管应尽量短，减少弯曲。吸油高度应根据泵的类型决定，一般不超过500mm；回油管水平坡度为0.003~0.005，管口宜为斜口伸到油面下，并朝箱壁，使回油平稳。液压系统管路装配后，应进行试压，试验压力应符合《管道元件　公称压力的定义和选用》（GB 1048—2019）的规定。

14.1.2 水泵安装

1. 水泵的分类

水泵的分类如图 14-2 所示。

2. 水泵安装

（1）水泵基础　水泵基础是作为固定水泵机组的位置，并承受水泵机组的质量及运转时的振动力，所以要求基础不仅要施工尺寸正确，还必须有足够的强度和刚度。水泵机组基础采用混凝土灌注。首先确定基础尺寸，然后进行基础放线开挖，最后进行基础灌注。

基础尺寸必须符合设计图的要求。若设计未注明时，基础平面尺寸的长和宽应比水泵底座相应尺寸加大 100~150mm。基础厚度通常为底脚螺栓在基础内的长度（表 14-3）再增加 150~200mm，并且基础质量不小于水泵、电动机和底座质量之和的 3~4 倍，能承受机组荷载及振动荷载，防止基础位移。

基础放线应根据设计图，用经纬仪或拉线定出水泵进口和出口的中心线、水泵轴线位置及高程。然后按基础尺寸放好开挖线，开挖深度应保证基础面比泵房地面高 100~150mm，基础底有 100~150mm 的碎石或砂垫层。

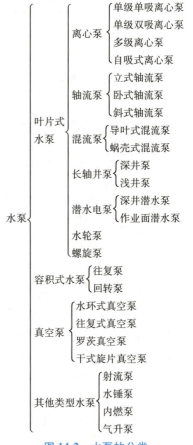

图 14-2　水泵的分类

表 14-3　水泵底脚螺栓选用表　　　　（单位：mm）

底脚螺栓孔直径	12~13	14~17	18~22	23~27	28~33	34~40	41~48	49~55
底脚螺栓直径	10	12	16	20	24	30	36	42
底脚螺栓埋入基础内的长度	200~400				500		600~700	

（2）基础支模及浇筑　支模前应确定水泵机组底脚螺栓固定方法。固定方法有一次灌浆法和二次灌浆法两种。一次灌浆法是将水泵机组的底脚螺栓固定在基础模板上，然后将底脚螺栓直接浇筑在基础混凝土中。要求基础模板尺寸、位置，底脚螺栓的尺寸、位置必须符合设计及水泵机组安装要求，不能有偏差，并应调整好螺栓标高及螺栓垂直度。一次灌浆法不适用于大中型水泵安装。二次灌浆法是施工基础时，预留好水泵机组的底脚螺丝孔洞，然后浇灌基础混凝土。预留孔洞尺寸一般比直底脚螺栓直径大 50mm，比弯钩底脚螺栓的弯钩允许最大尺寸大 50mm，洞深应比底脚螺栓埋入深度大 50~100mm。待水泵机组安装时，第二次灌混凝土固定水泵机组的底脚螺栓。

基础混凝土浇筑时必须一次浇成、捣实，并应防止底脚螺栓或其预留孔模板歪斜、位移及上浮等现象发生。基础混凝土浇筑完成后应做好湿养护工作（通常在基础上覆盖湿草袋养护），养护期通常为 28d。在水泵基础安装前，应对基础进行复查。混凝土基础的强度必须符合要求，基础表面平整，不得有凹陷、蜂窝、麻面、空鼓等缺陷。基础的大小、位置、标高应符合设计要求。底脚螺栓的规格、位置、露头应符合设计或水泵机组安装要求,不得有偏差,否则应重新施工基础。对于有减振要求的基础,应符合设计要求。

水泵泵体与电动机、进出口法兰安装的允许偏差见表 14-4。

表 14-4 水泵泵体与电动机、进出口法兰安装的允许偏差

项目	允许偏差				
	水平度/(mm/m)	垂直度/(mm/m)	中心线偏差/mm	径向间隙/mm	同轴度/(mm/m)
水泵与电动机	<0.1	<0.1			
泵体出口法兰与出水管			<5		
泵体进口法兰与进水管			<5		
叶片外缘与壳体				半径方向小于规定的 40%,两侧间隙之和小于规定最大值	
泵轴与传动轴					<0.03

3. 进、出口管道及附属设备安装

(1) 进水(吸水)管道安装 离心水泵的安装位置高于吸入液面时,水平吸水管的安装应保证在任何情况下不能产生气囊。因此,吸水管路上必须采用偏心渐缩管;管路的水平方向的中心线必须向水泵方向上升,坡度应大于 5‰~20‰。

水泵吸水管路的接口必须严密,不能出现任何漏气现象。管路连接一般应采用法兰连接或焊接连接,管材可用钢管或铸铁管。水泵泵体进、出口法兰的安装,其中心线允许偏差为 5mm。

在靠近水泵进口处的吸水管路应避免直接装弯头,而应装一段约为 3 倍直径长的直管段,以保证水流在进口处的流速分布均匀,不影响水泵的效率。

为保证水泵正常运行,吸水管路一定要设置支承架,以避免将管路质量传到泵体上。吸水管在吸水井(槽)内的安装应满足如图 14-3 所示的基本要求。

(2) 出水(压水)管道安装 压水管路安装,应做到定线准确,管坡满足设计要求。管路连接一般采用法兰连接以便装拆、维修,管材可用钢管或铸铁管。敷设在地沟内的管道,法兰外缘距沟壁与顶盖不得小于 0.3m。

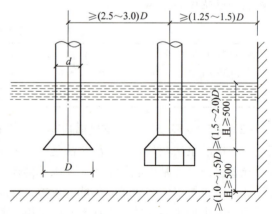

图 14-3 吸水管在吸水井(槽)内的安装
注:$D=(1.25\sim 1.5)d$

在压水管路的转弯与分支处应采用支墩或管架固定,以承受管路上的内压力所造成的推力。

(3) 水泵附属设备

1) 引水系统安装。引水箱及连接管道应严密,保证在 0.1MPa 的负压时不漏气。水泵

泵轴的填料函处应保证不产生较多的漏气。

真空系统的管道安装应平直、严密、不得漏气，不得出现上下方向的 S 形存水弯。真空系统的循环水箱出流管标高应与水环式真空泵中心标高一致。

2）其他设备安装。在水泵壳的顶部应安装放气阀，供水泵起动前充水时排气用。在水泵压水管上应安装止回阀、闸阀、压力表等。止回阀一般在水泵与闸阀之间安装，压力表安装在水泵压水管的连接短管上。在水泵吸水管上按设计要求可安装真空表、闸阀等。

（4）水泵的隔振、减振安装　当水泵机组安装采用减振措施时，在水泵的吸、压水管上应安装可曲挠橡胶接头等，以隔绝水泵组通过管道而传递振动，防止管路上的应力传至水泵。一般可曲挠橡胶接头等应分别安装在渐缩管与阀件之间，用法兰连接。

4. 水泵运行调试

在水泵机组安装完毕后，在运行前应检查所有与水泵运行有关的仪表、开关，应完好、灵活；检查电动机的转向是否符合水泵的转向要求；各紧固连接部位不应松动，按照水泵机组的设备技术文件要求，对润滑部位进行润滑。水泵机组的安全保护装置应灵敏、可靠。盘车应灵活、正常。水泵起动前进水阀门应全开，离心泵及混流泵真空引水时出水阀门应全闭，其余水泵的出口阀门全开。然后，根据设计的引水方式进行引水。若引水困难，则应查明原因，排除故障。

按设计方式进行水泵机组的起动，同时观察机组的电流、真空、压力、噪声等情况。若不能起动，则应从电气设备、水泵、吸水管路、引水系统等方面逐个查找，排除故障。机组起动时，周围不要站人。

水泵机组在设计负荷下连续运转不应少于 2h，在此期间，附属系统运行应正常，真空、压力、流量、温度、电动机电流、功率消耗、电动机温度等要求应符合设备技术文件要求；运转中不应有不正常声音，无较大振动，各连接部分不得松动或泄漏；泵的安全保护装置应灵敏、可靠。除此之外，还应符合设备技术文件及有关规范的规定。

试运转结束后，关闭泵的进、出口阀门和附属系统的阀门。离心泵停泵前应先将压水管阀门关闭，然后停泵；按要求放净泵内积存的介质，防止泵锈蚀、冻裂、堵塞。若长时间停泵放置，应防止设备锈蚀和损坏。

表 14-5 为水泵调试、验收要求。

表 14-5　水泵调试、验收要求

项　目	检查结果
各法兰连接处	无渗漏，螺栓无松动
填料函压盖处	松紧适当，应有少量水渗出，温度不应过高
电动机电流值	不超过额定值
运转状况	无异常声音，平稳，无较大振动
轴承温度	滚动轴承小于 70℃，滑动轴承小于 60℃，运转温升小于 35℃

5. 一体化泵站安装

一体化泵站（图 14-4），主体一般为复合缠绕一体化玻璃钢筒体。

一体化污水泵站特点：

1）占地面积小。仅需要同规模现浇钢筋混凝土泵站的 1/5；泵站通常全部埋于地下，

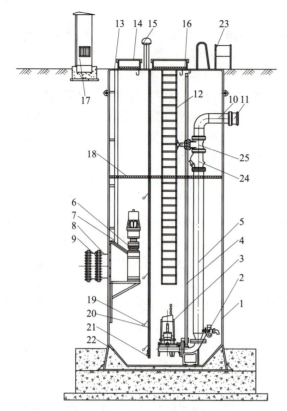

序号	设备名称
1	筒体
2	潜污泵自耦装置
3	潜污泵
4	潜污泵安装附件
5	压力管
6	粉碎格栅
7	格栅安装附件
8	泵筒进水口
9	进水挠性接头
10	泵筒出水口
11	泵站出水挠性接头
12	爬梯
13	泵站上盖
14	防滑顶盖
15	通气管
16	安全格栅
17	智能控制系统
18	维修平台
19	水滴形液位浮球
20	浮球及液位计固定装置
21	静压差液位计
22	防淤积底座
23	安全警示牌
24	止回阀
25	闸阀

图 14-4　一体化泵站示意图

地面仅留检修孔和控制箱，露出地面形状犹如一个普通的污水检查井，可选配景观式管理房置于地面，能很好地与周围环境相协调。

2）集成化、自动化程度高，可以实现全自动无人值守。

3）耐腐蚀。筒体材质为无碱玻璃钢材质，内部配件为不锈钢阀门及不锈钢或热镀锌钢管等材质，使用寿命可达 50 年以上。外形美观，易与周围环境相协调。

4）施工简单，施工周期短。泵站作为一体化设备为成套供应，一体化泵站所有内部安装调试工作均在工厂内完成。到货之前，可先在场地进行开挖，现浇钢筋混凝土基础。国产一体化污水泵站到场后，现场只需将泵站整体吊装，连接进出水管即可投入运行。大大减少了土建施工周期和工程费用。

因此，自来水加压泵站、污水泵站、雨水泵站越来越多地选择一体化泵站。值得注意的是，限于一体化泵站内集水容积不足，潜水泵容易空吸，所以污、雨水一体化泵站应配套不小于最大一台潜水泵 5min 抽升流量的集水池（井），泵站内厂家配套的粉碎式格栅容易损坏，可在进水管前增加一台栅距为 10~15mm 的机械格栅。

施工分为泵站基坑土方开挖、地基处理、现浇钢筋混凝土基础（图 14-5）、一体化泵站整体吊装、进出水管道连接、试压与验收。

钢筋混凝土基础采用二次现浇，第一次采用 C30 钢筋混凝土现浇养护，达到 75% 以上强度后，一体化泵站整体吊装，采用钢管或型钢支撑，进行 C30 钢筋混凝土二次浇筑。二次浇筑钢筋混凝土经养护达到强度后，拆除支撑，进行进出水管道安装。一体化泵站具体施

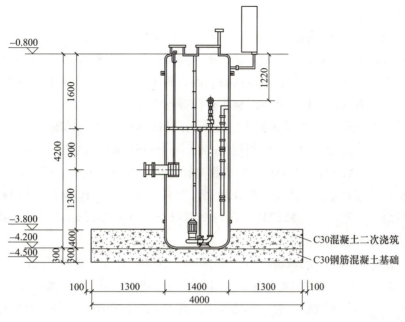

图 14-5 一体化泵站现浇钢筋混凝土基础示意图

工见生产厂家说明书,在生产厂家的指导下施工。

14.1.3 风机安装

广义地讲,凡是用以获得压缩空气的机械,都称为压缩机。但习惯上根据机械所达到的压力高低分为鼓风机、通风机和压缩机。鼓风机、通风机主要用于输送气体,而压缩机主要用于提高气体的压力。在给水排水工程中,鼓风机和空气压缩机是常用的曝气设备。

1. 离心式鼓风机安装

以单级高速离心式鼓风机为例,介绍离心式鼓风机的结构。这种形式的鼓风机组使用比较普遍,它主要由下列几部分组成:鼓风器、增速器、联轴器、机座、润滑系统、控制和仪表系统、驱动设备,如图 14-6 所示。

(1) 鼓风器 鼓风器由转子、机壳、轴承、密封结构和流量调节装置组成。

1) 转子。叶轮和轴的装配体称为转子。叶轮是鼓风机中最关键的零件,常见的有开式径向叶片叶轮、开式后弯叶片叶轮和团式叶轮。叶轮叶片的形式影响鼓风机的压力流量曲线、效率和稳定运行的范围。叶轮可以用不同的材料铸造、焊接或机械加工。制造叶轮的常用材料为合金结构钢、不锈钢和铝合金等。叶轮与轴组

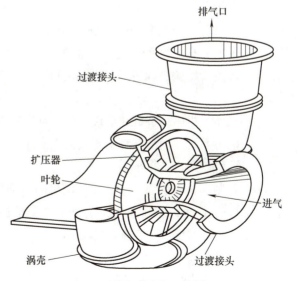

图 14-6 单级高速离心式鼓风机

装后必须作动平衡试验和超速试验。

2）机壳。鼓风机机壳由进气室、扩压器、涡壳和排气口组成。机壳要求具有足够的强度和刚度。一般机壳用灰铸铁或球墨铸铁铸造，高压鼓风机用铸钢机壳，大型鼓风机可以用焊接机壳。机壳半精加工后应进行水压试验。涡壳的作用是集气，并将扩压后的气体引向排气口。涡壳的截面有圆形、梯形和不对称等外径等形状。

3）轴承。转速低于3000r/min、功率较小的鼓风机可以采用滚动轴承。一般有下列情况之一应采用强制供油的径向轴承和推力轴承：①轴传递功率大于336kW或转速高于3600r/min；②DN系数大于300000，DN系数为轴承内径尺寸（mm）与额定转速（r/min）的乘积；③标准型滚动轴承不能满足设计寿命，即在设计条件下连续运行25000h或在最大轴向和径向荷载下，以1.5倍额定转速运行16000h。常用的滑动轴承有对开式径向轴承、自位式径向轴承和自位式推力轴承。

4）密封结构。常用的密封结构有迷宫式密封、浮环密封和机械密封三种。

5）流量调节装置。多数污水处理厂利用电动机驱动鼓风机，最主要的运行费是电能消耗费用。鼓风机给曝气系统供气时，其排气压力相对稳定，但需气量和环境温度是变化的。为适应不同运行工况，最大限度地节约电能，可以用变频调速、进口导叶或蝶阀节流装置进行调节和控制。

（2）增速器　多数离心式鼓风机的叶轮转速远远超过原动机的转速，因此必须配备增速器。增速器与鼓风机可以综合在一起成为整体式，也可以分别独立安装成为分体式。离心式鼓风机常用平行轴齿轮增速器，增速比大于5时采用行星齿轮增速器。平行轴增速器的齿轮齿型有渐开线型和圆弧形，目前国内广泛采用圆弧形，大齿轮做成凹齿，小齿轮做成凸齿。

（3）联轴器　常用的联轴器有齿式和套筒式两种。刚性联轴器一般用于转速不大于3000r/min的情况。对离心式鼓风机所用联轴器的要求是：①有一定的调心作用；②联轴器最好采用锥形孔与轴配合，联轴器拆装方便；③联轴器要有一定刚度，其刚度对轴系扭振临界转速有影响；④安装联轴器的轴端、轴伸不宜过长，以免影响转子弯振的临界转速。

（4）机座　机座用型材和钢板焊接，兼作油箱。机座应该有足够的强度和刚度。

（5）润滑系统　润滑系统主要包括主液压泵、辅助液压泵、过滤器、油冷却器、油箱、管路、阀门和必要的仪器等。

（6）控制和仪表系统　离心式鼓风机的检测仪表、监控和安全装置，它必须包括下列功能：①起动/停车；②远方/就地停车；③防喘振和超负荷保护；④工作状态显示；⑤保护性停车和报警；⑥与全厂控制系统联网所必需的接点。

（7）驱动设备　离心式鼓风机通常用交流电动机驱动，使用维修较为方便。规模较大的污水处理厂若能产生足够的沼气，可以用燃气发动机或燃气轮机驱动鼓风机。

在工程设计时，应根据污水处理厂的能源供应特点，经济合理地选择鼓风机驱动设备。离心式风机安装允许偏差见表14-6。

表 14-6 离心式风机安装允许偏差

项目	允许偏差			
	接触间隙/mm	水平度/(mm/m)	中心线重合度/mm	轴向间隙/mm
轴承座与底座	<0.1			
轴承座纵、横方向		<0.2		
机壳与转子			<2	
叶轮进风口与机壳进风口接管				$<D_{叶轮}/100$
主轴与轴瓦顶				$1.5d_{轴}/1000 \sim 2.5d_{轴}/1000$

2. 罗茨鼓风机安装

罗茨鼓风机由美国人罗茨（Roots）兄弟于 1854 年发明，故用罗茨命名。罗茨鼓风机的典型结构如图 14-7 所示。

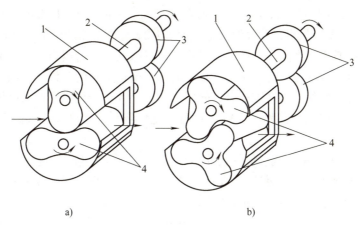

图 14-7 罗茨鼓风机的典型结构
a）两叶罗茨鼓风机　b）三叶罗茨鼓风机
1—机壳　2—主轴　3—同步齿轮　4—转子

罗茨鼓风机使用范围为容积流量 $0.25 \sim 80 m^3/min$，功率 $0.75 \sim 100 kW$，压力 $20 \sim 50 kPa$，最高可达 $0.2 MPa$。

（1）性能特点　罗茨鼓风机结构简单，运行平稳、可靠，机械效率高，便于维护和保养；对被输送气体中所含的粉尘、液滴和纤维不敏感；转子工作表面不需润滑，气体不与油接触，所输送气体纯净。罗茨鼓风机是低压容积式鼓风机，排气压力是根据需要或系统阻力确定的。与离心式鼓风机相比，进气温度的波动对罗茨鼓风机性能的影响可以忽略不计。

选用罗茨鼓风机还是离心式鼓风机，最终取决于使用要求。例如，罗茨鼓风机比较适合于好氧消化池曝气、滤池反冲洗，以及渠道和均和池等处的搅拌，因为这些构筑物由于液位的变化，会使鼓风机排气压力不稳定。离心式鼓风机比较适合于大供气量和变流量的场合。

（2）结构形式　按转子轴线相对于机座的位置，罗茨鼓风机可分为竖直轴和水平轴两种。竖直轴的转子轴线垂直于底座平面，这种结构的装配间隙容易控制，各种鼓风机都有采用。水平轴的转子轴线平行于底座平面。按两转子轴线的相对位置，又可分为立式和卧式两种。立式的两转子轴线在同一竖直平面内，进、排气口位置对称，装配和连接都比较方便，但重心较高，高速运转时稳定性差，多用于流量小于 $40m^3/min$ 的小型鼓风机。卧式的两转子轴线在同一水平面内，进、排气口分别在机体上、下部，位置可互换，实际使用中多将出风口设在下部，这样可利用下部压力较高的气体，在一定程度上抵消转子和轴的质量，减小轴承力以减轻磨损。排气口可从两个方向接出，根据需要可任选一端安装排气管道，另一端堵死或接旁通阀。这种结构重心低，高速运转时稳定性好，多用于流量大于 $40m^3/min$ 的中、大型鼓风机。

按转子、机壳、进排气口的形状及工作特点，罗茨鼓风机可分为三种形式：普通型、预进气型和异形排气口型。

1) 普通型的罗茨鼓风机不设计内压缩过程，排气口为矩形其边缘平行于主轴轴线，这种形式的工作特点如下：①当转子顶部越过排气口边缘，即排气缝隙开启的瞬间，高压气体从排气口回流到输气容积中，迅速实现升压；②气流脉动与气体动力噪声较大，一般介于往复鼓风机与螺杆鼓风机之间；③排气温度较高，通常控制在 140℃ 以内；④单级压力比大约在 2.0 以下，双级的可达 3.0 左右，容积流量通常在 $500m^3/min$ 以下，最大可达 $1400m^3/min$。

2) 预进气型罗茨鼓风机是为克服普通型瞬间压缩的缺点而产生的，其原理就是在气缸上开设一定的回流通道，将高压气体在鼓风机排气缝隙开启之前逐渐导入压缩腔，使其内压力在排气缝隙开启时尽量接近排气压力。常用的回流通道形式的工作特点如下：①可实现气体的平缓压缩；②可消除排气缝隙开启后的回流冲击；③对于机壳开口的墙板开孔的回流形式，导入的气体温度较低（又称逆流冷却）时，能降低排气温度，可提高压力比（单级可达 2.6 左右）。

3) 异形排气口型是将排气口设计成非矩形状，实现排气缝隙的逐渐开启。这种形式鼓风机的工作特点如下：①可延缓排气腔内高压气体的回流过程；②可改善气流脉动与气体动力噪声特性；③流量通常在 $40m^3/min$ 以内，压力比在 1.6 以下。

(3) 传动方式　罗茨鼓风机的驱动可采用电动机直联、带传动、齿轮减速器传动三种方式。鼓风机驱动机构的布置有两种：①将电动机和同步齿轮放在转子的同侧；②将电动机和同步齿轮分别置于转子的两侧。同侧从动转子的转矩直接由电动机端的主动齿轮提供，因而主动转子轴的扭转变形小，两转子间的间隙均匀。但这种传动方式的主动轴上有三个轴承，加工和安装都有一定困难，且同步齿轮的装拆和检修不便，整个结构的重心移向电动机和齿轮箱一端，显得不匀称，所以很少采用。电动机和同步齿轮分置于转子两侧的，在结构上可克服前者的缺点，但主动轴扭转变形较大，可能导致两转子间间隙不均匀（可通过固定轴与转子，增大轴的刚度来尽量避免），这种方案装拆方便，应用广泛。对于大、中型鼓风机，也可用两台同步电动机直接驱动两转子的反向旋转，但要求在电力拖动的控制方面比较精确。

(4) 密封结构、部位及形式　罗茨鼓风机转轴的外伸端与机体间存在径向间隙，为防止气体漏气，必须进行密封，不同的密封结构适用于输送不同介质的罗茨鼓风机。

(5) 使用选型　罗茨鼓风机的选型应遵循如下原则：①根据生产工艺条件所需要的风压和风量，选择不同性能规格的鼓风机；②根据输送介质的腐蚀情况，选择不同材质的零件；③根据工作地点的具体情况决定冷却方式，有水的地方可选择水冷式鼓风机，无水的地方应选择风冷式鼓风机。

罗茨鼓风机安装允许偏差见表 14-7。

表 14-7 罗茨鼓风机安装允许偏差

项目	允许偏差	
	水平度/(mm/m)	轴向间隙/mm
机身纵、横方向	<0.2	
转子与转子间、转子同机壳间		符合设备技术文件规定

3. 通风机安装

通风机分为离心式通风机和轴流式通风机。安装前应根据设备清单核对其规格、型号是否与设计相符，零配件是否齐全。再观察外表有无损坏、变形和锈蚀现象。对小型风机可用手拨动风机叶轮，检查是否灵活。旋转后每次都不应停留在同一位置上，并不能碰壳。对大型风机需现场组装，应检查各叶片尺寸、叶片角度、传动轴等使之符合设计要求。

（1）安装要点　由于风机叶片尺寸大，因此往往在现场组装。

1）组装时搬运和吊装的绳索捆缚不得损伤机械表面，转子齿轮轴两端中心孔、轴瓦的推力面和推力盘的端面、机壳水平中分面的连接螺栓孔、转子轴颈和轴封处均不得作为捆缚位置。不应将转子和齿轮轴直接放在地上滚动或移动。

2）组装时应保证叶片安装角度符合设计要求，固定应牢固，旋转方向正确；保证叶片传动轴与电动机轴应同心连接，并且偏心不超过 0.01mm；保证减速器轴、传动轴中心和电动机轴在同一轴心上，其径向振幅不大于 0.05mm；叶片外缘与风筒内壁之间间隙误差不大于±5mm，用手推动叶片能灵活转动；组装时轮间间隙不超过 1mm；机械各部螺钉应牢固、齐全。

3）风机的润滑、油冷却和密封系统的管路的受压部分应做强度试验，水压试验压力应为最高工作压力的 1.25～1.5 倍。减速箱内应注入 50 号机油，并在规定红线以上；减速箱油温等自动控制设备准确好用。电源接线应正确牢固。

一般中、小型风机都是整机安装，电动机与风机之间有直接传动和间接传动。

风机一般安装要求如下：

1）整机安装时搬运和吊装的绳索不得捆缚在转子和机壳或承轴盖的吊环上。

2）风机一般安装在墙洞内、支架上或混凝土基础上，预留底脚螺栓孔尺寸应准确。安装时应使底座水平，风机和电动机应找平找正，轴心偏差应在规定范围内，叶轮与机壳不得相碰。

3）拧紧风机底脚螺栓，必要时可用橡胶减振垫或橡胶板来减小风机振动噪声。

4）风机安装允许偏差应符合设备技术文件及有关规定要求。

（2）试运转要点

1）风机试运转时间应不小于 2h，试运转应平稳，转子与定子、叶片与机壳无摩擦。

2）油路、水路应正常，不得漏油、漏水；滑动轴承、滚动轴承及润滑油的温升、最高温度等指标应符合设备技术文件及有关规定要求。

3）风机运转时的径向振幅应符合设备技术文件及有关规定。

（3）轴流式通风机安装允许偏差　轴流式通风机安装允许偏差见表 14-8。

表 14-8　轴流式通风机安装允许偏差

项目	允许偏差		
	水平度/mm	轴向间隙/mm	接触间隙
机身纵、横方向	<0.2		
轴承与轴颈、叶轮与主体风筒口		符合设备技术文件规定	
主体上部、前后风筒与扩散筒的连接法兰			严密

(4) 调试、运转及验收　离心式和轴流式通风机连续运转不得小于 2h，罗茨和叶氏风机连续运转不得小于 4h。正常运转后调整至公称压力下，电动机的电流不得超过额定值。如无异常现象，将风机调整到最小负荷（罗茨和叶氏除外）连续运转到规定时间为止，试运转时必须达到下列要求：①运转平稳，转子与机壳无摩擦声音；②如技术文件无具体规定，径向振幅可按表 14-9 规定执行；③油路和水路的运转要求见表 14-10。

表 14-9　离心式和轴流式风机的径向振幅

	≤375	>375~500	>500~600	>600~750	>750~1000	>1000~1450	>1450~3000	≥3000
振幅/mm	0.20	0.18	0.16	0.13	0.10	0.08	0.05	0.03

表 14-10　离心式和轴流式通风机的油路和水路的运转要求

项目	检查结果
油路和水路	无漏油、漏水现象

4. 空气压缩机安装

空气压缩机可作为小型地下水除铁、除锰及污水厂曝气沉砂池用曝气设备，也可作为城市自来水厂气水反冲洗、气动阀门、虹吸滤池的供气设备。

(1) 安装要点

1) 空气压缩机整机安装时，应按机组的大小选用成对斜垫铁。对超过 3000r/min 的机组，各块垫铁之间，垫铁与基础、底座之间的接触面积不应小于接合面的 70%，局部间隙不应大于 0.05mm。每组垫铁选配后应成组放好，防止错乱。机组的水平偏差≤0.10/1000。

2) 底座上导向键（水平平键或垂直平键）与机体间的配合间隙应均匀，并应符合设备技术文件的规定。

3) 安装允许偏差应符合表 14-11 规定。

表 14-11　安装允许偏差

项目	允许偏差	检验方法
设备中心的标高和位置	±2mm	水平仪、经纬仪检查
设备纵向安装水平	≤0.05/1000	在主轴上用水平仪检查
设备横向安装水平	≤0.10/1000	在机壳中分面上用水平仪检查
轴承座与底座或机壳锚爪与底座间的局部间隙	≤0.05mm	卡尺或塞尺检查
上下机壳结合面未拧紧螺栓前的局部间隙	≤0.10mm	塞尺和专用工具检查

（2）试运转要点

1）试运转前应将润滑系统、密封系统和液压控制系统清洗洁净并应进行循环清洗，保证完好。盘动主机转子应无卡阻和碰刮现象；机组各辅助设备、仪表运转正常，各项安全措施符合要求。

2）小负荷试运转 4~8h。要求各运动部件声音正常，无较大的振动；各连接部件、紧固件不得松动；润滑油系统正常、无泄漏。

3）空气负荷试运转。开始时，排气压力每 5min 升压不得大于 0.1MPa，并逐步达到设计工况。连续负荷试运转的时间不应小于 24h。运转中，每隔一定时间应检查油温、油压等运行参数；应满足各油、气、水系统无泄漏的要求；各级排气温度和压力必须符合设备技术文件的要求；安全阀应灵敏可靠。

14.2 专用设备的安装

14.2.1 概述

给水排水工程专用设备根据其使用功能，大致上可分为 14 大类，即药液制备与投加设备、搅拌设备、排泥设备、冲洗设备、消毒设备、拦污设备、曝气设备、污泥处理设备、小型给水设备、软化除盐及冷却设备、污水处理一体化设备、换热设备、塔设备及其他设备。

1. 药液制备与投加设备

加药设备的组成如图 14-8 所示。

2. 搅拌设备

搅拌设备的分类如图 14-9 所示。

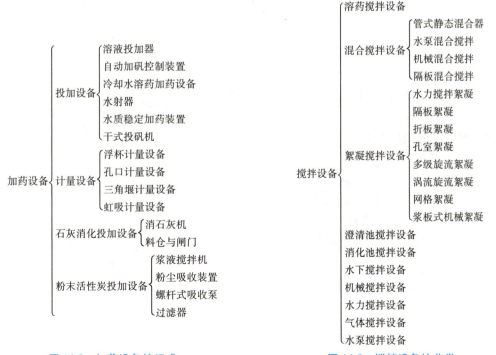

图 14-8　加药设备的组成　　　　　图 14-9　搅拌设备的分类

3. 排泥设备

排泥设备的分类如图 14-10 所示。

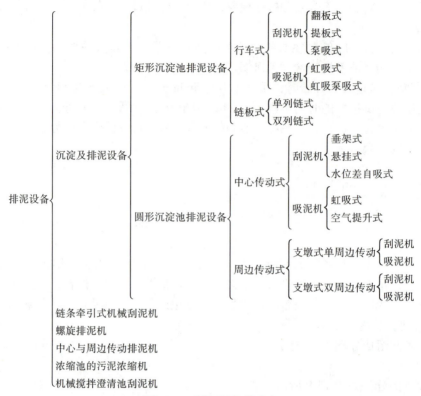

图 14-10　排泥设备的分类

4. 冲洗设备

冲洗设备有滤池表面冲洗设备和移动冲洗罩设备，如图 14-11 所示。

5. 消毒设备

消毒设备的分类如图 14-12 所示。

6. 拦污设备

拦污设备的分类如图 14-13 所示。

冲洗设备 { 滤池表面冲洗设备 / 移动冲洗罩设备

图 14-11　冲洗设备的分类

图 14-12　消毒设备的分类

拦污设备 { 格栅除污机 / 旋转滤网 / 格网起吊设备 / 除毛机 / 水力筛网

图 14-13　拦污设备的分类

7. 曝气设备

曝气设备的分类如图 14-14 所示。

8. 污泥处理设备

污泥处理设备的分类如图 14-15 所示。

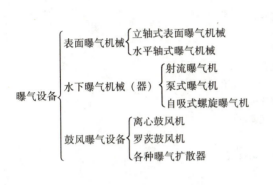

图 14-14　曝气设备的分类

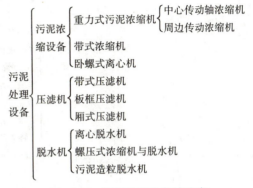

图 14-15　污泥处理设备的分类

9. 小型给水设备

小型给水设备的分类如图 14-16 所示。

10. 软化除盐及冷却设备

软化除盐及冷却设备的分类如图 14-17 所示。

图 14-16　小型给水设备的分类

图 14-17　软化除盐及冷却设备的分类

11. 污水处理一体化设备

污水处理一体化设备的分类如图 14-18 所示。

12. 换热设备

换热设备的分类如图 14-19 所示。

- 污水处理一体化设备
  - 酸性废水中和处理设备
  - 含铬、氰、镍、铜电镀工业废水处理设备
  - 生物转盘
  - 生物接触氧化塔及活性炭脱色塔
  - 离心萃取设备
  - 高梯度磁分离装置
  - 油水分离设备
  - 医院污水臭氧接触氧化消毒及清洗处理设备
  - 增氧机、曝气机及转碟曝气机
  - 综合污水处理设备
  - 气浮处理设备

图 14-18 污水处理一体化设备的分类

13. 塔设备

塔设备的分类如图 14-20 所示。

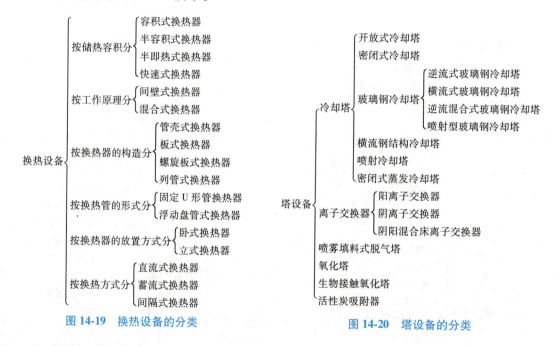

- 换热设备
  - 按储热容积分
    - 容积式换热器
    - 半容积式换热器
    - 半即热式换热器
    - 快速式换热器
  - 按工作原理分
    - 间壁式换热器
    - 混合式换热器
  - 按换热器的构造分
    - 管壳式换热器
    - 板式换热器
    - 螺旋板式换热器
    - 列管式换热器
  - 按换热管的形式分
    - 固定 U 形管换热器
    - 浮动盘管式换热器
  - 按换热器的放置方式分
    - 卧式换热器
    - 立式换热器
  - 按换热方式分
    - 直流式换热器
    - 蓄流式换热器
    - 间隔式换热器

图 14-19 换热设备的分类

- 塔设备
  - 冷却塔
    - 开放式冷却塔
    - 密闭式冷却塔
    - 玻璃钢冷却塔
      - 逆流式玻璃钢冷却塔
      - 横流式玻璃钢冷却塔
      - 逆流混合式玻璃钢冷却塔
      - 喷射型玻璃钢冷却塔
    - 横流钢结构冷却塔
    - 喷射冷却塔
    - 密闭式蒸发冷却塔
  - 离子交换器
    - 阳离子交换器
    - 阴离子交换器
    - 阴阳混合床离子交换器
  - 喷雾填料式脱气塔
  - 氧化塔
  - 生物接触氧化塔
  - 活性炭吸附器

图 14-20 塔设备的分类

14. 其他设备

除以上介绍的设备外，在给水排水工程设备中还包括很多其他类型的设备，如萃取设备、吹脱设备、汽提设备等。

14.2.2 水工程专用设备安装

1. 格栅

在城市污水的一级处理中，格栅主要是去除污水中体积较大的悬浮物或漂浮物。

按位置不同，格栅可分为前清渣式格栅和后清渣式格栅两种，前清渣式格栅是顺水流清

渣，后清渣式格栅是逆水流清渣。按构造特点不同，格栅分为齿耙式格栅、循环式格栅、弧形格栅、回转式格栅、转鼓式格栅和阶梯式格栅等。

(1) 机械格栅分类及其适用范围　污水处理厂一般设置两道格栅，提升泵站前设置粗格栅或中格栅，沉砂池前设置中格栅或细格栅。人工清渣格栅适用于小型污水处理站或作为机械格栅事故时的辅助格栅，当栅渣量大于 $0.2m^3/d$ 时，一般应采用机械清渣格栅。机械格栅分类及适用范围见表 14-12。

表 14-12　机械格栅分类及适用范围

序号	名称	栅条间隙	适用场所	格栅设备举例
1	粗格栅	>40mm；机械清除时宜为 16~25mm；人工清除时宜为 25~40mm；特殊情况下，最大可为 100mm	一般用于水电站、雨水泵站和河道上，用于清除水中的较大固体杂物	回转式格栅、钢丝绳格栅除污机、单轨悬挂式移动格栅除污机、高链式格栅
2	中格栅	10~40mm	一般用于污水处理厂和雨水泵站，用于清除水中的较大的块状物、杂质	钢丝绳格栅除污机、回转式固液分离机、回转式格栅、高链式格栅、抓斗式格栅
3	细格栅	1.5~10mm	一般用于污水处理厂、自来水厂，用于清除水中细小固体杂物	网板阶梯栅除污机、阶梯格栅、回转式固液分离机、弧形栅、转鼓格栅

(2) 常用格栅及其特点

1) 钢丝绳牵引式格栅除污机。

①工作原理：钢丝绳牵引式格栅除污机是一种比较成熟可靠的格栅除污机，主要由耙斗、提升部件、除污推杆、控制装置、机架等组成。工作时，传动装置带动钢丝绳控制耙斗的提升和开闭，通过耙斗的下行、闭合、上行、卸渣开耙的连续动作，将格栅拦截的栅渣清除。

②主要特点：易损件少，水下无传动部件，维护检修方便，运行安全可靠；捞渣量大，卸渣彻底，效率高；宽度可达 5m，最大深度可达 30m。

③适用范围：主要用于雨水泵站或合流制泵站，拦截粗大的漂浮物或较重的沉积物，一般作为粗、中格栅使用。特别适用于深井和宽井，以及非常恶劣的工况。

2) 回转式格栅除污机。

①工作原理：回转式格栅除污机包括机架、驱动变速系统、传动导轮、支承轮，以及绕其转动的封闭式回转牵引链、齿耙和栅条。在电动机减速器的驱动下，回转牵引链由下往上做回转运动，当牵引链上的齿耙运转到栅条的迎水面时，耙齿即插入栅条的缝隙中做清捞动作，将栅条上所截留的杂物刮落耙中，从而达到清渣的目的。

②主要特点：结构紧凑，缓冲卸渣；耐磨损，运行可靠，可全自动运行；驱动荷载过大时链条容易变形或拉断，遇硬物时耙齿容易被撞坏。

③适用范围：一般作为粗、中格栅使用。

3) 高链式格栅除污机。

①工作原理：高链式格栅除污机主要由驱动装置、机架、导轨、齿耙和卸污装置等组

成。三角形齿耙架的滚轮设置在导轨内,另一主滚轮与环形链铰接。由驱动机构驱动分置于机架两侧的环形链,牵引三角形齿耙架沿导轨升降。下行时,三角形齿耙架的主滚轮位于环形链条的外侧,齿耙张开下行。至下行终端,主滚轮回转到链轮内侧,三角形齿耙插入格栅栅隙内。上行时,耙齿把截留于格栅上的栅渣扒集至卸污料口,由卸污装置将污物推入滑板,排至集污槽内,此时三角形齿耙架的主滚轮已上行至环链的上端,回转至环链的外侧,齿耙张开,完成一个工作循环。

②主要特点:传动部件均在水面以上,有效防止水中污物的侵入及卡阻,维护检修方便,使用寿命长;构造简单,制造方便;没有逐层清污的能力,长时间不开或栅前的垃圾太多时,需要人工清理后才能开机;链条运行时间过长后会变形甚至错位,造成耙齿歪斜,需要经常调整。

③适用范围:用于泵站进水渠(井),拦截捞取水中的漂浮物,一般作为中、细格栅使用。

4)抓斗式格栅。

①工作原理:抓斗式格栅除污机主要由悬挂单轨系统、移动小车、抓斗装置、限位装置等组成。工作时,抓斗装置和有准确定位限位装置的移动小车一起移动,到指定清污位置后抓斗向下运行,将栅渣捞起后上升到井上指定位置,随移动小车沿轨道移到卸渣位置卸渣,卸渣后再移动至下一个工作位进行下一次清渣操作。

②主要特点:结构紧凑,运行平稳可靠;清污能力强,能彻底清除栅条截留污物;水下无传动部件,维护简单;抓斗直接将栅渣送至集渣处,不需另设栅渣输送装置;服务面积大,一台清污机能服务于多个井位;自动化程度高。

③主要设计参数:抓斗宽度为1~5m,最大工作负荷为3000kg,格栅井深度可达30m,栅条间隙为15~300mm,一台清污机可以同时服务于多个井位。

④适用范围:适用于泵站前、城市污水处理厂前端,尤其适用于大的进水口,一般作为粗、中格栅使用。

5)回转式固液分离机。

①工作原理:回转式固液分离机是由一组特殊形的耙齿按一定的次序装配在耙齿轴上形成的一组回转式封闭格栅链。在电动机减速器的驱动下,耙齿链逆水流方向自下而上回转,将污水中的固体杂物分离出来,当耙齿链运转到设备的上部时,由于槽轮和弯轨的导向,使每组耙齿之间产生相对自清运动,绝大部分固体物质靠重力落下。粘在耙齿上的杂物则依靠设备后部的一对与耙齿链运动方向相反的清扫器清扫干净。

②主要特点:结构紧凑,自动化程度高;排渣彻底,分离效率高;耙齿需要经常更换,维修成本高。

③主要设计参数:机宽为0.3~3.6m,槽深不超过12m,耙齿栅隙为1~50mm。

④适用范围:用于泵站前、城市污水处理厂前端,一般作为中、细格栅使用。

6)阶梯式格栅除污机。

①工作原理:阶梯式格栅由驱动装置、传动机构、机架、动栅片、静栅片等部分组成。动、静栅片锯齿形交替布置,通过设置于格栅上部的驱动装置带动分布于格栅机架两边的两

组偏心轮和连杆机构，使动栅片相对于静栅片做小圆周运动，将水中的漂浮物截留在栅面上，并将截留渣物从水中逐级台阶上推至格栅顶部排出，从而达到拦污、清渣的目的。

②主要特点：采用独特的阶梯式清污方式，可避免杂物卡阻及缠绕，运行安全可靠，清渣效果较好；水下无传动机构，使用寿命长，维护方便。

③适用范围：阶梯式格栅除污机是一种典型的细格栅，适用于渠深较浅、宽度不大于 2m 的场合。由于动静栅条中间容易夹进砂砾，磨损栅条，影响使用寿命，因此不适合在含砂量大的场合。

7）网板式格栅除污机。

①工作原理：网板式格栅除污机是对污废水中垃圾截留能力较强的细格栅之一。驱动机构牵引链条驱动安装在链条上的不锈钢网板回转，网板拦截污水中的固体污物并将截留污物由下向上输送至格栅顶部进行重力自卸，然后通过单独驱动的转刷及压力水冲洗使卸料彻底，并清洁过滤网板。

②主要特点：采用回转式网板，过水面积大，垃圾截留率高；运行载荷低，运行平稳，网板提升不易过载；无水下传动机构，无水下轴承，维护检修方便，使用寿命长；垃圾清除彻底，彻底解决纤维、塑料袋及毛发等缠绕问题。

③适用范围：适用于要求杂物清除率高的场合。

8）转鼓式格栅除污机。

①工作原理：转鼓式格栅除污机又称细栅过滤器或螺旋格栅机，是一种集细格栅截污、除渣、栅渣螺旋提升和螺旋压榨脱水等几种功能于一体的设备。格栅片按格栅间隙制成鼓形栅筐，污水从栅筐前流入，通过格栅过滤，从转鼓侧面的栅缝流出，栅渣被截留在栅面上，当栅内外的水位差达到一定值时，安装在中心轴上的旋转齿耙回转清污，将污物扒集至栅筐顶点位置靠栅渣自重卸渣。栅渣由槽底螺旋输送器提升，至上部压榨段压榨脱水后外运。

②主要特点：集截污、输送、压榨为一体，结构紧凑，节省占地面积，减轻栅渣后继处理费用；清渣彻底，分离效率高；过滤面积大，水头损失小。

③主要设计参数：转鼓式格栅可分为栅筐转式和栅筐不转式两种形式，栅筐转式转鼓格栅除污机栅筐直径为 0.6~3m，格栅间距为 0.5~5mm；栅筐不转式转鼓格栅除污机栅筐直径为 0.6~3m，格栅间距为 6~10mm。

④适用范围：适用于渠深较浅的场合，一般作为细格栅使用。

9）弧形格栅除污机。

①工作原理：弧形格栅除污机主要由机架、栅条、除污耙、清扫装置、偏心摇臂、驱动装置等组成。工作时除污耙在驱动装置的驱动下，由偏心摇臂驱动绕定轴转动，使除污耙上行插入栅条间隙清捞栅渣，当除污耙运转到渠道的上平台面时，栅渣经清扫器清扫落入垃圾小车或栅渣输送机中。此时偏心摇臂继续转动，使除污耙退出栅条进入下一个清捞循环。

②主要特点：设有缓冲装置，有效地降低了撇渣耙复位时产生的冲击和噪声；结构紧凑，运行平稳，易于维护使用。

③适用范围：适用于渠深较浅的场合，一般作为细格栅使用。

（3）格栅安装

1）格栅安装定位允许偏差见表 14-13。

表14-13　格栅安装定位允许偏差

项目	允许偏差		安装要求
	平面位置偏差/mm	标高偏差/mm	
格栅安装后位置与设计要求	≤20	≤30	
格栅安装在混凝土支架			连接牢固，垫块数少于3块
格栅安装在工字钢支架		<5	两工字钢平行度小于2mm，焊接牢固

2）机械格栅的轨道重合度、轨距和倾斜度等技术要求应满足机械格栅安装允许偏差，见表14-14。

表14-14　机械格栅安装允许偏差

序号	项目	允许偏差	序号	项目	允许偏差
1	轨道实际中心线与安装基线的重合度	≤3mm	3	轨道倾斜度	1/1000
			4	两根轨道的相对标高	≤5mm
2	轨距	±2mm	5	行车轨道与格栅	0.5/1000

3）格栅安装允许偏差见表14-15。

表14-15　格栅安装允许偏差

项目	允许偏差					
	角度偏差/℃	错落偏差/mm	中心线平行度	水平度	直线度	平行度
格栅与格栅井	符合设计要求		<1/1000			
格栅、栅片组合		<5				
机架			<1/100			
导轨					0.5/1000	两导轨间不超过3mm
导轨与栅片组合						不超过3mm

4）调试运转及验收要求见表14-16。

表14-16　调试运转及验收要求

项目	检查结果
左、右两侧钢丝绳活链条与齿耙动作	同步动作，齿耙运行时水平，齿耙与格栅片啮合脱开，与差动机构动作协调
齿耙与格栅片	齿合时齿耙与格栅片间隙均匀，保持3~5mm，齿耙与格栅水平，不得碰撞
各限位开关	动作及时，安装可靠，不得有卡住现象
导轨	间隙5mm左右，运行时导轨不应有抖动现象
滚轮与导向滑槽	两侧滚轮应同时滚动，至少保持在有两只滚轮在滚动
机械格栅的进退机构（小车）	应与齿耙动作协调
钢丝绳	在绳轮中位置正确，不应有缠绕跳槽现象
链轮	主、从动链轮中心面应在同一平面上，不重合度不大于两轮中心距的2/1000
试运行	用手动和自动操作，全程动作各5次，动作准确无误，无抖动、卡阻现象

5）某回转式固液分离机的安装如图 14-21 所示。

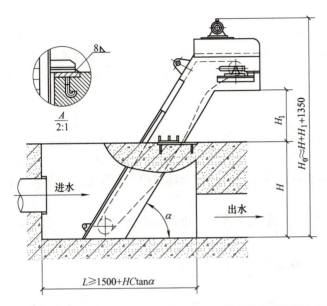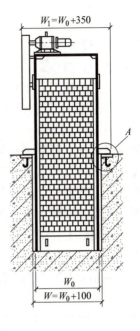

图 14-21　回转式固液分离机安装图

2. 栅渣输送设备

栅渣输送设备包括带式输送机、无轴螺旋输送机、无轴螺旋压榨机，见表 14-17。

表 14-17　栅渣输送设备

名称	工作原理	适用范围
带式输送机	带式输送机主要由驱动装置、输送带、滚筒、托辊、传动带张紧装置、清扫器、机架等组成，工作时由驱动装置驱动传动带在托辊上运动，带上的栅渣由于摩擦力的作用，随输送带一起运动完成输送过程	适用于输送粗格栅栅渣
无轴螺旋输送机	无轴螺旋输送机主要由驱动装置、输送螺旋、U形槽、衬板、盖板、进料口、出料口等组成。工作时栅渣由进料口进入，经螺旋逐渐推移至出口，完成输送过程	适用于输送细格栅栅渣
无轴螺旋压榨机	无轴螺旋压榨机在无轴螺旋输送机的基础上多了压榨脱水功能，减小了栅渣的体积，便于栅渣后继的运输及处理。无轴螺旋输送压榨机主要由驱动装置、无轴螺旋叶片、机壳、回水管路等组成。工作时驱动装置带动螺旋叶片旋转，对栅渣进行脱水、压榨	适用于压榨细格栅栅渣

3. 搅拌设备

1）搅拌轴安装的允许偏差见表 14-18。

表 14-18　搅拌轴安装的允许偏差

搅拌器	转速/(r/min)	下端摆动量	桨叶对轴线垂直度
桨式、框式和提升叶轮搅拌器	≤32	≤1.50	为桨板长度的 4/1000 且不超过 5mm
推进式圆盘平直叶涡轮式搅拌器	>32	≤1.00	
	100~400	≤0.75	

2）介质为有腐蚀性溶剂时，轴及桨板宜采用环氧树脂三层、丙纶布两层包涂，以防腐蚀。

3）搅拌设备安装后，必须用水作为介质试运行和用工作介质试运行。这两种试运行都必须在容器内装满 2/3 以上容积的容量。试运转中设备应运行平稳，无异常振动和噪声。以水作介质的试运转时间不得少于 2h，以工作介质的试运转对小型搅拌机为 4h，其余不少于 24h。

4. 低速潜水推流器

低速潜水推流器是一种兼搅拌混合和推流功能为一体的浸没式水处理设备。该设备通过大型叶轮将液体在向前推进的同时，将氧化沟（或其他水处理设施）里的混合液进行充分搅拌混合，以改善氧化沟污水处理设施的水流条件，使水体获得工艺所要求的流速，有效防止污泥的沉淀，提高污水处理效率。

低速推流器主要用于氧化沟好氧或厌氧段的推流，也可用作创建水流、开辟水道、河床防冰。

（1）规格及技术参数　低速潜水推流器性能参数见表 14-19 所示。

表 14-19　低速潜水推流器性能参数

型号	电动机功率/kW	叶轮直径/mm	转速/(r/min)	推力/kN	流量/(m³/s)	质量（不含支架）/kg
DQT022×1400	2.2	1400	52	1.32	4.39	245
DQT030×1400	3.0	1400	58	1.64	5.45	260
DQT040×1400	4.0	1400	64	2.00	6.67	260
DQT040×1800	4.0	1800	38	2.12	7.08	300
DQT055×1800	5.5	1800	45	2.63	8.76	320
DQT075×1800	7.5	1800	52	3.24	10.78	325
DQT040×2500	4.0	2500	35	2.98	9.77	330
DQT055×2500	5.5	2500	40	3.83	12.76	340
DQT075×2500	7.5	2500	44	4.63	15.45	350

注：低速推流器可以在以下环境中正常工作：液体温度 $t \leqslant 40℃$；最大液体密度 $\rho_{max} \leqslant 1100 kg/m^3$；液体 pH 值为 6~9；最大浸没深度 $H_{max} \leqslant 10m$。

（2）安装

1）低速推流器在运行过程中具有反作用力，该力最高可达 4630N，因此安装必须牢固可靠。特别指出的是，各支架与基础的连接不得采用膨胀螺栓方式固定。

2）推流器的布置直接关系到设备能否正常工作，因此必须注意：①推流器前端（流场线约 0.3m/s 处）无阻流物，以防水体撞击后产生涡流，推流器吸入端液流无隔断之处；②推流器推流方向应布置成与水体流向一致，不得受水体侧向流动的影响，切勿布置在池内水体进、出口的侧边；③推流器叶轮的叶梢距池底间距应大于 350mm，距液面间距应大于 500mm；④最适宜布置在以推流为主的渠道形生物反应池内，尽量不要选用在以搅拌为主的池内。

3）低速推流器安装位置旁的走道护栏应开设宽度为 1.5m 左右的活动门，以便于设备检修时的吊装。

4) 更详细的安装说明请阅读设备的随机技术资料。

(3) 安装及基础图　各基础的安装参考图 14-22~图 14-24。桥梁式安装基础如图 14-22 所示，靠墙式安装基础如图 14-23 所示，高速潜水推流（搅拌）器如图 14-24 所示。

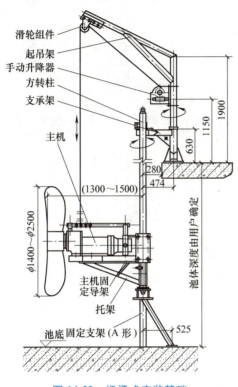

图 14-22　桥梁式安装基础

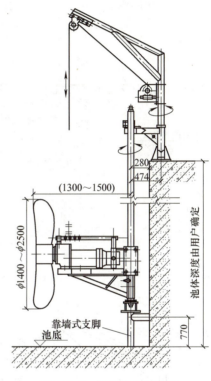

图 14-23　靠墙式安装基础

5. 高速潜水推流（搅拌）器

高速潜水推流（搅拌）器是利用流体力学理论和计算机模型软件优化设计开发的产品，该产品的搅拌和推流性能优越。高速潜水推流（搅拌）器主要用于污水处理厂活性污泥混合液的搅拌混合及相关工业流程中搅拌含有悬浮物的液体，适用于污水处理厂矩形和圆形的厌氧池、调节池、反应池的混合液的搅拌。

高速潜水推流（搅拌）器安装有靠墙式和桥梁式两种方式，如图 14-25 和图 14-26 所示。两种支架形式由设备制造公司根据具体情况配置。两种方式安装基础如图 14-27、图 14-28 所示。

高速潜水推流（搅拌）器安装要点：

1) 设备选型应按容积大小、介质的密度、黏度和搅拌介质深度等确定。

2) 安装位置应避免短路循环和有阻流现象，尽可能做到搅拌充分；避免水流与池壁发生不必要的冲撞；不能安装在涡流区；应考虑水流的进出口，不能产生死角（图 14-29）。

3) 浸没在液体中的电缆绝不允许有任何接头，电缆必须有可靠的卡扣固定在支架上，防止被叶轮搅断。同时，所有电气设备都必须安全、有效地接地。

4) 安装位置旁的走道护栏应开设宽度为 1m 左右的活动门，以便于设备检修时的吊装。

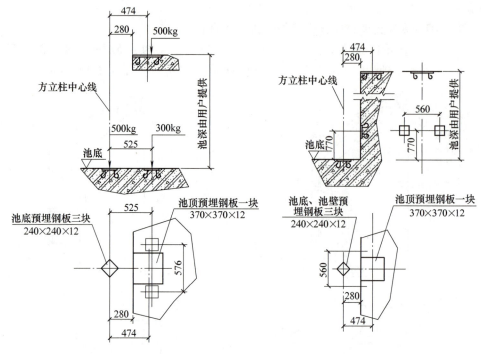

图 14-24 高速潜水推流（搅拌）器

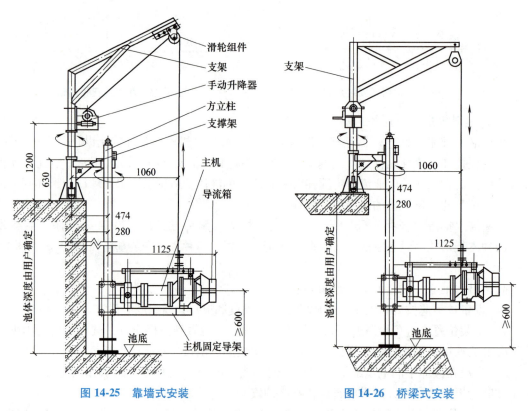

图 14-25 靠墙式安装　　　　图 14-26 桥梁式安装

5）供货时，制造公司会提供更为详细的安装、调试和维护说明。

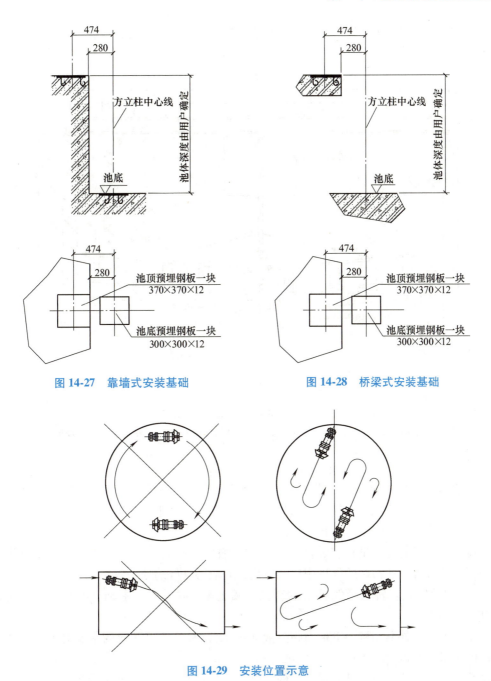

图 14-27　靠墙式安装基础　　　　图 14-28　桥梁式安装基础

图 14-29　安装位置示意

6. 刮泥机

刮泥机安装要点如下：

1）刮泥耙刮板下缘与池底距离 H 为 50mm，偏差为 ±25mm。

2）当销轮直径 ϕ 小于 5m 时，销轮节圆直径偏差为 $^{0}_{-2.0}$mm；销轮端面跳动偏差为 5mm，销轮与齿轮中心距偏差为 $^{+5.0}_{+2.5}$mm。

3）调试运转。试运行时设备运行平稳，无异常齿合杂音。试运行时间不得少于 2h，带负荷试运行时，其转速、功率应符合有关技术条件。

图 14-30 为安装在污水处理厂污泥浓缩池内刮泥机的结构及安装示意。

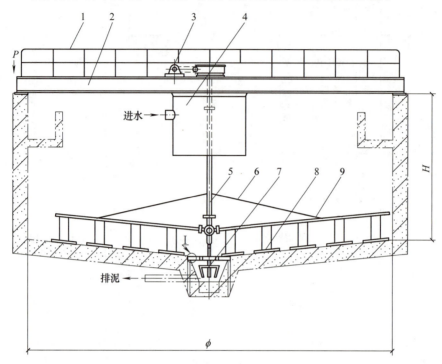

图 14-30 刮泥机的结构及安装示意

1—栏杆 2—工作桥 3—传动装置 4—稳流筒 5—传动轴 6—拉杆 7—小刮板 8—刮泥板 9—刮臂

7. 曝气机

（1）转碟曝气机 转碟曝气机是卧轴式曝气设备。卧轴带动转碟体旋转，转碟表面密布有梯形凸块、圆形凹坑和通气孔。通过碟片的旋转，带动水体水平运动。转碟特殊的形面可以增加带入水体的空气量，并强行均割气泡，提高充氧能力。

转碟曝气机具有充氧量高、混合作用大、推流能力强的特点。转碟曝气机的氧化沟工艺在城市污水及各种工业污水的处理中广泛应用，并取得良好的处理效果。

1）结构及特点。转碟曝气机由电动机、减速箱、联轴器、主轴、碟片、轴承座等构成，其特点如下：

①采用立式户外电动机，下端面距离液面约 1m，避免转碟溅起的水雾对电动机产生影响，同时整机安装占地小。

②采用固定式防溅板，可以很好地保护电动机和减速箱不受污水的侵蚀。

③减速箱采用锥齿轮-圆柱齿轮传动，所有齿轮均为硬齿面（齿轮精度为 6 级），承载能力大、结构紧凑、体积小、质量轻、运转平稳、噪声低、耗电低。

④采用弹性柱销齿式联轴器，传递扭矩大，体积小，允许一定的径向和角度误差，安装简单。

⑤转碟由两个半圆形碟片组成，均匀地安装在主轴上，安装维护方便，且牢固可靠。碟片采用增强型聚丙烯或高强度轻质玻璃钢压制成型，具有强度高、耐蚀性好、刚性好、耐热性好等优点。

⑥尾部采用调心轴承及游动支座，可以克服安装误差，自动调心，能补偿转碟轴因温差引起的伸缩，保证正常运行。

⑦转碟的负荷及充氧量随调节浸没水深而改变，简单易行。

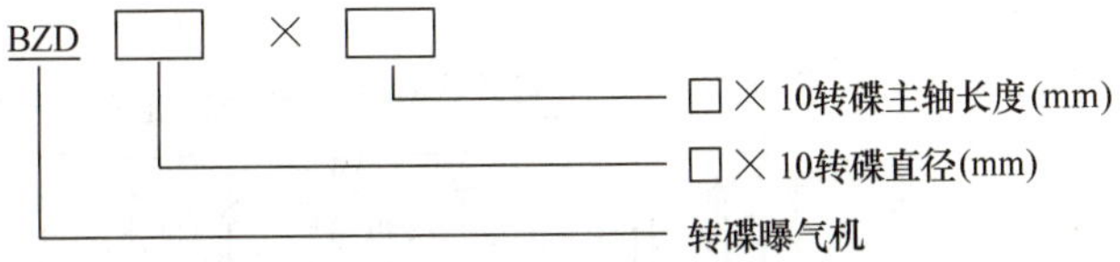

图 14-31 BZD 型转碟曝气机规格表示

```
BZD □ × □
          │     │
          │     └── □×10 转碟主轴长度(mm)
          │
          └──────── □×10 转碟直径(mm)
转碟曝气机
```

2) 规格及技术参数。BZD 型转碟曝气机规格表示如图 14-31 所示，其性能参数见表 14-20。

表 14-20　BZD 型转碟曝气机性能参数

型　　号	主轴长度/mm	转碟数/盘	充氧能力/(kg/h)	转速/(r/min)	电动机功率/kW	总高度/mm	整机质量/kg
BZD140×300	3000	14	21.84	50	11	1550	2000
BZD140×400	4000	19	29.64	50	15	1550	2200
BZD140×500	5000	23	35.88	50	18.5	1665	2400
BZD140×600	6000	27	42.12	50	22	1665	2600
BZD140×700	7000	34	53.04	50	30	1775	2900
BZD140×800	8000	38	59.28	50	30	1775	3100
BZD140×900	9000	45	70.2	50	37	1806	3320

3) 安装。图 14-32～图 14-34 为转碟曝气机安装简图与基础图。

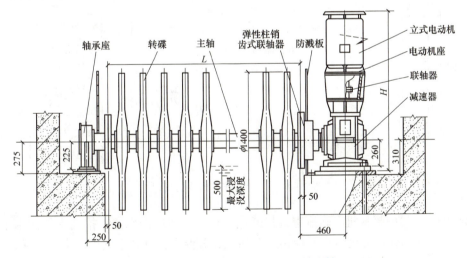

图 14-32　转碟曝气机安装简图（单出轴）

安装要点：①转碟曝气机最大浸没深度为 500mm；②根据氧化沟的形式要求，转碟曝气机的减速机可配置成双出轴型，也可根据用户要求，主轴长度、碟片数量和功率配置进行特殊设计；③电动机可配双速电动机或变频调速，改变转碟的转速来实现不同曝气量的要求；④转碟曝气机由水流方向及驱动装置的位置来确定正、反两种转向及左、右两种出轴形式。

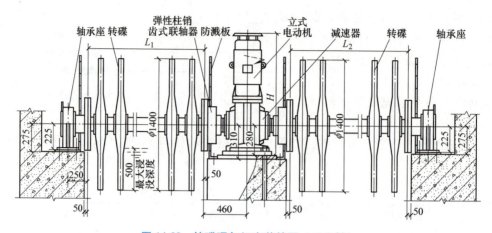

图 14-33 转碟曝气机安装简图（双出轴）

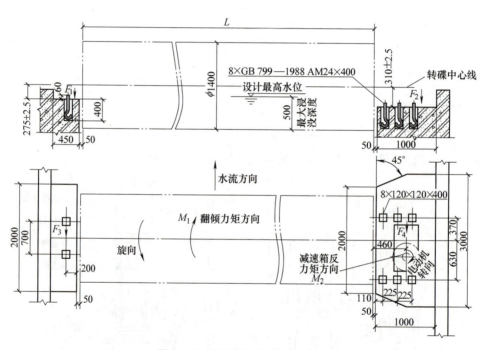

图 14-34 单出轴转碟曝气机基础

(2) BZS 型转刷曝气机 转刷曝气机通过刷片的旋转冲击水体，推动水体做水平层流，同时充氧，防止活性污泥沉淀，并使污水和污泥充分混合，有利于微生物生长。通过转刷曝气机的工作，有效地满足了氧化沟工艺中对混合、充氧和推流的要求。

BZS 型转刷曝气机安装简图和基础型如图 14-35～图 14-37 所示。

氧化沟导流板安装要点：

1) 氧化沟中有效水深为 2.5～3.5m。刷片浸没深度不得超过 200mm（BZS070）和 300mm（BZS100）。

2) 为增加氧化沟底部流速，宜在转刷水流下游 3m 处设置箱形导流板，导流板为不锈钢材质，安装条件图如图 14-38 所示（订货时应明确氧化沟宽）。

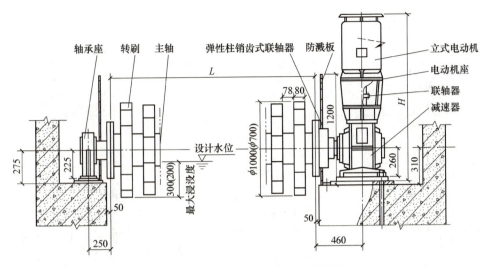

图 14-35 BZS 型转刷曝气机安装简图

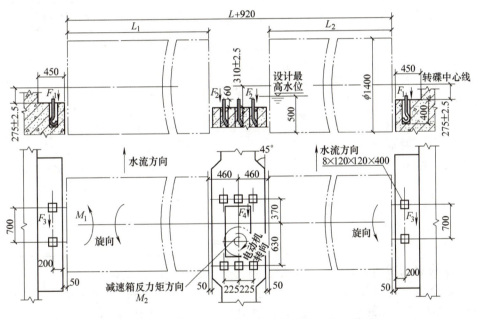

图 14-36 BZD140×(L_1+L_2) 双出轴转碟曝气机基础

3）氧化沟两端圆环处，水流情况较复杂，应精心设计。设置的导流墙应尽量避免水流产生涡流、回流等情况。

（3）大功率倒伞形表面曝气机 大功率倒伞形表面曝气机工作原理：在倒伞形叶轮的强力推进作用下，水自叶轮边缘甩出，形成水幕，裹进大量空气；由于污水上下循环，不断更新液面，污水大面积与空气接触；叶轮旋转带动水体流动，形成负压区，吸入空气，空气中的氧气迅速溶解于污水中，完成对污水的充氧作用，进而加快污水的净化过程。同时，强大的动力驱动，搅动大量水体流动，从而实现推流作用。大功率倒伞形表面曝气机具有结构新颖紧凑、传动平稳、充氧效率高、噪声低、工艺性好、安装调整方便等特点。

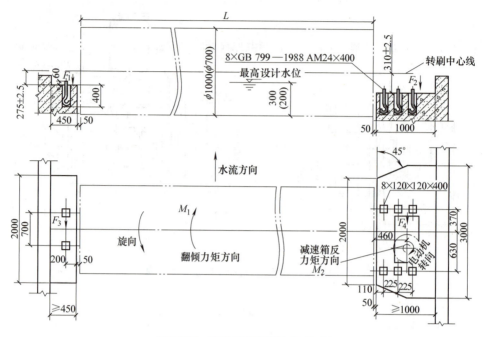

图 14-37 BZS 型转刷曝气机基础

1)结构及特点。大功率倒伞形表面曝气机主要由电动机、联轴器、减速箱、润滑系统、升降平台、倒伞座、叶轮等部分组成。结构上具有如下特点:

①整机立式结构,占地小,不易受飞溅的污水腐蚀。

②根据污水处理厂特定环境专门设计的立式减速箱,齿轮采用优质合金钢经热处理后磨削成型,精度高,运转平稳、传动效率高,设计使用寿命超过 10 年。

③经水力模型验证后进行优化设计的叶轮,采用倒伞形、直式叶片结构,其充氧、推流、搅拌及自洁性能最佳。

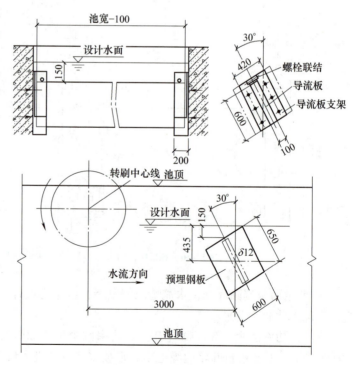

图 14-38 导流板安装条件图

④升降结构为平板式,通过螺杆调节升降平台,可获取叶轮不同的浸没深度。其结构简单、调节方便。

⑤倒伞轴与减速箱输出轴的连接采用浮轴式结构,可实现自动对中,拆卸方便。同时,

浮轴结构使减速箱不受轴向力，避免了倒伞轴运转时因水力不平衡造成的偏心力所产生的振动和噪声。

⑥根据需要配置双速电动机或变频调速装置来调节叶轮的转速，可获取工艺要求的充氧量，节约能耗。

⑦更详细的说明可阅读设备的随机技术资料。

2）规格及技术参数。DS 大功率倒伞形表面曝气机规格表示如图 14-39 所示。其性能参数见表 14-21。

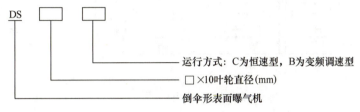

图 14-39　DS 大功率倒伞形表面曝气机规格表示

表 12-21　DS 大功率倒伞形表面曝气机性能参数

型号	叶轮直径 D/mm	叶轮高度 H/mm	电动机功率 /kW	充氧量 /(kg/h)	叶轮升降行程/mm	整机质量 /kg
DS350C 恒速型	3500	860	90	194	±100	≈6585
			110	231		
			132	270		
DS375C 恒速型	3750	964	110	237		≈6710
			132	277		
DS400C 恒速型	4000	1032	132	284		≈6895
DS350B 调速型	3500	860	90	97~194		≈6585
			110	115~231		
			132	130~270		
DS375B 调速型	3750	964	110	118~237		≈6710
			132	138~277		
DS400B 调速型	4000	1032	132	142~284		≈6895

3）DS 大功率倒伞形表面曝气机安装。DS 大功率倒伞形表面曝气机安装基础如图 14-40

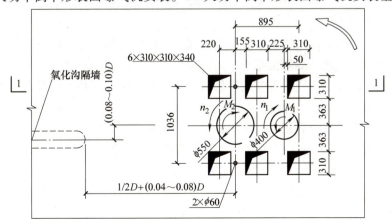

图 14-40　DS 大功率倒伞形表面曝气机安装基础

所示，其剖面图如图 14-41 所示，其与隔墙关系如图 14-42 所示，安装简图如图 14-43 所示。

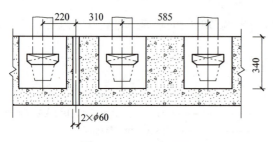

图 14-41　1—1 剖面图

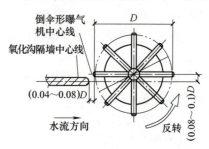

图 14-42　DS 大功率倒伞形表面
曝气机与隔墙关系

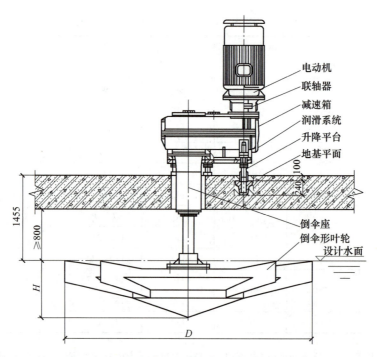

图 14-43　DS 大功率倒伞形表面曝气机安装简图

4）安装要点。

①安装时锚定螺栓应拧入锚定板，并以升降平板定位，其中心距离应符合尺寸要求，然后才能从缝隙中插入垫铁，浇灌混凝土。

②图 14-40 中 2×φ60 通孔为安装或检修时吊装叶轮之用，安装底板时必须注意对准其中两个通孔。

③大功率倒伞形曝气机有正、反转两种形式，工程设计时应予明确。

5）大功率倒伞形表面曝气机在曝气池及氧化沟的设置要求。

①普通曝气池。曝气池可以是圆形或方形，形式和尺寸由工程设计决定。建议：圆形池，叶轮直径与曝气池直径之比为 1∶4.5~7（宜取中值）；方形池，叶轮直径与池边长比为 1∶4~7（宜取中值）；水深原则应小于叶轮直径的 1.5 倍。完全混合型曝气池所需功率密度一般不宜小于 25W/m³。

②氧化沟。沟宽约为叶轮直径的 2.2~2.4 倍（宜取中值），工作水深约为沟宽的 0.5 倍。氧化沟功率密度应不小于 15W/m³。氧化沟内不宜设置立柱，如果需设置立柱，则立柱至叶轮边缘的距离应大于叶轮直径，且为圆柱。氧化沟中间隔墙至叶轮边缘间距以 0.04~0.08 倍叶轮直径为宜。曝气机处如未设置导流墙，倒伞叶轮的中心距应向出水方向偏 0.08~0.1 倍叶轮间距为宜，曝气机工作平台下梁底面至设计水面距离应大于 800mm。

（4）DS 小功率倒伞形表面曝气机　DS 小功率倒伞形表面曝气机为垂直轴低速曝气机，其工作原理是：在叶轮的强力推进作用下，水呈水幕状自叶轮边缘甩出，形成水跃，裹进大量空气；由于污水上下循环，不断更新液面，使污水大面积与空气接触，将空气中的氧气迅速溶入污水中，完成对污水的充氧作用，加快污水的净化。同时，强大的驱动力搅动大量水体流动，从而实现推流作用。

DS 小功率倒伞形表面曝气机广泛用于城市污水和各种工业废水的生化处理。该机径向推流能力强、充氧量高、混合搅拌能力强，特别适宜于表面曝气型氧化沟污水处理工艺。DS 小功率倒伞形表面曝气机规格表示如图 14-44 所示，其性能参数见表 14-22 和表 14-23。

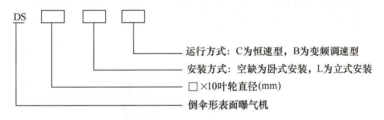

图 14-44　DS 小功率倒伞形表面曝气机规格表示

表 14-22　DS 小功率卧式倒伞形表面曝气机性能参数

型号	叶轮直径 D/mm	叶轮高度 H/mm	电动机功率 /kW	充氧量 /(kg/h)	叶轮升降行程/mm	整机质量 /kg
DS120C	1200	370	7.5	14.25	±140	1500
DS120B						1520
DS165C	1650	490	15	28.5		2380
DS165B						2400
DS225C	2250	650	22	44		2650
DS225B						2680
DS255C	2550	740	30	60		2740
DS255B						2800
DS285C	2850	850	37	77.7	+180 -100	3900
DS285B						3950
DS300C	3000	870	45	94.5		3960
DS300B						4020
DS325C	3250	960	55	115.5		4340
DS325B						4400

表 14-23 DS 小功率立式倒伞形表面曝气机性能参数

型号	叶轮直径 D/mm	叶轮高度 H/mm	电动机功率 /kW	充氧量 /(kg/h)	叶轮升降行程/mm	整机质量 /kg
DS060LC	600	220	1.5	2.85	±100	750
DS060LB	600	220	1.5	2.85	±100	750
DS285LC	2850	850	37	77.7	±100	3400
DS285LB	2850	850	37	77.7	±100	3450
DS300LC	3000	870	45	94.5	±100	3460
DS300LB	3000	870	45	94.5	±100	3520
DS325LC	3250	960	55	115.5	±100	3840
DS325LB	3250	960	55	115.5	±100	3950

1）DS 小功率倒伞形表面曝气机安装。图 14-45 为 DS 小功率立式倒伞形表面曝气机安装简图，图 14-46 为 DS 小功率卧式倒伞形表面曝气机安装简图。

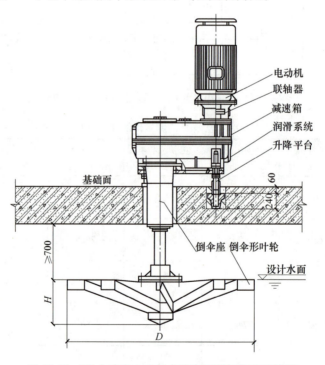

图 14-45 DS 小功率立式倒伞形表面曝气机安装简图

2）安装要点。DS 小功率倒伞形表面曝气机的普通曝气池尺寸、最大水深及基础上平面与静水面间距建议值见表 14-24。DS 小功率倒伞形表面曝气机在氧化沟中使用应注意：

①沟宽约为叶轮直径的 2.2~2.4 倍（直径大取小值），取中值时，沟深约为沟宽的 0.5 倍，按单位搅拌功率 15~20W/m³ 进行设计。

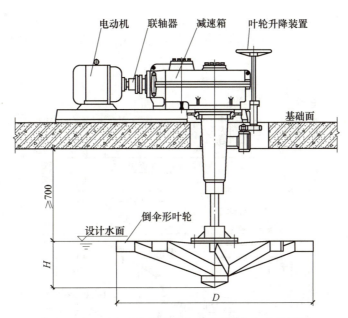

图 14-46　DS 小功率卧式倒伞形表面曝气机安装简图

表 14-24　普通曝气池尺寸、最大水深及基础上平面与静水面间距建议值

型号	圆池直径或方池边长/m	最大水深/m	基础上平面与静水面间距/m
DS060	2	1.2	1.0
DS120	4.5	2.4	1.1
DS165	6.6	2.8	1.15
DS225	9.6	3.6	1.15
DS255	11.2	4.0	1.15
DS285	12.8	4.4	1.15
DS300	13.5	4.6	1.15
DS325	15.0	5.0	1.2

②沟内不宜设立柱。如必须设置立柱，立柱至叶轮边缘距离应大于叶轮直径，且为圆柱。基础平台底面（或梁底面）至水面净距离应大于 700mm。

③氧化沟中间隔墙至叶轮缘间距以 0.05~0.1 倍叶轮直径为宜，如无导流墙时，叶轮中心宜向出水侧偏移，偏距约为 0.1 倍叶轮直径，以利于水的流动。

倒伞形表面曝气机有正、反转两种形式，工程设计时应予明确。正转（顺时针旋转）时，基础应按如图 14-47 所示作相应调整。设备订货时应明确正、反转的台数。

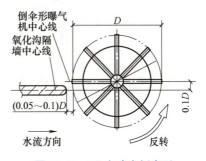

图 14-47　DS 小功率倒伞形表面曝气机与隔墙关系

3）安装基础图。倒伞形曝气机安装基础如图 14-48~图 14-52 所示。图 14-48~图 14-50、图 14-52 中的 2×φ60 通孔为安装或检修时吊装叶轮之用，安装底板时必须注意对准其中两通孔。

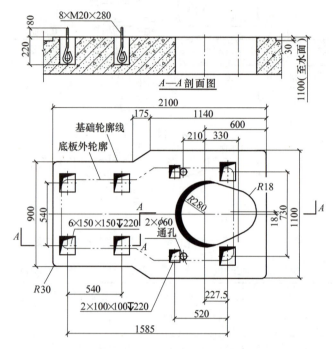

图 14-48　DS120 型（卧式）倒伞形曝气机安装基础

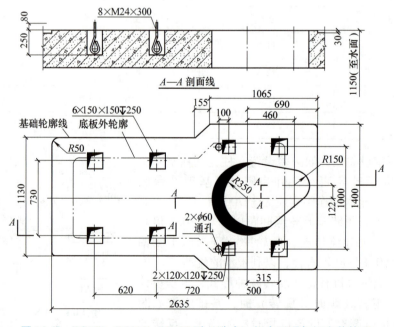

图 14-49　DS165、DS225、DS255 型（卧式）倒伞形曝气机安装基础

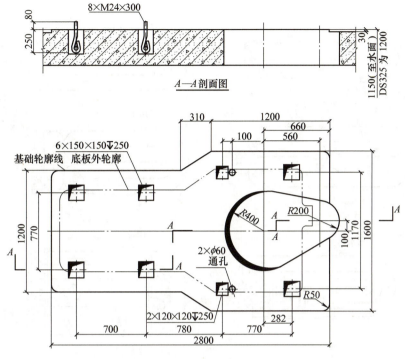

图 14-50 DS285、DS300、DS325 型（卧式）倒伞形曝气机安装基础

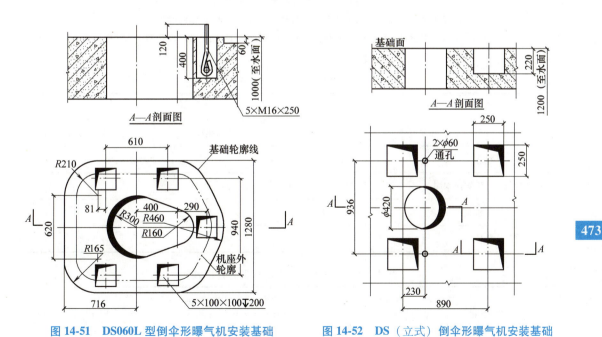

图 14-51 DS060L 型倒伞形曝气机安装基础　　图 14-52 DS（立式）倒伞形曝气机安装基础

4）表面曝气机氧化沟安装。分为普通型、A^2/O 型、带前置反硝化型三类，如图 14-53 所示。

5）安装允许偏差。DS 小功率立式、卧式表面曝气机安装允许偏差分别见表 14-25 和表 14-26。

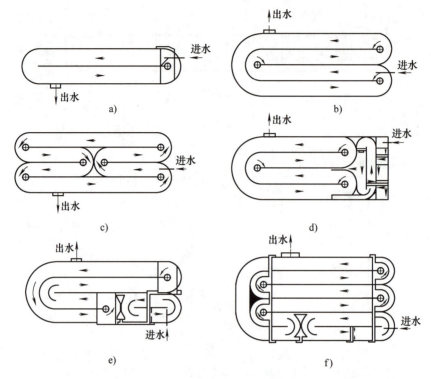

图 14-53　氧化沟表面曝气机安装示意

a) 普通型（二廊道）　b) 普通型（四廊道）　c) 普通型（转折型六廊道）
d) A^2/O 型（四廊道）　e) 带前置反硝化型（四廊道）　f) 带前置反硝化型（六廊道）

表 14-25　立式表面曝气机安装允许偏差

项目	允许偏差/mm		
	水平度	径向跳动	上下跳动
机座	1/1000		
叶片与上、下罩进水圈		1~5	
导流锥顶		4~8	
整体		3~6	3~8

表 14-26　卧式表面曝气机安装允许偏差

项目	允许偏差/mm		
	水平度	前后偏移	同轴度
两端轴承座	5/1000	5/1000	
两端轴承中心与减速机出轴中心同心线			5/1000

8. 带式浓缩压榨过滤机

带式浓缩压榨过滤机主要用于污水处理厂污泥的脱水，它利用三条滤带连续循环完成对污泥的浓缩和压榨处理。含水率小于99.2%的污泥可直接上机处理，经浓缩压榨脱水后泥饼含水率小于80%。采用带式浓缩压榨过滤机的污水处理厂可省建浓缩池，一次投资费用低且除磷效果好。该设备不但可以应用于市政污水处理中的污泥脱水，也可以用于细微工业料浆的脱水。带式浓缩压榨过滤机结构如图14-54所示。

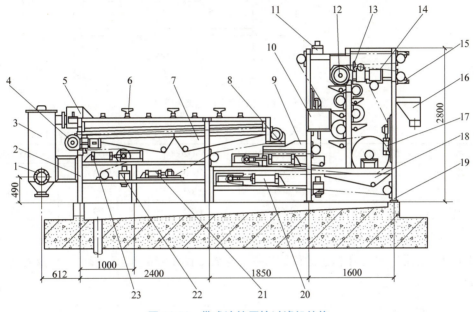

图14-54 带式浓缩压榨过滤机结构

1—进料口　2—浓缩机架　3—水中造粒器　4—浓缩驱动装置　5—污泥均布装置
6—浓缩布料框及调整器　7—浓缩接液盘　8—浓缩卸料装置　9—压榨布料框
10—气控箱　11—压榨清洗装置　12—压榨驱动装置　13—跑偏安全控制器
14—调偏信号器　15—压榨卸料装置　16—接料装置　17—压榨调偏装置
18—压榨接液盘　19—压榨机架　20—压榨张紧装置　21—浓缩调偏装置
22—浓缩带清洗装置　23—浓缩张紧装置

带式浓缩压榨过滤机安装要点如下：

1）基础集水地坑的四壁和底部应平滑，以防挂脏。
2）地坑排水口应位于坑内最低处。
3）基础承受动载荷按设备质量的1.4倍计算。
4）设备安装时，按工艺图首先定位压榨机，水平度为1/1000，宽度方向以直径最大的压榨辊为基准调水平，浓缩机紧挨压榨机对齐摆放。水平度也为1/1000，宽度方向以驱动辊为基准调水平。
5）管道安装时，法兰接口采用橡胶垫密封，螺纹接口采用填料密封。

带式浓缩压榨过滤机基础如图14-55所示，基础土建条件见表14-27。

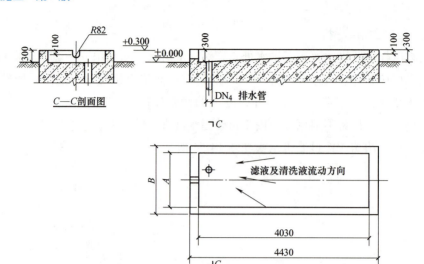

图 14-55 带式浓缩压榨过滤机基础

表 14-27 基础土建条件

型号	NDY-Q1000	NDY-Q1500	NDY-Q2000	NDY-Q2500	NDY-Q3000
滤带宽度/mm	1000	1500	2000	2500	3000
A/mm	1360	1860	2360	2860	3360
B/mm	1760	2260	2760	3260	3760
DN_4	DN150			DN200	

NDY-Q 系列带式浓缩压榨过滤机管口平面位置如图 14-56 所示，管口直径及安装尺寸见表 14-28。

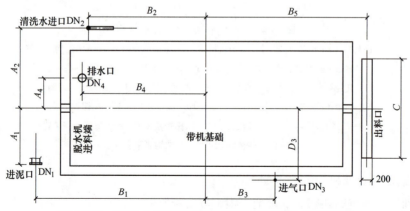

图 14-56 NDY-Q 系列带式浓缩压榨过滤机管口平面位置

表 14-28 管口直径及安装尺寸

型号管口		NDY-Q1000	NDY-Q1500	NDY-Q2000	NDY-Q2500	NDY-Q3000
进泥口（法兰接口 PN0.25）	DN_1	DN150			DN200	
	A_1/mm	500	750	1000	1250	1500
	B_1/mm	3542				
	标高/m	0.790				

（续）

型号管口		NDY-Q1000	NDY-Q1500	NDY-Q2000	NDY-Q2500	NDY-Q3000
清洗水进口（管螺纹接口）	DN_2	DN50				
	A_2/mm	1180	1430	1690	1940	2200
	B_2/mm	2442				
	标高/m	0.300				
进气口（管螺纹接口）	DN_3	DN15				
	A_3/mm	930	1180	1430	1680	1930
	B_3/mm	1330				
	标高/m	0.300				
基础排水口	DN_4	DN150			DN200	
	A_4/mm	280	530	780	1030	1280
	B_4/mm	2580				
	标高/m	±0.000				
带机出料口	C/mm	1000	1500	2000	2500	3000
	B_5/mm	3332				
	标高/m	1.380				

注：以脱水间地坪为±0.000。

污泥脱水工艺流程如图14-57所示。

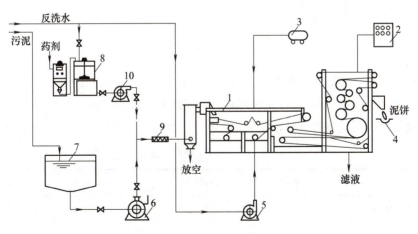

图14-57 污泥脱水工艺流程
1—NDY-Q带式浓缩压榨过滤机　2—电控柜　3—空压机　4—螺旋输送机
5—反冲洗水泵　6—污泥泵　7—污泥池（工程配）　8—加药装置　9—管道混合器　10—加药泵

污泥脱水除了带式浓缩压榨过滤机外，还有离心式污泥脱水机和板框污泥压滤机。鉴于板框污泥脱水机脱水效率高（含水率在60%以下）、结构简单、能耗低，当前污水厂主要采用的脱水机。

9. DHY 型系列电动回转堰门

DHY 型系列电动回转堰门主要用于污水处理氧化沟、配水井及其他需调节水位的明渠和水池。其规格表示如图 14-58 所示。

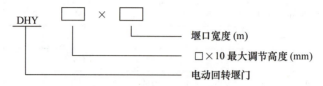

图 14-58 DHY 型系列电动回转堰门规格表示

1）工作原理（图 14-59）。该产品主要由堰门板、滑板、支架、连杆、蜗轮减速机、电动机等组成。工作时采用上部溢流的方式调节、控制水位。

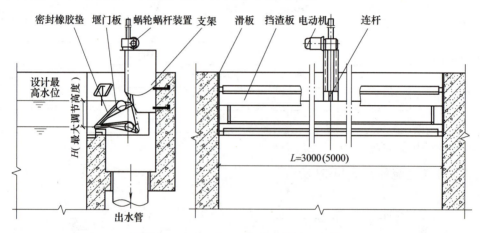

图 14-59 DHY 型系列电动回转堰门安装图

2）结构及特点。液面高度调节范围较大，具备人工操作和自动控制两种方式。调节水位操作方便，动作灵活。设备运行安全可靠，密闭性好、维护方便。

3）电动回转堰门规格性能参数见表 14-29。

表 14-29 电动回转堰门规格性能参数

产品型号	DHY50×3	DHY50×5	DHY36×3	DHY36×5
最大调节高度 H/mm	500		360	
堰门调节速度 v/(mm/s)	~2.3		~2.3	
堰口宽度 L/mm	3000	5000	3000	5000
电动机功率 N/kW	0.55		0.55	
质量/kg	780	850	700	750

4）DHY 电动堰门安装基础如图 14-60~图 14-63 所示。

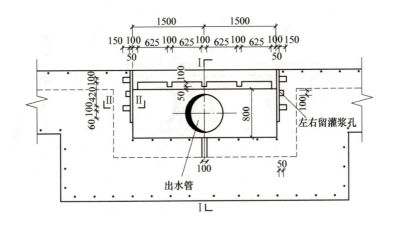

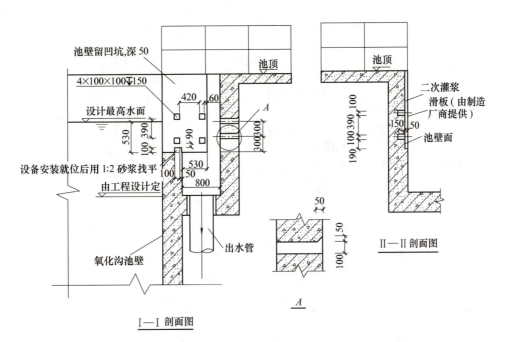

说明：
1. 图中尺寸均以 mm 计，标高以 m 计。
2. 设备安装找平采用 1:2 水泥砂浆抹光、压平。
3. 安装施工尺寸误差应≤±3mm。

图 14-60　DHY36×3 电动堰门安装基础

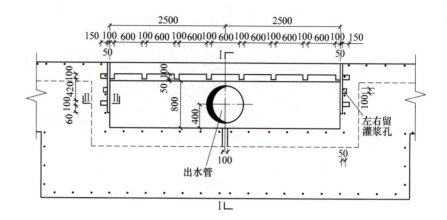

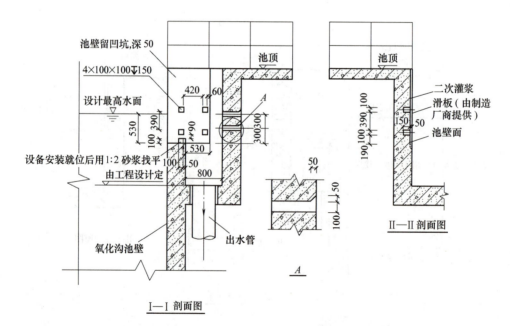

说明:

1. 图中尺寸均以 mm 计,标高以 m 计。
2. 设备安装找平采用 1:2 水泥砂浆抹光、压平。
3. 安装施工尺寸误差应≤±3mm。

图 14-61 DHY36×5 电动堰门安装基础

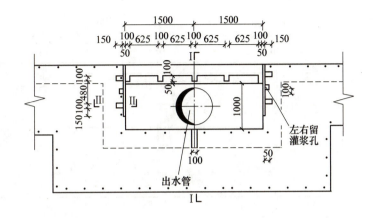

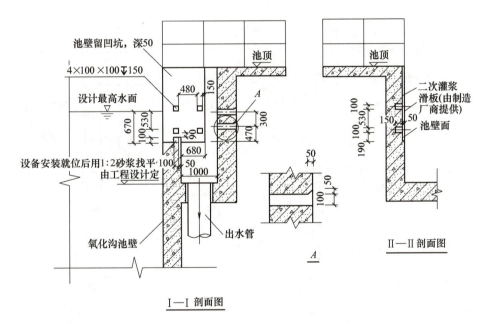

说明：
1. 图中尺寸均以 mm 计，标高以 m 计。
2. 设备安装找平采用 1:2 水泥砂浆抹光、压平。
3. 安装施工尺寸误差应≤±3mm。

图 14-62　DHY50×3 电动堰门安装基础

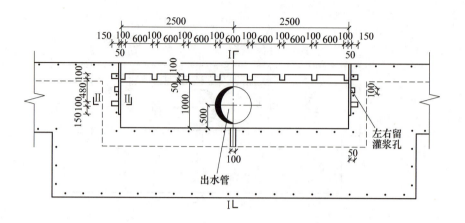

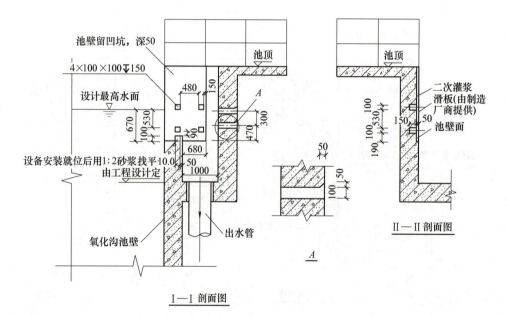

说明:
1. 图中尺寸均以 mm 计,标高以 m 计。
2. 设备安装找平采用 1:2 水泥砂浆抹光、压平。
3. 安装施工尺寸误差应≤±3mm。

图 14-63 DHY50×5 电动堰门安装基础

其他给水排水专用设备的安装可参见生产设备厂家设备安装说明书，或者在厂家指导下施工。

14.3 自动控制系统的安装

给水排水工程自动化常用的仪表与设备可以分为以下几大类：

1) 过程参数检测仪表。包括各种水质（或特性）参数在线检测仪表，如浊度、pH值、电导率、溶解氧等的在线测量装置；流动电流检测仪、透光率脉动检测仪等；给水排水系统工作参数的在线检测仪表，如压力、液位、流量等仪表。

2) 过程控制仪表。包括以微型计算机为核心的各种控制器，如微机控制系统、可编程序控制器、微型计算机专用调节器等；常规的调节控制仪表，如各种电动、气动单元组合仪表等。

3) 调节控制的执行设备。包括各种水泵、电磁阀、调节阀及变频调速器等。

4) 其他机电设备。如交流接触器、继电器、记录仪等。

1. 仪表安装

给水排水工程常用的探测器和传感器往往组装成取源仪表。常用的取源仪表有流量计、液位计、压力计、温度计、浊度仪、余氯仪等。

取源仪表的取源部件安装可与工艺设备制造、工艺管道预制或管道安装同时进行；需开孔与焊接时，必须在管道或设备的防腐、衬里、吹扫和压力试验之前进行；开孔孔径应与取源仪表相配合，开孔后必须清除毛刺、锉圆、磨光。

取源仪表安装位置、规格型号应符合设计或设备技术文件的要求。一般安装在测量准确、具有代表性、操作维修方便、不易受机械损伤的位置上。安装高度宜在地面上 1.2~1.5m 处，传感器应尽可能靠近取样点附近垂直安装。室外安装时应有保护措施，防止雨淋、日晒等。

取源仪表的接线端子及电器元件等应有保护措施，防止腐蚀、浸水连接应严密，不得渗漏。

2. 自动控制设备安装

自动控制设备安装前，应将各元件可能带有的静电用接地金属线放掉。安装地点及环境应符合设计或设备技术文件的规定。一般的，安装地点应距离高压设备或高压线路 20m 以上，否则应采取隔离措施。自动控制系统接地要求见表 14-30。对于输入负载 CPU 和 I/O 单元等尽可能采用单独电源供电。

表 14-30 自动控制系统接地要求

项　目	要　求
独立性	应独立接地，不能与零线或其他接地线共接
接地线长度	≤20m
接地电阻	<100Ω
其他	与系统连接的测量仪表的模拟信号屏蔽应接地

3. 控制电缆的敷设

控制电缆敷设前应按设计要求选用电缆的规格、型号，必要时应进行控制电缆质量检验，以防输送信号减弱或外界干扰。

控制电缆配线应输入、输出电缆分开，数字信号电缆与模拟信号电缆分开，不能合用一根电缆。为了避免接线错误对控制设备造成损坏，对于电压等级不同的信号输送不应合用一根电缆。多芯电缆的芯数不应全部用完，应留有20%左右的余地以满足增加信号或更换个别线芯用。控制电缆应与电源电缆分开，且电源电缆应单独设置。

控制电缆敷设时，每一段电缆的两端必须装有统一编制的电缆号的号卡，以利于安装接线和维护识别。每一电缆号在整个系统的电缆号中应是唯一的。控制电缆应单独敷设在有盖板、能屏蔽的电缆桥架内。电缆长度应留有余量，以保证多次重新接线有足够的长度来补充。根据自动控制系统设计要求和现场仪表等设置的位置按接线图一一对应接线。接线应牢固，不允许出现假接现象。

4. 自动控制系统的调试

（1）自动控制设备调试 调试前应对照自动控制设计和设备要求检查安装是否正确，检查各控制点至控制单元的接线是否正确，检查电源接线、电压等是否符合要求。上述检查完毕后进行通电测试。模拟各控制点、测量点输入信号，独立检查控制单元是否有正确指示，然后在各控制点、测量点处模拟输入的信号，检查控制单元是否有正确指示。模拟发出的控制信号，检查各控制点、执行器的状态是否正常，然后从控制单元发出控制信号，进行输出信号和测试软件的检查。

（2）自动控制系统软件的调试 调试前应充分熟悉自动控制系统的控制方案及实现的功能要求，以便在调试的过程中做出正确判断和处理问题；还应熟悉软件结构，确定软件调试方案。系统软件调试必须在所有硬件设备调试完毕的基础上进行。

首先进行子系统调试，它是指单个控制站的软件或几个相关控制站的软件调试。单个控制站的软件调试只需将各输入信号根据控制方案送入，检测控制器输出结果，调试至正确输出即可；几个相关控制站调试必须在单个控制站的软件调试完成后进行，将相关控制站相连，按单个控制站的调试方法进行调试，直到结果正确为止。

最后进行总体调试，它是在所有子系统调试完成的基础上进行的。先开通所有子控制站，在控制中心按总体控制方案和要求逐项进行调试。对于那些在正常状态下不允许出现的情况下自动控制方案的调试，应重新编制调试软件进行辅助模拟调试。总体控制方案全部进行调试，并达到了要求，总体软件调试才算完成。

14.4 水工程设备的运行管理

1. 运行人员的职责

（1）给水排水工程设备运行与管理工作的意义 历史的经验与教训已经证明，给水排水工程设备是城市发展的重点基础设施，是城市供水、水污染控制、水环境保护工作中关键工程中的主要组成部分，它对社会经济的高速、稳定、可持续发展起着保障和促进的作用。目前，我国的给水排水工程设备设施数量的总体规模相对不足，给水排水工程设备使用率不足，水污染控制、水环境保护工作任重道远。未来，国家与各级地方政府将持续加大投资力度,逐步完善污水处理设施。因此,在未来的十几年中,给水排水工程设备投入及使用将需要一大批具有高度责任感和事业心、具有较高专业技能和一定法规意识、具有求精的工作态度和肯于奉献精神的操作人员、技术人员和管理人员。

(2) 常用给水排水工程设备的管理　在给水排水工程设备的日常管理工作中,为了运行好各种设施设备,管理好各种运营工作,保障设备正常稳定地发挥作用,保护、调动员工的积极性及增强其责任感,建立和执行岗位责任制等一整套规范化管理制度,并通过奖惩措施,鼓励职工贯彻执行这一制度。实践证明,这是一种有效的管理方法。

管理制度中首要的是岗位责任制。岗位责任制中要有明确的岗位责任、具体的岗位要求。例如,上海市对污水运行工提出的"四懂四会",即懂污水处理基本知识,懂厂内构筑物的作用和管理方法,懂厂内管道分布和使用方法,懂技术经济指标含义、计算方法与化验指标的含义及其应用,会合理配气配泥,会合理调动空气,会正确回流与排放污泥,会排除操作中的故障。对机泵工提出的"六勤":勤看、勤听、勤摸、勤嗅、勤捞垃圾、勤动手等。

与岗位责任制相配套的有关运行岗位的其他制度还有设施巡视制、安全操作制、交接班制和设备保养制。在设备巡视制中制定了具体巡视任务、巡视路线、巡视周期及巡视要求。在安全操作制中明确本工种的具体安全活动、安全防护用品、急救措施与方法。在交接班制度中明确上下班之间"应交"与"应接"的具体内容、交接地点、交班议事要求,如交谈在哪些现场进行,共同巡视、当面交接、签字记录等。在设备保养制中具体规定了对设施设备进行清除、保养的任务、要求与具体做法。

与岗位责任制相关的其他工作与制度、规定、办法、规程还有很多,如给水排水工程设备运行、维护及其安全技术规范手册等,这些都是管理给水排水工程设备中不可缺少的。

给水排水工程设备管理包括技术管理、经济管理等。运行管理的主要内容和任务是:根据给水排水工程设备管理规范和国家的有关规定,制定给水排水工程设备的运行、维护、检修、安全等技术规程和规章制度;搞好给水排水工程设备的机电设备等管理工作;完善管理机构,建立健全岗位责任制,提高管理队伍的政治和业务素质;认真总结经验,开展技术改造、技术革新和科学实验,应用和推广新技术;按照给水排水工程设备技术经济指标的要求,考核给水排水工程设备的管理工作等。

总而言之,为了使以上的规章制度切实得到贯彻执行,给水排水工程设备的各级管理部门还应制定出一套对岗位工作进行考核的科学方法及各种奖惩措施,及时地表彰奖励兢兢业业奉献于此项工作、做出贡献的职工,及时地教育、批评那些不遵章守律、不负责任的行为。给水排水工程设备的如何运行管理,如何充分发挥其经济效益,从而更好地为城市建设和社会发展及国民经济的各个部门服务,还需要加强科学管理。

2. 使用、运行及管理

给水排水工程设备的正确使用、运行及维护,对于提高设备的使用率及使用效率是非常关键的,如机组的正确起动、运行与停车是保障系统安全、经济合理的前提。学会设备机组的操作管理技术和掌握设备机组的性能理论,对于从事给水排水工程的技术人员而言都是相当重要的。由于给水排水工程设备类型较多,在使用、运行及维护要求方面总体上是基本一致的,但对不同设备又有不同的要求,本节主要从选择要点及运行中的注意事项对其进行说明。

3. 设备的选择及运行中的注意事项

（1）设备的选择　给水排水工程设备的选择除了应根据给水排水工程设备自身的性能特点及一般选用原则外，还应根据水处理的工艺特点及处理规模。具体地讲，应从以下几个主要技术经济指标来选择给水排水工程设备。

1）技术指标。技术指标是指设备的处理能力与效率，该指标是选择设备的首要指标，即只有在达到工艺处理能力与效率的前提下，才可以进一步考核其他指标，否则该设备排除在选择范围之外，因为技术指标的满足是给水排水工程设备选择的前提与基础。

2）经济指标。经济指标是指设备的投资总额、运行费用、有效运行时间及使用寿命的总称。在给水排水工程设备选型中，除了应满足工艺要求外，经济指标也是选型的重要指标之一。一般选用设备时，总是尽可能选择经济指标低的设备，即设备投资总额（包括设备购买与安装费用、建筑费用、管理费用等）少，运行费用（如能耗、药剂费用、人工费用等）低，有效运行时间与使用寿命应长。

3）操作管理指标。操作管理指标主要指设备操作与使用的简便性。在给水排水工程设备选型中，应尽可能选择操作简单、管理方便、维修方便的设备。根据自身经济承受能力及发展趋势，尽可能选用自动化程度较高的设备。

上述各项指标相互间往往是有矛盾的，例如自动化程度高的设备，操作管理指标比较好，但经济指标相对较差一些。因此，在选择设备时，必须根据给水排水工程设备使用的实际情况，全面分析综合考虑，寻求各项指标的最佳交叉点或最佳重合区域。

（2）运行中的注意事项

1）设备的选型和处理能力及处理工艺紧密相关，应根据设备自身的性能特点和处理工艺与能力的要求，对各项指标进行综合分析，寻找一套最佳的设备。

2）在设备选用时，除了考虑前面几个技术经济指标外，还应结合企业自身的经济承受能力、技术条件以及管理水平等因素。有时这些因素可能成为设备选型的主要因素，因此在设备选型时，还应注意使用者的情况。

3）应考虑企业的发展状态。有些处在发展中的企业，往往目前生产规模不是很大，但经若干年后生产规模将大大增加。这种情况下，在给水排水工程设备选择时就应注意目前现状及以后的发展规划，使设备有较大的富余量或具有增加的预留量。

4. 给水排水工程设备的运行

给水排水工程设备由于种类较多，在运行中根据其设备特点的不同，对其要求并不完全一致，这里以具有代表性的离心泵机组为例对其运行情况进行说明。离心泵机组是给水排水工程设备中的主要设备之一，为保证其正常运行，在起动前要做好起动的准备工作，运行中要经常观察机组的运转状况，根据设备的运行状况及时进行检修和更新改造。

（1）离心泵机组起动前的准备工作　离心泵机组起动前应该检查各处螺栓连接的完好程度，检查轴承中润滑油是否足够、干净，检查出水阀、压力表及真空表上的旋塞阀是否处于合适位置，供配电设备是否完好，然后进行盘车、灌泵等工作。

盘车就是用手转动机组的联轴器，凭经验感觉其转动的轻重是否均匀，有无异常声响。这样做的目的是检查水泵及电动机内有无不正常的现象，如转动零件松脱后卡住、杂物堵塞、泵内冻结、填料过紧或过松、轴承缺油及轴弯曲变形等问题。

灌泵就是起动前，向水泵及吸水管中充水，以便起动后即能在水泵入口处造成抽吸液体

所必需的真空值。从理论力学可知液体离心力为

$$J = \rho W \omega^2 r \tag{14-1}$$

式中　J——转动叶轮中单位体积液体之离心力（N）；

　　　W——液体体积（当 J 为单位体积液体之离心力时，$W = 1\mathrm{m}^3$）（m^3）；

　　　ω——角速度（1/s）；

　　　r——叶轮半径（m）；

　　　ρ——液体密度（kg/m³）。

由式（14-1）可知，同一台水泵，当转速一定时，液体的密度 ρ 越大，由于惯性而表现出来的离心力也越大。空气的密度约为水的 1/800，灌泵后，叶轮旋转时在吸入口处能产生的真空值一般为 80kPa 左右。如果不灌泵，叶轮在空气中转动，水泵吸入口处只能产生 100Pa 的真空值，当然是不足以把水抽上来的。

对于新安装的水泵或检修后首次起动的水泵是有必要进行转向检查的。检查时，可将两个靠背轮脱开，启动电动机，观察其转向与水泵厂规定的转向是否一致，如果不一致，可以改接电源的相线，即将三根进线中任意对换两根接线，然后接上试转。

准备工作就绪后，即可起动水泵。起动时，工作人员与机组不要靠得太近，待水泵转速稳定后，即应打开真空表与压力表上的阀门。此时，压力表上读数应上升至水泵零流量时的空转扬程，表示水泵已经上压，可逐渐打开压力闸阀。随后，真空表读数逐渐增加，压力表读数应逐渐下降，配电屏上电流表读数应逐渐增大。起动工作待闸阀全开时，即告完成。

水泵在闭闸情况下，运行时间一般在 2~3min 内，如时间太长，则泵内液体发热，会造成事故，应及时停车。

（2）运行中应注意的问题

1）检查各个仪表工作是否正常、稳定，电流表上读数是否超过电动机的额定电流。电流过大或过小，都应及时停车检查。电流过大一般是由于叶轮中杂物卡住、轴承损坏、密封环互摩、泵轴向力平衡装置失效、电网中电压降太大等引起的。电流过小一般是由吸水底阀或出水闸阀打不开或开启不足、水泵汽蚀等引起的。

2）检查流量计上指示数是否正常，也可根据出水管水流情况来估计流量。

3）检查填料盒处是否发热、滴水是否正常。滴水应呈滴状连续渗出，才算符合正常要求。滴水情况一般是反映填料的压紧适当程度，运行中可调节压盖螺栓来控制滴水量。

4）检查泵与电动机的轴承和机壳温升。轴承温升一般不得超过周围环境温度 35℃，轴承的温度最高不超过 75℃。在无温度计时，也可用手摸，凭经验判断，当感到很烫手时，应停车检查。

5）注意油环，要让它自由地随同泵轴做不同步的转动。随时听机组声响是否正常。

6）定期记录水泵的流量、扬程、电流、电压、功率因数等有关技术数据，严格执行岗位责任制和安全技术操作规程。

7）水泵的停车应先关出水闸阀，实行闭闸停车。然后，关闭真空及压力表上阀门，把泵和电动机表面的水和油擦净。在无采暖设备的房屋中，冬季停车后，要保证水泵不被冻裂。

（3）离心泵机组的更新改造　泵站中离心泵机组的用电，通常是城市给水排水企业中的用电大户。泵站运行中水泵机组的工作效率对节电有十分重要的意义。国家逐年通过报刊

公布一批淘汰的机电产品名单,也提出了替代这些机电产品的新型号,其目的是逐步以节能型的水泵组替代效率低的水泵机组产品。在一些供排水历史较长的供水企业中,役龄在20年以上的机泵设备,所占比例不小,这些设备中,有的因年限过久,机械磨损大,效率低下,有的因本身质量原先就不够完善,经过长期运行,质量方面弱点就暴露无遗。对于这样的供排水企业,应从经济效益和供水安全性出发,提出更新改造计划和措施。

1)电动机。电动机运行中的效率是否达到额定值,完全由负荷率的大小决定。表 14-31 所示为一些系列电动机在不同负荷率时的效率实测值。由该表可以看出,当电动机的负荷为 1/2 时,效率要降低 2%~3%。正确配套的水泵机组,其电动机的负荷率应是大于 0.8 以上。若出现负荷率低,应立即追查原因,如管道情况有否变化、供水情况是否正常、水泵是否正常等。若其他一切正常,则应更换电动机。从负荷率看,电动机更新改造的基本条件之一是当负荷率低于 0.5 时,可以认为水泵与电动机匹配不当,有"大马拉小车"现象。在其他情况正常的前提下,应调整电动机的容量。

表 14-31　一些系列电动机在不同负荷率时的效率实测值

电动机	负荷率			
	4/4	3/4	1/2	1/4
JSQ 及 JRQ 系列	94%	93.5%	92%	87%
Y 系列	93%	92.5%	91.5%	86.5%
YKK 系列	92%	91.5%	90.5%	85%
JSL 及 JRQ 系列	91%	90%	88%	80.5%

近年来,机电产品中损耗较老型号少的电动机在国内已经生产,它们在材料选用上,结构设计上都较老产品有所改进,所以效率较高,大概比老产品高 2%~3%。此外,电动机使用时间长了,首先表现在绝缘性能的降低。所以决定电动机更换的第二个条件是电机绝缘性的低劣,其判断为:①绝缘性能低劣的电动机在停机 24h 后,定子绕组对地绝缘电阻,低压电动机降至 0.5MΩ 以下,6kV 电动机降至 6MΩ 以下;②绕组主绝缘明显变脆,历年绝缘试验时,漏电电流呈明显上升趋势。解决此类问题的方案可以是:列出计划更换新型号电动机或者更换定子全部绕组。有的地区更换全部定子绕组的代价与购买一台电动机相当,则解决方案只有前者。

在水处理厂的生产过程中,有些设备的电动机容量在 155kV 以内,它们大多是老产品系列,效率不高。对于这类电动机,可以制订改造计划,在一定时期内更换为节能型的电动机。

2)水泵。水泵是水处理厂的主要生产设备,所以在水处理厂设计阶段的给水排水工程设备选型时,对水泵的选型应十分慎重,选用效率较高的水泵。但即使这样,由于实际运行工况的变化,会出现高效水泵低效运行的结果。供排水企业应十分重视水泵的运行,制定制度,定期对水泵的特性进行测定。决定水泵是否应更新改造的条件是:①定期测定水泵的特性(主要是 Q-H 特性和 Q-η 特性),若实测的结果与原始记录相差很多时,在无其他不正常的情况下,则应该更换叶轮;②水泵制造厂应根据国家的标准制造合格的水泵。我国根据实际情况,制定了水泵应有的效率要求,有关参数见表 14-32~表 14-35。对于单级单吸、单级双吸离心泵,在规定允许使用的流量范围内,其效率应不低于表 14-32 中的要求。

表14-32 单级单吸、单级双吸离心泵在规定允许使用的流量范围内对效率的要求

$Q/(m^3/h)$	10	15	20	25	30	40	50	60	70	80	90
$\eta(\%)$	58.0	60.8	62.8	64.0	64.8	66.1	67.3	68.0	68.8	69.0	69.5
$Q/(m^3 \cdot h)$	100	150	200	300	400	500	600	700	800	900	1000
$\eta(\%)$	69.9	71.0	71.3	72.3	73.1	74.0	74.3	74.5	75.0	75.2	75.4
$Q/(m^3/h)$	1500	2000	3000	4000	5000	6000	8000	10000			
$\eta(\%)$	76.4	77.0	78.0	78.8	79.0	79.2	79.5	80.0			

流量大于10000m³/h的单级离心泵其效率应不小于80%，表14-35是比转速n_s为120~210的效率值。比转速n_s不在此范围时的修正系数见表14-33。

表14-33 比转速n_s超出120~210范围时效率的修正系数

n_s	30	35	40	45	50	55	60	65	70	75	80	85	90	95
$\Delta\eta(\%)$	20	17	14.3	12	10	8.5	7.2	6	5	4	3.2	2.5	2.0	1.5
n_s	100	110	120~210	220	230	240	250	260	270	280	290	300		
$\Delta\eta(\%)$	1.0	0.6	0	0.3	0.65	1.0	1.3	1.6	2.0	2.3	2.6	3.0		

长轴离心深井泵在规定允许使用的流量范围内，其效率应不低于表14-34的要求。

表14-34 长轴离心深井泵在规定允许使用的流量范围内对效率的要求

$Q/(m^3/h)$	5	10	18	30	50	80	160	180
$\eta(\%)$	48.5	56	60.5	63.5	66.0	67.5	68.8	69.8
$Q/(m^3/h)$	210	340	550	900	1000	1500		
$\eta(\%)$	70.2	71.5	72.0	72.3	72.5	72.7		

当比转速n_s>210时的效率修正系数见表14-35。

表14-35 比转速n_s>210时的效率修正系数

n_s	220	230	240	250	260	270	280	290	300
$\Delta\eta(\%)$	0.15	0.4	0.7	0.95	1.3	1.7	2.0	2.5	3.0

对于混流泵和轴流泵，国家尚未指定效率的最小范围，供排水企业可依据制造厂给出的性能曲线进行对照。如果运行中的水泵效率低于上表所列出的值，或者低于制造厂所给出的性能指标，则应更换效率较高的水泵。

对于采用调节出水阀来控制管网压力的，说明水泵的选型与当前水量供应的情况十分不匹配，应该根据实际情况更换水泵型号或者采用调速技术来改善此类供水情况。城市供水的特点是供水量随时间、季节有较大的变化。若流量的变化与季节有明显的关系，则可以更换合适的叶轮以满足流量变化的需要。取用地下水的深井泵，若地下水位的变化已经超出深井泵的范围，则需列入更新改造计划。

复习思考题

1. 试述常用设备安装的一般要求。
2. 试述水泵进、出水管的安装。
3. 试述空气压缩机安装要点。
4. 试述水下推流器的安装要点。
5. 试述刮泥机的安装要点。
6. 试述转碟曝气机的安装要点。
7. 试述带式压滤机的安装要点。
8. 试述给水排水工程设备选择的原则。

第 15 章
管道及设备的防腐与保温

腐蚀主要是指材料在外部介质影响下所产生的化学或电化学反应所导致的材料破坏和质变。由于化学反应引起的腐蚀称为化学腐蚀；由于电化学反应引起的腐蚀称为电化学腐蚀。金属材料（或合金材料）上述两种反应均会发生。安装在地下的钢管、铸铁管、钢制支托架或设备均会遭受地下水侵蚀，受到各种盐类、酸、碱以及电流的腐蚀；设置于地面以上的管道同样会受到空气等其他介质的腐蚀；敷设于地面以下的预（自）应力钢筋混凝土管也会受到地下水及土壤等因素的腐蚀。故以上各种管道均应进行防腐处理。

一般情况下，金属与氧气、氯气、二氧化碳、硫化氢等气体或与汽油、乙醇、苯等非电解质接触所引起的腐蚀都是电化学腐蚀。腐蚀的危害性很大，它使大量的钢铁和其他宝贵的金属变为废品，使生产和生活使用的设施很快报废。据国外有关资料统计，每年由于腐蚀所造成的经济损失约占国民生产总值的 4%。在我国每年由于腐蚀引起的经济损失同样是十分可观的。

在室内外给水排水管道系统中，通常会因为管道腐蚀而引起系统漏水、漏气（汽），这样既浪费能源，又影响生产或生活。如管道中输送有毒、易燃、易爆的介质时，还会污染环境，甚至造成重大事故。由此可见，为了保证正常的生产秩序和生活秩序，延长系统的使用寿命，除了正确选材外，采取有效的防腐措施也是十分必要的。

15.1 管道及设备的表面处理

为了使防腐材料能起到较好的防腐作用，除所选涂料本身能耐腐蚀外，还要求涂料和管道、设备表面能很好地结合。一般钢管（或薄钢板）和设备表面总有各种污物，如灰尘、污垢、油渍、氧化物、焊渣、毛刺等，这些都会影响防腐涂料对金属表面的附着力。如果铁锈（氧化物）未除尽，油漆涂刷到金属表面后，漆膜下被封闭的空气继续氧化金属，使之继续生锈，致使漆膜被破坏，锈蚀加剧。为了增加油漆的附着力和防腐效果，在涂刷底漆前，必须将管道或设备表面的污物除干净，并保持干燥。

1. 金属表面锈蚀等级的划分

根据钢材表面上氧化皮、锈和孔蚀的状态和数量划分锈蚀等级。目前世界上通用的为瑞典标准 SISO 55900，该标准将钢材表面原始锈蚀程度分成 A、B、C、D 四个等级（表 15-1）。

表 15-1　钢材表面原始锈蚀等级

锈蚀等级	锈蚀状况
A 级	覆盖完整的氧化皮或只有极少量的钢材表面
B 级	部分氧化皮已松动、翘起或脱落，已有一定锈蚀的钢材表面
C 级	氧化皮大部分翘起或脱落，大量生锈，但用目测还看不到锈蚀的钢材表面
D 级	氧化皮几乎全部翘起或脱落，大量生锈，目测时能见到孔蚀的钢材表面

2. 表面处理

表面处理是指根据管道或设备表面锈蚀程度、污物及旧涂层的情况所进行的表面清除工作，即对金属表面所有可见到油脂、灰尘、润滑剂等污物进行彻底地擦拭和清洗。具体清洗方法有抹布擦洗、溶剂喷洗、乳化清洗剂或碱性清洗剂清洗、蒸汽（可添加溶剂）除油等。

3. 除锈

管道及设备表面的锈层可用下列方法消除。

（1）人工除锈　人工除锈一般使用刮刀、锤子、铲刀、钢丝刷、砂布或砂轮片等摩擦钢材外表面，将外表面上松动的锈层、氧化皮、铸砂等除掉。对于钢管的内表面除锈，可用圆形钢丝刷来回拉擦。内外表面除锈必须彻底，以露出金属光泽为合格，再用干净的废棉纱或废布擦干净，最后用压缩空气吹扫。人工除锈的方法劳动强度大，效率低，质量差。但在劳动力充足，机械设备不足的情况下，通常采用人工除锈。

（2）机械除锈　采用金刚石砂轮打磨或用压缩空气喷石英砂（喷砂法）吹打金属表面，将金属表面的锈层、氧化皮、铸砂等污物除净。喷砂除锈是采用 0.4~0.6MPa 的压缩空气，把粒度为 0.5~2.0mm 的砂子喷射到有锈污的金属表面上，靠砂子的打击使金属表面的污物去掉，露出金属质地的光泽来。喷砂除锈装置如图15-1所示。用这种方法除锈的金属表面变得既粗糙又均匀，使油漆能与金属表面很好地结合，并能将金属表面凹陷处的锈除尽，是加工厂或预制件厂常用的一种除锈方法。喷砂除锈虽然效率高、质量好，但喷砂过程中产生大量的灰土，污染环境，影响人们的身体健康。为避免干喷砂的缺点，减少尘埃的飞扬，可用喷湿砂的方法来除污。为防止喷湿砂除锈

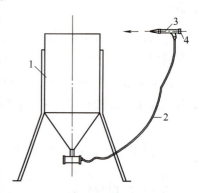

图 15-1　喷砂除锈装置
1—储砂罐　2—橡胶管
3—喷枪　4—空气接管

的金属表面再度生锈，需在水中加一定剂量（质量分数为 1%~15%）的缓蚀剂（如磷酸三钠、亚硝酸钠），使除锈后的金属表面形成一层牢固而密实的膜（即钝化）。实践证明，加有缓蚀剂的湿砂除锈后，金属表面可保持在短时间内不会再度生锈。

（3）化学除锈　用酸洗的方法清除金属表面的锈层、氧化皮。采用质量分数为 10%~20%、温度 18~60℃ 的稀硫酸溶液，浸泡金属物件 15~60min；也可用质量分数为 10%~15% 的盐酸在室温下进行酸洗。为使酸洗时不损伤金属，在酸溶液中加入缓蚀剂。酸洗后要用清水洗涤，并用质量分数为 50% 的碳酸钠溶液中和，最后用热水冲洗 2~3 次，用热空气干燥。

（4）旧涂料的处理　在旧涂料上重新刷漆时，可根据旧漆膜的附着情况，确定是否全部清除或部分清除。如旧漆膜附着良好，铲刮不掉可不必清除；如旧漆膜附着不好，则必须清除后重新涂刷。

15.2　管道及设备的防腐

15.2.1　常用涂料的选用

在管道及设备防腐中，应根据管道及设备明敷、暗敷和埋地敷设等不同情况以及内外防腐的不同要求，正确选择防腐材料。常用的防腐材料有涂料类和涂层包扎类。涂料可防止工业大气、水、土壤和腐蚀性化学介质等对金属表面的腐蚀。涂料的品种繁多，其性能也有所不同，正确选择涂料品种对延长防腐层的使用寿命有着密切的关系。

常用的油漆涂料，按其是否加入固体材料（颜料和填料）分为不加固体材料的清油、清漆和加固体材料的各种颜色涂料。

15.2.2　管道涂料防腐

1）室内和地沟内的管道及设备防腐，所采用的色漆应选用各色油性调和漆、各色酚醛磁漆、各色醇酸磁漆、各色耐酸漆及防腐漆等。对半通行或不通行地沟内的管道绝热层，其外表面应涂刷具有一定防潮、耐水性能的沥青冷底子油或各色酚醛磁漆、各色醇酸磁漆等。

2）室外管道绝热保护层防腐，应选用耐酸性好并具有一定防水性能的涂料。绝热保护层采用非金属材料时，应涂刷两道各色酚醛磁漆或各色醇酸磁漆，也可先涂刷一道沥青冷底子油再刷两道沥青漆。当采用焊接钢板做绝热保护层时，在焊接钢板内外表面均应先刷两道红丹防锈漆，其外表面再刷两道色漆。

15.2.3　明装管道及设备涂料防腐层

明装管道及设备的涂料品种选择，一般可不考虑耐热问题，主要根据其所处周围环境来确定涂层类别。

1）室内及通行地沟内明装管道及设备，一般先涂刷两道红丹油性防锈漆或红丹酚醛防锈漆，外面再涂刷两道各色油性调和漆或各色磁漆。

2）室外明装管道及设备、半通行和不通行地沟内的明装管道，以及室内的冷水管道，应选用具有一定防潮、耐水性能的涂料。其底漆可用红丹酚醛防锈漆，面漆可用各色酚醛磁漆、各色醇酸磁漆或沥青漆。

15.2.4　面漆选择

管道内介质种类繁多，目前还没有对各种介质管道制定统一的涂色规定。对一般介质管道，均采用表15-2所列的涂色要求。表中色环的宽度，以管子外径、保温管及保温层外径为准。室内明装给水排水管道面漆一般刷两道银粉漆。

表 15-2　管道涂色分类表

管道名称	颜色		备注	管道名称	颜色		备注
	底色	色环			底色	色环	
过热蒸汽管	红	黄	自流及加压	净化压缩空气管	浅蓝	黄	自流及加压
饱和蒸汽管	红	—		乙炔管	白	—	
废气管	红	绿		氧气管	洋蓝	—	
凝结水管	绿	红		氢气管	白	红	
余压凝结水管	绿	白		氮气管	棕	—	
热力网送出水管	绿	黄		油管	橙黄	—	
热力网返回水管	绿	褐		排水管	绿	蓝	
给水管	绿	黑		排气管	红	黑	

色环涂刷宽度：外径<150mm 的，为 50mm；外径为 150～300mm 的，为 70mm；外径>300mm 的，为 100mm。

色环与色环之间的距离视具体情况而定，以分布匀称、便于观察为原则。除管道弯头及穿墙处必须加色环外，一般直管段上环间距离保持 5m 左右为宜。

管道上还应涂上表示介质流动方向的箭头。介质有两个方向流动可能时，应标出两个相反方向的箭头。箭头一般漆成白色或黄色，底色浅者则漆深色箭头。

15.2.5　涂漆施工

涂层施工一般应在管道试压合格后进行。未经试压的大管径钢板卷焊钢管在安装前进行涂层施工，并留出焊缝部位，做出相应标记。管道安装后不易进行涂层施工的部位，应预先进行涂层施工。涂层施工主要是涂漆（包括底漆和面漆）。

1. 涂漆准备工作

涂漆前，被涂的金属表面必须保持干净，做到无锈、无油、无酸碱、无水、无灰尘等。根据被涂管材的要求，除选择合适的涂料品种外，还必须考虑以下各项：

1) 在使用涂料前必须先熟悉涂料的性能、用途、技术条件等，再根据规定正确使用。
2) 涂料不可随便混合，否则会产生不良现象，只允许配套漆配套覆盖使用。
3) 色漆使用前必须搅拌均匀，否则对色漆的覆盖力和漆膜性能都有影响。
4) 漆中如有漆皮和粒状物，要用 120 目钢丝网过滤后再使用。
5) 根据选用的涂料要求，采用与涂料配套的稀释剂，调配到合适的施工黏度方可使用。

2. 涂漆施工要点

涂漆施工的环境空气必须清洁，无煤烟、灰尘及水气。环境温度宜在 15～35℃之间，相对湿度在 70%以下。室外涂漆遇雨、降露时应停止施工。涂漆的方法有以下几种：

1) 手工涂漆。手工涂漆应分层涂刷，每层应往复进行，纵横交错，并保持涂层均匀，不得漏涂（快干性漆不宜采用手工涂刷）。
2) 机械喷漆。采用的工具为喷枪，以压缩空气为动力。喷射的漆流应和喷漆面垂直。喷漆面为平面时，喷嘴与喷漆面应相距 250～350mm；喷漆面如为曲面时，喷嘴与喷漆面应相距 400mm 左右。喷漆时，喷嘴的移动应均匀，速度宜保持在 10～18m/min。喷漆使用的压缩空气压力为 0.2~0.4MPa。

15.2.6 埋地金属管道的防腐

为了减少管道系统与地下土壤接触部分的金属腐蚀，管道的外表面必须按要求进行防腐，敷设在腐蚀性土壤中的室外直接埋地管道应根据腐蚀性程度选择不同等级的防腐层。如设在地下水位以下时，须考虑特殊防水措施。

1. 石油沥青防腐层

沥青是有机胶结构，主要成分是复杂的高分子烃类混合物及含硫、含氮的衍生物。它具有良好的黏结性、不透水和不导电性，能抵抗稀酸、稀碱、盐、水和土壤的侵蚀，但不耐氧化剂和有机溶液的腐蚀，耐候性也不强。它价格低廉，是地下管道最主要的防腐涂料。

沥青有两大类：石油沥青和煤沥青。

石油沥青分为天然石油沥青和炼油沥青。天然石油沥青是石油产地天然存在的或从含有沥青的岩石中提炼而得的；炼油沥青则是在提炼石油时得到的残渣，经过继续蒸馏或氧化后而得的。在防腐过程中，一般采用建筑石油沥青和普通石油沥青。

煤沥青又称为煤焦油沥青、柏油，是由烟煤炼制焦或制取煤气时干馏所挥发的物质中冷凝出来的黑色黏性液体，经进一步蒸馏加工提炼所剩的残渣而得。煤沥青对温度变化敏感，软化点低，低温时性脆，其最大的缺点是有毒，因此一般不直接用于工程防腐。

沥青的性质是用针入度、伸长度、软化点等指标来表示的。针入度反映沥青软硬稀稠的程度：针入度越小，沥青越硬，稠度就越大，施工就越不方便，老化就越快，耐久性就越差。伸长度反映沥青塑性的大小：伸长度越大，塑性越好，越不易脆裂。软化点表示固体沥青熔化时的温度：软化点越低，固体沥青熔化时温度就越低。防腐沥青要求的软化点应根据管道的工作温度而定。软化点太高，施工时不易熔化；软化点太低，则热稳定性差。一般情况下，沥青的软化点比管道最高工作温度高40℃以上为宜。

在管道及设备的防腐工程中，常用的建筑石油沥青型号分为10号、30号和40号，其性能见表15-3；沥青防腐绝缘层结构见表15-4。

表15-3 常用建筑石油沥青性能

项目		质量指标			试验方法
		10号	30号	40号	
针入度（25℃，100g，5s）/0.1mm		10~25	26~35	36~50	GB/T 4509
针入度（46℃，100g，5s）/0.1mm		报告	报告	报告	
针入度（0℃，200g，5s）/0.1mm	≥	3	6	6	
延度（25℃，5cm/min）/cm	≥	1.5	2.5	3.5	GB/T 4508
软化点（环球法）/℃	≥	95	75	60	GB/T 4507
溶解度（三氯乙烯）（%）	≥		99.0		GB/T 11148
蒸发后质量变化（163℃，5h）（%）	≤		1		GB/T 11964
蒸发后25℃针入度比（%）	≥		65		GB/T 4509
闪点（开口杯法）/℃	≥		260		GB/T 267

注：1. 报告应为实测值。
2. 测定蒸发损失后样品的25℃针入度与原25℃针入度之比乘以100%后所得的百分比，称为蒸发后针入度比。

2. 防腐层结构及施工方法

埋地管道腐蚀的强弱主要取决于土壤的性质。根据土壤腐蚀性质的不同，可将防腐层结构分为三种（表15-4），应根据土壤腐蚀等级规定（表15-5）来选用。

表15-4 沥青防腐绝缘层结构

绝缘等级	总厚度/mm	绝缘结构	绝缘层数								
			1	2	3	4	5	6	7	8	9
普通	≥4	三油二布	底漆一层	沥青(1.5mm)	玻璃布一层	沥青(1.5mm)	玻璃布一层	沥青(1.5mm)	塑料布一层	—	—
加强	≥5.5	四油四布	底漆一层	沥青(1.5mm)	玻璃布一层	沥青(1.5mm)	玻璃布一层	沥青(1.5mm)	玻璃布一层	沥青(1.5mm)	塑料布一层
特加强	≥7	四油四布	底漆一层	沥青(2.0mm)	玻璃布一层	沥青(2.0mm)	玻璃布一层	沥青(2.0mm)	玻璃布一层	沥青(1.5mm)	塑料布一层

表15-5 土壤腐蚀性等级及防腐措施

土壤腐蚀性等级		轻微	剧烈	极剧烈
测定方法	土壤电阻率/(Ω/m)	>20	20~5	<5
	w（盐）（%）	<0.05	0.05~0.75	>0.75
	w（水）（%）	<5	5~12	>12
	在 $\Delta U=500mV$ 时，极化电流 $\Delta I=500mA$	>40	40~25	—
	电流密度/(mA/cm^2)	<0.025	0.025~0.3	>0.3
防腐措施		普通防腐层	加强防腐层	特加强防腐层

冷底子油能与管面黏结得很紧，并能与沥青玛蹄脂层牢牢结合。其配合比见表15-6。

表15-6 冷底子油的成分

使用条件	沥青∶汽油（质量比）	沥青∶汽油（体积比）
气温≥+5℃	1∶2.25~2.5	1∶3
气温<+5℃	1∶2	1∶2.5

（1）冷底子油的制备及涂刷方法　调制冷底子油采用30号甲建筑石油沥青（相当于原来的Ⅳ号石油沥青）。熬制前，将沥青敲碎成1.5kg以下的小块，放入干净的沥青锅中，逐步升温和搅拌，并使温度保持在180~200℃范围内（不得超过220℃），连续熬制1.5~2.5h，直至不产生气泡，即表示脱水完毕。待脱水完毕后的沥青温度降至100~120℃时，按配合比将沥青徐缓地倒入已称量过的无铅汽油中，并不断地搅拌到完全均匀混合为止。采用机械法或酸洗法除去管子表面上的污垢、灰尘和铁锈后，24h内应在干燥洁净的管壁上涂刷冷底子油。涂时应保持涂层均匀，油层厚度为0.1~0.15mm。

（2）沥青玛蹄脂的制备及涂刷方法　沥青玛蹄脂由沥青与无机填料（如高岭土、石灰石粉、石棉粉或滑石粉等）组成，以增大强度。沥青玛蹄脂的配合比（质量）为，沥青∶高岭土=3∶1或沥青∶橡胶粉=95∶5。调制沥青玛蹄脂应在沥青脱水后，将其温度保持在180~200℃的范围内，逐渐加入干燥并预热到120~140℃的填充料（橡胶粉的预热温度为

60~80℃），并不断搅拌，使它们均匀混合，然后测定沥青玛蹄脂的软化点、伸长度、针入度等三大技术指标（每锅均应测定），达到表 15-7 所列规定时方为合格。

表 15-7 沥青玛蹄脂的技术指标

施工温度 /℃	输送介质温度 /℃	环球法测得软化点 /℃	延度（+25℃） /cm	针入度/0.1mm
−25~+5	−25~+25	+56~+75	3~4	—
	+25~+56	+80~+90	2~3	25~35
	+56~+70	+85~+90	2~3	20~25
>+5~+30	−25~+25	+70~+80	2.5~3.5	15~25
	+25~+56	+80~+90	2~3	10~20
	+56~+70	+90~+95	1.5~2.5	10~20
>+30	−25~+25	+80~+90	2~3	—
	+25~+56	+90~+95	1.5~2.5	10~20
	+56~+70	+90~+95	1.5~2.5	10~20

热沥青玛蹄脂调制成后，应涂在干燥清洁的冷底子油层上，涂层应光滑、均匀。最内层沥青玛蹄脂如用人工或半机械化涂抹时，应分为两层，每层厚度为 1.5~2mm。以石棉油毡或浸有冷底子油的玻璃丝布制成的防水卷材应成螺旋形缠包在热沥青玛蹄脂上，每圈之间允许有不大于 5mm 的缝隙或搭边。前后两卷材的搭接长度为 80~100mm，并用热沥青玛蹄脂将接头黏合。缠包牛皮纸时，每圈之间应有 15~20mm 的搭边，前后两卷材的搭接长度不得小于 100mm。接头用热沥青玛蹄脂或冷底子油黏合。管道外壁制作特强防腐层时，两道防水卷材的缠绕方向宜相反。

涂抹热沥青玛蹄脂时，其温度应保持在 160~180℃；施工环境气温高于 30℃时，温度可降至 150℃，温度高于 150℃以上的热沥青玛蹄脂直接涂刷到管壁上是黏固不牢的，必须先在管壁上涂以冷底子油。即使在冬季，冷底子油也能与管子牢牢地黏合。正常、加强和特加强防腐层的最小厚度分别为 3mm、6mm、9mm，其厚度公差分别为−0.3mm、−0.5mm、−0.5mm。

15.2.7 钢管和铸铁管道内壁的防腐

埋设在地下的钢管和铸铁管，很容易腐蚀。为了延长管道的使用寿命，在管道内壁设置衬里材料。根据介质的种类，设置各种不同的衬里材料，如橡胶、水泥砂浆、塑料、玻璃钢、涂料等，其中以橡胶衬里和水泥砂浆衬里为常用。

1. 橡胶衬里

（1）衬胶管道的性能　橡胶具有较强的耐化学腐蚀能力，除可能被强氧化剂（硝酸、铬酸、浓硫酸及过氧化氢等）及有机溶剂破坏外，对大多数的无机酸、有机酸及各种盐类、醇类等都是耐腐蚀的，可作为金属设备、管道的衬里材料。根据管内输送介质的不同以及具体的使用条件，应衬以不同种类的橡胶。衬胶管道一般适用于输送 0.6MPa 以下和 50℃以下的介质。

根据橡胶硫含量（以质量分数计）的不同，橡胶可分为软橡胶、半硬橡胶和硬橡胶三类。软橡胶硫含量为 2%~4%，半硬橡胶硫含量为 12%~20%，硬橡胶硫含量为 20%~30%。

橡胶的理论耐热度为 80℃，如果在温度作用时间不长时，也能耐较高的温度（可达到 100℃），但在灼热空气长期的作用下，橡胶会老化。橡胶还具有较高的耐磨性，适宜做泵和管子的衬里材料，可输送含有大量悬浮物的液体。

在化学耐腐蚀性方面，硬橡胶比软橡胶性能强，而且硬橡胶比软橡胶更不易氧化，膨胀变形也小。硬橡胶比软橡胶的抵抗气体透过性强，工作介质为气体时，宜以硬橡胶做衬里；当衬胶层工作温度不变，机械作用不大时，宜采用硬橡胶。采取橡胶衬里管材通常为碳素钢管。

（2）衬胶管道的安装　防腐蚀衬胶管道全部用法兰连接，弯头、三通、四通等管件均制成法兰式。预制好的法兰及法兰管件，法兰阀件均编号，打上钢印，按图安装。法兰间需预留衬里厚度和垫片厚度，用厚垫片或多层垫片垫好，将管子管件连接起来，安装到支架上。

衬胶管道安装好后，需做水压试验。试验压力为 0.3~0.6MPa，历时 15min，以压力表指示值不下降为合格。然后拆下衬胶管道送橡胶制品厂进行衬里制作。防腐衬胶管道的第一次安装装配不允许强制对口硬装，否则衬胶后可能安装不上，因此要求尺寸准确，合理安装。

2. 水泥砂浆衬里

水泥砂浆衬里适用于生活饮用水和常温工业用水的输水钢管、铸铁管道和储水罐的内壁防腐。水泥砂浆衬里常采取喷涂法施工。

（1）衬里材料　水泥多采用硅酸盐水泥，且水泥等级应为 32.5 或 42.5 水泥。砂颗粒应选用坚硬、洁净、级配良好的石英砂。

（2）衬里的制作　衬里用的水泥砂浆必须用机械充分混合均匀，达到最佳稠度和良好的和易性。其质量配比为水泥：砂：水 = 1：1.5：0.32，且搅拌时间不宜超过 10min。水泥砂浆坍落度宜取 60~80mm，当管径小于 1000mm 时允许提高，但不宜大于 120mm。水泥砂浆的抗压强度不得低于 30MPa。

水泥砂浆衬里厚度与管径有关，厚度为 5~20mm。各种管径的衬里厚度及允许公差可按表 15-8 采用。当采用手工涂抹时，表 15-8 中规定的厚度应分层涂抹。水泥砂浆衬里的质量，应达到表面无脱落、孔洞和突起的最低标准。

表 15-8　水泥砂浆衬里厚度及允许公差

工程管径/mm	衬里厚度/mm		厚度公差/mm	
	机械喷涂	手工涂抹	机械喷涂	手工涂抹
500~700	8		+2 -2	
>700~1000	10		+2 -2	
>1000~1500	12	14	+3 -2	+3 -2
>1500~1800	14	16	+3 -2	+3 -2

（续）

工程管径/mm	衬里厚度/mm		厚度公差/mm	
	机械喷涂	手工涂抹	机械喷涂	手工涂抹
>1800~2200	15	17	+4 -3	+4 -3
>2200~2600	16	18	+4 -3	+4 -3
>2600	18	20	+4 -3	+4 -3

水泥砂浆内防护层成型后，应立即将管道封堵，在终凝前进行潮湿养护。普通硅酸盐水泥养护时间不应少于 7d；矿渣硅酸盐水泥不应少于 14d。通水前应继续封堵，并保持湿润。

埋地钢管的防腐还可采用电化学保护的方法。施工见有关施工手册。

15.3 管道及设备的保温

保温又称绝热，绝热更为确切，绝热包括保温和保冷。绝热是减少系统热量向外传递（保温）和外部热量传入系统（保冷）（给水排水管道一般没有保冷要求，只有防结露要求）而采取的一种工艺措施。

保温和保冷是不同的，保冷的要求比保温高。这不仅是因为冷损失比热损失代价高，更主要的是因为保冷结构的热传递是由外向内。在传热过程中，由于保冷结构向外壁之间的温差而导致保冷结构内外壁之间的水蒸气分压力差。因此，大气中的水蒸气在分压力差的作用下随热流一起渗入绝热材料内，并在其内部产生凝结水或结冰现象，导致绝热材料的热导率增大，结构开裂。对于一些有机材料，还将因受潮而发霉腐烂，以致材料完全被损坏。为防止水蒸气的渗入，保冷结构的绝热层外必须设置防潮层。而保温结构在一般情况下是不设置防潮层的。这就是保温结构与保冷结构的不同之处。虽然保温和保冷有所不同，但往往并不严格区分，习惯上统称为保温。

保温的主要目的是减少冷、热量的损失，节约能源，提高系统运行的经济性。此外，对于蒸汽和热水设备及管道，保温后能改善四周的劳动条件，并能避免或保护运行操作人员不被烫伤，实现安全生产。对于低温设备和管道（如制冷系统），保温能提高外表面的温度，避免在外表面上结露或结霜，也可以避免人的皮肤与之接触受冻。对于高寒地区的室外回水或给水排水管道，保温能防止水管冻结。由此可见，保温对节约能源，提高系统运行的经济性，改善劳动条件和防止意外事故的发生都具有非常重要的意义。

15.3.1 对保温材料的要求及其选用

1. 保温材料的选用

保温材料应具有：热导率小；密度在 700kg/m³ 以下；具有一定的强度，一般能承受 1.5MPa 以上的压力；能耐受一定的温度，对潮湿、水分的侵蚀有一定的抵抗力；不应含有腐蚀性的物质；造价低，不易燃，便于施工；保温材料采用涂抹法施工时，要求与管道有一定的黏结力。

在实际工程中，一种材料全部满足上述要求是很困难的，这就需要根据具体情况具体分析，相互比较后抓主要矛盾，选择最有利的保温材料。例如，低温系统应首先考虑保温材料的密度小、热导率小、吸湿率小等特点；高温系统则应着重考虑材料在高温条件下的热稳定性。在大型工程项目中，保温材料的需要量和品种规格都较多，还应考虑材料的价格、货源及减少品种规格等。品种和规格多会给采购、存放、使用、维修管理等带来很多麻烦。对于在运行中有振动的管道或设备，宜选用强度较好的保温材料及管壳，以免长期受振使材料破碎。对于间歇运行的系统，还应考虑选用热容量小的材料。

2. 保温材料的分类及其特性

保温材料主要可分为以下8类：

1）珍珠岩类：珍珠岩呈粉状，具有堆密度较小、热导率小、适用温度为 -196 ~ +1200℃、适用范围广等特性，可制成板、管壳用于管道及设备的保温。

2）玻璃棉类：具有堆密度小、施工方便、弹性好、不怕碰碎、但可刺入等特性。

3）矿渣棉类：具有堆密度小、热导率与玻璃棉相近、其适应温度较高、但强度较低、且可刺入等特性。

4）蛭石类：粒度为 0 ~ 30mm，具有适用温度高、强度大、价格低、堆密度小，热导率较石棉低，施工条件好等特性。

5）泡沫塑料类：具有堆密度小、热导率小、保冷性能好、施工方便、不可刺入等特性。

6）橡塑类：具有堆密度小、热导率小、保冷性能好、施工方便、不可刺入等特性。

7）石棉硅藻类：具有堆密度较大、热导率较大、强度较好、施工方便、不可刺入等特性。

8）软木类：具有堆密度小、热导率小、保冷性能好、施工方便、不可刺入等特性，一般制成软木砖或软木管壳使用。

目前，比较常用的保温材料有橡塑、岩棉、玻璃棉、矿渣棉、泡沫玻璃、泡沫石棉、珍珠岩、硅藻土、石棉、水泥蛭石等类材料及碳化软木、聚苯乙烯泡沫塑料。各厂家生产的同一保温材料的性能均有所不同，选用时应按照厂家的产品样本或使用说明书中所给的技术数据选用。

15.3.2 保温结构及施工方法

1）管道保温工程应符合设计要求。一般保温结构有防锈层、保温层、防潮层（对有防结露要求而言）、保护层、防锈蚀及识别标志等组成，并按顺序进行施工。

2）管道保温施工应在管道试压及涂漆合格后进行。施工前必须先清除管子表面污物及铁锈，再涂刷两遍防锈漆，并保持管道外表面的清洁干燥。冬期和雨期施工应有防冻、防雨措施。

3）保温层施工一般应单独进行。

4）非水平管道的保温工程施工应自下而上进行。防潮层、保护层搭接时，其宽度应为 30 ~ 50mm。

5）保温层毡的环缝和纵缝接头间不得有空隙，其捆扎的镀锌铁丝或箍带间距为 150 ~ 200mm。疏松的毡制品宜分层施工，并扎紧。

6）阀门或法兰处的保温施工，当有热紧或冷紧要求时，应在管道热、冷紧完毕后进行。保温层结构应易于拆装，法兰一侧应留有螺栓长度加 25mm 的空隙。

7）油毡防潮层应搭接，搭接宽度为 30~50mm，缝口朝下，并用沥青玛琋脂黏结密封。每 300mm 捆扎镀锌铁丝或箍带一道。

8）玻璃丝布防潮层应搭接，搭接宽度为 30~50mm，应黏结于涂有 3mm 厚的沥青玛琋脂的绝缘层上，玻璃丝布外面再涂上 3mm 厚的沥青玛琋脂。

9）防潮层应完整严密，厚度均匀，无气孔、鼓泡或开裂等缺陷。

10）保温层上采用石棉水泥保护层时，应有镀锌钢丝网。保护层抹面应分两次进行，要求平整、圆滑、端部棱角整齐，无显著裂纹。

11）缠绕式保护层，重叠部分为其带宽的 1/2。缠绕时应裹紧，不得有松脱、翻边、皱褶和鼓包，起点和终点必须用镀锌钢丝捆扎牢固，并密封。

12）金属保护层应压边、箍紧，不得有脱壳或凸凹不平，其环缝和纵缝应搭接或咬口，缝口应朝下，用自攻螺钉紧固时，不得刺破防潮层。螺钉间距不应大于 200mm，保护层端头应封闭。

15.3.3 管道保温结构形式与施工方法

保温层的施工方法主要取决于保温材料的形状和特性，常用的保温方法有以下几种形式。

（1）涂抹式结构 涂抹式结构如图 15-2a 所示。涂抹式结构的施工方法是将石棉硅藻土或碳酸石棉粉用水泥调成胶泥，然后将这种胶泥涂抹在已刷过两道防锈漆的管道上，涂抹前可先在管道上抹一层六级石棉和水调制成的胶泥作底层，厚度约为 5mm，用以增大保温材料与管壁的黏结力，干燥后再涂抹保温材料。每层保温材料的涂抹厚度为 10~15mm。等前一层干燥后再涂抹后一层，直到需要的保温厚度为止。

在直立管段保温时，为防止保温层下坠，应先在管段上焊接支承环，再涂抹保温材料。支承环由 2~4 块宽度与保温层厚度相等的扁钢组成，当管径小于 150mm 时，也可以在管道上捆扎几道钢丝代替扁钢支承环。支承环的间距为 2~4m。

涂抹式保温层的施工应在环境温度高于 0℃ 的情况下进行，为加速干燥，可在管内通入温度不高于 150℃ 的热介质。

（2）装配式结构 装配式保温结构如图 15-2b 所示。先将保温材料（泡沫混凝土/硅藻土或石棉蛭石等）预制成扇形块状，围抱管道圆周的预制件块数，最多不应超过八块。块数应取偶数，以便于使横的接缝相互错开。如保温层厚度较大，预制件可做成双层结构，也可以用泡沫塑料/矿渣棉和玻璃棉制成管壳形保温层。

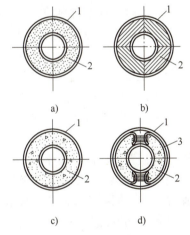

图 15-2 管道绝热结构
a) 涂抹式
1—保护壳 2—保温层
b) 装配式
1—保护壳 2—预制件
c) 缠包式
1—保护壳 2—保温层
d) 填充式
1—保护壳 2—保温材料 3—支撑环

将预制件装配到管道上之前，先在管壁上涂两层防锈漆，再涂敷一层 5mm 厚的石棉硅藻土或碳酸镁石棉粉胶泥。如果用矿渣棉或玻璃棉管壳保温，则可以不抹胶泥。

预制件装配时，横向接缝和双层构件的纵向接缝，应当相互错开，接缝用石棉硅藻土胶泥填实。当保温层外径小于 200mm 时。在保温层预制件的外面，用 $\phi 1 \sim \phi 2mm$ 镀锌铁丝捆扎，间距为预制件长度的 1/2，但不应超过 300mm，并应使每块预制件至少捆扎两处。当保温层外径大于 200mm 时，应在保温层预制件外面用网格 30mm×30mm～50mm×50mm 的镀锌钢丝网捆扎。

（3）缠包式结构（图 15-2c）　缠包式保温用矿渣棉毡或玻璃棉毡作为保温材料。施工时，先按管子的外圆周长加上搭接宽度，把矿渣棉毡或玻璃棉毡剪成适当的条块，再把这种条块缠包在已涂刷过两道防锈漆的管子上。包裹时应将棉毡压紧，使矿渣棉毡的密度不小于 $150kg/m^3$，玻璃棉毡的密度不小于 $130kg/m^3$，以减少它们在运行期间的压缩变形。如果一层棉毡的厚度达不到规定的保温厚度时，可以使用两层或三层棉毡分层缠包。

棉毡的横向接缝必须紧密结合，如有缝隙应用矿渣棉或玻璃棉填塞，棉毡的纵向接缝应放在管子的顶部，搭接宽度为 50～300mm，可根据保温层外径的大小确定。保温层外径小于 500mm 时，棉毡外面用直径 1～1.4mm 的镀锌钢丝捆扎，间距为 150～200mm。保温层外径大于 500mm 时，除用镀锌钢丝捆扎外，还应用网孔 30mm×30mm 的镀锌钢丝网包扎。

（4）填充式结构　填充式结构是矿渣棉，玻璃棉式泡沫混凝土等保温材料，填充在管子周围的特殊套子式钢丝网中，如图 15-2d 所示。这种保温结构要用大量支承环，制作耗费时间。施工时，保温材料的粉沫飞扬，影响操作人员的身体健康，因此在热力管道保温中采用较少，常用于制冷管道的保温。此外，铝管道多采用填充式保温结构，支承环焊接到支承角钢上。

（5）浇灌式结构　浇灌式结构用于不通行地沟内或无沟地下敷设的热力管道，分为有模浇灌和无模浇灌两种。浇灌用的保温材料大多用泡沫混凝土。浇灌前，须先在管子的防锈漆面上涂抹一层润滑油，以保证管子的自由伸缩。

（6）阀门的保温结构　阀门的保温结构有涂抹式或捆扎式两种形式。涂抹式保温是将湿保温材料直接涂抹在阀体上。所有的保温材料及涂抹方法与管道保温相同。在保温层的外面，用网孔为 50mm×50mm 的镀锌钢丝网覆盖，钢丝网外面涂抹石棉水泥保护壳，做法与管道保温相同。捆扎式保温是用玻璃丝布或石棉布缝制成软垫，内填装玻璃棉或矿渣棉，填装保温材料后的软垫厚度等于所需保温层的厚度。施工时将这种软垫包在阀体上，外面用 $\phi 1 \sim \phi 1.6mm$ 的镀锌钢丝或直径为 3～10mm 的玻璃纤维绳捆扎。

15.3.4　防潮层施工

目前作防潮层的材料有两种：一种是以沥青为主的防潮材料，另一种是以聚乙烯薄膜作防潮材料。

以沥青为主体材料的防潮层有两种结构和施工方法。一种是用沥青或沥青玛蹄脂粘沥青油毡；另一种是以玻璃丝作胎料，两面涂刷沥青或沥青玛蹄脂。沥青油毡因其过分卷折会断裂，只能用于平面或较大直径管道的防潮。而玻璃丝布能用于任意形状的粘贴，故应用广泛。

以聚乙烯薄膜作防潮层是直接将薄膜用黏结剂粘贴在保温层的表面，施工方便。但由于黏结剂价格比较贵，此法应用尚不广泛。

以沥青为主的防潮层方式是先将材料剪裁下来，对于油毡，多采用单块包裹法施工，因此油毡剪裁的长度为保温层外圆周长加搭接宽度（搭接宽度一般为 30~50mm）。对于玻璃丝布，一般采用缠包法施工，即以螺旋状缠包于管道或设备的保温层外面，因此需将玻璃丝剪成条状，其宽度视保温层直径的大小而定。

缠包防潮层时，应自下而上的进行，先在保温层上涂刷一层 1.5~2mm 厚的沥青或沥青玛蹄脂（如果采用的保温材料不易涂上沥青或沥青玛蹄脂，可先在保温层上缠包一层玻璃丝布，再进行涂刷），再将油毡或玻璃丝布缠包到保温层的外面。纵向接缝应设在管道的侧面，并且接头应接平，不得刺破防潮层。缠包玻璃丝布时，搭接宽度为 10~20mm，缠包时应边缠边拉紧边整平，缠至布头时用镀锌钢丝扎紧。油毡或玻璃丝布缠包好后，最后在上面刷一层 2~3mm 厚的沥青或沥青玛蹄脂。

15.3.5 保护层施工

用作保护层的材料很多，使用时应随使用的地点和所处的条件经技术经济比较后决定。材料不同，其结构和施工方法亦不同。保护层常用的材料和形式有沥青油毡和玻璃丝布构成的保护层、单独用玻璃丝布缠包的保护层、石棉石膏或石棉水泥保护层、金属薄板保护壳等。

1. 沥青油毡和玻璃丝布构成的保护层

先将沥青油毡按保温层或加上防潮层厚度加搭接长度（搭接长度一般为 50mm）剪裁成块状，然后将油毡包裹到管道上，外面用镀锌钢丝捆扎，其间距为 250~300mm。包裹油毡时，应自下而上进行，油毡的纵横向搭接长度为 50mm，纵向搭接应用沥青或沥青玛蹄脂封口，纵向接缝应设在管道的侧面，并且接口向下。油毡包裹在管道上后，外面将购置的或剪裁下来的带状玻璃丝布以螺旋状缠包到油毡的外面。每圈搭接的宽度为条带的 1/2~1/3，开头处应缠包两圈后再以螺旋状向前缠包，起点和终点都应用镀锌钢丝捆扎，且不得少于两圈。缠包后的玻璃丝布应平整无皱纹、气泡，且松紧适当。

油毡和玻璃丝布构成的保护层一般用于室外敷设的管道，玻璃丝布表面根据需要还应涂刷一层耐气候变化的涂料。

2. 单独用玻璃丝布缠包的保护层

单独用玻璃丝布缠包于保护层或防潮层外面作保护层的施工方法同前，多用于室内不易碰撞的管道。对于未设防潮层而又处于潮湿空气中的管道，为防止保温材料受潮，可先在保温层上涂刷一层沥青或沥青玛蹄脂，再将玻璃丝布缠包在管道上。

3. 石棉石膏或石棉水泥保护层

施工时，先将石棉石膏或石棉水泥按一定的比例用水调配成胶泥，如果保温层（或防潮层）的外径小于 200mm，则将调配的胶泥直接涂抹在保温层或防潮层上；如果其外径大于或等于 200mm，还应在保温层或防潮层外先用镀锌钢丝网包裹加强，并用镀锌钢丝将网的纵向接缝处缝合拉紧，然后将胶泥涂抹在镀锌钢丝网的外面。当保温层或防潮层的外径小于或等于 500mm 时，保护层的厚度为 10mm；大于 500mm 时，厚度为 15mm。

涂抹保护层时，一般分两次进行。第一次粗抹，第二次精抹。粗抹的厚度为设计厚度的 1/2 左右，胶泥用干一些，待粗抹的胶泥凝固稍干后，再进行第二次精抹。精抹的胶泥应适当稀一些，精抹必须保证厚度符合设计要求，且表面光滑平整，不得有明显的裂纹。

石棉石膏或石棉水泥保护层一般用于室外及有防火要求的非矿纤维材料保温的管道。为防止保护层在冷热应力的影响下产生裂缝，可在趁第二遍涂抹的胶泥未干时将玻璃丝布以螺旋状在保护层上缠包一遍，搭接的宽度可为 10mm。保护层干后则玻璃丝布与干胶泥结成一体。

4. 金属薄板保护壳

作保温结构保护壳的金属薄板一般为镀锌薄钢板（俗称白铁皮）、镀锡低碳薄钢板（俗称黑铁皮）和铝箔、不锈钢箔等。其厚度根据保护层直径而定，一般保护层直径小于或等于 1000mm 时，厚度为 0.5mm；直径大于 1000mm 时，厚度为 0.8mm。

金属薄板保护壳应事先根据使用对象的形状和连接方式用手工或机械加工好，然后才能安装到保温层或防潮层表面上。

金属薄板加工成保护壳后，凡用黑铁皮制作的保护壳应在内外表面涂刷一层防锈后方可进行安装。安装保护壳时，应将其紧贴在保温层或防潮层上，纵横向接口搭接量一般为 30~40mm，所有接缝必须有利于雨水排除，纵向接缝应尽量在背视线一侧，接缝一般用自攻螺钉固定，其间距为 200mm 左右。用自攻螺钉固定时，应先用手提式电钻用 0.8 倍螺钉直径的钻头，禁止用冲孔或其他方式打孔。安装有防潮层的金属保护壳时，则不能用自攻螺钉固定，可用镀锌钢丝包扎固定，以防止自攻螺钉刺破防潮层。

金属保护壳因其价格较贵，并耗用钢材，仅用于部分室外管道及室内容易碰撞的管道，以及有防火、美观等要求的地方。

热力管道常用的几种保温结构及热损耗见表 15-9~表 15-13。

热力管道常用保温结构构造见表 15-14。

每 100 延米管道保温工程量计算见表 15-15。室外架空管道保温层厚度选用见表 15-16。

表 15-9 泡沫混凝土保温结构及热损耗

管径	室外架空管道				室内架空，通行，半通行地沟				不通行地沟			
	运行温度				运行温度				运行温度			
	<100℃①		100~200℃		<100℃		100~200℃		<100℃		100~200℃	
	保温层厚度/mm	热损失/[W/(m·K)]	保温层厚度/mm	热损失/[W/(m·K)]	保温层厚度/mm	热损失/[W/(m·K)]	保温层厚度/mm	热损失/[W/(m·K)]	保温层厚度/mm	热损失/[W/(m·K)]	保温层厚度/mm	热损失/[W/(m·K)]
DN15	35	0.56	50	0.51	35	0.55	40	0.55	35	0.52	35	0.59
DN20	35	0.60	55	0.56	35	0.59	45	0.58	35	0.59	40	0.60
DN25	35	0.69	60	0.60	35	0.66	50	0.63	35	0.66	45	0.65
DN32	40	0.74	65	0.64	35	0.76	55	0.67	35	0.76	45	0.74
DN40	40	0.80	65	0.70	35	0.81	55	0.72	35	0.81	50	0.76
DN50	40	0.90	70	0.76	35	0.88	60	0.77	35	0.90	50	0.87
DN65	45	0.98	70	0.85	35	1.07	65	0.86	35	1.06	55	0.92
DN80	45	1.15	75	0.92	35	1.22	70	0.93	35	1.21	60	1.00

（续）

管径	室外架空管道 运行温度 <100℃①		100~200℃		室内架空，通行，半通行地沟 运行温度 <100℃		100~200℃		不通行地沟 运行温度 <100℃		100~200℃	
	保温层厚度/mm	热损失/[W/(m·K)]	保温层厚度/mm	热损失/[W/(m·K)]	保温层厚度/mm	热损失/[W/(m·K)]	保温层厚度/mm	热损失/[W/(m·K)]	保温层厚度/mm	热损失/[W/(m·K)]	保温层厚度/mm	热损失/[W/(m·K)]
DN100	50	1.14	85	0.99	40	1.28	75	1.00	35	1.38	65	1.09
DN125	55	1.31	90	0.60	45	1.41	80	1.00	40	1.50	70	1.20
DN150	60	1.41	95	1.16	45	1.59	85	1.21	45	1.59	75	1.30
DN200	65	1.71	100	1.41	50	1.93	90	1.47	45	2.06	80	1.59
DN250	70	1.29	105	1.58	65	2.13	100	1.60	50	2.27	85	1.78
DN300	70	2.29	110	1.76	60	1.31	105	1.78	50	2.61	85	2.05
DN350	75	2.67	115	1.90	65	2.51	110	1.92	55	2.99	90	2.20
DN400	80	2.50	120	2.02	70	2.63	115	1.98	55	3.08	90	2.35

① 指介质运行温度。

表 15-10　硅藻土制品保温及热损耗

管径	室外架空管道 运行温度 <100℃①		100~200℃		室内架空，通行，半通行地沟 运行温度 <100℃		100~200℃		不通行地沟 运行温度 <100℃		100~200℃	
	保温层厚度/mm	热损失/[W/(m·K)]	保温层厚度/mm	热损失/[W/(m·K)]	保温层厚度/mm	热损失/[W/(m·K)]	保温层厚度/mm	热损失/[W/(m·K)]	保温层厚度/mm	热损失/[W/(m·K)]	保温层厚度/mm	热损失/[W/(m·K)]
DN15	35	0.47	40	0.47	35	0.45	35	0.28	35	0.44	35	0.49
DN20	35	0.51	40	0.51	35	0.50	35	0.53	35	0.49	35	0.52
DN25	35	0.58	45	0.55	35	0.57	40	0.56	35	0.56	35	1.16
DN32	35	0.66	50	0.59	35	0.65	45	0.60	35	0.64	40	0.63
DN40	35	0.71	50	0.64	35	0.70	45	0.65	35	0.69	40	0.69
DN50	35	0.80	55	0.67	35	0.78	45	0.72	35	0.77	45	0.72
DN65	40	0.87	55	0.78	35	0.95	50	0.79	35	0.92	45	0.83
DN80	40	1.00	55	0.90	35	1.05	50	0.91	35	1.01	50	0.90
DN100	40	1.15	60	0.95	35	1.28	55	0.98	35	1.22	55	0.98
DN125	45	1.24	65	1.06	40	1.38	60	1.10	35	1.45	60	1.08
DN150	45	1.42	70	1.15	40	1.44	60	1.22	35	1.63	60	1.22
DN200	45	1.84	75	1.38	70	1.86	65	1.47	35	2.09	65	1.47
DN250	50	2.02	80	1.56	45	2.05	70	1.64	35	2.44	70	1.65
DN300	50	2.33	80	1.78	45	2.37	70	1.91	35	2.85	70	1.90
DN350	50	2.65	80	2.05	45	2.67	75	2.07	35	3.26	75	2.01
DN400	55	2.73	85	2.09	45	2.95	75	2.15	35	3.61	75	2.26

① 指介质运行温度。

表 15-11 矿渣棉制品保温及热损耗

管径	室外架空管道				室内架空，通行，半通行地沟				不通行地沟			
	<100℃[①]		100~200℃		<100℃		100~200℃		<100℃		100~200℃	
	保温层厚度/mm	热损失/[W/(m·K)]	保温层厚度/mm	热损失/[W/(m·K)]	保温层厚度/mm	热损失/[W/(m·K)]	保温层厚度/mm	热损失/[W/(m·K)]	保温层厚度/mm	热损失/[W/(m·K)]	保温层厚度/mm	热损失/[W/(m·K)]
DN15	40	0.21	45	0.22	30	0.23	45	0.21	30	0.22	40	0.22
DN20	40	0.23	45	0.24	30	0.27	45	0.23	30	0.26	40	0.26
DN25	40	0.26	50	0.27	35	0.27	45	0.29	30	0.29	45	0.26
DN32	40	0.30	55	0.27	35	0.31	50	0.30	35	0.30	50	0.29
DN40	40	0.33	55	0.30	40	0.31	50	0.31	35	0.34	50	0.30
DN50	45	0.34	60	0.31	45	0.33	55	0.33	40	0.36	50	0.34
DN65	50	0.37	60	0.36	45	0.38	60	0.35	40	0.42	55	0.37
DN80	50	0.42	60	0.42	45	0.43	60	0.41	40	0.45	60	0.40
DN100	50	0.49	70	0.43	45	0.51	65	0.44	40	0.55	60	0.47
DN125	55	0.56	70	0.50	50	0.55	70	0.48	40	0.65	65	0.51
DN150	55	0.60	70	0.56	50	0.63	70	0.55	45	0.67	70	0.53
DN200	60	0.76	80	0.65	55	0.77	80	0.64	50	0.81	70	0.70
DN250	65	0.83	85	0.73	60	0.87	80	0.76	50	0.98	70	0.88
DN300	65	0.95	90	0.81	60	1.00	80	0.87	55	1.05	75	0.98
DN350	65	1.07	90	0.91	60	1.12	80	1.00	55	1.21	75	1.02
DN400	70	1.13	90	1.04	60	1.27	85	1.05	55	1.33	80	1.10

① 指介质运行温度。

表 15-12 石棉硅藻土胶泥保温及热损耗

管径	室外架空管道				室内架空，通行，半通行地沟				不通行地沟			
	<100℃[①]		100~200℃		<100℃		100~200℃		<100℃		100~200℃	
	保温层厚度/mm	热损失/[W/(m·K)]	保温层厚度/mm	热损失/[W/(m·K)]	保温层厚度/mm	热损失/[W/(m·K)]	保温层厚度/mm	热损失/[W/(m·K)]	保温层厚度/mm	热损失/[W/(m·K)]	保温层厚度/mm	热损失/[W/(m·K)]
DN15	25	0.67	45	0.56	15	0.72	35	0.58	15	0.72	35	0.58
DN20	25	0.77	45	0.63	15	0.81	35	0.65	15	0.81	35	0.65
DN25	30	0.80	50	0.67	20	0.86	40	0.70	15	0.94	40	0.69
DN32	35	0.86	55	0.76	25	0.91	45	0.76	20	0.98	45	0.76
DN40	35	0.90	55	0.77	25	0.99	45	0.81	20	1.07	45	0.80
DN50	35	1.02	60	0.83	30	1.02	50	0.86	20	1.21	50	0.87
DN65	40	1.13	60	0.95	30	1.20	50	0.99	25	1.27	50	0.99
DN80	40	1.19	65	1.04	35	1.28	55	1.07	25	1.48	55	1.07

（续）

管径	室外架空管道 <100℃[①]		100~200℃		室内架空，通行，半通行地沟 <100℃		100~200℃		不通行地沟 <100℃		100~200℃	
	保温层厚度/mm	热损失/[W/(m·K)]	保温层厚度/mm	热损失/[W/(m·K)]	保温层厚度/mm	热损失/[W/(m·K)]	保温层厚度/mm	热损失/[W/(m·K)]	保温层厚度/mm	热损失/[W/(m·K)]	保温层厚度/mm	热损失/[W/(m·K)]
DN100	45	1.40	70	1.13	40	1.37	60	1.22	25	1.73	60	1.15
DN125	50	1.52	75	1.24	45	1.51	65	1.28	30	1.85	65	1.27
DN150	50	1.74	75	1.41	45	1.77	65	1.45	30	2.15	65	1.44
DN200	55	2.11	80	1.70	45	2.22	70	1.77	30	2.99	70	1.76
DN250	60	2.30	85	1.90	50	2.44	75	1.98	35	2.99	75	2.20
DN300	60	2.65	85	2.19	50	2.80	75	2.29	35	3.44	75	2.26
DN350	60	3.00	90	2.38	50	3.19	80	2.58	35	3.91	80	2.56
DN400	65	3.16	95	2.54	50	3.50	85	2.60	35	4.43	80	2.70

① 指介质运行温度。

表 15-13　玻璃纤维制品保温及热损耗

管径	室外架空管道 <100℃[①]		100~200℃		室内架空，通行，半通行地沟 <100℃		100~200℃		不通行地沟 <100℃		100~200℃	
	保温层厚度/mm	热损失/[W/(m·K)]	保温层厚度/mm	热损失/[W/(m·K)]	保温层厚度/mm	热损失/[W/(m·K)]	保温层厚度/mm	热损失/[W/(m·K)]	保温层厚度/mm	热损失/[W/(m·K)]	保温层厚度/mm	热损失/[W/(m·K)]
DN15	30	0.26	40	0.23	30	0.23	40	0.21	20	0.27	40	0.22
DN20	30	0.27	40	0.26	30	0.26	40	0.24	25	0.29	40	0.24
DN25	35	0.28	50	0.25	30	0.29	50	0.26	30	0.28	40	0.28
DN32	40	0.29	50	0.29	30	0.34	50	0.28	30	0.32	45	0.30
DN40	40	0.31	50	0.31	35	0.34	50	0.30	30	0.36	45	0.33
DN50	40	0.36	55	0.33	40	0.35	50	0.34	35	0.37	45	0.37
DN65	45	0.40	55	0.41	40	0.42	55	0.37	35	0.43	45	0.42
DN80	45	0.45	60	0.41	40	0.49	60	0.40	35	0.49	50	0.48
DN100	50	0.48	65	0.44	40	0.55	60	0.48	40	0.53	60	0.47
DN125	50	0.55	65	0.52	45	0.59	60	0.53	40	0.64	60	0.52
DN150	50	0.65	65	0.59	50	0.64	65	0.58	40	0.74	60	0.62
DN200	55	0.80	70	0.71	50	0.81	70	0.70	45	0.97	65	0.73
DN250	60	0.87	80	0.77	50	0.98	70	0.86	45	1.04	70	0.86
DN300	60	1.02	80	0.88	50	1.14	80	0.86	50	1.13	70	0.99
DN350	60	1.16	80	1.00	55	1.21	80	0.98	50	1.28	75	1.01
DN400	60	1.28	80	1.12	55	1.36	80	1.09	50	1.40	75	1.23

① 指介质运行温度。

表 15-14　热力管道常用保温结构构造

保温制品类别	泡沫混凝土制件						硅藻土制件						石棉硅藻土胶泥材料						矿渣棉制品						玻璃纤维制品					
管道安装类型及形式	室外架空		室内架空、通行、半通行地沟		不通行地沟		室外架空		室内架空、通行、半通行地沟		不通行地沟		室外架空		室内架空、通行、半通行地沟		不通行地沟		室外架空		室内架空、通行、半通行地沟		不通行地沟		室外架空		室内架空、通行、半通行地沟		不通行地沟	
顺序及保温材料品类	甲型	乙型	甲型	乙型	甲型	乙型	甲型	乙型	甲型	乙型	甲型	乙型	甲型	乙型	甲型	乙型	甲型	乙型	甲型	乙型	甲型	乙型	甲型	乙型	甲型	乙型	甲型	乙型	甲型	乙型
防锈漆																														
3～5mm 石棉硅藻土																														
泡沫混凝土构件																														
硅藻土构件																														
石棉硅藻土胶泥层																														
矿渣棉毡																														
矿渣棉壳																														
玻璃棉毡																														
玻璃棉壳																														
$\phi1$～$\phi1.6$mm 镀锌钢丝																														
方格钢丝网																														
$\phi1$～$\phi1.6$mm 镀锌钢丝																														
$\delta1$～$\delta1.2$mm 硬纸板																														
350 号石棉沥青毡																														
$\phi1$～$\phi1.6$mm 镀锌钢丝																														
管道包扎布																														
$\phi1$mm 镀锌钢丝																														
冷底子油																														
两层 V 号沥青																														
石棉水泥护壳																														
表面色漆两层																														
醇酸树脂漆两遍																														

注：1. 方格钢丝网一般当保温外径小于 200mm 时不采用。当采用玻璃棉毡或矿渣棉毡时，其外径小于 500mm 时不用。

2. 通行及半通行地沟中保温层外的石棉水泥保护壳或保护层应按不通行地沟中的结构施工。

3. 冷底子油的成分比例为沥青：汽油（质量比）＝1：3。

4. 表面色漆可用一般油漆或硅酸盐颜料，油漆可采用瓷漆或调和漆、铅油。硅酸盐颜料应与水玻璃调制而成。

5. 一般情况下宜采用甲型。

表 15-15　每 100 延米管道保温工程量计算

保温层厚度/mm	管道外径/mm														
	22	28	32	38	45	57	73	89	108	133	159	219	273	325	377	426	478
20	0.26	0.30	0.34	0.40	0.43	0.48	0.58	0.69	0.80	0.96	1.12	1.50	1.84	2.17	2.49	2.80	3.13
25	0.36	0.41	0.46	0.53	0.57	0.64	0.77	0.89	1.04	1.24	1.44	1.92	2.34	2.75	3.16	3.54	3.95
30	0.49	0.54	0.60	0.69	0.73	0.82	0.97	1.12	1.30	1.54	1.78	2.35	2.85	3.34	3.83	4.30	4.79
35	0.63	0.68	0.76	0.86	0.91	1.01	1.19	1.36	1.57	1.85	2.13	2.79	3.38	3.96	4.53	5.07	5.64
40	0.78	0.84	0.93	1.04	1.11	1.22	1.42	1.62	1.86	2.17	2.50	3.25	3.93	4.58	5.24	5.85	6.51
45	0.95	1.02	1.12	1.24	1.31	1.44	1.67	1.89	2.16	2.52	2.88	3.73	4.49	5.23	5.96	6.66	7.39
50	1.13	1.21	1.32	1.46	1.54	1.68	1.93	2.18	2.48	2.87	3.28	4.22	5.07	5.89	6.70	7.47	8.29
55	1.33	1.42	1.54	1.69	1.78	1.93	2.21	2.49	2.82	3.25	3.70	4.73	5.66	6.56	7.46	8.31	9.20
60	1.54	1.64	1.77	1.94	2.03	2.20	2.51	2.81	3.17	3.64	4.13	5.26	6.27	7.25	8.23	9.16	10.1
65	1.78	1.88	2.02	2.20	2.31	2.49	2.82	3.14	3.53	4.04	4.57	5.80	6.90	7.96	9.02	10.0	11.1
70	2.02	2.13	2.29	2.48	2.59	2.79	3.14	3.49	3.91	4.46	5.03	6.35	7.54	8.68	9.83	10.9	12.1
75	2.28	2.40	2.57	2.78	2.90	3.11	3.49	3.86	4.31	4.90	5.51	6.92	8.20	9.42	10.6	11.8	13.0
80		2.69	2.86	3.09	3.21	3.44	3.84	4.25	4.72	5.35	6.00	7.51	8.87	10.2	11.5	12.7	14.0
85			3.18	3.42	3.55	3.79	4.22	4.64	5.15	5.82	6.51	8.11	9.56	10.9	12.3	13.6	15.0
90				3.76	3.90	4.15	4.61	5.06	5.60	6.30	7.04	8.73	10.3	11.7	13.2	14.6	16.1
95						4.53	5.01	5.49	6.06	6.80	7.58	9.37	11.0	12.5	14.1	15.5	17.1
100							5.53	5.93	6.53	7.32	8.13	10.0	11.7	13.4	15.0	16.5	18.2

表 15-16　室外架空管道保温层厚度选用　　　　　　　　　　　　　（单位：mm）

保温材料名称	石棉硅藻土胶泥						矿渣棉制品					
介质温度	全年运行/℃			采暖季节运行/℃			全年运行/℃				采暖季节运行/℃	
管道公称直径	≤100	>100~150	>150~200	>200~250	≤100	>100~150	>150~200	≤100	>100~150	>150~200	>200~250	≤100	>100~150	>150~200
DN15	25	40	45	55	15	20	25	40	40	45	50	20	25	30
DN20	25	40	45	55	15	20	25	40	40	45	50	25	25	30
DN25	30	45	50	60	20	25	30	40	45	50	55	25	30	35
DN32	35	50	55	65	25	30	35	40	45	55	60	25	35	35
DN40	35	50	55	65	25	30	35	40	50	55	60	25	35	40
DN50	35	55	60	70	30	30	35	45	50	60	65	30	35	45
DN65	40	55	60	70	30	35	40	50	55	60	70	30	35	45
DN80	40	60	65	70	30	35	40	50	60	65	70	30	40	45
DN100	45	65	70	75	35	40	45	50	60	70	80	30	40	45
DN125	50	70	75	80	40	45	50	55	65	70	80	30	40	50
DN150	50	70	75	85	40	45	50	55	65	70	80	30	40	50
DN200	55	75	80	90	40	50	55	60	70	80	90	30	50	50
DN250	60	80	85	95	45	55	60	65	70	85	90	30	50	55
DN300	60	80	85	95	45	55	60	65	70	90	95	30	50	55
DN350	60	80	90	100	45	55	60	65	75	90	100	40	50	60

（续）

保温材料名称	石棉硅藻土胶泥							矿渣棉制品						
介质温度	全年运行/℃				采暖季节运行/℃			全年运行/℃				采暖季节运行/℃		
管道公称直径	≤100	>100~150	>150~200	>200~250	≤100	>100~150	>150~200	≤100	>100~150	>150~200	>200~250	≤100	>100~150	>150~200
DN400	65	85	95	105	45	55	60	70	80	90	100	45	50	60
DN450	70	90	100	110	50	60	65	70	80	90	105	45	50	60
DN500	70	90	100	110	50	60	65	70	80	90	105	45	55	60
DN600	70	90	100	115	50	60	65	70	80	95	105	45	55	65
DN700	75	95	105	120	50	60	70	75	90	95	110	50	60	65

复习思考题

1. 管道及金属设备表面易发生哪几种腐蚀现象？它们的危害有哪些？
2. 管道及设备在防腐处理之前，为什么需要进行表面处理？
3. 试述人工除锈、化学除锈、机械除锈及旧涂料表面除锈的操作要点。
4. 试述绝热管道与明装管道及设备在防腐涂料选择上的区别。
5. 管径为 DN150 的热力管网返回水管管道的底色应涂什么颜色？色环什么颜色？其色环宽度多少？
6. 沥青作为防腐材料有哪些特性？
7. 沥青的性质有哪些控制指标？对沥青的性质有什么影响？
8. 如何调制冷底子油？
9. 如何调制沥青玛蹄脂？
10. 为什么说保冷的要求比保温高？
11. 保温的主要目的是什么？有何重要意义？
12. 作为保温材料应具有哪些特点？
13. 常用的保温方法有哪几种形式？试述各种施工方法的操作步骤。
14. 以沥青为主体材料的防潮层有哪两种结构？它们的施工方法是什么？
15. 保护层常用的材料和形式有哪些？

第 4 篇

水工程施工组织与环境保护

第 16 章
水工程施工组织

16.1 概述

随着社会经济的发展和建筑技术的进步,建筑安装工程施工具有生产条件复杂多变、生产周期长、受外界环境干扰大等特点。安装工程施工组织就是针对工程施工的复杂性,研究工程建设的统筹安排与系统管理的客观规律的一门学科,它研究如何按照施工生产的客观规律,运用先进的生产技术、管理方法及当代最先进的施工技术成果,科学地组织和优化工程施工过程中各阶段所使用的人、材料、机械设备等诸多因素,寻求最合理的组织与方法,以保证按期、优质、低耗地完成各项给水排水安装工程任务。

16.1.1 施工组织设计的主要作用

施工组织设计是在充分研究客观情况和特点的基础上制定的。它的作用是全面规划,布置施工生产活动,制定先进合理的技术措施和组织措施,确定经济合理、切实可行的施工方案,节约使用人力、物力、财力,主动调整施工中的薄弱环节,及时处理施工中可能出现的问题,加强各方面的协作配合,保证有节奏地连续施工,高质量、全面地完成施工任务,以使企业以最小的人力、物力和财力,实现最优的经济效果和社会效果。

16.1.2 施工组织设计的任务

施工组织设计的任务就是根据施工图及建设单位对质量、工期要求选择经济合理的施工方案。具体内容如下:

1) 确定工程开工前必须完成的各项施工准备工作。
2) 计算工程量,并据此合理布置施工力量,确定人力、机械、材料的需用量和供应方案。
3) 从施工的全局出发,确定技术先进、经济合理的施工方法和技术组织措施。
4) 选定有效的施工机具和劳动组织。
5) 合理安排施工程序、施工顺序、施工方案,编制施工进度计划。
6) 对施工现场的总平面和空间进行合理的布置,以便统筹利用。
7) 确定各项技术经济建议指标。

16.1.3 编制施工组织设计的原则

为了实现上述施工组织设计任务,充分发挥施工组织设计的作用,在编制过程中,必须遵循以下原则：

1) 认真贯彻党和国家对基本建设的各项方针、政策，严格执行基本建设程序和施工程序，科学安排施工顺序，进行工序排队，在保证工程质量的基础上，加快工程建设速度，缩短工期，根据建设单位计划要求配套地组织施工，以便建设项目交付使用。

2) 严格执行建筑安装工程施工验收规范、施工操作规程，积极采用先进施工技术，确保工程质量和施工安全。

3) 努力贯彻建筑安装工业化的方针，加强系统管理，不断提高施工机械化和预制装配化程度，努力提高劳动生产率。

4) 合理安排施工计划，用统筹方法组织平行流水作业和立体交叉作业，不断加快工程进度。

5) 落实季节性施工措施，确保全年连续，均衡施工。

6) 尽量利用正式工程、原有建筑和设施作为施工临时设施，尽量减小大型临时设施的规模。

7) 积极推行项目法施工，努力提高施工生产水平，一切从实际出发，做好人力、物力的综合平衡，组织均衡施工。

8) 因地制宜，就地取材，尽量利用当地资源，减少物质运输量，节约能源。

9) 精心地进行现场布置，节约施工用地，力争不占或少占耕地，文明施工。

10) 认真进行技术经济比较，选择最优方案，不仅使企业取得最好的经济效益，还产生良好的社会效益。

16.2 施工原始资料的调查分析

16.2.1 施工场所自然条件调查

为顺利地完成施工组织设计任务，在工程施工进场之前应先进行施工场所自然条件的调查研究，调查的主要内容有以下几个方面：

1) 施工场所的气温调查。数据资料包括年平均温度；最冷、最热月的逐月平均温度；一年中，温度小于或等于-3℃、0℃、5℃的天数与起止日期等；冬、夏季室外温度等。气温调查可为日后施工中的防暑降温，冬期施工防护，混凝土、灰浆强度的增长等做好资料准备。

2) 施工场所的降雨调查。数据资料包括雨期起止时间，全年降水量，昼夜最大降水量，冰雪、暴雨、雷雨日数及雷击情况等。降雨调查可为日后雨期施工，工地排水、防洪、防雷击等做好资料准备。

3) 施工场所的地形调查。数据资料包括工程区域地形图、厂址地形图、该区域的城市规划、控制桩与水准点的位置等。地形调查可为日后施工中的施工总平面布置、选择施工用地、现场平整土方量计算、了解障碍物及数量等做好资料准备。

4) 施工场所的地质调查。数据资料包括土质类别及厚度（地质剖面图）；地质的稳定性、滑坡、流沙、冲沟情况；地质物理力学指标，如天然含水率、天然孔隙比、塑性指数、压缩试验情况；最大冰冻深度；地基土破坏情况；土坑、枯井、古墓、地下构筑物等。地质调查可为日后土方施工方法的选择、地基处理方法、基础施工、障碍物的清除计划、复核地基基础设计等做好资料准备。

5) 施工场所的地震调查。数据资料为地震烈度大小。地震调查可为日后施工中的地震对地基的影响及地基施工措施等做好资料准备。

6) 施工场所的地下水调查。数据资料包括最高与最低地下水位及出现的时间，周围地下水水井开发的情况，地下水流向、流速及流量，水质分析，抽水试验等。地下水调查可为日后土方施工、基础施工方案选择、降低地下水位、临时给水、水工工程施工等做好资料准备。

7) 施工场所的地表水调查。数据资料包括临近江、河、湖的距离；洪水、平水与枯水期发生的时间及其水位、流量与航道深度；水质分析等。地表水调查可为日后施工中临时给水、水工工程施工、航运组织等做好资料准备。

8) 施工场所的风调查。数据资料包括主导风向及频率、大于或等于8级风全年的日数及时间等。风调查可为日后施工中布置临时设施、高空作业及吊装措施等做好资料准备。

16.2.2　施工场所交通运输及用水、用电条件的调查

为顺利地完成施工组织设计任务，在工程施工进场之前还应对施工场所道路及用水、用电条件进行调查研究，调查的主要内容有以下几个方面：

1) 公路。了解将主要材料运至工地所经过公路的等级、路面完好程度、允许最大载重量及当地运输能力、效率、运费、装卸费等情况。

2) 航运。了解附近有无可利用的航道；工地至航运河流的距离，道路情况；洪水、平水与枯水期通航船只的吨位，租用船只的可能性；航运费、码头装卸费等情况。

3) 施工用水及排水。了解临时施工用水的方式、接管地点、管径、管材、埋深、水量、水压、水质与供水可靠性及施工排水（含雨水排除）的去向、距离、坡度、有无洪水影响等情况。

4) 施工用电。了解电源位置、引进可能性、允许供电容量、电压、导线截面、保障率、电费、接线地点、至工地的距离、地形地物的情况；是否具备柴油发电的条件；永久电源的现状等情况。

16.2.3　主要设备、材料及特殊物资的调查

主要设备、材料及特殊物资的调查内容见表 16-1。

表 16-1　主要设备、材料及特殊物资的调查内容

项目	内容
设备	1. 主要工艺设备名称及来源 2. 分批和全部到货时间
主要材料	1. 钢材的规格、钢号、数量和到货时间 2. 木材的品种、等级、数量和到货时间 3. 水泥的品种、强度等级、数量和到货时间 4. 管道及其配件的规格、数量和到货时间
特殊材料	1. 需要的品种、规格和数量 2. 试制加工和供应情况

16.3 施工组织设计工作

施工组织设计是指导拟建工程进行施工准备和组织施工的技术经济文件,是施工技术组织工作的重点和加强管理的重要措施。施工组织设计必须在施工前编制。大中型项目还应根据施工总体安排编制分部分项的施工组织设计。

施工组织设计的分类及内容见表16-2。

表16-2 施工组织设计的分类及内容

说明	施工组织总设计	单位工程施工组织设计		分部(分项)工程作业计划
		单位工程施工组织设计	简明单位工程施工组织设计(或施工方案)	
适用范围	大型建筑项目或群体工程,有两个以上的单位工程同时施工	重点的、技术复杂或采用新结构、新工艺的单位工程	结构简单的单位工程或经常施工的标准设计工程	规模较大、技术复杂或有特殊要求的分部(分项)工程
主要内容	1. 工程概况、施工部署及主要工种施工方案 2. 施工总进度计划 3. 分年度的构件、半成品、主要材料、施工机械、劳动力计划 4. 附属项目施工方案 5. 交通、防洪、排水措施 6. 水、电、热、动力用量及解决办法 7. 各种暂设工程数量 8. 施工总平面布置图 9. 土建、安装、机械化施工的分工和协作配合 10. 主要技术、安全措施和冬、雨期施工措施	1. 工程概况及特点 2. 施工程序和施工方案 3. 施工进度计划 4. 主要材料、构件、半成品、设备、施工机具计划 5. 各工种工人需要量计划 6. 施工平面布置图 7. 施工准备工作 8. 冬、雨期施工技术,安全措施	1. 工程特点 2. 施工进度计划 3. 主要施工方法和技术措施 4. 施工平面布置图 5. 材料、半成品、施工机具、劳动力需要量计划	1. 分项工程特点 2. 施工方法,技术措施及操作要求 3. 工序搭接顺序及协作配合要求 4. 工期要求 5. 特殊材料和机具需要量计划

施工组织设计应在组织施工前编制,且应遵循如下原则:

1) 认真贯彻国家对工程建设的各项方针和政策,严格执行建设程序和国家颁布的现行有关规范、标准和规定。

2) 遵守工程施工工艺及其技术规律,坚持合理的施工顺序及施工程序;尽量采用先进的施工工艺和技术,合理确定施工方案,确保工程质量和安全施工;缩短施工工期,降低工程成本。

3) 采用网络计划技术、流水作业原理及系统工程等科学方法,组织有节奏、均衡的施工;合理安排冬、雨期和汛期施工项目,保证全年生产的连续性。

4) 认真执行工厂预制和现场预制相结合的方针，不断提高施工的工业化程度。

5) 扩大机械化施工范围，提高机械化施工程度，充分利用现有机械设备；改善劳动条件，提高劳动生产率。

6) 充分利用现有建筑，尽量减少临时设施，合理储存物资，减少物资运输量；科学布置施工平面图，减少施工用地。

16.4 施工现场暂设工程

现场暂设工程一般包括生产性临时设施、工地临时仓库设施、行政和生活福利临时设施、工地临时供水及供电组织和工地运输组织与临时道路等。

1. 生产性临时设施

施工现场生产性临时设施主要有混凝土搅拌站、混凝土预制构件加工厂、钢筋加工车间、模板加工厂、金属结构及铁活加工厂、其他生产辅助设施（变电站、水泵房、空压机房、发电机房等）、机修车间及机械停放场、试验设施等。

工地常用的几种加工厂，如混凝土预制厂、锯木加工厂、模板加工厂、钢筋加工间等的建筑面积 F 可用下式确定

$$F = \frac{KQ}{\alpha S} \tag{16-1}$$

式中　Q——加工总量（m^2、t）；
　　　K——不平衡系数，取 1.3~1.5；
　　　S——每平方米场地日平均产量；
　　　α——场地或建筑面积利用系数，取 0.6~0.7。

混凝土搅拌站的建筑面积 F 可用下式确定

$$F = NA \tag{16-2}$$

式中　N——搅拌机台数（台）；
　　　A——每台搅拌机所需建筑面积（m^2）。

加工厂临时建筑的结构形式，应根据使用期限及当地条件而定。使用年限较短时，一般可采用竹木结构简易建筑；使用年限较长时，常采用砖木结构或装拆式活动房屋。

2. 工地临时仓库设施

施工现场所需仓库按其用途可分为以下两类：

1) 中心仓库（总仓库）：储存整个建筑工地或区域型建筑企业所需材料及需要整理配套的材料仓库。

2) 现场仓库（或堆场）：为某一在建工程服务的仓库，一般均就近设置。

工地临时仓库组织包括确定材料的储备量、确定仓库面积、进行仓库设计及选择仓库位置等。

3. 行政和生活福利临时设施

确定行政、生活福利临时设施，应尽量利用施工现场及其附近的原有房屋，或提前修建可资利用的永久性工程为施工生产服务，不足部分再修建临时房屋。修建临时建筑的面积主要取决于建设工程的施工人数。

第 16 章　水工程施工组织

临时建筑的设计，应遵循节约、适用和装拆方便的原则，按照当地的气候条件、工程施工工期的长短确定结构形式。

4. 工地临时供水组织

工地临时供水组织主要包括需水量的确定、水源的选择及临时给水系统的建设等。

需水量由施工生产用水量、施工机械用水量、现场生活用水量、生活区生活用水量及消防用水量几部分组成。

施工现场临时供水水源应尽量利用附近现有给水管网，仅当施工现场附近缺少现成的给水管线，或无法利用时，才另选地面水或地下水等天然水源。

临时给水系统根据需水量、扬程选取水泵，确定管径尺寸，选择管材。管网可敷设成枝状、环状或混合状管网。原则是保证不间断供水，使管道敷设最短。

5. 工地临时供电组织

施工现场临时供电组织主要包括计算用电量、选择电源、确定变压器、布置配电线路及确定导线面积等。

6. 工地运输组织与临时道路

工地范围内的运输均由施工单位自行组织。工地运输组织主要包括确定运输量、选择运输方式、计算运输工具需用量、设计和敷设工地临时道路。

16.5　流水作业法

16.5.1　流水作业

在组织多幢同类型房屋或一幢房屋的给水排水安装工程时，可分成若干个施工区段进行施工，可以采用依次施工、平行施工和流水作业三种组织施工方式。其特点是使生产过程具有连续性和均衡性。

1. 依次施工组织方式

依次施工是将拟建工程项目的整个施工过程分解成若干个施工过程，按照一定的施工顺序，前一个施工过程完成后，后一个施工过程才开始施工，或前一个工程完成后，后一个工程才开始施工。它是一种基本的、最原始的施工组织方式。

例如：要进行四栋相同的建筑物卫生"三大件"（浴盆、洗脸盆、坐式大便器）的安装，其编号为一、二、三、四，它们的安装工程量都相等，而且都是由搬运、安装、试水等三个施工过程组成，每个施工过程的施工天数均为5d。其中，搬运时，工作队由 14 人组成；安装时，工作队由 10 人组成；试水时，工作队由 5 人组成。如按依次施工组织方式安装，施工进度计划如图 16-1 "依次施工"栏所示。

由图 16-1 可以看出，依次施工组织具有以下特点：

1）由于没有充分利用工作面去争取时间，所以工期长。
2）工作队及工人不能连续作业。
3）工作队不能实现专业化施工，不利于改进工作队的操作方法和施工机具，不利于提高工程质量和劳动生产率。
4）单位时间内投入的资源比较少，有利于资源供应的组织工作。

工程编号	分项工程名称	人数	天数	施工进度/d																			
				5	10	15	20	25	30	35	40	45	50	55	60	5	10	15	5	10	15	20	25	30
一	搬运	14	5	—												—			—					
	安装	10	5		—												—			—				
	试水	5	5			—												—			—			
二	搬运	14	5				—									—					—			
	安装	10	5					—									—					—		
	试水	5	5						—									—					—	
三	搬运	14	5							—						—							—	
	安装	10	5								—						—							—
	试水	5	5									—						—						—
四	搬运	14	5										—			—								—
	安装	10	5											—			—							—
	试水	5	5												—			—						—
施工组织方式				依次施工												平行施工			流水施工					

图 16-1 施工组织方式

5)施工现场的组织、管理比较简单。

2. 平行施工组织方式

在拟建工程任务十分紧迫、工作面允许及资源保证供应的条件下,可以组织几个相同的工作队,在同一时间、不同的空间上进行施工,这样的施工组织方式称为平行施工组织方式。

在上例中,如果采用平行施工组织方式,施工进度计划如图 16-1 中"平行施工"栏所示。

由图 16-1 可以看出,平行施工组织方式具有以下特点:

1)充分利用了工作面,争取了时间,可以缩短工期。

2)工作队不能实现专业生产,不利于改进工作队的操作方法和施工机具,不利于提高工程质量和劳动生产率。

3)工作队及工人不能连续作业。

4)单位时间内投入的资源成倍增长,现场临时设施也相应增加。

5)施工现场的组织、管理比较复杂。

3. 流水作业组织方式

流水作业组织方式是将拟建工程项目的整个施工过程分解成若干个施工过程,也就是划分成若干工作性质相同的分部、分项工程或工序;同时将拟建工程项目在平面上划分成若干个劳动量大致相等的施工段,在竖向上划分成若干个施工层,按照施工过程分别建立相应的专业工作队;各专业工作队按照一定的施工顺序投入施工,完成第一个施工段上的施工任务后,在专业工作队的人数、使用的机具和材料不变的情况下,依次地、连续地投入到第二、第三……直到最后一个施工段的施工,在规定的时间内,完成同样的施工任务;不同的专业工作队在工作时间上最大限度地合理地搭接起来;当第一施工层各个施工段上的相应施工任务全部完成后,专业工作队依次连续地投入到第二、第三施工层,保证拟建工程项目的施工全过程在时间、空间上有节奏、连续、均衡地进行下去,直到完成全部施工任务。

在上例中,如果采用流水作业组织方式,施工进度计划如图 16-1"流水施工"栏所示。

由图 16-1 可以看出,与依次施工、平行施工相比较,流水作业组织方式具有以下几个特点:

1)科学地利用了工作面,争取了时间,工期比较合理。

2）工作队及其工人实现专业施工，可使工人的操作技术熟练，更好地保证工程质量，提高劳动生产率。

3）工作队及其工人能够连续作业，使相邻的专业工作队之间实现了最大限度合理地搭接。

4）单位时间内投入的资源较为均衡，有利于资源供应的组织工作。

5）为文明施工和进行现场的科学管理创造了有利条件。

16.5.2 流水作业的技术经济效果

流水作业在工艺划分、时间排列和空间布置上的统筹安排，必然会给相应的项目经理部带来显著的经济效果，具体可归纳为以下几点：

1）由于流水作业的连续性，减少了专业工作的间隔时间，达到了缩短工期的目的，可使拟建工程项目尽早竣工，交付使用，发挥投资效益。

2）便于改善劳动组织，改进操作方法和施工机具，有利于提高劳动生产率。

3）专业化的生产可提高工人的技术水平，使工程量相应提高。

4）工人技术水平和劳动生产率的提高，可以减少用工量和施工临设工程建造量，降低工程成本，提高利润水平。

5）可以保证施工机械和劳动力得到充分合理的利用。

6）由于工期短、效率高、用人少、资源消耗均衡，可以减少现场管理费和物资消耗，实现合理储存与供应，有利于提高项目综合经济效益。

16.5.3 流水作业的主要参数

在组织拟建工程项目流水作业时，用以表达流水作业在工艺流程、空间布置和时间排列等方面展开状态的参数称为流水参数。

1. 施工段

为了有效地组织流水作业，在组织安装工程施工时，通常将施工项目在平面上划分若干个劳动量大致相等的施工段落，这些施工段落称为施工段。施工段是组织流水作业的基础，是基本参数之一。

由于建筑产品生产的单件性，可以说它不适于组织流水作业施工。但是，建筑产品体形庞大的固有特性又为组织流水施工提供了空间条件，可以把一个体形庞大的"单件产品"划分成具有若干个施工段、施工层的"批量产品"，使其满足流水作业的基本要求，在保证工程质量的前提下，为专业工程队确定合理的空间活动范围，使其按流水作业的原理，集中人力和物力，迅速、依次、连续地完成各段的任务，为相邻专业工作队尽早地提供工作面，达到缩短工期的目的。

施工段数要适当，过多势必会减少工人数而延长工期；过少又会造成资源供应过分集中，不利于组织流水作业。因此，为了使施工段划分得更科学合理，通常应遵循以下原则：

1）专业工作队在各个施工段上的劳动量要大致相等，其相差幅度不宜超过 10%～15%。

2）对多层或高层建筑物，施工段的数目要满足合理流水施工组织的要求。

3）为了充分发挥工人、主导机械的效率，每个施工段要有足够的工作面，使其所容纳的劳动力人数或机械台数，能满足合理劳动组织的要求。

4）为了保证建筑工程项目的完整性，施工段的分界线应尽可能与自然的界线相一致。

5）对于多层的建筑工程项目，既要划分施工段，又要划分施工层，以保证相应的专业工作队在施工段与施工层之间，组织有节奏、连续、均衡的流水作业。

2. 施工层

在组织流水作业时，为了满足专业工种对施工工艺的要求，将建筑工程项目在竖向上划分为若干个操作层，这些操作层称为施工层。

3. 流水节拍

在组织流水作业时，每个专业工作队在各个施工段上完成相应的施工任务所需要的工作延续时间称为流水节拍。它是流水施工的基本参数之一（用 t 表示）。

当施工段数确定之后，流水节拍的长短对总工期也起一定的影响。若流水节拍长，则工期相应的也长。因此，流水节拍越短越好。但是，实际上由于工作面的限制，也就有着一定的界限。每一种施工过程的最短流水节拍可用下式求得

$$最短流水节拍 = \frac{每个工人所需最小工作面 \times 单位工作面所含工程量}{定量定额} \quad (16-3)$$

式（16-3）说明最短流水节拍与工作面、单位工作面中的工程量及产量定额有关，而与施工段的大小无关。当式（16-3）所求出的最短流水节拍不是整数时，为工作方便可以用 0.5d 的倍数。

4. 流水步距

在组织流水施工时，相邻两个专业工作队在保证施工顺序，满足连续施工、最大限度搭接和保证工程质量要求的条件下，相继投入施工的最短时间间隔，称之为流水步距（用 K 表示）。

流水步距的大小对工期起着很大的影响。在施工段不变的条件下，流水步距大，工期就长；流水步距小，工期就短。流水步距一般至少应为一个工作班或半个工作班，正确的流水步距应该是与流水节拍保持着一定的关系。确定流水步距的原则如下：

1）流水步距要满足相邻两个专业工作队在施工顺序上的相互制约关系。
2）流水步距要保证各专业工作队都能连续作业。
3）流水步距要保证相邻两个专业工作队在开工时间上最大限度合理地搭接。
4）流水步距的确定要保证工程质量，满足安全生产要求。

5. 平行搭接时间

在组织流水施工时，有时为了缩短工期，在工作面允许的条件下，前一个专业工作队完成部分施工任务后，提前为后一个专业工作队提供工作面，使后者提前进入前一个施工段，两者在同一施工段上平行搭接施工，这个搭接的时间称为平行搭接时间。

6. 技术间歇时间

在组织流水施工时，除要考虑相邻专业工作队之间的流水步距外，有时根据工艺性质，还要考虑合理的工艺等待间歇时间，这个等待时间称为技术间歇时间。

16.5.4 流水施工组织

流水施工组织按其组织流水作业的方法不同，可分为下列几种形式：

（1）流水段法　将施工对象的所有施工过程分为一样的施工段，使每一个施工段中完成各主要工作量所需劳动量大致相等，组织若干个在工艺上密切联系的工作班组相继投入施工，各工作班组依次不断地从一个施工段转移到另一个施工段，以同样的时间重复完成同样的工作。这种组织施工方法称为流水段法。

（2）流水线法　若干个在工艺上密切联系的工作班组，在一定的工艺上密切联系的工作班组相继投入施工，各工作班组以不变的速度沿着线性工程的长度不断向前移动，完成同样长度的工程。这种组织流水施工的方法称为流水线法。

（3）分别流水法　将设备工艺互相联系的施工过程组成不同的工艺组合，先分别将各工艺组合成为独立的流水，这些流水的参数可能是不相等的，然后将这些流水依次搭接起来，即成为一个设备安装工程流水。这种组织流水的方法称为分别流水法。

16.5.5　工程实例

1. 工程概况

某建筑物平面尺寸约为 16m×9m（围长），最大高度为 91.00m，建筑面积约为 3.98 万 m^2，共 22 层，工程总工期为 365d，即 2023 年 10 月至 2024 年 9 月。

（1）主要工作内容

1）消防系统。该建筑物包括消火栓系统和自动喷水系统。消火栓系统分为高、低两个区，1~9 层为低区，10 层至顶层为高区，高、低区各设两台消火栓系统消防水泵（一用一备），水源取自地下消防水池。10 层设 $18m^3$ 消防水箱，该水箱进水由屋顶（$50m^3$）供给。室内消火栓置于各楼层走道及消防电梯前室；室外消火栓系统安装于楼外，水源取自市政管网。自动喷水灭火系统也分高、低两个区，1~10 层为低区，11 层至顶层为高区，水源取自地下消防水池，高、低区自动喷水灭火系统供水由两台（一用一备）离心式多级双出口泵提供。厨房自动喷水灭火系统喷头采用 93℃ 的高温喷头，其他地方用 68~74℃ 的喷头。

2）给水排水系统。给水排水系统包括生活给水系统、热水系统、生活污水及废水排放系统、雨水排放系统。

生活给水采用水池→水泵→水箱给水方式，地下室设有 $650m^3$ 的生活水池，由两台生活给水泵（一用一备）自水池取水，经两台紫外线消毒器消毒后，送到屋顶水箱（$50m^3$）。顶上 4 层（18~21 层）供水设一套气压给水装置，11~17 层靠策略供应，10 层以下用水则通过水箱减压后供给，减压阀设于 10 层。

热水系统按业主要求，承包方只负责 18~21 层住宅区热水管道的安装。

生活污水及废水排放系统采用分流制。生活污水收集，经化粪池净化后，排放至市政污水管，废水直接排放至市政污水管道；厨房及停车场所排放的含油废水先经隔油池处理后，再排放至市政污水管道。

雨水系统靠重力排放。雨水经雨水斗、明渠、集水井、潜水泵、检查井至雨水管，排至市政雨水管。

（2）工程特点

1）前期准备工作量大。需要确定设备型号，绘制施工图及预留预埋图，因此大量的图样绘制工作需要去做。

2）合同工期紧，必须在保证质量的前提下加快施工进度。

3）施工场地狭小，材料堆场小，施工机械要合理选用与布置。

4）工程配合量大面广。

2. 施工组织

（1）布置原则

1）按交工顺序组织分段施工，根据业主及总包要求，统筹合理安排劳动力、机具。

2）组织配合施工，穿插作业，在前期的预留预埋阶段由有丰富经验的施工人员积极主动配合土建的主体施工。在一次装修时组织穿插相关安装项目施工。同时组织配合土建、安装、装修互创施工条件及成品保护、保证工程总体进度。

3）垂直运输。设备吊装垂直运输由土建统一安排，大型设备垂直运输用土建设置的塔式起重机和卷扬机及吊装平台。塔式起重机无法吊用的设备要另行设置卷扬机或汽车式起重机进行吊运。大型设备在吊运之前要做出详尽计划，提前与土建联系好，由土建统一安排好。如设备到货较晚，可考虑用电梯井吊运设备。

（2）施工组织 建立本工程安装项目经理部、债权处理和施工管理部，公司各部门按质保体系去要求、指导、帮助、检查项目经理部的工作。项目经理部的组成如图 16-2 所示。

（3）施工配合

1）安装各工种之间的配合。

a. 组织各专业工程师熟悉规范及图样，绘制管线综合布局图，根据综合布局图绘制各专业的施工图。各专业本着小管让大管，有压管让无压管的原则进行施工。

b. 设备安装与管道、电气的配合，设备到货后尽快就位，为管道配管与电气接线创造条件。

2）安装与土建的配合。

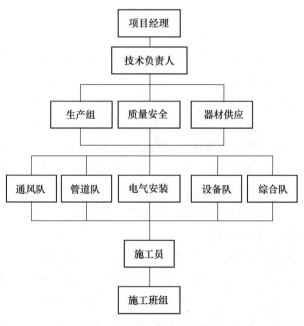

图 16-2 项目经理部的组成

a. 预留预埋配合。预留中若与土建主筋有矛盾时，与土建协商处理。卫生间预留孔洞按洁具位置正确预留。

b. 消防箱按设计位置在墙体砌筑前安装到位，并在墙体上留出管道位置。

c. 成品保护配合。安装施工不得随意在土建墙上打洞时，应与土建协商，确定位置和孔洞大小。安装施工中应注意对墙面、吊顶的保护，避免污染。土建施工人员不得随意搬动已安装好的管道、线路、阀门，未交工前厕所不得使用，磨石地坪作业时不得利用已安装得下水管排泥浆，不得随意取走预埋管道管口的管堵。

3）安装与二次装修的配合。自动喷淋消防系统干管在吊顶龙骨施工前安装。支管安装与系统清洗吹扫应在吊顶封面前进行。吊顶板面留喷头孔，由二次装修配合开孔，封面完工厚再装喷水喷头。

3. 施工方法

1）消防喷水及生活给水、热水系统集中预制，并按各自系统编号，然后集中安装。

2）支架形式及间距按技术规范制作，制作时断管用切割机，钻孔用钻孔机，固定用膨胀螺栓。

3）卫生间支管安装根据卫生间器具位置及由土建给定楼地坪标高基准进行预制，并做出样板间，合格以后再全面展开。

4）竖井内管道安装按每五层为一个作业区，在本作业区的管线施工时，由土建在作业区竖井顶部采取临时封闭措施，防止上部杂物坠落。

5）管道安装完毕，必须进行吹污和试压。试验压力为工作压力的1.5倍，持续时间为12h，以无压降或无渗漏为合格。

6）用清水进行管道冲洗直至彻底清除污物、污油和金属屑，并反复检查过滤器。开始运作之前，用碱性洗涤剂溶液对管道循环清洗。

7）排水管道做闭水（灌水）试验，并及时填写记录。

4. 施工进度计划

业主要求工程365d完成，项目部须通过严密的组织管理和采用先进实用的施工新技术保证工程如期、高质量地交付业主使用。具体安排见表16-3。

表16-3　分包工程进度计划

开始时间：2023年10月1日		竣工时间：2024年9月30日											
	时间	10月	11月	12月	1月	2月	3月	4月	5月	6月	7月	8月	9月
工程项目	施工准备，预留预埋	—	—										
	地下层至4层通风及防排烟系统		—	—	—								
	地下层至4层消防及给排水系统			—	—	—							
	5~8层通风及防排烟系统				—	—	—						
	5~8层消防及给排水系统					—	—	—					
	9~12层通风及防排烟系统						—	—	—				
	9~12层消防及给排水系统							—	—	—			
	13~16层通风及防排烟系统								—	—	—		
	13~16层消防及给排水系统									—	—	—	
	17~20层通风及防排烟系统										—	—	
	17~20层消防及给排水系统										—	—	—
	21~22层通风及防排烟系统											—	—
	21~22层消防及给排水系统												—
	综合调试、交工												—

（1）劳动力需用计划　该安装工程涉及的工种较多，应按月均衡进场施工，具体安排见表16-4。

表 16-4　劳动力需用计划　　　　　　　　　　　　　　　（单位：工日）

时间		10月	11月	12月	1月	2月	3月	4月	5月	6月	7月	8月	9月
工种	管工	4	4	15	30	30	40	40	40	40	30	30	20
	焊工	2	2	5	8	8	10	10	10	10	10	10	6
	起重工				2	2	2	2	2	2	2	2	
	钳工				2	4	4	4	6	6	4	4	6
	油漆工			1	2	4	4	4	4	4	5	5	5
合计		6	6	21	44	48	60	60	62	62	51	51	37

（2）施工机具进场计划　该工程安装工程量大、工期紧，为确保 2024 年 9 月底完工，将以提高机械化作业水平来保证，并做好机械设备调试平衡和设备进场前的维护保养，保证施工用设备按计划进场（施工机具计划表略）。

16.6　网络计划技术

网络计划技术是一种科学的计划管理方法，它的使用价值得到了各国的承认。19 世纪中叶，美国的 Frankford 兵工厂顾问 H. L. Gantt 发表了反映施工与时间关系的甘特（Gantt）进度图表，即现在仍广泛应用的"横道图"。这是最早对施工进度计划安排的科学表达方式。这种表达方式简单明了，容易掌握，便于检查和计算资源需求状况，因而很快地应用于工程进度计划中，并沿用至今。但它在内容上有很多缺点：不能全面准确地反映出各项工作之间相互制约、相互信赖、相互影响的关系；不能反映出整个计划（或工程）中的主次部分，即其中的关键工作；难以对计划做出准确的评价；更重要的是不能应用计算机计算。这些缺点从根本上限制了"横道图"的适应范围。因此，20 世纪 50 年代末，为了适应生产发展和科学研究工作的需要，国外陆续出现了一些计划管理的新方法，大都是采用网络图来表达计划内容，华罗庚教授概括地称其为统筹法。

16.6.1　统筹法

1. 统筹法的基本原理

统筹法是应用网络图形来表达一项计划（或工程）中各项工作的开展顺序及其相互之间的关系，通过对网络计划寻求最优方案，以求在计划执行过程中对计划进行有效的控制和监督，保证合理地使用人力、物力和财力，以最小的消耗取得最大的经济效果。

2. 统筹法的表达形式

统筹法的表达形式是用箭线表示一项工作，工作的名称写在箭线的上面，完成该项工作的时间写在箭线的下面，箭头和箭尾处分别画上圆圈，填入事件编号，箭头和箭尾的两个编号代表着一项工作，如图 16-3a 所示，i—j 代表一项工作，或者用一个圆圈代表一项工作，节点编号写在圆圈上部，工作名称写在圆圈中部，完成该项工作所需要的时间定在圆圈下部，箭线只表示该工作与其他工作的相互关系，如图 16-3b 所示。把一项计划（或工程）的所有工作，根据其开展的先后顺序并考虑其相互制约关系，全部用箭线或圆圈表示，从左向右排列起来，形成一个网状的图形（图 16-4），称为网络图。

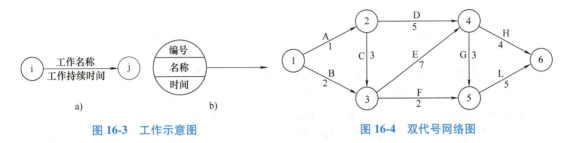

图 16-3　工作示意图　　　　图 16-4　双代号网络图

由于这种方法是建立健全在网络的基础上的，主要用来进行计划与控制，称为网络计划技术。

16.6.2　网络图的组成

双代号网络图由工作、节点、线路三个基本要素组成。

1. 工作（也称过程、活动、工序）

工作就是计划任务按需要粗细程度划分而成的一个消耗时间或也消耗资源的子项目或子任务。它用一根箭线和两个圆圈来表示。工作名称写在箭线的上面，完成工作所需要的时间写在箭线的下面，箭尾表示工作的开始，箭头表示工作的结束。圆圈中的两个号码代表这项工作的名称代号，由于是两个号码表示一项工作，故称为双代号表示法（图 16-5），由双代号表示法构成的网络图称为双代号网络图，如图 16-6 所示。

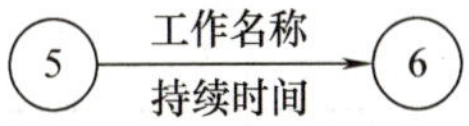

图 16-5　双代号表示法

工作通常可以分为三种：需要同时消耗时间和资源（如管道的敷设）；只消耗时间而不消耗资源（如水压试验）；既不消耗时间，又不消耗资源。前两种是实际存在的工作，后一种是人为的虚设工作，只表示相邻前后工作之间的逻辑关系，通常称其为"虚工作"，以虚箭线或在实箭线下标以"0"表示，如图 16-7 所示。

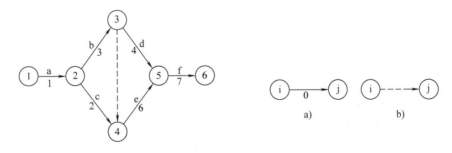

图 16-6　双代号网络图　　　　图 16-7　虚工作表示法

工作箭线的长度和方向，在无时间坐标的网络图中，原则上讲可以任意绘制，但必须满足网络逻辑关系，在有时间坐标的网络图中，箭线长度必须根据完成该项工作所需持续时间的长短按比例绘制。

2. 节点（也称结点、事件）

在网络图中箭线的出发和交汇处画上圆圈，用以标志该圆圈前面一项或若干项工作的结束和允许后面一项或若干项的开始的时间点称为节点。

在网络图中，节点只标志着工作的结束和开始的瞬间，具有承上启下的衔接作用，不需要消耗时间或资源。如图 16-6 中的节点⑤，它只表示 d、e 两项工作的结束时刻，也表示 f 工作的开始时刻。节点的另一个作用如前所述，在网络图中，一项工作用其前后两个节点的编号表示。如图 16-6 中，e 工作用节点"4—5"表示。

表示整个计划开始的节点称为网络图的起点节点，整个计划最终完成的节点称为网络图的终点节点。节点编号由小到大，并且对于每项工作，箭尾的编号一定要小于箭头的编号。

在网络中从起点节点开始，沿箭线方向连续通过一系列箭线与节点，最后到达终点节点的通路称为线路。每一条线路都有自己确定的完成时间，它等于该线路上各项工作持续时间的总和，也是完成这条线路上所有工作的计划工期。

工期最长的线路称为关键线路（或主要矛盾线路）。位于关键线路上的工作称为关键工作。关键工作完成的快慢直接影响整个计划工期的实现，关键线路用粗箭线或双箭线连接。

关键线路在网络图中不止一条，可能同时存在有几条关键线路，即这几条线路的持续时间相同。

16.6.3 网络图中各工作逻辑关系

在网络图中，根据施工顺序和施工组织的要求，正确地反映各项工作之间的相互制约和相互依赖关系，这些关系是多种多样的。表 16-5 列出了常见的几种表示方法。

表 16-5 网络图中各工作逻辑关系表示方法

序号	工作之间的逻辑关系	网络图中表示方法	说 明
1	有 A、B 两项工作按照依次施工方式进行	A→B	B 工作依赖着 A 工作，A 工作约束着 B 工作的开始
2	有 A、B、C 三项工作同时开始工作	A, B, C 同起点	A、B、C 三项工作称为平行工作
3	有 A、B、C 三项工作同时结束	A, B, C 同终点	A、B、C 三项工作称为平行工作
4	有 A、B、C 三项工作，只有在 A 完成后，B、C 才能开始	A→(B,C)	A 工作制约着 B、C 工作的开始。B、C 为平行工作
5	有 A、B、C 三项工作，C 工作只有当 A、B 完成后才能开始	(A,B)→C	C 工作依赖着 A、B 工作，A、B 为平行工作
6	有 A、B、C、D 四项工作，只有当 A、B 完成后 C、D 才能开始	A,B→j→C,D	通过中间事件 j 正确地表达了 A、B、C、D 之间的关系

(续)

序号	工作之间的逻辑关系	网络图中表示方法	说明
7	有 A、B、C、D 四项工作，A 完成后 C 才能开始，A、B 完成后 D 才能开始		D 与 A 之间引入了逻辑连接（虚工作），只有这样才能正确表达它们之间的约束关系
8	有 A、B、C、D、E 五项工作，A、B 完成后 C 开始，B、D 完成后 E 才能开始		虚工作 i—j 反映出 C 工作受到 B 工作的约束；虚工作 i—k 反映出 E 工作受到 B 工作的约束
9	有 A、B、C、D、E 五项工作，A、B、C 完成后 D 才能开始，B、C 完成后 E 才能开始		这是前面序号 1、5 情况通过虚工作连接起来，虚工作表示 D 工作受到 B、C 工作制约
10	A、B 两项工作分三个施工段，平行施工		每个工种工程建立专业工作队，在每个施工段上进行流水作业，不同工种之间用逻辑搭接关系表达

16.7 施工组织设计的编制

施工组织设计是一个总的概念，根据工程项目的类别及其重要性的不同，应相应编制不同范围和深度的施工组织设计。目前在实际工作中，常编制的施工组织设计有：施工组织总设计和单位工程施工组织设计。

16.7.1 施工组织总设计

施工组织总设计以一个大型建筑项目或民用建筑群为对象（例如，在某一建筑小区内，包括了土建、设备、市政、园林等），在初步设计或扩大初步设计阶段，对整个建筑工程在总体战略布置、施工工期、技术物资、大型临时设施等方面进行规划和安排，以保证施工准备工作按程序合理、有效地进行。它是群体工程施工的全面性指导文件，也是施工企业编制年度计划的依据。

1. 施工组织总设计的编制程序

施工组织总设计的编制程序如图 16-8 所示。

2. 编制施工组织总设计的依据

为了保证施工组织总设计的编制工作顺利进行并提高质量，使施工组织设计文件能更密切地结合实际情况，在编制施工组织总设计时，应以如下资料为依据，从而更好地发挥其在施工中的指导作用。

1）规划文件。国家批准的基本建设规划、可行性研究报告、工程项目一览表、分期分批施工项目和投资计划地区主管部门的批件、施工单位上级主管部门下达的施工任务计划；招标投标文件及签订的工程承包合同；工程材料和设备的订货指标；引进材料和设备供货合

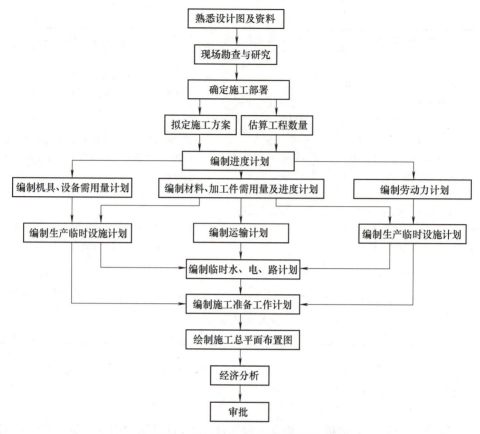

图 16-8 施工组织总设计的编制程序

同等。

2)设计文件。建设项目的初步设计、扩大初步设计或技术设计的有关图样、设计说明书、建筑平面图、建筑总平面图、建筑竖向设计、总概算或修正概算。

3)工程勘察和技术经济资料。地形、地貌、工程地质及水文地质、气象等自然条件,可能为建筑项目服务的建筑安装企业、预制加工企业的人力、设备、技术和管理水平,工程材料的来源和供应情况,交通运输情况,水、电供应情况,商业和文化教育水平和设施情况等。

4)现行规范、规程和有关技术规定。国家现行的施工及验收规范、操作规程、定额、技术规定和技术经济指标。

5)类似建设项目的施工组织总设计和有关总结资料。

3. 施工组织总设计的内容和编制方法

施工组织总设计的内容一般应包括工程概况、施工布置和施工方案,准备工作计划、进度、材料、劳动力及各项需用量计划,施工总平面布置图,技术经济指标等。其具体内容和编制要点如下:

(1)工程概况　工程概况是以文字的形式描绘出该项工程总的形象,包括建设项目、建设地区的特征、施工条件等内容。

1)建设项目。建设地点、工程性质、建设规模、工期;占地总面积、管线总长和道路总面积；设备安装总质量、总投资、工艺流程、结构类型及特征，新技术特点及各主要工种的工程量等。

2）建设地区特征。气象、地形、地质和水文情况，劳动力和生活设施情况，地方建筑生产企业情况，地方资料情况，交通运输条件，水、电和其他动力条件等。

3）施工条件。主要设备、材料和特殊物资供应情况及参加施工的各单位生产能力情况等。

（2）施工部署和主要单位施工方案 主要包括施工任务的组织分工、重点单位工程施工方案、主要工程的施工方法等。

1）施工任务的组织分工。明确机构体制，建立工程现场指挥机构，确定施工组织，划分各单位的任务和区段，明确主要工程项目及工期。

2）重点单位工程施工方案。根据设计方案和拟采用的新结构、新技术，明确重点单位工程拟采用的施工方法，如管道工程的开槽、顶管的方法及各类管道安装的方法等。

3）主要工程的施工方法。

（3）施工总进度计划 包括建设工程总进度、主要单位工程综合进度和土建配合施工进度。其编制要点如下：

1）计算所有项目的工程量，应突出主要项目，对一些附属、辅助工程可予以合并。

2）确定建设总工期和单位工程工期。

3）根据使用要求和施工条件，结合物资供应情况以及施工准备条件，分期分批地组织施工，并明确主要施工项目的开、竣工时间。

4）在同一时期开工项目的多少取决于人力、物力的情况。在条件不足时，不宜过多。

5）力求做到均衡施工。根据设计图和材料、设备到货情况均衡安排施工项目和进度。同时必须确定调剂项目作为缓冲。

6）在施工顺序安排上一般应遵守先地下后地上、先主体后附属、先干管后支管等原则，同时还应考虑冬期、雨期施工的特点，尽量做到正常施工，减少损失。

按照上述各条进行综合平衡，调整进度计划，编制施工总（综合）进度计划（表16-6）和主要分项工程施工进度计划（表16-7）。

表16-6 施工总（综合）进度计划

序号	工程名称	建筑指标		设备安装指标/t	造价（万元）			进度计划					
		单位	数量		合计	建筑工程	设备安装	第一年				第一年	第二年
								I	II	III	IV		

表16-7 主要分项工程施工进度计划

序号	单位工程和分部分项工程名称	工程量		机械			劳动力			施工延续天数	施工进度计划 20××年							
		单位	数量	名称	台班数量	机械数量	工种名称	总工日数	平均人数		×月	×月	×月	×月	×月	×月	×月	×月

（4）施工准备工作计划　按照施工部署和施工方案的要求，根据施工总进度计划的安排，应进行编制主要施工准备工作计划（表16-8），避免因准备不足，草率开工而造成中途停工的损失。

施工准备工作有以下各项：
1）按照设计图做好现场控制网，设置好临时水准点。
2）土地征用、民居迁移及障碍物的拆除。
3）对采用的新结构、新材料、新技术进行试制及试验。
4）组织人员编制施工组织计划和制定重要项目的施工技术措施。
5）对现场临时设施的确定和安排。
6）制订技术需用量计划。

表16-8　主要施工准备工作计划

序号	项目	施工准备工作内容	负责单位	涉及单位	要求完成日期	备注

（5）各项需用量计划　技术、物质供应计划是实现施工计划方案和施工进度计划的物质保证。施工进度计划确定后，必须根据施工进度计划的要求提出技术、物质供应计划。技术物资供应计划的内容一般包括以下几个方面：

1）劳动力需用量计划。劳动力需用量计划是根据施工速度要求反复平衡以后确定的。施工计划中的劳动力平衡是劳动力需要量计划的数量依据；劳动组织提出了施工中各工种工人的技术等级要求（主要是高级工），它是对劳动力质量的要求。劳动力需要量计划从数量和质量两个方面，保证施工活动的正常进行。

2）设备进场计划和材料、零配件供应计划。施工中的安装工艺设备和材料、零配件必须按施工进度计划要求的时间组织供应，以保证施工的顺利进行。对于编有施工预算的单位工程，可用施工预算代替技术、物资供应计划，但应在说明书中注明物资供应的具体日期。

3）主要施工机具需用量计划。施工机具需用量计划主要包括通用施工机械和专用施工机械两部分。通用施工机械在编制机具计划时只提出型号、数量和需用日期即可；专用施工机械需绘出设计图，提出材料预算，专门加工制造。

（6）施工总平面图　施工总平面图是布置施工现场的依据。施工总平面图设计的目的是正确解决施工区域的空间和平面组织，处理好施工过程中各方面的关系，使施工现场的各项施工活动都能有秩序地进行，实现文明施工，节约土地，减少临时设施费用。因此，搞好施工总平面图设计是施工组织设计中一项十分重要的工作。

施工总平面图的内容如下：
1）原有地形图和等高线，地上、地下已有建筑物和构筑物、铁路、道路、河道和各种管线等。
2）拟建的一切永久性建筑物、构筑物、道路、管线等。
3）施工用的一切临时设施。

设计施工总平面图时，应尽量不占或少占农田，布置紧凑；在堆放物料时应减少二次搬运，尽量降低运输费用；临时设施工程在满足使用的前提下，尽量利用已有的材料，多用装配式结构，以节约临时设施费用。此外，还应做到有利生产，方便生活，符合劳动保护、技术安全防火的要求等。

16.7.2 单位工程施工组织设计

单位工程施工组织设计是以一个单位工程为对象，当施工图到达以后，在单位工程开工前对单位工程所做的全面安排，如确定具体的施工组织、施工方法、技术措施等。单位工程施工组织由直接施工的基层单位编制，内容比施工组织总设计详细具体，是指导单位工程施工的技术经济文件，是施工单位编制作业计划和制订季度施工计划的重要依据。

1. 单位工程施工组织设计的编制程序

单位工程施工组织设计的编制程序如图 16-9 所示。

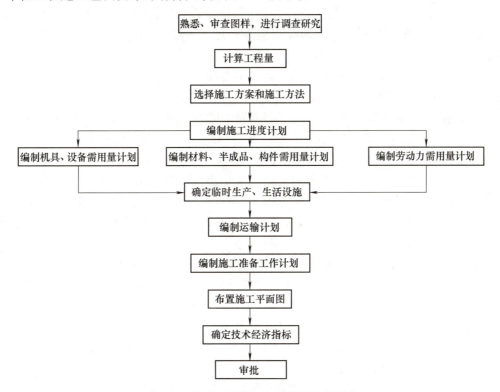

图 16-9 单位工程施工组织设计编制程序

由此可见，单位工程施工组织设计比施工组织总设计的编制程序更具体细致。

2. 单位工程施工组织设计编制的依据

根据单位工程施工组织设计的作用，在编制时需掌握以下资料：

1）施工图，包括本工程的全部施工图、设计说明及规定采用的标准图。

2）土建施工进度计划，相互配合交叉施工的要求及对该工程的开竣工时间的规定和工期要求。

3）施工组织总设计对该工程的规定和要求。

4）国家的有关规定、规范、规程及上级有关指示，省、市地区的操作规程、工期定额、预算定额和劳动定额。

5）设备、材料申请订货资料等。

3. 单位工程施工组织设计的内容和编制方法

单位工程施工组织设计的内容一般包括工程概况、施工方案和施工方法、施工准备工作计划、施工进度计划、各项需用量计划、施工平面图及技术经济指标等部分。对于较简单的工程（如管道），其内容可以简化，只包括主要施工方法、施工进度计划和施工平面图。

（1）工程概况 应包括单位工程地点、建筑面积、结构形式、工程特点、工程量、工期要求及施工条件等。须对以上各点结合调查研究，进行详细分析，找出关键性问题予以说明。

（2）施工方案和施工方法 须根据工期要求、材料、机具和劳动力的供应情况、协作单位的配合条件和其他现场条件综合考虑。其主要内容和编制要点有以下几方面：

1）施工方案的选择 将事先拟定的几个可行方案进行分析比较，选择最优方案。施工方案是否先进、合理、经济，直接影响着工程的进度、质量和企业的经济效益。施工方案的内容通常包括以下几个方面：

a. 施工顺序安排。单位工程施工顺序安排主要应考虑施工工序的衔接，要符合施工的客观规律，防止颠倒工序，避免相互影响，重复劳动。一般应按"先土建后安装""先地下后地上""先高空后地面""先场外后场内""先主体后附属"的顺序组织施工。对于设备安装工程应先安装设备，后安装管道、电气；先安装重、大、关键设备，后安装一般设备。管道安装工程应按"先干管后支管""先大管后小管""先里面后外面"的顺序进行施工。

b. 确定施工流向。施工流向的确定是解决单个建筑物或构筑物在空间上的合理施工顺序问题，即确定单位工程在平面或竖向施工开始的部位。确定施工流向一般应考虑如下几个因素：建设单位对生产和使用先后的需要、生产工艺过程、适应施工组织的分区分段、单位工程各部分施工的复杂程度等。

例如：排水管道工程施工一般先把出水口做好，由下游向上游推进；分几个系统的净、配水厂及污水处理厂工程施工，应以确保某个系统先行投产的原则，再按计划向其他系统铺开，但战线拉得不宜过长，并应合理地使用少数工种工人及关键设备。

2）施工方法的选择。主要项目的施工方法是施工技术方案的核心。编制时首先要根据工程特点，找出主要项目，以便选择施工方法时重点突出，能解决施工中关键问题。在选择施工方法时，应当注意以下问题：

a. 必须结合实际，方法可行，可以满足施工工艺和工期要求。

b. 尽可能采用先进技术和施工工艺，努力提高机械化施工程度；对施工专用机械设备的设计（如吊装、运输设备、支撑专用设备等）要经过周密计算，确保施工安全。

c. 要紧密结合企业实际，尽可能地利用现有条件，使用现有机械设备，挖掘现有机械设备的潜力。

d. 结合国家颁发的施工验收规范和质量检验评定标准的有关规定。

e. 要认真进行施工技术方案的技术经济比较。

3）质量和安全技术措施。

a. 质量方面。对特殊项目的施工应制定有针对性的技术措施，保证工程质量；确保放线、定位及高程正确无误的措施；确保地基处理的措施；保证主体工程或关键部位的质量措施等。

b. 安全方面。对特殊项目的施工应制定行之有效的专门安全技术措施；防火、防爆措施；高空或立体交叉作业的防护措施及安全使用机电设备的保护措施等。

4）技术经济比较。施工方案的选择，通常会有多种可行的施工方法、施工机械和施工组织方案来完成。这些方案在技术经济上各有其优缺点，因而必须进行方案的比选。施工方案的技术经济比较有定性和定量的分析。

定性分析是结合实际的施工经验对方案的一般优缺点、施工条件和费用进行比较。比较时主要考虑：施工操作的难易程度和安全、质量的可靠性，对冬期、雨期或汛期施工带来困难的多少，施工机械和设备的使用情况，施工协作、材料、技术资源等的供应条件，工期长短，为后续工程提供有利条件的可能性，施工组织管理水平等。

定量分析需要经过实地调查取得确切数据，计算各方案的工期、劳动力、材料消耗、机械类型及台班需用量、成本费用等加以比选确定。对重要施工方案，一般须以定性、定量相结合进行比选确定最适宜施工方案。

（3）施工准备工作计划　施工准备工作计划，是施工准备的一项重要内容，也是绘制施工现场总平面图的基础资料。其主要项目内容如下所述：

1）技术准备工作：熟悉并会审图样，编制和审定施工组织设计，编制施工预算，成本、半成品技术资料的准备，新技术项目的试验与试制。

2）现场准备工作：测量放线，拆除障碍物，场地平整，临时道路和临时供水、供热等管线的敷设，有关生产、生活临时设施的搭设，运输设备的搭设等。

3）劳动力、材料、机具和半成品、加工件的准备工作：调整劳动组织、进行计划、技术、安全交底，组织施工机具、材料、构件、加工成品的进场。

（4）施工进度计划　施工进度计划是在确定了施工方案的基础上对工程的施工顺序、各个工序的延续时间及工序之间的关系、工程的开工时间、竣工时间及总工期等做出安排。

1）施工进度计划的作用及分类。单位工程施工进度计划是组织设计的重要内容，是控制各分项工程施工进度的主要依据，也是编制季度、月度施工作业计划及各项资源需用量计划的依据。它的主要作用是：确定各分部分项工程的施工时间及其相互之间的衔接、配合关系；安排施工进度和施工任务的如期完成；确定所需的劳动力，机械、材料等资源数量；具体指导现场的施工安排。

单位工程施工进度计划根据施工项目划分的粗细程度，可分为控制性和指导性进度计划两类。控制性进度计划按分部工程来划分施工项目，控制各分部工程的施工时间及其相互搭接配合关系。它主要适用于工程结构较复杂、规模较大、工期较长而需跨年度施工的工程，还适用工程规模不大或结构不复杂，但各种资源（劳动力、机械、材料等）不落实的情况。指导性进度计划按分部工程或施工过程来划分施工项目，具体确定各施工过程的施工时间及其相互搭接、配合关系。它适用于任务具体而明确、施工条件基本落实、各项资源供应正常、施工工期不太长的工程。编制控制性施工进度计划的单位工程，当各部分工程的施工条件基本落实后，在施工之前还应编制指导性的分部工程施工进度计划。

2）施工进度计划的编制依据和程序。单位工程施工进度计划的编制依据主要包括：①有关设计图，管道及工艺设备布置图、设备基础图、建筑结构施工图等；②施工组织总设计对本工程的要求及施工总进度计划；③要求的开工及竣工时间；④施工方案与施工方法；⑤劳动定额、机械台班定额等施工及施工条件（如劳动力、机械、材料、构件等供应情况）。单位工程施工进度计划的编制程序如图16-10所示。

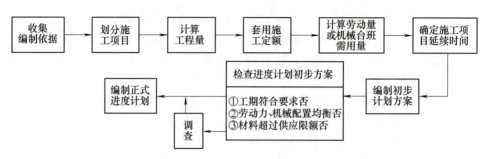

图 16-10 单位工程施工进度计划的编制程序

(5) 施工平面图　施工平面图是布置施工现场的依据，施工平面图设计的目的是正确解决施工区域的空间和平面的组织；处理好施工过程各方面的关系，使施工现场的各项施工活动都有秩序和顺利地进行，实现文明施工，节约土地，减少临时设施费用。因此，搞好施工平面图设计，是施工组织设计中一项十分重要的工作。

单位工程施工平面图的比例尺一般为 1∶200~1∶500。

1) 单位工程施工平面图的设计内容：总平面图上的已建和拟建地上、地下建筑物、构筑物和管线的位置、尺寸；测量放线标桩、地形等高线及土方取弃场地；垂直运输井架位置，塔式起重机泵车、混凝土搅拌运输车等行走机械开行路线，必要时应绘制出预制构件布置位置；施工用临时设施布置；安全、防火设施布置等。

2) 单位工程施工平面图的设计依据：建设地区原始资料；一切原有和拟建工程位置及尺寸；全部施工设施建造方案；施工方案、施工进度和资源需用量计划；建设单位可提供的房屋和其他生活设施等。

3) 施工平面图的设计原则：在满足施工条件下要尽量布置紧凑，尽量减少施工用地；合理规划工地内的路线，缩短运输距离，尽量减少二次搬运费；尽量利用已有构筑物、房屋和各种管线、道路，降低临时设施费用；尽量采用装配式施工设施，减少搬迁损失，提高施工设施安装速度；各项设施布置须符合劳动保护、技术安全和防火的要求。

4) 施工总平面图的设计步骤如下：

a. 确定起重机械、垂直运输机具的数量及位置。

b. 确定搅拌站、仓库、材料、构件、堆场及加工厂的位置。按照施工进度计划和临时设施确定各项内容、规模、面积和形式，它们的布置应尽量靠近使用地点或起重机工作范围内。

仓库、堆场应都适应各个施工阶段的需要，能按使用先后，供多种材料堆放。

c. 布置运输道路。运输道路应沿仓库、堆场、加工厂布置，且宜采用环行线，并结合地形沿道路两侧设置排水沟，现场主要道路应尽量利用永久性道路，或先修筑路基，待工程完工后再铺路面。

d. 布置门卫、收发、办公等行政管理及生活福利临时用房。

e. 布置水电管网。临时供水、供电线路应尽量利用现有的管路，将水、电管线引至使用地点，力求线路最短。

f. 为确保施工现场安全，应有统一的消防设施；现场井、坑、孔洞等处应设围栏；工地变压站应设围护；钢制井架、脚手架、桅杆在雨期应有避雷装置；沿江河修建构筑物工程时，应考虑汛期防洪防汛设施等。

g. 在多专业、多单位施工的情况下，应综合考虑各专业工程在各工程阶段中的要求，将现场平面合理划分，使各专业工程各得其所。

复习思考题

1. 施工组织设计的主要作用及其任务是什么？
2. 施工组织设计在编写过程中，必须遵循哪些原则？
3. 试述施工组织总设计内容及其编制依据。
4. 规划文件包括哪些文件？
5. 设计文件包括哪些文件？
6. 对建设地区应考察哪些技术经济条件？
7. 施工准备工作有哪些内容？
8. 为什么要制订劳动力需用量计划？
9. 试述施工总平面图设计的目的及内容。
10. 施工平面图的设计原则是什么？
11. 什么是施工组织设计？
12. 单位工程施工组织设计的编制程序及编制依据是什么？
13. 试简述单位工程施工组织设计的内容及其编制方法。
14. 单位工程施工顺序安排原则是什么？
15. 在选择工程的施工方法时，应注意哪些问题？
16. 你认为采取哪些措施可以保证工程按期完工？
17. 技术准备工作包括哪些方面内容？
18. 现场准备工作包括哪些方面内容？
19. 施工组织方式分为哪几种方式？
20. 什么是依次施工组织方式？它具有哪些特点？
21. 什么是平行施工组织方式？它具有哪些特点？
22. 什么是流水施工组织方式？它具有哪些特点？
23. 试分析图 16-1 中的三种施工组织方式，哪种组织方式更先进？
24. 流水作业从哪些方面可以提高经济效益？
25. 什么是流水参数？
26. 什么是施工段？要科学合理地划分施工段应遵循哪些原则？
27. 什么是施工层？
28. 什么是流水节拍？流水节拍的大小对工程的总工期有什么影响？
29. 什么是流水步距？流水步距的大小对工程的总工期有什么影响？
30. 确定流水步距应遵循哪些原则？
31. 什么是平行搭接时间？
32. 什么是技术间歇时间？
33. 什么是流水段法、流水线法及分别流水法？
34. 试述统筹法的基本原理。
35. 网络图由哪些要素组成？

第 17 章
水工程施工环境保护

17.1 环境影响评价

17.1.1 环境影响评价目的

环境影响评价指的是在进行人为活动或者项目建设的时候,将可能出现的影响环境质量的问题进行提前预判,然后针对可能出现的问题进行预处理。在进行水工程的建设过程中,开展环境影响评价工作,可以建立更加完备的环境监督机制,从而有效地保护工程的周边环境。

环境影响评价指的是在环境监测技术、环境质量对人们生活质量影响的监测、环境污染物的扩散规律等众多议题的研究基础上形成的一门综合性的技术。这项技术不仅能够发挥判断和预测功能,还具备一定的导向和选择能力。环境影响评价按照时间顺序分为环境现状评价、污染物影响的预测以及环境评价和影响后评价;按照评价对象的不同,则分为规划环境评价和项目建设影响评价;按环境要素的不同分类就更加具体,有大气、土壤、固体和水系。

17.1.2 环境影响评价范围

国家根据建设项目对环境的影响程度,按照下列规定对建设项目的环境保护实行分类管理:

1）建设项目对环境可能造成重大影响的,应当编制环境影响报告书,对建设项目产生的污染和对环境的影响进行全面、详细的评价。

2）建设项目对环境可能造成轻度影响的,应当编制环境影响报告表,对建设项目产生的污染和对环境的影响进行分析或者专项评价。

3）建设项目对环境影响很小,不需要进行环境影响评价的,应当填报环境影响登记表。

建设项目环境影响评价分类管理名录,由国务院环境保护行政主管部门在组织专家进行论证和征求有关部门、行业协会、企事业单位、公众等意见的基础上制定并公布。

17.1.3 建设项目环境影响报告书

建设项目环境影响报告书,应当包括下列内容:

1）建设项目概况。

2）建设项目周围环境现状。
3）建设项目对环境可能造成影响的分析和预测。
4）环境保护措施及其经济、技术论证。
5）环境影响经济损益分析。
6）对建设项目实施环境监测的建议。
7）环境影响评价结论。

17.1.4 建设项目环境影响报告表

根据建设项目环境影响特点将报告表分为污染影响类和生态影响类。

1. 污染影响类

适用《建设项目环境影响评价分类管理名录》（2021年版）中以污染影响为主要特征的建设项目环境影响报告表编制，包括制造业，电力、热力生产和供应业的火力发电、热电联产、生物质能发电、热力生产项目，燃气生产和供应业，水的生产和供应业，研究和试验发展，生态保护和环境治理业（不包括泥石流等地质灾害治理工程），公共设施管理业，卫生，社会事业与服务业的有化学或生物实验室的学校、胶片洗印厂、加油加气站、汽车或摩托车维修场所、殡仪馆和动物医院，交通运输业中的导航台站、供油工程、维修保障等配套工程，装卸搬运和仓储业，海洋工程中的排海工程，核与辐射，以及其他以污染影响为主的建设项目。

一般情况下，建设单位直接组织填写建设项目环境影响报告表。建设项目产生的环境影响需要深入论证的，应按照环境影响评价相关技术导则开展专项评价工作。根据建设项目排污情况及所涉环境敏感程度，确定专项评价的类别。大气、地表水、环境风险、生态和海洋专项评价设置原则见表17-1。土壤、声环境不开展专项评价。地下水原则上不开展专项评价，涉及集中式饮用水水源和热水、矿泉水、温泉等特殊地下水资源保护区的开展地下水专项评价工作。专项评价一般不超过两项，印刷电路板制造类建设项目专项评价不超过三项。

表17-1 专项评价设置原则

专项评价的类别	设置原则
大气	排放废气含有毒有害污染物、二噁英、苯并芘、氰化物、氯气且厂界外500m范围内有环境空气保护目标的建设项目
地表水	新增工业废水直排建设项目（槽罐车外送污水处理厂的除外）、新增废水直排的污水集中处理厂
环境风险	有毒有害和易燃易爆危险物质存储量超过临界量的建设项目
生态	取水口下游500m范围内有重要水生生物的自然产卵场、索饵场、越冬场和洄游通道的新增河道取水的污染类建设项目
海洋	直接向海排放污染物的海洋工程建设项目

建设项目环境影响报告表（污染影响类）应包括以下内容：

（1）建设项目基本情况 应包含建设项目名称、项目代码、建设地点、地理坐标、国民经济行业类别、建设项目行业类别、开工建设情况、用地（用海）面积、专项评价设置情况、规划情况、规划环境影响评价情况、规划及规划环境影响评价符合性分析、其他符合性分析等内容。

(2) 建设项目工程分析

1) 介绍工程主要建设内容，明确主要产品及产能、主要生产单元、主要工艺、主要生产设施及设施参数、主要原辅材料及燃料的种类和用量等。

2) 介绍工艺流程和产排污环节，绘制包括产排污环节的生产工艺流程图。

3) 介绍与项目有关的原有环境污染问题：改建、扩建及技改项目说明现有工程履行环境影响评价、竣工环境保护验收、排污许可手续等情况，核算现有工程污染物实际排放总量，梳理与该项目有关的主要环境问题并提出整改措施。

(3) 区域环境质量现状、环境保护目标及评价标准

1) 分析区域环境质量现状。

2) 明确环境保护目标。

3) 确定污染物排放控制标准。

4) 确定部分污染物的总量控制指标。

(4) 主要环境影响和保护措施

1) 施工期环境保护措施：明确施工扬尘、废水、噪声、固体废物、振动等防治措施。产业园区外建设项目新增用地的，应明确新增用地范围内生态环境保护措施。

2) 运营期环境影响和保护措施：明确运营期产生的废气、废水、噪声、固体废物的防控措施。

(5) 环境保护措施监督检查清单　明确环境保护措施监督检查项目及内容。

(6) 结论　从环境保护角度，明确建设项目环境影响可行或不可行的结论。

2. 生态影响类

适用《建设项目环境影响评价分类管理名录》（2021年版）中以生态影响为主要特征的建设项目环境影响报告表编制，包括农业，林业，渔业，采矿业，电力、热力生产和供应业的水电、风电、光伏发电、地热等其他能源发电，房地产业，专业技术服务业，生态保护和环境治理业如泥石流等地质灾害治理工程，社会事业与服务业（不包括有化学或生物实验室的学校、胶片洗印厂、加油加气站、洗车场、汽车或摩托车维修场所、殡仪馆、动物医院），水利，交通运输业（不包括导航台站、供油工程、维修保障等配套工程）、管道运输业，海洋工程（不包括排海工程），以及其他以生态影响为主要特征的建设项目。

一般情况下，建设单位直接组织填写建设项目环境影响报告表。建设项目产生的生态环境影响需要深入论证的，应按照环境影响评价相关技术导则开展专项评价工作。根据建设项目特点和涉及的环境敏感区类别，确定专项评价的类别，专项评价设置原则参照表17-2。专项评价一般不超过两项，水利水电、交通运输（公路、铁路）、陆地石油和天然气开采类建设项目不超过三项。

表17-2　专项评价设置原则

专项评价的类别	涉及项目类别
地表水	水力发电：引水式发电、涉及调峰发电的项目
	人工湖、人工湿地：全部
	水库：全部
	引水工程：全部（配套的管线工程等除外）
	防洪除涝工程：包含水库的项目
	河湖整治：涉及清淤且底泥存在重金属污染的项目

(续)

专项评价的类别	涉及项目类别
地下水	陆地石油和天然气开采：全部 地下水（含矿泉水）开采：全部 水利、水电、交通等：含穿越可溶岩地层隧道的项目
生态	涉及环境敏感区（不包括饮用水水源保护区，以居住、医疗卫生、文化教育、科研、行政办公为主要功能的区域，以及文物保护单位）的项目
大气	油气、液体化工码头：全部 干散货（含煤炭、矿石）、件杂、多用途、通用码头：涉及粉尘、挥发性有机物排放的项目
噪声	公路、铁路、机场等交通运输业涉及环境敏感区（以居住、医疗卫生、文化教育、科研、行政办公为主要功能的区域）的项目；城市道路（不含维护，不含支路、人行天桥、人行地道）：全部
环境风险	石油和天然气开采：全部 油气、液体化工码头：全部 原油、成品油、天然气管线（不含城镇天然气管线、企业厂区内管线），危险化学品输送管线（不含企业厂区内管线）：全部

建设项目环境影响报告表（污染影响类）应包括以下内容：

（1）建设项目基本情况 应包含建设项目名称、项目代码、建设地点、地理坐标、国民经济行业类别、建设项目行业类别、开工建设情况、用地（用海）面积、专项评价设置情况、规划情况、规划环境影响评价情况、规划及规划环境影响评价符合性分析、其他符合性分析等内容。

（2）建设内容

1）介绍项目地理位置，所在行政区、流域（海域）位置。

2）介绍项目组成及规模。

3）介绍项目总平面及现场布置，简述工程布局情况和施工布置情况。

4）介绍施工工艺、施工时序、建设周期等内容。

（3）生态环境现状、保护目标及评价标准

1）说明主体功能区规划和生态功能区划情况，以及项目用地及周边与项目生态环境影响相关的生态环境现状。

2）明确生态环境保护目标。

3）确定环境质量、污染物排放控制等标准。

4）确定部分污染物的总量控制指标。

（4）生态环境影响分析

1）结合建设项目特点，识别施工期、运营期可能产生生态破坏和环境污染的主要环节、因素，明确影响的对象、途径和性质，分析影响范围和影响程度。

2）进行选址选线环境合理性分析，从环境制约因素、环境影响程度等方面分析选址选线的环境合理性，有不同方案的应进行环境影响对比分析，从环境角度提出推荐方案。

（5）主要生态环境保护措施

1）针对建设项目生态环境影响的对象、范围、时段、程度，提出避让、减缓、修复、补偿、管理、监测等对策措施，分析措施的技术可行性、经济合理性、运行稳定性、生态保护和修复效果的可达性，选择技术先进、经济合理、便于实施、运行稳定、长期有效的措施，明确措施的内容、设施的规模及工艺、实施部位和时间、责任主体、实施保障、实施效果等。

2）明确环保投资。

17.1.5　建设项目环境影响登记表

建设项目环境影响登记表适用于按照《建设项目环境影响评价分类管理名录》（2021年版）规定应当填报环境影响登记表的建设项目，表格样式见表17-3。

表17-3　建设项目环境影响登记表

填报日期：

项目名称			
建设地点		占地（建筑、营业）面积/m²	
建设单位		法定代表人或者主要负责人	
联系人		联系电话	
项目投资（万元）		环保投资（万元）	
拟投入生产运营日期			
项目性质	□新建　□改建　□扩建		
备案依据	该项目属于《建设项目环境影响评价分类管理名录》中应当填报环境影响登记表的建设项目，属于第＿＿类＿＿项中＿＿。		
建设内容及规模	□工业生产类项目　□生态影响类项目　□餐饮类项目　□畜禽养殖类项目　□核工业类项目（核设施的非放射性和非安全重要建设项目）　□核技术利用类项目　□电磁辐射类项目		
主要环境影响	□废气 □废水： 　　□生活污水 　　□生产废水 □固体废物 □噪声 □生态影响 □辐射环境影响	采取的环保措施及排放去向	□无环保措施：＿＿直接通过＿＿排放至＿＿。 □有环保措施： □＿＿采取＿＿措施后通过排放至＿＿。 □其他措施：＿＿。
承诺：＿＿（建设单位名称及法定代表人或者主要负责人姓名）承诺所填写各项内容真实、准确、完整，建设项目符合《建设项目环境影响登记表备案管理办法》的规定。如存在弄虚作假、隐瞒欺骗等情况及由此导致的一切后果由＿＿（建设单位名称及法定代表人或者主要负责人姓名）承担全部责任。 　　　　　　　　　　　　　　　　　　　　　　　法定代表人或者主要负责人签字：			
备案回执 　　该项目环境影响登记表已经完成备案，备案号：××××××。			

17.2　生态环境

项目开展前，应针对生态影响的对象、范围、时段、程度，提出避让、减缓、修复、补偿、管理、监测、科研等对策措施，分析措施的技术可行性、经济合理性、运行稳定性、生态保护和修复效果的可达性，选择技术先进、经济合理、便于实施、运行稳定、长期有效的措施，明确措施的内容、设施的规模及工艺、实施位置和时间、责任主体、实施保障、实施效果等，编制生态保护措施平面布置图、生态保护措施设计图，并估算（概算）生态保护投资。

优先采取避让方案，从源头上防止生态破坏，包括通过选址选线调整方案或局部方案优化避让生态敏感区，施工作业避让重要物种的繁殖期、越冬期、迁徙洄游期等关键活动期和特别保护期，取消或调整产生显著不利影响的工程内容和施工方式等。优先采用生态友好的工程建设技术、工艺及材料等。

坚持山水林田湖草沙一体化保护和系统治理的思路，提出生态保护对策措施。必要时开展专题研究和设计，确保生态保护措施有效。坚持尊重自然、顺应自然、保护自然的理念，采取自然的恢复措施或绿色修复工艺，避免生态保护措施自身的不利影响。不应采取违背自然规律的措施，切实保护生物多样性。

17.2.1 生态环境保护措施

项目施工前应对工程占用区域可利用的表土进行剥离，单独堆存，加强表土堆存防护及管理，确保有效回用。施工过程中，采取绿色施工工艺，减少地表开挖，合理设计高陡边坡支挡、加固措施，减少对脆弱生态的扰动。

项目建设造成地表植被破坏的，应提出生态修复措施，充分考虑自然生态条件，因地制宜，制定生态修复方案，优先使用原生表土和选用乡土物种，防止外来生物入侵，构建与周边生态环境相协调的植物群落，最终形成可自我维持的生态系统。生态修复的目标主要包括恢复植被和土壤，保证一定的植被覆盖度和土壤肥力；维持物种种类和组成，保护生物多样性；实现生物群落的恢复，提高生态系统的生产力和自我维持力；维持生境的连通性等。生态修复应综合考虑物理（非生物）方法、生物方法和管理措施，结合项目施工工期、扰动范围，有条件的可提出"边施工、边修复"的措施要求。

尽量减少对动植物的伤害和生境占用。项目建设对重点保护野生植物、特有植物、古树名木等造成不利影响的，应提出优化工程布置或设计、就地或迁地保护、加强观测等措施，具备移栽条件、长势较好的尽量全部移栽。项目建设对重点保护野生动物、特有动物及其生境造成不利影响的，应提出优化工程施工方案及运行方式，实施物种救护，划定生境保护区域，开展生境保护和修复，构建活动廊道或建设食源地等措施。采取增殖放流、人工繁育等措施恢复受损的重要生物资源。项目建设产生阻隔影响的，应提出减缓阻隔、恢复生境连通的措施，如野生动物通道、过鱼设施等。项目建设和运行噪声、灯光等对动物造成不利影响的，应提出优化工程施工方案、设计方案或降噪遮光等防护措施。

17.2.2 生态监测和环境管理

结合项目规模、生态影响特点及所在区域的生态敏感性，有针对性地提出全生命周期、长期跟踪或常规的生态监测计划，提出必要的科技支撑方案。

生态监测计划应明确监测因子、方法、频次、点位等。开展全生命周期和长期跟踪生态监测的项目。监测点位设置以具有代表性为原则，在生态敏感区可适当增加调查密度、频次。

施工期重点监测施工活动干扰下生态保护目标的受影响状况，如植物群落变化、重要物种的活动、分布变化、生境质量变化等，运行期重点监测对生态保护目标的实际影响、生态保护对策措施的有效性及生态修复效果等。有条件或有必要的，可开展生物多样性监测。

明确施工期和运行期环境管理原则与技术要求。可提出开展施工期内工程环境监理、环境影响后评价等环境管理和技术要求。

17.3　水环境

建设项目的地表水环境影响主要包括水污染影响与水文要素影响。建设项目排放水污染物应符合国家或地方水污染物排放标准要求，同时应满足受纳水体环境质量管理要求，并与排污许可管理制度相关要求衔接。水文要素影响型建设项目，还应满足生态流量的相关要求。

对建设项目可能产生的水污染物，需通过优化生产工艺和强化水资源的循环利用，提出减少污水产生量与排放量的环保措施，并对污水处理方案进行技术经济及环保论证比选，明确污水处理设施的位置、规模、处理工艺、主要构筑物或设备、处理效率；采取的污水处理方案要实现达标排放，满足总量控制指标要求，并对排放口设置及排放方式进行环保论证。

达标区建设项目选择废水处理措施或多方案比选时，应综合考虑成本和治理效果，选择可行技术方案。

不达标区建设项目选择废水处理措施或多方案比选时，应优先考虑治理效果，结合区（流）域水环境质量改善目标、替代源的削减方案实施情况，确保废水污染物达到最低排放强度和排放浓度。

对水文要素影响型建设项目，应考虑保护水域生境及水生态系统的水文条件及生态环境用水的基本需求，提出优化运行调度方案或泄放流量及过程，并明确相应的泄放保障措施与监控方案。

对于建设项目引起的水温变化可能对农业、渔业生产或鱼类繁殖与生长等产生不利影响，应提出水温影响减缓措施。对产生低温水影响的建设项目，对其取水与泄水建筑物的工程方案提出环保优化建议，可采取分层取水设施、合理利用水库洪水调度运行方式等。对产生温排水影响的建设项目，可采取优化冷却方式减少排放量，通过余热利用措施降低热污染强度，合理选择温排水口的布置和形式，控制高温区范围等。

17.4　空气环境

水工程项目对空气环境的影响主要体现在两个方面：一是施工期粉尘污染问题；二是污水处理厂等项目建成后产生的大气污染物问题。

对于施工期粉尘污染问题，主要通过规范施工场地、开展降尘措施解决。对于污水处理厂等会持续产生大气污染物的项目，需结合项目特性，分析污染物来源及种类，有针对性提出解决方案。

下面以污水处理厂治理营运期产生的恶臭气体为例进行介绍。

城市污水处理厂产生的恶臭气体总体特点是产生面广，污水进水区、生化反应区和污泥处理区的各个处理工艺段都会产生恶臭气体，但不同工艺设施产生的恶臭物质组成不同。其中，硫化氢和氨为城市污水厂恶臭物质的主要成分。产生的恶臭物质组成最为复杂的两个处理设施为预处理设施和污泥处理设施，它们是污水厂除臭的重点。

城市污水厂恶臭气体产生复杂，其处理技术主要包括源头控制技术和末端控制技术。针对城市污水处理厂不同设施恶臭气体的产生量、组成和浓度特性，主要从源头控制技术和末端控制技术两个方面进行恶臭污染的防治。

1. 源头控制技术

源头控制是指在污水处理过程中恶臭气体产生之前，采取各种措施控制恶臭气体的产生，从源头减少污水中致臭物质的产生量。污水工艺和运行参数优化是常用的恶臭气体源头控制技术之一。通过优化城市污水处理工艺和运行参数，精确控制不同工艺段的溶解氧含量，减少污水处理过程恶臭气体的产生和逸散。源头控制技术还包括向污水中适当投加适量的菌剂或药剂，降低污水中的硫、氮等物质的含量，抑制或减少含硫、含氮物质向硫化氢或氨等恶臭物质的转化，控制恶臭气体的排放。

2. 末端控制技术

末端控制技术是针对污水处理过程已产生的恶臭气体，对其进行密闭，收集后采用除臭技术进行处理。恶臭气体末端控制技术主要包括物理、化学和生物处理技术。其中，物理处理技术是通过物理手段，将恶臭气体浓度稀释、掩蔽或转移的技术。常用的物理处理技术包括稀释扩散和掩蔽等技术。化学处理技术是利用化学药剂或化学方法将恶臭气体组分转变为低臭和无臭组分的技术。常用的化学处理技术包括化学吸收、化学氧化和等离子体等技术。生物处理技术是通过微生物的新陈代谢作用降解恶臭物质，将恶臭物质氧化、降解为低臭和无臭物质的过程。在微生物的作用下，恶臭物质从气相通过气液膜进入液相，被微生物吸收，并转化为简单的无机物、水及细胞组成物质。常用的生物除臭技术包括生物滴滤、生物过滤和生物洗涤技术等。

由于城市污水厂不同处理工艺产生的恶臭气体组成和浓度不同。在实际应用中，城市污水厂需要选择不同的恶臭处理技术。城市污水厂恶臭气体的组成成分大多比较复杂，利用单一的除臭方法难以达到理想的效果，这时需要将各种处理技术进行组合、集成、综合应用，确保城市污水厂恶臭气体的达标排放。图 17-1、图 17-2 分别为污水处理厂除臭生物滤池及活性氧离子除臭设备。

图 17-1　污水处理厂除臭生物滤池

图 17-2　活性氧离子除臭设备

17.5 声环境

水工程产生的噪声主要包括工业噪声、建筑施工噪声等。其中，工业噪声来自于各种工业设施的运行，包括机械设备、生产线和厂房等；建筑施工噪声是由建筑施工过程中的机械设备、工具和车辆等引起的。不同来源的噪声具有不同的特点，频率、强度、时域和空域分布等各不相同。因此，对噪声污染进行有效的监测和评价需要针对不同来源的噪声进行详细分析，以制定有针对性的控制措施。

对于工业噪声，厂区一般有很多大型设备、工业机械，其运行时产生的噪声大，严重影响周边居民的生活。对于在工厂车间工作的人来说，长期受到噪声侵扰，会引发各种身体疾病，所以必须对工业厂区的噪声进行治理。

对于建筑施工噪声，主要通过规范施工、设置吸声隔声措施、优化施工工艺减小噪声影响。

针对不同厂区环境，在建造时，在保证厂房设备布局的合理情况下，在设备间、厂房安装吸声、隔声区，厂房内安装隔音门、隔音窗。尽可能减少噪声和振动对环境的影响。针对高要求的精密设备单独划分区域，对不同来源的噪声采取不同的处理措施。

大多工业厂区的主要噪声源是一些高噪声设备，通过对设备噪声的处理，如对产生噪声的机械设备加装隔声装置，从而在源头上降低噪声，提升整体降噪的效果。由于各种声源设备的声源类型、外部尺寸、通风散热要求等各不相同，因此需要进行现场勘测、分析、设计、加工，使其符合标准。

另外，整体来说，厂区噪声治理是噪声治理中比较重要的一部分，具体的降噪方案要根据厂区的现场环境、噪声源与空间等因素制定，不同厂区的噪声源并不相同，因此每个厂区的降噪方案不同。

17.6 固体废物

固体废物是指在生产、生活和其他活动中产生的丧失原有利用价值或者虽未丧失利用价值但被抛弃或者放弃的固态、半固态和置于容器中的气态的物品、物质，以及法律、行政法规规定纳入固体废物管理的物品、物质。

17.6.1 常规固体废物处理方法

项目开展前，应结合建设项目主辅工程的原辅材料使用情况及生产工艺，全面分析各类固体废物的产生环节、主要成分、有害成分、理化性质及其产生、利用和处置量。

根据固体废物的来源、性质、特征和对环境的危害，分类对其进行处置、回收和利用。主要处理方法如下：

1) 一般堆存：适用于不溶解、不飞扬、不腐烂变质、不散发臭气或毒气的块状和颗粒状废物如钢渣、高炉渣、废石等。

2) 围隔堆存：在堆存场地四周建立隔离设施，适用含水率高的粉尘、污泥，如粉煤灰、尾矿粉等。

3)填埋(图 17-3):适用于大型块体以外的任何形状的废物,如城市垃圾、污泥、粉尘、废屑、废渣等。

4)焚化(图 17-4):适用于焚化后能缩小体积或减轻质量的有机废物污泥、垃圾等。

图 17-3 固体废物填埋处理

图 17-4 固体废物焚化处理

5)生物降解(图 17-5):利用微生物降解作用处理有机废物,适于处理垃圾、粪便、农业废物、污泥等。

17.6.2 危险废物

根据《中华人民共和国固体废物污染环境防治法》《固体废物鉴别标准 通则》(GB 34330—2017),对建设项目产生的物质(除目标产物,即产品、副产品外),依据产生来源、利用和处置过程鉴别属于固体废物并且作为固体废物管理的物质,应按照《国家危险废物名录》、《危险废物鉴别标准 通则》(GB 5085.7—2019)等进行属性判定。

图 17-5 固体废物堆肥处理

1)列入《国家危险废物名录》的直接判定为危险废物。环境影响报告书(表)中应对照名录明确危险废物的类别、行业来源、代码、名称、危险特性。

2)未列入《国家危险废物名录》,但从工艺流程及产生环节、主要成分、有害成分等角度分析可能具有危险特性的固体废物,环评阶段可类比相同或相似的固体废物危险特性判定结果,也可选取具有相同或相似性的样品,按照《危险废物鉴别技术规范》(HJ/T 298—2019)、《危险废物鉴别标准》(GB 5085.1~6—2007)等国家规定的危险废物鉴别标准和鉴别方法予以认定。该类固体废物产生后,应按国家规定的标准和方法对所产生的固体废物再次开展危险特性鉴别,并根据其主要有害成分和危险特性确定所属废物类别,按照《国家危险废物名录》要求进行归类管理。

17.6.3 危险废物产生量核算方法

采用物料衡算法、类比法、实测法、产排污系数法等方法相结合,核算建设项目危险废物的产生量。

对于生产工艺成熟的项目，应通过物料衡算法分析估算危险废物产生量，必要时采用类比法、产排污系数法校正，并明确类比条件、提供类比资料；若无法按物料衡算法估算，可采用类比法估算，但应给出所类比项目的工程特征和产排污特征等类比条件；对于改、扩建项目可采用实测法统计核算危险废物产生量。

17.6.4 危险废物污染防治措施

项目开展前，应给出危险废物收集、贮存、运输、利用、处置环节采取的污染防治措施，并列明危险废物的名称、数量、类别、形态、危险特性和污染防治措施等内容。

在项目生产工艺流程图中应标明危险废物的产生环节，在厂区布置图中应标明危险废物贮存场所（设施）、自建危险废物处置设施的位置。

17.7 施工期的环境影响及对策

17.7.1 施工期环境影响

从当前我国水工程项目施工现状来看，存在的环境污染问题是多方面的，施工中的很多问题都会给水工程项目周围的环境带来一定的影响，其中影响比较明显的主要有噪声污染、粉尘污染、水土流失、固体污染物和水资源污染。

1. 噪声污染（图 17-6）

水工程项目的施工过程中应用大型施工机械，会产生或大或小的噪声，这些噪声必然会给周围群众的生活和正常工作带来一定的影响。这是水工程项目施工带来的环境污染问题之一，也是和周围居民关系最为密切的一个影响方面。随着工程项目中施工机械设备应用数量的逐渐增加，噪声污染问题也越来越突出，各类机械设备使用过程中所产生的噪声相对于人工施工来说更为明显，污染也更为严重。

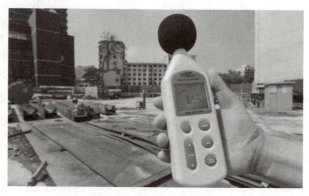

图 17-6 施工期噪声污染

2. 粉尘污染（图 17-7）

水工程项目施工过程中，必然会有大量粉尘的出现，这些粉尘的存在也必然会给周围的环境造成一定的干扰和影响，严重影响着市政工程项目施工现场周围的大气环境。

如下施工易造成粉尘污染：

1) 使用砂石材料产生的粉尘。
2) 土方开挖及回填工作产生的粉尘。
3) 各类施工材料在堆放和运输过程中产生的粉尘。

4）拆除废旧房屋产生的粉尘。

3. 水土流失（图 17-8）

在水工程项目的施工过程中，大体积土方量开挖，极易造成严重的水土流失，堵塞河道，毁害农田，破坏原有的生态环境。

图 17-7　施工期粉尘污染

图 17-8　施工期水土流失

4. 固体污染物（图 17-9）

水工程项目的施工过程中，也会产生一些固体污染物。固体污染物的来源一是施工过程中出现的残渣形成的固体污染物，二是施工人员在日常的生活和工作中产生的一些固体生活垃圾，这些垃圾大量堆放及随意丢弃都会对周围的环境造成严重的污染和破坏。

5. 水资源污染（图 17-10）

水资源污染问题也是水工程项目施工存在的一个突出问题。

图 17-9　施工期固体污染物

图 17-10　施工期污水散排

水资源污染影响的恶劣程度必须要引起人们的高度重视。因为水资源的污染问题直接和人们的生活质量挂钩，一旦水工程项目周围的水资源环境遭到了污染就有可能影响周围群众的用水安全。水资源污染主要原因就是水工程项目的施工过程中，生活污水、生产废水不加处理，任意排放至水源地而造成的水源污染。

17.7.2 施工期环境保护措施

1. 噪声的处理

噪声处理应从三个方面进行：一是要加强施工管理，树立噪声控制意识，提倡绿色施工；二是采取合理措施，在传播途径上控制噪声；三是合理使用建筑施工机械，优化建筑施工工艺。

（1）加强施工管理，树立噪声控制意识，提倡绿色施工　施工单位应在施工前拟好噪声防治方案，按照建设项目的性质、规模、特点，施工现场条件，施工所用机械，作业时间安排等情况，采取相应的建筑施工噪声污染防治措施，并保持防治设施的正常使用。提倡文明施工，加强人为噪声的管理，进行进场培训，树立噪声控制意识，提倡绿色施工。第一，合理制定作业时间。在施工现场超出规定时间作业的一般是混凝土连续浇筑，支模板等作业。这些噪声的产生在正常作业中是避免不了的，其噪声的强度也比较大，如在夜间作业，噪声尤为突出。为了有效控制施工单位夜晚连续作业，就应该严格控制作业时间，晚 22:00 至次日晨 6:00 须严禁施工。在特殊情况下，如高考期间，更应该缩短或暂停施工作业。昼间尽量将施工作业时间与居民的休息时间错开，当特殊情况下确需连续施工作业的，事先应该与附近居民协商，并上报工地所在地的环保局和有关环保行政执法部门。第二，减少人为噪声。应严格执行建筑工程施工现场管理规定，文明施工，建立健全现场噪声管理责任制，加强对施工人员的素质培养，尽量减少人为噪声，增强全体施工人员防止噪声扰民的意识。

（2）采取合理措施，在传播途径上控制噪声　一方面，要做好吸声、隔声与隔振措施。吸声即对噪声源，利用吸声材料和吸声结构吸收通过的声音，减少室内噪声的反射来降低噪声。隔声即利用工地四周的围墙，用隔声性能好的隔声构件设置宽度在 6m 以上的宣传广告看板作为隔声屏，将施工机械噪声源与周围环境隔离，使施工噪声控制在隔声构件内，以减小环境噪声污染范围与污染程度。隔振即防止振动能量从振源传递出去。对局部固定使用的高噪声的施工设备采取设置隔声间、隔声罩等措施，在隔声间、隔声罩内衬设吸声材料或在其外表用阻尼层等措施可进一步提高隔声效果。对局部临时使用高噪声的施工设备可采取装配式吸、隔声屏，如在搅拌机，锯木机等高噪声施工机械附近设置吸声及隔声屏，也可达一定的隔声功能。隔振装置主要包括金属弹簧、隔振器、隔振垫（如剪切机橡胶、气垫）等。常用的材料还有软木、矿渣棉、玻璃纤维等。另一方面，要加强施工公示，加强沟通。施工单位应该加强与附近居民住户的沟通，施工时，应在建筑施工工地明显处悬挂建筑施工工地环保牌，注明工地环保负责人及工地现场电话号码，以便公众监督及沟通。图 17-11 为隔音降噪板示例。

图 17-11　隔音降噪板

（3）合理使用建筑施工机械，优化建筑施工工艺　第一，建筑机械和运输车辆是产生建筑施工噪声的主要原因。为减少施工期噪声对周边环境的影响，施工单位在施工过程中应当合理布局和使用施工机械，妥善安排作业时间。施工中应当使用低噪声的施工机械和其他辅助施工设备，对高噪声施工机械采取必要的降噪措施，禁止使用国家明令淘汰的产生噪声污染的落后施工工艺和施工机械设备。第二，要积极改进生产技术。采用先进设备与材料，降低作业噪声的产生量。尽量选用低噪声或备有消声降噪声的施工机械，推广使用低噪声的施工机械。

2. 粉尘污染的处理（图17-12）

应对水工程施工中产生的粉尘污染进行分析，控制粉尘污染源，其防治措施如下：

1）施工材料运输所导致的粉尘污染，应该尽可能地采用全封闭式的方式进行（如砂石料、渣土运输厢式专用车），严禁超载。

2）加强对于施工现场材料堆放的控制，避免材料随意堆放导致粉尘出现。

3）对于房屋拆除工程，应在周围建好相应的防护措施（如水喷雾降尘），避免粉尘的扩散。

4）在产生粉尘污染的区域设置水喷雾降尘，定时向地面洒水控尘。

a) b)

图17-12 粉尘污染处理方法

a）喷雾降尘 b）洒水控尘

3. 水土保持

对于市政工程项目施工中可能产生的水土破坏，最为重要的保护措施如下：

1）在市政工程项目施工开始之前，编制水土保持施工方案。针对相应的施工现场进行全面细致的勘察，了解其周围的水土信息和景观资料，进而在具体的施工中加以注意。

2）施工过程中，严格按照水土保持施工方案，对可能造成水土破坏的施工环节，进行严格把关，确保其水土保持效果。

4. 固体污染物处理

对于水工程项目施工现场产生的固体污染垃圾，应针对水工程项目施工现场进行全面细致的管理和控制，重点应从以下两点进行严格的控制：

1）严格把关工程项目施工中材料的使用，尤其是对于施工过程中残留的材料必须进行严格的处理，能够继续使用的便直接使用，在避免出现污染的同时提高材料利用效率。

2）针对施工人员的生活区进行完善的管理，生活垃圾应及时收集，定期交环卫部门处理。生产过程中产生的危险废物（如非油漆桶、非机油等）应先暂时储存在危废间，定期交有处理危险废物资质的单位处理。

5. 水资源保护

在水工程项目施工过程中，水资源污染主要来源于施工生活区生活污水及施工过程产生的生产废水。若这些污水和废水不加处理，任意排放，则会污染水体，尤其是将其排放至水源地，危害极大。因此，应采取相应的保护措施，具体如下：

（1）生活污水　建设简易的如化粪池、食堂排水设置隔油池等处理设施。如果附近有市政污水管道，可直接排入污水管道，输送至城市污水厂进行处理；如果没有污水管道，则需要当地环卫部门定期清掏化粪池、隔油池。

（2）生产废水　施工现场产生的生产废水大都属于物理污染。如盾构施工产生的泥浆水；混凝土施工产生的砂浆水等。水是宝贵的资源，应运用一些先进的水资源回收利用系统（如设置高效沉淀池、泥浆浓缩池、清水回用池），在解决水源污染的同时，又提高了水的重复利用率。

综上所述，水工程项目的施工过程存在的环境污染问题是比较严重的，对于周围环境的影响和破坏也是多方面的。施工企业应提升环境保护的意识，降低环境污染，营造水工程施工项目现场的良好环境。

复习思考题

1. 环境影响评价的目的及范围是什么？
2. 项目建设对地表水环境的影响主要分为哪两种？
3. 污水处理厂营运期恶臭控制方法有哪些？
4. 固体废物和危险废物的定义是什么？
5. 简述施工期间主要环境影响问题及保护措施。

第 18 章
劳动保护及安全卫生

18.1 施工主要危害因素

18.1.1 生产安全事故总体情况

2022 年各类生产安全事故共死亡 20963 人，事故总量和死亡人数同比分别下降 27.0% 和 23.6%。其中，工矿商贸企业就业人员 10 万人生产安全事故死亡人数为 1.097 人，比上年下降 20.2%。2016—2022 年度全国生产安全事故总体情况如图 18-1 所示。

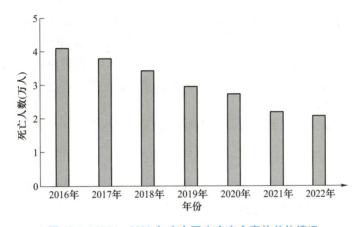

图 18-1　2016—2022 年度全国生产安全事故总体情况

虽然安全生产工作取得新成效，但仍存在事故总量较大、重特大事故时有发生、非法违法行为突出、安全隐患严重的问题。安全生产管理的薄弱环节不容忽视，主要体现在以下几点：

（1）主体责任方面　有的单位主要负责人安全意识不强，职工安全知识欠缺，存在一定的盲目、侥幸心理；有的单位不按规定设置安全管理机构，有的安全管理人员难以胜任岗位要求；有的单位安全生产全员责任制落实不力，还存在安全职责不清晰、管理制度不健全、安全投入不足、安全管理不规范的问题；有的项目施工现场安全管理薄弱，管理人员不足，制度执行不到位，"三违"（违章指挥，违规作业，违反劳动纪律）的现象仍有发生。

（2）行业监督管理方面　有的地方对水利安全生产监督管理的重要性认识不清，主动管理少被动应付多、做得少喊得多的现象依然存在；有的地方"管业务必须管安全，管生产经营必须管安全"的要求落实不全面、不深入；有的基层水利行政主管部门安全监管机构不健全，监管人员不足，专业人才缺乏，安全生产监管存在弱化现象。

（3）安全基础工作方面　有的安全宣传教育培训不广泛、不深入，针对性不强，尤其是一些施工企业对一线人员培训不到位，甚至还有不培训就上岗的现象；有的单位应急预案体系不完善，可操作性不强，应急预案缺乏演练，水利安全生产监督执法还缺乏强制性手段，往往有检查无处罚。

18.1.2　建筑施工安全管理的特点

建筑行业是事故多发的高风险行业之一，这与建筑产品及其施工过程的特点密切相关。

1. 建筑产品的特点

建筑产品与一般的工业产品有很大的区别，建筑产品在施工生产方面主要有以下特点：

（1）建筑产品的固定性　无论是房屋建筑、市政工程，还是公路、铁路、水利工程，只要建设项目选址确定之后，产品的空间位置就固定不变，不可移动。所有的建设活动都要围绕这个确定的地点来进行。

（2）建筑产品体形庞大　建设工程项目一般体形非常庞大，这是其他工业产品所不能比拟的。如房屋建筑，建筑物高度超过100m的随处可见，单体建筑物占地面积超过10000m^2的也比比皆是。

（3）建筑产品的多样性　首先，建筑产品的范围很广，从房屋建筑，到市政工程、公路、铁路、水利工程，都属于建筑产品范畴。这些产品无论从使用功能到形状、施工地点、生产标准都有很大区别。其次，建筑产品没有批量生产，每一件建筑产品都是独一无二的。

（4）建筑产品置于露天　所有的建筑产品都是置于露天的。

2. 建筑施工的特点

由于建筑产品的特点，导致了建筑施工与一般工业产品生产制造的不同。建筑施工主要有以下特点：

（1）建筑施工的流动性　建筑产品的固定性导致了施工生产的流动性。

首先，施工生产的队伍具有流动性。每当一个工程项目建设竣工之后，施工队伍必须整体移动到下一个工程项目的建设地点进行施工。

其次，每道施工工序操作具有流动性。一般工业产品的生产是操作人员固定，产品流动，每个操作工人在固定的工作地点对流动过来的产品进行加工或装配。建筑施工则是产品固定，操作工人流动，工人在一个工作面施工完毕后转入下一工作面继续施工。

（2）建筑施工的单件性　建筑产品的多样性，导致了每一个建设工程项目的施工都与其他项目不同。建筑产品的生产是采取"单个定做"的形式，每个工程项目单独出图，单独制定施工方案，单独作施工组织设计，单独组织施工，单独进行验收。

（3）施工周期长　建筑产品的施工周期长是由建筑产品体形庞大造成的。一个建设工程项目的施工周期少则几个月，多则几年，甚至十几年。

（4）露天作业多，受自然条件影响大　一栋房屋建筑从基础开挖到主体结构施工、屋面防水、室外装饰，露天作业约占整个工程施工的70%。各种自然条件，如环境温度、风、雨、阳光、冰冻等，都对施工生产有很大影响。

（5）高空作业多　由于建筑产品体形庞大，注定了建筑施工的高空作业多。不仅主体结构工程、室外装饰工程的施工都是高空作业，基础工程、地下室工程、室内装饰工程也常有高空作业。

（6）施工工艺的复杂性　不同的建设工程项目的施工工艺、施工顺序和施工方法是不同的。尽管在有的过程中有一定的规律性，但是由于建筑产品的多样性，建筑物功能的不同，工程开工时间和竣工时间要求不同，以及施工受地域、工期、场地、环境等多种因素的影响，导致建设工程项目的施工生产工艺复杂多变。施工过程变化大，管理难度大。

（7）手工操作多、劳动强度大　尽管目前大力推广先进的施工技术，施工机械化有了大幅度的提高，机械设备代替了不少人工劳动，但是从工程建设的整体来看，手工操作的比重仍然很高，工人的体力消耗大，劳动强度高。建筑施工业目前还是一个重体力、劳动密集型行业。

（8）人员流动性大、人员整体职业素养不高　由于建筑施工的流动性，施工队伍在不同的地域之间流动，因此施工队伍中施工人员的流动也相当大，不断有新的工人加入施工队伍中，这使得施工队伍的管理难度加大。

3. 建筑施工安全生产的特点

建筑产品的特点和建筑施工的特点，导致了建筑施工安全生产与一般工业安全生产有不同的特点。

（1）建筑产品的固定性导致作业环境的局限性　建筑产品位于一个固定的位置，导致了必须在有限的场地和空间上集中大量的人力、物资、设备来进行交叉作业，由此导致作业环境的局限性，因而容易产生物体打击等人身伤害事故。

（2）露天作业导致作业条件恶劣性　建筑施工的露天作业，受自然条件影响大，导致工作环境相当艰苦，容易发生伤亡事故。

（3）多高空作业导致作业的危险性（图18-2）　建筑产品体形十分庞大，操作工人大多在十几米、几十米，甚至上百米上的高处作业，因而容易产生高处坠落的事故。

（4）生产流动性带来安全管理难度大　由于建筑施工的流动性，施工队伍经常在不同地域之间转移，施工人员流动性大，不能得到经常性的职业安全培训。此外，施工项目的不断改变，也给职工安全教育、安全方案制定、安全管理带来了很大困难。

建筑施工中工人手工操作多，体能消耗大，夜间施工多，劳动时间长，劳动强度高，容易出现疲劳、注意力不集中等情况，极易发生生产安全事故，其职业危害比其他行业严重，带来了个人劳动保护的艰巨性。

图 18-2　高空作业的工人

（5）产品多样性、工艺复杂多变性要求安全措施的保证性　建筑产品的多样性使得各个工程项目的施工环境和施工季节各不相同，施工工艺的复杂多变性又使得各道施工工序具有不同的特性，因此各个项目、各道工序的不安全因素各不相同。同时，随着工程建设的进展，施工现场的不安全因素也在不断变化，要求施工单位必须针对工程进度和施工现场实际情况，及时地采取安全技术措施和安全管理措施，保证施工安全。

（6）施工场地狭小带来了多工种立体交叉性　建筑产品体形庞大，遵循"利用空间，争取时间"的施工组织原则，建筑施工经常组织立体交叉作业。随着城市化进程的加快，建筑物的高度由低向高发展，施工现场却由宽向窄发展，施工工期也越来越紧，致使施工场地与施工条件要求的矛盾日益突出，多工种立体交叉作业增加，导致机械伤害、物体打击事故增多。图18-3所示为钢板桩支护施工现场。

图 18-3　钢板桩支护施工现场

（7）工人整体职业素养不高，安全管理难度大　建设工程项目大量的一线操作工人整体职业素养不高，施工安全管理难度大。据统计，建筑业的安全事故大多数是因为人为因素造成的，人员职业素养是建设工程施工安全的重点问题。

18.1.3　建筑工程施工的危险源

建筑工程施工安全管理的目的是控制和减少施工现场的施工安全风险和现场环境影响，预防事故，实现安全目标，并持续改进安全生产水平。而危险源与环境因素是导致事故的根源，因此危险源与环境因素是建设工程施工安全管理的核心问题。

1. 建筑工程施工现场业务活动分类

施工现场业务活动包括施工现场的作业与管理。施工现场业务活动分类是为了方便对危险源识别和评价，因此分类应考虑到危险源的信息收集和危险源的控制。

施工现场业务活动的分类方法一般如下：

（1）按施工现场内外的不同场所分类　如施工作业区、辅助生产区、办公区、生活区、相邻社区等。

这些场所又可以进一步细分成若干更小的场所。例如，辅助生产区可以细分为木工棚、钢筋加工棚、搅拌站、危险品仓库等场所；生活区可以细分为宿舍、食堂、澡堂、厕所等场所。部分施工现场不同场所示例如图18-4所示。

（2）按时间阶段分类　如土方开挖阶段、基础工程阶段、主体工程阶段、安装工程阶段、装饰工程阶段、收尾阶段等。这些阶段又可以进一步划分为若干施工过程和施工工序，如打桩作业、土石方挖运、脚手架搭拆、模板安装拆除、钢筋绑扎、混凝土浇筑等。项目管理人员可以按照《建筑工程施工质量验收统一标准》（GB 50300—2013）和《建筑施工安全检查标准》（JGJ 59—2011）进行划分和确定。

（3）其他分类方法　按活动是否在计划内，可以分为计划的工作和被动的工作。按活动的确定性可以分为确定的任务和不经常发生的任务。

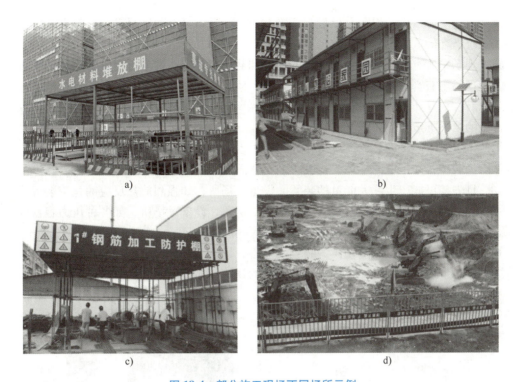

图 18-4 部分施工现场不同场所示例

a）材料堆放　b）施工生活区　c）钢筋加工棚　d）施工作业区

2. 危险源的分类

按各种危险源在事故发生过程中的作用或引起的事故类型分类，有利于危险源的识别工作。

（1）按危险源在事故发生过程中的作用分类　按事故致因理论分为第一类危险源、第二类危险源。该理论认为事故的发生是两类危险源共同作用的结果。图 18-5 所示为第一类及第二类危险源的关系。

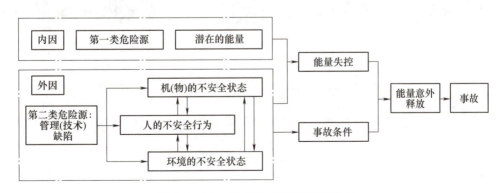

图 18-5　第一类及第二类危险源的关系

1）第一类危险源。第一类危险源是指生产过程中存在的、可能发生意外释放的能量或危险物质。

第一类危险源产生的根源是能量与危险物质。当系统具有的能量越大，存在的危险物质越多，系统潜在的危险性与危害性也就越大。

施工现场中所有能产生、供给能量的能源和载体在一定条件下都可能释放能量而造成危险，施工现场中有害物质在一定条件下能损害人体，破坏设备和物品的效能，这都是最根本的危险源。

常见的第一类危险源如下：

①产生、供给能量的装置、设备，如工作中发电机、变压器、油罐等。
②能量载体，如带电的导体、行驶中的车辆等。
③一旦失控可能产生巨大能量的装置、设备、场所，如强烈放热反应的化工装置等。
④一旦失控可能发生能量蓄积或突然释放的装置、设备、场所，如各种压力容器等。
⑤危险物质，如各种有毒、有害、可燃易爆物质等。
⑥生产、加工、贮存危险物质的装置、设备、场所。
⑦人体一旦与之接触将导致能量意外释放的物体，如带电体、高温物体等。

图 18-6 为部分常见的危险能量。

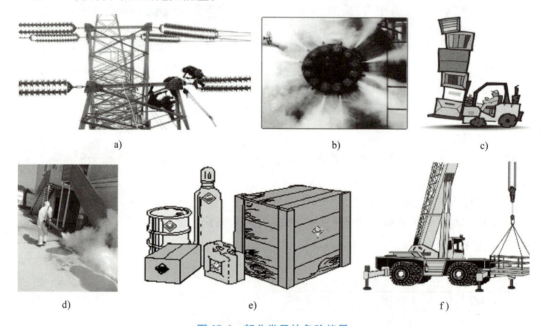

图 18-6 部分常见的危险能量
a）电能 b）热能 c）高位能 d）生物能 e）化学能 f）机械能

为了防止第一类危险源导致事故，必须采取措施约束、限制能量或危险物质，控制危险源。

2）第二类危险源。第二类危险源是指导致能量或危险物质约束或限制措施破坏或失效的各种因素。

在正常情况下，生产过程中的能量或危险物质受到约束或限制，不会发生意外释放，即不会发生事故；这些约束或限制能量或危险物质的措施受到破坏或失效，就会产生事故。

第二类危险源包括物的故障、人的失误和环境因素。

①物的故障。物包括机械设备、设施、装置、工具、用具、材料等。根据在事故中的作用，物可以分为起因物和致害物两种。起因物是指导致事故发生的物体或物质，致害物是指直接引起伤害的物体或物质。

物的故障是指物在运行或使用过程中由于性能低下而不能实现预定功能的现象。从安全功能的角度看，物的不安全状态也是物的故障。

物的故障可能是设计、制造缺陷造成的，可能是使用不当造成的，可能是使用过程中磨损、老化、疲劳造成的，也可能是环境或其他系统因素造成的。但是故障发生有规律可循，通过分析总结，可以掌握物的故障规律，然后采取定期检查、维修保养的措施可以使多数故障在预定期内得到控制。因此，掌握各类故障发生规律和故障率是防止故障产生严重后果的重要手段。

②人的失误。人的失误是指人的行为偏离了标准，即没有完成规定功能的现象。人的失误会造成能量或危险物质控制系统故障，从而导致事故发生。

人的失误包括人的不安全行为和管理失误两个方面。

人的不安全行为是指违反安全规则或安全原则，使事故有可能或有机会发生的行为。违反安全规则或安全原则包括违反法律法规、标准、规范、规定，也包括违反安全常识。

根据《企业职工伤亡事故分类》（GB 6441—1986），人的不安全行为包括操作错误、忽视安全规程，忽视警告，造成安全装置失效；使用不安全设备，手代替操作；物体存放不当；冒险进入危险场所；攀、待在不安全位置；在起吊区域内作业、停留；机器运转时加油、修理、检查、调整等工作；有分散注意力行为；在必须使用个人防护用具的作业或场所中，忽视其使用；不安全装束；对易燃、易爆等危险物品处理错误。

管理失误的主要表现如下：对物的管理失误，有时称技术上的缺陷，包括技术采用不当，作业现场或作业环境安排设置不合理等；对人的管理失误，包括教育、培训、指示、任务或人员安排不当等；对管理工作的失误，包括施工作业程序、操作规程和方法、工艺过程等的管理失误，安全监控、检查和事故防范措施等的管理失误，对采购安全物资的管理失误等。

③环境因素。环境因素是指可能促使人的失误或物的故障发生的温度、湿度、噪声、振动、照明、通风等问题。环境因素可以细分为物理因素、化学因素和生物因素。

（2）按引起的事故类型分类　根据《企业职工伤亡事故分类》（GB 6441—1986），最后考虑事故的起因物、致害物、伤害方式等特点，将危险源及危险造成的事故分为20类。

表 18-1　事故类型分类

序号	名称	伤害方式
1	物体打击	落物、滚石、锤击、碎裂崩块、碰伤等伤害，包括因爆炸而引起的物体打击
2	车辆伤害	包括挤、压、撞、倾覆等
3	机械伤害	包括绞、碾、碰、割、戳等
4	起重伤害	起重设备操作过程中所引起的伤害
5	触电	包括雷击伤害
6	淹溺	
7	灼烫	

(续)

序号	名称	伤害方式
8	火灾	
9	高处坠落	包括从脚手架、屋顶上坠落及从平地坠入地坑等
10	坍塌	包括建筑物、堆置物、土石方倒塌等
11	冒顶片帮	
12	透水	
13	放炮	
14	火药爆炸	指生产、运输、储藏过程中发生的爆炸
15	瓦斯爆炸	包括煤尘爆炸
16	锅炉爆炸	
17	容器爆炸	
18	其他爆炸	包括化学爆炸、炉膛、钢液包爆炸等
19	中毒和窒息	
20	其他伤害	如扭伤、跌伤、野兽咬伤等

（3）按导致事故和职业危害的直接原因进行分类 这种分类方法是根据《生产过程危险和有害因素分类与代码》（GB/T 13861—2022）的规定，将生产过程中的危险因素和有害因素分为4大类：人的因素、物的因素、环境因素、管理因素（图 18-7）。

图 18-7 危险和有害因素分类

1）人的因素：心理、生理危险和有害因素、行为危险和有害因素。

2）物的因素：物理性危险和有害因素、化学性危险和有害因素、生物性危险和有害因素。

3）环境因素：室内作业场所环境不良、室外作业场地环境不良、地下（含水下）作业环境不良、其他作业环境不良。

4）管理因素：职业安全卫生管理机构设置和人员配备不健全、职业安全卫生责任制不完善或未落实、职业安全卫生管理制度不完善或未落实、职业安全卫生投入不足、应急管理缺陷、其他管理因素缺陷。

3. 危险源分类的特点及适用性

在上述三种危险源分类方法中，第一种分类方法从事故致因理论出发，具有较强的理论性和逻辑性。从这种分类可以看出，第一类危险源决定事故的严重程度，第二类危险源决定事故发生的概率。这种分类为定量评估危险源的风险大小奠定了基础。但是按两类危险源的分类方法没有综合考虑事故的起因物、致害物、伤害方式，不便于员工的理解和接受，难以指导人们切实控制危险源。

第二种危险源分类方法的优点是所列的危险源与企业职工伤亡事故处理调查、分析、统计、职业病处理及职工安全教育的口径基本一致，易于被职工接受和理解，也便于实际应用。

第三种危险源分类方法的优点是所列危险、危害因素具体、详细,适合项目管理人员对危险源识别和分析,缺点是对于建筑工程施工的针对性不强。经过适当的选择和调整后,可以作为建筑工程施工危险源提示表使用。

综合考虑各种因素,结合危险源识别和其所造成的伤害分类,建筑工程施工现场危险源大多采用第二种分类方法。其中高处坠落、物体打击、触电事故、机械伤害、坍塌事故、火灾和爆炸是建设工程施工中最主要的事故类型。

4. 危险源辨识

主要危险源辨识方法（图 18-8）如下:

1）直接询问法:对于组织的某项工作具有经验的人往往能指出其工作中的危害。从指出的危害中,可初步分析出工作中存在的一、二类危险源。

2）现场观察法:通过对工作环境的现场观察,可发现存在的危险源。从事现场观察的人员要具有安全技术知识,并掌握完善的职业健康安全法规、标准。

3）查阅相关事故记录:查阅组织的事故、职业病的记录,可从中发现存在的危险源。

4）工作任务分析:通过分析组织成员工作任务中所涉及的危害,可识别出有关的危险源。

5）安全检查表:运用已编制好的安全检查表,对组织进行系统的安全检查,可辨识出存在的危险源。

危险源的辨识步骤如图 18-9 所示。

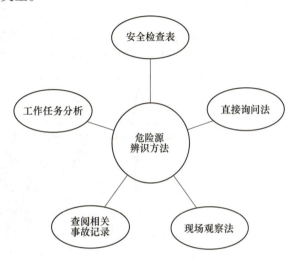

图 18-8　主要危险源辨识方法

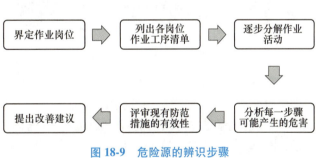

图 18-9　危险源的辨识步骤

5. 建筑工程施工中的五大伤害事故

根据全国伤亡事故统计,建筑业伤亡事故率在各个行业中排第二位,仅次于矿山行业。其中,高处坠落、物体打击、触电、机械伤害、坍塌五种事故为建筑业最常发生的事故,占各类事故总数的 80% 以上,称为建筑工程施工的五大伤害事故。

（1）高处坠落（图 18-10）　高处坠落是指在高处作业发生坠落造成的伤害。高处作业是指凡在坠落高度基准面 2m 以上（含 2m）可能坠落的高处进行的作业。

高处坠落的主要类型如下:

1）因被踩踏材料材质强度不够,突然断裂。

2）高处作业移动位置时,踏空、失稳。

3) 高处作业时,由于站位不稳或操作失误被物体碰撞坠落等。

(2) 物体打击（图 18-11） 物体打击是指施工过程中的砖石块、工具、材料、零部件等在高空下落时对人体造成的伤害,以及崩块、锤击、滚石等对人体造成的伤害,不包括因爆炸而引起的物体打击。

物体打击的主要类型如下：

1) 高空作业中,由于工具、零件、砖瓦、木块等从高处掉落造成对人体的伤害。
2) 人为乱扔废物、杂物对人体的伤害。
3) 起重吊装、拆装、拆模时,物料掉落对人体的伤害。
4) 设备带病运行,设备中物体飞出对人体的伤害。
5) 设备运转中,违章操作,用铁棍捅卡料,铁棍飞出伤人。

图 18-10 高处坠落示意图

图 18-11 物体打击示意图

(3) 触电（图 18-12） 因触电而造成的人身伤害事故,即触电事故。触电事故的主要类型如下：

1) 电线、电缆破损导致漏电而造成的人体伤害。
2) 电动设备漏电造成的人体伤害。
3) 起重机部件等触碰高压电线造成的人体伤害。
4) 挖掘机损坏地下电缆造成对人体的伤害。

(4) 机械伤害（图 18-13） 机械伤害的主要类型如下：

图 18-12 触电示意图

1) 钢筋加工机械对人体的绞、挤压、拖带、灼伤等伤害。
2) 木工加工机械对人体的刨、削、锯、钻等伤害。
3) 卷扬机、搅拌机对人体的绞、挤压、拖带、碰撞等伤害。

(5) 坍塌（图 18-14） 坍塌是指物体在外力和重力的作用下,超过自身极限强度的破坏。结构稳定失衡造成物体高处坠落、物体打击、挤压伤及窒息的事故。

坍塌事故的主要类型如下：

1) 土石方坍塌。

图 18-13　机械伤害示意图

图 18-14　坍塌示意图

2）模板坍塌。
3）脚手架坍塌。
4）拆除工程的坍塌。
5）建筑物及构筑物的坍塌。

18.2　自然灾害与控制

18.2.1　自然灾害类别

自然灾害对建筑施工现场破坏性类别比较多，我国气象学界定共 11 个类别，其中最主要的破坏性极为严重的是地震、海啸、泥石流 3 个类别，常发性灾害是暴雪、暴雨、飓风、强雷、高温、寒潮等 6 个类别。图 18-15 所示为常见自然灾害实例。

1. 地震

地震是目前全球最大性灾害。我国汶川地震时，震区施工现场无一幸免。有权威机构统计，仅施工现场直接经济损失在 400 亿元以上，死伤施工人员 8000 余人。这种灾害破坏性极大，但这种灾害不是常见性灾害，而是偶发性灾害。

2. 海啸

海啸属于世界上严重的自然灾害，它和地震的破坏力相当。例如，2011 年日本海啸灾害不仅摧毁了在建建筑，还摧毁了既有建筑，损失相当严重。

3. 泥石流

泥石流也是一种非常可怕的灾害。曾经发生在我国玉树地区泥石流灾害给当地建筑施工现场造成了毁灭性的灾难，损失极为严重。

4. 暴雪

暴雪属于常发性自然灾害，但在一些地区实属罕见。例如，2008 年在我国南方出现的暴雪使在建项目工程临建设施大都被压垮倒塌，施工现场的电力设施全部被毁，不少塔式起

图 18-15 常见自然灾害实例

a) 地震 b) 海啸 c) 泥石流 d) 暴雪 e) 暴雨 f) 飓风

重机及脚手架倒塌。

5. 暴雨

暴雨为常发性自然灾害，每年均在不同区域发生。其破坏性主要是破坏电力设施、混凝土浇筑、工程地基、临建设施等。

6. 飓风

飓风包括台风、龙卷风。这种高等级狂风破坏施工现场电力设施、临建设施、材料运输、机械设备运转、安全设施、操作人员安全等。

7. 高温

高温属于极端天气，由于全球气候变暖，近年来气温度普遍提升高，其极端性逐步转为普遍性。高温对建筑施工现场的混凝土浇筑与建筑施工人员身体健康和安全造成严重影响。

8. 强雷

全球性雷电灾害频发，强雷经常性出现。强雷主要对电气设备造成破坏，给人身安全带来威胁。据统计，2008 年全年，江苏省南通市建筑施工现场发生雷电灾害 46 起，损失金额在 20 万元以上。全国每年建筑施工现场均有施工人员遭到雷击伤害。

18.2.2　自然灾害破坏性特点

自然灾害对建筑施工现场破坏的特点主要有广泛性、集中性、突发性。

广泛性主要表现在三个方面。第一，建筑施工现场自然灾害性破坏不分区域，均有不同程度破坏。国内外，不管平原地区、还是山川地区，只要有建筑施工现场，均可遭受自然灾害的破坏。第二，建筑施工现场自然灾害性破坏不分工程项目类别，均有不同程度破坏。全国各地调查资料显示，房屋建筑工程，市政公路、桥梁工程，铁路、机场工程，均有遭受自然灾害破坏的典型案例。第三，建筑施工现场自然灾害性破坏不分工程项目规模、结构形式。

集中性主要表现在三个方面。第一，季节性集中，一般自然灾害发生规律主要集中在冬夏两季，这两个季节是自然灾害的频发季节。第二，区域性集中，自然灾害对建筑施工现场破坏主要集中在山、川、沿海区域。而中原腹地平原自然灾害破坏性损失相对较少。第三，要素性集中，如台风或寒潮等，自然灾害每个要素对建筑施工现场破坏均具有相对集中性。要素性集中主要体现在相对集中区域和集中季节。台风雷暴雨相对集中在夏秋两个季节和沿海区域对建筑施工现场造成破坏。

突发性也主要表现在三个方面。第一，时间突发性。天气变化无常，瞬息万变，尽管近年来气象事业的发展，预报能力提高，但人类仍然不能完全掌控天气变化情况。第二，灾害等级突出性。预测预报是相对的，亦有些特大灾害是不可预见的。第三，特殊灾害突发性，诸如龙卷风、海啸、泥石流、地震等更是难以预见，所造成破坏程度更大。

18.2.3 自然灾害对建筑施工现场的破坏

自然灾害对建筑施工现场的破坏主要有人员伤害、影响混凝土结构及施工质量、损害机电设备、损害临时设施、破坏基础建材。

1. 人员伤害

当发生任何自然灾害时在建筑施工现场的人员均可造成伤亡或身体健康伤害。自然灾害对建筑施工现场破坏性最大的就是造成人员伤亡及身体健康伤害。

2. 影响混凝土结构及施工质量

自然灾害中的高温、寒潮均对混凝土凝固过程结构造成严重破坏。因为混凝土硬化凝固过程是通过水化热作用，由于高温使混凝土构体中的水分蒸发从而破坏结构，直接影响质量。寒潮使混凝土构体中的水分结冰，无法实施水化作用，破坏混凝土结构，影响质量。

3. 损害机电设备

任何自然灾害类别对建筑施工现场机电备施运行均有影响，如电力设施线杆断裂倒塌、塔式起重机倒塌、钢筋断裂、设备失灵等。

4. 损害临时设施

在建筑施工现场各种自然灾害更容易损害临时设施，包括脚手架、广告牌等。无论台风、暴雨、暴雪、地震、海啸、泥石流等，只要发生，首先是损害建筑施工现场的临时设施，因为临时设施具有临时性特点，相对于固定建筑物稳定性较差。

5. 破坏基础建材

暴雨暴雪对建筑施工现场基础及建材破坏性最大，使基础下沉，材料变形、水泥失效等。

18.2.4 自然灾害预控性设防

建筑施工现场自然灾害预控性设防应根据各自然灾害类型和各施工工程项目的所在地，施工时前50年自然灾害最大级别进行设防。图18-16所示为部分自然灾害预控性设防措施示例。

1. 地震、海啸灾害设防

凡在沿海区域、地震活跃区域均应进行设防。地震、海啸达到一定级别后，为毁灭性灾

图 18-16 部分自然灾害预控性设防措施示例
a）泥石流防治演练 b）脚手架防雷接地 c）工人使用防雨布 d）塔式起重机缆风绳

害，这种自然灾害发生后，关键是要确保人身安全。因而对地震海啸灾害设防，主要在施工现场设置避难场所。避难场所设置一般为整体稳定性极强的保险避难屋。保险避难屋的面积视施工人员数量而定。

2. 泥石流灾害设防

凡在山区施工的工程项目现场均应进行泥石流灾害设防。泥石流这种自然灾害能够完全摧毁建筑物。设防的原则仍然以保护施工人员生命安全为主，须设置避难场所，其面积可按施工现场人数确定，一般以人均 $0.5m^2$ 为宜。

3. 强雷灾害设防

凡有雷击地区均应设防，建筑施工场所是人员密集地区，应按照国家标准《建筑物防雷设计规范》（GB 50057—2010）中一类建筑物防雷标准进行设防，并对建筑施工现场的脚手架、塔式起重机、临建设施全面进行设防，确保建筑施工安全，保障建筑施工人员人身安全。

4. 暴雨灾害设防

暴雨灾害设防是按照近 50 年每小时最大降水量进行设防，要保证在 1h 内的最大降水量同时排出，这就需要在建筑物四周设置排水通道。同时配置防雨布，使材料、建筑物不受损失，并保证施工人员的人身安全。

5. 暴雪灾害设防

暴雪灾害设防按照近 50 年每昼夜降雪厚度，对临建设施、脚手架、广告牌等进行设防。计算每平方米降雪荷载量，以临建设施屋顶及脚手架、广告牌所承受的荷载量应大于或等于每昼夜降雪荷载量进行设防，确保财产不受损失，人身不受伤害。

6. 飓风灾害设防

飓风灾害在我国大部分区域均可发生，但在沿海区域更为普遍。建筑工程施工现场对飓风灾害设防原则仍以施工所在地近 50 年中的最大风力进行设防。按照近 50 年中最大风力的风荷载设置塔式起重机缆风绳、广告牌抗风措施，以及临建设施抗风荷载措施。

7. 高温灾害设防

高温主要是在热带、亚热带区域发生。热带或亚热带区域建筑施工现场均应进行高温灾害设防。高温灾害设防原则是按照近 50 年中最高温天气进行设防，浇筑的混凝土应计算蒸发水量，采取补水设防，覆盖草帘设防，对电气设备进行冷却设防。同时对施工人员配置防暑降温和高温抢救措施等，确保建筑施工过程的质量与人员安全。

8. 寒潮灾害设防

寒潮主要是在寒带、亚寒带区域发生。地处寒带和亚寒带区域施工现场，均应进行寒潮灾害设防。寒潮灾害设防按照近 50 年中最低气温进行设防。寒潮灾害对建筑施工的设防主要对建筑施工人员工作生活场所设防，做好防冻设施准备，如室内安装暖气、空调等。做好建筑物设施的设防，主要是抗冻剂的准备、混凝土蒸汽养护准备、覆盖物的准备等，确保施工过程中遇有寒潮灾害不影响施工质量，同时能确保施工人员安全。

18.3 施工现场生产危害与控制

18.3.1 施工现场五大伤害产生的原因分析

1. 高处坠落

高处坠落主要发生在脚手架作业、各类登高作业、外用电梯安装作业及洞口临边作业等场所及部位。它被列为建筑施工行业五大伤害中第一大伤害，具有发生频率高、易发事故部位多、群死群伤严重，事故危害性大等特点。高处坠落发生的原因主要有以下几个方面：

1）人的原因：作业人员缺乏安全知识、安全意识淡薄，安全防护能力低下，对存在的事故隐患麻痹大意；作业人员自身存在疾病或登高恐惧等心理方面的问题；作业人员违章作业，违反劳动纪律，各级管理人员违章指挥，容易造成事故等。

2）物的原因：安全防护和设施等缺乏或质量不合格，施工设备、机械器具等自身存在结构上的缺陷，留下重大安全隐患，导致事故发生；脚手架、模板支撑体系等缺乏相应的设计计算资料，粗制滥造，危险系数高等。图 18-17 所示为脚手架垮塌实例。

3）环境的原因：照明不良、作业面光滑、高温严寒、大风、雨雪天气，以及突发地震等自然灾害等。

4）管理的原因：安全管理部门未按照规定配发安全防护用品；"四口"（楼梯口、电梯井口、预留洞口、通道口）、"五临边"[阳台周边、屋面周边、楼层周边、上下跑道（斜道）两侧边、卸料平台外侧边]处不设防护栏杆；安全检查不及时不到位；安全规章制度不完善；管理人员没有及时发现并排除隐患等。图 18-18 所示为基坑周边防护栏杆设置不规范示例。

图 18-17　脚手架垮塌实例　　　　图 18-18　基坑周边防护栏杆设置不规范示例

2. 触电

触电是指人体触及带电体时电流对人体造成各种不同程度的伤害。触电事故分为电击和电伤两类。电击是指电流通过人体时所造成的内部伤害，它会破坏人的心脏、呼吸及神经系统的正常工作，甚至危及生命；电伤是指电流的热效应、化学效应或机械效应对人体造成的伤害。触电发生的主要原因如下：

1）人的原因：建筑施工现场很多用电操作人员没有经过正规的电工基础知识培训，无电工进网作业许可证或特种作业操作资格证，工人用电安全自我防范意识相对薄弱；在施工过程中未穿戴劳动防护用品，特别是绝缘鞋和绝缘手套；施工人员违章操作或误操作，致使安全保护装置不起作用或失效等；施工场内尤其是在工人宿舍，非持证电工私拉乱接电源线，胡乱增加大功率用电设备（如电炉），容易产生火花或电线热熔，引发火灾。

2）物的原因：由于闸箱或配电板不合格，致使带电体裸露；闸具、漏电保护开关质量有问题，以致失效；施工现场应该架空的电线既没有架空也未采取保护措施，甚至有的电线还浸泡在水中或被物体碾压；有的电源线破损、绝缘老化、接头多，容易造成漏电、短路等引发电气事故，甚至发生触电伤亡或电气火灾事故。图 18-19 为施工现场用电隐患示例。

3）环境的原因：施工现场湿度过高，与高压线距离太近等都会导致触电概率大大增加。

4）管理的原因：很多施工企业由于对施工用电问题不够重视，没有按照规范的要求认真严肃地进行用电技术措施、安全措施和管理措施等施工组织设计工作，为触电事故的发生埋下隐患。另外，对电线的安装、接地、防护、验收等工作不到位，也容易导致人员触电的发生。

3. 物体打击

物体打击是指物体在重力或其他外力的作用下产生运动，打击人体造成的伤害事故。在施工现场，由于物体打击而造成的伤亡事故在事故中占很高比例。具有范围广、诱发原因多、突发性强、立体性和事故危害大等特点。物体打击发生的主要原因如下：

1）人的原因：工人在从事吊装作业时未采取完全符合要求的防护措施，或作业方法不符合安全要求、技术不熟练、操作水平低；操作人员不遵守操作规程；抱有侥幸心理，违章作业或冒险作业；操作过程中因误操作导致机械设备、装置的安全附件或装置失灵等。

图 18-19　施工现场用电隐患示例

2）物的原因：由于机械设备、装置的安全附件（或装置）不齐全或失效，或在设计和制造上存在缺陷，使用时又没有对其采取有效的防护措施，或者在使用时擅自更改机械设备、装置的结构或部件，破坏了其整体的可靠性，使安全性能下降等，这些都为事故的发生埋下隐患。

3）环境的原因：工作场地狭窄，工作人员相对集中，使安全防护距离和空间变小，一旦发生物体飞出，极易伤人；采光和照明不足，使操作人员视觉容易疲劳，工作时间过长，易于因操作失误而导致物体打击事故发生。

4）管理的原因：安全管理的规章制度不健全，操作规程不完善，对操作人员的安全教育不够重视，安全检查不严、不细，事故隐患不能及时发现和排除等，都可导致物体打击事故。

4. 机械伤害

机械伤害主要为起重伤害，所发生的事故主要有吊物坠落、挤压碰撞、触电、高处坠落和机具倾翻等。图 18-20 所示为违规吊物示例。

起重机械伤害事故发生的主要原因如下：

1）人的原因：操作人员安全意识差，不严格遵守操作规程或劳动纪律；起重作业现场缺少安全监督指挥人员；操作人员没有或不认真履行事故防范措施；施工时不使用防护用品、用具；起重机械司机未取得特种作业操作资格证，违章操作，或者起重机械设备遭遇突发状况，处置不适当、不及时等。

图 18-20　违规吊物示例

2）物的原因：起重吊具和其他辅具本身存在缺陷；起重机械不合格造成车体打滑；安全防护装置缺少或有问题等。

3）环境的原因：照明不良，司机看不清地面的设备或信号；风速风力较大，致使起重机械难以控制；吊运地点或吊运通道过于狭窄等。

5. 坍塌

坍塌是指施工基坑（槽）坍塌、边坡坍塌、基础壁坍塌、模板支撑系统失稳坍塌及施工现场临时建筑（包括施工围墙）倒塌等。图 18-21 所示为基坑坍塌示例。

图 18-21　基坑坍塌示例

坍塌发生的原因如下：

1）人的原因：在管沟或基坑工程的土方开挖中，没有按土质情况设置安全边坡或做好固壁临时支撑；在楼板上堆放过多物料或支撑模板，使楼板超过允许荷载而断裂；作业人员不懂操作技术知识，违反操作规定或劳动纪律等。

2）物的原因：防护、保险信号等装置缺乏，施工用具、附件有缺陷，材料的强度不够，模板及其支撑没有足够的强度、刚度和稳定性。

3）环境的原因：风雪天气的影响、施工作业场地光线不足、工作地点及通道不良、地质灾害，以及水文地层岩质情况等因素。

4）管理的原因：劳动用工不合理，对现场工作缺乏检查或指导，在拆除工程、人工挖孔桩施工等施工时没有制定科学合理的施工方案和安全技术措施，无临时排水系统规划，堆放建筑材料、模板、施工机具等超过荷载等引起坍塌。

18.3.2　施工现场五大伤害的预防措施

1. 加强高空防护（图 18-22）

施工单位应该加强对施工人员的高空防护措施，在高温、大风天气停止高空作业。冬季气温较低时应该对工人加强保护，可以为他们提供专业的施工手套，减少受伤的可能性。施

a)

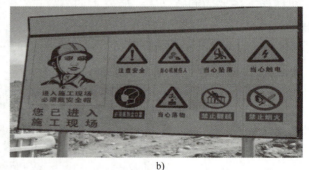
b)

图 18-22　高空防护栏杆及警示标志

a）防护栏杆　b）工地警示标志

工单位应该对高空施工的有关设备进行定期的检查和维护，一旦发现问题就立刻采取措施。另外，相关工作人员应该对施工人员进行安全教育，提高他们的自我保护意识，学会辨别危险状况，在遇到危险时能够及时躲避。同时，只靠施工人员的安全意识是不够的，相关管理人员还应该在适当的位置设置警示标志，提醒施工人员，尽量避免在晚上施工，缩短夜间工作时间，在一些危险的建筑物周围设置防护栏杆与安全网及警示标志。

2. 安全用电（图18-23）

施工单位应该加强对电力系统的管理，设置专门的负责人，对电力系统进行定期的维护和管理。在雨雪天气或者是比较潮湿的天气，应该为电气设备安装专门的保护套，隔绝水汽，保证设备的稳定运行。在使用机械设备时，严格接地接零，确保周围环境是安全的。电线老化很容易引发火灾，施工人员应该及时对电线进行检修，或者聘请专门的维修人员，加强对维修过程的监督。

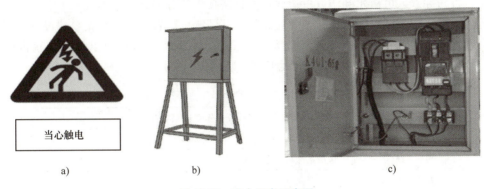

图18-23 安全用电示意图
a）防护标志 b）配电柜 c）配电柜内部

3. 预防物体打击

物体打击严重时可以导致人的死亡。因此，施工单位应该在拆除工作时设置醒目的警示标志，或者在未完成的建筑旁安装防护栏，引起施工人员和路人的注意，避免人员伤亡事故的发生。另外，在施工之前，选择牢固的机械设备和建筑材料，提高安全防护用品的质量，使其能够发挥作用，对存在安全隐患的吊笼地锚和缆风绳进行定期检查和更换，及时清理脚手架上的杂物和垃圾。施工人员在进行高空施工时，应该加强安全意识和责任意识，不向楼下丢垃圾，不违章向楼下抛脚手架钢管、扣件及模板等。地面施工人员应该及时清理建筑垃圾，减少其他因素的影响。

4. 严格操作机械设备

机械设备比较复杂，施工人员应该严格按照要求进行操作，不能只凭感觉。机械伤害事故通常是由人的不合理操作引起的，施工单位应该加强对操作人员的教育和培训，增强其安全意识和专业技能，防止违规操作引发问题。另外，要对机械设备进行安全检查和调试，保证其稳定运行，避免长时间疲劳运行，防止火灾和事故。

5. 避免坍塌

坍塌不仅会造成严重的经济损失，还会危害施工人员的人身安全。施工单位应该严格按照安全技术标准进行操作，在操作之前做好设备和技术方面的准备。及时清理现场的建筑材料垃圾，保证施工过程不受其他因素的影响。施工单位应该保证模板的稳定性，加设水平支撑和剪刀撑，完善其他防护措施。另外，在施工建筑旁设置警示标志，严禁外界人员进入，维持良好的施工秩序。在进行拆除作业时应该自上而下，依次进行，禁止多层建筑同时拆除，保证施工过程的安全。机械设备和建筑物，以及建筑材料之间应该保持安全距离，尤其要注意边坡和基础桩孔。雨水天气内要注意排水，在保证没有异常情况时再进行具体的操作。

18.4 危大工程项目安全控制

18.4.1 危大工程的范围

危险性较大的分部分项工程，简称危大工程，是指房屋建筑和市政基础设施工程在施工过程中，容易导致人员群死群伤或者造成重大经济损失的分部分项工程。

危大工程范围由国务院住房和城乡建设主管部门制定。省级住房和城乡建设主管部门可以结合本地区实际情况，补充本地区危大工程范围。危险性较大的分部分项工程内容见表18-2。图 18-24 所示为施工中常见的危大工程类型。

表 18-2 危险性较大的分部分项工程内容

序号	危险性较大的分部分项工程内容	
1	基坑（槽）支护、降水工程	开挖深度≥3m
		地质条件和周边环境复杂
2	土方开挖工程	开挖深度≥3m
3	起重吊装及安装拆卸工程	采用非常规起重设备、方法，且单件起吊重量≥10kN 的起重吊装工程
		采用起重机械进行安装的工程
		起重机械设备自身的安装、拆卸
4	脚手架工程	搭设高度≥24m 的落地式钢管脚手架
		附着式整体和分片提升脚手架工程
		悬挑式脚手架工程
		吊篮脚手架工程
		自制卸料平台、移动操作平台工程
		新型及异型脚手架工程
5	拆除、爆破工程	建筑物、构筑物拆除工程
		采用爆破拆除的工程
6	其他危险性较大的分部分项工程	建筑幕墙安装工程
		钢结构、网架和索膜结构安装工程
		人工挖扩孔桩工程
		地下暗挖、顶管及水下作业工程
		装配式建筑混凝土预制安装工程
		采用新技术、新工艺、新材料、新设备及尚无相关技术标准的危险性较大的分部分项工程

(续)

序号	危险性较大的分部分项工程内容	
7	深基坑工程（土方开挖、支护、降水）	开挖深度≥5m的基坑（槽）的土方开挖、支护、降水
		地质条件和周边环境复杂，或影响毗邻建（构）筑物安全的土方开挖、支护、降水
8	模板工程及支撑体系	工具式模板工程：滑模
		工具式模板工程：爬模
		工具式模板工程：飞模
		混凝土模板支撑工程：搭设高度在5m及以上，跨度在10m及以上，施工总荷载在10kN/m²及以上，集中线荷载在15kN/m²及以上，高度大于支撑水平投影宽度且相对独立无联系构件的混凝土模板支撑工程
		混凝土模板支撑工程：搭设高度≥8m
		混凝土模板支撑工程：搭设跨度≥18m
		混凝土模板支撑工程：施工总荷载≥15kN/m²
		混凝土模板支撑工程：集中线荷载≥20kN/m
		承重支撑体系：用于钢结构安装等满堂支撑体系，承受单点集中荷载>700kg
9	起重吊装及安装拆卸工程	采用非常规起重设备、方法，且单件起吊重量≥100kN的起重吊装工程
		起重量≥300kN的起重设备的安装；高度≥200m的内爬起重设备的拆除工程
10	脚手架工程	搭设高度≥50m的落地式钢管脚手架
		提升高度≥150m的附着式整体和分片提升脚手架工程
		架体高度≥20m的悬挑式脚手架工程
11	拆除、爆破工程	采用爆破拆除的工程
		码头、桥梁、高架、烟囱、水塔或拆除中容易引起有毒有害气（液）体或粉尘扩散、易燃易爆事故发生的特殊建、构筑物的拆除工程
		可能影响行人、交通、电力设施、通信设施或其他建、构筑物的拆除工程
		文物保护建筑、优秀历史建筑或历史文化风貌区控制范围的拆除工程
12	其他超过一定规模的危大工程	施工高度≥50m建筑幕墙安装工程
		跨度≥36m的钢结构安装、跨度≥60m的网架和索膜结构安装工程
		开挖深度>16m的人工挖扩孔桩工程
		地下暗挖、顶管及水下作业工程
		采用新技术、新工艺、新材料、新设备及尚无相关技术标准的危险性较大的分部分项工程

在建筑施工中，若施工现场出现比较大的意外事故，不仅会影响施工工期，还会使建设施工的成本明显增高。较大的意外事故会导致建筑单位受到较大的经济损失，或出现施工人员群体性伤亡。由此可见，加强建筑施工现场安全管理十分重要，它可以保证现场施工人员的财产和生命安全，符合"以人为本"的发展理念。

图 18-24 施工中常见的危大工程类型
a) 钢板桩支护 b) 灌注桩支护 c) 顶管施工 d) 二级放坡开挖

在建筑项目施工现场，只有做好相关风险评估、识别及防护措施，对现场施工人员进行安全管理培训，才能够提升施工人员安全意识，合理规避施工现场安全隐患，降低安全事故发生率。

18.4.2 危大工程专项施工方案

施工单位应当在危大工程施工前组织工程技术人员编制专项施工方案。危大工程专项施工方案的主要内容应当包括：

1) 工程概况：危大工程概况和特点、施工平面布置、施工要求和技术保证条件。
2) 编制依据：相关法律、法规、规范性文件、标准、规范及施工图设计文件、施工组织设计等。
3) 施工计划：包括施工进度计划、材料与设备计划。
4) 施工工艺技术：技术参数、工艺流程、施工方法、操作要求、检查要求等。
5) 施工安全保证措施：组织保障措施、技术措施、监测监控措施等。
6) 施工管理及作业人员配备和分工：施工管理人员、专职安全生产管理人员、特种作业人员、其他作业人员等。
7) 验收要求：验收标准、验收程序、验收内容、验收人员等。
8) 应急处置措施。
9) 计算书及相关施工图。

对于超过一定规模的危大工程，施工单位应当组织召开专家论证会对专项施工方案进行论证。专家论证会后,应当形成论证报告,对专项施工方案提出通过、修改后通过或者不通过的一致意见。

18.4.3 现场安全管理

1)施工单位应当在施工现场显著位置公告危大工程名称、施工时间和具体责任人员,并在危险区域设置安全警示标志。图 18-25 和图 18-26 所示分别为危大工程公示牌及安全警示牌。

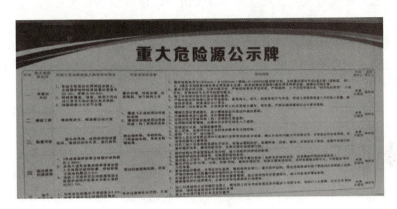

图 18-25 危大工程公示牌

2)专项施工方案实施前,编制人员或者项目技术负责人应当向施工现场管理人员进行方案交底,施工现场管理人员应当向作业人员进行安全技术交底。

3)施工单位应当严格按照专项施工方案组织施工,不得擅自修改专项施工方案。

4)施工单位应当对危大工程施工作业人员进行登记,项目负责人应当在施工现场履职。

图 18-26 安全警示牌

5)项目专职安全生产管理人员应当对专项施工方案实施情况进行现场监督,对未按照专项施工方案施工的,应当要求立即整改,并及时报告项目负责人,项目负责人应当及时组织限期整改。

6)施工单位应当按照规定对危大工程进行施工监测和安全巡视,若发现危及人身安全的紧急情况,应当立即组织作业人员撤离危险区域。

7)监理单位应当结合危大工程专项施工方案编制监理实施细则,并对危大工程施工实施专项巡视检查。

8)对于按照规定需要进行第三方监测的危大工程,建设单位应当委托具有相应勘察资质的单位进行监测。

18.5 生产卫生防范措施

18.5.1 相关规定

1）建设工程施工总承包单位应对施工现场的环境与卫生负总责，分包单位应服从总承包单位的管理。参建单位及现场人员应有维护施工现场环境与卫生的责任和义务。

2）建设工程的环境与卫生管理应纳入施工组织设计或编制专项方案，应明确环境与卫生管理的目标和措施。

3）施工现场应建立环境与卫生管理制度，落实管理责任，应定期检查并记录。

4）建设工程的参建单位应根据法律法规的规定，针对可能发生的环境、卫生等突发事件建立应急管理体系，制定相应的应急预案并组织演练。

5）当施工现场发生有关环境、卫生等突发事件时，应按相关规定及时向施工现场所在地建设行政主管部门和相关部门报告，并应配合调查处置。

6）施工人员的教育培训、考核应包括环境与卫生等有关内容。

7）施工现场临时设施、临时道路的设置应科学合理，并应符合安全、消防、节能、环保等有关规定。施工区、材料加工及存放区应与办公区、生活区划分清晰，并应采取相应的隔离措施。

8）施工现场应实行封闭管理，并应采用硬质围挡。市区主要路段的施工现场围挡高度不应低于 2.5m，一般路段围挡高度不应低于 1.8m。围挡应牢固、稳定、整洁。距离交通路口 20m 范围内占据道路施工设置的围挡，距离地面 0.8m 以上部分应采用通透性围挡，并应采取交通疏导和警示措施。图 18-27 所示为施工现场围挡。

9）施工现场出入口应标有企业名称或企业标识。主要出入口明显处应设置工程概况牌（图 18-28），施工现场大门内应有施工现场总平面图和安全管理、环境保护与绿色施工、消防保卫等制度牌和宣传栏。

图 18-27 施工现场围挡

图 18-28 设置工程概况牌

10）施工单位应采取有效的安全防护措施。参建单位必须为施工人员提供必备的劳动防护用品，施工人员应正确使用劳动防护用品。劳动防护用品应符合现行行业标准的相关规定。图 18-29 所示为部分劳动防护用品。

11）有毒有害作业场所应在醒目位置设置安全警示标识，并应符合现行国家标准的相关规定。施工单位应依据有关规定对从事有职业病危害作业的人员定期进行体检和培训。

12）施工单位应根据季节气候特点，做好施工人员的饮食卫生和防暑降温、防寒保暖、防中毒、卫生防疫等工作。

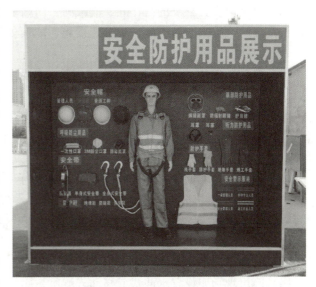

图 18-29　部分劳动防护用品

18.5.2　临时设施环境卫生

1）施工现场应设置办公室、宿舍、食堂、厕所、盥洗设施、淋浴房、开水间、文体活动室、职工夜校等临时设施。文体活动室应配备文体活动设施和用品。尚未竣工的建筑物内严禁设置宿舍。

2）生活区、办公区的通道、楼梯处应设置应急疏散、逃生指示标识和应急照明灯。宿舍内宜设置烟感报警装置。

3）施工现场应设置封闭式建筑垃圾站。办公区和生活区应设置封闭式垃圾容器。生活垃圾应分类存放，并应及时清运、消纳。

4）施工现场应配备常用药及绷带、止血带、担架等急救器材。

5）宿舍内应保证必要的生活空间，室内净高不得小于 2.5m，通道宽度不得小于 0.9m，宿舍人均面积不得小于 $2.5m^2$，每间宿舍居住人员不得超过 16 人。宿舍应有专人负责管理，床头宜设置姓名卡。

6）施工现场生活区宿舍、休息室必须设置可开启式外窗，床铺不应超过 2 层，不得使用通铺。

7）施工现场宜采用集中供暖，使用炉火取暖时应采取防止一氧化碳中毒的措施。彩钢板活动房严禁使用炉火或明火取暖。

8）宿舍内应有防暑降温措施。宿舍应设置生活用品专柜、鞋柜或鞋架、垃圾桶等生活设施。生活区应提供晾晒衣物的场所和晾衣架。

9）宿舍照明电源宜选用安全电压，采用强电照明的宜使用限流器。生活区宜单独设置手机充电柜或充电房间。

10）食堂应设置在远离厕所、垃圾站、有毒有害场所等有污染源的地方。

11）食堂应设置隔油池，并应定期清理。

12）食堂应设置独立的制作间、储藏间，门扇下方应设不低于0.2m的防鼠挡板。制作间灶台及其周边应采取易清洁、耐擦洗措施，墙面处理高度应大于1.5m，地面应做硬化和防滑处理，并应保持墙面、地面整洁。

13）食堂应配备必要的排风和冷藏设施，宜设置通风天窗和油烟净化装置，油烟净化装置应定期清洗。

14）食堂宜使用电炊具。使用燃气的食堂，燃气罐应单独设置存放间并应加装燃气报警装置；存放间应通风良好并严禁存放其他物品。供气单位资质应齐全，气源应有可追溯性。

15）食堂制作间的炊具宜有放在封闭的橱柜内，刀、盆、案板等炊具应生熟分开。

16）食堂制作间，锅炉房、可燃材料库房及易燃易爆危险品库房等应采用单层建筑，应与宿舍和办公用房分别设置，并应按相关规定保持安全距离。临时用房内设置的食堂、库房和会议室应设在首层。

17）易燃易爆危险品库房应使用不燃材料搭建，面积不应超过200m^2。

18）施工现场应设置水冲式或移动式厕所，厕所地面应硬化，门窗应齐全并通风良好。厕位宜设置门及隔板，高度不应小于0.9m。

19）厕所面积应根据施工人员数量设置。厕所应设专人负责，定期清扫、消毒，化粪池应及时清掏。

20）淋浴间内应设置满足需要的淋浴喷头，并应设置储衣柜或挂衣架。

21）施工现场应设置满足施工人员使用的盥洗设施。盥洗设施的下水管口应设置过滤网，并应与市政污水管线连接，排水应通畅。

22）生活区应设置开水炉、电热水器或保温水桶，施工区应配备流动保温水桶。开水炉、电热水器、保温水桶应上锁，并由专人负责管理。

23）未经施工总承包单位批准，施工现场和生活区不得使用电热器具。

18.5.3 卫生防疫

1）办公区和生活区应设专职或兼职保洁员，并应采取灭鼠、灭蚊蝇、灭蟑螂等措施。

2）食堂应取得相关部门颁发的许可证，并应悬挂在制作间醒目位置。炊事人员必须经体检合格并持证上岗。

3）炊事人员上岗应穿戴洁净的工作服、工作帽和口罩，并应保持个人卫生。非炊事人员不得随意进入食堂制作间。

4）食堂的炊具、餐具和公用饮水器具应及时清洗定期消毒。

5）施工现场应加强食品、原料的进货管理，建立食品、原料采购台账，保存原始采购单据。严禁购买无照、无证商贩的食品和原料。食堂应按许可范围经营严禁制售易导致食物中毒食品和变质食品。

6）生熟食品应分开加工和保管，存放成品或半成品的器皿应有耐冲洗的生熟标识。成品或半成品应遮盖，遮盖物品应有正反面标识。各种调味料和副食应存放在密闭器皿内，并应有标识。

7）存放食品原料的储藏间或库房应有通风、防潮、防虫、防鼠等措施，库房不得兼作他用。粮食存放台距墙和地面应大于0.2m。

8）当施工现场遇突发疫情时，应及时上报，并应按卫生防疫部门相关规定进行处理。

复习思考题

1. 建筑工程安全管理的特点有哪些？
2. 建筑工程危险源如何进行分类？
3. 建筑工程五大伤害类型是哪几种？
4. 主要自然灾害类别有哪几种？
5. 危大工程是指哪一类工程？具体范围是什么？

参 考 文 献

[1] 邵林广．给水排水管道工程施工［M］．北京：中国建筑工业出版社，1999．
[2] 徐鼎文，等．给水排水工程施工［M］．北京：中国建筑工业出版社，1993．
[3] 刘耀华．安装技术［M］．北京：中国建筑工业出版社，1997．
[4] 黄廷林．水工艺设备基础［M］．北京：中国建筑工业出版社，2002．
[5] 张勤，李俊奇．水工程施工［M］．北京：中国建筑工业出版社，2005．
[6] 孙连溪．实用给水排水工程施工手册［M］．北京：中国建筑工业出版社，2006．
[7] 刘灿生．给水排水工程施工手册［M］．2版．北京：中国建筑工业出版社，2002．
[8] 许其昌．给水排水管道工程施工及验收规范实施手册［M］．北京：中国建筑工业出版社，1998．
[9] 刘耀华．施工技术及组织：建筑设备［M］．北京：中国建筑工业出版社，1988．
[10] 张辉，邢同青，吴俊奇．建筑安装工程施工图集：4 给水 排水 卫生 煤气工程［M］．2版．北京：中国建筑工业出版社，2002．
[11] 崔福义，彭永臻．给水排水工程仪表与控制［M］．北京：中国建筑工业出版社，1999．
[12] 全国质量管理和质量保证标准化技术委员会秘书处，中国质量体系认证机构国家认可委员会秘书处．2000版质量管理体系国家标准理解与实施［M］．北京：中国标准出版社，2001．
[13] 全国一级建造师执业资格考试用书编写委员会．市政公用工程管理与实务［M］．北京：中国建筑工业出版社，2004．
[14] 建筑施工手册编写组．建筑施工手册［M］．4版．北京：中国建筑工业出版社，2003．
[15] 李书全．土木工程施工［M］．上海：同济大学出版社，2004．
[16] 米琪，李庆林．管道防腐蚀手册［M］．北京：中国建筑工业出版社，1994．
[17] 王洪臣．城市污水处理厂运行控制与维护管理［M］．北京：科学出版社，1997．
[18] 叶建良，蒋国盛，窦斌．非开挖铺设地下管线施工技术与实践［M］．北京：中国地质大学出版社，2000．
[19] 李士轩．市政工程施工技术资料手册［M］．北京：中国建筑工业出版社，2001．
[20] 中华人民共和国住房和城乡建设部．给水排水管道工程施工及验收规范：GB 50268—2008［S］．北京：中国建筑工业出版社，2009．
[21] 中华人民共和国住房和城乡建设部．给水排水构筑物工程施工及验收规范：GB 50141—2008［S］．北京：中国建筑工业出版社，2009．
[22] 中华人民共和国建设部．建筑给水排水及采暖工程施工质量验收规范：GB 50242—2002［S］．北京：中国标准出版社，2004．
[23] 中华人民共和国住房和城乡建设部．建设工程监理规范：GB/T 50319—2013［S］．北京：中国建筑工业出版社，2014．
[24] 中华人民共和国住房和城乡建设部．混凝土结构工程施工质量验收规范：GB 50204—2015［S］．北京：中国建筑工业出版社，2015．